Deepen Your Mind

專家讚譽

郭毅可（香港浸會大學副校長、教授，帝國理工學院教授，資料科學研究所所長，英國皇家工程院院士，歐洲科學院院士）

我對這本書覆蓋內容的範圍之廣印象深刻。從深度強化學習的基礎理論知識，到包含程式細節的技術實現描述，作者們花了大量的精力致力於提供綜合且廣泛的內容。這樣的書籍是初學者和科學研究人員非常好的學習材料。擁抱開放原始碼社區是深度學習得到快速發展不可或缺的一個原因。我很欣慰這本書提供了大量的開放原始碼。我也相信這本書將會對那些希望深入這個領域的研究人員非常有用，也對那些希望透過開放原始碼例子快速上手的工程師提供良好的基礎。

陳寶權（北京大學教授，前端計算研究中心執行主任，IEEE Fellow）

本書提供的深度強化學習內容非常可靠，縮小了基礎理論和實踐之間的差距，以提供詳細的描述、演算法實現、大量技巧和速查表為特色。本書作者均是研究強化學習的知名大學研究者和將技術用在各類應用中的開放原始碼社區實踐者。這本書為不同背景和閱讀目的的讀者提供了非常有用的資源。

金馳（普林斯頓大學助理教授）

這是一本在深度強化學習這個重要領域出版得非常及時的書。本書以一種簡明清晰的風格提供了詳盡的工具，包括深度強化學習的基礎和重要演算法、具體實現細節和前瞻的研究方向。對任何願意學習深度強化學習、將深度強化學習演算法運用到某些應用上或開始進行深度強化學習基礎研究的人來説，這本書都是理想的學習材料。

李克之（倫敦大學學院助理教授）

這本書是為強化學習、特別是深度強化學習的忠實粉絲提供的。從 2013 年開始，深度強化學習已經漸漸地以多種方式改變了我們的生活和世界，比如會下棋的 AlphaGo 技術展示了超過專業選手的理解能力的「圍棋之美」。類似的情況也會發生在技術、醫療和金融領域。深度強化學習探索了一個人類最基本的問題：人類是如何透過與環境互動進行學習的？這個機制可能成為逃出「大數據陷阱」的關鍵因素，作為一條強人工智慧的必經之路，通向人類智慧尚未企及的地方。本書由一群對機器學習充滿熱情的年輕研究人員編著，它將向你展示深度強化學習的世界，透過實例和經驗介紹加深你對深度強化學習的理解。向所有想把未來智慧之匙放進口袋的學習者推薦此書。

前言

為什麼寫作本書

人工智慧已經成為當今資訊技術發展的主要方向，深度強化學習將結合深度學習與強化學習演算法各自的優勢來解決複雜的決策任務。近年來，歸功於 DeepMind AlphaGo 和 OpenAI Five 這類成功的案例，深度強化學習受到大 量的關注，相關技術廣泛用於金融、醫療、軍事、能源等領域。為此，學術界和產業界急需大量人才，而深度強化學習作為人工智慧中的智慧決策部分，是理論與工程相結合的重要研究方向。本書將以通俗易懂的方式講解相關技術，並輔以實踐教學。

本書主要內容

本書分為三大部分，以盡可能覆蓋深度強化學習所需要的全部內容。

第一部分介紹深度學習和強化學習的入門知識、一些非常基礎的深度強化學習演算法及其實現 細節，請見第 1～6 章。

第二部分是一些精選的深度強化學習研究題目，請見第 7～12 章，這些內容對準備開展深度強化學習研究的讀者非常有用。

為了幫助讀者更深入地學習深度強化學習，並把相關技術用於實踐，本書第三部分提供了豐富的例子，包括 AlphaZero、讓機器人學習跑步等，請見第 13～17 章。

如何閱讀本書

本書是為電腦科學專業背景、希望從零學習深度強化學習並開展研究課題和實踐項目的學生準備的。本書也適用於沒有很強機器學習背景、但是希望快速學習深度強化學習並把它應用到具體產品中的軟體工程師。

鑑於不同的讀者情況會有所差異（比如，有的讀者可能是第一次接觸深度學習，而有的讀者可能已經對深度學習有一定的了解；有的讀者已經有一些強化學習基礎；有的讀者只是想了解強化學習的概念，而有的讀者是準備長期從事深度強化學習研究的），這裡根據不同的讀者情況給予不同的閱讀建議。

1. 要了解深度強化學習。
   第 1～6 章覆蓋了深度強化學習的基礎知識，其中第 2 章是最關鍵、最基礎的內容。如果您已經有深度學習基礎，可以直接跳過第 1 章。第 3 章、附錄 A 和附錄 B 複習了不同的演算法。

2. 要從事深度強化學習研究。
   除了深度學習的基礎內容，第 7 章介紹了當今強化學習技術發展遇到的各種挑戰。您可以透過閱讀第 8～12 章來進一步了解不同的研究方向。

3. 要在產品中使用深度強化學習。
   如果您是工程師，希望快速地在產品中使用深度強化學習技術，第 13～17 章是您關注的重點。您可以根據業務場景中的動作空間和觀測種類來選擇最相似的應用例子，然後運用到您的業務中。

關於本書作者

本書編著方式與其他同類書籍不同，是由人工智慧開放原始碼社區發起的，我們非常感謝 Tensor- Layer 中文社區的支持。最重要的是感謝家人對我們工作的支持。下表列出了所有章節的作者。

各章節作者列表

章節	標題	作者
–	前言	董豪
–	數學符號	張敬卿
–	序言	董豪、仉尚航
–	基礎部分	董豪
1	深度學習入門	張敬卿、袁航、廖培元、董豪
2	強化學習入門	丁子涵、黃彥華、袁航、董豪、仉尚航
3	強化學習演算法分類	張鴻銘、于天洋
4	深度 Q 網路	黃彥華、于天洋
5	策略梯度	仉尚航、黃銳桐、于天洋、丁子涵
6	深度 Q 網路和 Actor-Critic 的結合	張鴻銘、于天洋、黃銳桐
–	研究部分	丁子涵
7	深度強化學習的挑戰	丁子涵、董豪
8	模仿學習	丁子涵
9	整合學習和規劃	張華清、黃銳桐、仉尚航
10	分層強化學習	黃彥華、仉尚航、于天洋
11	多智慧體強化學習	張華清、仉尚航
12	平行計算	張華清、于天洋
–	應用部分	董豪、丁子涵

章節	標題	作者
13	Learning to Run	丁子涵、董豪
14	堅固的圖型增強	黃彥華、仉尚航、于天洋
15	AlphaZero	張鴻銘、于天洋
16	模擬環境中機器人學習	丁子涵、董豪
17	Arena：多智慧體強化學習平臺	丁子涵
18	深度強化學習應用實踐技巧	丁子涵、董豪
–	複習部分	董豪
–	演算法複習表	丁子涵
–	演算法速查表	丁子涵

作者簡介

董豪　北京大學電腦系前端計算研究中心助理教授、深圳鵬城實驗室雙聘成員。於 2019 年 秋獲得英國帝國理工學院博士學位。研究方向主要涉及電腦視覺和生成模型，目的是降低學習智慧系統所需要的資料。致力於推廣人工智慧技術，是深度學習開放原始碼框架 TensorLayer 的創始人，此框架獲得 ACM MM 2017 年度最佳開放原始碼軟體獎。在英國帝國理工學院和英國中央蘭開夏大學獲得一等所究所學生和一等大學學位。

丁子涵　英國帝國理工學院碩士。獲普林斯頓大學博士生全額獎學金，曾在加拿大 Borealis AI、騰訊 Robotics X 實驗室有過工作經歷。大學就讀中國科學技術大學，獲物理和電腦雙學位。研究方向主要涉及強化學習、機器人控制、電腦視覺等。在 ICRA、NeurIPS、AAAI、IJCAI、Physical Review 等頂級期刊與會議發表多篇論文，是 TensorLayer-RLzoo、TensorLet 和 Arena 開放原始碼專案的貢獻者。

仉尚航　加州大學柏克萊分校 BAIR 實驗室（Berkeley AI Research Lab）博士後研究員。於 2018 年獲得卡內基·梅隆大學博士學位。研究方向主要涉及深度學習、電腦視覺及強化學習。在 NeurIPS、CVPR、ICCV、TNNLS、AAAI、IJCAI 等人工智慧頂級期刊和會議發表多篇論文。目前主要從事 Human-inspired sample-e cient learning 理論與演算法研究，包括 low-shot learning、domain adaptation、self learning 等。獲得 AAAI 2021 Best Paper Award、美國 2018 Rising Stars in EECS、Adobe Collaboration Fund、Qualcomm Innovation Fellowship Finalist Award 等獎勵。

袁航　英國牛津大學電腦科學博士在讀、李嘉誠獎學金獲得者，主攻人工智慧安全和深度學習在健康醫療中的運用。曾在歐美各大大專院校和研究機構研習，如帝國理工學院、馬克斯普朗克研究所、瑞士聯邦理工和卡內基·梅隆大學。

張鴻銘　中國科學院自動化研究所演算法工程師。於 2018 年獲得北京大學碩士所究所學生學位。大學就讀於北京師範大學，獲理學學士學位。研究方向涉及統計機器學習、強化學習和啟發式搜索。

張敬卿　英國帝國理工學院電腦系博士生，師從帝國理工學院資料科學院院長郭毅可院士。主要研究方向為深度學習、機器學習、文字挖掘、資料採擷及其應用。曾獲得中國國家獎學金。2016 年於清華大學電腦科學與技術系獲得學士學位，2017 年於帝國理工學院電腦系獲得一等研究性碩士學位。

黃彥華　就職於小紅書，負責大規模機器學習及強化學習在推薦系統中的應用。2016 年在華東師範大學數學系獲得理學學士學位。曾貢獻過開放原始碼專案 PyTorch、TensorFlow 和 Ray。

于天洋　啟元世界演算法工程師，負責強化學習在博弈場景中的應用。碩士畢業於南昌大學，是 TensorLayer-RLzoo 開放原始碼專案的貢獻者。

張華清　Google 公司演算法和機器學習工程師，偏重多智慧體強化學習和多層次結構博弈論方向研究，於華中科技大學獲得學士學位，後於 2017 年獲得休士頓大學博士學位。

黃銳桐　Borealis AI（加拿大皇家銀行研究院）團隊主管。於 2017 年獲得阿爾伯塔大學統計機器學習博士學位。大學就讀中國科學技術大學數學系，後於滑鐵盧大學獲得電腦碩士學位。 研究方向主要涉及線上學習、最佳化、對抗學習和強化學習。

廖培元　目前大學就讀於卡內基·梅隆大學電腦科學學院。研究方向主要涉及表示學習和多模態機器學習。曾貢獻過開放原始碼專案 mmdetection 和 PyTorch Cluster，在 Kaggle 資料科學社區曾獲 Competitions Grandmaster 稱號，最高排名全球前 25 位。

致謝

首先，我們感謝前輩們的指導，這鼓勵了我們更加大膽地嘗試、創新與實踐。我們也非常感謝開放原始碼使用者源源不斷地向我們提供回饋，為我們不斷前進提供了方向。

在此，我們特別感謝在本書寫作過程中為我們提供建議的朋友們，包括：來自 Mila 的付傑，帝國理工學院的王劍紅和劉世昆，北京大學的陳坤，加州大學聖地牙哥分校的宋萌，阿爾伯塔大學的班格爾馬辛、肖晨駿、梅勁騁、王琰和楊斌，三星研究院的於桐，復旦大學的羅旭，休士頓大學的史典，上海交通大學的張衛鵬，喬治亞理工學院的康亞舒，華東師範大學的趙晨蕭，弗雷德里希蜜雪兒研究所的劉天霖，Borealis AI 的丁偉光，小紅書的蘇睿龍，啟元世界的彭鵬，清華大學的周仕佶、常恒、陳澤銘、毛憶南、袁新傑、葉佳輝，以及中科院自動化所的裴郢郡、張清揚、胡金城。我們也感謝耶魯大學的 Jared Sharp 幫助本書英文版本的語言檢查，感謝林嘉媛的封面設計。

此外，很多開放原始碼社區的貢獻者對本書的程式庫做出了貢獻，包括北京大學的吳睿海和吳潤迪、鵬城實驗室的賴鋮、愛丁堡大學的麥絡、帝國理工的李國、英偉達的 Jonathan Dekhtiar 等，他們為維護 TensorLayer 和強化學習實例函數庫做了很多工作。

董豪特別感謝北京大學前端計算研究中心和深圳鵬城實驗室對 TensorLayer 的開發維護，以及探索下一代 AI 開放原始碼軟體的支援。特別感謝郭毅可院士對他所究所學生和博士工作的指導。

丁子涵特別感謝帝國理工學院 Edward Johns 教授對他碩士研究所學生工作的指導。

仉尚航特別感謝加州大學柏克萊分校 Kurt Keutzer 教授和 Trevor Darrell 教授對她博士後研究工作的指導，卡內基·梅隆大學 José M. F. Moura 教授對她博士研究工作的指導，北京大學高文教授和解曉東教授對她研究所學生工作的指導，以及北京清華大學朱文武教授的指導與合作。

前導知識

自從 1946 年第一台真正意義上的電腦發明以來，人們一直致力於建造更加智慧的電腦。隨著算力的提高和資料的增長，人工智慧（Artificial Intelligence，AI）獲得了空前的發展，在一些任務上的表現甚至已經超越人類，比如圍棋、象棋，以及一些疾病診斷和電子遊戲等。人工智慧技術還能被廣泛用於其他應用中，比如藥物發現、天氣預測、材料設計、推薦系統、機器感知與控制、自動駕駛、人臉辨識、語音辨識和對話系統。

近十年來，很多國家，比如中國、英國、美國、日本、德國，對人工智慧進行了大量的投入。與此同時，還有很多科技巨頭，比如 Google、Facebook、Microsoft、Apple、和阿里巴巴等，也都積極地參與其中。人工智慧在我們的日常生活中正變得無處不在，如自動駕駛汽車、人臉 ID 和聊天機器人。毫無疑問，人工智慧對人類社會的發展至關重要。

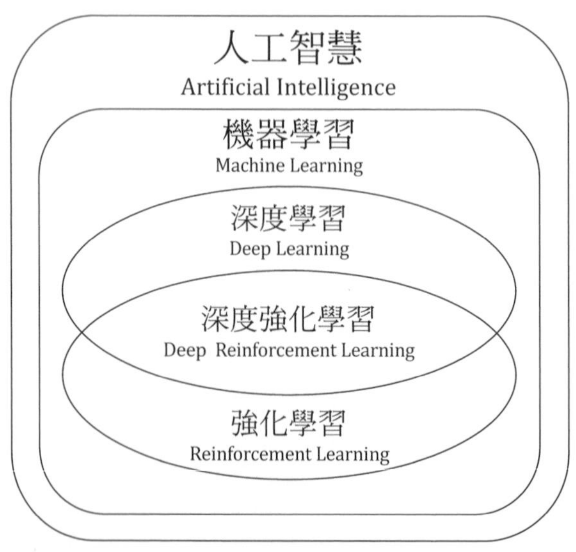

圖 1 人工智慧、機器學習、深度學習、強化學習及深度強化學習之間的關係

在我們深入閱讀本書之前，第一步應該先了解人工智慧領域不同的子領域，如機器學習（Machine Learning，ML）、深度學習（Deep Learning，DL）、強化學習（Reinforcement Learning，RL），以及本書的主題——深度強化學習（Deep Reinforcement Learning，DRL）。圖 1 用韋恩圖（Venn Diagram）展示了它們之間的關係，下面將會逐一介紹它們。

人工智慧

雖然科學家一直以來都在努力讓電腦變得越來越智慧，但是“智慧”的定義直到今天依然是非常模糊的。在這個問題上，Alan Turing 最早在他 1950 年曼城大學時的文章 Computing Machinery and Intelligence 中介紹了圖靈測試（Turing Test）。圖靈測試可以用來衡量機器模擬人類行為的能力大小。具體來說，它描述了一個 "imitation game"，一個質問者向一個人和一台電腦提出一系列問題，用以判斷哪個是人，哪個是機器。當且僅當質問者不能分辨出人和機器時，圖靈測試就透過了。

人工智慧的概念最早是由 John McCarthy 在 1956 年夏天的達特茅斯（Dartmouth）會議上提出的。這次會議被認為是人工智慧正式進入電腦科學領域的開端。最早期的人工智慧演算法主要用於解決可以被數學符號和邏輯規則公式化的問題。

機器學習

機器學習（Machine Learning，ML）的概念和名字是由 Arthur Samuel（Bell Labs, IBM, Stanford）在 1959 年首次提出來的。一個人工智慧系統需要具備從原始資料中學習知識的能力，這個能力就稱為機器學習。很多人工智慧問題可以被這樣解決：透過設計有針對性的模式辨識演算法來從原始資料中提取有效特徵，然後用機器學習演算法使用這些特徵。

比如，在早期的人臉辨識演算法中，我們需要特殊的人臉特徵提取演算法。最簡單的方法就是使用主成分分析（Principal Component Analysis，PCA）降低資料的維度，然後把低維度特徵輸入一個分類器獲得結果。長期以來，人臉辨識需要純手工設計的特徵工程演算法。針對不同問題設計特徵提取演算法的過程非常耗時，而且在很多工中設計有針對性的特徵提取演算法的難度非常大。比如，語言翻譯的特徵提取需要語法的知識，這需要很多語言學專家幫助。然而，一個通用的演算法應該具備從對不同任務自行學習出特徵提取演算法，以大大降低演算法開發過程中所需的人力的先驗知識。

學術界有很多研究，使得機器學習能自動學習資料的表徵。表徵學習的智慧化不僅可以提升性能，還能降低解決人工智慧問題的成本。

深度學習

深度學習是機器學習中的一個子領域，與其他演算法不同，它主要以類神經網路（Artificial Neural Network，ANN）(Goodfellow et al., 2016) 為基礎來實現。我們之所以稱它為神經網路，是因為它是由生物神經網路啟發設計的。Warren Sturgis McCulloch 和 Walter Pitts 在 1943 年共同發表的 A Logical Calculus of the Ideas Immanent in Nervous Activity (McCulloch et al., 1943) 被視為類神經網路的開端。至此，類神經網路作為一種全自動特徵學習器，使得我們不需要對不同資料開發 特定的特徵提取演算法，從而大大提高了開發演算法的效率。

深度神經網路（Deep Neural Network，DNN）是類神經網路的「深度」版本，有很多的神經網路層，深層的網路相比淺層的網路具有更強的資料表達能力。圖 2 展示了深度學習方法與非深度學習方法的主要區別。深度學習方法讓開發者不再需要針對特定資料來設計純手工的特徵提取演算法。我們因此也稱這些學習演算法為點對點（End-to-end）方法。但值得注意的是，很多人質疑，深度學習方法是一個黑盒子（Black-box），我們並不知道它是如何學到資料特徵表達的，往往缺乏透明性和可解析性。

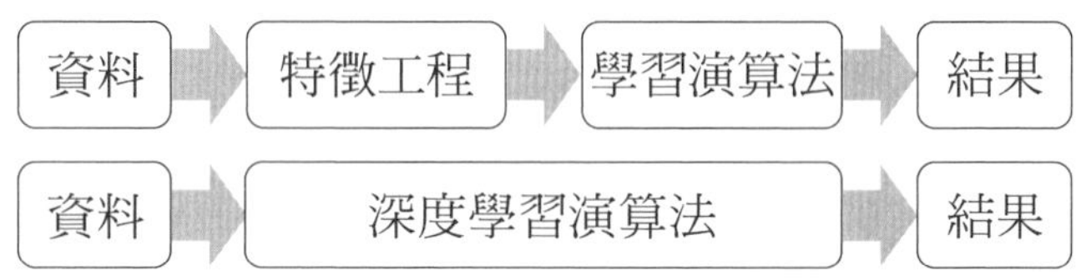

圖 2 深度學習方法與非深度學習方法的區別

雖然現在看來，深度學習非常流行，但是在類神經網路早期發展階段，受制於當時電腦算力和黑盒子問題，實際應用很少，並未受到學術界的廣泛關注。

這種情況直到 2012 年才獲得了改變，當年一個叫 Alexnet (Krizhevsky et al., 2012) 的模型在 ImageNet 圖型分類競賽 (Russakovsky et al., 2015) 中取得了超過其他方法 10% 以上的性能。從此，深度學習開始受到越來越多的關注，深度學習方法開始在很多不同領域超越非深度學習方法，比如大家熟悉的電腦視覺 (Girshick, 2015; Johnson et al., 2016; Ledig et al., 2017; Pathak et al., 2016; Vinyals et al., 2016) 和自然語言處理 (Bahdanau et al., 2015)。

強化學習

深度學習雖然具有了很強大的資料表達能力，但不足以建立一個智慧的人工智慧系統。這是因為人工智慧系統不僅需要從給定的資料中學習，而且還要像人類那樣學習與真實世界互動。強化學習作為機器學習的一個分支，即可讓電腦與環境進行互動學習。

簡單來說，強化學習把世界分為兩個部分：環境（Environment）與智慧體（Agent）。智慧體透過執行動作（Action）來與環境互動，並獲得環境的回饋。在強化學習中，環境的回饋是以獎勵（Reward）形式表現的。智慧體學習如何「更好」地與環境互動，以盡可能獲得更大的獎勵。 這個學習過程建立了環境與智慧體間的環路，透過強化學習演算法來提升智慧體的能力。

深度強化學習

深度強化學習結合了深度學習和強化學習各自的優點來建立人工智慧系統，主要在強化學習中使用深度神經網路的強巨量資料表達能力，例如價值函數（Value Function）可以用神經網路來近似，以實現點對點的最佳化學習。

DeepMind 是一家成立於倫敦、以科學研究為主導的人工智慧技術公司，在深度強化學習歷史上具有非常重要的地位。2013 年，僅在 AlexNet 提出一年以後，他們就發表了論文 Playing Atari with Deep Reinforcement Learning，該文以電子遊戲的原始畫面為基礎作為輸入，學習了 7 種遊戲。DeepMind 的方法不需要手工設計特徵提取演算法，在 6 個遊戲中優於之前的方法，甚至在 1 個遊戲中贏了人類。

2017 年，DeepMind 的 AlphaGO 圍棋演算法打敗了世界第一圍棋大師——柯潔。該事件標誌著人工智慧具備比人類更好表現的潛力。深度強化學習是機器學習的一個子領域，具有實現通用人工智慧（Artificial General Intelligence，AGI）的潛力。但是還有很多的挑戰需要我們解決，才能真正地實現這個理想的目標。

TensorLayer

強化學習的演算法很多，而且從學習演算法到實現演算法有一定的距離。因此，本書中很多章節會有實現教學，我們會展示一些演算法中的關鍵部分是如何實現的。自從深度學習變得流行以來，出現了很多開放原始碼的框架，比如 TensorFlow、Chainer、Theano 和 PyTorch 等，以支援神經網路的自動最佳化。在本書中，我們選擇 TensorLayer，一個為科學研究人員和專業工程師設計的深度學習與強化學習函數庫。該庫獲得了 ACM Multimedia 2017 年度最佳開放原始碼軟體獎。在本書定稿時，TensorLayer 2.0 支持 TensorFlow 2.0 作為後端計算引擎，而在下一版本中，TensorLayer 將會支援更多的其他計算引擎，如華為 MindSpore，以更好地支援 AI 訓練晶片。更多關於 TensorLayer 的最新資訊，請存取 GitHub 頁面。

參考文獻

- BAHDANAU D, CHO K, BENGIO Y, 2015. Neural machine translation by jointly learning to align andtranslate[C]//Proceedings of the International Conference on Learning Representations (ICLR).
- GIRSHICK R, 2015. Fast R-CNN[C]//Proceedings of the IEEE International Conference on ComputerVision (ICCV). 1440-1448.
- GOODFELLOW I, BENGIO Y, COURVILLE A, 2016. Deep learning[M]. MIT Press.
- JOHNSON J, ALAHI A, FEI-FEI L, 2016. Perceptual Losses for Real-Time Style Transfer and Super- Resolution[C]//Proceedings of the European Conference on Computer Vision (ECCV).

- KRIZHEVSKY A, SUTSKEVER I, HINTON G E, 2012. Imagenet classification with deep convolutional neural networks[C]//Proceedings of the Neural Information Processing Systems (Advances in Neural Information Processing Systems). 1097-1105.
- LEDIG C, THEIS L, HUSZAR F, et al., 2017. Photo-Realistic Single Image Super-Resolution Usinga Generative Adversarial Network[C]//Proceedings of the IEEE Conference on Computer Vision andPattern Recognition (CVPR).
- MCCULLOCH W S, PITTS W, 1943. A logical calculus of the ideas immanent in nervous activity[J]. The bulletin of mathematical biophysics, 5(4): 115-133.
- PATHAK D, KRAHENBUHL P, DONAHUE J, et al., 2016. Context encoders: Feature learning by inpainting[C]//Proceedings of the IEEE Conference on Computer Vision and Pattern Recognition (CVPR). 2536-2544.
- RUSSAKOVSKY O, DENG J, SU H, et al., 2015. Imagenet Large Scale Visual Recognition Challenge[J]. International Journal of Computer Vision (IJCV), 115(3): 211-252.
- VINYALS O, TOSHEV A, BENGIO S, et al., 2016. Show and tell: Lessons learned from the 2015 mscoco image captioning challenge[J]. IEEE Transactions on Pattern Analysis and Machine Intelligence(PAMI).

數學符號

本書盡可能地減少了和數學相關的內容，以幫助讀者更加直觀地理解深度強化學習。本書的數學符號約定如下。

基礎符號

x scalar，純量

$\mathbf{x}$ vector，向量

$\mathbf{X}$ matrix，矩陣

$\mathbb{R}$ the set of real numbers，實數集

$\frac{\mathrm{d}y}{\mathrm{d}x}$ derivative of y with respect to x，純量的導數

$\frac{\partial y}{\partial x}$ partial derivative of y with respect to x，純量的偏導數

$\nabla_{\mathbf{x}} y$ gradient of y with respect to $\boldsymbol{x}$，向量的梯度

$\nabla_{\mathbf{X}} y$ matrix derivatives of y with respect to $\boldsymbol{X}$，矩陣的導數

$P(X)$ a probability distribution over a discrete variable，離散變數的機率分佈

$p(X)$ a probability distribution over a continuous variable, or over a variable whose type has not been specified，連續變數（或未定義連續或離散的變數）的機率分佈

$X \sim p$ the random variable X has distribution，隨機變數X滿足機率分佈 p

$\mathbb{E}[X]$ expectation of a random variable，隨機變數的期望

$\mathrm{Var}[X]$ variance of a random variable，隨機變數的方差

$\mathrm{Cov}(X, Y)$ covariance of two random variables，兩個隨機變數的協方差

$D_{\mathrm{KL}}(P \parallel Q)$ Kullback-Leibler divergence of P and Q，兩個機率分佈的 KL 散度

$\mathcal{N}(\mathbf{x}; \boldsymbol{\mu}, \boldsymbol{\Sigma})$ Gaussian distribution over $\mathbf{x}$ with mean $\boldsymbol{\mu}$ and covariance $\boldsymbol{\Sigma}$，平均值為$\boldsymbol{\mu}$且協方差為$\boldsymbol{\Sigma}$的多元高斯分佈

強化學習符號

s, s'	states，狀態
a	action，動作
r	reward，獎勵
R	reward function，獎勵函數
$\mathcal{S}$	set of all non-terminal states，非終結狀態
$\mathcal{S}^+$	set of all states, including the terminal state，全部狀態，包括終結狀態
$\mathcal{A}$	set of actions，動作集合
$\mathcal{R}$	set of all possible rewards，獎勵集合
$\mathbf{P}$	transition matrix，轉移矩陣
t	discrete time step，離散時間步
T	final time step of an episode，回合內最終時間步
S_t	state at time t，時間t的狀態
A_t	action at time t，時間t的動作
R_t	reward at time t, typically due, stochastically, to A_t and S_t，時間t的獎勵，通常為隨機量，且由A_t和S_t決定
G_t	return following time t，回報
$G_t^{(n)}$	n-step return following time t，n步回報
G_t^λ	λ-return following time t，λ-回報
π	policy, decision-making rule，策略
$\pi(s)$	action taken in state s under deterministic policy π，根據確定性策略π，狀態s時的動作
$\pi(a\|s)$	probability of taking action a in state s under stochastic policy π，根據隨機性策略π，狀態s時執行動作a的機率

$p(s', r \| s, a)$	probability of transitioning to state s', with reward r, from state s and action a，根據狀態s和動作a，使得狀態轉移成s'且獲得獎勵r的機率
$p(s' \| s, a)$	probability of transitioning to state s', from state s taking action a，根據狀態s和動作a，使得狀態轉移成s'的機率
$v_\pi(s)$	value of state s under policy π (expected return)，根據策略π，狀態s的價值（回報期望）
$v_*(s)$	value of state s under the optimal policy，根據最佳策略，狀態s的價值
$q_\pi(s, a)$	value of taking action a in state s under policy π，根據策略π，在狀態s時執行動作a的價值
$q_*(s, a)$	value of taking action a in state s under the optimal policy，根據最佳策略，在狀態s時執行動作a的價值
V, V_t	estimates of state-value function $v_\pi(s)$ or $v_*(s)$，狀態價值函數的估計
Q, Q_t	estimates of action-value function $q_\pi(s, a)$ or $q_*(s, a)$，動作價值函數的估計
τ	trajectory, which is a sequence of states, actions and rewards, $\tau = (S_0, A_0, R_0, S_1, A_1, R_1, \cdots)$，狀態、動作、獎勵的軌跡
γ	reward discount factor, $\gamma \in [0,1]$，獎勵折扣因數
ϵ	probability of taking a random action in ϵ-greedy policy，根據ϵ-貪婪策略，執行隨機動作的機率
α, β	step-size parameters，步進值
λ	decay-rate parameter for eligibility traces，資格跡的衰減速率

強化學習中術語複習

除了在本書開頭的數學符號法則中定義的術語，強化學習中常見內容的相關術語複習如下：

R是獎勵函數，$R_t = R(S_t)$是 MRP 中狀態S_t的獎勵，$R_t = R(S_t, A_t)$是 MDP 中的獎勵，$S_t \in \mathcal{S}$。

$R(\tau)$是軌跡τ的γ-折扣化回報，$R(\tau) = \sum_{t=0}^{\infty} \gamma^t R_t$。

$p(\tau)$是軌跡的機率：

- $p(\tau) = \rho_0(S_0) \prod_{t=0}^{T-1} p(S_{t+1}|S_t)$對於 MP 和 MRP，$\rho_0(S_0)$ 是起始狀態分佈（Start-State Distribution）。

- $p(\tau|\pi) = \rho_0(S_0) \prod_{t=0}^{T-1} p(S_{t+1}|S_t, A_t)\pi(A_t|S_t)$對於 MDP，$\rho_0(S_0)$是起始狀態分佈。

$J(\pi)$是策略π的期望回報，$J(\pi) = \int_\tau p(\tau|\pi)R(\tau) = \mathbb{E}_{\tau\sim\pi}[R(\tau)]$。

π^*是最佳策略：$\pi^* = \text{argmax}_\pi J(\pi)$。

$v_\pi(s)$是狀態s在策略π下的價值（期望回報）。

$v_*(s)$是狀態s在最佳策略下的價值（期望回報）。

$q_\pi(s,a)$是狀態s在策略π下採取動作a的價值（期望回報）。

$q_*(s,a)$是狀態s在最佳策略下採取動作a的價值（期望回報）。

$V(s)$是對 MRP 中從狀態s開始的狀態價值的估計。

$V^\pi(s)$是對 MDP 中線上狀態價值函數的估計，指定策略π，有期望回報：

- $V^\pi(s) \approx v_\pi(s) = \mathbb{E}_{\tau\sim\pi}[R(\tau)|S_0 = s]$

$Q^\pi(s,a)$是對 MDP 下線上動作價值函數的估計，指定策略π，有期望回報：

- $Q^\pi(s,a) \approx q_\pi(s,a) = \mathbb{E}_{\tau\sim\pi}[R(\tau)|S_0 = s, A_0 = a]$

$V^*(s)$是對 MDP 下最佳動作價值函數的估計，根據最佳策略，有期望回報：

- $V^*(s) \approx v_*(s) = \max_\pi \mathbb{E}_{\tau\sim\pi}[R(\tau)|S_0 = s]$

$Q^*(s,a)$是對 MDP 下最佳動作價值函數的估計，根據最佳策略，有期望回報：

- $Q^*(s,a) \approx q_*(s,a) = \max_\pi \mathbb{E}_{\tau\sim\pi}[R(\tau)|S_0 = s, A_0 = a]$

$A^\pi(s,a)$是對狀態s和動作a的優勢估計函數：

- $A^\pi(s,a) = Q^\pi(s,a) - V^\pi(s)$

線上狀態價值函數$v_\pi(s)$和線上動作價值函數$q_\pi(s,a)$的關係：

- $v_\pi(s) = \mathbb{E}_{a\sim\pi}[q_\pi(s,a)]$

最佳狀態價值函數$v_*(s)$和最佳動作價值函數$q_*(s,a)$的關係：

- $v_*(s) = \max_a q_*(s,a)$

$a_*(s)$是狀態s下根據最佳動作價值函數得到的最佳動作：

- $a_*(s) = \text{argmax}_a q_*(s,a)$

對於線上狀態價值函數的貝爾曼方程式：

- $v_\pi(s) = \mathbb{E}_{a\sim\pi(\cdot|s),s\prime\sim p(\cdot|s,a)}[R(s,a) + \gamma v_\pi(s')]$

對於線上動作價值函數的貝爾曼方程式：

- $q_\pi(s,a) = \mathbb{E}_{s\prime\sim p(\cdot|s,a)}[R(s,a) + \gamma \mathbb{E}_{a\prime\sim\pi(\cdot|s\prime)}[q_\pi(s',a')]]$

對於最佳狀態價值函數的貝爾曼方程式：

- $v_*(s) = \max_a \mathbb{E}_{s\prime\sim p(\cdot|s,a)}[R(s,a) + \gamma v_*(s')]$

對於最佳動作價值函數的貝爾曼方程式：

- $q_*(s,a) = \mathbb{E}_{s\prime\sim p(\cdot|s,a)}[R(s,a) + \gamma \max_{a\prime} q_*(s',a')]$

目錄

基礎部分

01 深度學習入門

02 強化學習入門

03 強化學習演算法分類

04 深度 Q 網路

05 策略梯度

06 深度 Q 網路和 Actor-Critic 的結合

研究部分

07 深度強化學習的挑戰

08 模仿學習

09 整合學習與規劃

10 分層強化學習

11 多智慧體強化學習

12 平行計算

應用部分

13 Learning to Run

14 堅固的圖型增強

15 AlphaZero

16 模擬環境中機器人學習

17 Arena：多智慧體強化學習平台

18 深度強化學習應用實踐技巧

複習部分

A 演算法複習表

B 演算法速查表

C 中英文對照表

基礎部分

本書第一部分包括 6 個章節，介紹深度學習、強化學習及廣泛應用的深度強化學習演算法及其實現。 具體來説，前兩章介紹深度學習和強化學習的基本概念，以及少量深度強化學習的基礎，這些內容對讀者閱讀後續章節非常重要。 如果您已經掌握了這些基礎，完全可以跳過這兩個章節。但我們還是建議您閱讀第 2 章，這有助熟悉本書的術語和數學公式。

第 3 章介紹了強化學習演算法的分類，以幫助大家從不同的角度來對深度強化學習演算法有全域的認識。分類包括以模型為基礎的（Model-Based）與無模型的（Model-Bree）方法、以策略為基礎的（Policy-Based）與以價值為基礎的（Value-Based）方法、蒙地卡羅（Monte Carlo，MC）與時間差分（Temporal Difference，TD）方法、線上策略（On-Policy）與離線策略（Off-Policy）方法，等等。 如果讀者在閱讀本書其他章節時，對演算法的分類與屬性有困惑，可回到第 3 章仔細思考。我們會在第 4～6 章詳細介紹一些常見的深度強化學習演算法，透過實例程式幫助大家深入了解演算法的細節和實現技巧。

Chapter

01

深度學習入門

深度學習是深度強化學習的重要組成部分。本章將首先簡介深度學習的基礎知識，會從簡單的單層神經網路開始，逐漸引入更加複雜且學習能力更強的神經網路模型，比如卷積神經網路和循環神經網路的模型。本章在最後將提供一些程式範例，用於介紹深度學習的實現過程。

1.1 簡介

如果您已經非常熟悉深度學習，則可以從第 2 章開始閱讀。如果您想對深度學習中的部分內容進行深入的學習和了解，推薦您參閱其他相關圖書，例如 *Pattern Recognition and Machine Learning* (Bishop, 2006) 和 *Deep Learning* (Goodfellow et al., 2016)。與經典強化學習不同的是，深度強化學習是以深度學習模型為基礎，即深度神經網路，來利用巨量資料和高性能計算強大優勢的。我們可以大致將深度學習模型分為以下兩大類。

判別模型用於建模條件機率$p(y|x)$，其中 x代表輸入資料，而y代表輸出目標。也就是說，判別模型以輸入資料x為基礎，預測相對應的標籤y。顧名思義，判別模型大多應用於需要進行判斷的任務，舉例來說，分類任務和回歸任務。具體來說，在分類任務中，模型需要根據輸入資料從備選類別

中選擇正確的目標類別。如果一個任務中僅有兩個備選類別且模型只需要從中選取一個正確的目標類別，則為二分類任務，是最為基本的分類任務。舉例來說，在情感分析中 (Maas et al., 2011)，根據文字內容，判斷文字表達了正面的情緒還是負面的情緒，即二分類任務。與之相對應的，在多標籤分類任務中，備選類別中可能同時有多個正確的目標類別。

在很多情況下，一個分類模型並不直接指定目標類別，而會給每一個備選類別計算一個機率。舉例來說，模型根據某個資料範例，認為它有 80% 的機率來自類別 A，而另有 15% 的機率來自類別 B，5% 的機率來自類別 C。之所以使用這種以機率為基礎的表徵，主要是為了便於在訓練階段對模型進行最佳化。深度學習已經在很多像圖型分類 (Krizhevsky et al., 2009) 和文字分類 (Yang et al., 2019) 的分類任務上獲得了巨大的成功。

分類任務的輸出均為離散的類別標籤，而回歸任務則不同。回歸任務的輸出是連續的數值，如利用過去的交通資料來預測未來一段時間內的車速 (Liao et al., 2018a,b)。只要回歸模型是以條件機率建模為基礎的，我們就認為它是判別模型。

生成模型用於建模聯合機率 $p(x, y)$。生成模型通常對可觀測資料的分佈進行建模，從而達到生成可觀測資料的目的。生成對抗網路（Generative Adversarial Networks，GANs）(Goodfellow et al., 2014) 就是這樣一個例子，它被用於生成圖型、重構圖像和對圖型去噪。然而，類似於 GANs 的深度學習技術與可觀測資料的分佈並沒有顯性的關係，因為深度學習技術更關注生成的樣本和可觀測的真實樣本之間的相似程度。與此同時，像單純貝氏（Naive Bayes）的生成模型也用於解決分類任務 (Ng et al., 2002; Rish et al., 2001)。儘管生成模型和判別模型都可以用於解決分類任務，判別模型關注的是哪一個標籤更適合可觀測資料，而生成模型則嘗試建模可觀測資料的分布。下面舉兩個例子來說明它們的不同。單純貝氏對似然機率（Likelihood）$p(x|y)$ 建模，也就是可觀測資料在指定標籤情況下的條件機率。生成模型先學會創造資料，再去學習如何判別資料，當學習了聯

合機率分佈 $p(x,y)$ 後即可以學會判別，比如指定觀測輸入 x，輸出目標為 1 的機率為 $p(y=1|x)=\frac{p(x,y=1)}{p(x)}$。

大多數深度神經網路都是判別模型，無論其目的是用於判別類任務還是生成類任務。這是因為很多生成類任務在具體實現中都可以簡化為分類或回歸問題。舉例來說，問答系統 (Devlin et al., 2019) 可以簡化為根據問題選擇文字中對應的段落；自動摘要 (Zhang et al., 2019b) 可以簡化為從詞表中根據機率選擇單字，並組合成摘要。在這兩種場景下，它們都在嘗試生成文字，但是一個使用了分類的方法，另一個則使用了回歸的方法。

具體來説，本章將介紹深度學習相關的基本元素和技術，例如構造深度神經網路必需的神經元、啟動函數和最佳化器等，同時將介紹深度學習相關的應用。本章也將介紹基礎的深度神經網路，例如多層感知器（Multilayer Perceptron，MLP）、卷積神經網路（Convolutional Neural Networks，CNNs），以及循環神經網路（Recurrent Neural Networks，RNNs）。最後，1.10 節將以 TensorFlow 和 TensorLayer 為基礎介紹深度神經網路的實現範例。

1.2 感知器

單輸出

神經元或節點是深度神經網路最基本的單元。神經元的概念最初是以大腦中生物神經元提出為基礎的，也是生物神經元的一種抽象表示。在大腦中，生物神經元透過樹突接受電訊號，當生物神經元被啟動後，透過軸突將電訊號傳播給其他附近的生物神經元。在真實的生物系統中，神經元的資訊傳遞並不是在一瞬間發生的，而是需要經過一步一步傳遞的過程，這個過程可以形象地了解成啟動一個神經網路。當前，深度學習的研究更多地依賴深度神經網路（Deep Neural Networks，簡稱 DNNs），亦稱人造神經網路（Artificial Neural Networks，簡稱 ANNs）。深度神經網路中的神經元的輸入和輸出都是數值。一個神經元可以跟下一層的多個神經元同時相連，也可以跟上一層的多個神經元同時相連。具體來說，每個神經元將上一層神經元的輸出進行聚合，再透過啟動函數決定其最終的輸出。如果這些聚集的輸入訊號足夠強，那麼這個啟動函數將「啟動」（Activate）這個神經元，然後這個神經元會將一個有高數值的訊號傳遞給下一層網路。相對地，如果輸入訊號不夠強，那麼一個低數值訊號將被傳遞下去。

一個神經網路可以有任意多個神經元，而這些神經元彼此可以有很多隨機的連接。但是為了運算更加容易，神經元往往是層層遞進的。一般來說，一個神經網路至少會有兩層：輸入層和輸出層（見圖 1.1）。這個網路可以被公式 (1.1) 描述，它可以做一些簡單的決定任務，比如幫助幾個學生根據天氣的情況具體決定他們是否外出踢足球，網路輸出的 z 是一個分數，分數越高則代表越可以去踢足球。這個分數取決於三個因素：(1) 足球場的使用費用 x_1；(2) 天氣 x_2；(3) 去球場的時間 x_3。如果天氣對大家做這個決定比較重要，則其相對應的網路權重 w_2 會有較大的絕對值。同樣地，那些對做這個決定影響較小的因素，所對應的網路權重的絕對值就會較小。如果一個權重被設定為零，那麼它所對應的輸入就對最終的結果完全沒有影響。比如，有的學生有錢，不在乎足球場的費用，則 w_1 為 0。我們把具有這樣結構的網路叫作單一層網路，也叫作**感知器**（Perceptron）。

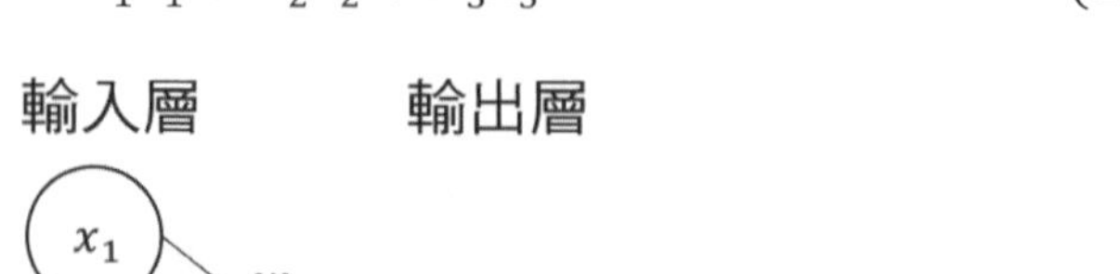

$$z = w_1x_1 + w_2x_2 + w_3x_3 \tag{1.1}$$

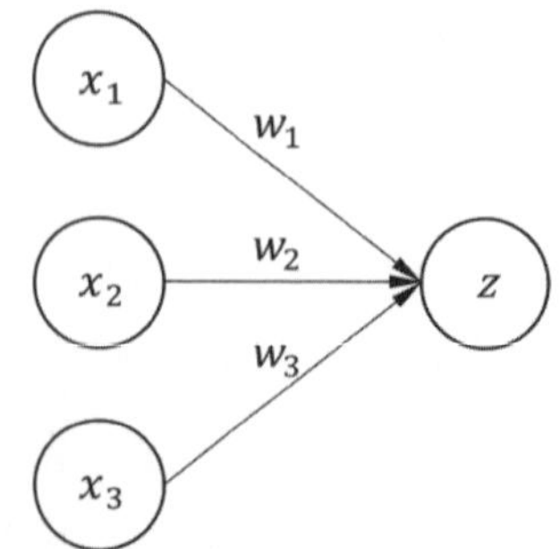

圖 1.1 有三個輸入神經元和一個輸出神經元的神經網路

偏差與決策邊界

偏差（Bias）是神經元所附帶的額外的純量，用來偏移神經網路的輸出。圖 1.2 所示的有偏差b的單層神經網路可以用公式 (1.2) 表達：

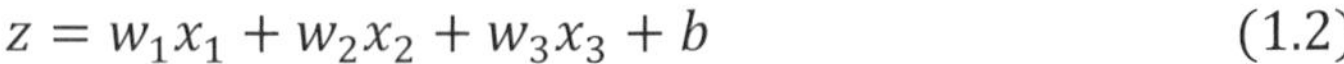

$$z = w_1x_1 + w_2x_2 + w_3x_3 + b \tag{1.2}$$

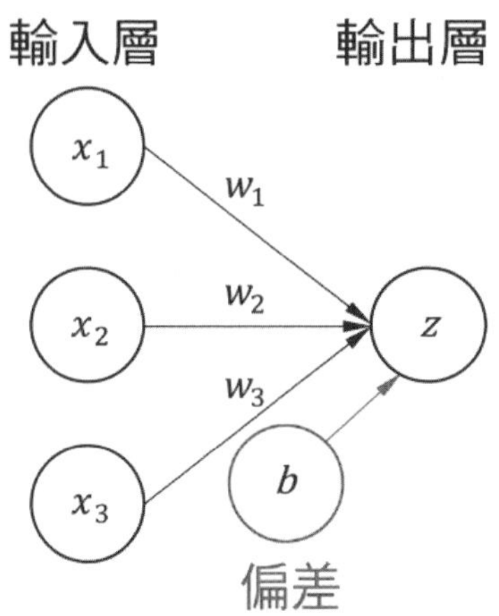

圖 1.2 一個有偏差的單層神經網路

偏差可以幫助一個神經網路更進一步地學習資料。我們不妨定義以下二分類問題：對於輸出 z，當且僅當 z 為正數，其所對應的標籤 y 為 1，反之為 0：

$$y = \begin{cases} 1 & z > 0 \\ 0 & z \leq 0 \end{cases} \tag{1.3}$$

二分類任務的樣本資料分佈例子如圖 1.3 所示。我們現在需要找到最符合這些資料的權重和偏差。我們把這些樣本資料分成兩個不同的類別的邊界定義為決策邊界。正式來說，這個邊界是 $\{x_1, x_2, x_3 | w_1x_1 + w_2x_2 + w_3x_3 + b = 0\}$。

我們首先把這個問題簡化到只有兩個輸入的情況下，即 $z = w_1x_1 + w_2x_2 + b$。如圖 1.3 左所示，如果沒有偏差值，也就是說 $b = 0$，那麼決策邊界必須穿過座標系的原點（左下的線）。但是，這樣很明顯不符合資料的分佈，因為我們的資料點都是在這個邊界的一側。如果偏差值不是 0，那麼決策邊界與兩個軸的交點就為 $(0,-\frac{b}{w_2})$ 和 $(-\frac{b}{w_1},0)$。這樣來看，如果我們的權重和偏差值選得好，那麼決策邊界就能更進一步地符合資料分佈。

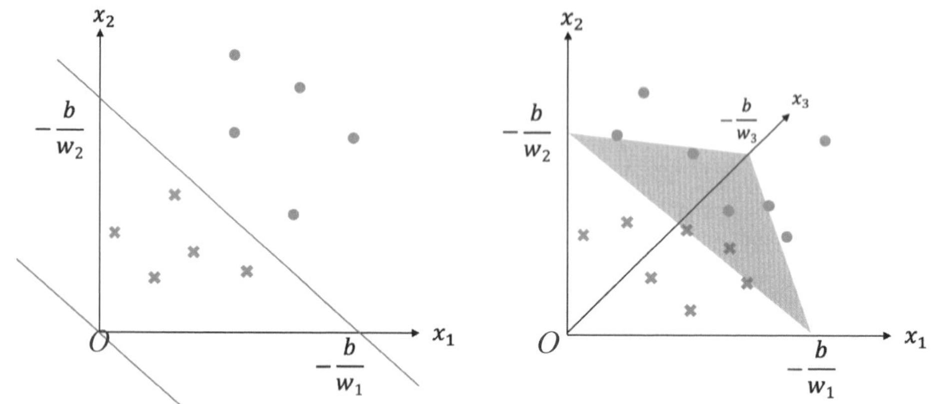

圖 1.3　線性模型分別在兩個輸入和三個輸入場景下的決策邊界。左：$z = w_1x_1 + w_2x_2 + b$。右：$z = w_1x_1 + w_2x_2 + w_3x_3 + b$。若沒有偏差，則決策邊界必須經過原點，不能極佳地分類

進一步來說，當一個神經元有三個輸入的時候，$z = w_1x_1 + w_2x_2 + w_3x_3 + b$，此時的邊界就會變成如圖 1.3 右所示的平面。在一個如單層神經網路（見公式(1.2)）的線性模型中，這樣的平面也被稱為**超平面**（Hyperplane）。

多輸出

單層神經網路可以有多個神經元。圖 1.4 展示了一個有兩個輸出神經元的單層網路，由公式 (1.4) 所得。因為每一個輸出都和全部輸入相連，所以輸出層也被稱為**密集層**（Dense Layer）或**全連接層**（Fully-Connected (FC) Layer）：

$$
\begin{aligned}
z_1 &= w_{11}x_1 + w_{12}x_2 + w_{13}x_3 + b_1 \\
z_2 &= w_{21}x_1 + w_{22}x_2 + w_{23}x_3 + b_2
\end{aligned}
\tag{1.4}
$$

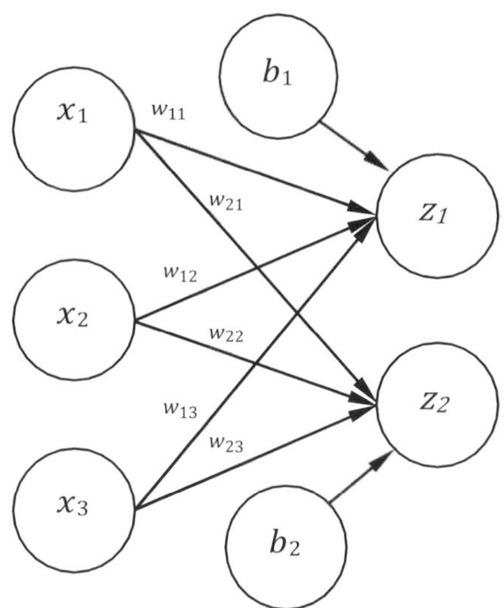

圖 1.4　一個有三個輸入和兩個輸出的神經元的神經網路

在實踐中，全連接層也可以被矩陣乘法實現：

$$\boldsymbol{z} = \boldsymbol{W}\boldsymbol{x} + \boldsymbol{b} \tag{1.5}$$

式中，$\boldsymbol{W} \in \mathbb{R}^{m \times n}$ 是用來表示權重的矩陣，$\boldsymbol{z} \in \mathbb{R}^{m}, \boldsymbol{x} \in \mathbb{R}^{n}, \boldsymbol{b} \in \mathbb{R}^{m}$ 分別用來表示輸出、輸入和偏差的向量。在公式 (1.5) 裡的例子中，$m = 2$，$n = 3$，即 $\boldsymbol{W} \in \mathbb{R}^{2 \times 3}$。

$$\begin{bmatrix} \boldsymbol{z_1} \\ \boldsymbol{z_2} \end{bmatrix} = \begin{bmatrix} \boldsymbol{w_{11}} & \boldsymbol{w_{12}} & \boldsymbol{w_{13}} \\ \boldsymbol{w_{21}} & \boldsymbol{w_{22}} & \boldsymbol{w_{23}} \end{bmatrix} \begin{bmatrix} \boldsymbol{x_1} \\ \boldsymbol{x_2} \\ \boldsymbol{x_3} \end{bmatrix} + \begin{bmatrix} \boldsymbol{b_1} \\ \boldsymbol{b_2} \end{bmatrix} \tag{1.6}$$

1.3 多層感知器

多層感知器（Multi-Layer Perceptron，MLP）(Rosenblatt, 1958; Ruck et al., 1990) 最初指至少有兩個全連接層的網路。圖 1.5 展現了一個有四個全連接層的多層感知器。那些在輸入層和輸出層中間的網路層被隱藏（Hidden）了，因為一般來說從網路外面是沒有辦法直接接觸它們的，所以被統稱為**隱藏層**（Hidden Layers）。相比只有一個全連接層的網路，

MLP 可以從更複雜的資料中學習。從另外一個角度來看，MLP 的學習能力是大於單一層網路的學習能力的。但是擁有更多的隱藏層並不表示一個網路會有更強的學習能力。通用近似定理說的是：一個有一層隱藏層的神經網路（類似於有一層隱藏層的 MLP）和任何可擠壓的啟動函數（見後文的 sigmoid 和 tanh）在這一層網路有足夠多神經元的情況下，可以估算出任何博賴爾可測函數 (Goodfellow et al., 2016; Hornik et al., 1989; Samuel, 1959)。但是實際上，這樣的網路可能會非常難以訓練或容易過擬合（Overfit）（見後文）。因為隱藏層非常大，所以一般的深度神經網路都會有幾層隱藏層來降低訓練難度。

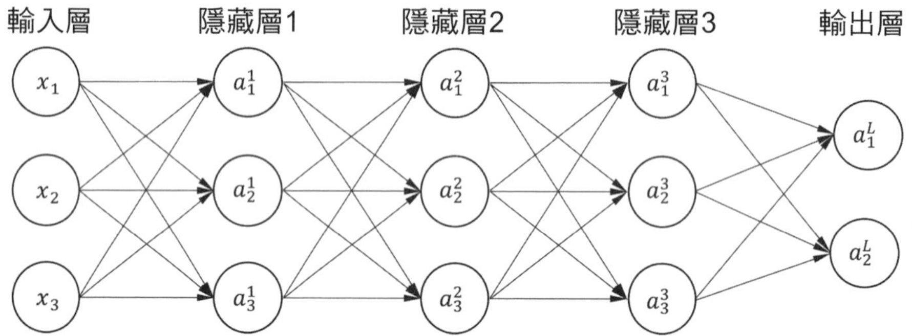

圖 1.5　一個具有三個隱藏層和一個輸出層的多層感知器。圖中使用 a_i^l 表示神經元，其中 l 代表層的索引，i 代表輸出的索引

為什麼需要多層網路？為了回答這個問題，我們首先透過邏輯運算的幾個例子來展示一個網路是怎麼估算一個方程式的。我們會考慮的邏輯運算有：與（AND）、或（OR）、同或（XNOR）、互斥（XOR）、或非（NOR）、與非（NAND）。這些運算輸入都是兩個二進位數字，然後輸出為 1 或 0。如與（AND），只有兩個輸入同時為 1，AND 才會輸出 1。這些簡單的邏輯計算可以很容易就被感知器學習，就像公式 (1.7) 裡展現的那樣。

$$f(\boldsymbol{x}) = \begin{cases} 1 & \text{如果 } z > 0 \\ 0 & \text{其他情況} \end{cases} \quad , \quad z = w_1 x_1 + w_2 x_2 + b \qquad (1.7)$$

圖 1.6 展示了被感知器定義的決策邊界可以很輕鬆地把 AND、OR、NOR 和 NAND 運算的 0 和 1 分開出來，但是，XOR 或 XNOR 的決策邊界是不可能被找到的。

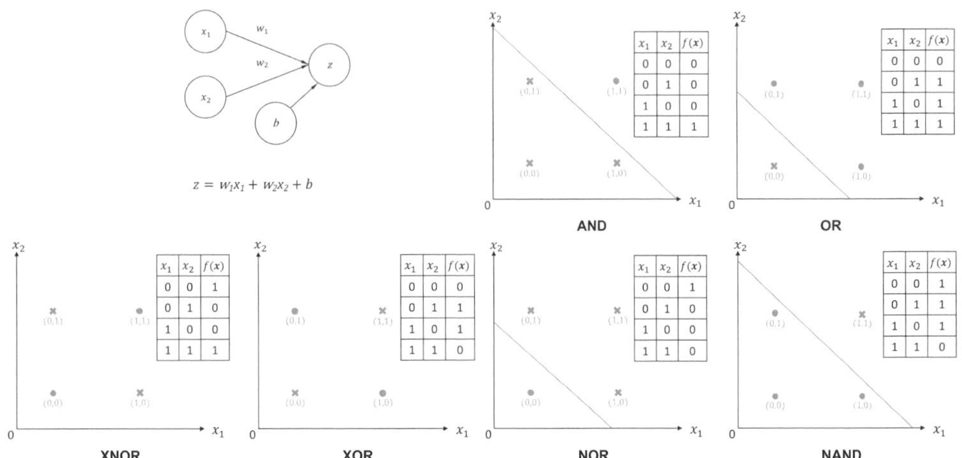

圖 1.6 左上：有兩個輸入和一個輸出的感知器。剩下的是：不同的用來把 0（×）和 1（•）分開的決策邊界。在這個單層感知器中，能找到 AND、OR、NOR 和 NAND 的決策邊界，但找不到可以實現 XOR 和 XNOR 的決策邊界

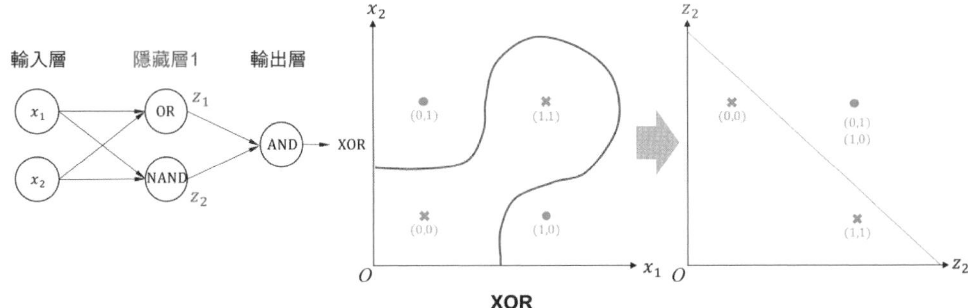

圖 1.7 左：一個可以估算 XOR 的 MLP。中和右：把原始資料點轉化到特徵空間，從而使得這些資料點變得線性可分離

因為我們不能用一個線性模型像單一感知器那樣直接估算 XOR，所以必須要轉化輸入。圖 1.7 展現了一個用有一層隱藏層的 MLP 去估算 XOR，這個 MLP 首先將透過估計 OR 和 NAND 運算把 x_1, x_2 轉換到了一個新的空

間，然後在這個轉換過的空間裡，這些點就可以被一個估算 AND 的平面分開了。這個被轉換過後的空間也被稱為特徵空間。這個例子說明了怎麼透過特徵的學習來改善一個模型的學習能力。

1.4 啟動函數

矩陣的加減和乘除運算都是線性運算子，但是一個線性模型的學習能力還是相對有限的。舉例來說，線性模型不能輕易地估算一個餘弦函數。因為大多數深度神經網路解決的真實問題都不可能被簡單地映射到一個線性轉換，所以非線性在深度神經網路裡非常重要。

實際上，深度學習網路的非線性是透過啟動函數來介入的。這些啟動函數都是針對每一個元素（Element-Wise）運算的。我們需要這些啟動函數來幫助模型獲得有任意數值的機率向量。啟動函數的選擇要根據具體的運用場景來考慮。雖然有一些啟動函數在大多數的情況下效果都是不錯的，但是在具體的實際運用中，可能還有更好的選擇。所以啟動函數的設計至今都還是一個活躍的研究方向。本節主要介紹四種非常常見的啟動函數：sigmoid、tanh、ReLU 和 softmax。

邏輯函數 **sigmoid** 在作為啟動函數時，將輸入控制在了 0 和 1 之間，如公式 (1.8) 所示。sigmoid 方程式可以在網路的最後一層，使用來做一些分類的任務，以代表 0%～100%的機率。比如說，一個二維的分類器可以把 sigmoid 方程式放在最後一層，來把其數值侷限在 0 和 1 之中，然後我們可以用一個簡單的臨界值決定最終輸出的標籤是什麼（0 或 1）。

$$f(\mathbf{z}) = \frac{1}{1+\mathrm{e}^{-\mathbf{z}}} \tag{1.8}$$

與 sigmoid 函數類似的是，**hyperbolic tangent** （**tanh**）把輸出值控制到了 −1 和 1 之間，就如公式 (1.9) 所定義那樣。tanh 函數可以在隱藏層中使用來提高非線性 (Glorot et al., 2011)。它也可以在輸出層中使用，比如網路可以輸出像素數值在−1 和 1 的圖型。

$$f(\mathbf{z}) = \frac{e^{z}-e^{-z}}{e^{z}+e^{-z}} \tag{1.9}$$

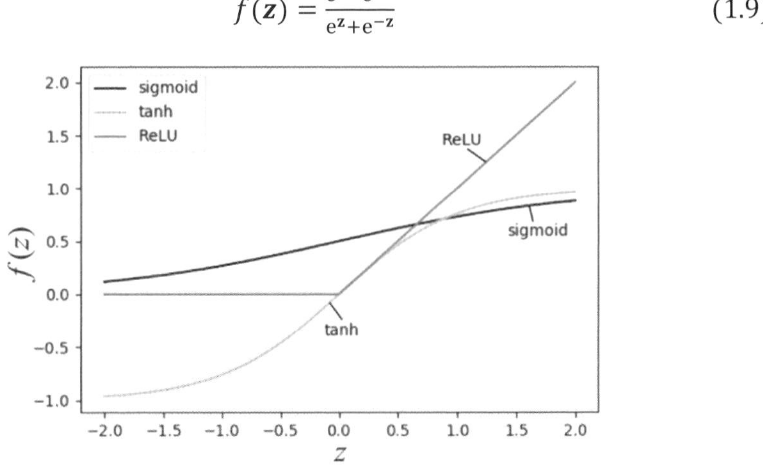

圖 1.8　展現三個元素單位運用的方程式：sigmoid、tanh 和 ReLU。sigmoid 把數值限制在了 0 和 1 之間，而 tanh 則把數值限制在了−1 和 1 之間。當輸入是負數時，ReLU 則輸出 0，但當輸入是正數時，其輸出等於輸入

在公式(1.10)中，我們定義了**整流線性單元**（Rectified Linear Unit，ReLU）函數，也叫作 rectifier。ReLU 被廣泛地使用於不同的研究當中(Cao et al., 2017; He et al., 2016; Noh et al., 2015)，在很多層的網路中 ReLU 通常會比 sigmoid 和 tanh 性能更好(Glorot et al., 2011)。

$$f(z) = \begin{cases} 0 & 當\ z \le 0 \\ z & 當\ z > 0 \end{cases} \tag{1.10}$$

在實際運用中，ReLU 有以下優勢。

- 更易實現和計算：在實現 ReLU 的過程中，首先我們只需要把其數值和 0 做比較，然後根據結果來設定輸出是 0 還是z。而我們在實現 sigmoid 和 tanh 的過程當中，指數函數在大型網路中會更難以計算。
- 網路更好最佳化：ReLU 接近於線性，因為它是由兩個線性函數組成的。這種性質就使得它更容易被最佳化，我們在本章後面講解最佳化細節時再討論。

然而 ReLU 把負數變成 0，可能會導致輸出中資訊的喪失。這可能是因為一個不合適的學習速率或負的偏差而導致的。帶洩漏的（Leaky）ReLU 則解決了這個問題 (Xu et al., 2015)。我們在公式 (1.11) 中對它進行了定義。純量 α 是一個較小的正數來控制斜率，使得來自負區間的資訊也可以被保留下來。

$$f(z)=\begin{cases}\alpha z & \text{當 } z\leq 0\\ z & \text{當 } z>0\end{cases} \tag{1.11}$$

有參數的 ReLU（PReLU）(He et al., 2015) 和 Leaky ReLU 很近似，它把 α 看作一個可以訓練的參數。目前我們還沒有具體的證據顯示 ReLU、Leaky ReLU 或 PReLU 哪個是最好的，它們在不同應用中往往有不同的效果。

不像上述的其他啟動函數，在公式 (1.12) 中定義的 **softmax** 函數會根據前一層網路的輸出提供歸一化。softmax 函數首先計算指數函數 $e^{\mathbf{z}}$，然後每一項都除以這個值進行歸一。

$$f(\mathbf{z})_i=\frac{e^{z_i}}{\sum_{k=1}^{K}e^{z_k}} \tag{1.12}$$

在實際運用當中，softmax 函數只在最後的輸出層用來歸一輸出向量 $\mathbf{z}$，使其變成一個機率向量。這個機率向量的每一個值都為非負數，然後它們的和最終會為 1。所以，softmax 函數在多分類任務中被廣泛使用，用以輸出不同類別的機率。

1.5 損失函數

到目前為止，我們了解了神經網路結構的基礎知識，那麼網路的參數是怎麼自動學習出來的呢？這需要**損失函數**（Loss Function）來啟動。具體來說，損失函數通常被定義為一種計算誤差的量化方式，也就是計算網路輸出的預測值和目標值之間的損失值或代價大小。損失值被用來作為最佳化神經網路參數的目標，我們最佳化的參數包括權重和偏差等。在本節裡，我們會介紹一些基本的損失函數，1.6 節會介紹如何使用損失函數最佳化網路參數。

交叉熵損失

在介紹交叉熵損失之前，首先來看一個類似的概念：Kullback-Leibler (KL) 散度，其作用是衡量兩個分佈 $P(x)$ 和 $Q(x)$ 的相似度：

$$D_{\mathrm{KL}}(P \parallel Q) = \mathbb{E}_{x\sim P}\left[\log\frac{P(x)}{Q(x)}\right] = \mathbb{E}_{x\sim P}[\log P(x) - \log Q(x)] \tag{1.13}$$

KL 散度是一個非負的指標，並且只有在 P 和 Q 兩個分佈一樣時才設定值為 0。因為 KL 散度的第一個項和 Q 沒有關係，我們引入交叉熵的概念並把公式的第一項移除。

$$H(P, Q) = -\mathbb{E}_{x\sim P}\log Q(x) \tag{1.14}$$

因此，透過Q來最小化交叉熵就等於最小化 KL 散度。在多類別分類任務中，深度神經網路透過 softmax 函數輸出的是不同類別機率的分佈，而非直接輸出一個樣本屬於的類別。所以，我們可以用交叉熵來測量預測分佈有多好，從而訓練網路。

以一個二分類任務為例。在二分類中，每一個資料樣本x_i 都有一個對應的標籤 y_i（0 或 1）。一個模型需要預測樣本是 0 或 1 的機率，用 $\hat{y}_{i,1}$，$\hat{y}_{i,2}$ 來表示。因為 $\hat{y}_{i,1} + \hat{y}_{i,2} = 1$，可以把它們改寫為 $\hat{y}_i$ 和 $1 - \hat{y}_i$。前者可以代表一個類別的機率，後者可以代表另外一個類別的機率。因此，一個二分類的神經網路可以只有一個輸出，且最後一層使用 sigmoid。根據交叉熵的定義，我們有：

$$\mathcal{L} = -\frac{1}{N}\sum_{i=1}^{N}(y_i\log\hat{y}_i + (1 - y_i)\log(1 - \hat{y}_i)) \tag{1.15}$$

式中，N 代表了總資料樣本的大小。因為 y_i 是一個 1 或 0 的值，因此在 $y_i\log\hat{y}_i$ 和 $(1-y_i)\log(1-\hat{y}_i)$ 中，對於每一個新樣本，兩個運算式的值只有一個不為零。若 $\forall i, y_i = \hat{y}_i$，則交叉熵就為 0。

在多類別分類任務中，每一個樣本 x_i 都會被分到 3 個或更多的類別中的一個。這時，一個模型需預測每一個類別的機率 $\{\hat{y}_{i,1}, \hat{y}_{i,2}, \cdots, \hat{y}_{i,M}\}$，且符合條件 $M \geq 3$ 和 $\sum_{j=1}^{M} \hat{y}_{i,j} = 1$。在這裡，每一個樣本的目標寫作 c_i，它的值域為 $[1, M]$。同時，它也可以被轉換成為一個獨熱編碼 $\boldsymbol{y}_i = [y_{i,1}, y_{i,2}, \cdots, y_{i,M}]$，其中只有 $y_{i,c_i} = 1$，其他的都是 0。我們現在就可以把多類別分類的交叉熵寫成以下形式：

$$\mathcal{L} = -\frac{1}{N}\sum_{i=1}^{N}\sum_{j=1}^{M} y_{i,j}\log\hat{y}_{i,j} = -\frac{1}{N}\sum_{i=1}^{N}(0 + \cdots + y_{i,c_i}\log\hat{y}_{i,c_i} + \cdots + 0)$$
$$= -\frac{1}{N}\sum_{i=1}^{N}\log\hat{\boldsymbol{y}}_{i,c_i} \tag{1.16}$$

$\mathcal{L}_p$範式

向量 $\boldsymbol{x}$ 的 p-範式用來測量其數值幅度大小：如果一個向量的值更大，它的 p-範式也會有一個更大的值。p 是一個大於或等於 1 的值，p-範式定義為

$$\|\mathbf{x}\|_p = \left(\sum_{i=1}^{N}|x_i|^p\right)^{1/p}$$
$$\text{i.e.,} \|\mathbf{x}\|_p^p = \sum_{i=1}^{N}|x_i|^p \tag{1.17}$$

p-範式在深度學習中往往用來測量兩個向量的差別大小，寫作 $\mathcal{L}_p$，如在公式 (1.18) 一樣，其中 $\boldsymbol{y}$ 為目標值向量，$\hat{\boldsymbol{y}}$ 為預測值向量。

$$\boldsymbol{\mathcal{L}_p} = \|\mathbf{y} - \hat{\mathbf{y}}\|_p^p = \sum_{i=1}^{N}|\boldsymbol{y}_i - \hat{\boldsymbol{y}}_i|^p \tag{1.18}$$

均方誤差

均方誤差（Mean Squared Error，MSE）是由公式 (1.19) 所定義的 $\mathcal{L}_2$ 範式的平均值。均方誤差可以在網路輸出是連續值的回歸問題中使用。比如說，兩個不和圖型在像素上的差別就可以用 MSE 來測量：

$$\mathcal{L} = \frac{1}{N} \| \boldsymbol{y} - \hat{\boldsymbol{y}} \|_2^2 = \frac{1}{N} \sum_{i=1}^{N} (y_i - \hat{y}_i)^2 \tag{1.19}$$

其中 N 是樣本資料的大小，$\boldsymbol{y}$ 和 $\hat{\boldsymbol{y}}$ 分別為目標值向量和預測值向量。

平均絕對誤差

與均方誤差類似，平均絕對誤差 (Mean Absolute Error，MAE) 也可以被用來做回歸任務，它被定義為 $\mathcal{L}_1$ 範式的平均。

$$\mathcal{L} = \frac{1}{N} \sum_{i=1}^{N} |y_i - \hat{y}_i| \tag{1.20}$$

均方誤差和平均絕對誤差都可衡量 $\boldsymbol{y}$ 和 $\hat{\boldsymbol{y}}$ 的誤差，用以最佳化網路模型。其中，均方誤差提供了更好的數學性質，從而讓我們能更簡便地計算梯度下降所需要的偏導數。而在平均絕對誤差中，當 $y_i = \hat{y}_i$ 時，我們注意到上面公式中的絕對值項無法求導，這對平均絕對誤差來說是一個無法解決且需要避開的問題。另外，當 y_i 和 $\hat{y}_i$ 的絕對差大於 1 時，均方誤差相對平均絕對誤差來說誤差值更大。顯然地，當$(y_i - \hat{y}_i) > 1$時，$(y_i - \hat{y}_i)^2 > |y_i - \hat{y}_i|$。

1.6 最佳化

在這一小節裡，我們將描述深度神經網路的最佳化，即深度神經網路參數訓練。本節包含了反向傳播演算法、梯度下降、隨機梯度下降和超參數的選擇等內容。

1.6.1 梯度下降和誤差的反向傳播

如果我們有一個神經網路和一個損失函數，那麼對於這個網路的訓練的意義是透過學習它的 $\boldsymbol{\theta}$ 使得損失值 $\mathcal{L}$ 最小化。最暴力的方法是透過尋找一組參數 $\boldsymbol{\theta}$，使它滿足$\nabla_{\boldsymbol{\theta}}\mathcal{L} = 0$，以找到損失值的最小值。但這種方法在實際中很難實現，因為通常深度神經網路參數很多、非常複雜。所以我們需要考慮一種叫作**梯度下降**（Gradient Descent）的方法，它是透過逐步最佳化來一步一步地尋找更好的參數來降低損失值的。

圖 1.9 展示了兩個梯度下降的例子。梯度下降的學習過程從一個隨機指定的參數開始，其損失值 $\mathcal{L}$ 隨參數的更新而逐步下降，其過程如箭頭所示。具體來說，在神經網路中，參數透過偏導數 $\frac{\partial\mathcal{L}}{\partial\boldsymbol{\theta}}$ 被逐步最佳化，最佳化過程為 $\boldsymbol{\theta} := \boldsymbol{\theta} - \alpha\frac{\partial\mathcal{L}}{\partial\boldsymbol{\theta}}$，其中 α 為學習率，用以控制步進值幅度。可見，梯度下降法的關鍵是計算出偏導數 $\frac{\partial\mathcal{L}}{\partial\boldsymbol{\theta}}$。

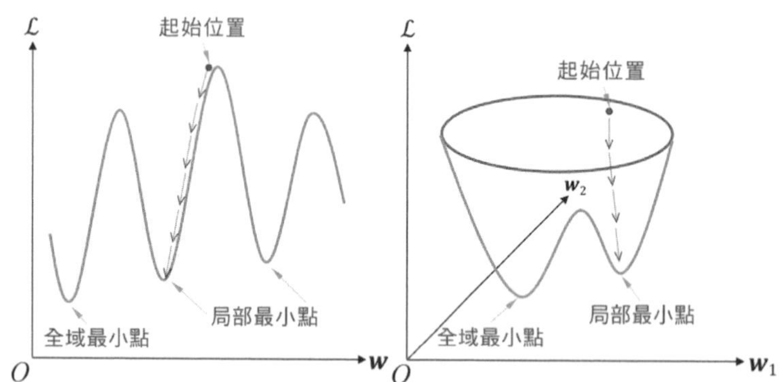

圖 1.9 梯度下降的範例：在左圖中，我們有一個可以訓練的參數$\boldsymbol{\theta} = w$；在右圖中，我們有兩個可以訓練的參數$\boldsymbol{\theta} = [w_1, w_2]$。在梯度下降裡，整個學習過程的初始化參數是隨機的。在每一步對參數調整之後，損失 $\mathcal{L}$ 會慢慢地減少，但無法保證最後能找到全域最小的損失值，在大多數情況下，我們能找到的都是局部最小值

反向傳播（Back-Propagation）(LeCun et al., 2015; Rumelhart et al., 1986) 是一種計算神經網路中偏導數 $\frac{\partial\mathcal{L}}{\partial\boldsymbol{\theta}}$ 的方法。為了使得表示對 $\frac{\partial\mathcal{L}}{\partial\boldsymbol{\theta}}$ 的計算更加清晰，這種方法引入一個中間量$\boldsymbol{\delta} = \frac{\partial\mathcal{L}}{\partial\boldsymbol{z}}$，用來表示損失函數 $\mathcal{L}$ 對於神經網路

輸出 $\boldsymbol{z}$ 的偏導數。因此，這種方法可以透過中間量 $\boldsymbol{\delta}$ 來計算損失函數$\mathcal{L}$對於每個參數的偏導數，並最終共同組成 $\frac{\partial \mathcal{L}}{\partial \boldsymbol{\theta}}$。

網路層的序號為 $l = 1,2,\cdots,L$，其中輸出層的序號為L。對於每個網路層，我們有輸出 $\boldsymbol{z}^l$，中間值 $\boldsymbol{\delta}^l = \frac{\partial \mathcal{L}}{\partial \boldsymbol{z}^l}$ 和一個啟動值輸出$\boldsymbol{a}^l = f(\boldsymbol{z}^l)$（其中$f$為啟動函數）。下面是一個使用均方誤差和 sigmoid 啟動函數的多層感知器的例子： 已知$\boldsymbol{z}^l = \boldsymbol{W}^l\boldsymbol{a}^{l-1} + \boldsymbol{b}^l, \boldsymbol{a}^l = f(\boldsymbol{z}^l) = \frac{1}{1+\mathrm{e}^{-\boldsymbol{z}^l}}$ 和 $\mathcal{L} = \frac{1}{2} \| \boldsymbol{y} - \boldsymbol{a}^L \|_2^2$，可以得出啟動值輸出對於原先輸出的偏導數 $\frac{\partial \boldsymbol{a}^l}{\partial \boldsymbol{z}^l} = f'(\boldsymbol{z}^l) = f(\boldsymbol{z}^l)(1 - f(\boldsymbol{z}^l)) = \boldsymbol{a}^l(1 - \boldsymbol{a}^l)$，以及損失函數對於啟動值輸出的偏導數$\frac{\partial \mathcal{L}}{\partial \boldsymbol{a}^L} = (\boldsymbol{a}^L - \boldsymbol{y})$。然後，為了計算損失函數對於輸出層的偏導數，可以使用鏈式法則，具體如下：

從輸出層開始向後傳播誤差，先計算輸出層的中間量：

- $\boldsymbol{\delta}^L = \frac{\partial \mathcal{L}}{\partial \boldsymbol{z}^L} = \frac{\partial \mathcal{L}}{\partial \boldsymbol{a}^L}\frac{\partial \boldsymbol{a}^L}{\partial \boldsymbol{z}^L} = (\boldsymbol{a}^L - \boldsymbol{y}) \odot (\boldsymbol{a}^L(1 - \boldsymbol{a}^L))$

然後計算損失函數對於後一層輸出的偏導數，如（$l = 1,2,\cdots,L-1$）：

- 已知$\boldsymbol{z}^{l+1} = \boldsymbol{W}^{l+1}\boldsymbol{a}^l + \boldsymbol{b}^{l+1}$，則$\frac{\partial \boldsymbol{z}^{l+1}}{\partial \boldsymbol{a}^l} = \boldsymbol{W}^{l+1}$；且$\frac{\partial \boldsymbol{a}^l}{\partial \boldsymbol{z}^l} = \boldsymbol{a}^l(1 - \boldsymbol{a}^l)$
- 那麼 $\boldsymbol{\delta}^l = \frac{\partial \mathcal{L}}{\partial \boldsymbol{z}^l} = \frac{\partial \mathcal{L}}{\partial \boldsymbol{z}^{l+1}}\frac{\partial \boldsymbol{z}^{l+1}}{\partial \boldsymbol{a}^l}\frac{\partial \boldsymbol{a}^l}{\partial \boldsymbol{z}^l} = (\boldsymbol{W}^{l+1})^{\mathrm{T}}\boldsymbol{\delta}^{l+1} \odot (\boldsymbol{a}^l(1 - \boldsymbol{a}^l))$

從輸出層開始向後傳播，計算出所有層的中間值 $\boldsymbol{\delta}^l$ 後，反向傳播演算法的第二步是在中間值 $\boldsymbol{\delta}^l$ 的基礎上計算損失函數對於每層參數 $\frac{\partial \mathcal{L}}{\partial \boldsymbol{W}^l}$ 和 $\frac{\partial \mathcal{L}}{\partial \boldsymbol{b}^l}$ 的偏導數。

- 若有 $\mathbf{z}^l = \boldsymbol{W}^l\boldsymbol{a}^{l-1} + \boldsymbol{b}^l$，我們有 $\frac{\partial \boldsymbol{z}^l}{\partial \boldsymbol{W}^l} = \boldsymbol{a}^{l-1}$ 和 $\frac{\partial \boldsymbol{z}^l}{\partial \boldsymbol{b}^l} = 1$
- 那麼 $\frac{\partial \mathcal{L}}{\partial \boldsymbol{W}^l} = \frac{\partial \mathcal{L}}{\partial \boldsymbol{z}^l}\frac{\partial \boldsymbol{z}^l}{\partial \boldsymbol{W}^l} = \boldsymbol{\delta}^l(\boldsymbol{a}^{l-1})^{\mathrm{T}}$，$\frac{\partial \mathcal{L}}{\partial \boldsymbol{b}^l} = \frac{\partial \mathcal{L}}{\partial \boldsymbol{z}^l}\frac{\partial \boldsymbol{z}^l}{\partial \boldsymbol{b}^l} = \boldsymbol{\delta}^l$

最後，我們用 $\frac{\partial \mathcal{L}}{\partial \boldsymbol{W}^l}$ 和 $\frac{\partial \mathcal{L}}{\partial \boldsymbol{b}^l}$ 及梯度下降更新 $\boldsymbol{W}^l$ 和 $\boldsymbol{b}^l$：

- $\boldsymbol{W}^l := \boldsymbol{W}^l - \alpha\frac{\partial \mathcal{L}}{\partial \boldsymbol{W}^l}$
- $\boldsymbol{b}^l := \boldsymbol{b}^l - \alpha\frac{\partial \mathcal{L}}{\partial \boldsymbol{b}^l}$

可見，有了偏導數 $\frac{\partial \mathcal{L}}{\partial \boldsymbol{\theta}} = [\frac{\partial \mathcal{L}}{\partial \boldsymbol{W}^l}, \frac{\partial \mathcal{L}}{\partial \boldsymbol{b}^l}]$，我們可以使用梯度下降來對參數進行迭代，直到其收斂到了損失函數中的最小值，如圖 1.9 所示。在實踐中，我們最終得到的最小值往往是一個局部最小值，而非全域最小值。但是，因為深度神經網路往往可以提供一個很強的表示能力，這些局部最小值通常會很接近全域最小值(Goodfellow et al., 2016)，使得損失值足夠小。

這裡額外介紹 sigmoid 的問題，當使用 sigmoid 時，$\frac{\partial \boldsymbol{a}^l}{\partial \boldsymbol{z}^l} = \boldsymbol{a}^l(1 - \boldsymbol{a}^l)$，當$\boldsymbol{a}$ 接近於 0 或 1 時，$\frac{\partial \boldsymbol{a}^l}{\partial \boldsymbol{z}^l}$ 會非常小，從而導致 $\boldsymbol{\delta}^l$ 非常小。在網路很深的情況下，反向傳播時 $\boldsymbol{\delta}$ 會越來越小，出現**梯度消失**（Vanishing Gradient）問題，導致模型接近輸入部分的參數很難被更新，模型無法訓練起來。而 ReLU 的 $\frac{\partial \boldsymbol{a}^l}{\partial \boldsymbol{z}^l}$ 在 $\boldsymbol{a}$ 大於 0 時恆為 1，就不會有這個問題，這也是現在的深度模型往往在隱藏層中使用 ReLU 而不再使用 sigmoid 的原因。

在梯度下降中，如果資料集的大小（即資料樣本的數量）N較大，則在每個迭代中計算損失函數 $\mathcal{L}$ 的計算負擔可能會較高。拿之前的均方誤差舉例，我們可以把上式展開成

$$\mathcal{L} = \frac{1}{2} \parallel \boldsymbol{y} - \boldsymbol{a}^L \parallel_2^2 = \frac{1}{2}\sum_{i=1}^{N} (y_i - a_i^L)^2 \tag{1.21}$$

在實踐中，資料集很有可能會很大，梯度下降因需要計算 $\mathcal{L}$ 而變得十分低效。隨機梯度下降應運而生，其他對於$\mathcal{L}$的計算只包含少量的資料樣本。

1.6.2 隨機梯度下降和自我調整學習率

與其是在每個迭代中對全部訓練資料計算損失函數$\mathcal{L}$，**隨機梯度下降**（Stochastic Gradient Descent, SGD）(Bottou et al., 2007) 計算損失值時隨機選取一小部分的訓練樣本。這些小樣本被稱為**小量** (Mini-batch)，而在這些小量的具體大小被稱為**批次大小** (Batch Size) B。然後，我們就可以用批次大小B 和 $B \ll N$ 重新定義公式 (1.21)，得到公式 (1.22)，以改進計算 $\mathcal{L}$ 的效率：

$$\mathcal{L} = \frac{1}{2} \| \boldsymbol{y} - \boldsymbol{a}^L \|_2^2 = \frac{1}{2}\sum_{i=1}^{B} (y_i - a_i^L)^2 \tag{1.22}$$

隨機梯度下降的訓練過程請見演算法 1.1。如果參數在演算法 1.1 中更新了足夠多的次數，那麼小量可以覆蓋整個訓練集。

演算法 1.1　隨機梯度下降的訓練過程

Input: 參數 $\boldsymbol{\theta}$，學習率 α，訓練步數/迭代次數 S

1: **for** $i = 0$ **to** S **do**

2: 　計算一個小量的 $\mathcal{L}$

3: 　透過反向傳播計算 $\frac{\partial \mathcal{L}}{\partial \boldsymbol{\theta}}$

4: 　$\nabla\boldsymbol{\theta} \leftarrow -\alpha \cdot \frac{\partial \mathcal{L}}{\partial \boldsymbol{\theta}}$;

5: 　$\boldsymbol{\theta} \leftarrow \boldsymbol{\theta} + \nabla\boldsymbol{\theta}$ 更新參數

6: **end for**

7: **return** $\boldsymbol{\theta}$；返回訓練好的參數

學習率 (Learning Rate) 控制了隨機梯度下降中每次更新的步進值。如果學習率過大，隨機梯度下降可能無法找到最小值，如圖 1.10 所示。另一方面，如果學習率過小，隨機梯度下降的收斂速率將變得十分緩慢。如何決定學習率是一個很困難的過程。為了解決這個問題，需要使用自我調整學習率演算法，如 Adam (Kingma et al., 2014)、RMSProp (Tieleman et al., 2017) 和 Adagrad (Duchi et al., 2011) 等。其作用為透過自動、自我調整的方法來調整學習率，從而加速訓練演算法的收斂速度。這些演算法的原理在於，當參數收到了一個較小的梯度時，演算法會轉到一個更大的步進值；反之，如果梯度過大，演算法就會列出一個較小的步進值。其中，Adam 是最常見的自我調整學習率演算法。與其直接用梯度更新參數，Adam 首先會計算梯度的滑動平均和二階動量。然後，如演算法 1.2 所示，這些新計算的數值會被用來更新我們想要訓練的參數。演算法 1.2 中的 β_1 和 β_2 為梯度的遺忘因數，或分別是其動量和二階動量。在預設設定下，β_1 和 β_2 的值分別是 0.9 和 0.999 (Kingma et al., 2014)。

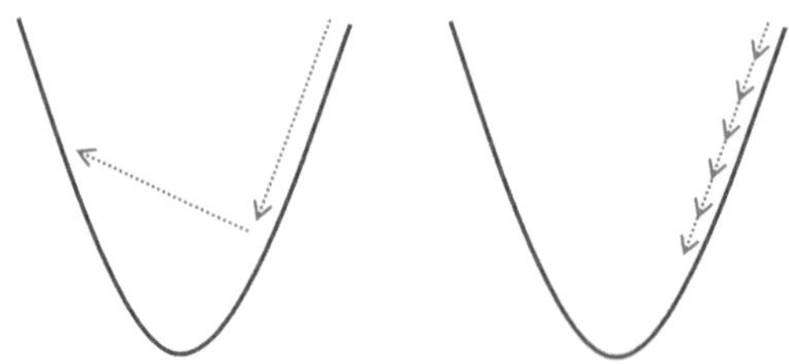

圖 1.10 一個很大的學習率可能會加速訓練過程，但會導致模型很難訓練至一個理想的參數。如左圖所示，因為其學習率較右圖更大，其損失函數有可能在參數更新後增加，因此更難以接近最小值。同樣地，右圖的最佳化有一個更小的學習率，能更進一步地找到低點，但訓練速度較慢

演算法 1.2 Adam 最佳化器的訓練過程

Input: 參數 $\boldsymbol{\theta}$，學習率 α，訓練步數/迭代次數 S，$\beta_1 = 0.9$，$\beta_2 = 0.999$，$\epsilon = 10^{-8}$

$\boldsymbol{m}_0 \leftarrow 0$; 初始化一階動量

$\boldsymbol{v}_0 \leftarrow 0$; 初始化二階動量

for $t = 1$ **to** S **do**

　$\frac{\partial \mathcal{L}}{\partial \boldsymbol{\theta}}$; 用一個隨機的小量計算梯度

　$\boldsymbol{m}_t \leftarrow \beta_1 \cdot \boldsymbol{m}_{t-1} + (1 - \beta_1) \cdot \frac{\partial \mathcal{L}}{\partial \boldsymbol{\theta}}$; 更新一階動量

　$\boldsymbol{v}_t \leftarrow \beta_2 \cdot \boldsymbol{v}_{t-1} + (1 - \beta_2) \cdot (\frac{\partial \mathcal{L}}{\partial \boldsymbol{\theta}})^2$; 更新二階動量

　$\hat{\mathbf{m}}_t \leftarrow \frac{\mathbf{m}_t}{1-\beta_1^t}$; 計算一階動量的滑動平均

　$\hat{\mathbf{v}}_t \leftarrow \frac{\mathbf{v}_t}{1-\beta_2^t}$; 計算二階動量的滑動平均

　$\nabla \boldsymbol{\theta} \leftarrow -\alpha \cdot \frac{\hat{\mathbf{m}}_t}{\sqrt{\hat{\mathbf{v}}_t + \epsilon}}$

$\boldsymbol{\theta} \leftarrow \boldsymbol{\theta} + \nabla \boldsymbol{\theta}$; 更新參數

end for

return θ；返回訓練好的參數

1.6.3 超參數篩選

在深度學習中，**超參數**（Hyper-Parameters）指和設定相關的參數，比如層的數量，以及訓練過程的設定參數，如更新步的數量、批次大小和學習率。這些設定參數會在很大程度上影響模型的表現，因此它們是組成一個理想模型的重要因素。

為了衡量不同超參數對於模型表現的影響，我們通常將資料集劃分為訓練集（Training Set）、驗證集（Validation Set）和測試集（Testing Set）。不同的超參數設定分別用訓練集訓練出不同的模型，然後在驗證集上進行性能評估。最後，我們用在驗證集上表現最好的超參數在測試集上做最後的性能評估。在這裡需要注意的是，我們不能用測試集調整超參數，不然就是已知考卷試題的作弊行為。

交換驗證

在一個小資料集上，把資料集分為訓練集、驗證集和測試集的做法會浪費寶貴的資料。具體來說，如果訓練集分得過小，可能會因為訓練資料不足而讓訓練出來的模型表現不佳。從另一方面來說，如果訓練集分得過多、驗證集過小，模型也不能在一個小資料集上被充分地評估。為了解決這個問題，可使用**交換驗證**（Cross Validation），所有資料都能被用來訓練模型，不再需要驗證集，以充分利用資料。

在一個 k 折交換驗證策略中，一個資料集將被分成k個互相不重複的子集，並且每個子集包含同樣數量的資料。我們將重複訓練模型k次，其中每次訓練時，一個子集將被選為測試集，而剩下的資料將被用來訓練模型。最後用來評估的結果則是：k次訓練後，模型輸出性能（如準確度）的平均值。圖 1.11 展示了一個四折交換驗證範例。

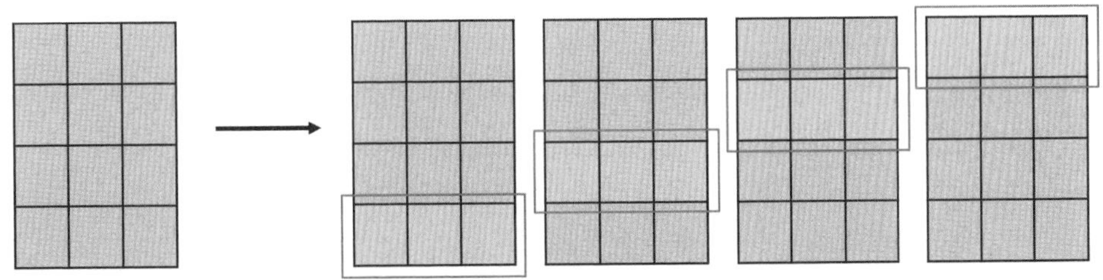

圖 1.11　四折交換驗證（Four-Fold Cross-Validation）範例。資料集被劃分為四個子集（為了展示目的，每一行為一個子集）。在每次訓練中，而加框的子集被當作測試資料，其他被當作訓練資料。最後模型評估的結果則是四次訓練預測的平均

1.7 正則化

我們把那些用來使得一個模型在訓練集和測試集都有很好效果的方法叫作正則化辦法。本節主要介紹過擬合和一些不同的正則化方法，如權重衰減、Dropout 和批次標準化。

1.7.1 過擬合

一個機器學習的模型為了減少訓練集上的損失而進行的最佳化，並不能保證它在測試集上的效果良好。一個被過度最佳化了的模型會有很小的訓練集誤差，但有很大的測試集誤差，這種現象為**過擬合**（Overfitting）。

圖 1.12 中，虛線代表的多項式模型就存在過擬合的問題。這個模型在訓練集上過度一致，而在測試集上就不太符合。當使用一個這樣過擬合的模型在現實應用中應用新的資料時，是不可靠的。相反地，由實線代表的線性模型雖有很少的參數，但是卻更符合測試資料的趨勢。

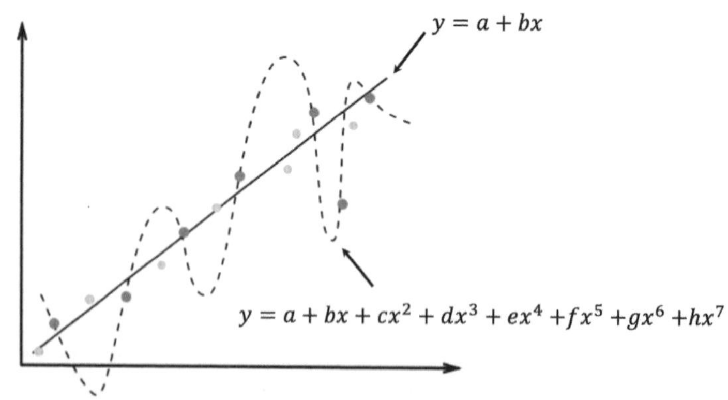

圖 1.12 一個過擬合的例子：深色點代表了訓練集，淺色點代表了測試集。雖然由實線代表的線性模型在訓練集上有一個更大的損失值，但實線的模型比虛線代表的多項式模型在測試集上誤差更小。我們可以說這個多項式模型對訓練集過擬合了

和過擬合相對的是**欠擬合**（Underfitting），即模型在訓練集和測試集上都有了很大的誤差。但是在現實中，欠擬合很容易解決，比如可以用一個更大的模型來解決（更多網路層及更多的參數等），而解決過擬合會更加棘手。最簡單的方法就是使用更多的訓練資料，但這不是一個萬能藥，因為資料的獲取和標記都需要代價。

1.7.2 權重衰減

權重衰減（Weight Decay）是一種簡單卻有效的用於解決過擬合的正則化方法。它用了一個正則項作為懲戒，使得$\boldsymbol{\theta}$有更小的絕對值。以圖 1.12 為例，如果多項式模型從 c 到 h 的參數有更小的絕對值，那這個模型的上下搖擺幅度就會減小，能更進一步地擬合資料。用參數範式作為懲戒的損失函數的定義為

$$\mathcal{L}_{\text{total}} = \mathcal{L}(\boldsymbol{y}, \widehat{\boldsymbol{y}}) + \lambda\Omega(\boldsymbol{\theta}) \tag{1.23}$$

其中$\mathcal{L}(\boldsymbol{y}, \widehat{\boldsymbol{y}})$是從使用目標 $\boldsymbol{y}$ 和預測 $\widehat{\boldsymbol{y}}$ 來計算的損失函數，Ω是模型的參數範式懲戒函數，λ 是有比較小的值，以控制參數範式懲戒函數的幅度。

兩種最常見的參數範式懲戒函數是 $\mathcal{L}_1 = \| \boldsymbol{W} \|$和$\mathcal{L}_2 = \| \boldsymbol{W} \|_2^2$。深度神經網路的參數的絕對值通常小於 1，所以 $\mathcal{L}_1$ 會比$\mathcal{L}_2$輸出一個更大的懲戒，因為當$|w| < 1$時，$|w| > w^2$。可見，$\mathcal{L}_1$函數用來作為參數範式懲戒函數時，會讓參數偏向於更小的值甚至為 0。這是模型隱性地選擇特徵的方法，把那些不重要特徵的相對應參數設為一個很小的值或是 0。

我們可以進一步透過幾何方法來看看$\mathcal{L}_1$和$\mathcal{L}_2$的區別。由圖 1.13 所示的座標系裡，有兩個模型參數 w_1, w_2。${w_1}^2 + {w_2}^2 = r^2$ 是一個半徑為r 的圓（圖 1.13 左）而 $|w_1| + |w_2| = r$ 是一個對角線長為$2r$的正方形（圖 1.13 右）。它們兩個都被藍色輪廓線表示。在圖中，紅色的線代表的是初始的損失 $\mathcal{L}(\boldsymbol{y}, \widehat{\boldsymbol{y}})$。初始損失和參數範式懲戒的交點用「叉」標記了出來。$\mathcal{L}_1$更有可能使得參數為 0，兩個輪廓的交接位於正方形的頂點上。

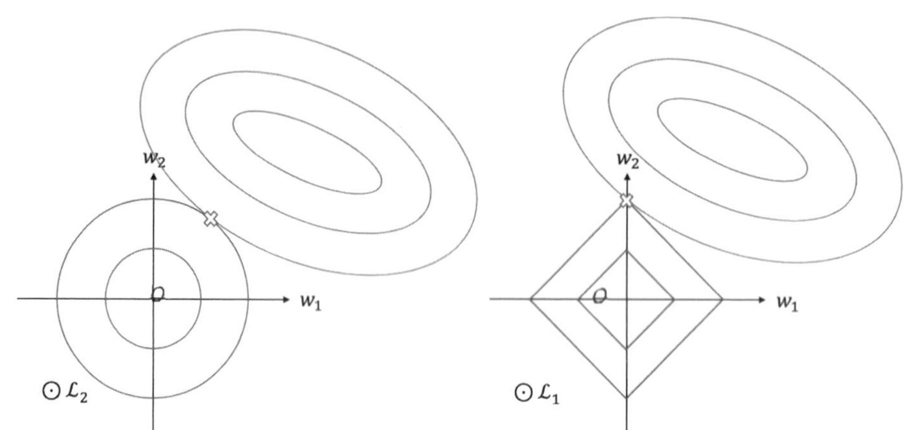

圖 1.13 左圖：原始損失值的輪廓線還有$\mathcal{L}_2$損失值。右圖：原始損失值的輪廓線還有$\mathcal{L}_1$損失值。從輪廓線和輪廓線交接的地方可見，$\mathcal{L}_1$更有可能使得參數為 0

1.7.3 Dropout

Dropout 是另一個很受歡迎的用來解決過擬合問題方法 (Hinton et al., 2012; Srivastava et al., 2014)。當神經元數量非常多時，網路會出現共適應的問題，從而會有過擬合的現象。神經元的共適應指神經元之間會互相依賴。故而，造成一旦有一個神經元故障了，就有可能所有依賴它的神經元都會故障，以至於整個網路癱瘓的局面。為了避免參數過多導致的共適應，Dropout 在訓練的過程中，將隱藏層的輸出按比例隨機設為 0。就像圖 1.14 中所示一樣，每一層會有幾個神經元隨機地失去和其他層的連接。

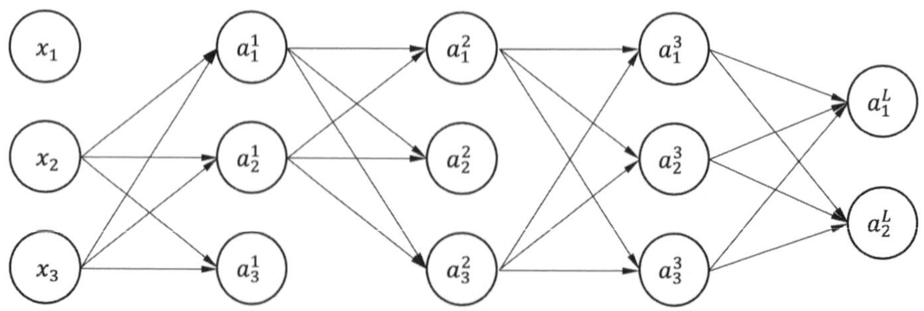

圖 1.14 訓練過程中對一個神經網路使用 Dropout，讓它的某些連接消失

在反向傳播當中，如果有的輸出 $\boldsymbol{a}^l$ 為 0，那麼其相對應的那一層的偏導數 $\boldsymbol{\delta}^l$ 也是 0。只有還有連接的神經元會被更新。所以 Dropout 法其實是在訓練很多不同的小的網路，且共用參數(Hinton et al., 2012)。在測試過程當中，Dropout 就不能被使用了，沒有輸出會被設為 0。這就表示是所有網路一起來預測最終的結果。**整合學習（Ensemble Learning）**就是這樣一個例子(Hara et al., 2016)，它用很多模型學會做同一個任務，然後測試的時候使用所有模型輸出的結果來提高準確性。關於 Dropout 的理論證明在原始的論文裡是沒有的(Hinton et al., 2012)，但是近期有了些新的結果，比如説(Hara et al., 2016) 就證明了它在整合學習裡的有效性，以及(Gal et al., 2016) 證明了它在貝氏裡的有效性。

1.7.4 批次標準化

批次標準化（Batch Normalization）批次標準化（Batch Normalization）(Ioffe et al., 2015) 層標準化了網路的輸出，也就是讓輸出的平均值變為 0，方差變為 1。這樣做的目的是提高訓練的穩定性。在訓練的過程中，批次標準化層會用一個移動平均的辦法來計算每一批輸入的平均值和方差，以估計整個訓練集的平均值和方差。

每一批輸入的平均值和方差會被用來標準化這一批輸入。在模型測試的過程當中，我們會保持移動平均值和方差不變來標準化輸入。

除了提高性能和穩定性，批次標準化也可以提升正則化的作用。和 Dropout 裡對隱藏層加一個不確定性一樣，移動平均值和方差也同樣地引入了一定的隨機性，因為在每一個回合當中，它都是根據具體的那一批的隨機樣本來決定更新的。因此，在訓練中有了這樣一個變化的神經網路會變得更加堅固。

1.7.5 其他緩和過擬合的方法

我們有很多其他方法來預防過擬合，比如說，**早停法**（Early Stopping）或**資料增強**（Data Augmentation）。早停法會當網路在滿足一定的實際條件時停止訓練，比如說在驗證集上有了足夠高的精確度。圖 1.16 描述了損失在訓練過程可能會慢慢增加，也就是過擬合的開始，不過我們可以用早停法在過擬合開始前的那個點停止訓練。

圖 1.15 一個圖像資料增強的例子。左上角的是原圖，其他圖片是透過隨機的反轉、平移、縮近等運算得到的

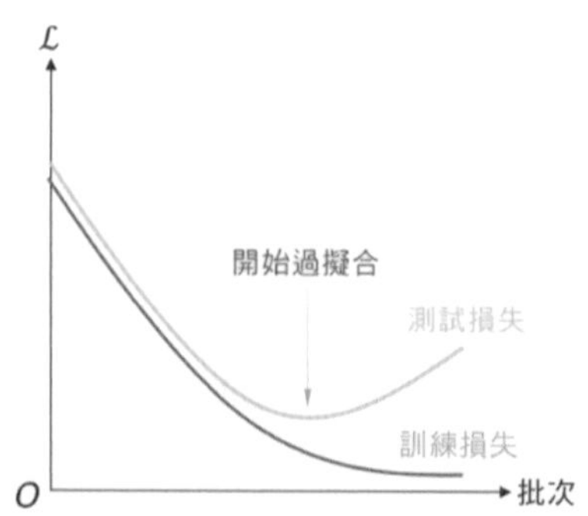

圖 1.16 過擬合的訓練曲線。我們可以用早停法來讓訓練過程在開始過擬合之時就停止

資料增強即增加現有訓練資料的大小，如運用反轉、旋轉、移動和放縮等運算合理生成資料，以減少過擬合，從而提高網路性能(Dong et al., 2017; He et al., 2016; Howard et al., 2017; Simonyan et al., 2015)。和圖像資料一樣，音訊資料也一樣可以透過增加雜訊或其他改變來增強。最近研究顯

示，透過改變音訊速度來增強，可以提高語音辨識演算法的性能(Ko et al., 2015)。

但是我們不能把同樣的方法運用在字元資訊上面，因為字元的大小和排序有它特定的意思。比如說，「人類喜歡狗狗」和「狗狗喜歡人類」的意思是不一樣的。一個可以增強字元資料的現實方法是用規定的同義字來複述句子(Zhang et al., 2015)，也可以不增強原始資料，文獻(Reed et al., 2016)利用兩個隨機句子的向量表徵的內插來進行資料增強。

1.8 卷積神經網路

卷積神經網路（Convolutional Neural Network，CNN）(LeCun et al., 1989)是前向神經網路的一種，它在很多不同的領域裡都有很大的作用，如電腦視覺(He et al., 2016; Krizhevsky et al., 2012; Simonyan et al., 2015)、時序預測(van den Oord et al., 2016)、自然語言處理(Yin et al., 2017; Zhang et al., 2019a) 和強化學習(James et al., 2019; Rusu et al., 2016)。很多已經在現實世界的機器學習系統都是以 CNN 之上為基礎的。本節介紹兩種網路層：卷積層和池化層，它們都是 CNN 結構的一部分。

卷積層可能是 CNN 最有辨識度的特徵。其主要思想來自對人腦中並排處理視覺輸入的學習。和圖 1.17 所示的一樣，卷積輸出使用了四個不同的神經元來處理同樣的輸入圖型區間。不同的神經元可能負責的處理任務不一樣，如處理邊緣、顏色和角度等任務。在卷積層的神經元只是和局部有連接，並不是和前一層的所有單元都有連接。卷積層可以被層層地疊加在一起，也就是說，一個卷積層的輸出可以作為另外一個卷積層的輸入。卷積層最大的優點是，相對於全連接層，它需要的參數會少得多，能更快地被訓練出來。圖 1.17 展示了在卷積層的每一個神經元有關於局部輸入的所有通道的資訊。如果說一個 RGB 圖片是輸入，那麼一個在卷積層的神經元就能知道卷積核心運算之後的局部區域的所有 RGB 通道。

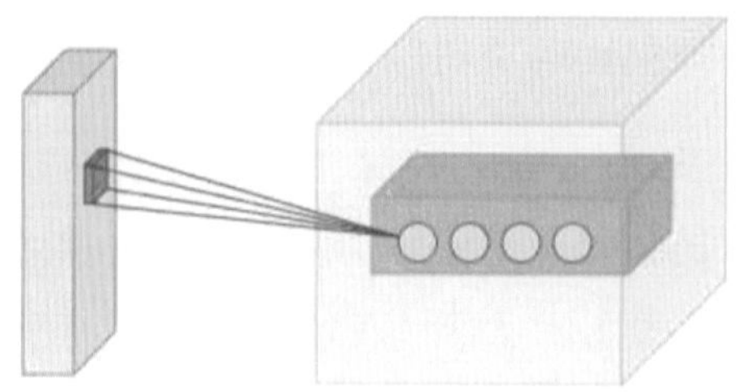

圖 1.17 從樣本圖片計算卷積層的方法：輸入層，卷積輸出層。假如輸入是一個有三個通道的 RGB 圖片，那麼卷積層輸出也有不同通道。和全連接層不同的是，卷積層的神經元只和輸入層的部分區域所連接，而非和所有輸入都有連接。圖中展示了卷積層的不同通道是怎麼和輸入層有局部連接的

在卷積層裡的卷積運算使用了不同的卷積核心來提取各種各樣重要的特徵。當其中一層網路的輸入是高/寬為 W的向量，並且我們使用一個大小為F的卷積核心，卷積運算將輸入的向量切分為許多小區間，然後每個小區間依次和卷積核心進行點乘計算。其中步進值 S 規定了每個小區間之間的距離。若步進值為 2 ($S = 2$)，卷積核心則會跟每個距離為 2 的小區間進行點乘運算。如果要確保邊緣的數值也被極佳地考慮在內的話，那麼就需要在邊緣填充零（Zero Padding）。若使填充的大小為 P，則一個卷積層的輸出層大小就可以用公式 (1.24) 來進行計算。

$$\left\lfloor\frac{W-F+2P}{S}+1\right\rfloor \tag{1.24}$$

輸出層的深度（輸出通道的數量）和卷積核心的數量是一致的。圖 1.18 具體地展示了卷積運算的流程。在圖 1.18 中，有一個大小為4×4（高 × 寬）的 RBG 圖片、一個大小為$3\times3\times3$（高×寬×輸入通道）的卷積核心，步進值 $S = 1$，邊緣填充 $P = 0$。根據公式 (1.24)，輸出值的高/寬為$(4-3+0)/1+1=2$。輸出的深度（卷積核心的通道數）是 1（因為只有一個卷積核心）。為了計算在每一個通道左上角的那個數值，首先計算輸入圖片和卷積核心的點乘，得到三個值，這三個值的和就是左上角的數值。卷積運算所得到的輸出可以透過一層啟動函數來引入非線性。

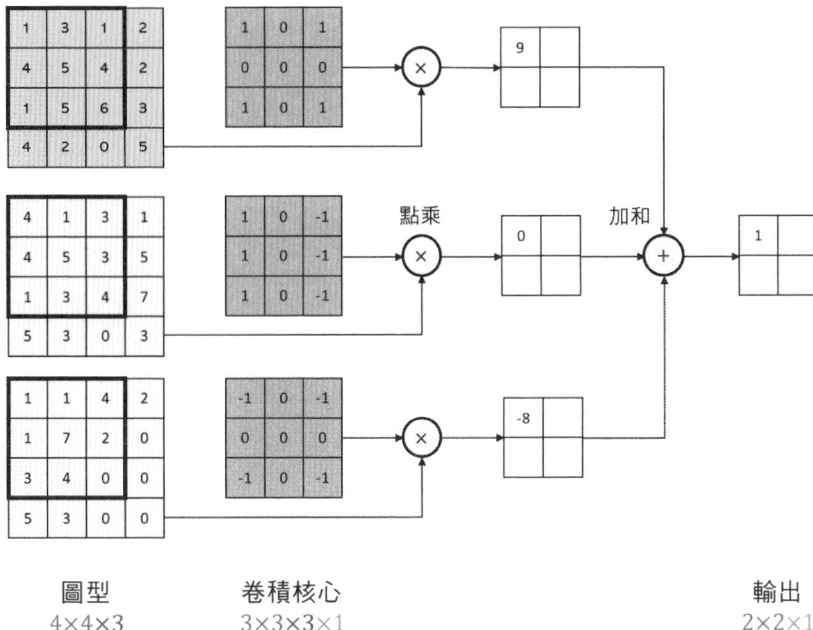

圖 1.18 卷積運算的示意圖，在這個例子裡有一個大小為3×3×3×1 的卷積核心（Filter，也稱為 Kernel）（尺寸為：高 × 寬 × 輸入通道數 × 輸出通道數）被用到了一個大小為 4×4（高 × 寬）的有 3 個輸入通道的 RBG 圖片上。圖片和卷積核心的點乘在不同的通道上都會應用。點乘所獲得的值最終會被求和，然後得到輸出的左上角的那個值

池化層利用了圖片相鄰像素類似的性質來進行下取樣。我們認為，合適的像素只留取一個區域裡的最大值或平均值的下取樣，會在建模當中有很多益處。通常有兩種池化方法來減少資料大小：最大值池化和平均值池化。在圖 1.19 中，在一個4×4的輸入上和在步進值是2的情況下，演示了最大值池化和平均值池化的例子。池化層可以很明顯地減少輸出大小，提高之後層的計算效率。比如說，在一個卷積層以後會有數以百計的通道，在輸出被傳遞給全連接層之前，使用池化層來減小輸出大小會減小計算量。

通常來説，卷積層、池化層和全連接層是 CNN 的核心建構部分。圖 1.20 展示了一個有兩個卷積層、一個最大值池化層和一個全連接層的網路。這裡需要注意的是啟動函數可以同樣地用在卷積層上。

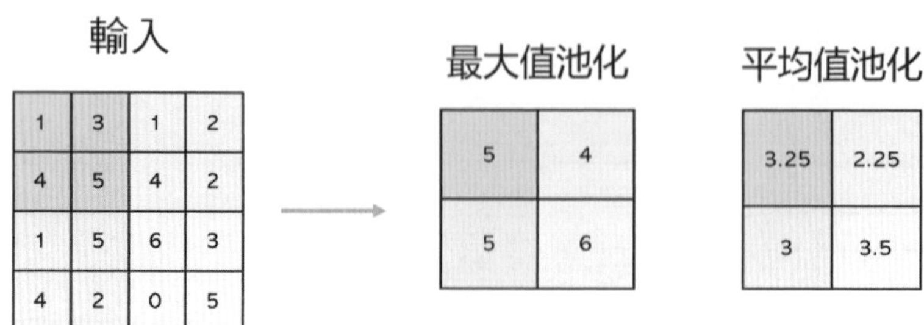

圖 1.19 2 × 2 最大值池化和平均值池化的例子，它們的步進值為 2，輸入大小是4 × 4

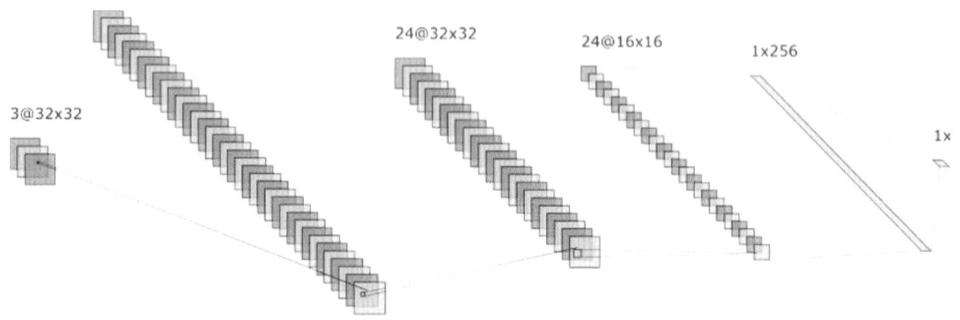

圖 1.20 一個有兩個卷積層、一個池化層和一個全連接層的網路。圖片使用 NN-SVG 構造

和前向神經網路不同的是，CNN 借用了**參數共用的**概念。在模型的不同部分使用參數共用，讓整個模型更加高效（更少的參數和記憶體需求），然後它也可以用來處理不同的資料形式（不同大小或長度）。回想一下，在一個全連接層中有一個權重矩陣，裡面的元素 w_{ij} 代表著前一層第i神經元和當前層第 j 神經元連接。但在一個卷積層裡，卷積核心其實就是權重，它們在運算輸出的時候是被重複使用的。對卷積核心的重複使用就減少了在卷積網路裡對參數的需求，這也就是為什麼在輸入和輸出大小類似的情況下，卷積層比全連接層所需要的參數更少。

我們可以進一步地透過批次標準化（批次標準化層），即內部的範例遷移，來提高 CNN 的訓練效率 (Ioffe et al., 2015)。我們之前提過，一個批次標準化層是透過一個平均值和一個方差來進行標準化且獨立於其他層的。也就是說，批次標準化簡化了在梯度更新的時候不同層之間的關係，從而可以用更大的學習速率來加快學習過程。

1.9 循環神經網路

循環神經網路（Recurrent Neural Networks，RNN）(Rumelhart et al., 1986) 是另一種深度學習模型結構，主要用於處理序列資料。圖像資料可以用網格加數值來表示，而序列資料作為另一種常見的資料類型，則被定義為一串元素 $\{x_1, x_2, \cdots, x_n\}$。舉例來說，文字是由一串單字組成的，而股票的價格也可以用一串交易金額來表示。

序列資料的重要特點是，這一串元素之間有互相影響。舉例來說，人們可以輕鬆地根據文章的開頭，大致推測出文章接下來的內容。然而，針對這種元素之間的影響進行建模是相當具有挑戰性的，尤其是當這一串序列非常長的時候。因此，循環神經網路需要能夠有效地累積序列資訊，並且考慮前序資訊和後序資訊之間的影響。

與卷積神經網路類似，循環神經網路同樣使用了參數共用。參數共用得以讓循環神經網路對序列上不同位置的元素重複使用同一組權重。我們來一起看一個例子，卷積神經網路需要能夠學到「深度學習從 2010 年開始受到推崇」和「從 2010 年開始，深度學習受到推崇」這兩句話其實表達的是相同的意思，儘管兩句話的語序並不相同。同樣，當卷積神經網路對貓的圖片進行分類的時候，貓在圖片中的位置也不應該影響模型做出正確的判斷。

循環神經網路可以處理任意長度的輸入序列，這一點與卷積神經網路可以處理任意長寬的輸入圖型相似。之所以如此，是因為循環神經網路使用了循環單元（Cell）作為基本的計算單元。針對輸入序列中的每個資料元素，循環單元會被依次反覆呼叫並進行計算。因此循環單元中會維護一個隱狀態（Hidden State），用於記錄序列中的資訊。循環單元的計算包含兩個輸入，分別是序列中的當前資料及循環單元之前的隱狀態。循環單元根據兩個輸入計算新的隱狀態作為輸出，新的隱狀態也將用在下一輪計算當中，如圖 1.21 所示。最簡單的循環單元使用線性變換（公式 (1.25)）：

$$h_t = W[x_t; h_{t-1}] + b \tag{1.25}$$

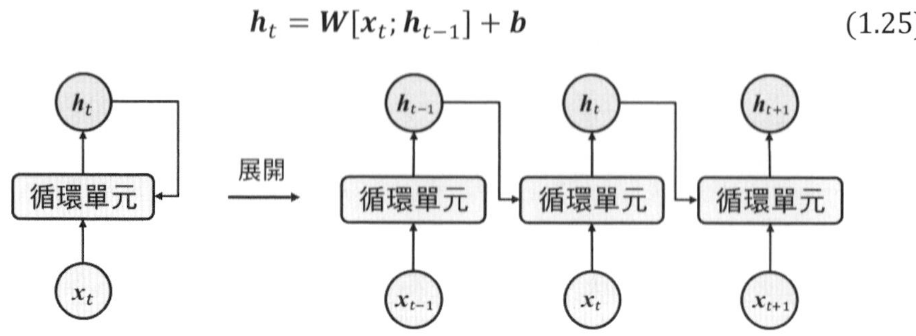

圖 1.21 循環神經網路結構示意圖。循環單元（cell）接收數值 x_t 和前序資訊的隱狀態 h_{t-1}，然後輸出新的隱狀態 h_t.

公式 (1.25) 中，隱狀態h_{t-1}與輸入資料x_t組合在一起，然後與線性核W做矩陣乘法，同時偏置b也可以加入新的隱狀態當中。由於線性核W會被反覆計算，循環神經網路實際上建構了一個深度計算圖，而深度較大的計算圖可能導致梯度爆炸或梯度消失。當W的特徵值幅度大於 1 時，可能導致梯度爆炸，而梯度爆炸會讓學習過程完全故障。與之相反，若W的特徵值幅度小於 1，則將可能導致梯度消失，梯度消失會讓模型無法有效地根據學習目標進行最佳化。如果輸入序列很長，那麼使用簡單循環單元的循環神經網路將有可能遇到這兩種梯度問題的其中之一。

簡單循環單元有嚴重的遺忘問題，當指定句子「我是德國人，我的母語是_____」，簡單循環單元會很容易預測出結果是「德文」，但是當句子很長時，如「我是德國人，我去英國讀書，後來在法國工作，我的母語是_____」，隱狀態被多次更新後，簡單循環單元很可能無法預測出正確的結果。**長短期記憶**（Long Short-Term Memory，LSTM）(Hochreiter et al., 1997) 是一種更加先進的循環單元，並常用於處理長序列中元素之間的影響。使用 LSTM 作為循環單元的循環神經網路亦常被簡稱為 LSTM。

與簡單循環單元不同，LSTM 循環單元有兩個狀態量：單元狀態（Cell State），記為C_t；隱狀態（Hidden State），記為 h_t。計算單元狀態的過程實際上建構了一筆資訊高速公路（如圖 1.23 所示），這筆資訊高速公路貫穿整個序列並且只使用了簡單的計算過程。由於這筆資訊高速公路讓資訊流可以較為便捷地穿越整個序列，因此 LSTM 可以較好地考慮長序列當中兩個距離較遠的元素之間的影響，即長期記憶。與此同時，LSTM 以門（Gate）為基礎的機制計算隱狀態。這種以門為基礎的電腦制利用 sigmoid 啟動函數來控制資訊的遺忘或疊加，因為 sigmoid 函數的值域介於 0 和 1 之間。也就是說，當 sigmoid 函數輸出為 1 時，相對應的資訊會被完整地保留。與之相反，當 sigmoid 函數輸出為 0 時，相對應的資訊會完全遺失。

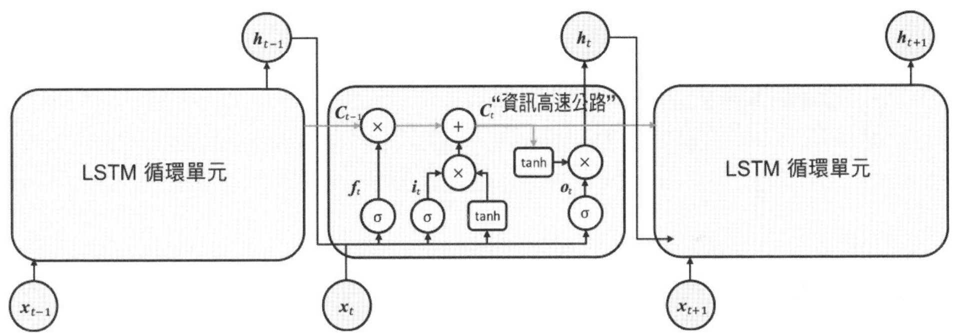

圖 1.22 使用 LSTM 循環單元的循環神經網路示意圖。LSTM 循環單元包括兩個狀態，即單元狀態（Cell State）$\boldsymbol{C}_t$ 和隱狀態（Hidden State）$\boldsymbol{h}_t$。除此之外，還有三個門（Gate）用於控制資訊的取捨。本圖依據文獻(Olah, 2015) 重新繪製

在 LSTM 當中，一共有三個以門為基礎的電腦制，分別是遺忘門（Forget Gate）、輸入門（Input Gate）和輸出門（Output Gate）。首先，遺忘門根據新的輸入來決定單元狀態當中是否有部分資訊應該被遺忘。其次，輸入門決定哪些輸入資訊應該被加入單元狀態中，目的是長期儲存這部分資訊並取代被遺忘的資訊。最後的輸入門根據最新的單元狀態，決定 LSTM 循環單元的輸出。這三個以門為基礎的電腦制可以用方程式 (1.26) 定義，其中 σ 代表 sigmoid 函數。

$$\text{遺忘門：} \boldsymbol{f}_t = \sigma(\boldsymbol{W}_f[\boldsymbol{h}_{t-1}; \boldsymbol{x}_t] + \boldsymbol{b}_f)$$

$$\text{輸入門：} \boldsymbol{i}_t = \sigma(\boldsymbol{W}_i[\boldsymbol{h}_{t-1}; \boldsymbol{x}_t] + \boldsymbol{b}_i)$$

$$\text{輸出門：} \boldsymbol{o}_t = \sigma(\boldsymbol{W}_o[\boldsymbol{h}_{t-1}; \boldsymbol{x}_t] + \boldsymbol{b}_o)$$

$$\text{更新單元狀態：}\boldsymbol{C}_t = \boldsymbol{f}_t \times \boldsymbol{C}_{t-1} + \boldsymbol{i}_t \times \tanh(\boldsymbol{W}_C[\boldsymbol{h}_{t-1}; \boldsymbol{x}_t] + \boldsymbol{b}_C)$$

$$\text{更新隱狀態：}\boldsymbol{h}_t = \boldsymbol{o}_t \times \tanh(\boldsymbol{C}_t) \tag{1.26}$$

循環神經網路有很多種，而 LSTM 是其中之一，還有 GRU（Gated Recurrent Units）。最近的研究工作嘗試比較了不同結構的循環神經網路，但是關於哪一種結構更優，目前尚無定論 (Cho et al., 2014; Jozefowicz et al., 2015)。

在深度學習中，循環神經網路主要用於處理序列資料，如自然語言和時間序列(Chung et al., 2014; Liao et al., 2018b; Mikolov et al., 2010)，同時也會用於處理強化學習的問題(Peng et al., 2018; Wierstra et al., 2010)。根據輸入和輸出的關係，循環神經網路的結構在不同的場景也會有些許變化。舉例來說，在文字分類的問題中，循環神經網路的輸入是一串單字序列，而輸出是單一代表類別的標籤(Lee et al., 2016; Zhang et al., 2019a)。在機器翻譯(Bahdanau et al., 2015; Luong et al., 2015; Sutskever et al., 2014) 或自動摘要(Nallapati et al., 2017) 的任務中，循環神經網路的輸入和輸出均是一串單字序列。

1.10 深度學習的實現範例

本節將介紹深度學習的實現範例，其中模型的程式將以 Python 3、TensorFlow 2.0 和 TensorLayer 2.0 為基礎。

1.10.1 張量和梯度

張量（Tensor）是 TensorFlow 中最基本的計算單元，特指計算函數的輸出，由計算函數生成，如 tf.constant，tf.matmul 等。這些張量本身並不儲存計算結果，而是為獲取 TensorFlow session 中產生該結果的計算過程提供便利。在 TensorFlow 2.0 中，無須手動執行階段（Session），因為在 Eager execution 設計思想下，運算圖和階段的執行細節僅在後端可見。比如，在下面的矩陣乘法範例中，我們可以透過 tf.constant 創建矩陣，並透過 tf.matmul 計算輸出為另一個矩陣的乘法。

TensorFlow 中以張量為基礎的矩陣乘法

```
>>> import tensorflow as tf
>>> a = tf.constant([[1, 2], [1, 2]])
# tf.Tensor(
# [[1 2]
# [1 2]], shape=(2, 2), dtype=int32)
>>> b = tf.constant([[1], [2]])
# tf.Tensor(
# [[1]
# [2]], shape=(2, 1), dtype=int32)
>>> c = tf.matmul(a, b)
# tf.Tensor(
# [[5]
# [5]], shape=(2, 1), dtype=int32)
```

在深度神經網路的前向傳播中，Tensors 實例會自動相互連接，從而形成一個運算圖。因此，我們可以透過 TensorFlow 附帶的自動差分和運算圖相關功能，在反向傳播時計算梯度。TensorFlow 2.0 更是提供了 tf.GradientTape 方法，用於計算輸入變數對被記錄操作的梯度。

神經網路的前向傳播和損失函數的計算應當在 tf.GradientTape 作用域之內，而反向傳播和權重更新則可以在作用域之外。tf.GradientTape 將所有在作用域內執行的運算都記錄到 Tape 中，然後透過反向自動差分機制，計算每個運算子和輸入變數相對應的梯度。直到 tape.gradient()被呼叫後，tf.GradientTape 所佔用的資源才會被釋放。

TensorFlow 和 TensorLayer 中的梯度計算

```
import tensorflow as tf
import tensorlayer as tl
def train(model, dataset, optimizer):
```

```
# 指定一個 TensorLayer 模型
# 遍歷資料，其中 x 為輸入，y 為輸出
for x, y in dataset:
    # 建構 tf.GradientTape 的作用域
    with tf.GradientTape() as tape:
        prediction = model(x) # 前向傳播
        loss = loss_fn(prediction, y) # 損失函數
    # 反向傳播並計算梯度
    # 然後釋放 tf.GradientTape 所佔用的資源
    gradients = tape.gradient(loss, model.trainable_weights)
    # 根據梯度，利用最佳化器更新權重
    optimizer.apply_gradients(zip(gradients, model.trainable_weights))
```

1.10.2 定義模型

在 TensorLayer 2.0 中，模型（Model）是一個包含多個 Layer 的實體，並且定義了 Layer 之間傳播運算。TensorLayer 2.0 提供了兩套定義模型的介面，其中靜態模型介面讓使用者可以更加流暢地定義模型，而動態模型介面讓前向傳播更加靈活。靜態模型需要使用者手動建構運算圖並編譯，模型一旦編譯後，前向傳播將不能修改。與之不同的是，動態模型可以像普通 Python 程式一樣即刻執行（Eager Execution），而且前向傳播是可以修改的。

以下面的實現範例所示，我們可以將靜態模型和動態模型的差別複習成兩個方面。首先，靜態模型中的 Layer 在宣告的同時也會定義與其他 Layer 的連接關係（即前向傳播）。根據 Layer 之間的連接關係，TensorLayer 可以自動推斷每個 Layer 輸入變數的大小，並對應建構權重。因此，當 Model 初始化的時候，只需要明確模型的輸入和輸出即可，而 TensorLayer 將自動根據 Layer 之間的連接建構運算圖。然而，動態模型則不同，前向傳播的順序（即 Layer 之間的連接關係）在動態模型初始化時是不需要明確的，因為動態模型的前向傳播直到前向函數 forward 被實際呼叫的時候才能確定。因此，動態模型無法自動推斷每個 Layer 輸入變數的大小，必須透過輸入參數 in_channels 顯性地明確 Layer。

其次，靜態模型的前向傳播一旦定義即固定，因此更加易於加速計算過程。TensorFlow 2.0 提供了一個新的功能，即 tf.function，可作為裝飾器套在函數上，加速函數內的計算。與靜態模型不同的是，動態模型的前向傳播更加靈活。舉例來說，使用者可以根據不同的輸入和參數來控制前向傳播，同時也可以根據需要選擇執行或跳過部分 Layer 的計算。

靜態模型範例：多層感知器（MLP）

```
import tensorflow as tf
from tensorlayer.layers import Input, Dense
from tensorlayer.models import Model

# 包含了三個全連接層的多層感知器模型
def get_mlp_model(inputs_shape):
    ni = Input(inputs_shape)
    # 因為明確定義了 Layer 之間的連接關係
    # 可以自動推斷每個 Layer 的 in_channels
    nn = Dense(n_units=800, act=tf.nn.relu)(ni)
    nn = Dense(n_units=800, act=tf.nn.relu)(nn)
    nn = Dense(n_units=10, act=tf.nn.relu)(nn)
    # 根據連接關係自動建構模型
    M = Model(inputs=ni, outputs=nn)
    return M

MLP = get_mlp_model([None, 784])
# 開啟 eval 模式
MLP.eval()
# 指定輸入資料
# 該計算過程可以透過 TensorFlow 2.0 中的 @tf.function 加速
outputs = MLP(data)
```

動態模型範例：多層感知器（MLP）

```
import tensorflow as tf
from tensorlayer.layers import Input, Dense
from tensorlayer.models import Model
```

```
class MLPModel(Model):
    def __init__(self):
        super(MLPModel, self).__init__()
        # 因為無法明確 Layer 之間的連接關係，必須手動提供 in_channels
        # 指定輸入資料的大小，即 784
        self.dense1 = Dense(n_units=800, act=tf.nn.relu, in_channels=784)
        self.dense2 = Dense(n_units=800, act=tf.nn.relu, in_channels=800)
        self.dense3 = Dense(n_units=10, act=tf.nn.relu, in_channels=800)
    def forward(self, x, foo=False):
        # 定義前向傳播
        z = self.dense1(z)
        z = self.dense2(z)
        out = self.dense3(z)
        # 靈活控制前向傳播
        if foo:
            out = tf.nn.softmax(out)
        return out

MLP = MLPModel()
# 開啟 eval 模式
MLP.eval()
# 指定輸入資料
# 透過參數 foo 控制前向傳播
outputs_1 = MLP(data, foo=True) # 使用 softmax
outputs_2 = MLP(data, foo=False) # 不使用 softmax
```

1.10.3 自訂層

TensorLayer 2.0 提供給使用者了大量的神經網路層，也支持 Lambda Layer 以方便使用者創造高度自訂的層。如下所示，最簡單的例子是把一個 lambda 運算式直接傳入 Lambda Layer。使用者可以透過一個自訂輸入參數的函數和 fn_args 選項來初始化或呼叫 Lambda Layer。

```
import tensorlayer as tl
x = tl.layers.Input([8, 3], name='input')
y = tl.layers.Lambda(lambda x: 2*x)(x) # 沒有可訓練的權重

def customize_fn(input, foo): # 參數可以透過 Lambda Layer 的 fn_args 定義
    return foo * input
z = tl.layers.Lambda(customize_fn, fn_args='foo': 42)(x)
# this layer has no weights.
```

Lambda Layer 擁有可訓練的權重。下面的範例可以展示如何在自訂函數外定義權重，並透過 fn_weights 選項傳入 Lambda Layer。

```
import tensorflow as tf
import tensorlayer as tl
a = tf.Variable(1.0) # 自訂函數作用域之外的權重
def customize_fn(x):
    return x + a
x = tl.layers.Input([8, 3], name='input')
y = tl.layers.Lambda(customize_fn, fn_weights=[a])(x)# 透過 fn_weights 傳遞權重
```

此外，Lambda Layer 還可以使 Keras 與 TensorLayer 相容。使用者可以定義一個 Keras 模型，並將其以一個函數的形式傳入 Lambda Layer，因為 Keras 的模型是可被呼叫的。同時，為了讓自訂模型和 Keras 模型一起被訓練，Keras 模型中可被訓練的權重需要被手動提取，然後傳入 Lambda Layer 中。

```
import tensorflow as tf
import tensorlayer as tl
# 定義一個 Keras 模型
layers = [
    tf.keras.layers.Dense(10, activation=tf.nn.relu),
    tf.keras.layers.Dense(5, activation=tf.nn.sigmoid),
    tf.keras.layers.Dense(1, activation=tf.identity)
]
perceptron = tf.keras.Sequential(layers)
# 獲得 Keras 模型的可被訓練的權重
```

```
_ = perceptron(np.random.random([100, 5]).astype(np.float32))

class CustomizeModel(tl.models.Model):
    def __init__(self):
        super(CustomizeModel, self).__init__()
        self.dense = tl.layers.Dense(in_channels=1, n_units=5)
        self.lambdalayer = tl.layers.Lambda(perceptron,
perceptron.trainable_variables)
        # 將可以訓練的權重傳遞給 Lambda Layer

    def forward(self, x):
        z = self.dense(x)
        z = self.lambdalayer(z)
        return z
```

1.10.4 多層感知器：MNIST 資料集上的圖型分類

使用者可以透過 TensorLayer 2.0 中提供的 Model、Layer 和其他支援性的 API 來靈活、直觀地設計和實現自己的深度學習模型。為了幫助讀者更進一步地了解如何用 TensorLayer 實現一個深度學習模型，這裡首先介紹一個利用多層感知器在 MNIST 資料集(LeCun et al., 1998)上分類圖片的範例。該資料集包含了 70,000 張手寫數字的圖片。一個深度學習模型的建立通常會包含五個步驟，分別是資料載入、模型定義、訓練、測試和模型儲存。

TensorLayer 在 tl.files 中提供了多個常用資料集的 API，包括 MNIST、CIFAR10、PTB、CelebA 等。比如說，我們可以用 tl.files.load_mnist_dataset 和一個具體的 shape 載入 MNIST 資料集。通常來說，資料集會被劃分為三個子集：訓練集、驗證集和測試集。

```
# 透過 TensorLayer 載入 MNIST 資料集
X_train, y_train, X_val, y_val, X_test, y_test =
tl.files.load_mnist_dataset(shape=(-1, 784))
# 每個 MNIST 圖型的原始尺寸為 28 * 28，即一共有 784 個像素點
```

就像在 1.10.2 節裡提到的一樣，在 TensorLayer 2.0 中，一個多層感知器模型可以透過靜態模型或動態模型兩種方法來實現。在這個例子中，我們的模型有三個 Dense 層，且為靜態模型，同時，用 Dropout 來防止過擬合現象的產生。

```
# 建構模型
ni = tl.layers.Input([None, 784]) # 根據輸入資料定義尺寸
# 多層感知器
nn = tl.layers.Dropout(keep=0.8)(ni)
nn = tl.layers.Dense(n_units=800, act=tf.nn.relu)(nn)
nn = tl.layers.Dropout(keep=0.5)(nn)
nn = tl.layers.Dense(n_units=800, act=tf.nn.relu)(nn)
nn = tl.layers.Dropout(keep=0.5)(nn)
nn = tl.layers.Dense(n_units=10, act=None)(nn)
# 指定輸入和輸出，建構模型
network = tl.models.Model(inputs=ni, outputs=nn, name="mlp")
```

多層感知器在 MNIST 資料集上的訓練是指對其權重的學習。使用者可以透過呼叫 tl.utils.fit 函數來觸發訓練過程。除此之外，我們還需要透過 tl.utils.test 函數來驗證模型的性能。

```
# 定義一個函數來評估模型的準確度
# 與損失函數不同，這個函數不用於更新模型
def acc(_logits, y_batch):
    return tf.reduce_mean(
        tf.cast(
        tf.equal(
            tf.argmax(_logits, 1),
            tf.convert_to_tensor(y_batch, tf.int64)),
        tf.float32),
    name='accuracy'
)

# 訓練
tl.utils.fit(
    network, # 模型
```

```
    train_op=tf.optimizers.Adam(learning_rate=0.0001), # 佳化器
    cost=tl.cost.cross_entropy, # 損失函數
    X_train=X_train, y_train=y_train, # 訓練集
    acc=acc, # 評估指標
    batch_size=256, # 批次樣本數量
    n_epoch=20, # 訓練輪數
    X_val=X_val, y_val=y_val, eval_train=True, # 驗證集
)

# 測試
tl.utils.test(
    network, # 訓練好的模型
    acc=acc, # 評估指標
    X_test=X_test, y_test=y_test, # 測試集
    batch_size=None,# 批次樣本數量，如果為 None 則將測試集一起輸入模型，因此當且僅當測
    # 試集很小的時候可以將此設定為 None
    cost=tl.cost.cross_entropy # 損失函數
)
```

最後，多層感知器模型的權重可以保存至本地的檔案中，使得我們可以在後面需要的時候恢復模型參數，用於推理。

```
# 將模型權重保存到檔案中
network.save_weights('model.h5')
```

1.10.5 卷積神經網路：CIFAR-10 資料集上的圖型分類

CIFAR-10 資料集 (Krizhevsky et al., 2009) 是一個通用的、具有一定挑戰性的圖型分類基準測試。此資料集一共包含 10 類資料，其中每類分別有 6000 張 32 × 32 RGB 圖片，且每張圖片只專注於描述單一物體，如狗、飛機、船舶等。使用 TensorLayer 2.0 中的 Dataset 和 Dataloader APIs，我們可以很簡單地載入 CIFAR-10 並做資料增強。

```
# 定義資料增強
def _fn_train(img, target):
```

```
    # 1. 隨機切割長寬均為 24 的一小區塊圖片
    img = tl.prepro.crop(img, 24, 24, False)
    # 2. 隨機水平翻轉圖片
    img = tl.prepro.flip_axis(img, is_random=True)
    # 3. 正則化：減去像素點的平均值並除以方差
    img = tl.prepro.samplewise_norm(img)
    target = np.reshape(target, ())
    return img, target

# 載入訓練集
train_ds = tl.data.CIFAR10(train_or_test= 'train', shape=(-1, 32, 32, 3))
# dataloader 載入資料集和資料增強演算法
train_dl = tl.data.Dataloader(train_ds, transforms=[_fn_train], shuffle=True,
    batch_size=batch_size, output_types=(np.float32, np.int32))

# 載入測試集
test_ds = tl.data.CIFAR10(train_or_test='test', shape=(-1, 32, 32, 3))
# dataloader 載入測試集
test_dl = tl.data.Dataloader(test_ds,  batch_size=batch_size)

# 遍歷資料集
for X_batch, y_batch in train_dl:
# 訓練、測試模型的程式
```

在這個範例裡，我們將使用帶有批次標準化 (Ioffe et al., 2015) 的卷積神經網路來對 CIFAR-10 中的圖片進行分類。該模型有兩個卷積模組，其中每個模組含有一個批次標準化層。模型的最後包含了三個全連接層。

```
# 包含了 BatchNorm 的卷積神經網路
def get_model_batchnorm(inputs_shape):
# 自訂權重初始化
W_init = tl.initializers.truncated_normal(stddev=5e-2)
W_init2 = tl.initializers.truncated_normal(stddev=0.04) b_init2 =
tl.initializers.constant(value=0.1)

# 輸入層
```

```
ni = Input(inputs_shape)

# 第一個卷積層 Conv2d，以及 BatchNorm 和池化層 MaxPool
nn = Conv2d(64, (5, 5), (1, 1), padding='SAME', W_init=W_init, b_init=None)(ni)
nn = BatchNorm2d(decay=0.99, act=tf.nn.relu)(nn)
nn = MaxPool2d((3, 3), (2, 2), padding='SAME')(nn)

# 第二個卷積層 Conv2d，以及 BatchNorm 和池化層 MaxPool
nn = Conv2d(64, (5, 5), (1, 1), padding='SAME', W_init=W_init, b_init=None)(nn)
nn = BatchNorm2d(decay=0.99, act=tf.nn.relu)(nn)
nn = MaxPool2d((3, 3), (2, 2), padding='SAME')(nn)

# 卷積層的輸出傳遞給三個全連接層
nn = Flatten()(nn)
nn = Dense(384, act=tf.nn.relu, W_init=W_init2, b_init=b_init2)(nn)
nn = Dense(192, act=tf.nn.relu, W_init=W_init2, b_init=b_init2)(nn)
nn = Dense(10, act=None, W_init=W_init2)(nn)

# 指定輸入和輸出，建構模型
M = Model(inputs=ni, outputs=nn, name='cnn')
return M
```

1.10.6 序列到序列模型：聊天機器人

聊天機器人（Chatbot）的設計通常涵蓋了語音和文字對話的應用。在這個範例中，我們將簡化這一設計，並考慮文字輸入和回饋的情形。因此，序列到序列模型（Seq2seq）(Sutskever et al., 2014) 是實現聊天機器人的很好的選擇。該模型需要序列作為輸入和輸出，因此，我們可以在此把聊天機器人的輸入和輸出定義為句子，又可被了解為是文字的序列。seq2seq 模型會被訓練去對輸入句子以另一句話的形式做適當的回應。雖然 seq2seq 模型在提出的時候主要應用於機器翻譯，但在其他序列-序列應用場景中同樣具有良好的應用前景，如交通預測 (Liao et al., 2018a,b)、文字自動摘要 (Liu et al., 2018; Zhang et al., 2019b) 等。

在實踐中，一個 seq2seq 模型由兩個 RNN 組成，其一為編碼 RNN，其二為解碼 RNN。編碼 RNN 會學習一個對於輸入敘述的表示，然後解碼 RNN 便可嘗試生成一個針對輸入的回應。TensorLayer 函數庫提供的 API 可以在一行以內生成一個 Seq2seq 模型。

```
# Seq2seq 模型
model_ = Seq2seq(
    decoder_seq_length=decoder_seq_length, # 解碼的最大長度
    cell_enc=tf.keras.layers.GRUCell, # 編碼 RNN 的循環單元
    cell_dec=tf.keras.layers.GRUCell, # 解碼 RNN 的循環單元
    n_layer=3, # 編碼 RNN 和解碼 RNN 的層數
    n_units=256, # RNN 的隱狀態大小
    embedding_layer=tl.layers.Embedding(vocabulary_size=vocabulary_size,
       embedding_size=emb_dim), # 編碼 RNN 的嵌入層
)
```

下面展示了一些以 Seq2seq 為基礎的聊天機器人模型的結果，該模型可以在獲取一個輸入句子後輸出多種可能的結果。

```
Query > happy birthday have a nice day
>  thank you so much
>  thank babe
>  thank bro
>  thanks so much
thank babe i appreciate it
```

參考文獻

- BAHDANAU D, CHO K, BENGIO Y, 2015. Neural machine translation by jointly learning to align and translate[C]//Proceedings of the International Conference on Learning Representations (ICLR).
- BISHOP C M, 2006. Pattern recognition and machine learning[M]. springer.

- BOTTOU L, BOUSQUET O, 2007. The Tradeoffs of Large Scale Learning.[C]//Proceedings of the Neural Information Processing Systems (Advances in Neural Information Processing Systems) Conference: volume 20. 161-168.
- CAO Z, SIMON Z, WEI S E, et al., 2017. Realtime multi-person 2d pose estimation using part affinity fields[C]//Proceedings of the IEEE Conference on Computer Vision and Pattern Recognition (CVPR).
- CHO K, VAN MERRIËNBOER B, GULCEHRE C, et al., 2014. Learning phrase representations using RNN encoder-decoder for statistical machine translation[C]//Proceedings of the Empirical Methods in Natural Language Processing (EMNLP) Conference.
- CHUNG J, GULCEHRE C, CHO K, et al., 2014. Empirical evaluation of gated recurrent neural networks on sequence modeling[J]. arXiv preprint arXiv:1412.3555.
- DEVLIN J, CHANG M W, LEE K, et al., 2019. BERT: Pre-training of deep bidirectional transformers for language understanding[C/OL]//Proceedings of the 2019 Conference of the North American Chapter of the Association for Computational Linguistics: Human Language Technologies, Volume 1 (Long and Short Papers). Minneapolis, Minnesota: Association for Computational Linguistics: 4171-4186. DOI: 10.18653/v1/N19-1423.
- DONG H, ZHANG J, MCILWRAITH D, et al., 2017. I2t2i: Learning text to image synthesis with textual data augmentation[C]//Proceedings of the IEEE International Conference on Image Processing (ICIP).
- DUCHI J, HAZAN E, SINGER Y, 2011. Adaptive subgradient methods for online learning and stochastic optimization[J]. Journal of Machine Learning Research (JMLR), 12(Jul): 2121-2159.
- GAL Y, GHAHRAMANI Z, 2016. Dropout as a bayesian approximation: Representing model uncertainty in deep learning[C]//Proceedings of the

International Conference on Machine Learning (ICML). 1050- 1059.

- GLOROT X, BORDES A, BENGIO Y, 2011. Deep sparse rectifier neural networks[C]//Proceedings of the International Conference on Artificial Intelligence and Statistics (AISTATS). 315-323.
- GOODFELLOW I, POUGET-ABADIE J, MIRZA M, et al., 2014. Generative Adversarial Nets[C]// Proceedings of the Neural Information Processing Systems (Advances in Neural Information Processing Systems) Conference.
- GOODFELLOW I, BENGIO Y, COURVILLE A, 2016. Deep learning[M]. MIT Press.
- HARA K, SAITOH D, SHOUNO H, 2016. Analysis of dropout learning regarded as ensemble learn- ing[C]//Proceedings of the International Conference on Artificial Neural Networks (ICANN). Springer: 72-79.
- HE K, ZHANG X, REN S, et al., 2015. Delving deep into rectifiers: Surpassing human-level performance on imagenet classification[C]//Proceedings of the IEEE international conference on computer vision. 1026-1034.
- HE K, ZHANG X, REN S, et al., 2016. Deep Residual Learning for Image Recognition[C]//Proceedings of the IEEE Conference on Computer Vision and Pattern Recognition (CVPR).
- HINTON G E, SRIVASTAVA N, KRIZHEVSKY A, et al., 2012. Improving neural networks by preventing co-adaptation of feature detectors[J]. arXiv preprint arXiv:1207.0580.
- HOCHREITER S, HOCHREITER S, SCHMIDHUBER J, et al., 1997. Long Short-Term Memory.[J].
- Neural Computation, 9(8): 1735-80.
- HORNIK K, STINCHCOMBE M, WHITE H, 1989. Multilayer feedforward networks are universal approximators[J]. Neural networks,

2(5): 359-366.

- HOWARD A G, ZHU M, CHEN B, et al., 2017. Mobilenets: Efficient convolutional neural networks for mobile vision applications[J]. Computing Research Repository (CoRR).
- IOFFE S, SZEGEDY C, 2015. Batch normalization: Accelerating deep network training by reducing internal covariate shift[J]. arXiv preprint arXiv:1502.03167.
- JAMES S, WOHLHART P, KALAKRISHNAN M, et al., 2019. Sim-to-real via sim-to-sim: Data- efficient robotic grasping via randomized-to-canonical adaptation networks[C]//Proceedings of the IEEE Conference on Computer Vision and Pattern Recognition. 12627-12637.
- JOZEFOWICZ R, ZAREMBA W, SUTSKEVER I, 2015. An empirical exploration of recurrent network architectures[C]//International Conference on Machine Learning. 2342-2350.
- KINGMA D, BA J, 2014. Adam: A method for stochastic optimization[C]//Proceedings of the Interna- tional Conference on Learning Representations (ICLR).
- KO T, PEDDINTI V, POVEY D, et al., 2015. Audio augmentation for speech recognition[C]//Annual Conference of the International Speech Communication Association.
- KRIZHEVSKY A, HINTON G, et al., 2009. Learning multiple layers of features from tiny images[R]. Citeseer.
- KRIZHEVSKY A, SUTSKEVER I, HINTON G E, 2012. Imagenet classification with deep convolutional neural networks[C]//Advances in Neural Information Processing Systems. 1097-1105.
- LECUN Y, BOSER B, DENKER J S, et al., 1989. Backpropagation applied to handwritten zip code recognition[J]. Neural computation, 1(4): 541-551.

- LECUN Y, BOTTOU L, BENGIO Y, et al., 1998. Gradient-based learning applied to document recogni- tion[J]. Proceedings of the IEEE, 86(11): 2278-2324.
- LECUN Y, BENGIO Y, HINTON G, 2015. Deep learning[J]. Nature, 521(7553): 436.
- LEE J Y, DERNONCOURT F, 2016. Sequential short-text classification with recurrent and convolutional neural networks[C/OL]//Proceedings of the 2016 Conference of the North American Chapter of the Association for Computational Linguistics: Human Language Technologies. San Diego, California: Association for Computational Linguistics: 515-520. DOI: 10.18653/v1/N16-1062.
- LIAO B, ZHANG J, CAI M, et al., 2018a. Dest-ResNet: A deep spatiotemporal residual network for hotspot traffic speed prediction[C]//2018 ACM Multimedia Conference on Multimedia Conference. ACM: 1883-1891.
- LIAO B, ZHANG J, WU C, et al., 2018b. Deep sequence learning with auxiliary information for traffic prediction[C]//Proceedings of the 24th ACM SIGKDD International Conference on Knowledge Discovery & Data Mining. ACM: 537-546.
- LIU P J, SALEH M, POT E, et al., 2018. Generating wikipedia by summarizing long sequences[C]// International Conference on Learning Representations.
- LUONG T, PHAM H, MANNING C D, 2015. Effective approaches to attention-based neural machine translation[C/OL]//Proceedings of the 2015 Conference on Empirical Methods in Natural Language Processing. Lisbon, Portugal: Association for Computational Linguistics: 1412-1421. DOI: 10.18653/ v1/D15-1166.
- MAAS A L, DALY R E, PHAM P T, et al., 2011. Learning word vectors for sentiment analysis[C]// HLT ‘11: Proceedings of the 49th Annual

Meeting of the Association for Computational Linguistics: Human Language Technologies - Volume 1. Stroudsburg, PA, USA: Association for Computational Linguistics: 142-150.

- MIKOLOV T, KARAFIÁT M, BURGET L, et al., 2010. Recurrent neural network based language model[C]//Interspeech.
- NALLAPATI R, ZHAI F, ZHOU B, 2017. Summarunner: A recurrent neural network based sequence model for extractive summarization of documents[C]//AAAI'17: Proceedings of the Thirty-First AAAI Conference on Artificial Intelligence. San Francisco, California, USA: AAAI Press: 3075–3081.
- NG A Y, JORDAN M I, 2002. On discriminative vs. generative classifiers: A comparison of logistic regression and naive bayes[C]//Proceedings of the Neural Information Processing Systems (Advances in Neural Information Processing Systems) Conference. 841-848.
- NOH H, HONG S, HAN B, 2015. Learning deconvolution network for semantic segmentation[C]// Proceedings of the International Conference on Computer Vision (ICCV). 1520-1528.
- OLAH C, 2015. Understanding lstm networks[Z].
- PENG X B, ANDRYCHOWICZ M, ZAREMBA W, et al., 2018. Sim-to-real transfer of robotic control with dynamics randomization[C]//2018 IEEE International Conference on Robotics and Automation (ICRA). IEEE: 1-8.
- REED S, AKATA Z, YAN X, et al., 2016. Generative Adversarial Text to Image Synthesis[C]//Proceedings of the International Conference on Machine Learning (ICML).
- RISH I, et al., 2001. An empirical study of the naive bayes classifier[C]//International Joint Conference on Artificial Intelligence 2001 workshop on empirical methods in artificial intelligence: volume 3. 41-46.
- ROSENBLATT F, 1958. The perceptron: a probabilistic model for

information storage and organization in the brain.[J]. Psychological Review, 65(6): 386.

- RUCK D W, ROGERS S K, KABRISKY M, et al., 1990. The multilayer perceptron as an approximation to a bayes optimal discriminant function[J]. IEEE Transactions on Neural Networks, 1(4): 296-298.
- RUMELHART D E, HINTON G E, WILLIAMS R J, 1986. Learning representations by back-propagating errors[J]. Nature, 323(6088): 533.
- RUSU A A, RABINOWITZ N C, DESJARDINS G, et al., 2016. Progressive neural networks[J]. arXiv preprint arXiv:1606.04671.
- SAMUEL A, 1959. Some studies in machine learning using the game of checkers[C]//IBM Journal of Research and Development.
- SIMONYAN K, ZISSERMAN A, 2015. Very deep convolutional networks for large-scale image recog- nition[C]//Proceedings of the International Conference on Learning Representations (ICLR).
- SRIVASTAVA N, HINTON G, KRIZHEVSKY A, et al., 2014. Dropout: A simple way to prevent neural networks from overfitting[J]. Journal of Machine Learning Research (JMLR), 15(1): 1929-1958.
- SUTSKEVER I, VINYALS O, LE Q V, 2014. Sequence to sequence learning with neural networks[C]// Proceedings of the Neural Information Processing Systems (Advances in Neural Information Processing Systems) Conference. 3104-3112.
- TIELEMAN T, HINTON G, 2017. Divide the gradient by a running average of its recent magnitude. coursera: Neural networks for machine learning[R]. Technical Report.
- VAN DEN OORD A, DIELEMAN S, ZEN H, et al., 2016. WaveNet: A generative model for raw audio[C]//Arxiv.
- WIERSTRA D, FÖRSTER A, PETERS J, et al., 2010. Recurrent policy gradients[J]. Logic Journal of the IGPL, 18(5): 620-634.

- XU B, WANG N, CHEN T, et al., 2015. Empirical evaluation of rectified activations in convolutional network[C]//Proceedings of the International Conference on Machine Learning (ICML) Workshop.
- YANG Z, DAI Z, YANG Y, et al., 2019. Xlnet: Generalized autoregressive pretraining for language understanding[C]//Advances in Neural Information Processing Systems. 5754-5764.
- YIN W, KANN K, YU M, et al., 2017. Comparative study of cnn and rnn for natural language processing[J]. arXiv preprint arXiv:1702.01923.
- ZHANG J, LERTVITTAYAKUMJORN P, GUO Y, 2019a. Integrating semantic knowledge to tackle zero- shot text classification[C/OL]//Proceedings of the 2019 Conference of the North American Chapter of the Association for Computational Linguistics: Human Language Technologies, Volume 1 (Long and Short Papers). Minneapolis, Minnesota: Association for Computational Linguistics: 1031-1040. DOI: 10.18653/v1/N19-1108.
- ZHANG J, ZHAO Y, SALEH M, et al., 2019b. PEGASUS: Pre-training with extracted gap-sentences for abstractive summarization[J]. arXiv preprint arXiv:1912.08777.
- ZHANG X, ZHAO J, LECUN Y, 2015. Character-level convolutional networks for text classification[C]// Advances in Neural Information Processing Systems. 649-657.

Chapter

02

強化學習入門

本章將介紹傳統強化學習的基礎，並概覽深度強化學習。我們將從強化學習中的基本定義和概念開始，包括智慧體、環境、動作、狀態、獎勵函數、馬可夫（Markov）過程、馬可夫獎勵過程和馬可夫決策過程，隨後會介紹一個經典強化學習問題——賭博機問題，給讀者提供對傳統強化學習潛在機制的基本了解。這些概念是系統化表達強化學習任務的基礎。馬可夫獎勵過程和價值函數估計的結合產生了在絕大多數強化學習方法中應用的核心結果——貝爾曼（Bellman）方程式。最佳價值函數和最佳策略可以透過求解貝爾曼方程式得到，還將介紹三種貝爾曼方程式的主要求解方式：動態規劃（Dynamic Programming）、蒙地卡羅（Monte-Carlo）方法和時間差分（Temporal Difference）方法。

我們進一步介紹深度強化學習策略最佳化中對策略和價值的擬合。策略最佳化的內容將被分為兩大類：以價值為基礎的最佳化和以策略為基礎的最佳化。在以價值為基礎的最佳化中，我們介紹以梯度為基礎的方法，如使用深度神經網路的深度 Q 網路（Deep Q-Networks）；在以策略為基礎的最佳化中，我們詳細介紹確定性策略梯度（Deterministic Policy Gradient）和隨機性策略梯度（Stochastic Policy Gradient），並提供充分的數學證明。結合以價值和以策略為基礎的最佳化方法產生了著名的 Actor-Critic 結構，這導致誕生了大量進階深度強化學習演算法。

2.1 簡介

本章介紹強化學習和深度強化學習的基礎知識，包括基本概念的定義和解釋、強化學習的一些基本理論證明，這些內容是深度強化學習的基礎。因此，我們鼓勵讀者能夠掌握本章的內容後再去學習之後的章節。下面，從強化學習的基本概念開始學習。

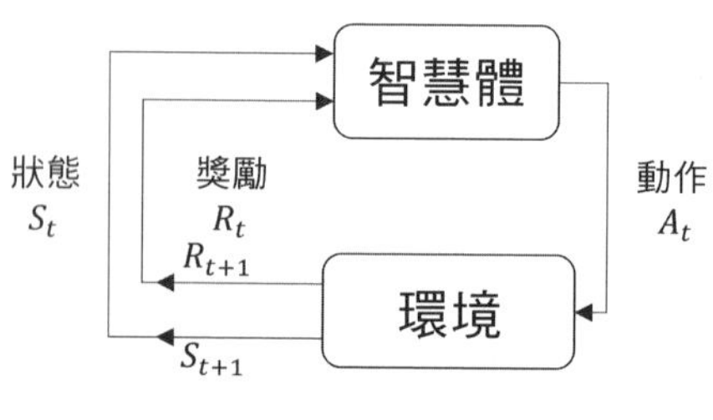

圖 2.1 智慧體與環境

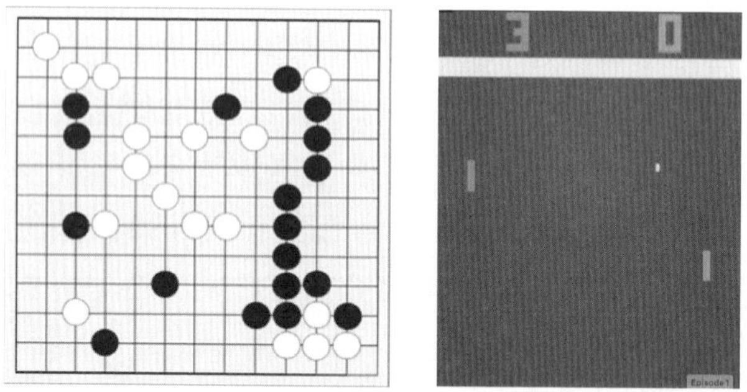

圖 2.2 兩類遊戲環境：圍棋（左邊）的觀測包含了環境狀態的所有資訊，這個環境是完全可觀測的。Atari 乒乓球（右邊）的觀測如果只有單幀畫面，不能包含小球的速度和運動方向，這個環境是部分可觀測的

如圖 2.1 所示，**智慧體**（Agent）與**環境**（Environment）是強化學習的基本元素。環境是智慧體與之互動的實體。如圖 2.2 右邊所示，一個環境可以是一個 Atari 乒乓球遊戲（Pong Game）。智慧體控制一個球拍來反彈小球，從而使環境產生變化。智慧體的「互動」是透過預先定義好的**動作集合**（Action Set）$\mathcal{A} = \{A_1, A_2 ...\}$ 來實現的。動作集合描述了所有可能的動作。在這個乒乓球遊戲中，動作集合是球拍{向上移動，向下移動}。那麼

強化學習的目的就是教會智慧體如何極佳地與環境互動，從而在預先定義好的**評價指標**（Evaluation Metric）下獲得好的成績。在乒乓球遊戲中，評價指標是玩家獲得的分數。若小球穿過了對手的防線，智慧體則獲得獎勵 $r = 1$。相反，若小球穿過了智慧體的防線，則智慧體獲得獎勵 $r = -1$。

我們現在透過圖 2.1 來看看智慧體與環境的關係細節。在任意的時間步（Time Step）t，智慧體首先觀測到當前環境的狀態S_t，以及當前對應的獎勵值R_t。以這些狀態和獎勵資訊為基礎，智慧體決定如何行動。智慧體要執行的動作A_t從環境得到新的回饋，獲得下一時間步的狀態S_{t+1}和獎勵R_{t+1}。對環境狀態s（s是一個與時間步t無關的通用狀態表示符號）的**觀測**（Observation）並不一定能保證包含環境的所有資訊。如果觀測只包含了環境的局部狀態資訊（Partial State Information），這個環境是**部分可觀測的**（Partially Observable）。而如果觀測包含了環境的全部狀態資訊（Complete State Information），這個環境是**完全可觀測的**（Fully Observable）。在實踐中，觀測通常是系統真實狀態的函數，使得我們有時很難辨別觀測是否包含了狀態的所有資訊。一個更容易了解的方法是從資訊角度，一個完全可觀測的環境不應從整個環境的潛在狀態中遺漏任何資訊，而應該可以把所有資訊提供給智慧體。

為了更進一步地了解部分可觀測環境和完全可觀測環境的區別，我們來看兩個例子：圖 2.2 左邊的圍棋遊戲是一個典型的完全可觀測環境的例子，環境的資訊是所有的棋子的位置。而在圖 2.2 右邊的 Atari 乒乓球遊戲中，如果觀測是單幀畫面，就是一個部分可觀測環境。這是因為小球的速度和運動方向並不能從單幀畫面中獲得。

在很多強化學習的文獻中，在環境對智慧體是完全可觀測的條件下，動作a（a是一個與時間步t無關的通用動作表示符號）通常是以狀態s表示為基礎的智慧體動作。而如果環境對智慧體是部分可觀測的，智慧體不能直接獲得環境潛在狀態（Underlying State）的資訊，因此在沒有其他處理時，動作是以觀測量（Observation）而非真正狀態s為基礎的。

為了從環境中給智慧體提供回饋，一個**獎勵函數**（Reward Function）記為R，會根據環境狀態而在每一個時間步上產生一個**立即獎勵**（Immediate Reward）R_t，並將其發送給智慧體。在一些情況下，獎勵函數只取決於當前的狀態，即$R_t = R(S_t)$。舉例來說，在乒乓球遊戲中，如果小球穿過了對手的防線，玩家會立即獲得正數的獎勵。這個例子中，獎勵函數只取決於當前狀態，但是在很多情況下，獎勵函數不僅取決於當前狀態，而且取決於當前的動作，甚至可能是之前的狀態和動作。一個簡單的例子是：如果我們需要一個智慧體記住環境中另一個智慧體的一系列連續動作，並重複模仿執行。一個動作的偏差會導致後續狀態和動作都難以對齊，那麼這個獎勵不僅需要考慮另一個智慧體和這個智慧體運動過程中的狀態-動作對（State-Action Pair），而且需要考慮狀態-動作對的序列。這時，以當前狀態為基礎的獎勵函數，或以當前狀態和動作為基礎的函數，都無法對智慧體模仿整個連續序列有足夠的指導性意義。

在強化學習中，**軌跡**（Trajectory）是一系列的狀態、動作和獎勵：

$$\tau = (S_0, A_0, R_0, S_1, A_1, R_1, \cdots)$$

用以記錄智慧體如何和環境互動。軌跡的初始狀態S_0，是從**起始狀態分佈**（Start-State Distribution）中隨機取樣而來的，該狀態分佈記為ρ_0，從而有$S_0 \sim \rho_0(\cdot)$。舉例來說，Atari 乒乓球遊戲開始的狀態總是小球在畫面的正中間。而圍棋的開始狀態則可以是棋子在棋盤上的任意位置。

一個狀態到下一個狀態的**轉移**（Transition）可以分為：要麼是**確定性轉移過程**（Deterministic Transition Process），要麼是**隨機性轉移過程**（Stochastic Transition Process）。對於確定性轉移過程，下一時刻的狀態S_{t+1}由一個確定性函數支配：

$$S_{t+1} = f(S_t, A_t), \tag{2.1}$$

其中S_{t+1}是唯一的下一個狀態。而對於隨機性轉移過程，下一時刻的狀態S_{t+1}是用一個機率分佈（Probabilistic Distribution）來描述的：

$$S_{t+1} \sim p(S_{t+1}|S_t, A_t) \tag{2.2}$$

而下一時刻的實際狀態是從其機率分佈中取樣得到的。

一個軌跡有時候也稱為**部分**（Episode）或回合，是一個從初始狀態（Initial State）到最終狀態（Terminal State）的序列。比如，玩一整盤遊戲的過程可以看作一個部分，若智慧體贏了或輸了這盤遊戲，則到達最終狀態。在一些時候，一個部分可以是由多局子遊戲（Sub-Games）組成的（而不僅是一盤遊戲）。比如在 Atari 乒乓球遊戲中，一個部分可以包含多個回合。

我們用兩個重要的概念來結束本小節：**探索**（Exploration）與**利用**（Exploitation，有時候也叫守成），以及一個著名的概念：**探索-利用的權衡**（Exploration-Exploitation Trade-off）。**利用**指的是使用當前已知資訊來使智慧體的表現達到最佳，而智慧體的表現通常是用期望獎勵（Expected Reward）來評估的。舉例來説，一個淘金者發現了一個每天能提供兩克黃金的金礦，同時他也知道最大的金礦可以每天提供五克黃金。但是如果他花費時間去找更大的金礦，就需要停下採擷當前的金礦，這樣的話如果找不到更大的金礦，那麼在找礦耗費的時間中就沒有任何收穫。以這位淘金者為基礎的經驗，去探索新的金礦會有很大的風險，淘金者於是決定繼續採擷當前的金礦來最大化他的獎勵（這個例子中獎勵是黃金的數量），他放棄了**探索**而選擇了**利用**。淘金者選擇的**策略**（Policy）是**貪婪**（Greedy）策略，即智慧體持續地以當前已有為基礎的資訊來執行能夠最大化期望獎勵的動作，而不去做任何的冒險行為，以免導致更低的期望獎勵。

探索是指透過與環境互動來獲得更多的資訊。回到淘金者的例子中，探索指的是淘金者希望花費一些時間來尋找新的金礦，而如果他找到更大的金礦，那麼他每天能獲得更多的獎勵。但是為了獲得更大的**長期回報**（Long-Term Return），**短期回報**（Short-Term Return）可能會被犧牲。淘金者需要面對在探索與利用間抉擇的難題，要決定當一個金礦產量為多少時應當進行**利用**而少於多少時應當開始**探索**。上述的例子描述了**探索-利**

用的權衡問題，這個問題關乎智慧體如何平衡**探索**和**利用**，是強化學習研究非常重要的問題。我們下面進一步透過賭博機問題（Bandit Problem）來討論它。

2.2 線上預測和線上學習

2.2.1 簡介

線上預測（Online Prediction）問題是一類智慧體需要為未來做出預測的問題。假如你在夏威夷度假一周，需要預測這一周是否會下雨；或根據一天上午的石油價格漲幅來預測下午石油的價格。線上預測問題需要線上解決。線上學習和傳統的統計學習有以下幾方面的不同：

- 樣本是以一種有序的（Ordered）方式呈現的，而非無序的批次（Batch）的方式。
- 我們更多需要考慮最差情況而非平均情況，因為我們需要保證在學習過程中隨時都對事情有所掌控。
- 學習的目標也是不同的，線上學習企圖最小化後悔值（Regret），而統計學習需要減少經驗風險。我們會稍後對後悔值介紹。

如圖 2.3 左側所示，**單臂賭博機**（Single-Armed Bandit）是一種簡單的賭博機，智慧體透過下拉機械手臂來和這個賭博機進行互動。當這個機器到達頭獎的時候，這個智慧體就會得到一個獎勵。在賭場中，我們常常能看見很多賭博機被擺在一排。一個智慧體就可以選擇去下拉其中任何一隻手臂。獎勵值r的分佈$P(r|a)$以動作a為條件，它對不同的賭博機來說是不同的，但是對某一台賭博機來說是固定的。智慧體在一開始是不知道獎勵分佈的，而只能透過不斷的實驗和嘗試來增進對分佈的了解。智慧體的目標是將其做出一些選擇後所得到的獎勵最大化。智慧體需要在每個時間步上從許多的賭博機中進行選擇，我們把這種遊戲稱為**多臂賭博機**（Multi-

Armed Bandit，MAB），如圖 2.3 中右側所示。MAB 給予了一個智慧體有策略地選擇拉下哪一根拉桿的自由。

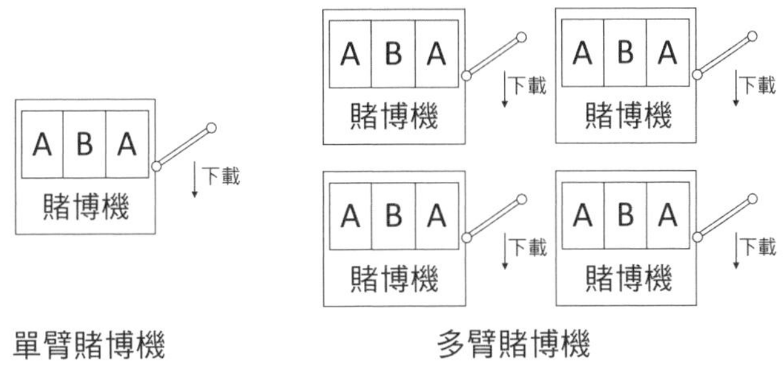

圖 2.3 單臂賭博機（左）與多臂賭博機（右）

我們嘗試透過一般的強化學習方法來解決 MAB 問題。智慧體的動作 a 用來選擇具體拉哪一根拉桿。在這個動作完成以後，它會得到一個獎勵值。在時間步 t 的動作 a 的價值定義為

$$q(a) = \mathbb{E}[R_t | A_t = a]$$

我們試圖用它來選擇動作。如果我們知道了每個動作a的真實的動作值$q(a)$，那麼解決這個問題就很簡單，只需始終選擇對應最大q值的動作即可。然而，現實中我們往往要估計q值，把它的估計值寫為 $Q(a)$，而$Q(a)$值應當盡可能接近$q(a)$的值。

對於展示探索-利用的權衡問題，MAB 可以作為一個很好的例子。當我們已經對一些狀態的q值進行估計之後，如果一個智慧體一直選擇有最大Q值的動作的話，那麼這個智慧體就是貪婪的（Greedy），因為它一直在利用已經估計過的q值。如果一個智慧體總是根據最大化Q值來選取動作，那麼我們認為這樣的智慧體是有一定探索（Exploration）性的。只做探索或只對已有估計值進行利用（Exploitation），在大多數情況下都不能極佳地改善策略。

一個種單的以動作價值為基礎的（Action-Value Based）方法是，透過將在時間t前選擇動作a所獲得的整體獎勵除以這個動作被選擇的次數來估算

$Q_t(a)$的值：

$$Q_t(a) = \frac{\text{在時間 t 前選擇動作 a 的獎勵值的總和}}{\text{在時間 t 前動作 a 被選擇的次數}} = \frac{\sum_{i=0}^{t-1} R_i \cdot 1_{A_i=a}}{\sum_{i=0}^{t-1} 1_{A_i=a}}$$

1_x的值在x為真時為 1，否則為 0。一種貪婪的策略可以寫成：

$$A_t =_a Q_t(a) \tag{2.3}$$

然而，我們也可以把這個貪婪策略轉化成有一定探索性的策略，即讓它以 ϵ 的機率去探索其他動作。我們把這種方法叫作 ϵ-貪婪（ϵ-Greedy），因為它在機率為ϵ的情況下隨機選擇一個動作，而在其他情況下，它的動作是貪婪的。如果我們有無限的時間步進值，那麼就可以保證 $Q_t(a)$ 收斂為 $q(a)$。更重要的是，這個簡單的以動作-價值為基礎的方法也是一種以線上學習（Online Learning）為基礎的方法。

讓我們以多臂賭博機問題為例來具體介紹線上學習。假設我們在每個時間步 t 上觀測到了回報 R_t，一個簡單的用來找最佳動作的想法是透過 R_t和A_t來更新 q 的估計。之前介紹的用來計算平均值的辦法是對所有在時間 t 之前選擇 A_t 的獎勵值求和，然後除以 A_t 出現的次數。這樣更像一個批次學習，因為每一次我們都得對一批次資料點進行重新計算。線上學習的方法則利用一個移動的平均值，每次運算都以之前為基礎的估算結果，如 $Q_i(A_t) = Q_i(A_t) - Q_i(A_t)/N; Q_{i+1}(A_t) = Q_i(A_t) + R_t/N$。$Q_i$ 是在A_t被選擇過i次以後的 q 估計值，N是A_t被選擇的次數。

2.2.2 隨機多臂賭博機

當我們有$K \geq 2$只機器手臂時，我們需要在每個時間步上 $t = 1,2,\cdots,T$ 下拉一隻手臂。在任何時間 t，如果我們下拉的手臂是第 i 只，那麼對應地也會觀察到獎勵 R_t^i。

演算法 2.3 多臂賭博機學習

初始化K只手臂

定義總時長為T

每一隻手臂都有一個對應的$v_i \in [0,1]$。每一個獎勵都是獨立同分佈地從v_i中取樣得到的

for $t = 1,2,\cdots,T$ **do**

　智慧體從K只手臂中選擇$A_t = i$

　環境返回獎勵值向量$\mathbf{R}_t = (R_t^1, R_t^2, \cdots, R_t^K)$

　智慧體觀測到R_t^i

end for

從傳統意義上來說，我們會嘗試最大化獎勵值。但是在隨機多臂賭博機（Stochastic Multi-Armed Bandit）裡，我們會關注另外一個指標（Metric），即後悔值（Regret）。在 n 步之後的後悔值被定義為

$$\mathrm{RE}_n = \max_{j=1,2,\cdots,K} \sum_{t=1}^{n} R_t^j - \sum_{t=1}^{n} R_t^i$$

第一項是我們走到 n 步之後，每一次都能獲得的最大獎勵值之和；第二項是在n步中，真實獲得的獎勵之和。

因為我們的動作和回報帶來了隨機性，為了選擇最好的動作，我們應該嘗試最小化後悔值的期望值。我們需要把兩種不同的後悔值的期望值區分開來：後悔值和偽後悔值（Pseudo-Regret）的期望值。我們將後悔值的期望值定義為

$$\mathbb{E}[\mathrm{RE}_n] = \mathbb{E}[\max_{j=1,2,\cdots,T} \sum_{t=1}^{n} R_t^j - \sum_{t=1}^{n} R_t^i] \tag{2.4}$$

我們將偽後悔值的期望值定義為

$$\overline{\mathrm{RE}}_n = \max_{j=1,2,\cdots,T} \mathbb{E}\left[\sum_{t=1}^{n} R_t^j - \sum_{t=1}^{n} R_t^i\right] \tag{2.5}$$

以上兩種後悔值最主要的區別在於它們最大化和計算期望值的順序是不一樣的。後悔值的期望值會相對更難計算一些，這是因為對偽後悔值來說，我們只需要最佳化後悔值的期望值；而對後悔值的期望值來說，我們則需

要每次試驗時都找到最佳的後悔值再取期望值。而這兩個值滿足一定關係，即 $\mathbb{E}[\mathrm{RE}_n] \geq \overline{\mathrm{RE}}_n$。

定義μ_i為v_i的平均值，而 v_i 是第 i 只手臂的獎勵值，$\mu^* = \max_{i=1,2,\cdots,T}\mu_i$。在一個隨機的環境下，我們把公式 (2.5) 改寫為

$$\overline{\mathrm{RE}}_n = n\mu^* - \mathbb{E}\left[\sum_{t=1}^{n} R_t^i\right] \tag{2.6}$$

一種最小化偽後悔值的方法是選擇最好的那只手臂來下拉，並透過之前介紹的ϵ-貪婪策略來獲得樣本。一種更先進的方法叫作置信上界（Upper Confidence Bound，UCB）演算法。置信上界演算法使用霍夫丁引理（Hoeffding's Lemma）來估計置信上界，然後選擇那只以目前估計為基礎對應最大獎勵平均值的手臂。

我們現在開始介紹置信上界策略。具體關於置信上界演算法在隨機多臂賭博機中對後悔值的最佳化可以在 (Bubeck et al., 2012)中找到。我們現在來具體看一看置信上界以獎勵進行策略最佳化為基礎的過程。儘管在隨機 MAB 裡，獎勵是從一個分佈中取樣得到的，這個獎勵函數分佈在時間上是穩定的。以ϵ-貪婪策略為例，ϵ-貪婪以一定機率（值為 ϵ）來探索那些非最佳動作，但問題是，它認為所有的非最佳動作都是一樣的，從而不對這些動作進行任何區別對待。如果我們想嘗試每一個動作，則可能需要優先嘗試那些沒有採用過的或採用次數更少的動作。置信上界演算法透過改寫公式 (2.3) 來解決這個問題：

$$A_t = \operatorname*{arg\,max}_a \left[Q_t(a) + c\sqrt{\frac{\ln t}{N_t(a)}}\right] \tag{2.7}$$

式中，$N_t(a)$是動作a在到時間t前被選擇的次數；c 是一個決定還需要進行多少次探索的正實數。如果我們有一個穩定的獎勵函數分佈，可以透過公式 (2.7) 來選擇動作。當$N_t(a)$為零時，認為動作a有最大值。為了更進一步地了解置信上界演算法的具體運作方式，平方根項反映了我們對a的q值

估算的不確定性：隨著 a 被選擇的次數增加，它的不確定性也在減小。同樣地，當除a外的動作被選擇後，不確定性就變大了，因為 $\ln t$ 增大但是 $N_t(a)$保持不變。t的自然對數使得新的時間步的影響越來越小。置信上界演算法列出動作q值的上限，而c表示置信程度。

2.2.3 對抗多臂賭博機

隨機 MAB 的回報函數是用隨時間不變的機率分佈來表示的。但是在現實中，這個條件往往不成立。因此，在獎勵函數不再簡簡單單地由一些穩定機率分佈決定，而由一個對抗者（Adversary）決定的情況下，我們需要研究對抗多臂賭博機（Adversarial Multi-Armed Bandit）。在對抗多臂賭博機的情景中，第 i 只手臂在時間 t 上的獎勵為 $R_t^i \in [0,1]$。同時一個玩家在t時所拉的手臂會被寫作 $I_t \in \{1,2,\cdots,K\}$。

有人可能會想，萬一對抗者乾脆把所有的獎勵都設為 0 了呢？如果這種情況發生，就沒有人可以得到任何的獎勵。事實上，就算對抗者可以自由決定獎勵的多少，也不會把所有的獎勵都設為 0，反之給玩家足夠多的獎勵作為誘惑，讓他們有贏的感覺，但是其實玩了許多輪後，最終還是對抗者獲利。

演算法 2.4 是對抗多臂賭博機的基本設定。在每一個時間步上，智慧體都會選擇一隻手臂I_t，而對抗者會決定在這個時刻的獎勵值向量 $\boldsymbol{R}_t$。這個智慧體有可能只能觀測到它所選擇的手臂的獎勵 $R_t^{I_t}$，也有可能觀測到每一個機器的獎勵 $\boldsymbol{R}_t(\cdot)$。分兩點來完整描述這個問題。第一點是，一個對抗者到底對一個玩家之前的動作選擇了解多少。這個很重要，對抗者可能會為了獲得更多的利益根據玩家的動作來調整機器。我們將那些不考慮過去玩家歷史的對抗者叫作**健忘對抗者**（Oblivious Adversary），而將那些考慮過去歷史的對抗者叫作**非健忘對抗者**（Non-Oblivious Adversary）。第二點是一個玩家能夠了解到獎勵值向量的多少內容。我們將那些玩家知道關於獎勵值向量的全部資訊的情況叫作**全資訊博弈**（Full-Information

Game），而將那些玩家只知道一部分回報向量資訊的情況叫作**部分資訊博弈**（Partial-Information Game）。

健忘對抗者和非健忘對抗者的區別，只對一個非確定性（Non-Deterministic）玩家才顯現出來。如果我們有一個確定性玩家，或一個玩家的策略不變，一個對抗者就很容易讓後悔值$\overline{\mathrm{RE}} \geq n/2$，其中$n$代表這個玩家下拉手臂的次數。所以，全資訊非確定性玩家更有研究價值，可以使用 Hedge 演算法來解決這個問題。

演算法 2.4 對抗多臂賭博機

初始化K只機器手臂

for $t = 1,2,\cdots,T$ **do**

智慧體在K只手臂當中選中I_t

對抗者選擇一個獎勵值向量 $\boldsymbol{R}_t = (R_t^1, R_t^2, \cdots, R_t^K) \in [0,1]^K$

智慧體觀察到獎勵$R_t^{I_t}$（根據具體的情況也有可能看到整個獎勵值向量）

end for

在演算法 2.5 中，我們首先把每只手臂的函數G都設為零，然後使用 Softmax 來獲得一個新動作的機率密度函數（Probability Density Function）。η 是一個用來控制溫度的正值參數。G函數更新是透過把所有的手臂的新獎勵值都加起來，從而使有最高獎勵值的手臂有最大的機率被選中的。我們把這個演算法叫作 Hedge。Hedge 也是部分資訊博弈方法的基礎。如果我們把一個智慧體的觀察侷限到只有 R_t^i，那麼就需要把獎勵純量擴充成一個向量，這樣它才可以被 Hedge 使用。探索和利用的指數加權演算法（Exponential-Weight Algorithm for Exploration and Exploitation，Exp3）即為一個以 Hedge 為基礎來解決不完全資訊博弈的演算法。它進一步利用了$p(t)$和平均分佈（Uniform Distribution）的結合來確保所有的機器都會被選到，達到了平衡探索和利用的目的。文獻 (Auer et al., 1995) 中有關於探索和利用的指數加權演算法更詳盡的介紹。

演算法 2.5 針對對抗多臂賭博機的 Hedge 演算法

初始化K只手臂

$G_i(0)$ for $i = 1,2,\cdots,K$

for $t = 1,2,\cdots,T$ **do**

智慧體從$p(t)$分佈中選擇$A_t = i_t$，其中

$$p_i(t) = \frac{\exp(\eta G_i(t-1))}{\sum_j^K \exp(\eta G_j(t-1))}$$

智慧體觀測到獎勵g_t

讓$G_i(t) = G(t-1) + g_t^i,\ \forall i \in [1, K]$

end for

2.2.4 上下文賭博機

上下文賭博機（Contextual Bandit）有的時候也被叫作**連結搜索**（Associative Search）任務。我們把連結搜索任務和**非連結搜索**（Non-Associative Search）任務放在一起，以更進一步地了解它們的意義。我們剛剛所描述的多臂賭博機就是一個非連結搜索任務。當一個任務的獎勵函數是穩定的時候，我們只需要找到那個最好的動作。當一個任務是不穩定的時候，我們就需要把它的變化記錄下來，這個是非連結搜索任務的範圍。對於強化學習問題，事情會變得複雜很多。假設有幾個多臂賭博機任務，我們需要在每一個時間點來選擇其中的任務。雖然我們仍然可以估算獎勵的期望值，得到的表現未必會達到最佳。在這種情況下，我們最好把一些特徵和賭博機已經學習到的獎勵期望值聯繫起來。試想一下，如果每一個機器在不同時間都有一個 LED 燈來發出不同顏色的燈光，如果當賭博機亮紅燈時總是比亮藍燈時列出更大的獎勵值，那麼我們就可以把這些資訊和動作選擇策略聯繫起來輔助動作選擇，即可以選擇那些紅燈亮得更多的機器。

上下文賭博機是介於多臂賭博機和完整的強化學習兩者之間的問題。它和多臂賭博機有很多類似點，比如它們的動作都只影響**立即獎勵**（Immediate Reward）。上下文賭博機也和完整強化學習設定類似，因為兩者都需要學

習一個策略函數。如果要把一個上下文賭博機變成一個完整的強化學習任務，那麼動作將不只是影響立即獎勵，也會影響未來的環境狀態。

2.3 馬可夫過程

2.3.1 簡介

馬可夫過程（Markov Process，MP）是一個具備馬可夫性質（Markov Property）的離散隨機過程（Discrete Stochastic Process）。圖 2.4 展示了一個馬可夫過程的例子。每個圓圈表示一個狀態，每個邊（箭頭）表示一個狀態轉移（State Transition）。這個圖模擬了一個人做兩種不同的任務（Tasks），以及最後去床上睡覺的這樣一個例子。為了更進一步地了解這個圖，我們假設這個人當前的狀態是在做 "Task1"，他有 0.7 的機率會轉到做 "Task2" 的狀態；如果他進一步從 "Task2" 以 0.6 的機率跳躍到 "Pass" 狀態，則這個人就完成了所有任務可以去睡覺了，因為 "Pass" 到 "Bed" 的機率是 1。

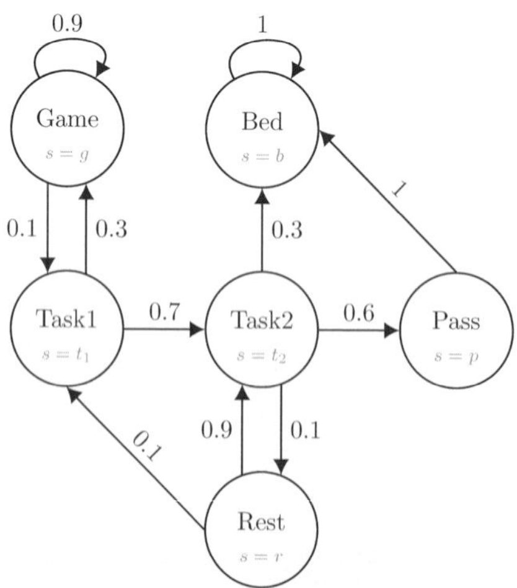

圖 2.4 馬可夫過程例子。s表示當前狀態，箭頭上的數值表示從一個狀態轉移到另一個狀態的機率

圖 2.5 用**機率圖模型**（Probabilistic Graphical Model）來表示馬可夫過程，後面的章節會經常使用這種表達方式。在機率圖模型中，本書統一使用圓形來表達變數，單向箭頭來表達兩個變數的關係。舉例來說，"$a \rightarrow b$" 表示的是變數b依賴於變數a。空白圓形中的變數表示一個正常變數，而有陰影圓形的變數表示一個觀測變數（Observed Variable）（這在隨後的 2.7 節圖片中展示），觀測變數可以為其他正常變數的推理過程提供了資訊。包含一些變數圓圈在內的實體黑色方框表示這些變數是重複的，同樣可以在隨後的圖片中看到。機率圖模型可以幫助我們對強化學習中變數關係有更直觀的了解，以及在我們對沿著 MP 鏈的不同變數求導梯度時提供細緻的參考。

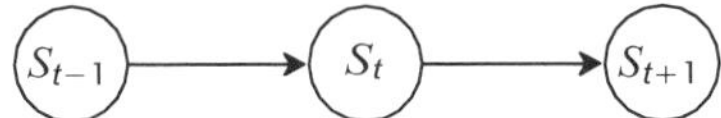

圖 2.5　馬可夫過程的機率圖模型：t表示時間步，$p(S_{t+1}|S_t)$表示狀態轉移機率

馬可夫過程以**馬可夫鏈**（Markov Chain）為基礎的假設，下一狀態S_{t+1}只取決於當前狀態S_t。一個狀態跳躍到下一狀態的機率如下：

$$p(S_{t+1}|S_t) = p(S_{t+1}|S_0, S_1, S_2, \cdots, S_t) \tag{2.8}$$

這個式子描述了「無記憶的（Memoryless）」的特性，即馬可夫鏈的**馬可夫性質**（Markov Property）。如果 $p(S_{t+2} = s'|S_{t+1} = s) = p(S_{t+1} = s'|S_t = s)$ 對任意時間步t和所有可能狀態成立，那麼它是一個沿時間軸的穩定轉移函數（Stationary Transition Function），稱為**時間同質性**（Time-Homogeneous），而對應的馬可夫鏈為時間同質馬可夫鏈（Time-Homogeneous Markov Chain）。

我們也常用 s' 來表示下一個狀態，在一個時間同質馬可夫鏈中，在時間t由狀態 s 轉移到時間$t+1$的狀態 s' 的機率滿足：

$$p(s'|s) = p(S_{t+1} = s'|S_t = s) \tag{2.9}$$

時間同質性是對本書中大多數推導的基本假設，我們在後續絕大多數情況中預設滿足這一假設而不再提及。然而，實踐中，時間同質性可能不總是成立的，尤其是對非穩定的（Non-Stationary）環境、多智慧體強化學習（Multi-Agent Reinforcement Learning）等，而這些時候會涉及時間不同質（Time-Inhomogeneous）的情況。

指定一個有限的**狀態集**（State Set）$\mathcal{S}$，我們有一個**狀態轉移矩陣**（State Transition Matrix）$\boldsymbol{P}$。比如，圖 2.4 例子中對應的$\boldsymbol{P}$如下所示：

$$
\begin{array}{cccccc} g & t_1 & t_2 & r & p & b \end{array}
$$

$$
\mathbf{P} = \begin{bmatrix} 0.9 & 0.1 & 0 & 0 & 0 & 0 \\ 0.3 & 0 & 0.7 & 0 & 0 & 0 \\ 0 & 0 & 0 & 0.1 & 0.6 & 0.3 \\ 0 & 0.1 & 0.9 & 0 & 0 & 0 \\ 0 & 0 & 0 & 0 & 0 & 1 \\ 0 & 0 & 0 & 0 & 0 & 1 \end{bmatrix} \begin{matrix} g \\ t_1 \\ t_2 \\ r \\ p \\ b \end{matrix}
$$

其中$P_{i,j}$是當前狀態S_i到下一狀態S_j的轉移機率。舉例來說，圖 2.4 中狀態$s = r$跳躍到狀態$s = t_1$有 0.1 的機率，跳躍到狀態$s = t_2$的機率為 0.9。$\boldsymbol{P}$是一個方矩陣，每一行的和為 1。這個轉移機率矩陣表示整個轉移過程是隨機的（Stochastic）。馬可夫過程可以用一個元組來表示$< S, \boldsymbol{P} >$。現實中的很多簡單過程可以用這樣一個隨機過程來近似，而這也正是強化學習方法的基礎。數學上來說，下一時刻狀態可以從$\boldsymbol{P}$中取樣，如下：

$$
S_{t+1} \sim \boldsymbol{P}_{S_t,\cdot} \tag{2.10}
$$

其中符號~表示下一個狀態S_{t+1}是隨機地從類別分佈（Categorical Distribution）$\boldsymbol{P}_{S_t,\cdot}$中取樣得到的。

對於狀態集合無限大的情況（例如說狀態空間是連續的），一個有限的矩陣無法完整地表達這樣狀態轉移的關係。因此可以使用轉移函數$p(s'|s)$，其與有限狀態時的轉移矩陣有對應關係，如$p(s'|s) = \boldsymbol{P}_{s,s'}$。

2.3.2 馬可夫獎勵過程

在馬可夫過程中，雖然智慧體可以透過狀態轉移矩陣$\boldsymbol{P}_{s,s'} = p(s'|s)$來實現與環境的互動，但是馬可夫過程並不能讓環境提供獎勵回饋給智慧體。為

了提供回饋，**馬可夫獎勵過程**（Markov Reward Process，MRP）把馬可夫過程從$< S, \boldsymbol{P} >$拓展到$< S, \boldsymbol{P}, R, \gamma >$。其中$R$和$\gamma$分別表示**獎勵函數**（Reward Function）和**獎勵折扣因數**（Reward Discount Factor）。圖 2.6 是一個馬可夫獎勵過程的例子。圖 2.7 是馬可夫獎勵過程的圖模型，獎勵函數取決於當前的 狀態：

$$R_t = R(S_t) \tag{2.11}$$

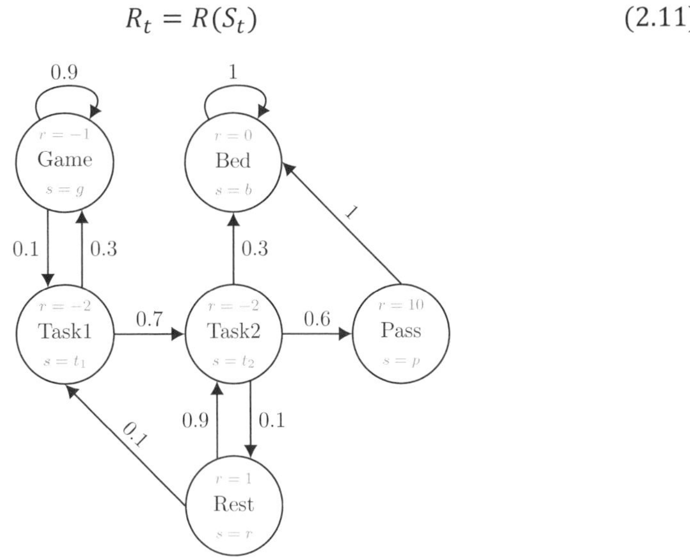

圖 2.6　馬可夫獎勵過程的例子：s表示當前的狀態，r表示每一個狀態的立即獎勵（Immediate Reward）。箭頭邊上的數值表示從一個狀態到另一個狀態的機率

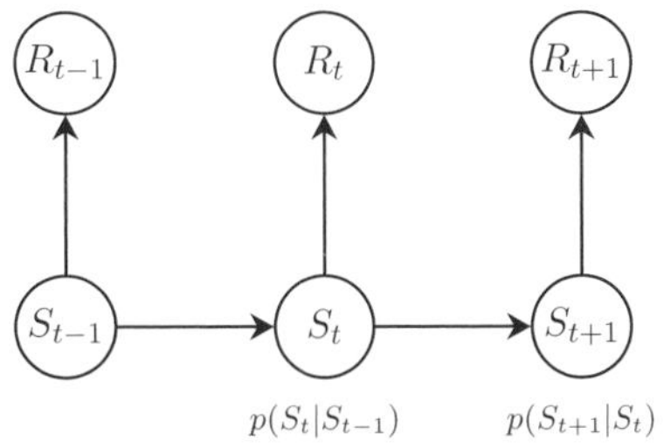

圖 2.7　馬可夫獎勵過程的圖模型

在這個模型中，獎勵僅取決於當前狀態，而當前狀態是以之前狀態和之前動作產生為基礎的結果。為了更進一步地了解獎勵是狀態的函數，我們看

看以下的例子。如果智慧體能透過（Pass）考試，智慧體可以獲得的立即獎勵為 10，休息（Rest）能獲得立即獎勵為 1，但如果智慧體執行任務（Task）會損失值為 2 的立即獎勵。指定一個軌跡τ上每個時間步的立即獎勵r，**回報**（Return）是一個軌跡的**累積獎勵**（Cumulative Reward）。嚴格來說，**非折扣化的回報**（Undiscounted Return）在一個有T時間步進值的有限過程中的值如下：

$$G_{t=0:T} = R(\tau) = \sum_{t=0}^{\mathrm{T}} R_t \tag{2.12}$$

其中R_t是t時刻的立即獎勵，T是最終狀態的步數，或是整個部分的步數，舉例來說，軌跡(g, t_1, t_2, p, b)的非折扣化的回報是$5 = -1 - 2 - 2 + 10$。需要注意的是，一些文獻使用G來表示回報，而用R來表示立即獎勵，但在本書中，我們用R來表示獎勵函數（Reward Function）。因此，在本書中$R_t = R(S_t)$是時間步t時候的立即獎勵，而$R(\tau) = G_{t=0:T}$表示長度為T的軌跡$\tau_{0:T}$的回報，r是立即獎勵的通用表達。

通常來說，距離更近的時間步比相對較遠的時間步會產生更大的影響。這裡我們介紹**折扣化回報**（Discounted Return）的概念。折扣化回報是獎勵值的加權求和，它對更近的時間步列出更大的權重。定義折扣化回報如下：

$$G_{t=0:T} = R(\tau) = \sum_{t=0}^{\mathrm{T}} \gamma^t R_t. \tag{2.13}$$

其中**獎勵折扣因數**（Reward Discount Factor）$\gamma \in [0,1]$被用來實現隨著時間步的增加而減小權重值。舉例來說，圖 2.6 中，當$\gamma = 0.9$，且軌跡為(g, t_1, t_2, p, b)時，折扣回報為$2.87 = -1 - 2 \times 0.9 - 2 \times 0.9^2 + 10 \times 0.9^3$。如果$\gamma = 0$，則回報值只與當前的立即獎勵有關，智慧體會非常「短視」。如果$\gamma = 1$，就是非折扣化的回報。當處理無限長 MRP 情況時，這個折扣因數會非常關鍵，因為它能避免回報值隨著時間步增大到無窮而增大到無窮，從而使得無限長 MRP 過程是可評估的。

對折扣因數的γ另一個了解角度是：為了簡便，獎勵折扣因數γ有時在文獻 (Levine, 2018) 中的離散時間有限範圍 MRP 的情況下被省去，而這時折扣因數也可以視為被併入了動態過程中，透過直接修改轉移動態函數來使得任何產生轉移至一個吸收狀態（Absorbing State）的動作都有機率$1-\gamma$，而其他標準的轉移機率都乘以γ。

價值函數（Value Function）$V(s)$是狀態s的**期望回報**（Expected Return）。舉例來說，如果下一步有兩個不同的狀態S_1和S_2，以當前策略評估它們為基礎的價值分別為$V^\pi(S_1)$和$V^\pi(S_2)$。智慧體的策略通常是選擇價值更高的狀態作為下一步。如果智慧體的行動以某種**策略**π為基礎，我們把對應的價值函數寫為$V^\pi(s)$：

$$V^\pi(s)=\mathbb{E}_{\tau\sim\pi}[R(\tau)|S_0=s] \tag{14}$$

對於狀態s而言，它的價值是以它為初始狀態下回報的期望，而這個期望是對策略π列出的軌跡所求的。一種估計價值$V(s)$的簡單方法是**蒙地卡羅法**，指定一個狀態s，我們用狀態轉移矩陣$\boldsymbol{P}$隨機取樣大量的軌跡，來求近似期望。以圖 2.6 為例，指定$\gamma=0.9$和$\mathbf{P}$，如何估計$V^\pi(s=t_2)$？我們可以以下隨機取樣出 4 個軌跡（注意，實際中取樣的軌跡要遠大於 4，但這裡為了描述方法，我們只取樣 4 個軌跡）：

- $s=(t_2,b), R=-2+0\times 0.9=-2$
- $s=(t_2,p,b), R=-2+10\times 0.9+0\times 0.9^2=7$
- $s=(t_2,r,t_2,p,b), R=-2+1\times 0.9-2\times 0.9^2+10\times 0.9^3+0\times 0.9^4=4.57$
- $s=(t_2,r,t_1,t_2,b), R=-2+1\times 0.9-2\times 0.9^2-2\times 0.9^3+0\times 0.9^4=-0.178$

指定這些$s=t_2$為初始狀態的軌跡，我們可以計算每個軌跡的回報R，然後估計出狀態$s=t_2$的期望回報$V(s=t_2)=(-2+7+4.57-0.178)/4=2.348$，作為狀態$s=t_2$的價值衡量。

圖 2.8 用這個方法估算出每個狀態的期望回報。指定這些期望回報，一個最簡單的智慧體策略是每一步都往期望回報更高的狀態移動。這樣所產生的動作就是最大化期望回報，見圖 2.8 的虛線箭頭。除了蒙地卡羅方法，還有很多方法可以用來計算$V(s)$，比如貝爾曼期望方程式（Bellman Expectation Equation）、反矩陣方法（Inverse Matrix Method）等，我們將在稍後逐一介紹。

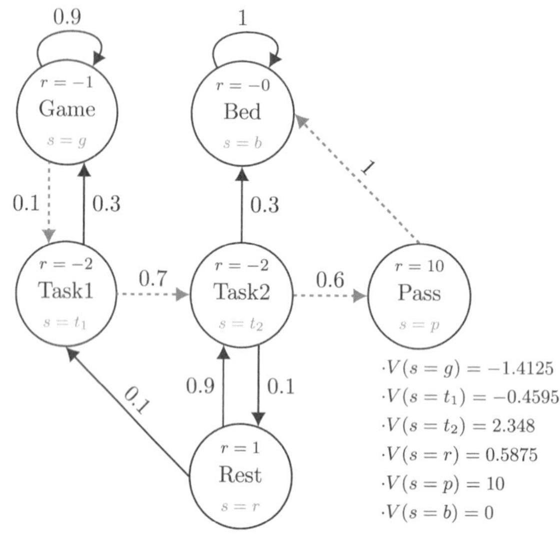

圖 2.8　馬可夫獎勵過程和價值估計函數$V(s)$：每個狀態都隨機取樣 4 個軌跡，用蒙地卡羅方法估算每個狀態的價值。虛線箭頭表示學習出的簡單策略，則智慧體往價值更高的狀態移動

2.3.3 馬可夫決策過程

馬可夫決策過程（Markov Decision Process，MDP）從 20 世紀 50 年代已經開始被廣泛地研究，在包括經濟、控制理論和機器人等很多領域都有應用。在模擬序列決策過程的問題上，馬可夫決策過程比馬可夫過程和馬可夫獎勵過程要好用。如圖 2.9 所示，和馬可夫獎勵過程不同的地方在於，馬可夫獎勵過程的立即獎勵只取決於狀態（獎勵值在節點上），而馬可夫決策過程的立即獎勵與狀態和動作都有關（獎勵值在邊上）。同樣地，指

定一個狀態下的動作，馬可夫決策過程的下一個狀態不一定是固定唯一的。舉例來說，如圖 2.10 所示，當智慧體在狀態$s = t_2$時執行休息（rest）動作後，下一時刻的狀態有 0.8 的機率保留在狀態$s = t_2$下，有 0.2 的機率變為$s = t_1$。

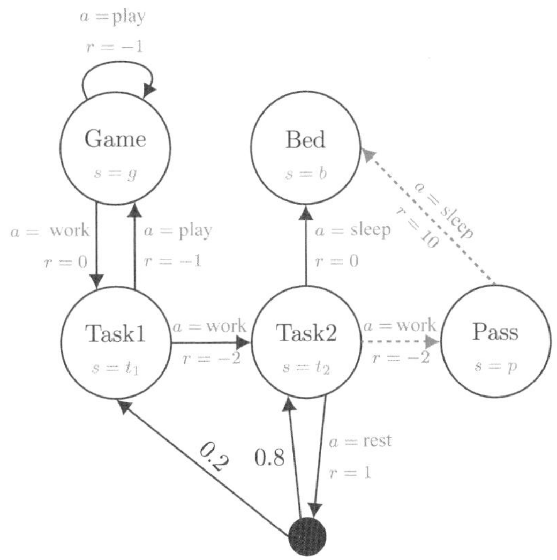

圖 2.9　馬可夫決策過程例子。在馬可夫獎勵過程中，立即獎勵只與狀態有關。而馬可夫決策過程的立即獎勵與狀態和動作都有關

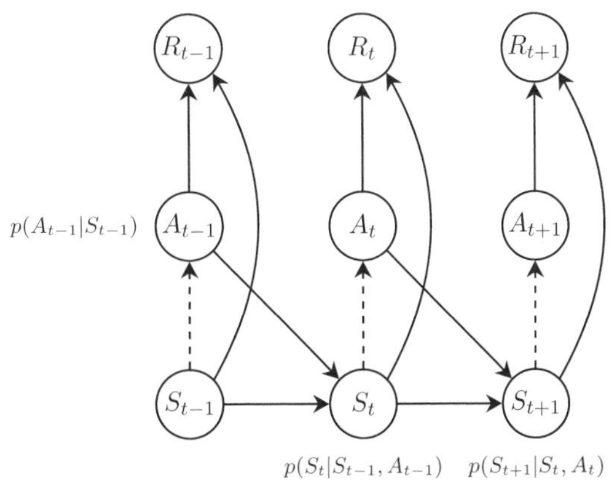

圖 2.10　馬可夫決策過程的圖模型：t表示時間步，$p(A_t|S_t)$表示根據當前狀態S_t選擇的動作A_t的機率，$p(S_{t+1}|S_t, A_t)$是以當前狀態和動作下為基礎的狀態轉移機率。虛線表示智慧體的決策過程

之前說過，馬可夫過程可以看成一個元組$<\mathcal{S},\boldsymbol{P}>$，而馬可夫獎勵過程是$<\mathcal{S},\boldsymbol{P},R,\gamma>$，其中狀態轉移矩陣的元素（Element）值是$\boldsymbol{P}_{s,s'}=p(s'|s)$。這個表示將有限維（Finite-Dimension）狀態轉移矩陣拓展成無窮維（Infinite-Dimension）機率函數。這裡，馬可夫決策過程是$<\mathcal{S},\mathcal{A},\boldsymbol{P},R,\gamma>$，其狀態轉移矩陣的元素變為

$$p(s'|s,a)=p(S_{t+1}=s'|S_t=s,A_t=a) \tag{2.15}$$

例如圖 2.9 中很多狀態轉移機率為 1，比如$p(s'=t_2|s=t_1,a=\text{work})=1$；但是也有一些不是，比如$p(s'|s=t_2,a=\text{rest})=[0.2,0.8]$，它表示的是，如果智慧體在狀態$s=t_2$下執行動作$a=\text{rest}$，它有 0.2 的機率會跳到狀態$s'=t_1$，而有 0.8 的機率會保持原來的狀態。那些不存在的邊代表轉移機率為 0，比如$p(s'=t_2|s=t_1,a=\text{rest})=0$。

$\mathcal{A}$表示**有限的動作集合**（Finite Action Set）$\{a_1,a_2,\cdots\}$，則立即獎勵變成

$$R_t=R(S_t,A_t) \tag{2.16}$$

一個**策略**（Policy）表示智慧體根據它對環境的觀測來行動的方式。具體來說，策略是從每一個狀態$s\in\mathcal{S}$和動作$a\in\mathcal{A}$到動作機率分佈$\pi(a|s)$的映射，這個機率分佈是在狀態s下採取動作a的機率，可以寫為

$$\pi(a|s)=p(A_t=a|S_t=s),\exists t \tag{2.17}$$

期望回報（Expected Return）是在一個策略下指定所有可能軌跡的回報的期望值，**強化學習的目的就是透過最佳化策略來使得期望回報最大化**。數學上來說，指定起始狀態分佈ρ_0和策略π，馬可夫決策過程中一個T步進值的軌跡的發生機率是：

$$p(\tau|\pi)=\rho_0(S_0)\prod_{t=0}^{T-1}p(S_{t+1}|S_t,A_t)\pi(A_t|S_t) \tag{2.18}$$

指定獎勵函數R和所有可能的軌跡τ，**期望回報**$J(\pi)$可以定義為

$$J(\pi)=\int_\tau p(\tau|\pi)R(\tau)=\mathbb{E}_{\tau\sim\pi}[R(\tau)] \tag{2.19}$$

其中p表示軌跡發生的機率，發生機率越高，則對期望回報計算的權重越大。**強化學習最佳化問題**（RL Optimization Problem）透過最佳化方法來提升策略，從而最大化期望回報。**最佳策略**（Optimal Policy）π^*可以表示為

$$\pi^* = \underset{\pi}{\operatorname{argmax}} J(\pi) \tag{2.20}$$

其中＊符號在本書中表示「最佳的」含義。

指定一個策略π，價值函數$V(s)$，即指定狀態下的期望回報，可以定義為

$$\begin{aligned} V^{\pi}(s) &= \mathbb{E}_{\tau\sim\pi}[R(\tau)|S_0 = s] \\ &= \mathbb{E}_{A_t\sim\pi(\cdot|S_t)}\left[\sum_{t=0}^{\infty} \gamma^t R(S_t, A_t)|S_0 = s\right] \end{aligned} \tag{2.21}$$

其中$\tau \sim \pi$表示軌跡τ是透過策略π取樣獲得的，$A_t \sim \pi(\cdot\,|S_t)$表示動作是在一個狀態下從策略中取樣得到的（如果策略是有隨機性的），下一個狀態取決於狀態轉移矩陣$\boldsymbol{P}$及其狀態s和動作a。

在馬可夫決策過程中，指定一個動作，就有**動作價值函數**（Action-Value Function），這個函數依賴於狀態和剛剛執行的動作，是以狀態和動作為基礎的期望回報。如果一個智慧體根據策略π來執行，則把動作價值函數寫為$Q^{\pi}(s,a)$，其定義為

$$\begin{aligned} Q^{\pi}(s,a) &= \mathbb{E}_{\tau\sim\pi}[R(\tau)|S_0 = s, A_0 = a] \\ &= \mathbb{E}_{A_t\sim\pi(\cdot|S_t)}\left[\sum_{t=0}^{\infty} \gamma^t R(S_t, A_t)|S_0 = s, A_0 = a\right] \end{aligned} \tag{2.22}$$

我們需要記住的是，$Q^{\pi}(s,a)$是以策略π為基礎來估計的，因為對值的估計是策略π所決定的軌跡上的期望。也就是說，如果策略π改變了，$Q^{\pi}(s,a)$也會對應地跟著改變。因此我們通常稱以一個特定策略估計為基礎的價值函數為**線上價值函數**（On-Policy Value Function），來與用最佳策略估計的**最佳價值函數**（Optimal Value Function）進行區分。

我們可以發現價值函數$v_\pi(s)$和動作價值函數$q_\pi(s,a)$之間有以下關係：

$$q_\pi(s,a) = \mathbb{E}_{\tau\sim\pi}[R(\tau)|S_0 = s, A_0 = a] \tag{2.23}$$

$$v_\pi(s) = \mathbb{E}_{a\sim\pi}[q_\pi(s,a)] \tag{2.24}$$

有兩種簡單方法來計算價值函數$v_\pi(s)$和動作價值函數$q_\pi(s,a)$：第一種方法是**窮舉法**（exhaustive method），如公式 (2.18) 所示，首先計算出從一個狀態開始的所有可能軌跡的機率，然後用公式 (2.21) 和 (2.22) 來計算出這個狀態的$V^\pi(s)$和$Q^\pi(s,a)$。每個狀態都用窮舉法來單獨計算。然而實際中，可能的軌跡數量是非常大的，甚至是無窮個的。因此除了使用所有可能的軌跡，第二種方法是使用之前介紹的蒙地卡羅方法透過取樣大量的軌跡來估計$V^\pi(s)$。這兩種方法都非常簡單，但都有各自的缺點。而實際上，估計價值函數的公式可以根據馬可夫性質做進一步的簡化，即下一小節要介紹的貝爾曼方程式。

2.3.4 貝爾曼方程式和最佳性

貝爾曼方程式

貝爾曼方程式（Bellman Equation），也稱為貝爾曼期望方程式，用於計算指定策略π時價值函數在策略指引下所採軌跡上的期望。我們稱之為「線上（On-Policy）」估計方法（注意它與之後的線上策略和離線策略更新區分），因為強化學習中的策略一直是變化的，而價值函數（Value Function）是以當前策略為條件或用其估計的。

回想狀態價值函數或動作價值函數（Action-Value Function）的定義，即$v_\pi(s) = \mathbb{E}_{\tau\sim\pi}\ [R(\tau)|S_0 = s]$和$q_\pi(s,a) = \mathbb{E}_{\tau\sim\pi}[R(\tau)|S_0 = s, A_0 = a]$，我們可以利用遞迴關係得出**線上狀態價值函數**（On-Policy State-Value Function）的貝爾曼方程式：

$$\begin{aligned} v_\pi(s) &= \mathbb{E}_{a\sim\pi(\cdot|s),s'\sim p(\cdot|s,a)}[R(\tau_{t:T})|S_t = s] \\ &= \mathbb{E}_{a\sim\pi(\cdot|s),s'\sim p(\cdot|s,a)}[R_t + \gamma R_{t+1} + \gamma^2 R_{t+2} + \cdots + \gamma^{\mathrm{T}} R_T|S_t = s] \end{aligned}$$

$$= \mathbb{E}_{a\sim\pi(\cdot|s),s'\sim p(\cdot|s,a)}[R_t + \gamma(R_{t+1} + \gamma R_{t+2} + \cdots + \gamma^{T-1}R_T)|S_t = s]$$
$$= \mathbb{E}_{a\sim\pi(\cdot|s),s'\sim p(\cdot|s,a)}[R_t + \gamma R_{\tau_{t+1:T}}|S_t = s]$$
$$= \mathbb{E}_{A_t\sim\pi(\cdot|S_t),S_{t+1}\sim p(\cdot|S_t,A_t)}[R_t + \gamma \mathbb{E}_{a\sim\pi(\cdot|s),s'\sim p(\cdot|s,a)}[R_{\tau_{t+1:T}}]|S_t = s]$$
$$= \mathbb{E}_{A_t\sim\pi(\cdot|S_t),S_{t+1}\sim p(\cdot|S_t,A_t)}[R_t + \gamma v_\pi(S_{t+1})|S_t = s]$$
$$= \mathbb{E}_{a\sim\pi(\cdot|s),s'\sim p(\cdot|s,a)}[r + \gamma v_\pi(s')] \quad (2.25)$$

上式最後一個等式成立，是因為s, a是對狀態和動作的一般表示，而S_t, A_t是狀態和動作只在時間步t上的表示。在上面的一些公式中，S_t, A_t有時從一般表示s, a分離出來，從而更清楚地展示期望是關於哪些變數求得的。

注意上面的推導過程中，我們展示了以 MDP 為基礎的貝爾曼方程式，然而，對 MRP 的貝爾曼方程式可以直接透過從中去掉動作來得到：

$$v(s) = \mathbb{E}_{s'\sim p(\cdot|s)}[r + \gamma v(s')] \quad (2.26)$$

除上述外，也有以線上動作價值函數(On-Policy Action-Value Function)為基礎的貝爾曼方程式：$q_\pi(s,a) = \mathbb{E}_{s'\sim p(\cdot|s,a)}[R(s,a) + \gamma \mathbb{E}_{a'\sim\pi(\cdot|s')}[q_\pi(s',a')]]$，可以透過以下推導得到：

$$q_\pi(s,a) = \mathbb{E}_{a\sim\pi(\cdot|s),s'\sim p(\cdot|s,a)}[R(\tau_{t:T})|S_t = s, A_t = a]$$
$$= \mathbb{E}_{a\sim\pi(\cdot|s),s'\sim p(\cdot|s,a)}[R_t + \gamma R_{t+1} + \gamma^2 R_{t+2} + \cdots + \gamma^{\mathrm{T}} R_T|S_t = s, A_t = a]$$
$$= \mathbb{E}_{a\sim\pi(\cdot|s),s'\sim p(\cdot|s,a)}[R_t + \gamma(R_{t+1} + \gamma R_{t+2} + \cdots + \gamma^{T-1}R_T)|S_t = s, A_t = a]$$
$$= \mathbb{E}_{S_{t+1}\sim p(\cdot|S_t,A_t)}[R_t + \gamma \mathbb{E}_{a\sim\pi(\cdot|s),s'\sim p(\cdot|s,a)}[R_{\tau_{t+1:T}}]|S_t = s]$$
$$= \mathbb{E}_{S_{t+1}\sim p(\cdot|S_t,A_t)}[R_t + \gamma \mathbb{E}_{A_{t+1}\sim\pi(\cdot|S_{t+1})}[q_\pi(S_{t+1}, A_{t+1})]|S_t = s]$$
$$= \mathbb{E}_{s'\sim p(\cdot|s,a)}[R(s,a) + \gamma \mathbb{E}_{a'\sim\pi(\cdot|s')}[q_\pi(s',a')]] \quad (2.27)$$

上面的推導是以最大長度為 T 為基礎的有限 MDP，然而，這些等式對無窮長度 MDP 也成立，只要將 T 用 "∞" 替代即可。同時，這兩個貝爾曼方程式也不依賴於策略的具體形式，這表示它們對隨機性策略$\pi(\cdot|s)$和確定性策略$\pi(s)$都有效。這裡$\pi(\cdot|s)$的使用是為了簡化。而且，在確定性轉移過程中，我們有$p(s'|s,a) = 1$。

貝爾曼方程式求解

如果轉移函數或轉移矩陣是已知的，公式 (2.26) 中對 MRP 的貝爾曼方程式可以直接求解，稱為**反矩陣方法**（Inverse Matrix Method）。我們用向量形式對離散有限狀態空間的情況將公式 (2.26) 改寫為

$$\boldsymbol{v} = \boldsymbol{r} + \gamma \boldsymbol{P}\boldsymbol{v} \tag{2.28}$$

其中$\boldsymbol{v}$和$\boldsymbol{r}$向量，其單元$v(s)$和$R(s)$是對所有$s \in \mathcal{S}$的，而$\mathbf{P}$是轉移機率矩陣，其元素$p(s'|s)$對所有$s, s' \in \mathcal{S}$成立。

由$\boldsymbol{v} = \boldsymbol{r} + \gamma \boldsymbol{P}\boldsymbol{v}$，我們可以直接對它求解：

$$\boldsymbol{v} = (\boldsymbol{I} - \gamma \boldsymbol{P})^{-1}\boldsymbol{r} \tag{2.29}$$

求解的複雜度是$O(n^3)$，其中n是狀態的數量。因此這種方法對有大量狀態的情況難以求解，這表示它可能對大規模或連續值問題不適用。幸運的是，有一些迭代方法可以在實踐中解決大規模的 MRP 問題，比如動態規劃（Dynamic Programming）、蒙地卡羅估計（Monte-Carlo Estimation）和時間差分（Temporal Difference）學習法，這些方法將在隨後的小節中詳細介紹。

最佳價值函數

由於線上價值函數是根據策略本身來估計的，即使是在相同的狀態和動作集合上，不同的策略也將帶來不同的價值函數。對於所有不同的價值函數，我們定義最佳價值函數為

$$v_*(s) = \max_{\pi} v_\pi(s), \forall s \in \mathcal{S}, \tag{2.30}$$

這實際是**最佳狀態價值函數**（Optimal State-Value Function）。我們也有**最佳動作價值函數**（Optimal Action-Value Function）：

$$q_*(s,a) = \max_{\pi} q_\pi(s,a), \forall s \in \mathcal{S}, a \in \mathcal{A}, \tag{2.31}$$

它們之間的關係為

$$q_*(s,a) = \mathbb{E}[R_t + \gamma v_*(S_{t+1})|S_t = s, A_t = a], \tag{2.32}$$

上式可以直接透過對式 (84) 的最後一個等式最大化並代入式 (2.24) 和 (2.30) 來得到：

$$\begin{aligned} q_*(s,a) &= \mathbb{E}[R(s,a) + \gamma \max_\pi \mathbb{E}[q_\pi(s',a')]] \\ &= \mathbb{E}[R(s,a) + \gamma \max_\pi v_\pi(s')] \\ &= \mathbb{E}[R_t + \gamma v_*(S_{t+1}) | S_t = s, A_t = a]. \end{aligned} \tag{2.33}$$

它們之間的另一種關係為

$$v_*(s) = \max_{a \sim \mathcal{A}} q_*(s,a) \tag{2.34}$$

這可以直接透過最大化式 (24) 的兩邊來得到。

貝爾曼最佳方程式

在上面小節中，我們介紹了一般線上價值函數的貝爾曼方程式，以及最佳價值函數的定義。因此我們可以在預先定義的最佳價值函數上使用貝爾曼方程式，這會得到**貝爾曼最佳方程式**（Bellman Optimality Equation），或稱對最佳價值函數的貝爾曼方程式（Bellman Equation for Optimal Value Functions），推導如下。

對最佳狀態價值函數的貝爾曼方程式為

$$v_*(s) = \max_a \mathbb{E}_{s' \sim p(\cdot|s,a)}[R(s,a) + \gamma v_*(s')], \tag{2.35}$$

它可以透過下面推導來得到：

$$\begin{aligned} v_*(s) &= \max_a \mathbb{E}_{\pi^*, s' \sim p(\cdot|s,a)}[R(\tau_{t:T}) | S_t = s] \\ &= \max_a \mathbb{E}_{\pi^*, s' \sim p(\cdot|s,a)}[R_t + \gamma R_{t+1} + \gamma^2 R_{t+2} + \cdots + \gamma^{\mathrm{T}} R_T | S_t = s] \\ &= \max_a \mathbb{E}_{\pi^*, s' \sim p(\cdot|s,a)}[R_t + \gamma R_{\tau_{t+1:T}} | S_t = s] \\ &= \max_a \mathbb{E}_{s' \sim p(\cdot|s,a)}[R_t + \gamma \max_{a'} \mathbb{E}_{\pi^*, s' \sim p(\cdot|s,a)}[R_{\tau_{t+1:T}}] | S_t = s] \\ &= \max_a \mathbb{E}_{s' \sim p(\cdot|s,a)}[R_t + \gamma v_*(S_{t+1}) | S_t = s] \\ &= \max_a \mathbb{E}_{s' \sim p(\cdot|s,a)}[R(s,a) + \gamma v_*(s')] \end{aligned} \tag{2.36}$$

最佳動作價值函數的貝爾曼方程式為

$$q_*(s,a) = \mathbb{E}_{s' \sim p(\cdot|s,a)}[R(s,a) + \gamma \max_{a'} q_*(s',a')], \tag{2.37}$$

上式可以透過與前面類似的方式得到。讀者可以練習完成這個證明。

2.3.5 其他重要概念

確定性和隨機性策略

在之前的小節中，策略用機率分佈$\pi(a|s) = p(A_t = a|S_t = s)$表示，其中智慧體的動作是從分佈中取樣得到的。一個動作從機率分佈中取樣的策略稱為**隨機性策略分佈**（Stochastic Policy Distribution），其動作為

$$a \sim \pi(\cdot|s) \tag{2.38}$$

然而，如果我們減少隨機性策略分佈的方差並將其範圍縮窄到極限情況，則將得到一個狄拉克函數（δ函數）作為其分佈，即為一個**確定性策略**（Deterministic Policy）$\pi(s)$。確定性策略$\pi(s)$也表示指定一個狀態，將得到唯一的動作，如下：

$$a = \pi(s) \tag{2.39}$$

注意確定性策略不再是從狀態和動作到條件機率分佈（Conditional Probability Distribution）的映射，而是一個從狀態到動作的直接映射。這點不同將導致隨後介紹的策略梯度方法中的一些推導過程的不同。更多關於強化學習中策略類別的細節，尤其是深度強化學習中的參數化策略，將在 2.7.3 節中介紹。

部分可觀測馬可夫決策過程

如前面小節中所述，當強化學習環境中的狀態無法由智慧體的觀測量完全表示的時候，環境是部分可觀測的。對於一個馬可夫決策過程，它被稱為部分可觀測的馬可夫決策過程（Partially Observed Markov Decision Process，POMDP），而這組成了一個利用不完整環境狀態資訊來改進策略的挑戰。

2.4 動態規劃

20 世紀 50 年代，Richard E. Bellman 第一次提出**動態規劃**（Dynamic Programming）的概念。隨後，動態規劃演算法被成功地應用到一系列有挑戰的場景中。在「動態規劃」一詞中，「動態」指求解的問題是序列化的，「規劃」指最佳化策略。動態規劃將複雜的動態問題拆解為子問題，提供了一種通用的求解框架。舉例來說，在費氏數列中的每一個數字由兩個先前的數字相加得到，從 0 和 1 開始。如第 4 個數F_4可以寫為前兩個數F_3、F_2之和$F_4 = F_3 + F_2$。在這個算式中，我們可以進一步將F_3拆解為$F_3 = F_2 + F_1$，從而得到$F_4 = (F_2 + F_1) + F_2$，於是我們用樸素的子問題F_1和F_2表示了F_4。動態規劃需要知道求解問題的全部資訊，舉例來說，強化學習問題中的獎勵機制和狀態轉移方程式，但是在強化學習的場景中，這些資訊是很難被獲取的。儘管如此，動態規劃依舊提供了一種透過在馬可夫過程中進行互動來學習的基本想法，被大多數強化學習演算法所沿用。

可以應用動態規劃的問題必須具備兩個性質：**最佳子結構**（Optimal Substructure）和**重疊子問題**（Overlapping Sub-Problems）。最佳子結構是指一個指定問題的最佳解可以分解成它的子問題的解。重疊子問題是指子問題的數量是有限的，以及子問題遞迴地出現，使其可以被儲存和重用。有限動作和狀態空間的 MDP 滿足以上兩個性質，貝爾曼方程式實現了遞迴式的分解，價值函數儲存了子問題的最佳解。因此在本小節中，我們假設狀態集和動作集都是有限的，並且有一個環境的理想化模型。

2.4.1 策略迭代

策略迭代（Policy Iteration）的目的在於直接操控策略。從任意策略π開始，我們可以透過遞迴地呼叫貝爾曼方程式來評估策略：

$$v_\pi(s) = \mathbb{E}_\pi[R_t + \gamma v_\pi(S_{t+1}) | S_t = s] \tag{2.40}$$

這裡的期望是針對以環境全部知識為基礎的所有可能的轉移。一個獲得更好策略的自然想法是根據v_π來貪婪地執行動作：

$$\pi'(s) = \text{greedy}(v_\pi) = \underset{a\in\mathcal{A}}{\text{argmax}} q_\pi(s,a). \tag{2.41}$$

這樣的提升可以由以下證明：

$$\begin{aligned}
v_\pi(s) &= q_\pi(s,\pi(s)) \\
&\le q_\pi(s,\pi'(s)) \\
&= \mathbb{E}_{\pi'}[R_t + \gamma v_\pi(S_{t+1}) | S_t = s] \\
&\le \mathbb{E}_{\pi'}[R_t + \gamma q_\pi(S_{t+1},\pi'(S_{t+1})) | S_t = s] \\
&\le \mathbb{E}_{\pi'}[R_t + \gamma R_{t+1} + \gamma^2 q_\pi(S_{t+2},\pi'(S_{t+2})) | S_t = s] \\
&\le \mathbb{E}_{\pi'}[R_t + \gamma R_{t+1} + \gamma^2 R_{t+2} + \cdots | S_t = s] = v_{\pi'}(s).
\end{aligned} \tag{2.42}$$

接連地使用以上的策略評估和貪婪提升，直到$\pi = \pi'$形成策略迭代。一般地，策略迭代的過程可以複習如下：指定任意一個策略π_t，對於每一次迭代t中的每一個狀態s，我們首先評估$v_{\pi_t}(s)$，然後找到一個更好的策略π_{t+1}。我們把前一個階段稱為**策略評估**（Policy Evaluation），把後一個階段稱為**策略提升**（Policy Improvement）。此外，我們使用術語**泛化策略迭代**（Generalized Policy Iteration，GPI）來指代一般的策略評估和策略提升互動過程，如圖 2.11 所示。

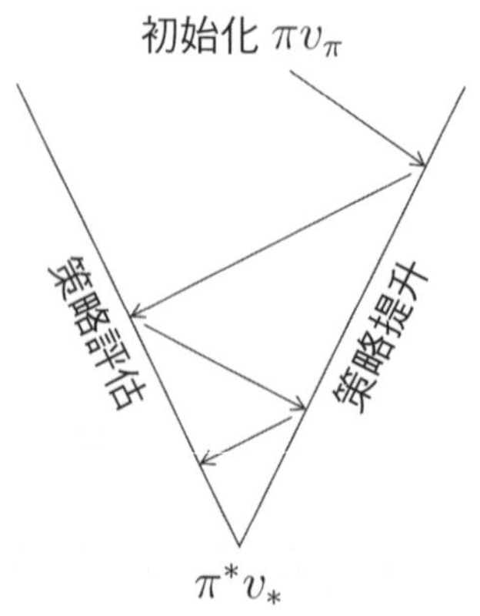

圖 2.11 泛化策略迭代

一個基本的問題是，策略迭代的過程是否在最佳值v_*上收斂。在策略評估的每一次迭代中，對於固定的、確定性的策略π，價值函數更新可以被**貝爾曼期望回溯運算元**$\mathcal{T}^\pi$重新定義為

$$(\mathcal{T}^\pi V)(s) = (\mathcal{R}^\pi + \gamma \mathcal{P}^\pi V)(s) = \sum_{r,s'} (r + \gamma V(s'))P(r, s'|s, \pi(s)). \quad (2.43)$$

那麼對於任意的價值函數V和V'，我們對於$\mathcal{T}^\pi$有以下的收縮（Contraction）證明：

$$\begin{aligned}
&|\mathcal{T}^\pi V(s) - \mathcal{T}^\pi V'(s)| = \\
&\left|\sum_{r,s'} (r + \gamma V(s'))P\big(r, s'\big|s, \pi(s)\big) - \sum_{r,s'} (r + \gamma V'(s'))P\big(r, s'\big|s, \pi(s)\big)\right| \\
&= \left|\sum_{r,s'} \gamma (V(s') - V'(s'))P(r, s'|s, \pi(s))\right| \\
&\leq \sum_{r,s'} \gamma |V(s') - V'(s')| P(r, s'|s, \pi(s)) \\
&\leq \sum_{r,s'} \gamma \parallel V - V' \parallel_\infty P(r, s'|s, \pi(s)) \\
&= \gamma \parallel V - V' \parallel_\infty, \quad (2.44)
\end{aligned}$$

此處$\parallel V - V' \parallel_\infty$是$\infty$範數。透過收縮映射定理（Contraction Mapping Theorem，即巴拿赫不動點定理，Banach Fixed-Point Theorem），迭代策略評估會收斂到唯一的固定點$\mathcal{T}^\pi$。由於$\mathcal{T}^\pi v_\pi = v_\pi$是固定點，迭代策略評估會收斂到$v_\pi$。需要指出的是，策略提升是單調的，並且在有限 MDP 中的價值函數只對應於有限個數的貪婪策略。策略提升會在有限步數後停止，也就是說，策略迭代會收斂到v_*。

演算法 2.6 策略迭代

對於所有的狀態初始化V和π

repeat

  //執行策略評估

  repeat

    $\delta \leftarrow 0$

    for $s \in \mathcal{S}$ **do**

      $v \leftarrow V(s)$

      $V(s) \leftarrow \sum_{r,s'} (r + \gamma V(s'))P(r,s'|s,\pi(s))$

      $\delta \leftarrow \max(\delta, |v - V(s)|)$

    end for

  until δ小於一個正閾值

  //執行策略提升

  stable ← true

  for $s \in \mathcal{S}$ **do**

    $a \leftarrow \pi(s)$

    $\pi(s) \leftarrow \text{argmax}_a \sum_{r,s'} (r + \gamma V(s'))P(r,s'|s,a)$

    if $a \neq \pi(s)$ **then**

      stable ← false

    end if

  end for

until stable = true

return 策略π

2.4.2 價值迭代

價值迭代（Value Iteration）的理論基礎是**最佳性原則**（Principle of Optimality）。這個原則告訴我們當且僅當π獲得了可到達的任何後續狀態上的最佳價值時，π是一個狀態上的最佳策略。因此如果我們知道子問題$v_*(s')$的解，就可以透過一步完全回溯（One-Step Full Backup）找到任意一個初始狀態s的解：

$$v_*(s) = \max_{a\in\mathcal{A}} R(s,a) + \gamma \sum_{s'\in\mathcal{S}} P(s'|s,a)v_*(s'). \tag{2.45}$$

價值迭代的過程是將上面的更新過程從最終狀態開始，一個一個狀態接連向前進行。和策略迭代中的收斂證明類似，**貝爾曼最佳運算元**$\mathcal{T}^*$為

$$(\mathcal{T}^*V)(s) = \left(\max_{a\in\mathcal{A}}\mathcal{R}^a + \gamma\mathcal{P}^aV\right)(s) = \max_{a\in\mathcal{A}}R(s,a) + \gamma\sum_{s'\in\mathcal{S}} P(s'|s,a)V(s') \quad (2.46)$$

這也是對於任意價值函數 V 和 V' 的收縮映射：

$$\begin{aligned}
&|\mathcal{T}^*V(s) - \mathcal{T}^*V'(s)| \\
&= \left|\max_{a\in\mathcal{A}}\left[R(s,a) + \gamma\sum_{s'\in\mathcal{S}} P(s'|s,a)V(s')\right] - \max_{a\in\mathcal{A}}\left[R(s,a) + \gamma\sum_{s'\in\mathcal{S}} P(s'|s,a)V'(s')\right]\right| \\
&\leq \max_{a\in\mathcal{A}}\left|R(s,a) + \gamma\sum_{s'\in\mathcal{S}} P(s'|s,a)V(s') - R(s,a) - \gamma\sum_{s'\in\mathcal{S}} P(s'|s,a)V'(s')\right| \\
&= \max_{a\in\mathcal{A}}\left|\gamma\sum_{s'\in\mathcal{S}} P(s'|s,a)(V(s') - V'(s'))\right| \\
&\leq \max_{a\in\mathcal{A}}\gamma\sum_{s'\in\mathcal{S}} P(s'|s,a)|V(s') - V'(s')| \\
&\leq \max_{a\in\mathcal{A}}\gamma\sum_{s'\in\mathcal{S}} P(s'|s,a) \parallel V - V' \parallel_\infty \\
&= \gamma \parallel V - V' \parallel_\infty \max_{a\in\mathcal{A}}\sum_{s'\in\mathcal{S}} P(s'|s,a) \\
&= \gamma \parallel V - V' \parallel_\infty. \qquad (2.47)
\end{aligned}$$

由於v_*是$\mathcal{T}^*$的固定點，價值迭代會收斂到最佳值v_*。需要指出的是，在價值迭代中，只有後續狀態的實際價值是已知的。換句話説，價值是不完整的，因此，我們在以上的證明中使用估計價值函數 V，而非真實價值 v。

何時停止價值迭代演算法不是顯而易見的。文獻 (Williams et al., 1993) 在理論上列出了一個充分的（Sufficient）停止標準：如果兩個連續價值函數的最大差異小於ϵ，那麼在任意狀態下，貪婪策略的價值與最佳策略的價值函數的差值不會超過 $\frac{2\epsilon\gamma}{1-\gamma}$。

2.4.3 其他 DPs：非同步 DP、近似 DP 和即時 DP

目前描述的 DP 方法均使用同步回溯（Synchronous Backup），即每個狀態的價值以系統性為基礎的掃描（Systematic Sweeps）來回溯。一種有效的變形是非同步的更新（Asynchronous Update），而這也是速度和準確率之間的權衡。非同步 DP 對於強化學習的設定也是適用的，且如果所有狀態被持續選擇的話，可以保證收斂。非同步 DP 有三種簡單的想法:

演算法 2.7 價值迭代

為所有狀態初始化 V

repeat

  $\delta \leftarrow 0$

  for $s \in \mathcal{S}$ **do**

    $u \leftarrow V(s)$

    $V(s) \leftarrow \max_a \sum_{r,s'} P(r,s'|s,a)(r+\gamma V(s'))$

    $\delta \leftarrow \max(\delta, |u - V(s)|)$

  end for

until δ 小於一個正閾值

輸出貪婪策略 $\pi(s) = \text{argmax}_a \sum_{r,s'} P(r,s'|s,a)(r+\gamma V(s'))$

---

1. 在位更新（In-Place Update）

同步價值迭代（Synchronous Value Iteration）儲存價值函數$V_{t+1}(\cdot)$和$V_t(\cdot)$的兩個備份：

$$V_{t+1}(s) \leftarrow \max_{a\in\mathcal{A}} R(s,a) + \gamma \sum_{s'\in\mathcal{S}} P(s'|s,a)V_t(s'). \tag{2.48}$$

在位價值迭代只儲存價值函數的備份：

$$V(s) \leftarrow \max_{a\in\mathcal{A}} R(s,a) + \gamma \sum_{s'\in\mathcal{S}} P(s'|s,a)V(s'). \tag{2.49}$$

2. 優先掃描（Prioritized Sweeping）

在非同步 DP 中，另一個需要考慮的事情是更新順序。指定一個轉移(s,a,s')，優先掃描將它的貝爾曼誤差（Bellman Error）的絕對值作為它的大小：

$$\left|V(s)-\max_{a\in\mathcal{A}}\left(R(s,a)+\gamma\sum_{s'\in\mathcal{S}}P(s'|s,a)V(s')\right)\right|. \tag{2.50}$$

它可以透過保持一個優先權佇列來有效地實現，該優先權佇列在每個回溯後儲存和更新每個狀態的貝爾曼誤差。

3. 即時更新（Real-Time Update）

在每個時間步t之後，不論採用哪個動作，即時更新將只會透過以下方式回溯當前狀態S_t：

$$V(S_t)\leftarrow\max_{a\in\mathcal{A}}R(S_t,a)+\gamma\sum_{s'\in\mathcal{S}}P(s'|S_t,a)V(s'). \tag{2.51}$$

它可以被視為根據智慧體的經驗來指導選擇要更新的狀態。

同步 DP 和非同步 DP 都在全部狀態集上回溯，估計下一個狀態的預期回報。從機率的角度來看，一個有偏差的但有效的選擇是使用取樣的資料。我們將在下一個小節中深入討論此問題。

2.5 蒙地卡羅

和動態規劃不同的是，蒙地卡羅(Monte Carlo, MC) 方法不需要知道環境的所有資訊。蒙地卡羅方法只需以過為基礎去的經驗就可以學習。它也是一種以樣本為基礎的（Sampling-Based）方法。蒙地卡羅可以在對環境只有很少的先驗知識時從經驗中學習來取得很好的效果。「蒙地卡羅」可以用來泛指那些有很大隨機性的演算法。

當我們在強化學習中使用蒙地卡羅方法的時候，需要對來自不同部分中的每個狀態-動作對（State-Action Pair）對應的獎勵值取平均。一個例子是，在本章之前內容中介紹的上下文賭博機（Contextual Bandit）問題中，如果在不同的機器上有一個 LED 燈，那麼玩家就可以逐漸地學習 LED 燈狀態資訊和回報之間的聯繫。我們在這裡把一種燈的排列組合身為狀態，那麼其可能的獎勵值就作為這個狀態的價值。最開始，我們可能無法對狀態價值有一個很好的預估，但是當我們做出更多的嘗試以後，平均狀態價值會向它們的真實值接近。在這個章節，我們會探索我們怎麼更合理地做出估算。假設問題是回合制的（Episodic），因而不論一個玩家做出了哪些的動作，一個回合最後都會終止。

2.5.1 蒙地卡羅預測

首先，我們一起來看指定一個策略π如何用蒙地卡羅方法來評估狀態價值函數。直觀上的一種方式是，透過對具體策略產生的回報取平均值來從經驗中評估狀態價值函數。更具體地，讓函數$v_\pi(s)$作為在策略π下的狀態價值函數。我們接著收集一組經過狀態s的回合，並把每一次狀態 s 在一個回合裡的出現叫作一次對狀態s的存取。這樣一來，我們就有兩種估算方式：**第一次蒙地卡羅**（First-Visit Monte Carlo）和**每次蒙地卡羅**（Every-Visit Monte Carlo）。第一次蒙地卡羅只考慮每一個回合中第一次到狀態s的存取，而每次蒙地卡羅就是考慮每次到狀態s的存取。這兩種方式有很多的相似點，但是也有一些理論上的不同。在演算法 2.8，我們展示了如何用第一次蒙地卡羅來對$v_\pi(s)$估算。把第一次蒙地卡羅變成每次蒙地卡羅在操作上很簡單，我們只需要把對第一次存取檢查條件去掉即可。假如我們對狀態 s有無限次存取的話，那最終這兩種方式都會收斂到 $v_\pi(s)$。

蒙地卡羅方法可以獨立地對不同的狀態值進行估算。和動態規劃不同的是，蒙地卡羅不使用自舉（Bootstrapping），也就是說，它不用其他狀態的估算來估算當前的狀態值。這個獨特的性質可以讓我們直接透過取樣的回報來對狀態值進行估算，從而有更小的偏差但會有更大的方差。

當我們有了環境的模型以後，狀態價值函數就會很有用處了，因為我們就可以透過比較對一個狀態的不同動作的價值平均值來選擇在任意狀態下的最好動作，就和在動態規劃裡一樣。當模型未知時，我們需要把狀態-動作價值估算出來。每一個狀態-動作值需要被分別估計。現在，我們的學習目標就變成了$q_\pi(s,a)$，即在狀態s下根據策略π採取動作 a時的預期回報。這在本質上與對狀態價值函數的估計基本一致，而我們現在只是取狀態s在動作a上的平均值而已。不過有時，可能會有一些狀態從來都沒有被存取過，所以就沒有回報。為了選擇最佳的策略，我們必須要探索所有的狀態。一個簡單的方法是直接選擇那些沒有可能被選擇的狀態-動作對來作為初始狀態。這樣一來，就可以保證在足夠的回合數過後，所有的狀態-動作對都是可以被存取的。我們把這樣的假設叫作叫作探索開始（Exploring Starts）。

演算法 2.8 第一次蒙地卡羅預測

輸入：初始化策略 π

初始化所有狀態的$V(s)$

初始化一列回報： Returns(s)對所有狀態

repeat

　透過π: $S_0, A_0, R_0, S_1, \cdots, S_{T-1}, A_{T-1}, R_t$生成一個回合

　$G \leftarrow 0$

　$t \leftarrow T - 1$

　for $t >= 0$ **do**

　　$G \leftarrow \gamma G + R_{t+1}$

　　if $S_0, S_1, \cdots, S_{t-1}$沒有$S_t$ **then**

　　　Returns(S_t).append(G)

　　　$V(S_t) \leftarrow$ mean(Returns(S_t))

　　end if

　　$t \leftarrow t - 1$

　end for

until 收斂

2.5.2 蒙地卡羅控制

現在我們可以把泛化策略迭代運用到蒙地卡羅中去，來看看它是怎麼用來控制的。泛化策略迭代有兩個部分：策略評估（Policy Evaluation）和策略提升（Policy Improvement）。策略評估的過程與之前小節中介紹的動態規劃是一樣的，所以我們主要來介紹策略提升。我們會對狀態-動作值使用貪婪策略，在這種情況下不需要使用環境模型。貪婪策略會一直選擇在一個狀態下有最高價值的動作：

$$\pi(s) = \arg\max_a q(s,a) \tag{2.52}$$

對於每一次策略提升，我們都需要根據q_{π_t}來構造π_{t+1}。這裡展示策略提升是怎麼實現的：

$$\begin{aligned} q_{\pi_t}(s,\pi_{t+1}(s)) &= q_{\pi_t}(s,\arg\max_a q_{\pi_t}(s,a)) \\ &= \max_a q_{\pi_t}(s,a) \\ &\geq q_{\pi_t}(s,\pi_t(s)) \\ &\geq v_{\pi_t}(s) \end{aligned} \tag{2.53}$$

上面的式子證明了π_{t+1}不會比π_t差，而我們會在迭代策略提升後最終找到最佳策略。這也表示，我們可以對環境沒有太多了解而只有取樣得到的回合才使用蒙地卡羅。這裡我們需要解決兩個假設。第一個假設是探索開始，第二個是假設有無窮多個回合。我們先跳過第一個假設，從第二個假設開始。簡化這個假設的一種簡單方法是，透過直接在單一狀態的評估和改進之間交替變更，來避免策略評估所需的無限多的部分（Episodes）。

2.5.3 增量蒙地卡羅

從演算法 2.8 和演算法 2.9 中可以看出，我們需要對觀察到的回報序列求平均值，並且將狀態價值和狀態-動作價值的估計分開。其實我們還有一種更加高效的計算辦法，它能讓我們把回報序列省去，從而簡化平均值計算步驟。這樣一來，我們就需要一個回合一個回合地更新。我們讓 $Q(S_t, A_t)$ 作為它已經被選中$t-1$次以後的狀態-動作價值的估計，從而將其改寫為

$$Q(S_t, A_t) = \frac{G_1 + G_2 + \cdots + G_{t-1}}{t-1} \tag{2.54}$$

演算法 2.9 蒙地卡羅探索開始

初始化所有狀態的$\pi(s)$
對於所有的狀態-動作對，初始化$Q(s,a)$和 Returns(s,a)
repeat
　隨機選擇S_0和A_0，直到所有狀態-動作對的機率為非零
　根據π: $S_0, A_0, R_0, S_1, \cdots, S_{T-1}, A_{T-1}, R_t$來生成 S_0, A_0
　$G \leftarrow 0$
　$t \leftarrow T-1$
　for $t >= 0$ **do**
　　$G \leftarrow \gamma G + R_{t+1}$
　　if $S_0, A_0, S_1, A_1 \cdots, S_{t-1}, A_{t-1}$沒有 S_t, A_t **then**
　　　Returns(S_t, A_t).append(G)
　　　$Q(S_t, A_t) \leftarrow$ mean(Returns(S_t, A_t))
　　　$\pi(S_t) \leftarrow \arg\max_a Q(S_t, a)$
　　end if
　　$t \leftarrow t-1$
　end for
until 收斂

對該式的簡單實現是將所有的回報G值都記錄下來，然後將它的和值除以它的存取次數。然而，我們同樣也可以透過以下的公式來計算這個值：

$$\begin{aligned} Q_{t+1} &= \frac{1}{t}\sum_{i=1}^{t} G_i \\ &= \frac{1}{t}\left(G_t + \sum_{i=1}^{t-1} G_i\right) \\ &= \frac{1}{t}\left(G_t + (t-1)\frac{1}{t-1}\sum_{i=1}^{t-1} G_i\right) \end{aligned}$$

$$= \frac{1}{t}(G_t + (t-1)Q_t)$$
$$= Q_t + \frac{1}{t}(G_t - Q_t) \tag{2.55}$$

這個形式可以讓我們在計算回報的時候更加容易操作。它的通用形式是：

$$\text{新估計值} \leftarrow \text{舊估計值} + \text{步伐大小} \cdot (\text{目標值} - \text{舊估計值}) \tag{2.56}$$

「步伐大小」是我們用來控制更新速度的參數。

2.6 時間差分學習

時間差分（Temporal Difference，TD）是強化學習中的另一個核心方法，它結合了動態規劃和蒙地卡羅方法的思想。與動態規劃相似，時間差分在估算的過程中使用了自舉（Bootstrapping），但是和蒙地卡羅一樣，它不需要在學習過程中了解環境的全部資訊。在這章中，我們首先介紹如何將時間差分用於策略評估，然後詳細闡釋時間差分、蒙地卡羅和動態規劃方法的異同點。最後，我們會介紹 Sarsa 和 Q-Learning 演算法，這是一個在經典強化學習中很有用的演算法。

2.6.1 時間差分預測

從這個方法的名字可以看出，時間差分利用差異值進行學習，即目標值和估計值在不同時間步上的差異。它使用自舉法的原因是它需要從觀察到的回報和對下個狀態的估值中來構造它的目標。具體來說，最基本的時間差分使用以下的更新方式：

$$V(S_t) \leftarrow V(S_t) + \alpha[R_{t+1} + \gamma V(S_{t+1}) - V(S_t)] \tag{2.57}$$

這個方法也被叫作 TD(0)，或是單步 TD。也可以透過將目標值改為在N步未來中 的折扣回報和N步過後的估計狀態價值（Estimated State Value）來實現N步 TD。如果我們觀察得足夠仔細，蒙地卡羅在更新時的目標值為

G_t，這個值只有在一個回合過後才能得知。但是對 TD 來說，這個目標值是$R_{t+1}+\gamma V(S_{t+1})$，而它可以在每一步都算出。在演算法 2.10 中，我們展示了 TD(0) 是如何用來做策略評估的。

演算法 2.10 TD(0)對狀態值的估算

輸入策略 π

初始化 $V(s)$和步進值$\alpha \in (0,1]$

for 每一個回合 **do**

　初始化 S_0

　for 每一個在現有回合的S_t **do**

　　$A_t \leftarrow \pi(S_t)$

　　$R_{t+1}, S_{t+1} \leftarrow \mathrm{Env}(S_t, A_t)$

　　$V(S_t) \leftarrow V(S_t) + \alpha[R_{t+1} + \gamma V(S_{t+1}) - V(S_t)]$

　end for

end for

這裡分析一下動態規劃、蒙地卡羅和時間差分方法的異同點。它們都是在現代強化學習中的核心演算法，而且經常是被結合起來使用的。它們都可以被用於策略評估和策略提升，它們之間區別卻是深度強化學習效果不同的主要來源之一。

這三種方法都涉及泛化策略迭代（GPI），它們主要區別在於策略評估的過程，其中最明顯的區別是，動態規劃和時間差分都使用了自舉法，而蒙地卡羅沒有。動態規劃需要整個環境模型的所有資訊，但是蒙地卡羅和時間差分不需要。進一步地，我們來看一下它們的學習目標的區別。

$$v_\pi(s) = \mathbb{E}_\pi[G_t | S_t = s] \tag{2.58}$$

$$= \mathbb{E}_\pi[R_{t+1} + \gamma G_{t+1} | S_t = s] \tag{2.59}$$

$$= \mathbb{E}_\pi[R_{t+1} + \gamma v_\pi(S_{t+1}) | S_t = s] \tag{2.60}$$

公式 (2.58) 是蒙地卡羅方法的狀態價值估計方式，公式 (2.60) 是動態規劃的。它們都不是真正的狀態值而是估計值。時間差分則把蒙地卡羅的取樣過程和動態規劃的自舉法結合了起來。現在我們就簡單解釋實踐中時間差分可以比動態規劃或蒙地卡羅更有效的原因。

首先，時間差分不需要一個模型而動態規劃需要。將時間差分與蒙地卡羅做比較，時間差分使用的是線上學習，這也就表示它每一步都可以學習，但是蒙地卡羅卻只能在一個回合結束以後再學習，這樣回合很長時會比較難以處理。當然，也存在一些連續性的問題無法用部分式的形式來表示一個回合。另外，時間差分在實踐中往往收斂得更快，因為它的學習是來自狀態轉移的資訊而不需要具體動作資訊，而蒙地卡羅往往需要動作資訊。在理想情況下，兩種方法最終都會漸進收斂到 $v_\pi(s)$。

這裡我們介紹時間差分和蒙地卡羅方法中的**偏差和方差的權衡**（Bias and Variance Trade-off）。我們知道在監督學習的設定下，較大的偏差往往表示這個模型欠擬合（Underfitting），而較大的方差伴隨較低的偏差往往表示一個模型過擬合（Overfitting）。一個擬合器（Estimator）的偏差是估計值和真正值間的差異。我們對狀態價值進行估計時，偏差可以被定義為 $\mathbb{E}[V(S_t)] - V(S_t)$。擬合器的方差描述了這個擬合有多大的雜訊。同樣對於狀態價值估計，方差定義為 $\mathbb{E}[(\mathbb{E}[V(S_t)] - V(S_t))^2]$。在預測時，不管它是狀態價值估計，還是狀態-動作價值估計，時間差分和蒙地卡羅的更新都有以下形式：

$$V(S_t) \leftarrow V(S_t) + \alpha[\text{TargetValue} - V(S_t)]$$

實質上，我們對不同回合進行了加權平均計算。時間差分法和蒙地卡羅法在處理目標值分時別採用不同的方式。蒙地卡羅法直接估算到一個回合結束累計的回報。這也正是狀態值的定義，它是沒有偏差的。而時間差分法會有一定的偏差，因為它的目標值是由自舉法可能要到的，如 $R_{t+1} + \gamma v_\pi(S_{t+1})$。另一方面，蒙地卡羅法，所以在不同回合中累積到最後的回報會有較大的方差由於不同回合的經過和結果都不同。時間差分法透過關注局部估計的目標值來解決這個問題，只依賴當前的獎勵和下一個狀態或動作價值的估計。自然地，時間差分法方差更小。

我們可以在動態規劃和蒙地卡羅之間找到一個中間方法來更有效地解決問題，即 TD (λ)。在此之前，我們需要先介紹**資格跡**（Eligibility Trace）和**$\boldsymbol{\lambda}$-回報**（λ-Return）概念。

簡單來說，資格跡可以所帶來一些計算優勢。為了更進一步地了解其優勢，我們需要介紹半梯度（Semi-Gradient）方法，然後再來看如何使用資格跡。關於策略梯度方法在 2.7 節中有介紹，而這裡我們簡單地使用一些策略梯度方法中的概念來方便解釋資格跡。假如說我們的狀態價值函數不是表格（Tabular）形式而是一種函數形式，這個函數由向量$\boldsymbol{w} \in \mathbb{R}^n$參數化。比如$\boldsymbol{w}$可以是一個神經網路的權重。為了得到$V(s, \boldsymbol{w}) \approx v_\pi(s)$，我們使用隨機梯度更新來減小估計值和真正的狀態價值的平方損失（Quadratic Loss）。權重向量的更新規則就可以寫為

$$\begin{aligned} \mathbf{w}_{t+1} &= \mathbf{w}_t - \frac{1}{2}\alpha \nabla_{\mathbf{w}_t}[v_\pi(S_t) - V(S_t, \mathbf{w}_t)]^2 \\ &= \mathbf{w}_t + \alpha[v_\pi(S_t) - V(S_t, \mathbf{w}_t)]\nabla_{\mathbf{w}_t} V(S_t, \mathbf{w}_t) \end{aligned} \tag{2.61}$$

其中α為一個正值的步進值變數。

資格跡是一個在量：$\mathbf{z}_t \in \mathbb{R}^n$，在學習的過程中，每當$\boldsymbol{w}_t$的部分被用於估計，則它在$\boldsymbol{z}_t$裡的那個相對應的部分需要隨之增加，而在增加以後它又會慢慢遞減。如果軌跡上的資格值回落到零之前，有一定的 TD 誤差，就進行學習。首先把所有資格值都初始化為 0，然後使用價值函數的梯度來增加資格跡，而資格值遞減的速度是$\gamma\lambda$。資格跡的更新滿足以下公式：

$$\mathbf{z}_{-1} = 0 \tag{2.62}$$

$$\mathbf{z}_t = \gamma\lambda\mathbf{z}_{t-1} + \nabla_{\mathbf{w}_t} V(S_t, \mathbf{w}_t) \tag{2.63}$$

如演算法 2.11 所示，TD(λ)使用資格跡來更新其價值函數估計。易見，當$\lambda = 1$時，TD(λ)變為蒙地卡羅法；而當$\lambda = 0$時，它就變成了一個單步 TD（One-Step TD）法。因此，資格跡可以看作是把時間差分法和蒙地卡羅法相結合的方法。

演算法 2.11 狀態值半梯度 TD(λ)

輸入策略π

初始化一個可求導的狀態值函數v、步進值 α和狀態值函數權重 $\boldsymbol{w}$

for 對每一個回合 **do**

  初始化 S_0

  $\mathbf{z} \leftarrow 0$

  for 每一個本回合的步驟S_t **do**

    使用π來選擇 A_t

    $R_{t+1}, S_{t+1} \leftarrow \text{Env}(S_t, A_t)$

    $\mathbf{z} \leftarrow \gamma\lambda\mathbf{z} + \nabla V(S_t, \mathbf{w}_t)$

    $\delta \leftarrow R_{t+1} + \gamma V(S_{t+1}, \mathbf{w}_t) - V(S_t, \mathbf{w}_t)$

    $\mathbf{w} \leftarrow \mathbf{w} + \alpha\delta\mathbf{z}$

  end for

end for

λ-回報是之後n步中的估計回報值。λ-回報是n個已經折扣化的回報和一個在最後一步狀態下的估計值相加得到的。我們可以把它寫作：

$$G_{t:t+n} = R_{t+1} + \gamma R_{t+2} + \cdots + \gamma^{n-1} R_{t+n} + \gamma^n v(S_{t+n}, \mathbf{w}_{t+n-1}) \quad (2.64)$$

t 是一個不為零的純量，它小於或等於$T-n$。我們可以使用加權平均回報來估算，只要它們的權重滿足和為 1。TD(λ)在其更新中使用了加權平均（$\lambda \in [0,1]$）：

$$G_t^\lambda = (1-\lambda)\sum_{n=1}^{\infty} \lambda^{n-1} G_{t:t+n} \quad (2.65)$$

直觀地講，這就表示下一步的回報將有最大的權重 $1-\lambda$，下兩步回報的權重是$(1-\lambda)\lambda$。每一步權重遞減的速率是λ。為了有更清晰的了解，我們讓結束狀態發生於時間T，從而上面的公式可以改寫成

$$G_t^\lambda = (1-\lambda)\sum_{n=1}^{T-t-1} \lambda^{n-1} G_{t:t+n} + \lambda^{T-t-1} G_t \quad (2.66)$$

TD 誤差 δ_t可以被定義為

$$\delta_t = R_{t+1} + \gamma V(S_{t+1}, \boldsymbol{w}_t) - V(S_t, \boldsymbol{w}_t) \tag{2.67}$$

這個更新規則是以 TD 誤差和跡為基礎的比重的。演算法 2.11 裡有其細節。

2.6.2 Sarsa：線上策略 TD 控制

對於 TD 控制，我們使用的方法和預測任務一樣，唯一的不同是，我們需要將從狀態到狀態的轉移變為狀態-動作對的交替。這樣的更新規則就可以被寫為

$$Q(S_t, A_t) \leftarrow Q(S_t, A_t) + \alpha[R_{t+1} + \gamma Q(S_{t+1}, A_{t+1}) - Q(S_t, A_t)] \tag{2.68}$$

當S_t是終止狀態（Terminal State）的時候，下一個狀態-動作對的Q值就會變成 0。我們用字首縮寫 Saras 來表示這個演算法，因為我們有這樣的行為過程：首先在一個狀態（S）下，選擇了一個動作（A），同時也觀察到了回報（R），然後我們就到了另外一個狀態（S）下，需要選擇一個新的動作（A）。這樣的過程讓我們可以做一個簡單的更新步驟。對於每一個轉移，狀態價值都得到更新，更新後的狀態價值會影響決定動作的策略，即**線上策略**法。線上策略法一般用來描述這樣一類演算法，它們的更新策略和行動策略（Behavior Policy）同樣。而離線策略法往往是不同的。Q-Learning 就是離線策略演算法的例子。我們會在之後的章節中提到。Q-Learning 在更新Q函數時假設了一種完全貪婪的方法，而它在選擇其動作時實際上用的是另外一種類似於ϵ-貪婪（ϵ-Greedy）的方法。現在我們在演算法 6.2 中列出 Sarsa 的細節。在每一個狀態-動作對都會被存取無數次的假設下，會有最佳策略和狀態動作價值的收斂性保證。

演算法 2.11 Sarsa（線上策略 TD 控制）

對所有的狀態-動作對初始化$Q(s, a)$

for 每一個回合 **do**

  初始化S_0

  用一個以Q為基礎的策略來選擇A_0

  for 每一個在當前回合的S_t **do**

　　　用一個以Q為基礎的策略從S_t選擇A_t
　　　$R_{t+1}, S_{t+1} \leftarrow \text{Env}(S_t, A_t)$
　　　從S_{t+1}中用一個以Q為基礎的策略來選擇 A_{t+1}
　　　$Q(S_t, A_t) \leftarrow Q(S_t, A_t) + \alpha[R_{t+1} + \gamma Q(S_{t+1}, A_{t+1}) - Q(S_t, A_t)]$
　end for
end for

上面展示的方法只有一步的時間範圍，這就表示它的估算只需要考慮下一步的狀態-動作價值。我們把它叫作單步 Sarsa 或 Sarsa(0)。我們可以簡單地使用自舉法把未來的步驟也都容納到目標值中從而減少它的偏差。從圖 2.12 的回溯樹展示中，我們可以看見 Sarsa 很多不同的變形。從最簡單的一步 Sarsa 到無限步 Sarsa，也就是蒙地卡羅方法的另外一個形態。為了把這樣的變化融入原來的方法，我們需要把折扣回報寫為

$$G_{t:t+n} = R_{t+1} + \gamma R_{t+2} + \cdots + \gamma^{n-1} R_{t+n} + \gamma^n Q_{t+n-1}(S_{t+n}, A_{t+n}) \quad (2.69)$$

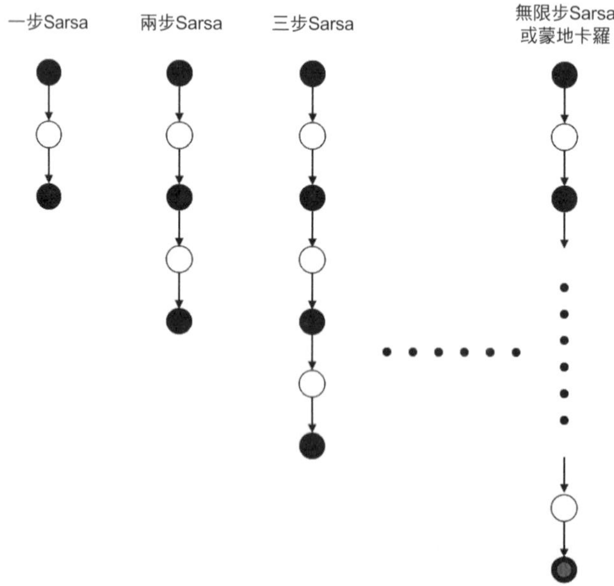

圖 2.12　對於n步 Sarsa 方法的回溯樹。每一個黑色的圓圈都代表了一個狀態，每一個白色的圓圈都代表了一個動作。在這個無窮多步的 Sarsa 裡，最後一個狀態就是它的終止狀態

n步 Sarsa 已經在演算法 2.13 中有所描述了。和單步版本最大的不同是，它需要回到過去的時間來做更新，而單步的版本只需要一邊向前進行一邊更新即可。

現在討論 Sarsa 演算法在有限的動作空間裡的收斂理論。我們首先需要以下的幾個條件。

定義 2.1 一個學習策略被定義為：**在無限的探索中的極限貪婪**（Greedy in the Limit with Infinite Exploration, GLIE）。如果它能夠滿足以下兩個性質：

1. 如果一個狀態被無限次存取，那麼在該狀態下的每個可能的動作都應當被無限次選擇，即 $\lim_{k\to\infty} N_k(s,a) = \infty, \forall a, \text{if} \lim_{k\to\infty} N_k(s) = \infty$。
2. 策略根據學習到的Q函數在$t \to \infty$的極限下收斂到一個貪婪策略，即 $\lim_{k\to\infty} \pi_k(s,a) = 1(a == \text{argmax}_{a' \in \mathcal{A}} Q_k(s,a'))$，其中 "==" 是一個比較運算元，當 $1(a == b)$ 的括號內為真時，它的值為 1，否則為 0。

GLIE 是學習策略收斂的條件，對任何收斂到最佳價值函數且估計值都有界（Bounded）的強化學習演算法來說，它都成立。舉例來說，我們可以透過ϵ貪婪方法來推導出一個 GLIE 的策略，如下：

引理 2.1 如果ϵ以$\epsilon_k = \frac{1}{k}$的形式隨k增大而漸趨於零，那麼ϵ-貪婪是 GLIE。

演算法 2.13 n步 Sarsa

對所有的狀態-動作對初始化$Q(s,a)$
初始化步進值$\alpha \in (0,1]$
決定一個固定的策略π或使用ϵ-貪婪策略
for 每一個回合 **do**
　初始化S_0
　使用 $\pi(S_0, A)$來選擇A_0
　$T \leftarrow$ INTMAX （一個回合的長度）
　$\gamma \leftarrow 0$
　for$t \leftarrow 0,1,2,\cdots$ until $\gamma - T - 1$ **do**
　　if $t < T$ **then**
　　　$R_{t+1}, S_{t+1} \leftarrow \text{Env}(S_t, A_t)$

if S_{t+1}是終止狀態 **then**

$T \leftarrow t+1$

end

使用$\pi(S_t, A)$來選擇A_{t+1}

end if

end if

$\tau \leftarrow t-n+1$（更新的時間點。這是n步 Sarsa，只需更新$n+1$前的一步，持續下去直到所有狀態都被更新。)

if $\tau \geq 0$ **then**

$G \leftarrow \sum_{i=\tau+1}^{\min(r+n,T)} \gamma^{i-\gamma-1} R_i$

if $\gamma+n<T$ **then**

$G \leftarrow G+\gamma^n Q(S_{t+n}, A_{\gamma+n})$

end if

$Q(S_\gamma, A_\gamma) \leftarrow Q(S_\gamma, A_\gamma)+\alpha[G-Q(S_\gamma, A_\gamma)]$

end if

end for

end for

因而就有了 Sarsa 演算法的收斂定理。

定理 2.1 對於一個有限狀態-動作的 MDP 和一個 GLIE 學習策略，其動作價值函數Q在時間步t上由 Sarsa（單步的）估計為Q_t，那麼如果以下兩個條件得到滿足，Q_t會收斂到Q^*並且學習策略π_t，也會收斂到最佳策略π^*：

1. Q的值被儲存在一個查閱資料表（Lookup Table）裡；
2. 在時間t與狀態-動作對(s,a)相關的學習速率（Learning Rate）$\alpha_t(s,a)$滿足$0 \leq \alpha_t(s,a) \leq 1$，$\sum_t \alpha_t(s,a)=\infty$，$\sum_t \alpha_t^2(s,a)<\infty$，並且$\alpha_t(s,a)=0$除非$(s,a)=(S_t,A_t)$;
3. 方差$\mathrm{Var}[R(s,a)]<\infty$。

符合第二個條件對學習速率的要求的典型數列是$\alpha_t(S_t,A_t)=\frac{1}{t}$。我們在這裡對上面定理的證明不做介紹，有興趣的讀者可以查看文獻 (Singh et al., 2000)。

2.6.3 Q-Learning：離線策略 TD 控制

Q-Learning 是一種離線策略方法，與 Saras 很類似，在深度學習應用中有很重要的作用，如深度 Q 網路（Deep Q-Networks）。如公式 (70) 所示，Q-Learning 和 Sarsa 主要的區別是，它的目標值現在不再依賴於所使用的策略，而只依賴於狀態-動作價值函數。

$$Q(S_t, A_t) \leftarrow Q(S_t, A_t) + \alpha[R_{t+1} + \gamma \max_a Q(S_{t+1}, a) - Q(S_t, A_t)] \tag{2.70}$$

在演算法 2.14 中，我們展示了如何用 Q-Learning 控制 TD。將 Q-Learning 變成 Sarsa 演算法也很容易，可以先以狀態和回報選擇動作為基礎，然後在更新步中將目標值改為估計的下一步動作價值。上面展示的是單步 Q-Learning，我們也可以把 Q-Learning 變成n步的版本。具體做法是將公式 (2.70) 裡的目標值加入未來的折扣後的回報。

演算法 2.14 Q-Learning（離線策略 TD 控制）

初始化所有的狀態-動作對的$Q(s,a)$及步進值$\alpha \in (0,1]$
for 每一個回合 **do**
  初始化S_0
  for 每一個在當前回合的S_t **do**
    使用以Q為基礎的策略來選擇A_t
    $R_{t+1}, S_{t+1} \leftarrow \mathrm{Env}(S_t, A_t)$
    $Q(S_t, A_t) \leftarrow Q(S_t, A_t) + \alpha[R_{t+1} + \gamma \max_a Q(S_{t+1}, a) - Q(S_t, A_t)]$
  end for
end for

Q-Learning 的收斂性條件和 Sarsa 演算法的很類似。除了對策略有的 GLIE 條件，Q-Learning 中Q 函數的收斂還對學習速率和有界獎勵值要求，這裡不再複述，具體的證明可以在文獻 (Szepesvari, 1998; Watkins et al., 1992) 中找到。

2.7 策略最佳化

2.7.1 簡介

在強化學習中，智慧體的最終目標是改進它的策略來獲得更好的獎勵。在最佳化範圍下的策略改進叫策略最佳化（圖 2.13）。對深度強化學習而言，策略和價值函數通常由深度神經網路中的變數來參數化，因此可以使用以梯度為基礎的最佳化方法。舉例來説，圖 2.14 展示了使用參數化策略的 MDP 的機率圖模型（Graphical Model），其中策略由變數θ參數化，在離散時間範圍$t = 0, \cdots, N-1$內。獎勵函數表示為$R_t = R(S_t, A_t)$，而動作表示為$A_t \sim \pi(\cdot \,|S_t;\theta)$。圖模型中變數的依賴關係可以幫助我們了解 MDP 估計中的潛在關係，而且可以有助我們在依賴關係圖中對最終目標求導而最佳化變數有幫助，因此我們將在本章展示所有的圖模型來幫助了解推導過程，尤其對那些可微分的過程。近來，文獻(Levine, 2018) 和文獻(Fu et al., 2018) 提出了一種「推斷式控制（Control as Inference）」的方法，這個方法在 MDP 的圖模型上增加了額外的表示最佳性（Optimality）的變數，從而將機率推斷或變分推斷（Variational Inference）的框架融合到有相同目標的最大熵強化學習（Maximum Entropy Reinforcement Learning）中。這個方法使得推斷類工具（Inference Tools）可以應用到強化學習的策略最佳化過程中。但是關於這些方法的具體細節超出了本書範圍。

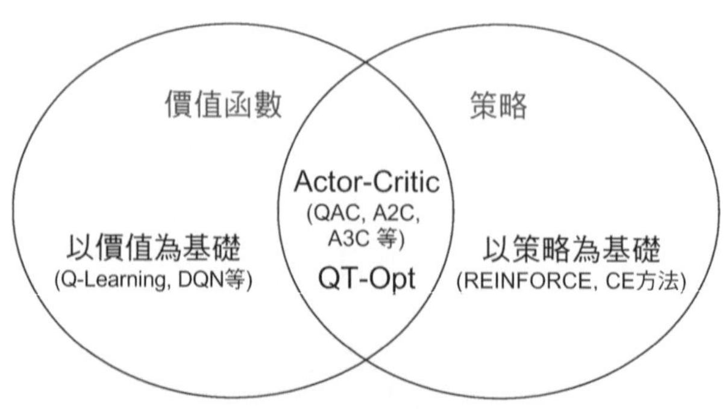

圖 2.13 強化學習中策略最佳化概覽

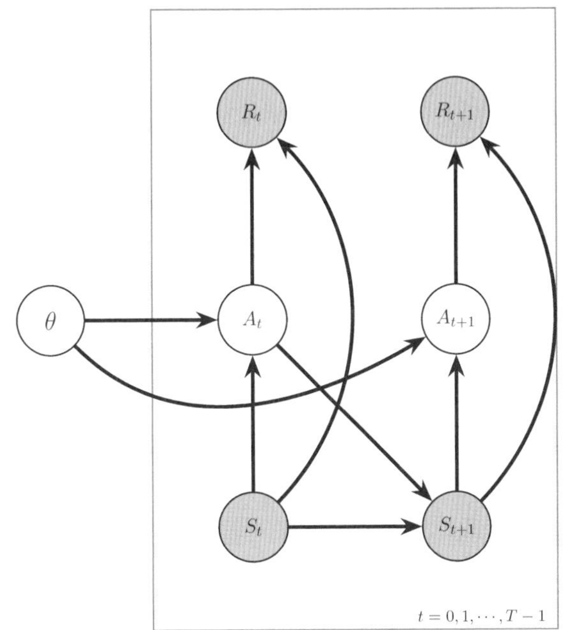

圖 2.14 使用參數化策略的 MDP 機率圖模型

除了一些線性方法，使用深度神經網路對價值函數參數化是一種實現**價值函數擬合**（Value Function Approximation）的方式，而這是現代深度強化學習領域中最普遍的方式，而在多數實際情況中，我們無法獲得真實的價值函數。圖 2.15 展示了使用參數化策略π_θ和參數化價值函數$V_w^\pi(S_t)$的 MDP 機率圖模型，它們的參數化過程分別使用了參數 θ和w。圖 2.16 展示了使用參數化策略π_θ和參數化 Q 值函數$Q_w^\pi(S_t, A_t)$的 MDP 機率圖模型。一般透過在強化學習術語中被稱為**策略梯度**（Policy Gradient）的方法改進參數化策略。然而，也有一些非以梯度為基礎的方法（Non-Gradient-Based Methods）可以最佳化不那麼複雜的參數化策略，比如交叉熵（Cross-Entropy，CE）方法等。

如圖 2.13 所示，策略最佳化演算法往往分為兩大類：（1）以價值為基礎的最佳化（Value-Based Optimiza- tion）方法，如 Q-Learning、DQN 等，透過最佳化動作價值函數（Action-Value Function）來獲得對動作選擇的偏好；（2）以策略為基礎的最佳化（Policy-Based Optimization）方法，如 REINFORCE、交叉熵演算法等，透過根據取樣的獎勵值來直接最佳化策略。這兩類的結合被人們(Kalashnikov et al., 2018; Peters et al., 2008; Sutton et al., 2000) 發現是一種更加有效的方式，而這組成了一種在無模型（Model-Free）強化學習中應用最廣的結構，稱為 Actor-Critic。Actor-Critic 方法透過對價值函數的最佳化來啟動策略改進。在這類結合型演算法中的典型包括 Actor-Critic 類別的方法和以其為基礎的其他演算法，後續有關於這些演算法的詳細介紹。

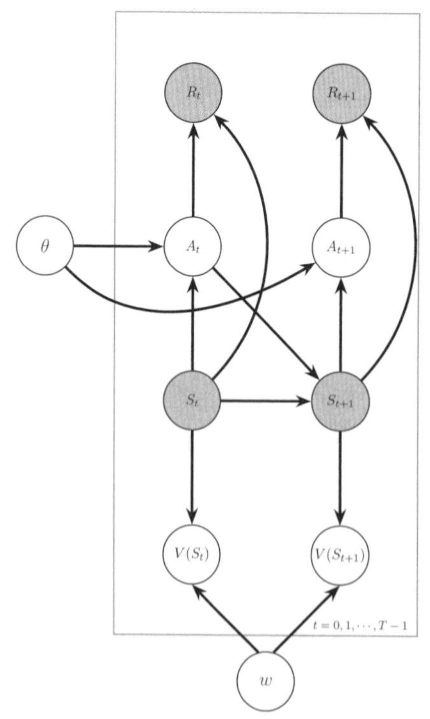

圖 2.15 使用參數化策略和參數化價值函數的 MDP 機率圖模型

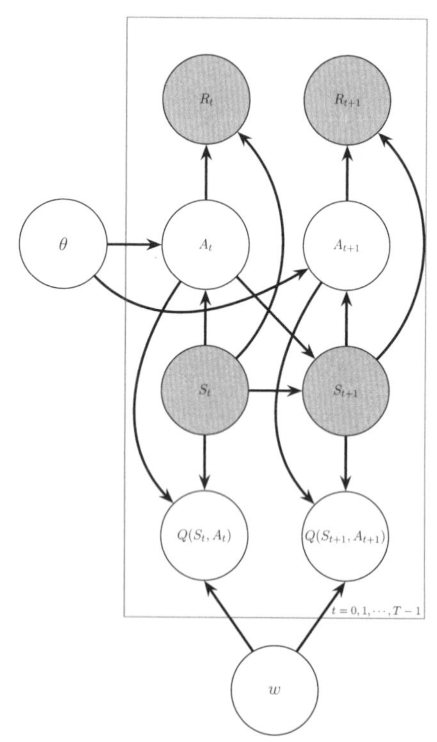

圖 2.16 使用參數化策略和參數化 Q 值函數的 MDP 機率圖模型

回顧強化學習梗概

線上價值函數（On-Policy Value Function），$v_\pi(s)$，列出以狀態s為起始並在後續過程始終遵循策略π的期望回報（Expected Return）：

$$v_\pi(s) = \mathbb{E}_{\tau\sim\pi}[R(\tau)|S_0 = s] \tag{2.71}$$

強化學習的最佳化問題可以被表述為

$$\pi_* = \underset{\pi}{\operatorname{argmax}} J(\pi) \tag{2.72}$$

最佳價值函數（Optimal Value Function），$v^*(s)$，列出以狀態s為起始並在後續過程始終遵循環境中最佳策略的期望回報：

$$v_*(s) = \max_\pi v_\pi(s) \tag{2.73}$$

$$v_*(s) = \max_\pi \mathbb{E}_{\tau\sim\pi}[R(\tau)|S_0 = s] \tag{2.74}$$

線上動作價值函數（On-Policy Action-Value Function），$q_\pi(s,a)$，列出以狀態s為起始並採取任意動作a（有可能不來自策略），而隨後始終遵循策略π的期望回報：

$$q_\pi(s,a) = \mathbb{E}_{\tau\sim\pi}[R(\tau)|S_0 = s, A_0 = a] \tag{2.75}$$

最佳動作價值函數（Optimal Action-Value Function），$q_*(s,a)$，列出以狀態s為起始並採取任意動作a，而隨後始終遵循環境中最佳策略的期望回報：

$$q_*(s,a) = \max_\pi q_\pi(s,a) \tag{2.76}$$

$$q_*(s,a) = \max_\pi \mathbb{E}_{\tau\sim\pi}[R(\tau)|S_0 = s, A_0 = a] \tag{2.77}$$

價值函數（Value Function）和**動作價值函數**（Action-Value Function）的關係：

$$v_\pi(s) = \mathbb{E}_{a\sim\pi}[q_\pi(s,a)] \tag{2.78}$$

$$v_*(s) = \max_a q_*(s,a) \tag{2.79}$$

最佳動作：

$$a_*(s) = \underset{a}{\operatorname{argmax}} q_*(s,a) \tag{2.80}$$

貝爾曼方程式:

對狀態價值和動作價值的貝爾曼方程式分別為：

$$v_\pi(s) = \mathbb{E}_{a\sim\pi(\cdot|s),s'\sim p(\cdot|s,a)}[R(s,a) + \gamma v_\pi(s')] \tag{2.81}$$

$$q_\pi(s,a) = \mathbb{E}_{s'\sim p(\cdot|s,a)}[R(s,a) + \gamma \mathbb{E}_{a'\sim\pi(\cdot|s')}[q_\pi(s',a')]] \tag{2.82}$$

貝爾曼最佳方程式：

對狀態價值和動作價值的貝爾曼最佳方程式分別為：

$$v_*(s) = \max_a \mathbb{E}_{s'\sim p(\cdot|s,a)}[R(s,a) + \gamma v_*(s')] \tag{2.83}$$

$$\boldsymbol{q_*(s,a) = \mathbb{E}_{s'\sim p(\cdot|s,a)}[R(s,a) + \gamma \max_{a'} q_*(s',a')]} \tag{2.84}$$

2.7.2 以價值為基礎的最佳化

以價值為基礎的最佳化（Value-Based Optimization）方法經常需要在（1）以當前策略為基礎的價值函數估計和（2）以所估計為基礎的價值函數進行策略最佳化這兩個過程之間交替。然而，估計一個複雜的價值函數並不容易，如圖 2.17 所示。

從之前小節中我們可以看到，Q-Learning 可以被用來解決強化學習中一些簡單的任務。然而，現實世界或即使準現實世界中的應用也都可能有更大和更複雜的狀態動作空間，而且實際應用中很多動作是連續的。比如，在圍棋遊戲中有約10^{170}個狀態。在這些情況下，Q-Learning 中的傳統查閱資料表（Lookup Table）方法因為每個狀態需要有一筆記錄（Entry）而每個狀態-動作對也需要一筆$Q(s,a)$記錄而使其可擴充性（Scalability）有待提升。實踐中，這個表中的值需要一個一個地更新。所以以表格（Tabular-Based）為基礎的 Q-Learning 對記憶體和運算資源的需求可能是巨大的。此外，在實踐中，狀態表徵（State Representations）通常也需要人為指定成相匹配的資料結構。

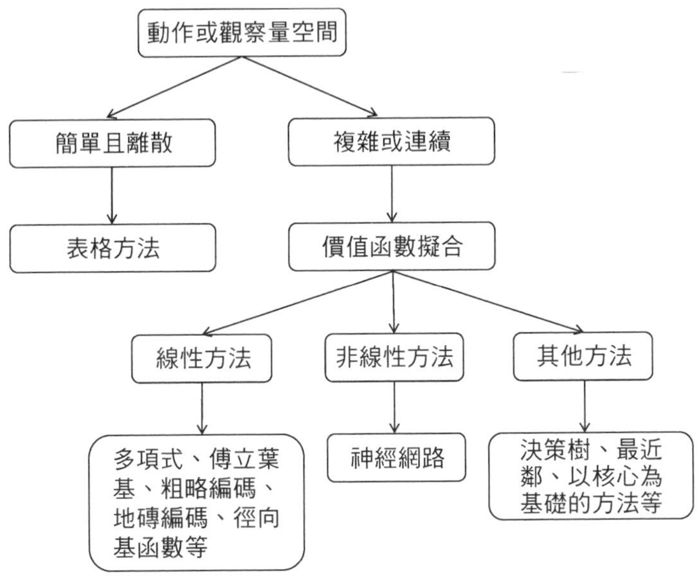

圖 2.17 求解價值函數的方法概覽

價值函數擬合

為了將以價值為基礎的強化學習應用到相對大規模的任務上，函數擬合器（Function Approximators）可用來應對上述限制條件（圖 2.18）。圖 2.18 複習了不同類型的價值函數擬合器。

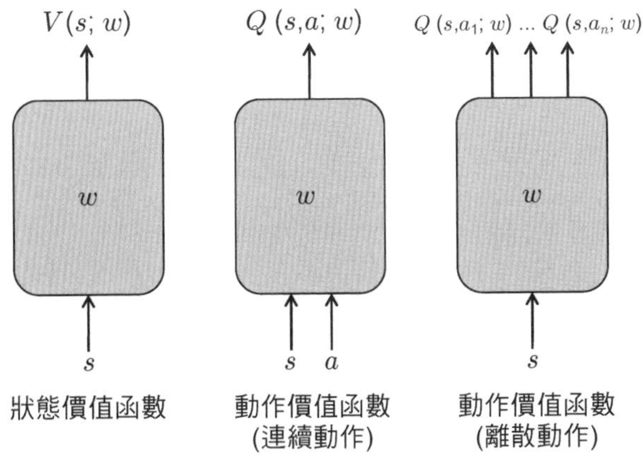

圖 2.18 不同的價值函數擬合方式。內含參數w的灰色方框是函數擬合器

- **線性方法**（Linear Methods）：擬合函數是權重$\boldsymbol{\theta}$和特徵實數向量$\boldsymbol{\phi}(s) = (\phi_1(s), \phi_2(s)), \cdots, \phi_n(s))^{\mathrm{T}}$的線性組合，其中$s$是狀態。擬合函數表示為$v(s,\boldsymbol{\theta}) = \boldsymbol{\theta}^{\mathrm{T}}\boldsymbol{\phi}(s)$。TD($\lambda$)方法因使用線性函數擬合器而被證明在一定條件下可以收斂 (Tsitsiklis et al., 1997)。儘管線性方法的收斂性保證很誘人，但實際上在使用該方法時特徵選取或特徵表示$\boldsymbol{\phi}(s)$有一定難度。以下是線性方法中建構特徵的不同方式：
  - **多項式**（Polynomials）：基本的多項式族（Polynomial Families）可以用作函數擬合的特徵向量（Feature Vectors）。假設每一個狀態$\mathbf{s} = (S_1, S_2, \cdots, S_d)^{\mathrm{T}}$是一個$d$維向量，那麼我們有一個$d$維的多項式基（Polynomial Basis）$\phi_i(\mathbf{s}) = \prod_{j=1}^{d} S_j^{c_{i,j}}$，其中每個$c_{i,j}$是集合$\{0,1,\cdots,N\}$中的整數。這組成秩（Order）為$N$的多項式基和$(N+1)^d$個不同的函數。
  - **傅立葉基**（Fourier Basis）：傅立葉轉換（Fourier Transformation）經常用於表示在時間域或頻率域的序列訊號。有$N+1$個函數的一維秩為N的傅立葉餘弦（Cosine）基為$\phi_i(s) = \cos(i\pi s)$，其中$s \in [0,1]$且$i = 0,1,\cdots,N$。
  - **粗略編碼**（Coarse Coding）：狀態空間可以從高維縮減到低維，例如用一個區域覆蓋決定過程（Determination Process）來進行二值化表示（Binary Representation），這被稱為粗略編碼。
  - **瓦式編碼**（Tile Coding）：在粗略編碼中，瓦式編碼對於多維連續空間是一種高效的特徵表示法。瓦式編碼中特徵的感知域（Receptive Field）被指定成輸入空間的不同分割（Partitions）。每一個分割稱為一個瓦面（Tilling），而分割中的每一個元素稱為一個圖磚（Tile）。許多具有重疊感知域的瓦面往往被結合使用，以得到實際的特徵向量。
  - **徑向基函數**（Radial Basis Functions，RBF）：徑向基函數自然地泛化了粗略編碼，粗略編碼是二值化的，而徑向基函數可用於[0,1]內

的連續值特徵。典型的 RBF 是以高斯函數（Gaussian）的形式 $\phi_i(s) = \exp(-\frac{\|s-c_i\|^2}{2\sigma_i^2})$，其中 s 是狀態，c_i 是特徵的原型（Prototypical）或核心狀態（Center State），而 σ_i 是特徵寬度（Feature Width）。

- 非線性方法（Non-Linear Methods）：
  - **類神經網路**（Artificial Neural Networks）：不同於以上的函數擬合方法，類神經網路被廣泛用作非線性函數擬合器，它被證明在一定條件下有普遍的擬合能力（Universal Approximation Ability）(Leshno et al., 1993)。以深度學習技術為基礎，類神經網路組成了現代以函數擬合為基礎的深度強化學習方法的主體。一個典型的例子是 DQN 演算法，使用類神經網路來對 Q 值進行擬合。

- 其他方法：
  - **決策樹**（Decision Trees）：決策樹(Pyeatt et al., 2001)可以用來表示狀態空間，透過使用決策節點（Decision Nodes）對其分割。這組成了一種重要的狀態特徵表示方法。
  - **最近鄰**（Nearest Neighbor）方法：它測量了當前狀態和記憶體中之前狀態的差異，並用記憶體中最接近狀態的值來近似當前狀態的值。

使用價值函數擬合的好處不僅包括可以擴充到大規模任務，以及便於在連續狀態空間中進行從所見狀態到未見過狀態的泛化，而且可以減少或緩解人為設計特徵來表示狀態的需要。對於無模型方法，擬合器的參數 w 可以用蒙地卡羅（Monte-Carlo，MC）或時間差分（Temporal Difference，TD）學習來更新，可以對批次樣本進行參數更新而非像以表格為基礎的方法一樣一個一個更新。這使得處理大規模問題時有較高的計算效率。對以模型為基礎的方法，參數可以用動態規劃（Dynamic Programming，DP）來更新。關於 MC、TD 和 DP 的細節在之前已經有所介紹。

可能的函數擬合器包括特徵的線性組合、神經網路、決策樹和最近鄰方法等。神經網路因其很好的可擴充性和對多樣函數的綜合能力而成為深度強化學習方法中最實用的擬合方法。神經網路是一個可微分方法，因而可以以梯度進行最佳化為基礎，這提供了在凸（Convex）函數情況下收斂到最佳的保證。然而，實踐中，它可能需要極大量的資料來訓練，而且可能造成其他困難。

將深度學習問題擴充到強化學習帶來了額外的挑戰，包括非獨立同分佈（Not Independently and Identically Distributed）的資料。絕大多數監督學習方法建立在這樣一個假設之上，即訓練資料是從一個穩定的獨立同分佈 (Schmidhuber, 2015) 中取樣得到的。然而，強化學習中的訓練資料通常包括高度相關的樣本，它們是在智慧體和環境互動中順序得到的，而這違反了監督學習中的獨立性條件。更糟的是，強化學習中的訓練資料分佈通常是不穩定的，因為價值函數經常根據當前策略來估計，或至少受當前策略對狀態的存取頻率影響，而策略是隨訓練一直在更新的。智慧體透過對在狀態空間探索不同部分來學習。所有這些情況違反了樣本資料來自同分佈的條件。

在強化學習中使用價值函數擬合對表徵方式也有一些實際要求，而如果沒有適當地考慮到這些實際要求，將可能導致發散的情況的發生(Achiam et al., 2019)。具體來說，不穩定性和發散帶來的危險在以下三個條件同時發生時就會產生：（1）在一個轉移分佈（Distribution of Transitions）上訓練，而這個分佈不滿足由一個過程自然產生且這個過程的期望值被估計（比如在離線學習中）的條件；（2）可擴充的函數擬合，比如，線性半梯度（Semi-Gradient）；（3）自舉（Bootstrapping），比如 DP 和 TD 學習。這三個主要屬性只有在它們被結合時會導致學習的發散，而這被稱為**死亡三件套**（the Deadly Triad）(Van Hasselt et al., 2018)。在使用函數擬合的方式不足夠公正的情況下，以價值為基礎的方法使用函數擬合時可能會有過估計或欠估計（Over-/Under-Estimation）的問題。舉例來說，原始 DQN 有 Q 值過估計（Over-Estimation）的問題 (Van Hasselt et al., 2016)，這在實踐中會導致略差的學習表現，而 Double/Dueling DQN 技術被提出來緩解這個問題。整體來說，使用策略梯度的以策略為基礎的方法相比以價值為基礎的方法有更好的收斂性保證。

2.7.3 以梯度為基礎的價值函數擬合

考慮參數化的價值函數$V^\pi(s) = V^\pi(s;w)$或$Q^\pi(s,a) = Q^\pi(s,a;w)$，我們可以以不同為基礎的估計方法得到對應的更新規則。最佳化目標被設定為估計函數$V^\pi(s;w)$（或$Q^\pi(s,a;w)$)和真實價值函數$v_\pi(s)$（或$q_\pi(s,a)$）間的均方誤差（Mean-Squared Error，MSE）：

$$J(w) = \mathbb{E}_\pi[(V^\pi(s;w) - v_\pi(s))^2] \tag{2.85}$$

或

$$J(w) = \mathbb{E}_\pi[(Q^\pi(s,a;w) - q_\pi(s,a))^2] \tag{2.86}$$

因此，用隨機梯度下降（Stochastic Gradient Descent）法所得到的梯度為

$$\Delta w = \alpha(V^\pi(s;w) - v_\pi(s))\nabla_w V^\pi(s;w) \tag{2.87}$$

或

$$\Delta w = \alpha(Q^\pi(s,a;w) - q_\pi(s,a))\nabla_w Q^\pi(s,a;w) \tag{2.88}$$

其中梯度對批次中的每一個樣本進行計算，而權重以一種隨機的方式進行更新。上述等式中的目標價值函數v_π或q_π通常是被估計的，有時使用一個目標網路（DQN 中）或一個最大化運算元（Q-Learning 中）等。我們在這裡展示價值函數的一些基本估計方式。

對 **MC** 估計，目標值是用取樣的回報G_t估計的。因此，價值函數參數的更新梯度為

$$\Delta w_t = \alpha(V^\pi(S_t;w_t) - G_t)\nabla_{w_t} V^\pi(S_t;w_t) \tag{2.89}$$

或

$$\Delta w_t = \alpha(Q^\pi(S_t,A_t;w_t) - G_{t+1})\nabla_{w_t} Q^\pi(S_t,A_t;w_t) \tag{2.90}$$

對 **TD(0)**，根據式 (84) 表示的貝爾曼最佳方程式，目標值是時間差分的目標函數$R_t + \gamma V_\pi(S_{t+1}; w_t)$，因此：

$$\Delta w_t = \alpha(V^\pi(S_t; w_t) - (R_t + \gamma V_\pi(S_{t+1}; w_t)))\nabla_{w_t} V^\pi(S_t; w_t) \quad (2.91)$$

或

$$\Delta w_t = \alpha(Q^\pi(S_t, A_t; w_t) - (R_{t+1} + \gamma Q_\pi(S_{t+1}, A_{t+1}; w_t))\nabla_{w_t} Q^\pi(S_t, A_t; w_t)) \quad (2.92)$$

對 **TD(λ)**，目標值是λ-回報即G_t^λ，因此更新規則是

$$\Delta w_t = \alpha(V^\pi(S_t; w_t) - G_t^\lambda)\nabla_{w_t} V^\pi(S_t; w_t) \quad (2.93)$$

或

$$\Delta w_t = \alpha(Q^\pi(S_t, A_t; w_t) - G_t^\lambda)\nabla_{w_t} Q^\pi(S_t, A_t; w_t) \quad (2.94)$$

不同的估計方式對偏差和方差有不同的偏重，這在之前的小節中已經有所介紹，比如 MC 和 TD 估計方法等。

例子：深度 Q 網路

深度 Q 網路（DQN）是以價值最佳化為基礎的典型例子之一。它使用一個深度神經網路來對 Q-Learning 中的 Q 值函數進行擬合，並維護一個經驗重播快取（Experience Replay Buffer）來儲存智慧體-環境互動中的轉移樣本。DQN 也使用了一個目標網路Q^{T}，而它由原網路Q的參數備份來參數化，並且以一種延遲更新的方式，來穩定學習過程，也即緩解深度學習中非獨立同分佈資料的問題。它使用如式 (88) 中的 MSE 損失，以及用貪婪的擬合函數$r + \gamma \max_{a'} Q^{\mathrm{T}}(s', a')$替代真實價值函數$q_\pi$。

經驗重播快取為學習提供了穩定性，因為從快取中取樣到的隨機批次樣本可以緩解非獨立同分佈的資料問題。這使得策略更新成為一種離線的（Off-Policy）方式，由於當前策略和快取中來自先前策略的樣本間的差異。

2.7.4 以策略為基礎的最佳化

在開始介紹以策略為基礎的最佳化（Policy-Based Optimization）之前，我們首先介紹在強化學習中常見的一些策略。如之前小節中所介紹，強化學習中的策略可以被分為確定性（Deterministic）和隨機性（Stochastic）策略。在深度強化學習中，我們使用神經網路來表示這兩類策略，稱為**參數化策略**（Parameterized Policies）。具體來說，這裡的參數化指抽象的策略用神經網路（包括單層感知機）參數來，而非其他參量來表示。使用神經網路參數θ，確定性和隨機性策略可以分別寫作$A_t = \mu_\theta(S_t)$和$A_t \sim \pi_\theta(\cdot|S_t)$。

在深度強化學習領域，有一些常見的具體分佈用來表示隨機性策略中的動作分佈：伯努利分佈（Bernoulli Distribution），類別分佈（Categorical Distribution）和對角高斯分佈（Diagonal Gaussian Distribution）。伯努利和類別分佈可以用於離散動作空間，如二值的（Binary）或多類別的（Multi-Category），而對角高斯分佈可以用於連續動作空間。

一個以θ為參數的單變數$x \in \{0,1\}$的伯努利分佈為$P(s;\theta) = \theta^x(1-\theta)^{(1-x)}$。因而它可以被用於表示二值化的動作，可以是單維，也可以是多維（對一個向量中含多個變數的情況應用），它可以用作**二值化動作策略**（Binary-Action Policy）。

類別型策略（Categorical Policy）使用類別分佈作為它的輸出，因而可以用於離散且有限的動作空間，它將策略視為一個分類器（Classifier），以狀態為條件（Conditioned on A State）而輸出在有限動作空間中每個動作的機率，比如$\pi(a|s) = \mathbf{P}[A_t = a|S_t = s]$。所有機率和為 1，因此，當將類別型策略參數化時，最後輸出層（Output Layer）常用 Softmax 啟動函數。這裡我們具體使用$\mathbf{P}[\cdot\,|\,\cdot]$矩陣表示有限動作空間的情況，來替代機率函數$p(\cdot\,|\,\cdot)$。智慧體可以根據類別分佈取樣選擇一個動作。實踐中，這種情況下的動作通常可以編碼為一個獨熱編碼向量（One-Hot Vector）$\mathbf{a}_i = (0,0,\cdots,1,\cdots,0)$，這個向量跟動作空間有相同的維度，從而$\mathbf{a}_i \odot \mathbf{p}(\cdot\,|s)$ 列

出$p(\mathbf{a}_i|s)$，其中⊙是一個一個元素的乘積（Element-Wise Product）運算元，而$\mathbf{p}(\cdot\,|s)$是指定狀態s時的矩陣中的向量（行或列，依狀態動作順序而定），而這通常也是歸一化後類別型策略的輸出層。**耿貝爾-Softmax 函數技巧**（Gumbel-Softmax Trick）可以在實踐中參數化類別型策略後用來保持類別分佈取樣過程的可微性。在沒有使用其他技巧的情況下，有取樣過程或像類操作的隨機性節點往往是不可微的（Non-Differentiable），從而在對參數化策略使用以梯度為基礎的最佳化（在隨後小節中介紹）時可能是有問題的。

耿貝爾-Softmax 函數技巧（Gumbel-Softmax Trick）：首先，耿貝爾-最大化技巧（Gumbel-Max Trick）允許我們從類別分佈π中取樣

$$\mathbf{z} = \text{one\_hot}[_i(z_i + \log\pi_i)] \tag{2.95}$$

其中 "one_hot" 是一個將純量轉換成獨熱編碼向量的操作。然而，如上所述，操作通常是不可微的。因此，在耿貝爾-Softmax 函數技巧中，一個 Softmax 操作被用來對耿貝爾-最大化技巧中的進行連續性近似：

$$a_i = \frac{\exp((\log\pi_i + g_i)/\tau)}{\sum_j \exp((\log\pi_j + g_j)/\tau}, \forall i = 0, \cdots, k \tag{2.96}$$

其中k是欲求變數$\boldsymbol{a}$（強化學習策略的動作選擇）的維度，而g_i是取樣自耿貝爾分佈（Gumbel Distribution）的耿貝爾（Gumbel）變數。耿貝爾(0,1)分佈可以用逆變換（Inverse Transform）取樣實現，透過取樣均勻分佈$u \sim \text{Uniform}(0,1)$並計算$g = -\log(-\log(u))$得到。

對角高斯策略（Diagonal Gaussian Policy）輸出一個對角高斯分佈的平均值和方差用於連續動作空間。一個普通的多變數高斯分佈包括一個平均值向量$\boldsymbol{\mu}$和一個協方差（Covariance）矩陣$\boldsymbol{\Sigma}$，而對角高斯分佈是其特殊情況，即協方差矩陣只有對角元非零，因此我們可以用一個向量$\boldsymbol{\sigma}$來表示它。當使用對角高斯分佈來表示機率性動作時，它移除了不同動作維度間的協相關性。一個策略被參數化時，如下所示的**再參數化**（Reparametrization）技巧（與 Kingma et al. (2014) 提出的變分自動編碼

器中類似）可以被用來從平均值和方差向量表示的高斯分佈中取樣，同時保持操作的可微性。

再參數化技巧：從對角高斯分佈中取樣動作$a \sim \mathcal{N}(\boldsymbol{\mu}_\theta, \boldsymbol{\sigma}_\theta)$，該分佈的平均值和方差向量為$\boldsymbol{\mu}_\theta$和$\boldsymbol{\sigma}_\theta$（參數化的），而這可以透過從正態分佈中取樣一個隱藏向量$\mathbf{z} \sim \mathcal{N}(0, \mathbf{I})$來得到動作：

$$a = \boldsymbol{\mu}_\theta + \boldsymbol{\sigma}_\theta \odot \mathbf{z} \tag{2.97}$$

其中$\odot$是兩個相同形狀向量的一個元素乘積。

深度強化學習中的常用策略如圖 2.19 所示，便於讀者了解。

深度強化學習中的常用策略	確定性策略	二值化動作策略
		類別型策略
	隨機性策略	高斯分佈
		其他：自回歸策略等

圖 2.21 深度強化學習中的不同策略類型

以策略為基礎的最佳化（Policy-Based Optimization）方法在強化學習情景下直接最佳化智慧體的策略而不估計或學習動作價值函數。取樣得到的獎勵值通常用於改進動作選擇的最佳化過程，而最佳化過程可以使用以梯度或無梯度（Gradient-Free）為基礎的方法。其中，以梯度為基礎的方法通常採用策略梯度（Policy Gradient），它在某種程度上代表了連續動作強化學習最受歡迎的一類演算法，受益於對高維情況的可擴充性。典型的以梯度最佳化方法包括 REINFORCE 等為基礎。無梯度方法對策略搜索中相對簡單的情況通常有更快的學習過程，無須有複雜計算的求導過程。典型的無梯度類方法包括交叉熵（Cross-Entropy，CE）方法等。

回想我們在強化學習中智慧體的目標是從期望或估計的角度去最大化從一個狀態開始的累計折扣獎勵（Cumulative Discounted Reward），可以將其表示為

$$J(\pi) = \mathbb{E}_{\tau \sim \pi}[R(\tau)] \tag{2.98}$$

其中$R(\tau) = \sum_{t=0}^{T} \gamma^t R_t$是有限步（適用於多數情形）的折扣期望獎勵，而$\tau$是取樣的軌跡。

以策略為基礎的最佳化方法將根據以上目標函數$J(\pi)$透過以梯度為基礎的或無梯度的方法，來最佳化策略π。我們將首先介紹以梯度為基礎的方法，並列出一個 REINFORCE 法的例子，隨後介紹無梯度的演算法和 CE 方法的例子。

2.7.5 以梯度為基礎的最佳化

以梯度為基礎的最佳化方法是使用在期望回報（整體獎勵）上的梯度估計來進行梯度下降（或上升），以改進策略，而這個期望回報是從取樣軌跡中得到的。這裡我們把關於策略參數的梯度叫作**策略梯度**（Policy Gradient），具體表達 式如下：

$$\Delta\theta = \alpha \nabla_\theta J(\pi_\theta) \tag{2.99}$$

其中θ表示策略參數，而α是學習率。以策略參數為基礎的梯度計算方法叫作策略梯度法。文獻 (Sutton et al., 2000) 和文獻 (Silver et al., 2014) 提出的**策略梯度定理**（Policy Gradient Theorem）及其證明將在下面介紹。

註：式 (99) 中參數θ的表示方法實際上是不合適的，根據本書預設的格式，它應當是$\boldsymbol{\theta}$從而表示向量。然而，這裡我們使用基本的θ格式身為可以在使用模型參數時替代的$\boldsymbol{\theta}$的方式，而這種簡單的寫法也在文獻中常見。一種考慮這種寫法合理性的方式是：參數的梯度可以對每個參數分別得到，而每個參數均可單獨表示為θ，只要方程式對所有參數相同，它就可以用θ來表示所有參數。本書的其餘章節將遵循以上宣告。

定理 2.2 策略梯度定理

$$\nabla_\theta J(\pi_\theta) = \mathbb{E}_{\tau\sim\pi_\theta}\left[\sum_{t=0}^{T} \nabla_\theta(\log\pi_\theta(A_t|S_t))Q^{\pi_\theta}(S_t, A_t)\right] \tag{2.100}$$

$$= \mathbb{E}_{S_t\sim\rho^\pi, A_t\sim\pi_\theta}[\nabla_\theta(\log\pi_\theta(A_t|S_t))Q^{\pi_\theta}(S_t, A_t)] \tag{2.101}$$

其中第二項需定義折扣狀態分佈（Discounted State Distribution）$\rho^{\pi}(s'):=\int_{\mathcal{S}}\sum_{t=0}^{\mathrm{T}}\gamma^{t-1}\ \rho_0(s)\ p(s'|s,t,\pi)\mathrm{d}s$，而$p(s'|s,t,\pi)$是在策略$\pi$下第$t$個時間步從$s$到$s'$的轉移機率（Transition Probability），參見文獻(Silver et al., 2014)。

策略梯度定理對隨機性策略和確定性策略都適用。它起初由 Sutton 等人 (Sutton et al., 2000) 擴充到確定性策略。對確定性的情況，儘管確定性策略梯度（Deterministic Policy Gradient，DPG）定理（後續介紹）與上述策略梯度定理看起來不同，實際上可以證明確定性策略梯度只是隨機性策略梯度（Stochastic Policy Gradient，SPG）的一種特殊（極限）情況。若用一個確定性策略 $\mu_{\theta}:\mathcal{S}\rightarrow\mathcal{A}$ 和一個方差參數σ來參數化隨機性策略$\pi_{\mu_{\theta},\sigma}$，則有$\sigma=0$時隨機性策略等於確定性策略，即 $\pi_{\mu_{\theta},0}\equiv\mu$。

(1) 隨機性策略梯度

首先我們對隨機性策略證明策略梯度定理，因而被稱為隨機性策略梯度方法。為了簡便，在本小節中，我們假設有限 MDP 下的部分式（Episodic）設定，每個軌跡長度固定為$T+1$。考慮一個參數化的隨機性策略$\pi_{\theta}(a|s)$，對以$\rho_0(S_0)$為初始狀態分佈的 MDP 過程，有軌跡的機率為$p(\tau|\pi)=\rho_0(S_0)\prod_{t=0}^{\mathrm{T}}p(S_{t+1}|S_t,A_t)\pi(A_t|S_t)$，因而可以得到以參數化策略$\pi_{\theta}$為基礎的軌跡機率的對數（Logarithm）為

$$\log p(\tau|\theta)=\log\rho_0(S_0)+\sum_{t=0}^{\mathrm{T}}(\log p(S_{t+1}|S_t,A_t)+\log\pi_{\theta}(A_t|S_t)). \qquad (2.102)$$

我們也需要**對數-導數技巧**（Log-Derivative Trick）：$\nabla_{\theta}p(\tau|\theta)=p(\tau|\theta)\nabla_{\theta}\log p(\tau|\theta)$得到軌跡機率對數（Log-Probability）的導數為

$$\nabla_{\theta}\log p(\tau|\theta)=\nabla_{\theta}\log\rho_0(S_0)+\sum_{t=0}^{\mathrm{T}}(\nabla_{\theta}\log p(S_{t+1}|S_t,A_t)+\nabla_{\theta}\log\pi_{\theta}(A_t|S_t)) \qquad (2.103)$$

$$=\sum_{t=0}^{\mathrm{T}}\nabla_{\theta}\log\pi_{\theta}(A_t|S_t). \qquad (2.104)$$

其中包含$\rho_0(S_0)$和$p(S_{t+1}|S_t,A_t)$的項被移除，因為它們不依賴於參數θ，儘管是未知的。

回想之前介紹過，學習目標是最大化期望累計獎勵（Expected Cumulative Reward）：

$$J(\pi_\theta) = \mathbb{E}_{\tau\sim\pi_\theta}[R(\tau)] = \mathbb{E}_{\tau\sim\pi_\theta}\left[\sum_{t=0}^{\mathrm{T}} R_t\right] = \sum_{t=0}^{\mathrm{T}} \mathbb{E}_{\tau\sim\pi_\theta}[R_t], \qquad (105)$$

其中$\tau = (S_0, A_0, R_0, \cdots, S_T, A_T, R_T, S_{T+1})$且$R(\tau) = \sum_{t=0}^{\mathrm{T}} R_t$。我們可以直接在策略參數$\theta$上進行梯度上升來逐漸改進策略$\pi_\theta$的表現。

注意R_t只依賴τ_t，其中$\tau_t = (S_0, A_0, R_0, \cdots, S_t, A_t, R_t, S_{t+1})$。

$$\nabla_\theta \mathbb{E}_{\tau\sim\pi_\theta}[R_t] = \nabla_\theta \int_{\tau_t} R_t p(\tau_t|\theta)\mathrm{d}\tau_t \qquad \text{展開期望} \qquad (2.106)$$

$$= \int_{\tau_t} R_t \nabla_\theta p(\tau_t|\theta)\mathrm{d}\tau_t \qquad \text{對換梯度和積分} \qquad (2.107)$$

$$= \int_{\tau_t} R_t p(\tau_t|\theta)\nabla_\theta \mathrm{log}p(\tau_t|\theta)\mathrm{d}\tau_t \qquad \text{對數-導數技巧} \qquad (2.108)$$

$$= \mathbb{E}_{\tau\sim\pi_\theta}[R_t \nabla_\theta \mathrm{log}p(\tau_t|\theta)] \qquad \text{回歸期望形式} \qquad (2.109)$$

上面第三個等式是根據之前介紹的對數-導數技巧得到的。

將上面式子代入到$J(\pi_\theta)$，

$$\nabla_\theta J(\pi_\theta) = \mathbb{E}_{\tau\sim\pi_\theta}\left[\sum_{t=0}^{\mathrm{T}} R_t \nabla_\theta \mathrm{log}p(\tau_t|\theta)\right].$$

現在我們需要計算$\nabla_\theta \mathrm{log}p_\theta(\tau_t)$，其中$p_\theta(\tau_t)$依賴於策略$\pi_\theta$和模型$p(R_t, S_{t+1}|S_t, A_t)$的真實值，而該模型對智慧體是不可用的。幸運的是，為了使用策略梯度方法，我們只需要$\mathrm{log}p_\theta(\tau_t)$的梯度而非它本身的值，而這可以簡單地用$\tau_t = \tau_{0:t}$替換式 (104) 中的$\tau = \tau_{0:T}$而得到 下式：

$$\nabla_\theta \mathrm{log}p(\tau_t|\theta) = \sum_{t'=0}^{t} \nabla_\theta \mathrm{log}\pi_\theta(A_{t'}|S_{t'}). \qquad (2.110)$$

從而

$$\nabla_\theta J(\pi_\theta) = \mathbb{E}_{\tau\sim\pi_\theta}\left[\sum_{t=0}^{\mathrm{T}} R_t \nabla_\theta \sum_{t'=0}^{t} \log\pi_\theta(A_{t'} | S_{t'})\right]$$

$$= \mathbb{E}_{\tau\sim\pi_\theta}\left[\sum_{t'=0}^{\mathrm{T}} \nabla_\theta \log\pi_\theta(A_{t'} | S_{t'}) \sum_{t=t'}^{\mathrm{T}} R_t\right]. \quad (2.111)$$

這裡最後一個等式是加法重排（Rearranging the Summation）。

注意，我們在以上推導過程中使用了加法和期望之間的置換，以及期望和加法與求導之間的置換（都是合理的），如下：

$$\nabla_\theta J(\pi_\theta) = \nabla_\theta \mathbb{E}_{\tau\sim\pi_\theta}[R(\tau)] = \nabla_\theta \mathbb{E}_{\tau\sim\pi_\theta}\left[\sum_{t=0}^{\mathrm{T}} R_t\right] = \sum_{t=0}^{\mathrm{T}} \nabla_\theta \mathbb{E}_{\tau\sim\pi_\theta}[R_t] \quad (2.112)$$

其最終在式 (2.106) 中對長度為$t+1$的部分軌跡τ_t進行積分。然而，也有其他方式來對整個軌跡的累計獎勵取期望：

$$\nabla_\theta J(\pi_\theta) = \nabla_\theta \mathbb{E}_{\tau\sim\pi_\theta} R(\tau) \quad (2.113)$$

$$= \nabla_\theta \int_\tau p(\tau|\theta) R(\tau) \quad \text{展開期望} \quad (2.114)$$

$$= \int_\tau \nabla_\theta p(\tau|\theta) R(\tau) \quad \text{對換梯度和積分} \quad (2.115)$$

$$= \int_\tau p(\tau|\theta) \nabla_\theta \log p(\tau|\theta) R(\tau) \quad \text{對數-導數技巧} \quad (2.116)$$

$$= \mathbb{E}_{\tau\sim\pi_\theta}[\nabla_\theta \log p(\tau|\theta) R(\tau)] \quad \text{回歸期望形式} \quad (2.117)$$

$$\Rightarrow \nabla_\theta J(\pi_\theta) = \mathbb{E}_{\tau\sim\pi_\theta}\left[\sum_{t=0}^{\mathrm{T}} \nabla_\theta \log\pi_\theta(A_t|S_t) R(\tau)\right] \quad (2.118)$$

$$= \mathbb{E}_{\tau\sim\pi_\theta}\left[\sum_{t=0}^{\mathrm{T}} \nabla_\theta \log\pi_\theta(A_t|S_t) \sum_{t\prime=0}^{\mathrm{T}} R_{t\prime}\right] \tag{2.119}$$

仔細的讀者可能注意到式 (2.119) 的第二個結果與式 (2.111) 的第一個結果有一些差別。具體來說，累計獎勵的時間範圍是不同的。第一個結果只使用了動作A_t之後的累計未來獎勵 $\sum_{t=t\prime}^{\mathrm{T}} R_t$ 來評估動作，而第二個結果使用整個軌跡上的累計獎勵 $\sum_{t=0}^{\mathrm{T}} R_t$ 來評估該軌跡上的每個動作A_t，包括選擇那個動作之前的獎勵。直覺上，一個動作不應該用這個動作執行以前的獎勵值來估計，而這也得到數學上的證明，即這個動作之前的獎勵對最終期望梯度只有零影響。因此可以在推導策略梯度的過程中直接丟掉那些過去的獎勵值來得到式(2.111)，而這被稱為「將得到的獎勵（Reward-to-Go）」策略梯度。這裡我們不列出兩種策略梯度公式等值性的嚴格證明，感興趣的讀者可以參考相關資料。這裡的兩種匯出方式也可以作為兩個結果等值性的論證。

上述公式中的 ∇ 稱 "nabla"，它是一個物理和數學領域具有三重意義的運算元（梯度、散度、和旋度），依據它做操作的物件而定。而在電腦領域，這個 "nabla" 運算元 ∇ 通常用作偏微分（Partial Derivative），其對緊接的物件中顯性（Explicitly）包含的變數進行求導，而這個變數寫在運算元腳標的位置。由於上式中的$R(\tau)$不顯性包含θ，因此∇_θ不作用於$R(\tau)$，儘管τ可以隱式（Implicitly）依賴於θ（根據 MDP 的圖模型）。我們也注意到式 (2.119) 的期望可以用取樣平均值來估計。如果我們收集一個軌跡的集合 $\mathcal{D} = \{\tau_i\}_{i=1,\cdots,N}$，而其中的軌跡是透過使智慧體以策略$\pi_\theta$在環境中做出動作來得到的，那麼策略梯度可以用以下方式估計：

$$\hat{g} = \frac{1}{|\mathcal{D}|}\sum_{\tau\in\mathcal{D}} \sum_{t=0}^{\mathrm{T}} \nabla_\theta \log\pi_\theta(A_t|S_t)R(\tau), \tag{2.120}$$

EGLP（Expected Grad-Log-Prob）引理在策略梯度最佳化中經常用到，所以我們在這裡介紹它。

EGLP 引理：假設p_θ是隨機變數x的參數化的機率分佈，那麼有

$$\mathbb{E}_{x\sim p_\theta}[\nabla_\theta \log P_\theta(x)] = 0. \tag{2.121}$$

證明: 由於所有機率分佈都是歸一化的：

$$\int_x p_\theta(x) = 1. \tag{2.122}$$

對上面歸一化條件兩邊取梯度：

$$\nabla_\theta \int_x p_\theta(x) = \nabla_\theta 1 = 0. \tag{2.123}$$

使用對數-導數技巧得到：

$$0 = \nabla_\theta \int_x p_\theta(x) \tag{2.124}$$

$$= \int_x \nabla_\theta p_\theta(x) \tag{2.125}$$

$$= \int_x p_\theta(x) \nabla_\theta \log p_\theta(x) \tag{2.126}$$

$$\therefore 0 = \mathbb{E}_{x\sim p_\theta}[\nabla_\theta \log p_\theta(x)]. \tag{2.127}$$

從 EGLP 引理我們可以直接得出：

$$\mathbb{E}_{A_t\sim \pi_\theta}[\nabla_\theta \log \pi_\theta(A_t|S_t) b(S_t)] = 0. \tag{2.128}$$

其中$b(S_t)$稱為基準（Baseline），而它是獨立於用於求期望值的未來軌跡的。基準可以是任何一個隻依賴當前狀態的函數，而不影響最佳化公式中的總期望值。

上面公式中的最佳化目標最終為

$$\nabla_\theta J(\pi_\theta) = \mathbb{E}_{\tau\sim \pi_\theta}\left[\sum_{t=0}^{T} \nabla_\theta \log \pi_\theta(A_t|S_t) R(\tau)\right] \tag{2.129}$$

我們也可以更改整個軌跡的獎勵$R(\tau)$為在t時間步後將得到的獎勵G_t：

$$\nabla_\theta J(\pi_\theta) = \mathbb{E}_{\tau\sim\pi_\theta}\left[\sum_{t=0}^{\mathrm{T}} \nabla_\theta \log\pi_\theta(A_t|S_t)G_t\right] \tag{2.130}$$

透過以上 EGLP 引理，期望回報可以被推廣為

$$\nabla_\theta J(\pi_\theta) = \mathbb{E}_{\tau\sim\pi_\theta}\left[\sum_{t=0}^{\mathrm{T}} \nabla_\theta \log\pi_\theta(A_t|S_t)\Phi_t\right] \tag{2.131}$$

其中$\Phi_t = \sum_{t'=t}^{\mathrm{T}} (R(S_{t'}, a_{t'}, S_{t'+1}) - b(S_t))$。

為了便於實際使用，Φ_t可以變成以下形式：

$$\Phi_t = Q^{\pi_\theta}(S_t, A_t) \tag{2.132}$$

或

$$\Phi_t = A^{\pi_\theta}(S_t, A_t) = Q^{\pi_\theta}(S_t, A_t) - V^{\pi_\theta}(S_t) \tag{2.133}$$

而它們都可以證明等於期望內的原始形式，只是在實際中有不同的方差。這些證明需要重複期望規則（the Law of Iterated Expectations）：對兩個隨機變數（離散或連續）有$\mathbb{E}[X] = \mathbb{E}[\mathbb{E}[X|Y]]$。而這個式子很容易證明。剩餘的證明如下：

$$\nabla_\theta J(\pi_\theta) = \mathbb{E}_{\tau\sim\pi_\theta}\left[\sum_{t=0}^{\mathrm{T}} \nabla_\theta \log\pi_\theta(A_t|S_t)R(\tau)\right] \tag{2.134}$$

$$= \sum_{t=0}^{\mathrm{T}} \mathbb{E}_{\tau\sim\pi_\theta}[\nabla_\theta \log\pi_\theta(A_t|S_t)R(\tau)] \tag{2.135}$$

$$= \sum_{t=0}^{\mathrm{T}} \mathbb{E}_{\tau_{:t}\sim\pi_\theta}[\mathbb{E}_{\tau_{t:}\sim\pi_\theta}[\nabla_\theta \log\pi_\theta(A_t|S_t)R(\tau)|\tau_{:t}]] \tag{2.136}$$

$$= \sum_{t=0}^{\mathrm{T}} \mathbb{E}_{\tau_{:t}\sim\pi_\theta}[\nabla_\theta \log\pi_\theta(A_t|S_t)\mathbb{E}_{\tau_{t:}\sim\pi_\theta}[R(\tau)|\tau_{:t}]] \tag{2.137}$$

$$= \sum_{t=0}^{T} \mathbb{E}_{\tau_{:t} \sim \pi_\theta}[\nabla_\theta \log\pi_\theta(A_t|S_t)\mathbb{E}_{\tau_{t:} \sim \pi_\theta}[R(\tau)|S_t, A_t]] \tag{2.138}$$

$$= \sum_{t=0}^{T} \mathbb{E}_{\tau_{:t} \sim \pi_\theta}[\nabla_\theta (\log\pi_\theta(A_t|S_t))Q^{\pi_\theta}(S_t, A_t)] \tag{2.139}$$

其中 $\mathbb{E}_\tau[\cdot] = \mathbb{E}_{\tau_{:t}}[\mathbb{E}_{\tau_{t:}}[\cdot\,|\tau_{:t}]]$ 且 $\tau_{:t} = (S_0, A_0, \cdots, S_t, A_t)$ 和 $Q^{\pi_\theta}(S_t, A_t) = \mathbb{E}_{\tau_{t:} \sim \pi_\theta}[R(\tau)|\ S_t, A_t]$。

所以，文獻中有常見的形式：

$$\nabla_\theta J(\pi_\theta) = \mathbb{E}_{\tau \sim \pi_\theta}\left[\sum_{t=0}^{T} \nabla_\theta (\log\pi_\theta(A_t|S_t))Q^{\pi_\theta}(S_t, A_t)\right] \tag{2.140}$$

或

$$\nabla_\theta J(\pi_\theta) = \mathbb{E}_{\tau \sim \pi_\theta}\left[\sum_{t=0}^{T} \nabla_\theta (\log\pi_\theta(A_t|S_t))A^{\pi_\theta}(S_t, A_t)\right] \tag{2.141}$$

換句話說，它等於改變最佳化目標為 $J(\pi_\theta) = \mathbb{E}_{\tau \sim \pi}[Q^{\pi_\theta}(S_t, A_t)]$ 或 $J(\pi_\theta) = \mathbb{E}_{\tau \sim \pi}[A^{\pi_\theta}(S_t,\ A_t)]$ 來替換原始形式 $\mathbb{E}_{\tau \sim \pi}[R(\tau)]$。對最佳化策略來說，實踐中常用 $A^{\pi_\theta}(S_t, A_t)$ 來估計 TD-誤差（TD Error）。

根據是否使用環境模型，強化學習演算法可以被分為無模型（Model-Free）和以模型為基礎的（Model-Based）兩類。對於無模型強化學習，單純以梯度為基礎的最佳化演算法可以追溯至 REINFORCE 演算法，或稱策略梯度演算法。而以模型為基礎的強化學習演算法一類，也有一些以策略為基礎的演算法，比如使用貫穿時間的反向傳播（Backpropagation Through Time，BPTT）來根據一個部分內的獎勵去更新策略。

例子：REINFORCE 演算法

REINFORCE 是一個使用式 (2.131) 的隨機性策略梯度方法的演算法，其中 $\Phi_t = Q^\pi(S_t, A_t)$，而在 REINFORCE 中，它通常用軌跡上取樣的獎勵值

$G_t = \sum_{t'=t}^{\infty} R_{t'}$（或折扣版本$G_t = \sum_{t'=t}^{\infty} \gamma^{t'-t} R_{t'}$）來估計。更新策略的梯度為

$$g = \mathbb{E}\left[\sum_{t=0}^{\infty} \sum_{t'=t}^{\infty} R_{t'} \nabla_\theta \log\pi_\theta(A_t|S_t)\right] \tag{2.142}$$

(2) 確定性策略梯度

以上介紹的屬於隨機性策略梯度（Stochastic Policy Gradient, SPG），它用於最佳化隨機性策略$\pi(a|s)$，即用一個以當前狀態為基礎的機率分佈來表示動作的情況。與隨機性策略相對的是確定性策略，其中$a = \pi(s)$是一個確定性動作而非機率分佈。我們可以用類似於 SPG 的方法得到 DPG，且它在數值上（身為極限情況）遵循策略梯度定理，儘管有不同的顯性表示。

註：在本小節後續部分，我們使用$\mu(s)$代替之前定義的$\pi(s)$來表示確定性策略，從而消除它與隨機性策略$\pi(a|s)$間的問題。

對於 DGP 的更嚴格和廣泛的定義，我們參考由文獻(Silver et al., 2014)提出的確定性策略梯度定理，即式(2.151)。在此之前，我們將逐步介紹確定性策略梯度定理並證明它，先用一種線上策略的方式而後用離線策略的方式，同時我們也將詳細討論 DPG 和 SPG 間的關係。

首先，我們定義確定性策略的表現目標，與隨機性策略梯度求解過程中的期望折扣獎勵採用同樣的定義：

$$J(\mu) = \mathbb{E}_{S_t \sim \rho^\mu, A_t=\mu(S_t)}\left[\sum_{t=1}^{\infty} \gamma^{t-1} R(S_t, A_t)\right] \tag{2.143}$$

$$= \int_{\mathcal{S}} \int_{\mathcal{S}} \sum_{t=1}^{\infty} \gamma^{t-1} \rho_0(s) p(s'|s,t,\mu) R(s', \mu(s'))] \mathrm{d}s\mathrm{d}s' \tag{2.144}$$

$$= \int_{\mathcal{S}} \rho^\mu(s) R(s, \mu(s)) \mathrm{d}s \tag{2.145}$$

其中$p(s'|s,t,\mu)=p(S_{t+1}|S_t,A_t)p^{\mu}(A_t|S_t)$，第一個機率是轉移機率，而第二個是動作選擇機率。由於它是確定性策略，我們有$p^{\mu}(A_t|S_t)=1$，因而$p(s'|s,t,\mu)=p(S_{t+1}|S_t,\mu(S_t))$。此外，上式中的狀態分佈是$\rho^{\mu}(s'):=\int_{\mathcal{S}}\sum_{t=1}^{\infty}\gamma^{t-1}\rho_0(s)p(s'|s,t,\mu)\mathrm{d}s$。

由於式子$V^{\mu}(s)=\mathbb{E}[\sum_{t=1}^{\infty}\gamma^{t-1}R(S_t,A_t)|S_1=s;\mu]=\int_{\mathcal{S}}\sum_{t=1}^{\infty}\gamma^{t-1}p(s'|s,t,\mu)R(s',\mu(s')]\mathrm{d}s'$在除使用確定性策略這一點外遵循與隨機性策略梯度中相同的定義，我們可以得出

$$J(\mu)=\int_{\mathcal{S}}\rho_0(s)V^{\mu}(s)\mathrm{d}s \tag{2.146}$$

$$=\int_{\mathcal{S}}\int_{\mathcal{S}}\sum_{t=1}^{\infty}\gamma^{t-1}\rho_0(s)p(s'|s,t,\mu)R(s',\mu(s')]\mathrm{d}s\mathrm{d}s' \tag{2.147}$$

這與上面直接用折扣獎勵的形式得到的表示式是等值的。這裡的關係也對隨機性策略梯度適用，只是將確定性策略$\mu(s)$替換成隨機性策略$\pi(a|s)$即可。對於確定性策略，我們有$V^{\mu}(s)=Q^{\mu}(s,\mu(s))$，因為狀態價值對於隨機性策略是關於動作分佈的期望，而對於確定性策略沒有動作分佈而只有單一動作值。因此我們也有對於確定性策略的以下表示：

$$J(\mu)=\int_{\mathcal{S}}\rho_0(s)V^{\mu}(s)\mathrm{d}s \tag{2.148}$$

$$=\int_{\mathcal{S}}\rho_0(s)Q^{\mu}(s,\mu(s))\mathrm{d}s \tag{2.149}$$

關於表現目標的不同形式和幾個條件將被用來證明 DPG 定理。我們在這裡列出這些條件以下而不列出詳細的推導過程，相關內容請參考文獻 (Silver et al., 2014)。

- **C.1 連續導數的存在性：**

  $p(s'|s,a),\nabla_a p(s'|s,a),\mu_\theta(s),\nabla_\theta\mu_\theta(s),R(s,a),\nabla_a R(s,a),\rho_0(s)$ 對所有參數和變數s,a,s'和x連續。

- **C.2 有界性條件：**
  存在a,b和L使得$\sup_s \rho_0(s) < b, \sup_{a,s,s'} p(s'|s,a) < b, \sup_{a,s} R(s,a) < b, \sup_{a,s,s'} \parallel \nabla_a p(s'|s,a) \parallel < L, \sup_{a,s} \parallel \nabla_a R(s,a) \parallel < L$。

確定性策略梯度定理：假設 MDP 滿足條件 C.1，即連續的$\nabla_\theta \mu_\theta(s), \nabla_a Q^\mu(s,a)$和確定性策略梯度的存在性，那麼

$$\nabla_\theta J(\mu_\theta) = \int_S \rho^\mu(s) \nabla_\theta \mu_\theta(s) \nabla_a Q^\mu(s,a)|_{a=\mu_\theta(s)} \mathrm{d}s \tag{2.150}$$

$$= \mathbb{E}_{s \sim \rho^\mu}[\nabla_\theta \mu_\theta(s) \nabla_a Q^\mu(s,a)|_{a=\mu_\theta(s)}] \tag{2.151}$$

證明：確定性策略梯度定理的證明基本遵循與文獻(Sutton et al., 2000) 的標準隨機性策略梯度定理一樣的步驟。首先，為了方便在後續證明中交換導數和積分，以及積分的順序，我們需要使用兩個引理，它們是微積分裡的基本數學公式，如下：

引理 **2.3** 萊布尼茨積分法則（**Leibniz Integral Rule**）：$f(x,t)$是一個使得$f(x,t)$及其偏導數$f'_x(x,t)$在(x,t)-平面的部分區域上對t和x連續的函數，包括$a(x) \le t \le b(x), x_0 \le x \le x_1$。同時假設函數$a(x)$和$b(x)$都是連續的且在$x_0 \le x \le x_1$上有連續導數。那麼，對於$x_0 \le x \le x_1$，

$$\frac{\mathrm{d}}{\mathrm{d}x} \int_{a(x)}^{b(x)} f(x,t) \mathrm{d}t = f(x, b(x)) \cdot \frac{\mathrm{d}}{\mathrm{d}x} b(x) - f(x, a(x)) \cdot \frac{\mathrm{d}}{\mathrm{d}x} a(x) + \int_{a(x)}^{b(x)} \frac{\partial}{\partial x} f(x,t) \mathrm{d}t \tag{2.152}$$

引理 **2.4** 富比尼定理（**Fubini's Theorem**）：假設$\mathcal{X}$和$\mathcal{Y}$是σ-有限測度空間（σ-Finite Measure Space），並且假設$\mathcal{X} \times \mathcal{Y}$由積測度（Product Measure）列出（由於$\mathcal{X}$和$\mathcal{Y}$是σ-有限的，這個測度是唯一的）。富比尼定理宣告：如果f是$\mathcal{X} \times \mathcal{Y}$可積的，那麼$f$是一個可測函數（Measurable Function）且有

$$\int_{\mathcal{X} \times \mathcal{Y}} |f(x,y)| \mathrm{d}(x,y) < \infty \tag{2.153}$$

那麼

$$\int_{\mathcal{X}} \left(\int_{\mathcal{Y}} f(x,y) \mathrm{d}y\right) \mathrm{d}x = \int_{\mathcal{Y}} \left(\int_{\mathcal{X}} f(x,y) \mathrm{d}x\right) \mathrm{d}y = \int_{\mathcal{X} \times \mathcal{Y}} f(x,y) \mathrm{d}(x,y) \tag{2.154}$$

為了滿足以上兩個引理，我們需要 C.1 所提供的充分條件作為萊布尼茨積分法則的要求，即$V^{\mu_\theta}(s)$和$\nabla_\theta V^{\mu_\theta}(s)$是$\theta$和$s$的連續函數。我們也遵循狀態空間$\mathcal{S}$緊致性（Compactness）的假設，如富比尼定理所要求，即對於任何θ，$\| \nabla_\theta V^{\mu_\theta}(s) \|$，$\| \nabla_a Q^{\mu_\theta}(s,a) \quad |_{a=\mu_\theta(s)} \|$和$\| \nabla_\theta \mu_\theta(s) \|$是 s 的有界（Bounded）函數，而這在 C.2 中提供。有了以上條件，我們可以得到以下推導：

$$
\begin{aligned}
\nabla_\theta V^{\mu_\theta}(s) &= \nabla_\theta Q^{\mu_\theta}(s,\mu_\theta(s)) \\
&= \nabla_\theta \Big(R(s,\mu_\theta(s)) + \int_{\mathcal{S}} \gamma p(s'|s,\mu_\theta(s)) V^{\mu_\theta}(s') \mathrm{d}s'\Big) \\
&= \nabla_\theta \mu_\theta(s) \nabla_a R(s,a)|_{a=\mu_\theta(s)} + \nabla_\theta \int_{\mathcal{S}} \gamma p(s'|s,\mu_\theta(s)) V^{\mu_\theta}(s') \mathrm{d}s' \\
&= \nabla_\theta \mu_\theta(s) \nabla_a R(s,a)|_{a=\mu_\theta(s)} + \int_{\mathcal{S}} \gamma \big(p(s'|s,\mu_\theta(s)) \nabla_\theta V^{\mu_\theta}(s') \\
&\quad + \nabla_\theta \mu_\theta(s) \nabla_a p(s'|s,a) V^{\mu_\theta}(s')\big) \mathrm{d}s' \\
&= \nabla_\theta \mu_\theta(s) \nabla_a \Big(R(s,a) + \int_{\mathcal{S}} \gamma p(s'|s,a) V^{\mu_\theta}(s') \mathrm{d}s'\Big)\Big|_{a=\mu_\theta(s)} \\
&\quad + \int_{\mathcal{S}} \gamma p(s'|s,\mu_\theta(s)) \nabla_\theta V^{\mu_\theta}(s') \mathrm{d}s' \\
&= \nabla_\theta \mu_\theta(s) \nabla_a Q^{\mu_\theta}(s,a)|_{a=\mu_\theta(s)} + \int_{\mathcal{S}} \gamma p(s'|s,\mu_\theta(s)) \nabla_\theta V^{\mu_\theta}(s') \mathrm{d}s'
\end{aligned} \tag{2.155}
$$

在上面的推導中，萊布尼茨積分法則被用於交換求導和積分的順序，這要求滿足$p(s'|s,a)$，$\mu_\theta(s)$，$V^{\mu_\theta}(s)$和它們的導數對θ的連續性條件。現在我們用$\nabla_\theta V^{\mu_\theta}(s)$對以上公式進行迭代，得到：

$$
\begin{aligned}
\nabla_\theta V^{\mu_\theta}(s) &= \nabla_\theta \mu_\theta(s) \nabla_a Q^{\mu_\theta}(s,a)|_{a=\mu_\theta(s)} \\
&\quad + \int_{\mathcal{S}} \gamma p(s'|s,\mu_\theta(s)) \nabla_\theta \mu_\theta(s') \nabla_a Q^{\mu_\theta}(s',a)|_{a=\mu_\theta(s')} \mathrm{d}s' \\
&\quad + \int_{\mathcal{S}} \gamma p(s'|s,\mu_\theta(s)) \int_{\mathcal{S}} \gamma p(s''|s',\mu_\theta(s')) \nabla_\theta V^{\mu_\theta}(s'') \mathrm{d}s'' \mathrm{d}s' \\
&= \nabla_\theta \mu_\theta(s) \nabla_a Q^{\mu_\theta}(s,a)|_{a=\mu_\theta(s)} \\
&\quad + \int_{\mathcal{S}} \gamma p(s \to s', 1, \mu_\theta(s)) \nabla_\theta \mu_\theta(s') \nabla_a Q^{\mu_\theta}(s',a)|_{a=\mu_\theta(s')} \mathrm{d}s' \\
&\quad + \int_{\mathcal{S}} \gamma^2 p(s \to s', 2, \mu_\theta(s)) \nabla_\theta \mu_\theta(s') \nabla_a Q^{\mu_\theta}(s',a)|_{a=\mu_\theta(s')} \mathrm{d}s' \\
&\quad + \cdots \\
&= \int_{\mathcal{S}} \sum_{t=0}^{\infty} \gamma^t p(s \to s', t, \mu_\theta(s)) \nabla_\theta \mu_\theta(s') \nabla_a Q^{\mu_\theta}(s',a)|_{a=\mu_\theta(s')} \mathrm{d}s'
\end{aligned} \tag{2.156}
$$

其中，我們使用富比尼定理來交換積分順序，而這要求$\| \nabla_\theta V^{\mu_\theta}(s) \|$的有界性條件。上述積分中包含一種特殊情況，對$s' = s$有$p(s \to s', 0, \mu_\theta(s)) = 1$而對其他$s'$為 0。現在我們對修改過的性能目標即期望價值函數進行求導：

$$
\begin{aligned}
\nabla_\theta J(\mu_\theta) &= \nabla_\theta \int_{\mathcal{S}} \rho_0(s) V^{\mu_\theta}(s) \mathrm{d}s \\
&= \int_{\mathcal{S}} \rho_0(s) \nabla_\theta V^{\mu_\theta}(s) \mathrm{d}s \\
&= \int_{\mathcal{S}} \int_{\mathcal{S}} \sum_{t=0}^{\infty} \gamma^t \rho_0(s) p(s \to s', t, \mu_\theta(s)) \nabla_\theta \mu_\theta(s') \nabla_a Q^{\mu_\theta}(s', a)|_{a=\mu_\theta(s')} \mathrm{d}s' \mathrm{d}s \\
&= \int_{\mathcal{S}} \rho^{\mu_\theta}(s) \nabla_\theta \mu_\theta(s) \nabla_a Q^{\mu_\theta}(s, a)|_{a=\mu_\theta(s)} \mathrm{d}s \qquad (2.157)
\end{aligned}
$$

其中我們使用萊布尼茨積分法則來交換求導和積分順序，需要滿足$\rho_0(s)$和$V^{\mu_\theta}(s)$及其導數對θ連續的條件，同樣由富比尼定理交換積分順序，需要滿足被積函數（Integrand）的有界性條件。證畢。

離線策略確定性策略梯度

除了上面線上策略版本的確定性策略梯度（DPG）推導，我們也可以用離線策略的方式來匯出 DPG，使用上面的 DPG 定理和γ-折扣狀態分佈$\rho^\mu(s') := \int_{\mathcal{S}} \sum_{t=1}^{\infty} \gamma^{t-1} p(s) p\ (s'|s, t, \mu) \mathrm{d}s$。離線策略確定性策略梯度用行為策略（Behaviour Policy，即使用經驗重播池時的先前策略）的樣本來估計當前策略，而這個策略可能跟當前策略不同。在離線策略的設定下，由一個獨特的行為策略$\beta(s) \neq \mu_\theta(s)$所擷取軌跡來對梯度進行估計，對應的狀態分佈為$\rho^\beta(s)$，這不依賴於策略參數$\theta$。在離線策略情況下，性能目標被修改為目標策略的價值函數在行為策略的狀態分佈上的平均$J_\beta(\mu_\theta) = \int_{\mathcal{S}} \rho^\beta(s) V^\mu(s) \mathrm{d}s = \int_{\mathcal{S}} \rho^\beta(s) Q^\mu(s, \mu_\theta(s)) \mathrm{d}s$，而原始的目標遵循式 (2.149)，即$J(\mu_\theta) = \int_{\mathcal{S}} \rho_0(s) V^\mu(s) \mathrm{d}s$。注意，這裡是我們在匯出離線策略確定性策略梯度中進行的第一個近似，即$J(\mu_\theta) \approx J_\beta(u_\theta)$，而我們將在後面有另外一個近似。我們可以直接對修改過的目標取微分如下：

$$
\begin{aligned}
\nabla_\theta J_\beta(\mu_\theta) &= \int_{\mathcal{S}} \rho^\beta(s) (\nabla_\theta \mu_\theta(s) \nabla_a Q^{\mu_\theta}(s, a) + \nabla_\theta Q^{\mu_\theta}(s, a))|_{a=\mu(s)} \mathrm{d}s \\
&\approx \int_{\mathcal{S}} \rho^\beta(s) \nabla_\theta \mu_\theta(s) \nabla_a Q^{\mu_\theta}(s, a) \mathrm{d}s
\end{aligned}
$$

$$= \mathbb{E}_{s\sim\rho^{\beta}}[\nabla_{\theta}\mu_{\theta}(s)\nabla_{a}Q^{\mu_{\theta}}(s,a)|_{a=\mu(s)}] \tag{2.158}$$

上面式子中的約等於（Approximately Equivalent）符號 "≈" 表示了線上策略 DPG 和離線策略 DPG 的不同。上式中的依賴關係需要小心處理。因為$\rho^{\beta}(s)$是獨立於θ的，關於θ的導數可以進入積分中，並且在$\rho^{\beta}(s)$上沒有導數。$Q^{\mu_{\theta}}(s,\mu_{\theta}(a))$實際上以兩種方式依賴於$\theta$（其運算式中有兩個$\mu_{\theta}$）：（1）它依賴於確定性策略$\mu_{\theta}$以當前狀態$s$所決定為基礎的動作$a$，而（2）對 Q 值的線上策略估計也依賴於策略$\mu_{\theta}$來在未來狀態下選擇的動作，如在$Q^{\mu_{\theta}}(s,a) = R(s,a) + \int_{\mathcal{S}} \gamma p(s'|s,a)V^{\mu_{\theta}}(s')\mathrm{d}s'$ 中所示，所以這個求導需要分別進行。然而，第一個式中的第二項$\nabla_{\theta}Q^{\mu_{\theta}}(s,a)|_{a=\mu(s)}$在近似中由於對其估計的困難而被丟掉了，這在離線策略梯度中有類似的對應操作(Degris et al., 2012) [1] [2]。

隨機性策略梯度和確定性策略梯度的關係

如式 (2.140) 所示，隨機性策略梯度與前文策略梯度定理中公式有相同的形式，而式 (2.151) 中的確定性策略梯度看起來卻有不一致的形式。然而，可以證明對於相當廣泛的隨機策略，DPG 是一個 SPG 的特殊（極限）情況。在這種情況下，DPG 也在一定條件下滿足策略梯度定理。為了實現這一點，我們透過一個確定性策略$\mu_{\theta}: \mathcal{S} \to \mathcal{A}$和一個方差參數$\sigma$來參數化隨機性策略$\pi_{\mu_{\theta},\sigma}$，從而對$\sigma = 0$有隨機性策略等於確定性策略，即$\pi_{\mu_{\theta},0} \equiv \mu$。為了定義 SPG 和 DPG 之間的關係，有一個額外的條件需要滿足，這是一個定義正常 Delta-近似（Regular Delta-Approximation）的複合條件。

- **C.3 正常 Delta-近似：** 由σ參數化的函數v_{σ}被稱為一個$\mathcal{R} \subseteq \mathcal{A}$上的正常

---

[1] 關於這個操作的細節和相關論斷可以參考原文。

[2] 論文 *SILVER D, LEVER G, HEESS N, et al. 2014. Deterministic policy gradient algorithms[C]*.中式（15）在近似操作後的Q項上丟掉了∇_a，這裡我們對其勘誤。

Delta-近似，如果滿足條件：（1）對於$a' \in \mathcal{R}$和適當平滑的f，v_σ收斂到一個 Delta 分佈$\lim_{\sigma\downarrow 0}\int_{\mathcal{A}} v_\sigma(a',a)f(a)\mathrm{d}a = f(a')$；（2）$v_\sigma(a',\cdot)$在緊致而有利普希茨（Lipschitz）邊界的$\mathcal{C}_{a'} \subseteq \mathcal{A}$上得到支撐，而在邊界上消失（Vanish）並且在$\mathcal{C}_{a'}$上連續可微；（3）梯度$\nabla_{a'}v_\sigma(a',a)$總是存在；（4）轉移不變性：對任何$a \in \mathcal{A}, a' \in \mathcal{R}, a+\delta \in \mathcal{A}, a'+\delta \in \mathcal{A}$，有$v(a',a) = v(a'+\delta, a+\delta)$。

定理 2.4 確定性策略梯度作為隨機性策略梯度的極限：考慮一個隨機性策略$\pi_{\mu_\theta,\sigma}$使得$\pi_{\mu_\theta,\sigma}(a|s) = v_\sigma(\mu_\theta(s),a)$，其中$\sigma$是一個控制方差的參數且$v_\sigma(\mu_\theta(s),a)$滿足 C.3，又有 MDP 滿足 C.1 和 C.2，那麼有，

$$\lim_{\sigma\downarrow 0}\nabla_\theta J(\pi_{\mu_\theta,\sigma}) = \nabla_\theta J(\mu_\theta) \tag{2.159}$$

這表示 DPG 的梯度（等號右邊）是標準 SPG（等號左邊）的極限情況。

以上關係的證明超出了本書的範圍，我們在這裡不做討論。細節參考原文 (Silver et al., 2014)。

確定性策略梯度應用和變形

一種最著名的 DPG 演算法是深度確定性策略梯度（Deep Deterministic Policy Gradient，DDPG），它是 DPG 的深度學習變形。DDPG 結合了 DQN 和 Actor-Critic 演算法來使用確定性策略梯度並透過一種深度學習的方式更新策略。行動者（Actor）和批判者（Critic）各自有一個目標網路（Target Network）來便於高樣本效率（Sample-Efficient）地學習，但是眾所皆知，這個演算法可能使用起來有一定挑戰性，由於它在實踐中往往很脆弱而對超參數敏感(Duan et al., 2016)。關於 DDPG 演算法的細節和實現在後續章節有詳細介紹。

從以上可以看到，策略梯度可以用至少兩種方式估計：SPG 和 DPG，依賴於具體策略類型。實際上，它們使用了兩種不同的估計器，用變分推斷（Variational Inference，VI）的術語來説，SPG 是得分函數（Score Function）估計器，而 DPG 是路徑導數（Pathwise Derivative）估計器。

再參數化技巧使得來自價值函數的策略梯度可以用於隨機性策略，這被稱為**隨機價值梯度**（Stochastic Value Gradients，SVG）(Heess et al., 2015)。在 SVG 演算法中，一個λ值通常用於 SVG(λ)，以表示貝爾曼遞迴被展開了多少步。舉例來説，SVG(0)和 SVG(1)表示貝爾曼遞迴分別被展開 0 和 1 步，而 SVG(∞)表示貝爾曼遞迴被沿著有限範圍的整個部分軌跡展開。SVG(0)是一個無模型方法，它的動作價值是用當前策略估計的，因此價值梯度被反向傳播到策略中；而 SVG(1)是一個以模型為基礎的方法，它使用一個學得的轉移模型來估計下一個狀態的值，如論文(Heess et al.,2015)中所述。

一個非常簡單但有用的再參數化技巧（Reparameterization Trick）的例子是將一個條件高斯機率密度$p(y|x) = \mathcal{N}(\mu(x), \sigma^2(x))$寫作函數$y(x) = \mu(x) + \sigma(x)\epsilon, \epsilon \sim \mathcal{N}(0,1)$。因而我們可以按程式生成樣本，先取樣$\epsilon$再以一種確定性的方式得到$y$，這使得對隨機性策略的取樣過程進行梯度追蹤。實際上根據同樣的過程也可以得到從動作價值函數到策略間的反向傳播梯度。為了像 DPG 那樣透過價值函數來得到隨機性策略的梯度，SVG 使用了這個再參數化技巧，並且對隨機雜訊取了額外的期望值。柔性 Actor-Critic（Soft Actor-Critic, SAC）和原始 SVG(Heess et al., 2015)演算法都遵循這個程式，從而可以使用隨機性策略進行連續控制。

比如，在 SAC 中，隨機性策略被一個平均值和一個方差，以及一個從正態分佈（Normal Distribution）中取樣的雜訊項再參數化。SAC 中的最佳化目標有一個額外的熵相關項：

$$\pi^* = \underset{\pi}{\operatorname{argmax}} \mathbb{E}_{\tau \sim \pi}\left[\sum_{t=0}^{\infty} \gamma^t \left(R(S_t, A_t, S_{t+1}) + \alpha H(\pi(\cdot\,|S_t))\right)\right] \tag{2.160}$$

因此，價值函數和 Q 值函數間的關係變為

$$V^\pi(s) = \mathbb{E}_{a\sim\pi}[Q^\pi(s,a)] + \alpha H(\pi(\cdot\,|s)) \tag{2.161}$$

$$= \mathbb{E}_{a\sim\pi}[Q^\pi(s,a) - \alpha \log\pi(a|s)] \tag{2.162}$$

SAC 中使用的策略是一個 Tanh 歸一化高斯分佈，這與傳統設定不同。SAC 中的動作表示可以使用以下再參數化技巧：

$$a_\theta(s,\epsilon) = \tanh(\mu_\theta(s) + \sigma_\theta(s)\cdot\epsilon), \epsilon \sim \mathcal{N}(0,I) \tag{2.163}$$

由於 SAC 中策略的隨機性，策略梯度可以在最大化期望價值函數時使用再參數化技巧得到，即：

$$\max_\theta \mathbb{E}_{a\sim\pi_\theta}[Q^{\pi_\theta}(s,a) - \alpha\log\pi_\theta(a|s)] \tag{2.164}$$

$$= \max_\theta \mathbb{E}_{\epsilon\sim\mathcal{N}}[Q^{\pi_\theta}(s,a(s,\epsilon)) - \alpha\log\pi_\theta(a(s,\epsilon)|s)] \tag{2.165}$$

因而，梯度可以經過 Q 網路到策略網路，與 DPG 類似，即：

$$\nabla_\theta \frac{1}{|\mathcal{B}|}\sum_{S_t\in\mathcal{B}} (Q^{\pi_\theta}(S_t,a(S_t,\epsilon)) - \alpha\log\pi_\theta(a(S_t,\epsilon)|S_t)) \tag{2.166}$$

其使用一個取樣批$\mathcal{B}$來更新策略，而$a(S_t,\epsilon)$透過再參數化技巧來從隨機性策略中取樣。在這種情況下，再參數化技巧使得隨機性策略能夠以一種類似於 DPG 的方式來更新，而所得到的 SVG 是介於 DPG 和 SPG 之間的方法。DPG 也可以被看作 SVG(0)的一種確定性極限（Deterministic Limit）。

無梯度最佳化

除了以梯度（Gradient-Based）為基礎的最佳化方法來實現以策略（Policy-Based）為基礎的學習，也有非以梯度（Non-Gradient-Based）方法為基礎，也稱無梯度（Gradient-Gree）最佳化方法，包括交叉熵（Cross-Entropy，CE）方法、協方差矩陣自我調整（Covariance Matrix Adaptation，CMA）（Hill Climbing）、爬山法（Hill Climbing），Simplex / Amoeba / Nelder-Mead 演算法(Nelder et al., 1965) 等。

例子：交叉熵方法

除了對策略使用以梯度為基礎的最佳化，CE 方法身為非以梯度為基礎的方法，在強化學習中也常用於快速的策略搜索。在 CE 方法中，策略是迭代更新的，對參數化策略π_θ的參數θ的最佳化目標為

$$\theta^* = S(\theta) \tag{2.167}$$

其中$S(\theta)$是整體目標函數，對於這裡的情況，它可以是折扣期望回報（Discounted Expected Return）。

CE 方法中的策略可以被參數化為一個多變數線性獨立高斯分佈（Multi-Variate Linear Independent Gaussian Distribution），參數向量在迭代步t時的分佈為$\boldsymbol{\theta}_t \sim N(\boldsymbol{\mu}_t, \boldsymbol{\sigma}_t^2)$。在采了$n$個樣本向量$\boldsymbol{\theta}_1, \cdots, \boldsymbol{\theta}_n$並評估了它們的值$S(\boldsymbol{\theta}_1), \cdots, S(\boldsymbol{\theta}_n)$後，我們對這些值排序並選取最好的$\lfloor \rho \cdot n \rfloor$個樣本，其中$0 < \rho < 1$是選擇比率（Selection Ratio）。所選取的樣本的指標記為$I \in \{1,2, \cdots, n\}$，分佈的平均值可以用以下式子更新：

$$\boldsymbol{\mu}_{t+1} =: \frac{\sum_{i \in I} \boldsymbol{\theta}_i}{|I|} \tag{2.168}$$

而方差的更新為

$$\boldsymbol{\sigma}_{t+1}^2 := \frac{\sum_{i \in I} (\boldsymbol{\theta}_i - \mu_{t+1})^{\mathrm{T}} (\boldsymbol{\theta}_i - \boldsymbol{\mu}_{t+1})}{|I|} \tag{2.169}$$

交叉熵方法是一個有效且普遍的最佳化演算法。然而，此前研究顯示 CE 對強化學習問題的適用性嚴重侷限於一個現象，即分佈會過快集中到一個點上。所以，它在強化學習的應用中雖然速度快，但是也有其他限制，因為它經常收斂到次優策略。一個可以預防較早收斂的標準技術是引入雜訊。常用的方法包括在迭代過程中對高斯分佈增加一個常數或一個自我調整值到標準差上，比如：

$$\boldsymbol{\sigma}_{t+1}^2 := \frac{\sum_{i \in I} (\boldsymbol{\theta}_i - \boldsymbol{\mu}_{t+1})^{\mathrm{T}} (\boldsymbol{\theta}_i - \boldsymbol{\mu}_{t+1})}{|I|} + Z_{t+1} \tag{2.170}$$

如在 Szita et al. (2006) 的工作中，有$Z_t = \max(5 - \frac{t}{10}, 0)$。

2.7.6 結合以策略和價值為基礎的方法

根據以上的初版策略梯度（Vanilla Policy Gradient）方法，一些簡單的強化學習任務可以被解決。然而，如果我們選擇使用蒙地卡羅或 TD(λ)估計，那麼產生的更新經常會有較大的方差。我們可以使用一個如以價值為基礎的最佳化中的批判者（Critic）來估計動作價值函數。從而，如果我們使用參數化的價值函數近似方法，將有兩套參數：行動者（Actor）參數和批判者參數。這實際上形成了一個非常重要的演算法結構，叫作 Actor-Critic（AC），典型的演算法包括 Q 值 Actor-Critic、深度確定性策略梯度（DDPG）等。

回想之前小節中介紹的策略梯度理論，性能目標J關於策略參數θ的導數為

$$\nabla_\theta J(\pi_\theta) = \mathbb{E}_{\tau\sim\pi_\theta} \sum_{t=0}^{\mathrm{T}} \nabla_\theta \log\pi_\theta(A_t|S_t)Q^\pi(S_t,A_t) \tag{2.171}$$

其中$Q^\pi(S_t,A_t)$是真實動作價值函數，而最簡單的估計$Q^\pi(S_t,A_t)$的方式是使用取樣得到的累計獎勵$G_t = \sum_{t=0}^{\infty} \gamma^{t-1}R(S_t,A_t)$。在 AC 中，我們使用一個批判者來估計動作價值函數：$Q^w(S_t,A_t) \approx Q^\pi(S_t,A_t)$。因此 AC 中策略的更新規則為

$$\nabla_\theta J(\pi_\theta) = \mathbb{E}_{\tau\sim\pi_\theta} \sum_{t=0}^{\mathrm{T}} \nabla_\theta \log\pi_\theta(A_t|S_t)Q^w(S_t,A_t) \tag{2.172}$$

其中w為價值函數擬合中批判者的參數。批判者可以用一個恰當的策略評估演算法來估計，比如時間差分（Temporal Difference，TD）學習，像式(2.92)中對 TD(0) 估計的 $\Delta w = \alpha(Q^\pi(S_t,A_t;w) - R_{t+1} + \gamma v_\pi(S_{t+1},w))\nabla_w Q^\pi(S_t,A_t;w)$。

儘管 AC 結構可以幫助減小策略更新中的方差，它也會引入偏差和潛在的不穩定（Potential Instability）因素，因為它將真實的動作價值函數替換為一個估計的，而這需要**相容函數近似**（Compatible Function Approximation）條件來保證無偏差估計，如文獻(Sutton et al., 2000)所提出的。

相容函數近似

相容函數近似條件對 SPG 和 DPG 都適用。我們將對它們分別展示。這裡的「相容」指近似動作價值函數$Q^w(s,a)$與對應策略之間是相容的。

對 SPG：具體來說，相容函數近似提出了兩個條件來保證使用近似動作價值函數$Q^{\pi}(s,a)$時的無偏差估計（Unbiased Estimation）：（1）$Q^{w}(s,a) = \nabla_{\theta}\log\pi_{\theta}(a|s)^{\mathrm{T}}w$和（2）參數$w$被選擇為能夠最小化均方誤差（Mean-Squared Error，MSE）$\mathrm{MSE}(w) = \mathbb{E}_{s\sim\rho^{\pi},a\sim\pi_{\theta}}[(Q^{w}(s,a) - Q^{\pi}(s,a))^2]$的。更直觀地，條件（1）是說相容函數擬合器對隨機策略的「特徵」是線性的，該「特徵」為$\nabla_{\theta}\log\pi_{\theta}(a|s)$，而條件（2）要求參數$w$是從這些特徵估計$Q^{\pi}(s,a)$這個線性回歸（Linear Regression）問題的解。實際上，條件（2）經常被放寬以支援策略評估演算法，這些演算法可以用時間差分學習來更高效率地估計價值函數。

如果以上兩個條件都被滿足，那麼 AC 整體演算法等於沒有使用批判者做近似，如 REINFORCE 演算法中那樣。這可以透過使得條件（2）中的 MSE 為 0 並計算梯度，然後將條件（1）代入來證明：

$$\begin{aligned}\nabla_{w}\mathrm{MSE}(w) &= \mathbb{E}[2(Q^{w}(s,a) - Q^{\pi}(s,a))\nabla_{w}Q^{w}(s,a)]\\ &= \mathbb{E}[2(Q^{w}(s,a) - Q^{\pi}(s,a))\nabla_{\theta}\log\pi_{\theta}(a|s)]\\ &= 0\\ &\Rightarrow \mathbb{E}[Q^{w}(s,a)\nabla_{\theta}\log\pi_{\theta}(a|s)] = \mathbb{E}[Q^{\pi}(s,a)\nabla_{\theta}\log\pi_{\theta}(a|s)] \quad (2.173)\end{aligned}$$

對於 DPG：相容函數近似中的兩個條件應按照確定性策略$\mu_{\theta}(s)$做對應修改：（1）$\nabla_{a}Q^{w}(s,a)\,|_{a=\mu_{\theta}(s)} = \nabla_{\theta}\mu_{\theta}(s)^{\mathrm{T}}w$而（2）$w$最小化均方誤差，$\mathrm{MSE}(\theta,w) = \mathbb{E}[\epsilon(s;\theta,w)^{\mathrm{T}}\epsilon\,(s;\theta,w)]$，其中$\epsilon(s;\theta,w) = \nabla_{a}Q^{w}(s,a)|_{a=\mu_{\theta}(s)} - \nabla_{a}Q^{w}(s,a)|_{a=\mu_{\theta}(s)}$。同樣可以證明這些條件能夠保證無偏差估計，透過將擬合過程所做近似轉化成一個無批判者的情況：

$$\nabla_{w}\mathrm{MSE}(\theta,w) = 0 \quad (2.174)$$

$$\Rightarrow \mathbb{E}[\nabla_{\theta}\mu_{\theta}(s)\epsilon(s;\theta,w)] = 0 \quad (2.175)$$

$$\Rightarrow \mathbb{E}[\nabla_{\theta}\mu_{\theta}(s)\nabla_{a}Q^{w}(s,a)|_{a=\mu_{\theta}(s)}] = \mathbb{E}[\nabla_{\theta}\mu_{\theta}(s)\nabla_{a}Q^{\mu}(s,a)|_{a=\mu_{\theta}(s)}] \quad (2.176)$$

它對線上策略$\mathbb{E}_{s\sim\rho^{\mu}}[\cdot]$和離線策略$\mathbb{E}_{s\sim\rho^{\beta}}[\cdot]$的情況都適用。

其他方法

如果我們在式 (2.171) 中用優勢函數（Advantage Function）替換動作價值函數$Q^{\pi}(s,a)$（由於減掉基準值不影響梯度）：

$$A^{\pi_\theta}(s,a) = Q^{\pi_\theta}(s,a) - V^{\pi_\theta}(s) \tag{2.177}$$

那麼我們實際可以得到一個更先進的演算法叫作優勢 Actor-Critic（Advantage Actor-Critic，A2C），它可以使用 TD 誤差來估計優勢函數。這對前面提出的理論和推導不產生影響，但會改變梯度估計的方差。

近來，人們提出了無行動者（actor-free）方法，比如 QT-Opt 演算法 (Kalashnikov et al., 2018) 和 Q2-Opt 演算法(Bodnar et al., 2019)。這些方法也結合了以策略和以價值為基礎為基礎的最佳化，具體是無梯度的 CE 方法和 DQN。它們使用動作價值擬合（Action Value Approximation）來學習$Q^{\pi_\theta}(s,a)$，而非使用取樣得到的折扣回報作為高斯分佈中取樣動作的估計，這被證明對現實中機器人學習更高效和有用，尤其是當有示範資料的時候。

參考文獻

- ACHIAM J, KNIGHT E, ABBEEL P, 2019. Towards characterizing divergence in deep q-learning[J].arXiv preprint arXiv:1903.08894.
- AUER P, CESA-BIANCHI N, FREUND Y, et al., 1995. Gambling in a rigged casino: The adversarial multi-armed bandit problem[C]//Proceedings of IEEE 36th Annual Foundations of Computer Science.IEEE: 322-331.
- BODNAR C, LI A, HAUSMAN K, et al., 2019. Quantile QT-Opt for risk-aware vision-based roboticgrasping[J]. arXiv preprint arXiv:1910.02787.

- BUBECK S, CESA-BIANCHI N, et al., 2012. Regret analysis of stochastic and nonstochastic multi-armedbandit problems[J]. Foundations and Trends®in Machine Learning, 5(1): 1-122.
- DEGRIS T, WHITE M, SUTTON R S, 2012. Linear off-policy actor-critic[C]//In International Conference on Machine Learning. Citeseer.
- DUAN Y, CHEN X, HOUTHOOFT R, et al., 2016. Benchmarking deep reinforcement learning for continuous control[C]//International Conference on Machine Learning. 1329-1338.
- FU J, SINGH A, GHOSH D, et al., 2018. Variational inverse control with events: A general framework for data-driven reward definition[C]//Advances in Neural Information Processing Systems. 8538-8547.
- HANSEN N, OSTERMEIER A, 1996. Adapting arbitrary normal mutation distributions in evolution strategies: The covariance matrix adaptation[C]//Proceedings of IEEE international conference on evolutionary computation. IEEE: 312-317.
- HEESS N, WAYNE G, SILVER D, et al., 2015. Learning continuous control policies by stochastic valuegradients[C]//Advances in Neural Information Processing Systems. 2944-2952.
- KALASHNIKOV D, IRPAN A, PASTOR P, et al., 2018. Qt-opt: Scalable deep reinforcement learningfor vision-based robotic manipulation[J]. arXiv preprint arXiv:1806.10293.
- KINGMA D P, WELLING M, 2014. Auto-encoding variational bayes[C]//Proceedings of the InternationalConference on Learning Representations (ICLR).
- LESHNO M, LIN V Y, PINKUS A, et al., 1993. Multilayer feedforward networks with a nonpolynomialactivation function can approximate any function[J]. Neural networks, 6(6): 861-867.
- LEVINE S, 2018. Reinforcement learning and control as probabilistic inference: Tutorial and review[J].arXiv preprint arXiv:1805.00909.

- NELDER J A, MEAD R, 1965. A simplex method for function minimization[J]. The computer journal,7(4): 308-313.
- PETERS J, SCHAAL S, 2008. Natural actor-critic[J]. Neurocomputing, 71(7-9): 1180-1190.
- PYEATT L D, HOWE A E, et al., 2001. Decision tree function approximation in reinforcement learn- ing[C]//Proceedings of the third international symposium on adaptive systems: evolutionary computa-tion and probabilistic graphical models: volume 2. Cuba: 70-77.
- SCHMIDHUBER J, 2015. Deep learning in neural networks: An overview[J]. Neural networks, 61: 85-117.
- SILVER D, LEVER G, HEESS N, et al., 2014. Deterministic policy gradient algorithms[C].
- SINGH S, JAAKKOLA T, LITTMAN M L, et al., 2000. Convergence results for single-step on-policyreinforcement-learning algorithms[J]. Machine learning, 38(3): 287-308.
- SUTTON R S, MCALLESTER D A, SINGH S P, et al., 2000. Policy gradient methods for reinforcement learning with function approximation[C]//Advances in Neural Information Processing Systems. 1057-1063.
- SZEPESVÁRI C, 1998. The asymptotic convergence-rate of q-learning[C]//Advances in Neural Informa-tion Processing Systems. 1064-1070.
- SZITA I, LÖRINCZ A, 2006. Learning tetris using the noisy cross-entropy method[J]. Neural computation, 18(12): 2936-2941.
- TSITSIKLIS J N, ROY B V, 1997. An analysis of temporal-difference learning with function approxima- tion[R]. IEEE Transactions on Automatic Control.

- VAN HASSELT H, GUEZ A, SILVER D, 2016. Deep reinforcement learning with double Q-learning[C]// Thirtieth AAAI conference on artificial intelligence.
- VAN HASSELT H, DORON Y, STRUB F, et al., 2018. Deep reinforcement learning and the deadly triad[J]. arXiv preprint arXiv:1812.02648.
- WATKINS C J, DAYAN P, 1992. Q-learning[J]. Machine learning, 8(3-4): 279-292.
- WILLIAMS R J, BAIRD III L C, 1993. Analysis of some incremental variants of policy iteration: First steps toward understanding actor-critic learning systems[R]. Tech. rep. NU-CCS-93-11, NortheasternUniversity, College of Computer Science.

參考文獻

Chapter 03

強化學習演算法分類

本章將介紹強化學習演算法的常見分類方式和具體類別。圖 3.1 複習了一些經典的強化學習演算法，並從多個角度對強化學習演算法進行分類，其中包括以模型（Model-Based）和無模型為基礎的（Model-Free）學習方法，以價值（Value-Based）和以策略為基礎為基礎的（Policy-Based）學習方法（或兩者相結合的 Actor-Critic 學習方法），蒙地卡羅（Monte Carlo）和時間差分（Temporal-Difference）學習方法，線上策略（On-Policy）和離線策略（Off-Policy）學習方法。大多數強化學習演算法都可以根據以上類別進行劃分，希望在介紹具體的強化學習演算法之前，這些分類能幫助讀者建立強化學習知識系統框架。其中，第 4、5 和 6 章分別具體介紹了以價值為基礎的方法、以策略為基礎的方法，以及兩者的結合。

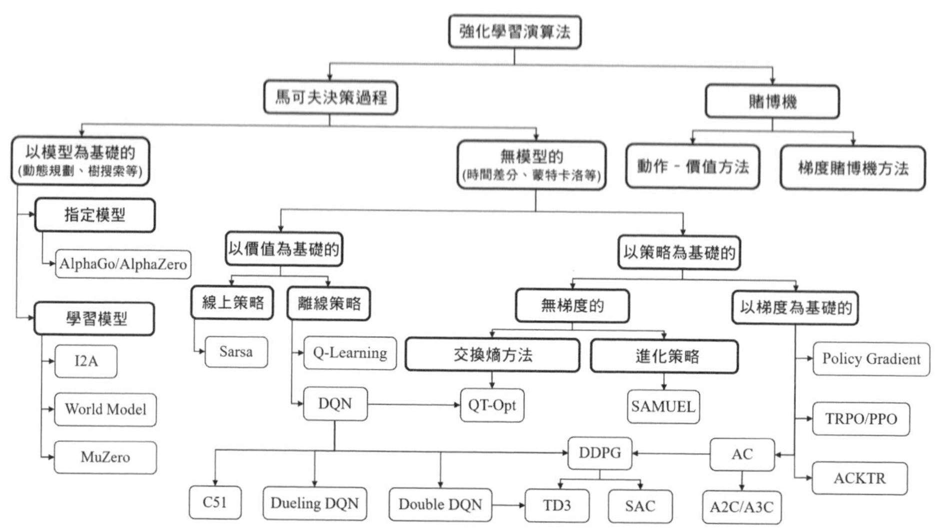

圖 3.1 強化學習演算法分類別圖。粗體方框代表不同分類，其他方框代表具體演算法

3.1 以模型為基礎的方法和無模型的方法

我們首先討論以模型為基礎的方法和無模型的方法，如圖 3.2 所示。什麼是「模型」？在深度學習中，模型是指具有初始參數（預訓練模型）或已習得參數（訓練完畢的模型）的特定函數，例如全連接網路、卷積網路等。而在強化學習演算法中，「模型」特指環境，即環境的動力學模型。回想一下，在馬可夫決策過程（MDP）中，有五個關鍵元素：$\mathcal{S},\mathcal{A},P,R,\gamma$。$\mathcal{S}$和$\mathcal{A}$表示環境的狀態空間和動作空間；$P$表示狀態轉移函數，$p(s'|s,a)$列出了智慧體在狀態$s$下執行動作$a$，並轉移到狀態$s'$的機率；$R$代表獎勵函數，$r(s,a)$列出了智慧體在狀態$s$執行動作$a$時環境返回的獎勵值；$\gamma$表示獎勵的折扣因數，用來給不同時刻的獎勵指定權重。如果所有這些環境相關的元素都是已知的，那麼模型就是已知的。此時可以在環境模型上進行計算，而無須再與真實環境進行互動，例如第 2 章中介紹的值迭代、策略迭代等規劃（Planning）方法。在大部分的情況下，智慧體並不知道環境的獎勵函數R和狀態轉移函數$p(s'|s,a)$，所以需要透過

和環境互動，不斷試錯（Trials and Errors），觀察環境相關資訊並利用回饋的獎勵訊號來不斷學習。這個不斷學習的過程既對以模型為基礎的方法適用，也對無模型的方法適用。

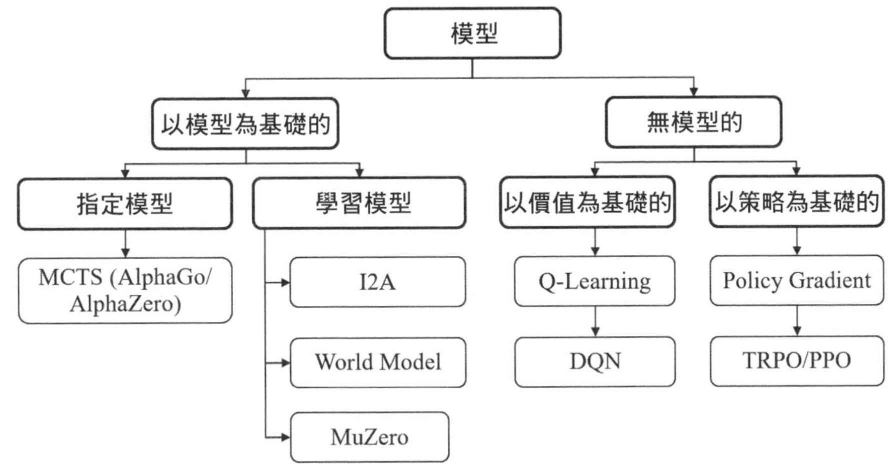

圖 3.2 以模型為基礎的方法和無模型的方法

在這個不斷試錯和學習的過程中，可能有某些環境元素是未知的，如獎勵函數R和狀態轉移函數P。此時，如果智慧體嘗試透過在環境中不斷執行動作獲取樣本(s,a,s',r)來建構對R和P的估計，則$p(s'|s,a)$和r的值可以透過監督學習進行擬合。習得獎勵函數R和狀態轉移函數P之後，所有的環境元素都已知，則前文所述的規劃方法可以直接用來求解該問題。這種方式即稱為以模型為基礎的方法。另一種稱為無模型的方法則不嘗試對環境建模，而是直接尋找最佳策略。舉例來說，Q-learning 演算法對狀態-動作對(s,a)的Q值進行估計，通常選擇最大Q值對應的動作執行，並利用環境回饋更新Q值函數，隨著Q值收斂，策略隨之逐漸收斂達到最佳；策略梯度（Policy Gradient）演算法不對值函數進行估計，而是將策略參數化，直接在策略空間中搜索最佳策略，最大化累積獎勵。這兩種演算法都不關注環境模型，而是直接搜索能最大化獎勵的策略。這種不需要對環境建模的方式稱為無模型的方法。可以看到，以模型和無模型為基礎的區別在於，

智慧體是否利用環境模型（或稱為環境的動力學模型），例如狀態轉移函數和獎勵函數。

透過上述介紹可知，以模型為基礎的方法可以分為兩類：一類是指定（環境）模型（Given the Model）的方法，另一類是學習（環境）模型（Learn the Model）的方法。對指定模型的方法，智慧體可以直接利用環境模型的獎勵函數和狀態轉移函數。舉例來說，在 AlphaGo 演算法(Silver et al., 2016)中，圍棋規則固定且容易用電腦語言進行描述，因此智慧體可以直接利用已知的狀態轉移函數和獎勵函數進行策略的評估和提升。而對於另一類學習模型的方法，由於環境的複雜性或不可知性，我們很難描述整個動力系統的規律。此時智慧體無法直接獲取模型，可行的替代方式是先透過與環境互動學習環境模型，然後將模型應用到策略評估和提升的過程中。

第二類的典型例子包括 World Models 演算法(Ha et al., 2018)、I2A 演算法(Racaniere et al., 2017)等。例如在 World Models 演算法中，智慧體首先使用隨機策略與環境互動收集資料(S_t, A_t, S_{t+1})，再使用變分自編碼器（Variational Autoencoder，VAE）(Baldi, 2012) 將狀態編碼為低維潛向量$\mathbf{z}_t$。然後利用資料(Z_t, A_t, Z_{t+1})學習潛向量$\mathbf{z}$的預測模型。有了預測模型之後，智慧體便可以透過習得的預測模型提升策略能力。

以模型為基礎的方法的主要優點是，透過環境模型可以預測未來的狀態和獎勵，從而幫助智慧體進行更好的規劃。一些典型的方法包括樸素規劃方法、專家迭代(Sutton et al., 2018) 方法等。舉例來說，MBMF 演算法(Nagabandi et al., 2018) 採用了樸素規劃的演算法；AlphaGo 演算法(Silver et al., 2016) 採用了專家迭代的演算法。以模型為基礎的方法的缺點在於，存在或建構模型的假設過強。現實問題中環境的動力學模型可能很複雜，甚至無法顯性地表示出來，導致模型通常無法獲取。另一方面，在實際應用中，學習得到的模型往往是不準確的，這給智慧體訓練引入了估計誤差，以帶誤差模型為基礎的策略的評估和提升往往會造成策略在真實環境中故障。

相較之下，無模型的方法不需要建構環境模型。智慧體直接與環境互動，並以探索得到為基礎的樣本提升其策略性能。與以模型為基礎的方法相比，無模型的方法由於不關心環境模型，無須學習環境模型，也就不存在環境擬合不準確的問題，相對更易於實現和訓練。然而，無模型的方法也有其自身的問題。最常見的問題是，有時在真實環境中進行探索的代價是極高的，如巨大的時間消耗、不可逆的裝置損耗及安全風險，等等。比如在自動駕駛中，我們不能在沒有任何防護措施的情況下，讓智慧體用無模型的方法在現實世界中探索，因為任何交通事故的代價都將是難以承受的。

第 4、5 和 6 章中介紹的演算法都是無模型演算法，包括深度 Q 網路（Deep Q-Network，DQN）演算法(Mnih et al., 2015)、策略梯度（Policy Gradient）方法(Sutton et al., 2000)、深度確定性策略梯度（Deep Deterministic Policy Gradient，DDPG）演算法(Lillicrap et al., 2015) 等。雖然無模型方法仍然是現在的主流方法，但由於其取樣效率（Sample Efficiency）低的缺點很難克服，天然具有高取樣效率的以模型為基礎的方法發揮著越來越重要的作用（詳見第 7 章）。舉例來說，第 15 章中介紹的 AlphaGo (Silver et al., 2016)、AlphaZero (Silver et al., 2017, 2018) 演算法，以及最新的 MuZero 演算法(Schrittwieser et al., 2019) 都屬於以模型為基礎的方法。

3.2 以價值為基礎的方法和以策略為基礎的方法

回憶第 2 章，深度強化學習中的策略最佳化主要有兩類：以價值為基礎的方法和以策略為基礎的方法。兩者的結合產生了 Actor-Critic 類演算法和 QT-Opt (Kalashnikov et al., 2018) 等其他演算法，它們利用價值函數的估計來幫助更新策略。其分類關係如圖 3.3 所示。以價值為基礎的方法通常表示對動作價值函數$Q^{\pi}(s,a)$的最佳化。最佳化後的最佳值函數表示為$Q^{\pi^*}(s,a) = \max_a Q^{\pi}(s,a)$，最佳策略透過選取最大值函數對應的動作得到$\pi^* \approx \mathrm{argmax}_{\pi} Q^{\pi}$（"≈" 由函數近似誤差導致）。

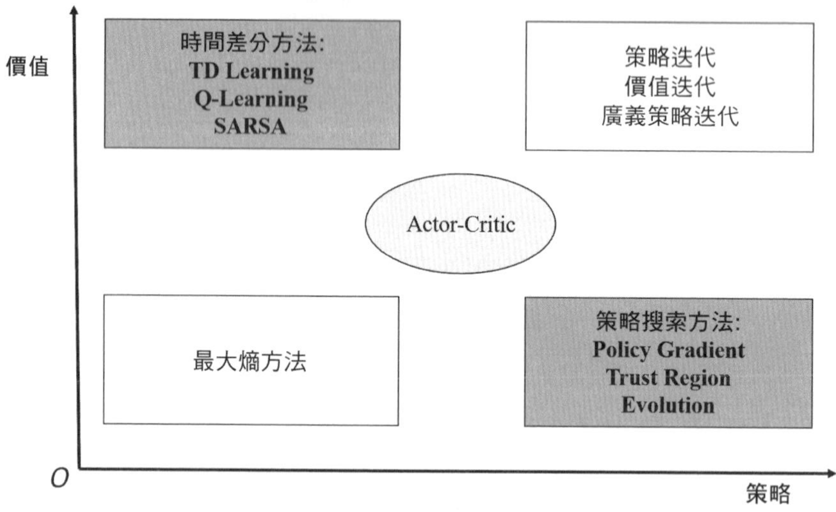

圖 3.3 以價值為基礎的方法和以策略為基礎的方法。圖片參考文獻(Li, 2017)

以價值為基礎的方法的優點在於取樣效率相對較高，值函數估計方差小，不易陷入局部最佳；缺點是它通常不能處理連續動作空間問題，且最終的策略通常為確定性策略而非機率分佈的形式。此外，深度 Q 網路等演算法中的ϵ-貪婪策略（ϵ-greedy）和 max 運算元容易導致過估計的問題。

常見的以價值為基礎的演算法包括 Q-learning (Watkins et al., 1992)、深度 Q 網路（Deep Q-Network，DQN）(Mnih et al., 2015) 及其變形：（1）優先經驗重播（Prioritized Experience Replay，PER）(Schaul et al., 2015) 以 TD 誤差為基礎對資料進行加權取樣，以提高學習效率；（2）Dueling DQN (Wang et al., 2016) 改進了網路結構，將動作價值函數 Q 分解為狀態值函數 V 和優勢函數 A 以提高函數近似能力；（3）Double DQN (Van Hasselt et al., 2016) 使用不同的網路參數對動作進行選擇和評估，以解決過估計的問題；（4）Retrace (Munos et al., 2016) 修正了 Q 值的計算方

法，減少了估計的方差；（5）Noisy DQN (Fortunato et al., 2017) 替網路參數增加雜訊，增加了智慧體的探索能力；（6）Distributed DQN (Bellemare et al., 2017) 將狀態-動作值估計細化為對狀態-動作值分佈的估計。

以策略為基礎的方法直接對策略進行最佳化，透過對策略迭代更新，實現累積獎勵最大化。與以價值為基礎的方法相比，以策略為基礎的方法具有策略參數化簡單、收斂速度快的優點，且適用於連續或高維的動作空間。一些常見的以策略為基礎的演算法包括策略梯度演算法（Policy Gradient，PG）(Sutton et al., 2000)、信賴域策略最佳化演算法（Trust Region Policy Optimization，TRPO）(Schulman et al., 2015)、近端策略最佳化演算法（Proximal Policy Optimization，PPO）(Heess et al., 2017; Schulman et al., 2017) 等，信賴域策略最佳化演算法和近端策略最佳化演算法在策略梯度演算法的基礎上限制了更新步進值，以防止策略崩潰（Collapse），使演算法更加穩定。

除了以價值為基礎的方法和以策略為基礎的方法，更流行的是兩者的結合，這衍生出了 Actor-Critic 方法。Actor-Critic 方法結合了兩種方法的優點，利用以價值為基礎的方法學習 Q 值函數或狀態價值函數 V 來提高取樣效率（Critic），並利用以策略為基礎的方法學習策略函數（Actor），從而適用於連續或高維的動作空間。Actor-Critic 方法可以看作是以價值為基礎的方法在連續動作空間中的擴充，也可以看作是以策略為基礎的方法在減少樣本方差和提升取樣效率方面的改進。雖然 Actor-Critic 方法吸收了上述兩種方法的優點，但同時也繼承了對應的缺點。比如，Critic 存在過估計的問題，Actor 存在探索不足的問題等。一些常見的 Actor-Critic 類的演算法包括 Actor-Critic（AC）演算法(Sutton et al., 2018) 和一系列改進：（1）非同步優勢 Actor-Critic 演算法（A3C）(Mnih et al., 2016) 將 Actor-Critic 方法擴充到非同步平行學習，打亂資料之間的相關性，提高了樣本收集速度和訓練效率；（2）深度確定性策略梯度演算法（Deep Deterministic Policy Gradient，DDPG）(Lillicrap et al., 2015) 沿用了深度 Q

網路演算法的目標網路，同時 Actor 是一個確定性策略；（3）孿生延遲 DDPG 演算法（Twin Delayed Deep Deterministic Policy Gradient，TD3）(Fujimoto et al., 2018) 引入了截斷的（Clipped）Double Q-Learning 解決過估計問題，同時延遲 Actor 更新頻率以優先提高 Critic 擬合準確度；（4）柔性 Actor-Critic 演算法（Soft Actor-Critic，SAC）(Haarnoja et al., 2018) 在 Q 值函數估計中引入熵正則化，以提高智慧體探索能力。

3.3 蒙地卡羅方法和時間差分方法

蒙地卡羅（Monte Carlo，MC）方法和時間差分（Temporal Difference，TD）方法的區別已經在第 2 章中討論過，一些演算法如圖 3.4 所示。這裡我們再次複習它們的特點以保證本章的完整性。時間差分方法是動態規劃（Dynamic Programming，DP）方法和蒙地卡羅方法的一種中間形式。首先，時間差分方法和動態規劃方法都使用自舉法（Bootstrapping）進行估計，其次，時間差分方法和蒙地卡羅方法都不需要獲取環境模型。這兩種方法最大的不同之處在於如何進行參數更新，蒙地卡羅方法必須等到一條軌跡生成（真實值）後才能更新，而時間差分方法在每一步動作執行都可以透過自舉法（估計值）及時更新。這種差異將使時間差分方法方法具有更大的偏差，而使蒙地卡羅方法方法具有更大的方差。

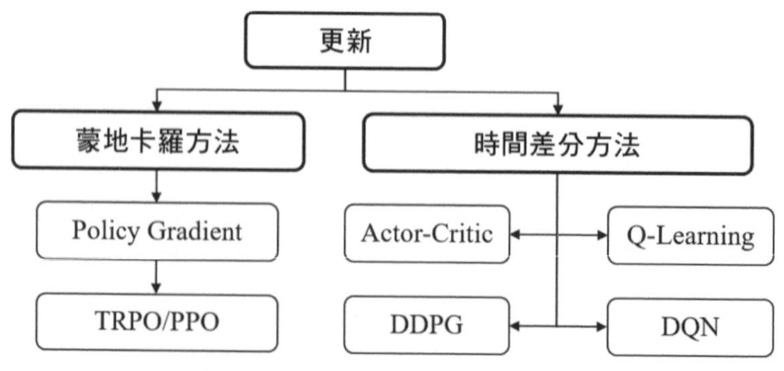

圖 3.4 蒙地卡羅方法和時間差分方法

3.4 線上策略方法和離線策略方法

線上策略（On-Policy）方法和離線策略（Off-Policy）方法依據策略學習的方式對強化學習演算法進行劃分（圖 3.5）。線上策略方法試圖評估並提升和環境互動生成資料的策略，而離線策略方法評估和提升的策略與生成資料的策略是不同的。這表示線上策略方法要求智慧體與環境互動的策略和要提升的策略必須是相同的。而離線策略方法不需要遵循這個約束，它可以利用其他智慧體與環境互動得到的資料來提升自己的策略。常見的線上策略方法是 Sarsa，它根據當前策略選擇一個動作並執行，然後使用環境回饋的資料更新當前策略。因此，Sarsa 與環境互動的策略和更新的策略是同一個策略。它的Q函數更新公式如下：

$$Q(S_t, A_t) \leftarrow Q(S_t, A_t) + \alpha[R_t + \gamma Q(S_{t+1}, A_{t+1}) - Q(S_t, A_t)]. \quad (3.1)$$

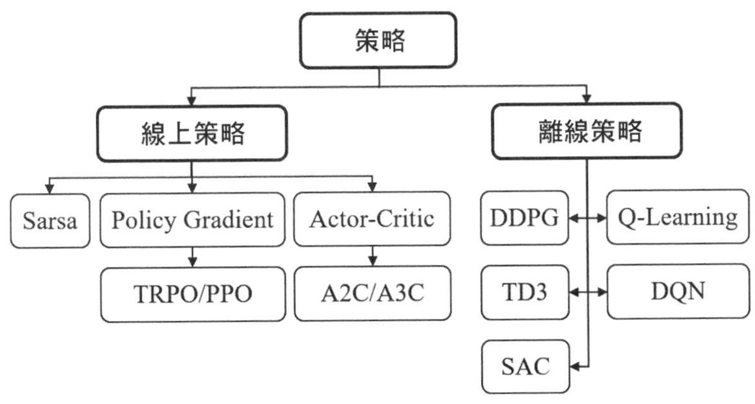

圖 3.5 線上策略方法和離線策略方法

Q-learning 是一種典型的離線策略方法。它在選擇動作時採用 max 操作和 ϵ-貪婪策略，使得與環境互動的策略和更新的策略不是同一個策略。它的Q函數更新公式如下：

$$Q(S_t, A_t) \leftarrow Q(S_t, A_t) + \alpha[R_t + \gamma \max_a Q(S_{t+1}, A_{t+1}) - Q(S_t, A_t)]. \quad (3.2)$$

參考文獻

- BALDI P, 2012. Autoencoders, Unsupervised Learning, and Deep Architectures[C]//Proceedings oast theInternational Conference on Machine Learning (ICML). 37-50.
- BELLEMARE M G, DABNEY W, MUNOS R, 2017. A distributional perspective on reinforcement learning[C]//Proceedings of the 34th International Conference on Machine Learning-Volume 70. JMLR. org: 449-458.
- FORTUNATO M, AZAR M G, PIOT B, et al., 2017. Noisy networks for exploration[J]. arXiv preprintarXiv:1706.10295.
- FUJIMOTO S, VAN HOOF H, MEGER D, 2018. Addressing function approximation error in actor-critic methods[J]. arXiv preprint arXiv:1802.09477.
- HA D, SCHMIDHUBER J, 2018. Recurrent world models facilitate policy evolution[C]//Advances inNeural Information Processing Systems. 2450-2462.
- HAARNOJA T, ZHOU A, ABBEEL P, et al., 2018. Soft actor-critic: Off-policy maximum entropy deepreinforcement learning with a stochastic actor[J]. arXiv preprint arXiv:1801.01290.
- HEESS N, SRIRAM S, LEMMON J, et al., 2017. Emergence of locomotion behaviours in rich environ-ments[J]. arXiv:1707.02286.
- KALASHNIKOV D, IRPAN A, PASTOR P, et al., 2018. Qt-opt: Scalable deep reinforcement learningfor vision-based robotic manipulation[J]. arXiv preprint arXiv:1806.10293.
- LI Y, 2017. Deep reinforcement learning: An overview[J]. arXiv preprint arXiv:1701.07274.
- LILLICRAP T P, HUNT J J, PRITZEL A, et al., 2015. Continuous

control with deep reinforcementlearning[J]. arXiv preprint arXiv:1509.02971.

- MNIH V, KAVUKCUOGLU K, SILVER D, et al., 2015. Human-level control through deep reinforcement learning[J]. Nature.
- MNIH V, BADIA A P, MIRZA M, et al., 2016. Asynchronous methods for deep reinforcement learn- ing[C]//International Conference on Machine Learning (ICML). 1928-1937.
- MUNOS R, STEPLETON T, HARUTYUNYAN A, et al., 2016. Safe and efficient off-policy reinforcement learning[C]//Advances in Neural Information Processing Systems. 1054-1062.
- NAGABANDI A, KAHN G, FEARING R S, et al., 2018. Neural network dynamics for model-based deep reinforcement learning with model-free fine-tuning[C]//2018 IEEE International Conference on Robotics and Automation (ICRA). IEEE: 7559-7566.
- RACANIÈRE S, WEBER T, REICHERT D, et al., 2017. Imagination-augmented agents for deep rein- forcement learning[C]//Advances in Neural Information Processing Systems. 5690-5701.
- SCHAUL T, QUAN J, ANTONOGLOU I, et al., 2015. Prioritized experience replay[C]//arXiv preprintarXiv:1511.05952.
- SCHRITTWIESER J, ANTONOGLOU I, HUBERT T, et al., 2019. Mastering atari, go, chess and shogiby planning with a learned model[Z].
- SCHULMAN J, LEVINE S, ABBEEL P, et al., 2015. Trust region policy optimization[C]//InternationalConference on Machine Learning (ICML). 1889-1897.
- SCHULMAN J, WOLSKI F, DHARIWAL P, et al., 2017. Proximal policy optimization algorithms[J]. arXiv:1707.06347.
- SILVER D, HUANG A, MADDISON C J, et al., 2016. Mastering the game of go with deep neural networks and tree search[J]. Nature.

- SILVER D, HUBERT T, SCHRITTWIESER J, et al., 2017. Mastering chess and shogi by self-play witha general reinforcement learning algorithm[J]. arXiv preprint arXiv:1712.01815.
- SILVER D, HUBERT T, SCHRITTWIESER J, et al., 2018. A general reinforcement learning algorithm that masters chess, shogi, and Go through self-play[J]. Science, 362(6419): 1140-1144.
- SUTTON R S, BARTO A G, 2018. Reinforcement learning: An introduction[M]. MIT press.
- SUTTON R S, MCALLESTER D A, SINGH S P, et al., 2000. Policy gradient methods for reinforcement learning with function approximation[C]//Advances in Neural Information Processing Systems. 1057- 1063.
- VAN HASSELT H, GUEZ A, SILVER D, 2016. Deep reinforcement learning with double Q-learning[C]// Thirtieth AAAI conference on artificial intelligence.
- WANG Z, SCHAUL T, HESSEL M, et al., 2016. Dueling network architectures for deep reinforcement learning[C]//International Conference on Machine Learning. 1995-2003.
- WATKINS C J, DAYAN P, 1992. Q-learning[J]. Machine learning, 8(3-4): 279-292.

Chapter

04

深度 Q 網路

本章將介紹的 DQN 演算法全稱為深度 Q 網路演算法，是深度強化學習演算法中最重要的演算法之一。我們將從以時間差分學習為基礎的 Q-Learning 演算法入手，介紹 DQN 演算法及其變形。在本章的最後，我們提供了程式範例，並對 DQN 及其變形進行實驗比較。

強化學習最重要的突破之一是 Q-Learning 演算法。它是一種離線策略（Off-Policy）的時間差分（Temporal Difference）演算法，此前在第 2 章中有介紹。在使用表格（Tabular）的情況下或使用線性函數逼近Q函數時，Q-Learning 已被證明可以收斂於最佳解。然而，當使用非線性函數逼近器（如神經網路）來表示Q函數時，Q-Learning 並不穩定，甚至是發散的(Tsitsiklis et al., 1996)。隨著深度神經網路技術的不斷發展，**深度 Q 網路**（Deep Q-Networks，DQN）演算法(Mnih et al., 2015) 解決了這一問題，並點燃了深度強化學習的研究。在本章中，我們將先回顧 Q-Learning 的背景。之後介紹 DQN 演算法及其變形，並列出詳細的理論和解釋。最後，在 8 節，我們將透過程式展示演算法在 Atari 遊戲上的實現細節與實戰表現，為讀者提供快速上手的實戰學習過程。每種演算法的完整程式可以在隨書提供的程式倉庫中找到。

無模型（Model-Free）方法為解決以 MDP 為基礎的決策問題提供了一種通用的方法。其中「模型」是指顯性地對 MDP 相關的轉移機率分佈和回報函數建模，而時間差分（Temporal Difference，TD）學習就是一類無模型方法。在 2.4 節中，我們討論過，當擁有一個完美的 MDP 模型時，透過遞迴子問題的最佳解，就可以得到動態規劃的最佳方案。TD 學習也遵循了這種思想，即使對子問題的估計並非一直是最佳的，我們也可以透過自舉（Bootstrapping）來估計子問題的值。

子問題透過 MDP 中的狀態表示。在策略π下，狀態為s時的 value 值（V 值）$v_\pi(s)$被定義為從狀態s開始，以策略π進行動作的預期回報：

$$v_\pi(s) = \mathbb{E}_\pi[R_t + \gamma v_\pi(S_{t+1})|S_t = s], \tag{4.1}$$

此處的$\gamma \in [0,1]$是衰減率。TD 學習用自舉法分解上述估計。指定價值函數$V: \mathcal{S} \to \mathbb{R}$，TD(0)是一個最簡單的版本，它只應用一步自舉，如下所示：

$$V(S_t) \leftarrow V(S_t) + \alpha[R_t + \gamma V(S_{t+1}) - V(S_t)] \tag{4.2}$$

此處的 $R_t + \gamma V(S_{t+1})$ 和 $R_t + \gamma V(S_{t+1}) - V(S_t)$ 分別被稱為 TD 目標和 TD 誤差。

策略的評估值提供了一種對策略的動作品質（Quality）進行評估的方法。為了進一步了解如何選擇某一特定狀態下的動作，我們將透過Q值來評估狀態-動作組合的效果。Q值可以這樣被估計：

$$q_\pi(s,a) = \mathbb{E}_\pi[R_{t+1} + \gamma v_\pi(S_{t+1})|S_t = s, A_t = a] \tag{4.3}$$

有了Q值對策略進行評估之後，我們只需要找到一種能提升Q值的方法就能提升策略的效果。最簡單的提升效果的方法就是透過貪婪的方法執行動作：$\pi'(s) =_{a'} q^\pi(s,a')$。由$q_{\pi'}(s,a) = \max_{a'} q_\pi(s,a') \geq q_\pi(s,a)$我們可以知道，貪婪的策略一定不會得到一個更差的解法。考慮到探索的必要性，我們可以用一種替代方案來提升策略的效果。在該方案中，多數情況下我們仍然選擇貪婪動作，但是同時會以一個小機率ϵ，從所有動作中以相同機率隨機選擇一個動作。該方法被稱為ϵ-貪婪。我們可以這樣計算ϵ-貪婪策略中 π'的Q值：

$$q_\pi(s,\pi'(s)) = (1-\epsilon)\max_{a\in\mathcal{A}} q_\pi(s,a) + \frac{\epsilon}{|\mathcal{A}|}\sum_{a\in\mathcal{A}} q_\pi(s,a). \tag{4.4}$$

值得注意的是，$\frac{\pi(s,a)-\epsilon/|\mathcal{A}|}{1-\epsilon}$ 在 $a\in\mathcal{A}$ 上的和為1。由於最大值不小於加權平均值，所以可以得到：

$$\begin{aligned} q_\pi(s,\pi'(s)) &= (1-\epsilon)\max_{a\in\mathcal{A}} q_\pi(s,a)\sum_{a\in\mathcal{A}}\frac{\pi(s,a)-\epsilon/|\mathcal{A}|}{1-\epsilon} + \frac{\epsilon}{|\mathcal{A}|}\sum_{a\in\mathcal{A}} q_\pi(s,a) \\ &\geq (1-\epsilon)\sum_{a\in\mathcal{A}}\frac{\pi(s,a)-\epsilon/|\mathcal{A}|}{1-\epsilon} q_\pi(s,a) + \frac{\epsilon}{|\mathcal{A}|}\sum_{a\in\mathcal{A}} q_\pi(s,a) = q_\pi(s,\pi(s)), \end{aligned} \tag{4.5}$$

由此得知，透過ϵ-貪婪策略 π' 進行動作產生的Q值並不會小於原始的策略π。也就是說，ϵ-貪婪方法能確保策略的最佳化。接下來，我們將在下一節中討論如何使用Q函數進行策略最佳化。

4.1 Sarsa 和 Q-Learning

更新Q函數的方式也和 TD(0)中更新 V 函數的方式相似，直接在每次發生非終結（Non-Terminal）狀態下的狀態轉移之後，用此時的狀態S_t對Q函數進行更新即可。

$$Q(S_t,A_t) \leftarrow Q(S_t,A_t) + \alpha[R_t + \gamma Q(S_{t+1},A_{t+1}) - Q(S_t,A_t)] \tag{4.6}$$

此處的A_t 和 A_{t+1} 動作都是透過以Q值為基礎的ϵ-貪婪方法來選擇的。如果S_{t+1} 是一個終結狀態（Terminal State），則 $Q(S_{t+1},A_{t+1})$ 將被設定為 0。我們能不斷地估計行為策略π產生的Q，同時讓π趨近於以 Q 為基礎的貪婪策略。此演算法就是 Sarsa 演算法。值得注意的是，策略 π 在 Sarsa 中有兩個職責：產生經驗和提升策略。通常來說，用來產生行為的策略被稱為行為策略，而用來評估和提升的策略被稱為目標策略。當演算法中的行為策略和目標策略是同一個策略時（例如 Sarsa），該演算法就是一種線上策略（On-Policy）方法。

線上策略方法本質上是一種試錯的過程，當前策略產生的經驗僅會被直接用於進行策略提升。離線策略方法考慮一種反思的策略，使得反覆使用過去的經驗成為了可能。Q-Learning 就是一種離線策略方法。其最簡單的形式，即單步（One-Step）Q-Learning 遵循以下更新規則：

$$Q(S_t, A_t) \leftarrow Q(S_t, A_t) + \alpha[R_t + \gamma \max_{A_{t+1}} Q(S_{t+1}, A_{t+1}) - Q(S_t, A_t)] \tag{4.7}$$

此處的A_t是透過以Q為基礎的ϵ-貪婪方法取樣得到的。注意A_{t+1}是透過貪婪方式選擇的，此處與 Sarsa 不同。也就是說，Q-Learning 中的行為策略也是ϵ-貪婪，但是目標策略是貪婪（Greedy）策略。單步 Q-Learning 只考慮當前的狀態轉移，而我們可以選擇多步（Multi-Steps） Q-Learning 方法，在近似情況下，透過使用多步獎勵（Multi-Steps Rewards）來獲得更加精準的Q值。要注意，多步 Q-Learning 中需要考慮後續獎勵的不匹配問題，以保持Q函數對目標策略預期回報（參考公式 (4.3)）的近似。我們將在第 4.7 節中繼續對多步 Q-Learning 多作說明。

4.2 為什麼使用深度學習: 價值函數逼近

在使用表格方式表示Q函數的時候，Q函數可以表示為一個大型二維度資料表格。也就是說，每個離散的狀態和動作都有一個單獨的項目。然而該方法在處理具有大規模資料空間（如原始像素輸入）的任務時將十分低效，更不用說具有連續資料的控制任務了。幸運的是，透過使用函數逼近從不同輸入進行泛化的技術已經獲得了廣泛的研究，我們可以將其應用於以價值（Value-based）為基礎的強化學習。

接下來，我們考慮 Q-Learning 中使用參數θ進行函數擬合。函數擬合器可以是線性模型、決策樹或神經網路。之後，我們透過 (4.7) 式子進行更新，它可以被重新定義為

$$\theta_t \leftarrow \underset{\theta}{\operatorname{argmin}} \mathcal{L}(Q(S_t, A_t; \theta), R_t + \gamma Q(S_{t+1}, A_{t+1}; \theta)) \tag{4.8}$$

此處的$\mathcal{L}$代表損失函數，如均方誤差（Mean Squared Error）。對於上述的最佳化問題，可以透過批次取樣構造出擬合 Q 迭代（Fitted Q Iteration）(Riedmiller, 2005)，其過程如演算法 4.15 所示，其中$S_{i'}$是S_i的後繼狀態。該演算法的線上隨機的變種就是如演算法 4.16 所示的線上 Q 迭代（Online Q Iteration）演算法。

演算法 4.15 擬合 Q 迭代

for 迭代數 $i = 1, T$ **do**
  收集 D 份取樣 $\{(S_i, A_i, R_i, S_{i'})\}_{i=1}^{D}$
  for t $= 1, K$ **do**
    設定 $Y_i \leftarrow R_i + \gamma \max_a Q(S_{i'}, a; \theta)$
    設定 $\theta \leftarrow \mathrm{argmin}_{\theta'} \frac{1}{2} \sum_{i=1}^{D} (Q(S_i, A_i; \theta') - Y_i)^2$
  end for
end for

演算法 4.16 線上 Q 迭代

for 迭代數 $= 1, T$ **do**
  選擇動作 a 與環境互動，並得到觀察資料 (s, a, r, s')
  設定 $y \leftarrow r + \gamma \max_{a'} Q(s', a'; \theta)$
  設定 $\theta \leftarrow \theta - \alpha(Q(s, a; \theta) - y) \frac{\mathrm{d}Q(s,a;\theta)}{\mathrm{d}\theta}$
end for

值得注意的是，擬合 Q 迭代和線上 Q 迭代都是離線策略演算法，因此，它們可以多次重用過去的經驗。我們將在下一節對此進行深入討論。

在 2.4.2 節中，我們透過貝爾曼最佳回溯運算元$\mathcal{T}^*$介紹了值迭代的收斂性。我們定義一個新的運算子$\mathcal{B}$，其函數近似為$\mathcal{B}V = \mathrm{argmin}_{V' \in \Omega} \mathcal{L}(V', V)$，其中$\Omega$是所有可近似的值函數的集合。值得注意的是，$\mathcal{B}$中的argmin可以看作是$\mathcal{T}^*V$ 到 Ω 的映射。所以函數近似的回溯運算元可以表示為$\mathcal{B}\mathcal{T}^*$。而$\mathcal{T}^*$在無窮範式（∞-norm）下收斂，$\mathcal{B}$則是在 L2 範式下的 MSE 損失下收斂。然而$\mathcal{B}\mathcal{T}^*$不以任何形式收斂。因此，當用神經網路等非線性函數逼近器來表示數值函數時，數值迭代是不穩定的，甚至可能發散(Tsitsiklis et al., 1997)。我們將在下一節討論深度神經網路訓練的穩定性。

4.3 DQN

在上一節中，我們介紹了近似學習狀態-動作值函數的方法及其收斂不穩定性。為了在使用原始像素輸入的複雜問題中實現點對點決策，DQN 透過兩個關鍵技術結合 Q-Learning 和深度學習來解決不穩定性問題，並在 Atari 遊戲上取得了顯著進展。

第一個關鍵技術被稱為**重播快取**（Replay Buffer）。這是一種被稱為經驗重演的生物學啟發機制(Lin, 1993; McClelland et al., 1995; O'Neill et al., 2010)。在每個時間步 t 中，DQN 先將智慧體獲得的經驗(S_t, A_t, R_t, S_{t+1})存入重播快取中，然後從該快取中均勻取樣小量樣本用於 Q-Learning 更新。重播快取相較於擬合 Q 迭代有幾個優勢。首先，它可以重用每個時間步的經驗來學習Q函數，這樣可以提高資料使用效率。其次，如果像擬合 Q 迭代那樣沒有重播快取，那麼一個批次中的樣本將是連續擷取的，即樣本高度相關。這樣會增加更新的方差。最後，經驗重播防止用於訓練的樣本只來自上一個策略，這樣能平滑學習過程並減少參數的震盪或發散。在實踐中，為了節省記憶體，我們往往只將最後 N 個經驗存入重播快取（FIFO 快取）。

第二個關鍵技術是**目標網路**。它作為一個獨立的網路，用來代替所需的 Q 網路來生成 Q-Learning 的目標，進一步提高神經網路的穩定性。此外，目標網路每C步將透過直接複製（硬更新）或指數衰減平均（軟更新）的方式與主 Q 網路同步。目標網路透過使用舊參數生成 Q-Learning 目標，使目標值的產生不受最新參數的影響，從而大大減少發散和震盪的情況。舉例來說，在動作(S_t, A_t)上的更新使得Q值增加，此時S_t 和 S_{t+1}的相似性可能會導致所有動作a的$Q(S_{t+1}, a)$值增加，從而使得由 Q 網路產生的訓練目標值被過估計。但是如果使用目標網路產生訓練目標，就能避免過估計的問題。

這兩項關鍵技術在 5 個 Atari 遊戲的效果提升效果如表 1 所示。智慧體進行了 1e7 次配備超參數搜索功能的訓練。每 250000 次訓練，會對各個智慧體進行 135000 幀評估，並且記錄最高的部分平均分。

表4.1 分別使用重播快取和目標 Q 網路的效果。資料來自 文獻献(Mnih et al., 2015)..

遊戲名稱	使用重播快取和目標 Q 網路	使用重播快取，且不使用目標 Q 網路	不使用重播快取，使用目標 Q 網路	不使用重播快取和目標 Q 網路
Breakout	316.8	240.7	10.2	3.2
Enduro	1006.3	831.4	141.9	29.1
River Raid	7446.6	4102.8	2867.7	1453.0
Seaquest	2894.4	822.6	1003.0	275.8
Space Invaders	1088.9	826.3	373.2	302.0

由於將任意長度的歷史資料作為神經網路的輸入較為複雜，DQN 轉而處理由函數ϕ生成的固定長度表示的歷史資料。準確來說，ϕ 集合了當前幀和前三幀的資料，這對於追蹤時間相關資訊（如物件的移動）非常有用。完整的演算法展示在演算法 2 中。其中原始幀被調整為84×84的灰階圖型。函數ϕ堆疊了最近 4 幀的資料作為神經網路的輸入。此外，神經網路的結構由三個卷積層和兩個完全連接的層組成，每個有效動作只有一個輸出。我們將在 8.0.2 節討論更多的訓練細節。

演算法 4.17 DQN

超參數: 重播快取容量 N，獎勵折扣因數 γ，用於目標狀態-動作值函數更新的延遲步進值 C，ϵ-greedy 中的 ϵ。

輸入: 空重播快取 $\mathcal{D}$，初始化狀態-動作值函數Q的參數 θ。

使用參數$\hat{\theta} \leftarrow \theta$初始化目標狀態-動作值函數$\hat{Q}$。

for 部分 $= 0,1,2,\cdots$ **do**

初始化環境並獲取觀測資料O_0。
初始化序列 $S_0 = \{O_0\}$ 並對序列進行前置處理 $\phi_0 = \phi(S_0)$。
for t = 0,1,2,⋯ **do**
透過機率 ϵ 選擇一個隨機動作 A_t，否則選擇動作
$A_t = \text{argmax}_a Q(\phi(S_t), a; \theta)$。
執行動作 A_t 並獲得觀測資料 O_{t+1} 和獎勵資料 R_t。
如果本局結束，則設定 $D_t = 1$，否則 $D_t = 0$。
設定 $S_{t+1} = \{S_t, A_t, O_{t+1}\}$ 並進行前置處理 $\phi_{t+1} = \phi(S_{t+1})$。
儲存狀態轉移資料 $(\phi_t, A_t, R_t, D_t, \phi_{t+1})$到$\mathcal{D}$中。
從$\mathcal{D}$中隨機取樣小量狀態轉移資料 $(\phi_i, A_i, R_i, D_i, \phi_{i'})$。
若$D_i = 0$，則設定 $Y_i = R_i + \gamma \text{max}_{a'} \hat{Q}(\phi_{i'}, a'; \hat{\theta})$，不然設定 $Y_i = R_i$。
在$(Y_i - Q(\phi_i, A_i; \theta))^2$ 上對 θ 執行梯度下降步驟。
每C步對目標網路$\hat{Q}$進行同步。
如果部分結束，則跳出迴圈。
end for
end for

4.4 Double DQN

Double DQN 是對 DQN 在減少過擬合方面的改進 (Van Hasselt et al., 2016)。在進一步討論演算法之前，我們先在經典的 DQN 演算法上說明一下過擬合問題。我們注意到 Q-Learning 目標$R_t + \gamma \text{max}_a Q(S_{t+1}, a)$包含一個最大化運算元max的操作。而$Q$又由於環境、非穩態、函數近似或其他原因，可能帶有雜訊。需注意的是，最大雜訊的期望值並不會小於雜訊的最大期望，即$\mathbb{E}[\max(\epsilon_1, \cdots, \epsilon_n)] \geq (\max(\mathbb{E}[\epsilon_1], \cdots, \mathbb{E}[\epsilon_n]))$。因此，下一個$Q$值往往被過估計了。文獻(Thrunet al., 1993)對此提供了進一步的理論分析和實驗結果。

透過增加對網路參數θ的關注，標準 DQN 的學習目標可以被重新定義為以下式子：

$$R_t + \gamma \hat{Q}(S_{t+1}, \underset{a}{\text{argmax}} \hat{Q}(S_{t+1}, a; \hat{\theta}); \hat{\theta}), \quad (4.9)$$

在式子中可以注意到一個問題：$\hat{\theta}$既用於估計Q值，又用於對估計過程中的下一個動作a進行選擇。而 Double DQN 的核心思想是在這兩個階段使用兩個不同的網路，以去除選擇和評價中雜訊的相關性。因此，需要一個額外的網路完成這項工作，而 DQN 結構中的 Q 網路則是一個很自然能想到的選擇。（回顧一下 DQN 結構中有 Q 網路和目標網路這兩個網路，並透過目標網路進行評估來進一步提高穩定性。）因此，Double DQN 中使用的 Q 學習目標是

$$R_t + \gamma \hat{Q}(S_{t+1}, \operatorname*{argmax}_a Q(S_{t+1}, a; \theta); \hat{\theta}). \tag{4.10}$$

在 Wang 等人(Wang et al., 2016)的工作之上，我們透過以下公式計算智慧體分數相對人類和基準智慧體分數的提升百分比（有正有負）：

$$\frac{\text{Score}_{\text{Agent}} - \text{Score}_{\text{Baseline}}}{\max(\text{Score}_{\text{Baseline}}, \text{Score}_{\text{Human}}) - \text{Score}_{\text{Random}}} \tag{4.11}$$

Double DQN 相比於 DQN 的效果提升情況如圖 4.1 所示。

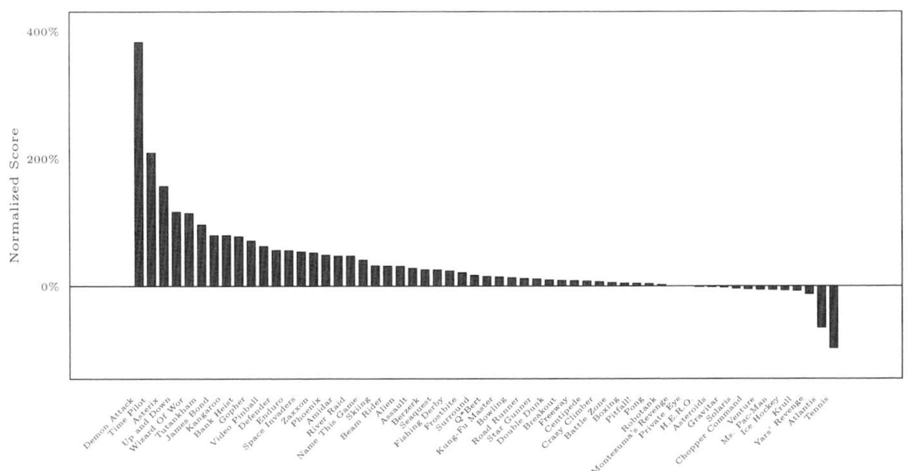

圖 4.1 Double DQN (Van Hasselt et al., 2016) 相比於 DQN (Mnih et al., 2015) 在 Atari 基準上的效果提升情況。計算標準參考公式(4.11)。所有資料來自文獻(Wang et al., 2016)

4.5 Dueling DQN

對某些狀態來說，不同的動作與預期值無關，因此我們不需要學習各個動作對該狀態的影響。舉例來說，假想我們在山上看日出，美麗的景色令人陶醉，這是一個很高的獎勵。此時，你即使在這裡繼續做不同的動作也不會對Q值產生影響。因此，將動作無關的狀態值與 Q 值進行解耦，可以獲得更加堅固的學習效果。

Dueling DQN 提出了一種新的網路結構來實現這一思想(Wang et al., 2016)。更準確地說，Q值可以被分為狀態值和動作優勢這兩部分：

$$Q^{\pi}(s,a) = V^{\pi}(s) + A^{\pi}(s,a) \tag{4.12}$$

然後，Dueling DQN 透過以下方法將這兩部分的表示分開：

$$Q(s,a;\theta,\theta_v,\theta_a) = V(s;\theta,\theta_v) + (A(s,a;\theta,\theta_a) - \max_{a'} A(s,a';\theta,\theta_a)) \tag{4.13}$$

其中θ_v 和 θ_a 是兩個全連接層的參數，θ表示卷積層的參數。注意公式 (4.13) 中的max函數確保了Q值能唯一地對應狀態值和動作優勢。不然訓練將忽略狀態值項，並只會使優勢函數收斂到Q值。此外，文獻 (Wang et al., 2016) 還提出使用取平均代替取最大值的方法，以獲得更好的穩定性：

$$Q(s,a;\theta,\theta_v,\theta_a) = V(s;\theta,\theta_v) + (A(s,a;\theta,\theta_a) - \frac{1}{|\mathcal{A}|}\sum_{a'} A(s,a';\theta,\theta_a)) \tag{4.14}$$

其中，優勢函數只需要向平均優勢方向接近，而不必追求最大優勢。

訓練 Dueling 結構和訓練標準 DQN 一樣，它只需要更多的網路層。實驗顯示，Dueling 結構在許多價值相似的動作中，能獲得更好的策略評估效果。Dueling DQN 相比於 DQN 的效果提升效果如圖 4.2 所示。

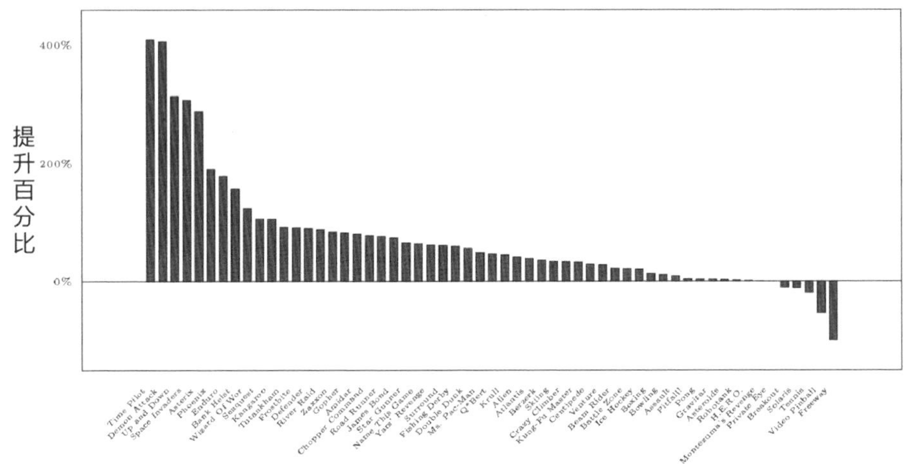

圖 4.2 Dueling DQN (Wang et al., 2016) 相比於 DQN (Mnih et al., 2015) 在 Atari 基準上的效果提升，計算標準參考公式(4.11)。所有資料來自文獻(Wang et al., 2016)

4.6 優先經驗重播

標準 DQN 中還剩下的可改進的地方就是，使用更好經驗重播取樣策略。**優先經驗重播**（Prioritized Experience Replay，PER）是一種將經驗進行優先排序的技術。透過該技術可以使重要的狀態轉移經驗被更加頻繁地重播 (Schaul et al., 2015)。PER 的核心思想是透過 TD 誤差 δ 來考慮不同狀態轉移資料的重要性。TD 誤差 δ 是一個令人驚喜的衡量標準。該方法之所以能有效，是由於某些經驗資料相較於其他經驗資料，可能包含更多值得學習的資訊，所以給予這些包含更豐富資訊量的經驗更多的重播機會，有助使得整個學習進度更為快速和高效。

當然，直接使用 TD 誤差做優先排序是最直接能想到的方法。然而這種方法有一些問題。首先，掃描整個重播快取空間非常低效。其次，這種方法對近似誤差和隨機回報的雜訊十分敏感。最後，這種貪婪的方法會使誤差收斂緩慢，可能導致剛開始訓練時具有高誤差的狀態轉移被頻繁地重播。為了克服這些問題，文獻(Schaul et al., 2015)提出了使用以下方法計算狀態

轉移 i 的取樣 機率：

$$P(i) = \frac{p_i^\alpha}{\sum_k p_k^\alpha} \tag{4.15}$$

其中，p_i指狀態轉移i的優先順序，它是一個正數，即$p_i > 0$。α 是一個指數超參數，$\alpha = 0$ 對應均勻取樣情況，而 k 表示對取樣的狀態轉移進行枚舉。p_i 有兩種變形。第一種是按比例優先：$p_i = |\delta_i| + \epsilon$。其中 δ_i 是狀態轉移 i 的 TD 誤差，而 ϵ 是一個用於數值穩定的小正數。第二種變形是以順序為基礎的優先：$p_i = \frac{1}{\text{rank}(i)}$。其中$\text{rank}(i)$是狀態轉移 i 以 $|\delta_i|$ 為基礎的等級評定。

回想起在重播快取中，正是因為隨機取樣而有助消除樣本之間的相關性的。然而在使用優先取樣時，又放棄了純隨機取樣。因此，減少高優先順序狀態轉移資料的訓練權重也有一定的道理。PER 使用了重要性取樣（Importance-Sampling）權重來修正狀態轉移i的偏差。

$$w_i = (NP(i))^{-\beta} \tag{4.16}$$

其中，N指重播快取的容量大小，而P是按照公式 (4.15) 定義的機率。β是訓練過程中將退火（Anneal）[1] 到 1 的超參數，這麼設定是由於隨著訓練增加，更新會趨近於無偏。此權重通常被折疊進損失函數來構造加權學習。

為了更有效地實現上述方法，我們將使用一個分段線性函數逼近取樣機率的累積密度函數，該函數具有k段。更準確地說，優先順序儲存在一個稱為線段樹的高效查詢資料結構中。在執行期間，首先對線段範圍進行取樣，然後在該線段範圍內的樣本進行均勻取樣。對 DQN 的改進如圖 4.3 所示。

---

1 指模擬退火法中的退火，一種簡單的實現是線性退火，例如，若設置初始值 0.6，終止值 1.0，最大迭代步數爲 100，則第$0 \le t < 100$步取$\beta = 0.6 + t(1.0 - 0.6)/99$

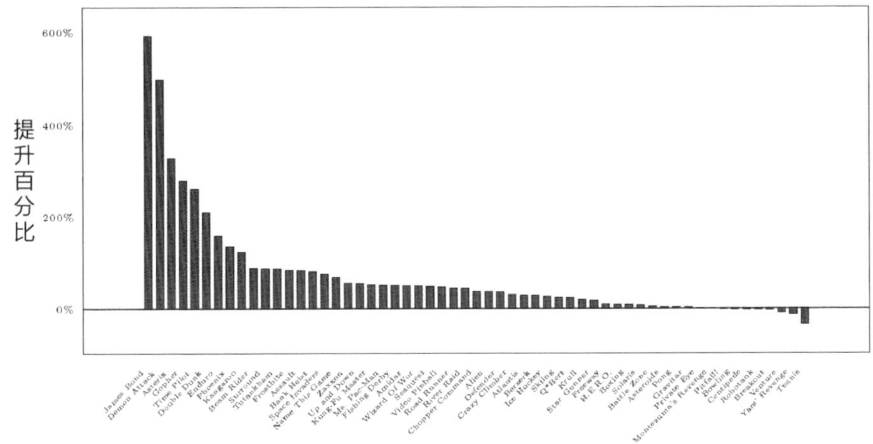

圖 4.3　使用以等級優先排序為基礎的優先經驗重播演算法(Schaul et al., 2015) 相比於 DQN (Mnih et al., 2015) 在 Atari 基準上的效果提升，計算標準參考公式(4.11)。所有資料來自文獻(Wang et al., 2016)

4.7 其他改進內容：多步學習、雜訊網路和值分佈強化學習

Rainbow 在包含 Double Q-Learning、Dueling 結構和 PER 之外，還包含了另外 3 個 DQN 的擴充，並在 Atari 遊戲上獲得了顯著的成果 (Hessel et al., 2018)。在本節中，我們將對此多作說明，並進一步討論它們的延伸內容。

第一個擴充是多步學習（Multi-Step Learning）。使用 n 步回報將使估計更加準確，也被證明可以透過適當調整 n 值來加快學習速度(Sutton et al., 2018)。然而，在離線策略學習過程中，目標策略和行為策略在多個步驟中的行為選擇可能並不匹配。我們可以在文獻(Hernandez-Garcia et al., 2019)中找到一個系統性的研究方法來校正此類錯配問題。Rainbow 直接使用了來自指定狀態S_t的截斷的n步回報$R_t^{(k)}$ (Castro et al., 2018; Hessel et al., 2018)，其中 $R_t^{(k)}$ 由以下公式定義。

$$R_t^{(k)} = \sum_{k=0}^{n-1} \gamma^k R_{t+k} \tag{4.17}$$

接著，Q-Learning 多步學習變形的目標透過下式定義。

$$R_t^{(k)} + \gamma^k \max_a Q(S_{t+k}, a) \tag{4.18}$$

第二個擴充是雜訊網路(Fortunato et al., 2017)。它是另一種ϵ貪婪的探索演算法，對於像《蒙特祖瑪的寶藏》這樣需要大量探索的遊戲十分有效。我們使用一個額外的雜訊流將雜訊加入線性層$\mathbf{y} = (\mathbf{Wx} + \mathbf{b})$中。

$$\mathbf{y} = (\mathbf{Wx} + \mathbf{b}) + ((\mathbf{W}_{\text{noisy}} \odot \epsilon_w)\mathbf{x} + \mathbf{b}_{\text{noisy}} \odot \epsilon_b) \tag{4.19}$$

其中，$\odot$表示元素間的乘積，$\mathbf{W}_{\text{noisy}}$ 和 $\mathbf{b}_{\text{noisy}}$ 都是可訓練的參數，而 ϵ_w 和 ϵ_b 是將退火到 0 的隨機的純量。實驗顯示，雜訊網路相比於許多基準線演算法，使得許多 Atari 遊戲的得分有了大幅提升。

最後一個擴充是值分佈強化學習(Bellemare et al., 2017)。該方法為值估計提供了一個新的視角。文獻(Bellemare et al., 2017)提出了分散式貝爾曼運算元$\mathcal{T}^\pi$用於估計回報Z的分佈，以改進過去只考慮Z的期望的做法:

$$\mathcal{T}^\pi Z = R + \gamma P^\pi Z. \tag{4.20}$$

圖 4.4 展示了$\mathcal{T}^\pi$的一種連續分佈的情況。

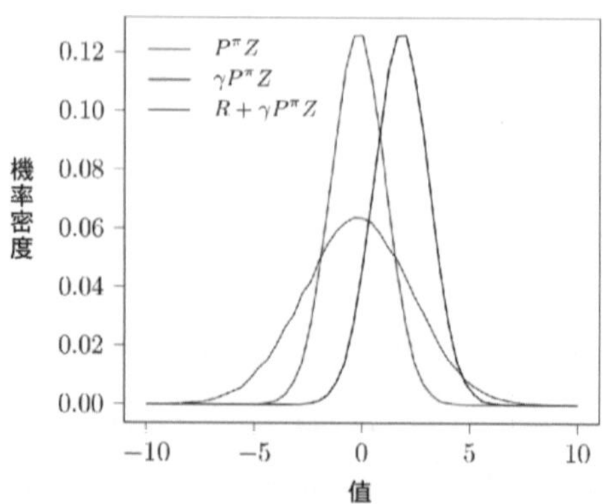

圖 4.4　一種分散式貝爾曼運算元在連續分佈上的情況。它提供了在策略π下，下個狀態的回報分佈。它將先被折扣因數 γ 折損，然後被當前時間步中的獎勵移動

Rainbow 中使用的值分佈 DQN 變形被稱為離散 DQN (Bellemare et al., 2017)，它透過一個離散分佈來對狀態-動作值分佈進行建模，該分佈由一個有N個元素（也被稱為原子）的向量$\mathbf{z}$參數化而來。該向量表示為$z_i = V_{\min} + (i-1)\Delta z$，其中$[V_{\min}, V_{\max}]$ 是狀態-動作值分佈的範圍，並且$\Delta z = \frac{V_{\max}-V_{\min}}{N-1}$。在實踐中，$N$值通常設定為 51，因此，有時該演算法也被稱為 **C51**。C51 的參數模型θ輸出每個原子機率$p_i(s,a) = \mathrm{e}^{\theta_i(s,a)} / \sum_j \mathrm{e}^{\theta_j(s,a)}$組成分佈$Z_\theta$。其中值得注意的是，離散化的近似會導致貝爾曼更新$\mathcal{T}^\pi Z$與參數化的$Z_\theta$脱節。而 C51 透過將目標分佈$\mathcal{T}^\pi Z_{\hat{\theta}}$投影到$Z_\theta$上來解決這個問題。更加準確地説，若指定一個轉移資料 (S_t, A_t, R_t, S_{t+1})，則使用 Double Q-Learning 的投影目標$\Phi\mathcal{T}^\pi Z_{\hat{\theta}}(S_t, A_t)$的第$i$個分量由以下公式算出：

$$\sum_{j=1}^{N} p_j(S_{t+1}, \underset{a}{\operatorname{argmax}} \mathbf{z}^{\mathsf{T}} p(S_{t+1}, a; \theta); \hat{\theta}) [1 - \frac{|[R_t + \gamma z_j]_{V_{\min}}^{V_{\max}} - z_i|}{\Delta z}]_0^1 \tag{4.21}$$

其中，$[\cdot]_a^b$ 將其參數限制在$[a,b]$範圍內。由於 TD 誤差無法度量值分佈之間的差異，因此 C51 提出使用以下的 Kullbeck-Leibler 散度作為訓練損失：

$$D_{\mathrm{KL}}(\Phi\mathcal{T}^\pi Z_{\hat{\theta}}(S_t, A_t) \parallel Z_\theta(S_t, A_t)). \tag{4.22}$$

另外，用於經驗重播的優先順序也被 KL 散度所代替。對於 Dueling 結構，輸出分佈也將分為價值資料流程和優勢資料流程，並且總分佈估計如下所示：

$$p_i(s,a) = \frac{\exp(V_i(s) + A_i(s,a) - \bar{A}_i(s,a))}{\sum_j \exp(V_j(s) + A_j(s,a) - \bar{A}_j(s,a))} \tag{4.23}$$

其中 $\bar{A}_j(s,a)$ 由$\frac{1}{|\mathcal{A}|}\sum_{a'} A_j(s,a')$定義。

透過 C51 實現的值分佈強化學習的主要缺點是，它只能在一個固定的離散集上估計值。文獻(Dabney et al., 2018b)提出了**分位數回歸 DQN**（Quantile Regression DQN，QR-DQN），透過分位數回歸估計完整分佈的分位數來

解決這個問題。在介紹 QR-DQN 之前，我們先來看看這個分位數回歸（Quantile Regression）。回想一下，對絕對損失函數進行經驗風險最小化，能使預測符合中值（50%分位數）。具體來說，指定隨機變數x及其標籤y，對於估計函數f，經驗平均絕對誤差為$\mathcal{L}_{\text{mae}} = \mathbb{E}[|f(x) - y|]$。接著用以下的偏微分：

$$\begin{aligned}\frac{\partial \mathcal{L}_{\text{mae}}}{\partial f(x)} &= \frac{\partial}{\partial f(x)}(P(f(x) > y)(f(x) - y) + P(f(x) \le y)(y - f(x))) \\ &= P(f(x) > y) - P(f(x) \le y) = 0, \end{aligned} \tag{4.24}$$

我們能得到$F(x) = 0.5$，其中 F 是 f 的原函數。通常來說，對於分位數τ，其分位數損失定義為 $\mathcal{L}_{\text{quantile}}(\tau) = \mathbb{E}[\rho_\tau(f(x) - y)]$，其中

$$\rho_\tau(\alpha) = \begin{cases} \tau\alpha, & \text{若}\alpha > 0 \\ (\tau - 1)\alpha, & \text{其他} \end{cases} \tag{4.25}$$

與之類似，透過$\frac{\partial \mathcal{L}_{\text{quantile}}}{\partial f(x)}$，我們能得到 $F(x) = 1 - \tau$，即$f(x)$是隨機變數y的τ分位數值。

具體來說，QR-DQN 考慮將N個均勻的分位數 $q_i = \frac{1}{N}$ 作為值分佈。對於一個 QR-DQN 模型$\theta: \mathcal{S} \to \mathbb{R}^{N \times |\mathcal{A}|}$，在取樣期間，$Q$值的狀態 s 和動作 a 是 N 個估計的平均值：$Q(s,a) = \sum_{i=1}^{N} q_i \theta_i(s,a)$。在訓練過程中，以$Q$值為基礎的貪婪策略在下個狀態提供$a^* = \text{argmax}_{a'} Q(s', a')$，並且根據公式 (20)，分散式貝爾曼目標為$\mathcal{T}\theta_j = r + \gamma\theta_j(s', a^*)$。文獻(Dabney et al., 2018b)中的引理 2 指出下式的和可以最小化近似值分佈與真實值之間的 1-Wasserstein 距離：

$$\sum_{i=1}^{N} \mathbb{E}_j[\rho_{\hat{\tau}_i}(\mathcal{T}\theta_j - \theta_i(s,a))]. \tag{4.26}$$

其中$\hat{\tau}_i = \frac{i}{N} - \frac{1}{2N}$。

圖 4.5 展示了 DQN、C51 和 QR-DQN 的比較。接下來在值分佈強化學習

上，其參數化分佈的靈活性和堅固性上還有更多的工作要做。讀者對這方面感興趣的話可以從文獻 (Dabney et al.,2018a; Mavrin et al., 2019; Yang et al., 2019) 中找到相關資源。

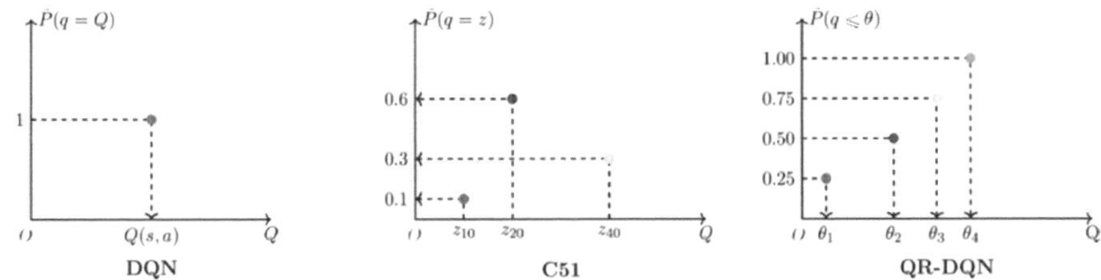

圖 4.5 比較s和動作a下的 DQN，C51 和 QR-DQN。其中箭頭指向的是估計值。QR-DQN 中分位數的數量指定為 4。DQN 的結構只輸出實際Q值的近似值。對於值分佈強化學習，C51 估計了多個Q值，而 QR-DQN 提供了Q值的分位數

4.8 DQN 程式實例

本節中，我們將圍繞 DQN 及其變形演算法討論更多訓練細節。首先演示 Atari 環境的設定過程，以及如何實現一些十分有用的裝飾器（Wrapper）。高效率地使用裝飾器能使訓練更加簡單和穩定。

Gym 環境相關

OpenAI Gym 是一個用於開發和比較強化學習演算法的開放原始碼工具套件。它包含了如圖 4.6 顯示的一系列環境。它可以直接從 PyPI 安裝，預設安裝套件不帶有 Atari 元件，需要使用 Atari 擴充安裝：

```
pip install gym[atari]
```

也可以直接從來源安裝。

```
git clone https://github.com/openai/gym.git
cd gym
pip install -e .
```

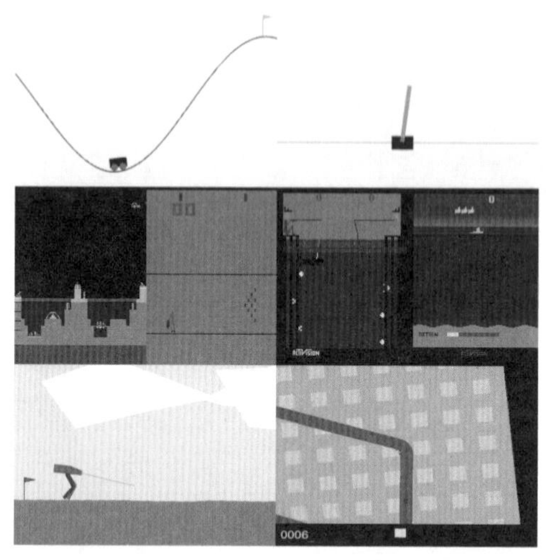

圖 4.6 OpenAI Gym 的一些環境

可以透過以下程式建立環境實例 env：

```
import gym
env = gym.make(env_id)
```

其中 env_id 是環境名稱的字串。所有可用的 env_id 可以在網址上查到。

env 實例中有以下重要的方法：

1. env.reset() 重新啟動環境並返回初始的觀測資料。
2. env.render(mode) 根據所給的 mode 模式呈現環境圖型。預設為 human 模式，它將呈現當前顯示畫面或終端視窗，並不返回任何內容。你可以指定 rgb_array 模式來使 env.render 函數返回 numpy.ndarray 物件，這些資料可用於生成視訊。
3. env.step(action) 在環境中執行動作 action，並執行一個時間步。之後返回 (observation, reward, done, info)的資料元組，其中 observation 為當前環境的觀測資料，reward 是狀態轉移的獎勵，done 指出當前部分是否結束，info 則包含一些輔助資訊。
4. env.seed(seed) 手動設定隨機種子。該函數在複現效果時非常有用。

這裡展示了一個經典遊戲 Breakout（打磚塊）的例子。我們將先執行一個 BreakoutNoFrameskip-v4 環境的實例直到本部分結束。遊戲過程的樣幀圖型如圖 4.7 所示。

```
import gym
env = gym.make('BreakoutNoFrameskip-v4')
o = env.reset()
while True:
    env.render()
    # take a random action
    a = env.action_space.sample()
    o, r, done, _ = env.step(a)
    if done:
        break
env.close() # close and clean up
```

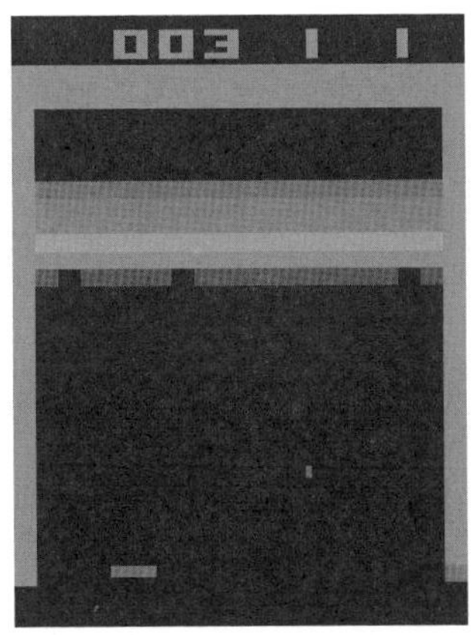

圖 4.7 Breakout 遊戲的樣幀圖型。在螢幕上方有幾行需要被破壞的磚塊。智慧體可以控制螢幕下方的擋板，並控制角度彈射小球到想要的位置來撞毀磚塊。該遊戲的觀測資料是形狀為(210,160,3)的 RGB 螢幕圖型

需要注意的是，遊戲 id 中的 NoFrameskip 表示沒有跳幀和動作重複，而 v4 意思是當前為第 4 個版本，也是本書寫稿時的最新版本。我們將在接下來的例子中使用該環境。

OpenAI Gym 的另一個十分有用的特性是環境裝飾器。它可以對環境物件進行裝飾，使訓練程式更加簡潔。以下程式展示了一個用於限制每個回合部分最大長度的時間限制裝飾器，這也是 Atari 遊戲的預設裝飾器。

```
class TimeLimit(gym.Wrapper):
    def __init__(self, env, max_episode_steps=None):
        super(TimeLimit, self).__init__(env)
        self._max_episode_steps = max_episode_steps
        self._elapsed_steps = 0
            def step(self, ac):
            o, r, done, info = self.env.step(ac)
            self._elapsed_steps += 1
            if self._elapsed_steps >= self._max_episode_steps:
                done = True
                info['TimeLimit.truncated'] = True
            return o, r, done, info

def reset(self, **kwargs):
    self._elapsed_steps = 0
    return self.env.reset(**kwargs)
```

為了更加高效率地訓練，gym.vector.AsyncVectorEnv 提供了一個用來平行運行n個環境的向量化裝飾器的實現。所有的介面將統一收到並返回n個變數。此外，還可以實現一個帶有快取的向量化裝飾器，其介面也接受和返回n個變數，但會在後台保持 $m > n$個執行緒。這樣將更為高效率地執行某些狀態轉移耗時較長的環境。

Gym 提供一系列 Atari2600 遊戲的標準介面。這些遊戲可以以遊戲記憶體資料或螢幕圖像資料作為輸入，使用街機學習環境(Bellemare et al., 2013)執行。在這 2600 款 Atari 遊戲中，有些遊戲最多包含 18 個不同的按鍵組合：

1. 移動按鍵：空動作、上移、右移、左移、下移、右上鍵組合、左上鍵組合、右下鍵組合、左下鍵組合。

2. 攻擊按鍵：開火、上移開火組合、右移開火組合、左移開火組合、下移開火組合、右上開火組合、左上開火組合、右下開火組合、左下開火組合。

此處的空動作表示什麼都不做。然後開火鍵可能被作為開始遊戲的按鍵。為了方便起見，我們後續將以按鍵名稱呼其對應的動作。

DQN

DQN 還有三個額外的訓練技巧。首先，依次使用以下的裝飾器可以讓訓練更加穩定高效。

1. NoopResetEnv 在重置遊戲時，會隨機地進行幾步空動作，以確保初始化的狀態更為隨機。預設的最大空動作數量為 30。這個裝飾器將有助智慧體收集更多的初始狀態，提供更為堅固的學習。
2. MaxAndSkipEnv 重複每個動作 4 次，以提供更為高效的學習。為了進一步對觀測資料降噪，返回的圖型幀是在最近 2 幀上對像素進行最大池化的結果。
3. Monitor 記錄原始獎勵資料。我們可以在這個裝飾器中實現一些有用的函數，比如速度追蹤器。
4. EpisodicLifeEnv 使得本條命結束的時候，相當於本部分結束。這樣不用等到玩家所有命都消耗完才能結束本部分，對價值估計很有幫助 (Roderick et al., 2017)。
5. FireResetEnv 在環境重置的時候觸發開火 動作。很多遊戲需要這個開火動作來開始遊戲。這是快速開始遊戲的先驗知識。
6. WarpFrame 將觀測資料轉為84×84 的灰階圖型。
7. ClipRewardEnv 將獎勵透過符號進行裝飾，只根據獎勵資料的符號輸出 −1、0、1 三種獎勵值。這樣防止任何一個單獨的小量更新而大幅改變參數，可以進一步提高穩定性。
8. FrameStack 堆疊最後 4 幀。我們回憶一下，DQN 為了捕捉運動資訊，透過堆疊當前幀和前 3 幀來用函數ϕ對觀測資料進行前置處理。

FrameStack 和 WarpFrame 實現了ϕ的功能。需要 注意的是，我們可以透過只在觀測值之間儲存一次公共幀來最佳化記憶體使用，這也稱為延遲幀技術（Lazy-Frame Trick）。

其次，為避免梯度爆炸，DQN(DeepMind, 2015; Mnih et al., 2015) 使用了對平方誤差進行了裁剪，這等於將均方差替換成了$\delta = 1$情況下的 Huber 損失(Huber, 1992)。Huber 損失如下所示：

$$L_\delta(x) = \begin{cases} \frac{1}{2}x^2 & |x| \le \delta \\ \delta\left(|x| - \frac{1}{2}\delta\right) & \text{其他} \end{cases} \tag{4.27}$$

最終，重播快取取樣了大批有放回的抽樣。在能夠有個穩定的開始之前，最後還需要完成一些暖開機步驟。

注意到上述所説的全部三個技巧都用於本節中所有的實驗。現在我們將展示如何建立一個能玩 Breakout 遊戲的智慧體。首先，為了實驗的可複現性，我們將手動設定相關函數庫的隨機種子。

```
random.seed(seed)
np.random.seed(seed)
tf.random.set_seed(seed)
```

接著，我們透過 tf.keras.Model 創建一個 Q 網路：

```
class QFunc(tf.keras.Model):
   def __init__(self, name):
      super(QFunc, self).__init__(name=name)
      self.conv1 = tf.keras.layers.Conv2D(
       32, kernel_size=(8, 8), strides=(4, 4),
       padding='valid', activation='relu')
      self.conv2 = tf.keras.layers.Conv2D(
       64, kernel_size=(4, 4), strides=(2, 2),
       padding='valid', activation='relu')
      self.conv3 = tf.keras.layers.Conv2D(
       64, kernel_size=(3, 3), strides=(1, 1),
       padding='valid', activation='relu')
```

```
    self.flat = tf.keras.layers.Flatten()
    self.fc1 = tf.keras.layers.Dense(512, activation='relu')
    self.fc2 = tf.keras.layers.Dense(action_dim, activation='linear')

def call(self, pixels, **kwargs):
    # scale observation
    pixels = tf.divide(tf.cast(pixels, tf.float32), tf.constant(255.0))
    # extract features by convolutional layers
    feature = self.flat(self.conv3(self.conv2(self.conv1(pixels))))
    # calculate q-value
    qvalue = self.fc2(self.fc1(feature))

    return qvalue
```

DQN 物件的定義由 Q 網路、目標 Q 網路、訓練時間步數目和最佳化器、同步 Q 網路、目標 Q 網路這些屬性組成，程式如下所示。

```
class DQN(object):
    def __init__(self):
      self.qnet = QFunc('q')
      self.targetqnet = QFunc('targetq')
      sync(self.qnet, self.targetqnet)
      self.niter = 0
       self.optimizer = tf.optimizers.Adam(lr, epsilon=1e-5,
clipnorm=clipnorm)
```

申明一個內部方法，以裝飾 Q 網路，之後再給 DQN 物件增加一個 get_action 方法來執行ϵ-貪婪的行動。

```
@tf.function
def _qvalues_func(self, obv):
    return self.qnet(obv)

def get_action(self, obv):
    eps = epsilon(self.niter)
    if random.random() < eps:
    return int(random.random() * action_dim)
```

```
else:
    obv = np.expand_dims(obv, 0).astype('float32')
    return self._qvalues_func(obv).numpy().argmax(1)[0]
```

其中，這裡的 epsilon 函數是一個在前 10%訓練時間步中，將ϵ線性地從 1.0 退火到 0.01 的函數。為了更進一步地訓練，我們為 DQN 及其變形提供了 3 個通用介面，即 train、_train_func、 _tderror_func。

```
def train(self, b_o, b_a, b_r, b_o_, b_d):
    self._train_func(b_o, b_a, b_r, b_o_, b_d)

    self.niter += 1
    if self.niter
        sync(self.qnet, self.targetqnet)

@tf.function
def _train_func(self, b_o, b_a, b_r, b_o_, b_d):
    with tf.GradientTape() as tape:
        td_errors = self._tderror_func(b_o, b_a, b_r, b_o_, b_d)
        loss = tf.reduce_mean(huber_loss(td_errors))

    grad = tape.gradient(loss, self.qnet.trainable_weights)
    self.optimizer.apply_gradients(zip(grad, self.qnet.trainable_weights))

    return td_errors

@tf.function
def _tderror_func(self, b_o, b_a, b_r, b_o_, b_d):
    b_q_ = (1 - b_d) * tf.reduce_max(self.targetqnet(b_o_), 1)
    b_q = tf.reduce_sum(self.qnet(b_o) * tf.one_hot(b_a, action_dim), 1)

    return b_q - (b_r + reward_gamma * b_q_)
```

其中 train 呼叫了 _train_func 並每 target_q_update_freq 個時間步將目標 Q 網路與 Q 網路進行同步。

最終，我們建構主要訓練步驟：

```
dqn = DQN()
buffer = ReplayBuffer(buffer_size)

o = env.reset()
nepisode = 0
t = time.time()
for i in range(1, number_time steps + 1):
   a = dqn.get_action(o)

   # execute action and feed to replay buffer
   # note that '_' tail in var name means next
   o_, r, done, info = env.step(a)
   buffer.add(o, a, r, o_, done)

   if i >= warm_start and i
     transitions = buffer.sample(batch_size)
     dqn.train(*transitions)

   if done:
     o = env.reset()
   else:
     o = o_

   # episode in info is real (unwrapped) message
   if info.get('episode'):
     nepisode += 1
     reward, length = info['episode']['r'], info['episode']['l']
     print(
      'Time steps so far: {}, episode so far: {}, '
      'episode reward: {:.4f}, episode length: {}'
        .format(i, nepisode, reward, length)
      )
```

我們在 3 個隨機種子上執行了 Breakout 遊戲10^7個時間步（4×10^7 幀）。為了更進一步地視覺化，我們將訓練時的部分獎勵進行平滑處理。之後透過以下程式繪製平均值和標準差，輸出效果如圖 4.8 所示的紅色區域。

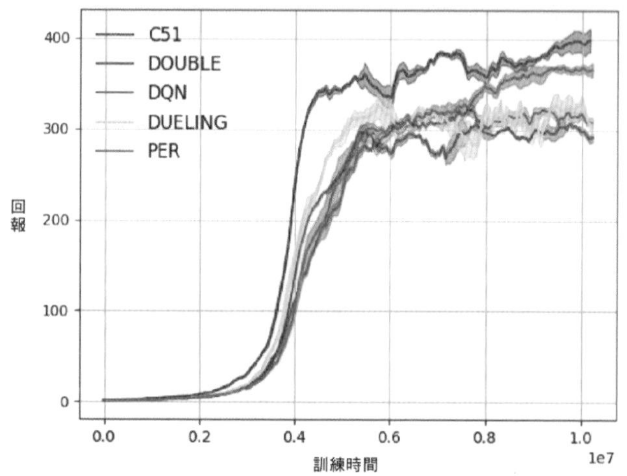

圖 4.8 DQN 及其變形在 Breakout 遊戲中的效果

```
from matplotlib import pyplot as plt
plt.plot(xs, mean, color=color)
plt.fill_between(xs, mean - std, mean + std, color=color, alpha=.4)
```

Double DQN

Double DQN 可以透過更新 Double Q 的估計來簡單地實現。在智慧體的 _tderror_func 中使用以下 Double Q 估計的程式進行替換即可。

```
# double Q estimation
b_a_ = tf.one_hot(tf.argmax(qnet(b_o_), 1), out_dim)
b_q_ = (1 - b_d) * tf.reduce_sum(targetqnet(b_o_) * b_a_, 1)
```

我們也在 Breakout 遊戲上，使用 3 個隨機種子執行了 10^7 個時間步。輸出效果顯示在圖 4.8 上的綠色區域。

Dueling DQN

Dueling 架構只對 Q 網路進行了修改，它可以透過以下方式實現：

```
class QFunc(tf.keras.Model):
  def __init__(self, name):
    super(QFunc, self).__init__(name=name)
    self.conv1 = tf.keras.layers.Conv2D(
     32, kernel_size=(8, 8), strides=(4, 4),
     padding='valid', activation='relu')
    self.conv2 = tf.keras.layers.Conv2D(
     64, kernel_size=(4, 4), strides=(2, 2),
     padding='valid', activation='relu')
    self.conv3 = tf.keras.layers.Conv2D(
     64, kernel_size=(3, 3), strides=(1, 1),
     padding='valid', activation='relu')
    self.flat = tf.keras.layers.Flatten()
    self.fc1q = tf.keras.layers.Dense(512, activation='relu')
    self.fc2q = tf.keras.layers.Dense(action_dim, activation='linear')
    self.fc1v = tf.keras.layers.Dense(512, activation='relu')
    self.fc2v = tf.keras.layers.Dense(1, activation='linear')
  def call(self, pixels, **kwargs):
    # scale observation
    pixels = tf.divide(tf.cast(pixels, tf.float32), tf.constant(255.0))
    # extract features by convolutional layers
    feature = self.flat(self.conv3(self.conv2(self.conv1(pixels))))
    # calculate q-value
    qvalue = self.fc2q(self.fc1q(feature))
    svalue = self.fc2v(self.fc1v(feature))

     return svalue + qvalue - tf.reduce_mean(qvalue, 1, keepdims=True)
```

return svalue + qvalue - tf.reduce_mean(qvalue, 1, keepdims=True) 我們同樣在 Breakout 遊戲上，使用 3 個隨機種子執行了 10^7 個時間步。在圖 8 上的青色區域是該方法的輸出效果。

經驗優先重播

PER 相較於標準的 DQN 有三個變化。首先，重播快取維持了 2 個線段樹進行取小和求和操作，來高效率地計算最小優先順序和優先順序之和。更具體地說，_it_sum 屬性是具備兩個介面的求和操作線段樹物件，sum 用於獲得指定區間內的元素之和，而 find_prefixsum_idx 用於尋找更高的索引 i，以使最小的i個元素比輸入值要小。

其次，為了代替原本的均勻取樣，考慮比例資訊的取樣策略如下所示：

```
res = []
p_total = self._it_sum.sum(0, len(self._storage) - 1)
every_range_len = p_total / batch_size
for i in range(batch_size):
   mass = random.random() * every_range_len + i * every_range_len
   idx = self._it_sum.find_prefixsum_idx(mass)
   res.append(idx)
return res
```

最後，不同於普通的重播快取，PER 必須返回取樣經驗的索引和標準化的權重。權重用於計算加權 Huber 損失，而索引則用於更新優先順序。取樣步驟將被修改為

```
*transitions, idxs = buffer.sample(batch_size)
priorities = dqn.train(*transitions)
priorities = np.clip(np.abs(priorities), 1e-6, None)
buffer.update_priorities(idxs, priorities)
```

_train_func 可修改為

```
@tf.function
def _train_func(self, b_o, b_a, b_r, b_o_, b_d, b_w):
   with tf.GradientTape() as tape:
      td_errors = self._tderror_func(b_o, b_a, b_r, b_o_, b_d)
      loss = tf.reduce_mean(huber_loss(td_errors) * b_w)

   grad = tape.gradient(loss, self.qnet.trainable_weights)
```

```
    self.optimizer.apply_gradients(zip(grad, self.qnet.trainable_weights))

    return td_errors
```

我們還是在 Breakout 遊戲上，使用 3 個隨機種子執行了 10^7 個時間步。圖 8 上的洋紅色區域是該方法的輸出效果。

深度 Q 分佈網路

值分佈強化學習對Q值進行估計。在本節中，我們將透過演示如何實現其中的 C51 技術，來實現一種值分佈強化學習方法。在 Breakout 遊戲中，獎勵都是正數。因此，我們將文獻(Bellemare et al., 2017)中值的範圍$[-10,10]$換成$[-1,19]$，其中-1是為了允許一些近似誤差。實現 C51 首先要做的是讓 Q 網路給每個動作輸出 51 個估計值，這點可以透過在最後的全連接層增加更多的輸出單元來實現。接著，為了替代 TD 誤差，需要使用目標 Q 分佈和估計分佈之間的 KL 散度作為誤差：

```
@tf.function
def _kl_divergence_func(self, b_o, b_a, b_r, b_o_, b_d):
    b_r = tf.tile(
        tf.reshape(b_r, [-1, 1]),
        tf.constant([1, atom_num])
    ) # batch_size * atom_num
    b_d = tf.tile(
        tf.reshape(b_d, [-1, 1]),
        tf.constant([1, atom_num])
    )

    z = b_r + (1 - b_d) * reward_gamma * vrange # shift value distribution
    z = tf.clip_by_value(z, min_value, max_value) # clip the shifted
distribution
    b = (z - min_value) / deltaz
    index_help = tf.expand_dims(tf.tile(
        tf.reshape(tf.range(batch_size), [batch_size, 1]),
        tf.constant([1, atom_num])
```

```
    ), -1)

    b_u = tf.cast(tf.math.ceil(b), tf.int32) # upper
    b_uid = tf.concat([index_help, tf.expand_dims(b_u, -1)], 2) # indexes
    b_l = tf.cast(tf.math.floor(b), tf.int32)
    b_lid = tf.concat([index_help, tf.expand_dims(b_l, -1)], 2) # indexes

    b_dist_ = self.targetqnet(b_o_) # whole distribution
    b_q_ = tf.reduce_sum(b_dist_ * vrange_broadcast, axis=2)
    b_a_ = tf.cast(tf.argmax(b_q_, 1), tf.int32)
    b_adist_ = tf.gather_nd( # distribution of b_a_
       b_dist_,
       tf.concat([tf.reshape(tf.range(batch_size), [-1, 1]),
                  tf.reshape(b_a_, [-1, 1])], axis=1)
    )
    b_adist = tf.gather_nd( # distribution of b_a
       self.qnet(b_o),'
    tf.concat([tf.reshape(tf.range(batch_size), [-1, 1]),
               tf.reshape(b_a, [-1, 1])], axis=1)
    ) + 1e-8

    b_l = tf.cast(b_l, tf.float32)
    mu = b_adist_ * (b - b_l) * tf.math.log(tf.gather_nd(b_adist, b_uid))
    b_u = tf.cast(b_u, tf.float32)
    ml = b_adist_ * (b_u - b) * tf.math.log(tf.gather_nd(b_adist, b_lid))
    kl_divergence = tf.negative(tf.reduce_sum(mu + ml, axis=1))
    return kl_divergence
```

當然我們在 Breakout 遊戲上，使用 3 個隨機種子執行了 10^7 個時間步。圖 4.8 上的藍色區域是該方法的輸出效果。

參考文獻

- BELLEMARE M G, NADDAF Y, VENESS J, et al., 2013. The Arcade Learning Environment: An evaluation platform for general agents[J]. Journal of Artificial Intelligence Research, 47: 253-279.
- BELLEMARE M G, DABNEY W, MUNOS R, 2017. A distributional perspective on reinforcement learning[C]//Proceedings of the 34th International Conference on Machine Learning-Volume 70. JMLR.org: 449-458.
- CASTRO P S, MOITRA S, GELADA C, et al., 2018. Dopamine: A research framework for deep reinforcement learning[J].
- DABNEY W, OSTROVSKI G, SILVER D, et al., 2018a. Implicit quantile networks for distributional reinforcement learning[C]//International Conference on Machine Learning. 1104-1113.
- DABNEY W, ROWLAND M, BELLEMARE M G, et al., 2018b. Distributional reinforcement learningwith quantile regression[C]//Thirty-Second AAAI Conference on Artificial Intelligence.
- DEEPMIND, 2015. Lua/Torch implementation of DQN[J]. GitHub repository.
- FORTUNATO M, AZAR M G, PIOT B, et al., 2017. Noisy networks for exploration[J]. arXiv preprint arXiv:1706.10295.
- HERNANDEZ-GARCIA J F, SUTTON R S, 2019. Understanding multi-step deep reinforcement learning:A systematic study of the DQN target[C]//Proceedings of the Neural Information Processing Systems (Advances in Neural Information Processing Systems) Workshop.
- HESSEL M, MODAYIL J, VAN HASSELT H, et al., 2018. Rainbow: Combining improvements in deepreinforcement learning[C]//Thirty-Second AAAI Conference on Artificial Intelligence.

- HUBER P J, 1992. Robust estimation of a location parameter[M]//Breakthroughs in statistics. Springer:492-518.
- LIN L J, 1993. Reinforcement learning for robots using neural networks[R]. Carnegie-Mellon UnivPittsburgh PA School of Computer Science.
- MAVRIN B, YAO H, KONG L, et al., 2019. Distributional reinforcement learning for efficient explo-ration[C]//International Conference on Machine Learning. 4424-4434.
- MCCLELLAND J L, MCNAUGHTON B L, O'REILLY R C, 1995. Why there are complementary learning systems in the hippocampus and neocortex: insights from the successes and failures of connectionist models of learning and memory.[J]. Psychological review, 102(3): 419.
- MNIH V, KAVUKCUOGLU K, SILVER D, et al., 2015. Human-level control through deep reinforcement learning[J]. Nature.
- O'NEILL J, PLEYDELL-BOUVERIE B, DUPRET D, et al., 2010. Play it again: reactivation of wakingexperience and memory[J]. Trends in neurosciences, 33(5): 220-229.
- RIEDMILLER M, 2005. Neural fitted Q iteration – first experiences with a data efficient neural reinforce-ment learning method[C]//European Conference on Machine Learning. Springer: 317-328.
- RODERICK M, MACGLASHAN J, TELLEX S, 2017. Implementing the deep Q-network[J]. arXiv preprint arXiv:1711.07478.
- SCHAUL T, QUAN J, ANTONOGLOU I, et al., 2015. Prioritized experience replay[C]//arXiv preprintarXiv:1511.05952.
- SUTTON R S, BARTO A G, 2018. Reinforcement learning: An introduction[M]. MIT press.
- THRUN S, SCHWARTZ A, 1993. Issues in using function approximation for reinforcement learning[C]//Proceedings of the 1993 Connectionist

Models Summer School Hillsdale, NJ. Lawrence Erlbaum.

- TSITSIKLIS J, VAN ROY B, 1996. An analysis of temporal-difference learning with function ap- proximationtechnical[J]. Report LIDS-P-2322). Laboratory for Information and Decision Systems, Massachusetts Institute of Technology, Tech. Rep.
- TSITSIKLIS J N, VAN ROY B, 1997. Analysis of temporal-diffference learning with function approxi-mation[C]//Advances in Neural Information Processing Systems. 1075-1081.
- VAN HASSELT H, GUEZ A, SILVER D, 2016. Deep reinforcement learning with double Q-learning[C]// Thirtieth AAAI conference on artificial intelligence.
- WANG Z, SCHAUL T, HESSEL M, et al., 2016. Dueling network architectures for deep reinforcementlearning[C]//International Conference on Machine Learning. 1995-2003.
- YANG D, ZHAO L, LIN Z, et al., 2019. Fully parameterized quantile function for distributional rein-forcement learning[C]//Advances in Neural Information Processing Systems. 6190-6199.

參考文獻

Chapter

05 策略梯度

策略梯度方法（Policy Gradient Methods）是一類直接針對期望回報（Expected Return）透過梯度下降（Gradient Descent）進行策略最佳化的增強學習方法。這一類方法避免了其他傳統增強學習方法所面臨的一些困難，比如，沒有一個準確的價值函數，或由於連續的狀態和動作空間，以及狀態資訊的不確定性而導致的難解性（Intractability）。在這一章中，我們會學習一系列策略梯度方法。從最基本的 REINFORCE 開始，我們會逐步介紹 Actor-Critic 方法及其分散式運算的版本、信賴域策略最佳化（Trust Region Policy Optimization）及其近似演算法，等等。在本章最後一節，我們附上了本章涉及的所有方法所對應的虛擬程式碼，以及一個具體的實現例子。

5.1 簡介

這一章主要介紹策略梯度方法。和上一章介紹的學習 Q 值函數的深度 Q-Learning 方法不同，策略梯度方法直接學習參數化的策略π_θ。這樣做的好處是不需要在動作空間中求解價值最大化的最佳化問題，從而比較適合解決具有高維或連續動作空間的問題。策略梯度方法的另一個好處是可以很自然地對隨機策略進行建模[1]。最後，策略梯度方法利用了梯度的資訊來啟動最佳化的過程。一般來講，這樣的方法有更好的收斂性保證[2]。

顧名思義，策略梯度方法透過梯度上升的方法直接在神經網路的參數上最佳化智慧體的策略。在這一章中，我們會在 5.2 節中推導出策略梯度的初始版本演算法。這個演算法一般會有估計方差過高的問題。我們在 5.3 節會看到 Actor-Critic 演算法可以有效地減輕這個問題。有趣的是，Actor-Critic 和 GAN 的設計非常相像。我們會在 5.4 節比較它們的相似之處。在 5.5 節、5.6 節中，我們會接著介紹 Actor-Critic 的分散式版本。最後，我們透過考慮在策略空間（而非參數空間）中的梯度上升進一步提高策略梯度方法的性能。一個被廣泛使用的方法是信賴域策略最佳化（Trust Region Policy Optimization，TRPO），我們會在 5.7 節和 5.8 節介紹它及其近似版本，即近端策略最佳化演算法（Proximal Policy Optimization，PPO），以及在 5.9 節中介紹使用 Kronecker 因數化信賴域的 Actor Critic（Actor Critic using Kronecker-factored Trust Region，ACKTR）。

在本章的最後一節，即 5.10 節中，我們提供了所涉及演算法的程式實現，以方便讀者可以迅速上手試驗。每個演算法的完整實現可以在本書的程式庫找到。

---

1 在價值學習的設定下，智慧體需要額外構造它的探索策略，比如ϵ-貪心，以對隨機性策略進行建模。

2 但一般也僅限於局部收斂性，而非全域收斂性。近期的一些研究在策略梯度的全域收斂性上有一些進展，但本章不討論這一方面的工作。

5.2 REINFORCE：初版策略梯度

REINFORCE 演算法在策略的參數空間中直觀地透過梯度上升的方法逐步提高策略 π_θ的性能。回顧一下，由式子 (2.119) 我們有

$$\nabla_\theta J(\pi_\theta) = \mathbb{E}_{\tau\sim\pi_\theta}\left[\sum_{t=0}^{\mathrm{T}} R_t \nabla_\theta \sum_{t'=0}^{t} \log\pi_\theta(A_{t'}|S_{t'})\right] = \mathbb{E}_{\tau\sim\pi_\theta}\left[\sum_{t'=0}^{\mathrm{T}} \nabla_\theta \log\pi_\theta(A_{t'}|S_{t'}) \sum_{t=t'}^{\mathrm{T}} R_t\right] \quad (5.1)$$

注 5.1 上述式子中$\sum_{t=i}^{\mathrm{T}} R_t$ 可以看成是智慧體在狀態S_i處選擇動作A_i，並在之後執行當前策略的情況下，從第i步開始獲得的累計獎勵。事實上，$\sum_{t=i}^{\mathrm{T}} R_t$ 也可以看成$Q_i(A_i,S_i)$，在第i步狀態S_i處採取動作A_i，並在之後執行當前策略的Q值。所以，一個了解 REINFORCE 的角度是：透過給不同的動作所對應的梯度根據它們的累計獎勵指定不同的權重，鼓勵智慧體選擇那些累計獎勵較高的動作A_i。

只要把上述式子中的T替換成∞ 並指定R_t以γ^t的權重，上述式子很容易可以擴充到折扣因數為γ的無限範圍的設定如下。

$$\nabla J(\theta) = \mathbb{E}_{\tau\sim\pi_\theta}\left[\sum_{t'=0}^{\infty} \nabla_\theta \log\pi_\theta(A_{t'}|\, S_{t'})\gamma^{t'} \sum_{t=t'}^{\infty} \gamma^{t-t'} R_t\right]. \quad (5.2)$$

由於折扣因數給未來的獎勵指定了較低的權重，使用折扣因數還有助減少估計梯度時的方差大的問題。實際使用中，$\gamma^{t'}$經常被去掉，從而避免了過分強調軌跡早期狀態的問題。

雖然 REINFORCE 簡單直觀，但它的缺點是對梯度的估計有較大的方差。對於一個長度為 L的軌跡，獎勵R_t的隨機性可能對L呈指數級增長。為了減輕估計的方差太大這個問題，一個常用的方法是引進一個基準函數$b(S_i)$。這裡對$b(S_i)$的要求是：它只能是一個關於狀態S_i的函數（或更確切地說，它不能是關於A_i的函數）。

有了基準函數$b(S_t)$之後，增強學習目標函數的梯度$\nabla J(\theta)$可以表示成

$$\nabla J(\theta)=\mathbb{E}_{\tau\sim\pi_\theta}\left[\sum_{t'=0}^{\infty}\nabla_\theta\log\pi_\theta(A_{t'}|\,S_{t'})\left(\sum_{t=t'}^{\infty}\gamma^{t-t'}R_t-b(S_{t'})\right)\right]. \tag{5.3}$$

這是因為

$$\mathbb{E}_{\tau,\theta}[\nabla_\theta\log\pi_\theta(A_{t'}|\,S_{t'})b(S_{t'})]=\mathbb{E}_{\tau,\theta}[\,b(S_{t'})\mathbb{E}_\theta[\nabla\log\pi_\theta(A_{t'}|\,S_{t'})|\,S_{t'}]\,]=0. \tag{5.4}$$

上述式子的最後一個等式可以由 EGLP 引理（引理 2.2）得到。最後如演算法 5.18 所示，我們得到帶有基準函數的 REINFORCE 演算法。

演算法 5.18 帶基準函數的 REINFORCE 演算法

超參數: 步進值η_θ、獎勵折扣因數γ、總步數L、批次尺寸B、基準函數b。

輸入: 初始策略參數θ_0

初始化$\theta=\theta_0$

for $k=1,2,\cdots,$ **do**

　執行策略π_θ得到B個軌跡，每一個有L步，並收集$\{S_{t,\ell},A_{t,\ell},R_{t,\ell}\}$。

　$\hat{A}_{t,\ell}=\sum_{\ell'=\ell}^{L}\gamma^{\ell'-\ell}R_{t,\ell}-b(S_{t,\ell})$

　$J(\theta)=\frac{1}{B}\sum_{t=1}^{B}\sum_{\ell=0}^{L}\log\pi_\theta(A_{t,\ell}|S_{t,\ell})\hat{A}_{t,\ell}$

　$\theta=\theta+\eta_\theta\nabla J(\theta)$

　用$\{S_{t,\ell},A_{t,\ell},R_{t,\ell}\}$更新$b(S_{t,\ell})$

end for

　返回θ

直觀來講，從獎勵函數中減去一個基準函數這個方法是一個常見的降低方差的方法。假設需要估計一個隨機變數X的期望$\mathbb{E}[X]$。對於任意一個期望為 0 的隨機變數Y，我們知道$X-Y$依然是$\mathbb{E}[X]$的無偏估計。而且，$X-Y$的方差為

$$\mathbb{V}(X-Y)=\mathbb{V}(X)+\mathbb{V}(Y)-2\mathrm{cov}(X,Y). \tag{5.5}$$

式子中的$\mathbb{V}$表示方差，$\mathrm{cov}(X,Y)$表示X和Y的協方差。所以如果Y本身的方差較小，而且和X高度正相關，那麼$X-Y$會是一個方差較小的關於 $\mathbb{E}[X]$的無偏估計。在策略梯度方法中，基準函數的常見選擇是狀態價值函數$V(S_i)$。在下一節中我們可以看到，這個演算法和初版的 Actor-Critic 演算法很相像。最近的一些研究工作也提出了其他不同的基準函數的選擇，感

興趣的讀者可以從文獻(Li et al., 2018; Liu et al., 2017; Wu et al., 2018) 中了解更多的細節。

5.3 Actor-Critic

Actor-Critic 演算法(Konda et al., 2000; Sutton et al., 2000) 是一個既以策略也以價值為基礎的方法。在上一節我們提到，在初版策略梯度方法中可以用狀態價值函數作為基準函數來降低梯度估計的方差。Actor-Critic 演算法也沿用了相同的想法，同時學習行動者（Actor）函數（也就是智慧體的策略函數$\pi(\cdot|s)$）和批判者（Critic）函數（也就是狀態價值函數$V^{\pi}(s)$）。此外，Actor-Critic 演算法還沿用了自舉法（Bootstrapping）的思想來估計Q值函數。REINFORCE 中的誤差項$\sum_{t=i}^{\infty}\gamma^{t-i}R_t - b(S_i)$被時間差分誤差取代了，即 $R_i + \gamma V^{\pi}(S_{i+1}) - V^{\pi}(S_i)$。

我們這裡採用L步的時間差分誤差，並透過最小化該誤差的平方來學習批判者函數$V_{\psi}^{\pi_\theta}(s)$，即

$$\psi \leftarrow \psi - \eta_{\psi}\nabla J_{V_{\psi}^{\pi_\theta}}(\psi). \tag{5.6}$$

式子中ψ表示學習批判者函數的參數，η_{ψ}是學習步進值，並且

$$J_{V_{\psi}^{\pi_\theta}}(\psi) = \frac{1}{2}\left(\sum_{t=i}^{i+L-1}\gamma^{t-i}R_t + \gamma^L V_{\psi}^{\pi_\theta}(S') - V_{\psi}^{\pi_\theta}(S_i)\right)^2, \tag{5.7}$$

S'是智慧體在π_θ下L步之後到達的狀態，所以

$$\nabla J_{V_{\psi}^{\pi_\theta}}(\psi) = \left(V_{\psi}^{\pi_\theta}(S_i) - \sum_{t=i}^{i+L-1}\gamma^{t-i}R_t - \gamma^L V_{\psi}^{\pi_\theta}(S')\right)\nabla V_{\psi}^{\pi_\theta}(S_i). \tag{5.8}$$

同理，行動者函數$\pi_\theta(\cdot|s)$決定每個狀態s上所採取的動作或動作空間上的

機率分佈。我們採用和初版策略梯度相似的方法來學習這個策略函數。

$$\theta = \theta + \eta_\theta \nabla J_{\pi_\theta}(\theta), \tag{5.9}$$

這裡θ表示行動者函數的參數，η_θ是學習步進值，並且

$$\nabla J(\theta) = \mathbb{E}_{\tau,\theta}\left[\sum_{i=0}^{\infty} \nabla \log\pi_\theta(A_i|\,S_i)\left(\sum_{t=i}^{i+L-1} \gamma^{t-i}R_t + \gamma^L V_\psi^{\pi_\theta}(S') - V_\psi^{\pi_\theta}(S_i)\right)\right]. \tag{5.10}$$

注意到，我們這裡分別用了θ和ψ來表示策略函數和價值函數的參數。在實際應用中，當我們選擇用神經網路來表示這兩個函數的時候，經常會讓兩個網路共用一些底層的網路層作為共同的狀態表徵（State Representation）。此外，AC 演算法中的L值經常設為1，也就是 TD(0)誤差。AC 演算法的具體步驟如演算法 5.19 所示。

演算法 5.19 Actor-Critic 演算法

超參數: 步進值η_θ和η_ψ, 獎勵折扣因數γ。
輸入: 初始策略函數參數θ_0、初始價值函數參數ψ_0。
初始化$\theta = \theta_0$和$\psi = \psi_0$。
for $t = 0,1,2,\cdots$ **do**
　執行一步策略π_θ, 保存$\{S_t, A_t, R_t, S_{t+1}\}$。
　估計優勢函數$\hat{A}_t = R_t + \gamma V_\psi^{\pi_\theta}(S_{t+1}) - V_\psi^{\pi_\theta}(S_t)$。
　$J(\theta) = \sum_t \log\pi_\theta(A_t|S_t)\hat{A}_t$
　$J_{V_\psi^{\pi_\theta}}(\psi) = \sum_t \hat{A}_t^2$
　$\psi = \psi + \eta_\psi \nabla J_{V_\psi^{\pi_\theta}}(\psi),\ \theta = \theta + \eta_\theta \nabla J(\theta)$
end for
返回 (θ, ψ)

值得注意的是，AC 演算法也可以使用Q值函數作為其批判者。在這種情況下，優勢函數可以用以下式子估計。

$$Q(s,a) - V(s) = Q(s,a) - \sum_a \pi(a|s)Q(s,a). \tag{5.11}$$

用來學習Q值函數這個批判者的損失函數為

$$J_Q = (R_t + \gamma Q(S_{t+1}, A_{t+1}) - Q(S_t, A_t))^2, \qquad (5.12)$$

或

$$J_Q = \left(R_t + \gamma \sum_a \pi_\theta(a|S_{t+1}) Q(S_{t+1}, a) - Q(S_t, A_t)\right)^2. \qquad (5.13)$$

這裡動作A_{t+1}由當前策略π_θ在狀態S_{t+1}下取樣而得。

5.4 生成對抗網路和 Actor-Critic

初看上去，生成對抗網路（Generative Adversarial Networks，GAN）(Goodfellow et al., 2014) 和 Actor-Critic 應該是截然不同的演算法，用於不同的機器學習領域，一個是生成模型，而另一個是強化學習演算法。但是實際上它們的結構十分類似。對於 GAN，有兩個部分：用於根據某些輸入生成物件的生成網路，以及緊接生成網路的用於判斷生成物件真實與否的判別網路。對於 Actor-Critic 方法，也有兩部分：根據狀態輸入生成動作的動作網路，以及一個緊接動作網路之後用價值函數（比以下一個動作的價值或 Q 值）評估動作好壞的批判網路。

因此，GAN 和 Actor-Critic 基本遵循相同的結構。在這個結構中有兩個相繼的部分：一個用於生成物體，第二個用一個分數來評估生成物體的好壞；隨後選擇一個最佳化過程來使第二部分能夠準確評估，並透過第二部分反向傳播梯度到第一部分來保證它生成我們想要的內容，透過一個定義為損失函數的標準，也就是一個來自結構第二部分的分數或價值函數來實現。

GAN 和 Actor-Critic 的結構詳細比較如圖 5.1 所示。

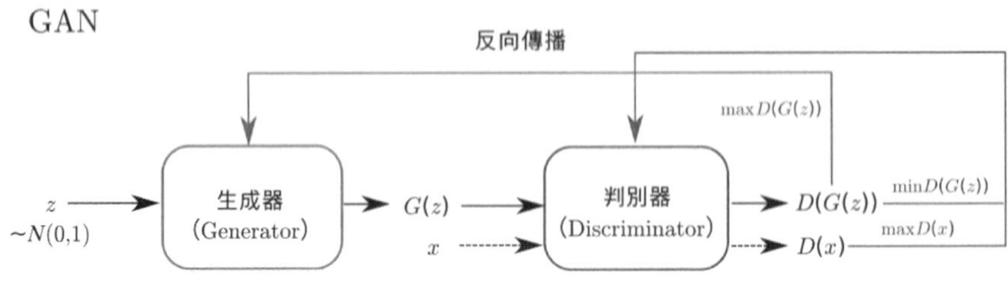

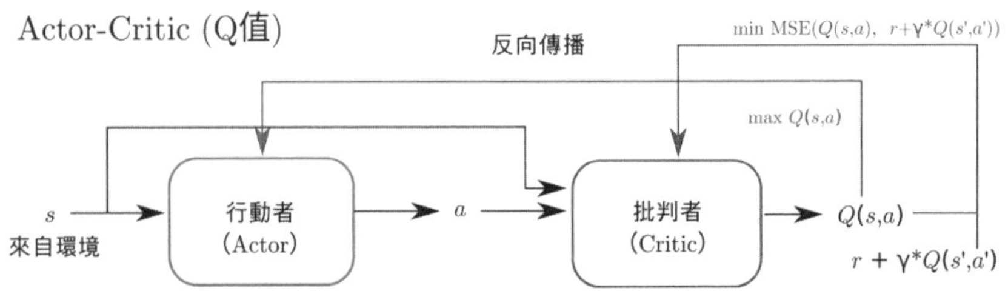

圖 5.1 比較 GAN 和 Actor-Critic 的結構。在 GAN 中，z是輸入的雜訊變數，它可以從如正態分佈中取樣，而x是從真實目標中擷取的資料樣本。在 Actor-Critic 中，s和a分別表示狀態和動作

- 對第一個生成物體的部分：GAN 中的生成器和 Actor-Critic 中的行動者基本一致，包括其前向推理過程和反向梯度最佳化過程。對前向過程，生成器採用隨機變數做輸入，並輸出生成的物件；對於方向最佳化過程，它的目標是最大化對生成物件的判別分數。行動者用狀態作為輸入並輸出動作，對於最佳化來說，它的目標是最大化狀態-動作對的評估值。
- 對於第二個評估物體的部分：判別器和批判者由於其功能不同而最佳化公式也不同，但是遵循相同的目標。判別器有來自真實物件額外輸入。它的最佳化規則是最大化真實物件的判別值而最小化生成物件的判別值，這與我們的需要相符。對於批判者，它使用時間差分（Temporal Difference，TD）誤差作為強化學習中的一種自舉方法來按照最佳貝爾曼方程式最佳化價值函數。

也有一些其他模型彼此非常接近。舉例來說，自動編碼器（Auto-Encoder，AE）和 GAN 可以是彼此的相反結構等。注意到，不同深度學習

框架中的相似性可以幫助你獲取關於現有不同領域方法共通性的認識，而這有助為未解決的問題提出新的方法。

5.5 同步優勢 Actor-Critic

同步優勢 Actor-Critic（Synchronous Advantage Actor-Critic，A2C）(Mnih et al., 2016)和上一節討論的 Actor-Critic 演算法非常相似，只是在 Actor-Critic 演算法的基礎上增加了平行計算的 設計。

如圖 5.2 所示，全域行動者和全域批判者在 Master 節點維護。每個 Worker 節點的增強學習智慧體透過協調器和全域行動者、全域批判者對話。在這個設計中，協調器負責收集各個 Worker 節點上與環境互動的經驗（Experience），然後根據收集到的軌跡執行一步更新。更新之後，全域行動者被同步到各個 Worker 上繼續和環境互動。在 Master 節點上，全域行動者和全域批判者的學習方法和 Actor-Critic 演算法中行動者和批判者的學習方法一致，都是使用 TD 平方誤差作為批判者的損失函數，以及 TD 誤差的策略梯度來更新行動者的。

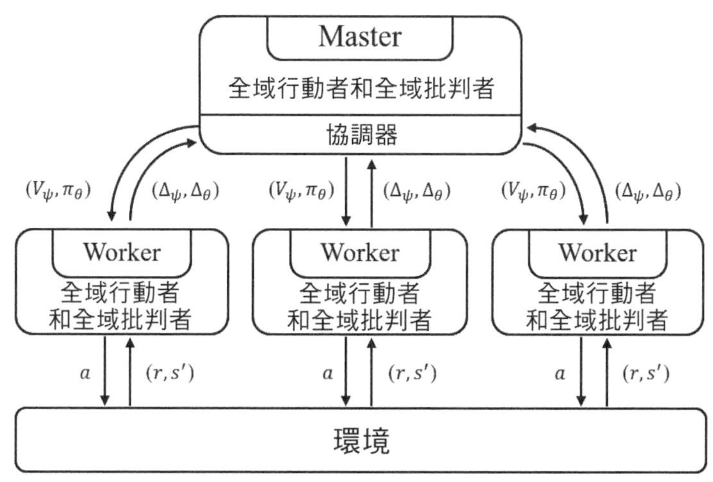

圖 5.2 A2C 基本框架

在這種設計下，Worker 節點只負責和環境互動。所有的計算和更新都發生在 Master 節點。實際應用中，如果希望降低 Master 節點的計算負擔，一些計算也可以轉交給 Worker 節點[3]，比如說，每個 Worker 節點保存了當前全域批判者（Critic）。收集了一個軌跡之後，Worker 節點直接在本地計算列出全域行動者（Actor）和全域批判者的梯度。這些梯度資訊繼而被傳送回 Master 節點。最後，協調器負責收集和整理從各個 Worker 節點收集到的梯度資訊，並更新全域模型。同樣地，更新後的全域行動者和全域批判者被同步到各個 Worker 節點。A2C 演算法的基本框架如演算法 3 所示。

演算法 5.20 A2C

Master:

超參數: 步進值η_ψ 和 η_θ, Worker 節點集 $\mathcal{W}$。

輸入: 初始策略函數參數θ_0、初始價值函數參數 ψ_0。

初始化 $\theta = \theta_0$ 和 $\psi = \psi_0$

  for $k = 0,1,2,\cdots$ **do**

    $(g_\psi, g_\theta) = 0$

  for $\mathcal{W}$裡每一個 Worker 節點 **do**

    $(g_\psi, g_\theta) = (g_\psi, g_\theta) + worker(V_\psi^{\pi_\theta}, \pi_\theta)$

  end for

  $\psi = \psi - \eta_\psi g_\psi; \theta = \theta + \eta_\theta g_\theta$。

end for

Worker:

超參數: 獎勵折扣因數γ、軌跡長度L。

輸入: 價值函數 $V_\psi^{\pi_\theta}$、策略函數 π_θ。

執行L 步策略π_θ, 保存 $\{S_t, A_t, R_t, S_{t+1}\}$。

估計優勢函數 $\hat{A}_t = R_t + \gamma V_\psi^{\pi_\theta}(S_{t+1}) - V_\psi^{\pi_\theta}(S_t)$。

$J(\theta) = \sum_t \log\pi_\theta(A_t|S_t)\hat{A}_t$

$J_{V_\psi^{\pi_\theta}}(\psi) = \sum_t \hat{A}_t^2$

---

[3] 這經常取決於每個 Worker 節點的運算能力，比如是否有 GPU 運算能力，等等。

$(g_\psi, g_\theta) = (\nabla J_{V_\psi^{\pi_\theta}}(\psi), \nabla J(\theta))$
返回 (g_ψ, g_θ)

5.6 非同步優勢 Actor-Critic

非同步優勢 Actor-Critic（Asynchronous Advantage Actor-Critic, A3C）(Mnih et al., 2016) 是上一節中 A2C 的非同步版本。在 A3C 的設計中，協調器被移除。每個 Worker 節點直接和全域行動者和全域批判者進行對話。Master 節點則不再需要等待各個 Worker 節點提供的梯度資訊，而是在每次有 Worker 節點結束梯度計算的時候直接更新全域 Actor-Critic。由於不再需要等待，A3C 有比 A2C 更高的計算效率。但是同樣也由於沒有協調器協調各個 Worker 節點，Worker 節點提供梯度資訊和全域 Actor-Critic 的一致性不再成立，即每次 Master 節點從 Worker 節點得到的梯度資訊很可能不再是當前全域 Actor-Critic 的梯度資訊。

注 5.2 雖然 A3C 為了計算效率而犧牲 Worker 節點和 Master 節點的一致性這一點看起來有些特殊，這種非同步更新的方式在神經網路的更新中其實非常常見。近期的研究 (Mitliagkas et al., 2016) 還顯示，非同步更新不僅加速了學習，還自動為 SGD 產生了類似於動量（Momentum）的效果。

演算法 5.21 A3C

Master:
超參數:步進值η_ψ 和 η_θ、當前策略函數 π_θ、價值函數 $V_\psi^{\pi_\theta}$。
輸入: 梯度 g_ψ, g_θ。
$\psi = \psi - \eta_\psi g_\psi; \theta = \theta + \eta_\theta g_\theta$。
返回 $(V_\psi^{\pi_\theta}, \pi_\theta)$

Worker:
超參數: 獎勵折扣因數γ、軌跡長度 L。
輸入: 策略函數 π_θ、價值函數 $V_\psi^{\pi_\theta}$。
$(g_\theta, g_\psi) = (0,0)$
for $k = 1,2,\cdots,$ **do**

$(\theta,\psi) =$ **Master** (g_θ, g_ψ)
執行 L步策略π_θ, 保存 $\{S_t, A_t, R_t, S_{t+1}\}$。
估計優勢函數$\hat{A}_t = R_t + \gamma V_\psi^{\pi_\theta}(S_{t+1}) - V_\psi^{\pi_\theta}(S_t)$
$J(\theta) = \sum_t \log\pi_\theta(A_t|S_t)\hat{A}_t$
$J_{V_\psi^{\pi_\theta}}(\psi) = \sum_t \hat{A}_t^2$
$(g_\psi, g_\theta) = (\nabla J_{V_\psi^{\pi_\theta}}(\psi), \nabla J(\theta))$
end for

5.7 信賴域策略最佳化

截至目前，我們在本章中介紹了初版策略梯度方法及其平行計算版本。在非同步 Actor-Critic 的策略梯度中，我們更新策略如下。

$$\theta = \theta + \eta_\theta \nabla J(\theta), \tag{5.14}$$

這裡

$$\nabla J(\theta) = \mathbb{E}_{\tau,\theta}\left[\sum_{i=0}^{\infty} \nabla\log\pi_\theta(A_i|\, S_i)A^{\pi_\theta}(S_i, A_i)\right], \tag{5.15}$$

其中優勢函數$A^{\pi_\theta}(s,a)$定義為

$$A^{\pi_\theta}(s,a) = Q^{\pi_\theta}(s,a) - V_\psi^{\pi_\theta}(s). \tag{5.16}$$

和標準的梯度下降演算法一樣，初版策略梯度方法也有步進值不好確定的缺陷。梯度$\nabla J(\theta)$本身只提供了在當前θ下局部的一階資訊而忽略了獎勵函數定義的曲面的曲度。如果在高度彎曲的區域選擇了較大的步進值，那麼學習演算法的性能可能會突然大幅下降。相反地，如果選擇的步進值太小，學習的過程可能會太保守，從而非常緩慢。更甚，策略梯度方法中的梯度 $\nabla J(\theta)$需要從以當前策略 π_θ收集為基礎的樣本中估計。策略性能的突然下降或提升太過緩慢，會反過來影響收集到的樣本的品質，這讓學習的性能對於步進值的選擇更敏感。

初版策略梯度方法的另一個侷限是：它的更新是在參數空間，而非策略空間中進行的。

$$\Pi = \{\pi | \ \pi \geqslant 0, \int \pi = 1\}. \tag{5.17}$$

因為相同的步進值η_θ可能使策略π_θ在策略空間中有完全不一樣幅度的更新，這使得步進值η_θ在實際應用中更加難以選擇。舉個例子，考慮當前的策略$\pi = (\sigma(\theta),1 - \sigma(\theta))$ 的兩種不同情況。這裡$\sigma(\theta)$是 Sigmod 函數。假設在第一種情況下，θ被從 $\theta = 6$更新到了$\theta = 3$。而在另一種情況中，θ被從 $\theta = 1.5$更新到了$\theta = -1.5$。兩種情況π_θ在參數空間中的更新幅度都是 3。然而，在第一種情況下，π_θ在策略空間中從幾乎是$\pi \approx (1.00,0.00)$變成了$\pi \approx (0.95,0.05)$，而在另一種情況下，$\pi = (0.82,0.18)$被更新到了$\pi = (0.18,0.82)$。雖然兩者在參數空間中的更新幅度相同，但是在策略空間中的更新幅度卻完全不同。

在本節中，我們會開發一個能更好處理步進值的策略梯度演算法。這個演算法的思想以信賴域為基礎的想法，所以被稱為信賴域策略最佳化演算法（Trust Region Policy Optimization，TRPO）(Schulman et al.,2015)。注意到，我們的目標是找到一個比原策略π_θ更好的策略$\pi_\theta{}'$。下述引理為π_θ 和 $\pi_\theta{}'$的性能提供了一個很深刻的聯繫：從π_θ 到 $\pi_\theta{}'$在性能上的提升，可以由π_θ的優勢函數$A^{\pi_\theta}(s,a)$來計算。文獻 (Kakade et al., 2002) 讓θ'表示$\pi_\theta{}'$的參數。

$$J(\theta') = J(\theta) + \mathbb{E}_{\tau\sim\pi_\theta{}'}\left[\sum_{t=0}^{\infty} \gamma^t A^{\pi_\theta}(S_t, A_t)\right]. \tag{5.18}$$

這裡 $J(\theta) = \mathbb{E}_{\tau\sim\pi_\theta}[\sum_{t=0}^{\infty} \gamma^t R(S_t, A_t)]$，$\tau$是由$\pi_\theta{}'$產生的同狀態動作軌跡。所以，學習最佳的策略$\pi_\theta$等於最大化以下這個目標

$$\mathbb{E}_{\tau\sim\pi_\theta{}'}\left[\sum_{t=0}^{\infty} \gamma^t A^{\pi_\theta}(S_t, A_t)\right]. \tag{5.19}$$

然而，上述式子其實難以直接最佳化，因為式子中的期望是在$\pi_\theta{}'$上。以此為基礎，TRPO 最佳化該式子的近似，我們用$\mathcal{L}_{\pi_\theta}(\pi_\theta{}')$表示，以下式。

$$\mathbb{E}_{\tau\sim\pi_\theta{}'}\left[\sum_{t=0}^{\infty}\gamma^t A^{\pi_\theta}(S_t,A_t)\right] \tag{5.20}$$

$$= \mathbb{E}_{s\sim\rho_{\pi_\theta{}'}(s)}\left[\mathbb{E}_{a\sim\pi_\theta{}'(a|s)}[A^{\pi_\theta}(s,a)|s]\right] \tag{5.21}$$

$$\approx \mathbb{E}_{s\sim\rho_{\pi_\theta}(s)}\left[\mathbb{E}_{a\sim\pi_\theta{}'(a|s)}[A^{\pi_\theta}(s,a)|s]\right] \tag{5.22}$$

$$= \mathbb{E}_{s\sim\rho_{\pi_\theta}(s)}\left[\mathbb{E}_{a\sim\pi_\theta(a|s)}\left[\frac{\pi_\theta{}'(a|s)}{\pi_\theta(a|s)}A^{\pi_\theta}(s,a)|s\right]\right] \tag{5.23}$$

$$= \mathbb{E}_{\tau\sim\pi_\theta}\left[\sum_{t=0}^{\infty}\gamma^t\frac{\pi_\theta{}'(A_t|S_t)}{\pi_\theta(A_t|S_t)}A^{\pi_\theta}(S_t,A_t)\right]. \tag{5.24}$$

用$\mathcal{L}_{\pi_\theta}(\pi_\theta{}')$ 表示上述等式的最後一個式子，即

$$\mathcal{L}_{\pi_\theta}(\pi_\theta{}') = \mathbb{E}_{\tau\sim\pi_\theta}\left[\sum_{t=0}^{\infty}\gamma^t\frac{\pi_\theta{}'(A_t|S_t)}{\pi_\theta(A_t|S_t)}A^{\pi_\theta}(S_t,A_t)\right].$$

在上面的式子中，我們直接用$\rho_{\pi_\theta}(s)$來近似$\rho_{\pi_\theta{}'}(s)$。這個近似雖然看似粗糙，但下面的定理在理論上證明了，當π_θ和$\pi_\theta{}'$相似的時候，這個近似並不差。

讓 $D_{\mathrm{KL}}^{\max}(\pi_\theta \parallel \pi_\theta{}') = \max_s D_{\mathrm{KL}}(\pi_\theta(\cdot|s) \parallel \pi_\theta{}'(\cdot|s))$, 那麼

$$|J(\theta') - J(\theta) - \mathcal{L}_{\pi_\theta}(\pi_\theta{}')| \le C D_{\mathrm{KL}}^{\max}(\pi_\theta \parallel \pi_\theta{}'). \tag{5.25}$$

這裡 C 是和$\pi_\theta{}'$無關的常數。因此，如果$D_{\mathrm{KL}}^{\max}(\pi_\theta \parallel \pi_\theta{}')$很小，那麼$\mathcal{L}_{\pi_\theta}(\pi_\theta{}')$可以合理地被作為一個最佳化目標。這便是 TRPO 的想法。實際中，TRPO 試圖在平均 KL 散度的約束下最佳化$\mathcal{L}_{\pi_\theta}(\pi_\theta{}')$，如下所示。

$$\max_{\pi_\theta{}'} \quad \mathcal{L}_{\pi_\theta}(\pi_\theta{}') \tag{5.26}$$

$$\text{s.t.} \quad \mathbb{E}_{s\sim\rho_{\pi_\theta}}[D_{\mathrm{KL}}(\pi_\theta \parallel \pi_\theta{}')] \le \delta.$$

我們進一步討論如何解 TRPO 中的這個最佳化問題。這裡我們利用目標函數的一階近似和約束的二階近似。事實上，$\mathcal{L}_{\pi_\theta}(\pi_\theta{}')$在策略$\pi_\theta$處的梯度和

Actor-Critic 中一樣。

$$g = \nabla_\theta \mathcal{L}_{\pi_\theta}(\pi_\theta')|_\theta = \mathbb{E}_{\tau\sim\pi_\theta}\left[\sum_{t=0}^{\infty}\gamma^t \frac{\nabla_\theta \pi_\theta'(A_t|\, S_t)}{\pi_\theta(A_t|\, S_t)} A^{\pi_\theta}(S_t, A_t)\right]|_\theta \tag{5.27}$$

$$= \mathbb{E}_{\tau\sim\pi_\theta}\left[\sum_{t=0}^{\infty}\gamma^t \nabla_\theta \log\pi_\theta(A_t|\, S_t)|_\theta A^{\pi_\theta}(S_t, A_t)\right]. \tag{5.28}$$

此外，讓H表示$\mathbb{E}_{s\sim\rho_{\pi_\theta}}[D_{\mathrm{KL}}(\pi_\theta \parallel \pi_\theta')]$的 Hessian 矩陣，那麼，TRPO 在當前的π_θ求解以下最佳化問題。

$$\boldsymbol{\theta}' = \underset{\boldsymbol{\theta}'}{\operatorname{argmax}} \quad \mathbf{g}^\top(\boldsymbol{\theta}' - \boldsymbol{\theta}) \tag{5.29}$$

$$\text{s.t.} \quad (\boldsymbol{\theta}' - \boldsymbol{\theta})^\top \mathbf{H}(\boldsymbol{\theta}' - \boldsymbol{\theta}) \le \delta.$$

易見這個問題的解析解存在：

$$\boldsymbol{\theta}' = \boldsymbol{\theta} + \sqrt{\frac{2\delta}{\mathbf{g}^\top\mathbf{H}^{-1}\mathbf{g}}}\mathbf{H}^{-1}\mathbf{g}. \tag{5.30}$$

實際中，我們使用共軛梯度演算法來近似$\mathbf{H}^{-1}\mathbf{g}$[4]。我們選擇合適的步進值來保證滿足樣本上的 KL 散度約束。最後，價值函數的學習透過最小化 MSE 誤差達到。以論文(Schulman et al., 2015)為基礎的完整的 TRPO 演算法在演算法 5.22 中。

注 5.3 負值 Hessian 矩陣$-\mathbf{H}$也被稱為 Fisher 資訊矩陣。事實上，在批次最佳化中，將 Fisher 資訊矩陣應用到梯度下降演算法中已經有不少的研究，被稱為**自然梯度**（Nature Gradient）下降。這個方法的好處是，它對於再參數化是不變的，也即，不管函數參數化的方法是什麼，該梯度保持不變。想了解更多關於自然梯度的細節，請參考論文(Amari, 1998)。

---

4 一般來講，計算$\mathbf{H}^{-1}$需要計算複雜度$O(N^3)$。這在實際應用中一般代價十分昂貴，因爲這裡的N是模型參數的個數。

5.8 近端策略最佳化

上一節我們介紹了信賴域策略最佳化演算法（TRPO）。TRPO 的實現較為複雜，而且計算自然梯度的計算複雜度也較高。即使是用共軛梯度法來近似$\mathbf{H}^{-1}\mathbf{g}$，每一次更新參數也需要多步的共軛梯度演算法。在這一節中，我們介紹另一個策略梯度方法，即近端策略最佳化（Proximal Policy Optimization, PPO）。PPO 用一個更簡單有效的方法來強制π_θ 和 $\pi_\theta{}'$相似 (Schulman et al., 2017)。

演算法 **5.22** TRPO

超參數: KL-散度上限 δ、回溯係數 α、最大回溯步數 K。

輸入: 重播快取 $\mathcal{D}_k$、初始策略函數參數 θ_0、初始價值函數參數 ϕ_0。

for episode $= 0,1,2,\cdots$ **do**

在環境中執行策略$\pi_k = \pi(\theta_k)$ 並保存軌跡集 $\mathcal{D}_k = \{\tau_i\}$。

計算將得到的獎勵 $\hat{G}_t$。

以當前為基礎的價值函數V_{ϕ_k}計算優勢函數估計$\hat{A}_t$（使用任何估計優勢的方法）。

估計策略梯度

$$\hat{\mathbf{g}}_k = \frac{1}{|\mathcal{D}_k|}\sum_{\tau\in\mathcal{D}_k}\sum_{t=0}^{\mathrm{T}} \nabla_\theta \log\pi_\theta(A_t|S_t)|_{\boldsymbol{\theta}_k}\hat{A}_t \tag{5.31}$$

使用共軛梯度演算法計算

$$\hat{\mathbf{x}}_k \approx \hat{\mathbf{H}}_k^{-1}\hat{\mathbf{g}}_k \tag{5.32}$$

這裡 $\hat{\mathbf{H}}_k$ 是 樣本平均 KL 散度的 Hessian 矩陣。

透過回溯線搜索更新策略：

$$\boldsymbol{\theta}_{k+1} = \boldsymbol{\theta}_k + \alpha^j\sqrt{\frac{2\delta}{\hat{\mathbf{x}}_k^{\mathrm{T}}\hat{\mathbf{H}}_k\hat{\mathbf{x}}_k}}\hat{\mathbf{x}}_k \tag{5.33}$$

這裡 j 是$\{0,1,2,\cdots K\}$ 中提高樣本損失並且滿足樣本 KL 散度約束的最小值。

透過使用梯度下降的演算法最小化均方誤差來擬合價值函數：

$$\phi_{k+1} = \arg\min_\phi \frac{1}{|\mathcal{D}_k|T}\sum_{\tau\in\mathcal{D}_k}\sum_{t=0}^{\mathrm{T}}\left(V_\phi(S_t) - \hat{G}_t\right)^2 \tag{5.34}$$

end for

回顧 TRPO 中的最佳化問題式(5.26)：

$$\max_{\pi_{\theta'}} \quad \mathcal{L}_{\pi_\theta}(\pi_{\theta}') \tag{5.35}$$

$$\text{s.t.} \quad \mathbb{E}_{s\sim\rho_{\pi_\theta}}[D_{\mathrm{KL}}(\pi_\theta \parallel \pi_{\theta}')] \le \delta. \tag{5.36}$$

與其最佳化一個帶約束的最佳化問題，PPO 直接最佳化它的正則化版本。

$$\max_{\pi_{\theta'}} \mathcal{L}_{\pi_\theta}(\pi_{\theta}') - \lambda \mathbb{E}_{s\sim\rho_{\pi_\theta}}[D_{\mathrm{KL}}(\pi_\theta \parallel \pi_{\theta}')]. \tag{5.37}$$

這裡λ是正則化係數。對於式 (5.26) 每一個δ值，都有一個相對應的λ使得兩個最佳化問題有相同的解。然而，λ的值依賴於π_θ。以此為基礎，在式 (5.37) 使用一個適應性的λ更合理。在 PPO 中，我們透過檢驗 KL 散度的值來決定λ的值應該增大還是減小。這個版本的 PPO 演算法稱為 PPO-Penalty。這個版本的實現如演算法 5.23 所示 (Heess et al., 2017; Schulman et al., 2017)。

另一個方法是直接剪斷用於策略梯度的目標函數，從而得到更保守的更新。讓$\ell_t(\theta')$表示兩個策略的比值$\frac{\pi_{\theta'}(A_t|S_t)}{\pi_\theta(A_t|S_t)}$。經驗顯示，下述目標函數可以讓策略梯度方法有穩定的學習性能：

$$\mathcal{L}^{\mathrm{PPO-Clip}}(\pi_\theta') = \mathbb{E}_{\pi_\theta}[\min(\ell_t(\theta')A^{\pi_\theta}(S_t, A_t), \mathrm{clip}(\ell_t(\theta'), 1-\epsilon, 1+\epsilon)A^{\pi_\theta}(S_t, A_t))]. \tag{5.38}$$

這裡$\mathrm{clip}(x, 1-\epsilon, 1+\epsilon)$將$x$截斷在$[1-\epsilon, 1+\epsilon]$中。這個版本的演算法被稱為 PPO-Clip，如演算法 5.24 所示(Schulman et al., 2017)。更具體，PPO-Clip 先將 $\ell_t(\theta')$ 截斷在$[1-\epsilon, 1+\epsilon]$中來保證π_{θ}'和π_θ相似。最後，取截斷的目標函數和未截斷的目標函數中較小的一方作為學習的最終目標函數。所以，PPO-Clip 可以視為在最大化目標函數的同時將從π_θ到π_{θ}'的更新保持在可控範圍內。

演算法 5.23 PPO-Penalty

超參數: 獎勵折扣因數 γ，KL 散度懲罰係數 λ，適應性參數 $a = 1.5, b = 2$, 子迭代次數 M, B。

輸入: 初始策略函數參數 θ、初始價值函數參數 ϕ。

for k = 0,1,2,⋯ **do**

執行T步策略 π_θ，保存 $\{S_t, A_t, R_t\}$。

估計優勢函數 $\hat{A}_t = \sum_{t'>t} \gamma^{t'-t} R_{t'} - V_\phi(S_t)$。

$\pi_{\text{old}} \leftarrow \pi_\theta$

for $m \in \{1, \cdots, M\}$ **do**

$J_{\text{PPO}}(\theta) = \sum_{t=1}^{\text{T}} \frac{\pi_\theta(A_t|S_t)}{\pi_{\text{old}}(A_t|S_t)} \hat{A}_t - \lambda \hat{\mathbb{E}}_t[D_{\text{KL}}(\pi_{\text{old}}(\cdot\,|S_t) \parallel \pi_\theta(\cdot\,|S_t))]$

使用梯度演算法以$J_{\text{PPO}}(\theta)$更新策略函數參數 θ為基礎。

end for

for $b \in \{1, \cdots, B\}$ **do**

$L(\phi) = -\sum_{t=1}^{\text{T}} \left(\sum_{t'>t} \gamma^{t'-t} R_{t'} - V_\phi(S_t)\right)^2$

使用梯度演算法以$L(\phi)$更新價值函數參數 ϕ為基礎。

end for

計算 $d = \hat{\mathbb{E}}_t[D_{\text{KL}}(\pi_{\text{old}}(\cdot\,|S_t) \parallel \pi_\theta(\cdot\,|S_t))]$

if $d < d_{\text{target}}/a$ **then**

$\lambda \leftarrow \lambda/b$

else if $d > d_{\text{target}} \times a$ **then**

$\lambda \leftarrow \lambda \times b$

end if

end for

5.9 使用 Kronecker 因數化信賴域的 Actor-Critic

使用 Kronecker 因數化信賴域的 Actor-Critic（Actor Critic using Kronecker-factored Trust Region，ACKTR）(Wu et al., 2017) 是降低 TRPO 計算負擔的另一個方法。ACKTR 的想法是透過 Kronecker 因數近似曲度方法（Kronecker-Factored Approximated Curvature，K-FAC） (Grosse et al., 2016; Martens et al., 2015)來計算自然梯度。在這一節中，我們介紹如何用 ACKTR 來學習 MLP 策略網路。

注意到

$$\mathbb{E}_{s\sim\rho_{\pi_{\text{old}}}}\left[\frac{\partial^2}{\partial^2\theta}D_{\text{KL}}(\pi_{\text{old}}\parallel\pi_\theta)\right] \tag{4.45}$$

$$= -\mathbb{E}_{s\sim\rho_{\pi_{\text{old}}}}\left[\sum_a \pi_{\text{old}}(a|s)\frac{\partial^2}{\partial^2\theta}\log\pi_\theta(a|s)\right] \tag{4.46}$$

$$= -\mathbb{E}_{s\sim\rho_{\pi_{\text{old}}}}\left[\mathbb{E}_{a\sim\pi_{\text{old}}}\left[\frac{\partial^2}{\partial^2\theta}\log\pi_\theta(a|s)\right]\right] \tag{4.47}$$

$$= \mathbb{E}_{s\sim\rho_{\pi_{\text{old}}}}\left[\mathbb{E}_{a\sim\pi_{\text{old}}}[(\nabla_\theta\log\pi_\theta(a|s))(\nabla_\theta\log\pi_\theta(a|s))^\top]\right]. \tag{4.48}$$

演算法 5.24 PPO-Clip

超參數: 截斷因數 ϵ，子迭代次數 M, B。

輸入: 初始策略函數參數 θ、初始價值函數參數 ϕ。

for k = 0,1,2, ⋯ **do**

在環境中執行策略π_{θ_k} 並保存軌跡集 $\mathcal{D}_k = \{\tau_i\}$。

計算將得到的獎勵$\hat{G}_t$。

以當前為基礎的價值函數V_{ϕ_k}計算優勢函數$\hat{A}_t$（以任何優勢函數為基礎的估計方法）。

for $m \in \{1, \cdots, M\}$ **do**

$$\ell_t(\theta') = \frac{\pi_\theta(A_t|S_t)}{\pi_{\theta_{\text{old}}}(A_t|S_t)} \tag{5.39}$$

採用 Adam 隨機梯度上升演算法最大化 PPO-Clip 的目標函數來更新策略：

$$\theta_{k+1} = \underset{\theta}{\text{argmax}}\frac{1}{|\mathcal{D}_k|T}\sum_{\tau\in\mathcal{D}_k}\sum_{t=0}^{\text{T}} \min(\ell_t(\theta')A^{\pi_{\theta_{\text{old}}}}(S_t, A_t), \tag{5.40}$$

$$\text{clip}(\ell_t(\theta'), 1-\epsilon, 1+\epsilon)A^{\pi_{\theta_{\text{old}}}}(S_t, A_t)) \tag{5.41}$$

end for

for $b \in \{1, \cdots, B\}$ **do**

採用梯度下降演算法最小化均方誤差來學習價值函數：

$$\phi_{k+1} = \underset{\phi}{\text{argmin}}\frac{1}{|\mathcal{D}_k|T}\sum_{\tau\in\mathcal{D}_k}\sum_{t=0}^{\text{T}}\left(V_\phi(S_t) - \hat{G}_t\right)^2$$

end for

end for

在 TRPO 中，我們需要使用多步的共軛梯度方法來近似 $\mathbf{H}^{-1}\mathbf{g}$。在 ACKTR 中，我們用一個分塊對角矩陣來近似$\mathbf{H}^{-1}$。矩陣的每一塊對應神經網路每一層的 Fisher 資訊矩陣。假設網路的第ℓ層為$\mathbf{x}_{\text{out}} = \mathbf{W}_\ell \mathbf{x}_{\text{in}}$。這裡$\mathbf{W}_\ell$的維度為$d_{\text{out}} \times d_{\text{in}}$。我們來介紹 ACKTR 分解的想法。注意到這一層的梯度$\nabla_{\mathbf{W}_\ell} L$是$(\nabla_{\mathbf{x}_{\text{out}}} L)$和$\mathbf{x}_{\text{in}}$的外積$(\nabla_{\mathbf{x}_{\text{out}}} L)\mathbf{x}_{\text{in}}^\top$。所以

$$(\nabla_\theta \log\pi_\theta(a|s))(\nabla_\theta \log\pi_\theta(a|s))^\top = \mathbf{x}_{\text{in}}\mathbf{x}_{\text{in}}^\top \otimes (\nabla_{\mathbf{x}_{\text{out}}} L)(\nabla_{\mathbf{x}_{\text{out}}} L)^\top, \tag{4.49}$$

這裡⊗是 Kronecker 乘積。進一步

$$\left((\nabla_\theta \log\pi_\theta(a|s))(\nabla_\theta \log\pi_\theta(a|s))^\top\right)^{-1}\mathbf{g} \tag{5.50}$$

$$= \left(\mathbf{x}_{\text{in}}\mathbf{x}_{\text{in}}^\top \otimes (\nabla_{\mathbf{x}_{\text{out}}} L)(\nabla_{\mathbf{x}_{\text{out}}} L)^\top\right)^{-1}\mathbf{g} \tag{5.51}$$

$$= \left[\left(\mathbf{x}_{\text{in}}\mathbf{x}_{\text{in}}^\top\right)^{-1} \otimes \left((\nabla_{\mathbf{x}_{\text{out}}} L)(\nabla_{\mathbf{x}_{\text{out}}} L)^\top\right)^{-1}\right]\mathbf{g} \tag{5.52}$$

所以，與其對一個$(d_{\text{in}}d_{\text{out}}) \times (d_{\text{in}}d_{\text{out}})$的矩陣求逆，從而需要$O(d_{\text{in}}^3 d_{\text{out}}^3)$計算複雜度，ACKTR 只需要對兩個維度為$d_{\text{in}} \times d_{\text{in}}$ 和 $d_{\text{out}} \times d_{\text{out}}$的矩陣求逆，從而計算複雜度只有$O(d_{\text{in}}^3 + d_{\text{out}}^3)$。

ACKTR 演算法的實現如演算法 5.25 所示。ACKTR 演算法也可以被用於學習價值網路。感興趣的讀者可以參考論文(Wu et al., 2017)了解更多的細節，我們這裡不做詳細解釋。

演算法 5.25 ACKTR

超參數: 步進值 $\eta_{\max}$、KL-散度上限 δ。

輸入: 空重播快取 $\mathcal{D}$、初始策略函數參數 θ_0、 初始價值函數參數 ϕ_0

for k = 0,1,2, ⋯ **do**。

在環境中執行策略$\pi_k = \pi(\boldsymbol{\theta}_k)$ 並保存軌跡集$\mathcal{D}_k = \{\tau_i | i = 0,1,\cdots\}$。

計算累積獎勵 G_t。

以當前為基礎的價值函數V_{ϕ_k}計算優勢函數$\hat{A}_t$（以任何優勢函數為基礎的估計方法）。估計策略梯度。

$$\hat{\mathbf{g}}_k = \frac{1}{|\mathcal{D}_k|}\sum_{\tau\in\mathcal{D}_k}\sum_{t=0}^{\mathrm{T}} \nabla_\theta \log\pi_\theta(A_t|S_t)|_{\boldsymbol{\theta}_k}\hat{A}_t \tag{5.42}$$

for $l = 0,1,2,\cdots$ **do**

$$\text{vec}(\Delta\boldsymbol{\theta}_k^l) = \text{vec}(\mathbf{A}_l^{-1}\nabla_{\boldsymbol{\theta}_k^l}\hat{\mathbf{g}}_k\mathbf{S}_l^{-1})$$

這裡 $\mathbf{A}_l = \mathbb{E}[\mathbf{a}_l\mathbf{a}_l^{\mathrm{T}}], \mathbf{S}_l = \mathbb{E}[(\nabla_{\mathbf{s}_l}\hat{\mathbf{g}}_k)(\nabla_{\mathbf{s}_l}\hat{\mathbf{g}}_k)^{\mathrm{T}}]$（$\mathbf{A}_l, \mathbf{S}_l$透過計算部分的捲動平均值所得），$\mathbf{a}_l$是第$l$層的輸入啟動向量，$\mathbf{s}_l = \mathbf{W}_l\mathbf{a}_l$，vec(·)是把矩陣變換成一維向量的向量化變換。

end for

由 K-FAC 近似自然梯度來更新策略：

$$\boldsymbol{\theta}_{k+1} = \boldsymbol{\theta}_k + \eta_k\Delta\boldsymbol{\theta}_k \tag{5.43}$$

這裡 $\eta_k = \min(\eta_{\max}, \sqrt{\frac{2\delta}{\boldsymbol{\theta}_k^{\mathrm{T}}\hat{\mathbf{H}}_k\boldsymbol{\theta}_k}})$，$\hat{\mathbf{H}}_k^l = \mathbf{A}_l \otimes \mathbf{S}_l$。採用 Gauss-Newton 二階梯度下降方法（並使用 K-FAC 近似）最小化均方誤差來學習價值函數：

$$\phi_{k+1} = \arg\min_{\phi} \frac{1}{|\mathcal{D}_k|T}\sum_{\tau\in\mathcal{D}_k}\sum_{t=0}^{\mathrm{T}}\left(V_\phi(S_t) - G_t\right)^2 \tag{5.44}$$

end for

5.10 策略梯度程式例子

在前幾節中，我們在理論角度介紹了幾個以策略梯度演算法為基礎的虛擬程式碼，介紹的內容包括 REINFORCE（初版策略梯度）、Actor-Critic（AC）、同步優勢 Actor-Critic（A2C）、非同步優勢 Actor-Critic（A3C）、信賴域策略最佳化（TRPO）、近端策略最佳化（PPO）、使用 Kronecker 因數化信賴域的 Actor Critic（ACKTR）。在本節中，我們將提供以上部分演算法的 Python 程式例子。例子中以 OpenAI Gym 作為遊戲環境。我們會先簡單地介紹一下在例子中用到的環境，之後詳細介紹各演算法的實現。雖然本章中介紹的多數演算法都能應用於離散和連續的環境，但在實現中對於離散和連續環境的處理有一些不同。這裡我們提供的例子只是作為演示，只能應用在同一種動作空間的特定環境中。不過讀者可以透過簡單地修改就能使程式應用於不同動作空間的其他環境中。完整程式在 GitHub 倉庫中，例子參考並改編自許多開放原始碼資料，感興趣的讀者可以參考各程式簡介註釋中 Reference 部分所提及的內容進行擴充學習。

5.10.1 相關的 Gym 環境

在以下幾節中提供例子的環境都以 OpenAI Gym 環境為基礎。這些環境可以被分為離散動作空間的環境和連續動作空間的環境。

```
import gym
env = gym.make('Pong-V0')
print(env.action_space)
```

上述程式建立了一個 ID 為 Pong-V0 的環境，並且列印出了它的動作空間。將 Pong-V0 這個 ID 換成其他諸如 CartPole-V1 或 Pendulum-V0 的 ID 可以建立對應的環境。

以下幾節中的程式會用到一些開放原始碼程式庫。這裡透過以下程式引入它們。

```
import numpy as np
import tensorflow as tf
import tensorflow_probability as tfp
import tensorlayer as tl
...
```

離散動作空間環境：Pong 與 CartPole

這裡將介紹兩個 OpenAI Gym 中使用離散動作空間的遊戲：Pong 和 CartPole。

Pong

在 Pong 遊戲中（如圖 5.3 所示），我們控制綠色的板子上下移動來彈球。這裡使用了 Pong-V0 版本。在這個版本中，狀態空間是一個 RGB 圖型向量，形狀為(210, 160, 3)。需要輸入的動作是一個在 0,1,2,3,4,5 中的整數，分別對應以下動作：0 空動作，1 開火，2 右，3 左，4 右+開火，5 左+開火。

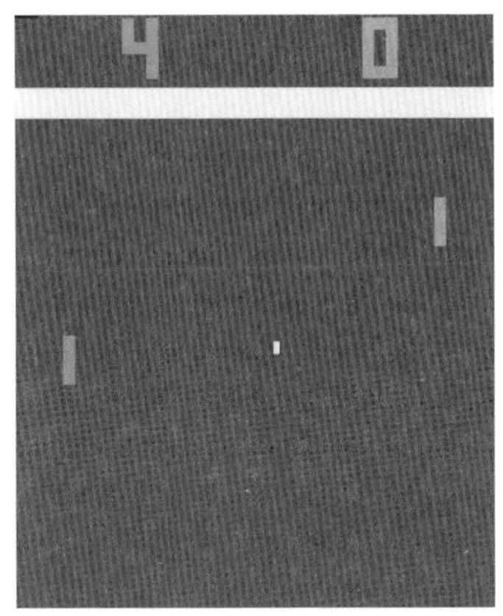

圖 5.3 Pong

CartPole

CartPole（如圖 5.4 所示）是一個經典的倒立擺環境。我們透過控制小車進行左右移動，來使桿子保持直立。在 CartPole-V0 環境中，觀測空間是一個 4 維向量，分別表示小車的速度、小車的位置、桿子的角度、桿子頂端的速度。需要輸入的動作是一個為 0 或 1 的整數，分別控制小車左移和右移。

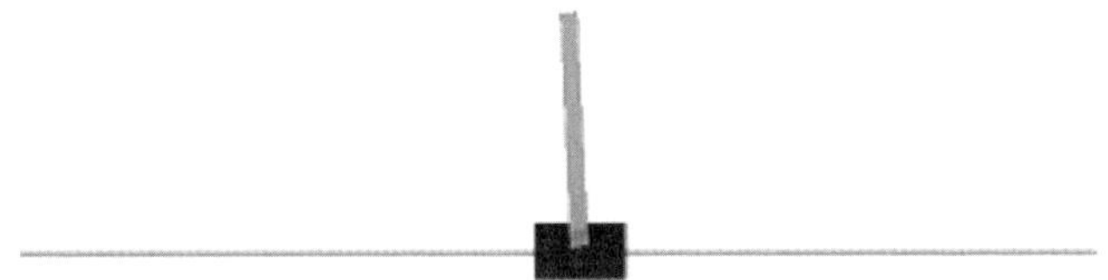

圖 5.4 CartPole

連續動作空間環境：BipedalWalker-V2 與 Pendulum-V0

本節中，我們將介紹使用連續動作空間的環境：BipedalWalker-V2 和 Pendulum-V0。

BipedalWalker-V2

BipedalWalker-V2 是一個雙足機器人模擬環境（如圖 5.5 所示）。在環境中，我們要控制機器人在相對平坦的地面上行走，並最終到達目的地。其狀態空間是一個 24 維向量，分別表示速度、角度資訊，以及前方視野情況（詳見表 5.1）。環境的動作空間是一個 4 維的連續動作空間，分別控制機器人的 2 個膝關節、2 個臀關節，一共 4 個關節進行旋轉。

圖 5.5 BipedalWalker-V2

表 5.1 BipedalWalker-V2 各維度狀態意義簡介

索引	簡介	索引	簡介
0	殼體角度	8	1 號腿觸地狀態
1	殼體角速度	9	2 號臀關節角度
2	殼體x方向速度	10	2 號臀關節速度
3	殼體y方向速度	11	2 號膝關節角度
4	1 號臀關節角度	12	2 號膝關節速度
5	1 號臀關節速度	13	2 號腿觸地狀態
6	1 號膝關節角度	14–23	10 位元前方雷達測距值
7	1 號膝關節速度		

Pendulum-V0

Pendulum-V0 也是一個經典的倒立擺環境（如圖 7 所示）。在環境中，我們需要控制桿子旋轉來讓其直立。環境的狀態空間是一個 3 維向量，分別代表$\cos(\theta)$、$\sin(\theta)$和$\Delta(\theta)$。其中θ是桿子和垂直向上方向的角度。環境的動作是一維的動作，來控制桿子的旋轉力矩。

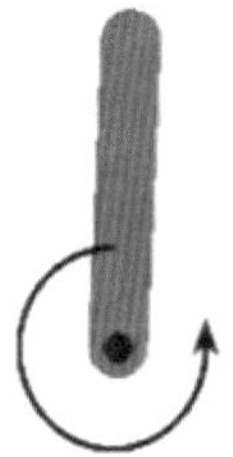

圖 5.6 Pendulum-V0

值得注意的是，該環境中沒有終止狀態。這裡的意思是，必須人為設定遊戲的結束。在預設情況下，環境的最大執行步進值被限制為 200 步。當執行超過 200 步時，step()函數返回的 Done 變數將為 True。由於有這個限制，當我們每個回合部分執行超過 200 步時，程式邏輯會因為收到 done 訊號而退出該回合。透過以下程式可以移除這個限制。

```
import gym
env = gym.make('Pendulum-V0')
env = env.unwrapped # 解除最大步進值的限制
```

5.10.2 REINFORCE: Atari Pong 和 CartPole-V0

Pong

開始之前，我們需要準備一下環境、模型、最佳化器，並初始化一些之後會用上的變數。

```
env = gym.make("Pong-V0") # 創建環境
observation = env.reset() # 重置環境
prev_x = None
running_reward = None
reward_sum = 0
episode_number = 0

# 準備收集資料
xs, ys, rs = [], [], []
epx, epy, epr = [], [], []
```

```
model = get_model([None, D]) # 創建模型
train_weights = model.trainable_weights

optimizer = tf.optimizers.RMSprop(lr=learning_rate, decay=decay_rate) # 創建
最佳化器
model.train() # 設定模型為訓練模式（防止模型被加上 DropOut）

start_time = time.time()
game_number = 0
```

在完成準備工作之後，就可以執行主迴圈了。首先，我們需要對觀測資料進行前置處理，並將處理後的資料傳遞給變數x。在將x「喂」入網路之後，我們將從網路得到每個動作的執行機率。

為了簡化難度，在這裡只用到了 3 個動作：空动作、上、下。在 REINFORCE 演算法中，使用了 Softmax 函數輸出動作機率，最後透過機率選擇動作。

```
while True:
    if render:
        env.render()

    cur_x = prepro(observation)
    x = cur_x - prev_x if prev_x is not None else np.zeros(D, dtype=np.float32)
    x = x.reshape(1, D)
    prev_x = cur_x

    _prob = model(x)
    prob = tf.nn.softmax(_prob)

    # 動作 1: 空動作 2: 上 3: 下
    action = tl.rein.choice_action_by_probs(prob[0].numpy(), [1, 2, 3])
```

現在以當前狀態選出了一個動作為基礎。接下來要用該動作和環境進行互動。環境根據當前收到的動作執行到下一步，並返回觀測資料、獎勵、結

束狀態和額外資訊（對應程式中的變數 _）。我們將這些資料儲存起來用於之後的更新。

```
observation, reward, done, _ = env.step(action)

reward_sum += reward
xs.append(x) # 一個部分內的所有觀測資料
ys.append(action - 1) # 一個部分內的所有偽標籤（由於動作從 1 開始，所以這裡減 1）
rs.append(reward) # 一個部分內的所有獎勵
```

如果 step() 返回的結束狀態為 True，說明當前部分結束。我們可以重置環境並開始一個新的部分。但在那之前，我們需要將剛剛擷取的本部分的資料進行處理，之後存入跨部分資料列表中。

```
if done:
    episode_number += 1
    game_number = 0

    epx.extend(xs)
    epy.extend(ys)
    disR = tl.rein.discount_episode_rewards(rs, gamma)
    disR -= np.mean(disR)
    disR /= np.std(disR)
    epr.extend(disR)
    xs, ys, rs = [], [], []
```

智慧體在進行了很多局遊戲，並收集了足夠的資料之後，就可以開始更新了。我們使用交叉熵損失和梯度下降方法來計算各參數的梯度，之後將梯度應用在對應的參數上，並結束更新。

```
if episode_number
    print('batch over...... updating parameters......')
    with tf.GradientTape() as tape:
        _prob = model(epx)
        _loss = tl.rein.cross_entropy_reward_loss(_prob, epy, disR)
    grad = tape.gradient(_loss, train_weights)
    optimizer.apply_gradients(zip(grad, train_weights))
```

```
    epx, epy, epr = [], [], []
```

以上內容描述了主要工作，之後的程式主要用於顯示訓練相關資料，以便更進一步地觀察訓練走勢。我們可以使用滑動平均來計算每個部分的執行獎勵，以降低資料抖動的程度，方便觀察趨勢。最後，做完這些內容後別忘了重置環境，因為此時當前部分已經結束了。

```
# if episode_number
# tl.files.save_npz(network.all_params, name=model_file_name + '.npz')
running_reward = reward_sum if running_reward is None else running_reward *
0.99
   + reward_sum * 0.01
print('resetting env. episode reward total was {}. running mean:
   {}'.format(reward_sum, running_reward))
   reward_sum = 0
   observation = env.reset()
   prev_x = None

if reward != 0:
   print(
      ( 'episode
         (episode_number, game_number, time.time() - start_time, reward)
      ), ('' if reward == -1 else ' !!!!!!!!')
   )
   start_time = time.time()
   game_number += 1
```

CartPole

這個例子中，演算法和 Pong 的一樣。我們可以考慮將整個演算法放入一個類別中，並將各部分程式寫入對應的函數。這樣可以使得程式更為簡潔易讀。PolicyGradient 類別的結構如下所示：

```
class PolicyGradient:
   def __init__(self, state_dim, action_num, learning_rate=0.02, gamma=0.99):
```

```
    # 類別初始化。創建模型、最佳化器和需要的變數
    ......
  def get_action(self, s, greedy=False): # 以動作分佈選擇動作為基礎
    ......
  def store_transition(self, s, a, r): # 儲存從環境中取樣的互動資料
    ......
  def learn(self): # 使用儲存的資料進行學習和更新
    ......
  def _discount_and_norm_rewards(self): # 計算折扣化回報並進行標準化處理
    ......
  def save(self): # 儲存模型
    ......
  def load(self): # 載入模型
    ......
```

初始化函數先後創建了一些變數、模型並選擇 Adam 作為策略最佳化器。在程式中，我們可以看出這裡的策略網路只有一層隱藏層。

```
def __init__(self, state_dim, action_num, learning_rate=0.02, gamma=0.99):
  self.gamma = gamma

  self.state_buffer, self.action_buffer, self.reward_buffer = [], [], []

  input_layer = tl.layers.Input([None, state_dim], tf.float32)
  layer = tl.layers.Dense(
    n_units=30, act=tf.nn.tanh,
W_init=tf.random_normal_initializer(mean=0,
      stddev=0.3),
    b_init=tf.constant_initializer(0.1)
  )(input_layer)
  all_act = tl.layers.Dense(
    n_units=action_num, act=None, W_init=tf.random_normal_initializer(mean=0,
      stddev=0.3),
    b_init=tf.constant_initializer(0.1)
  )(layer)

  self.model = tl.models.Model(inputs=input_layer, outputs=all_act)
```

```
    self.model.train()
    self.optimizer = tf.optimizers.Adam(learning_rate)
```

在初始化策略網路之後，我們可以透過 get_action()函數計算某狀態下各動作的機率。透過設定'greedy=True'，可以直接輸出機率最高的動作。

```
def get_action(self, s, greedy=False):
    _logits = self.model(np.array([s], np.float32))
    _probs = tf.nn.softmax(_logits).numpy()
    if greedy:
        return np.argmax(_probs.ravel())
    return tl.rein.choice_action_by_probs(_probs.ravel())
```

但此時，我們選擇的動作可能並不好。只有透過不斷學習之後，網路才能做出越來越好的判斷。每次的學習過程由 learn()函數完成，這部分函數的程式基本也和 Pong 例子中一樣。我們使用標準化後的折扣化獎勵和交叉熵損失來更新模型。在每次更新後，學過的轉移資料將被捨棄。

```
def learn(self):
    # 計算標準化後的折扣化獎勵
    discounted_ep_rs_norm = self._discount_and_norm_rewards()
    with tf.GradientTape() as tape:
        _logits = self.model(np.vstack(self.ep_obs))
        neg_log_prob =
            tf.nn.sparse_softmax_cross_entropy_with_logits(logits=_logits,
            labels=np.array(self.ep_as))
        loss = tf.reduce_mean(neg_log_prob * discounted_ep_rs_norm)

    grad = tape.gradient(loss, self.model.trainable_weights)
    self.optimizer.apply_gradients(zip(grad, self.model.trainable_weights))

    self.ep_obs, self.ep_as, self.ep_rs = [], [], [] # 清空部分資料
    return discounted_ep_rs_norm
```

learn()函數需要使用智慧體與環境互動得到的取樣資料。因此我們需要使用 store_transition()來儲存互動過程中的每個狀態、動作和獎勵。

```
def store_transition(self, s, a, r):
    self.ep_obs.append(np.array([s], np.float32))
    self.ep_as.append(a)
    self.ep_rs.append(r)
```

策略梯度演算法使用蒙地卡羅方法。因此，我們需要計算折扣化回報，並對回報進行標準化，也有助學習。

```
def _discount_and_norm_rewards(self):
    # 計算折扣化部分獎勵
    discounted_ep_rs = np.zeros_like(self.ep_rs)
    running_add = 0
    for t in reversed(range(0, len(self.ep_rs))):
        running_add = running_add * self.gamma + self.ep_rs[t]
        discounted_ep_rs[t] = running_add
    # 標準化部分獎勵
    discounted_ep_rs -= np.mean(discounted_ep_rs)
    discounted_ep_rs /= np.std(discounted_ep_rs)
    return discounted_ep_rs
```

和 Pong 的程式一樣，我們先準備好環境和演算法。在創建好環境之後，我們產生一個名為 agent 的 PolicyGradient 類別的實例。

```
env = gym.make(ENV_ID).unwrapped
# 透過設定隨機種子，可以複現一些執行情況
np.random.seed(RANDOM_SEED)
tf.random.set_seed(RANDOM_SEED)
env.seed(RANDOM_SEED)
agent = PolicyGradient(
    action_num=env.action_space.n,
    state_dim=env.observation_space.shape[0],
)
t0 = time.time()
```

在訓練模式中，我們使用模型輸出的動作來和環境進行互動，之後儲存轉移資料並在每個部分更新策略。為了簡化程式，智慧體將在每局結束時直接進行更新。

```
if args.train:
    all_episode_reward = []
    for episode in range(TRAIN_EPISODES):
        # 重置環境
        state = env.reset()
        episode_reward = 0

        for step in range(MAX_STEPS): # 在一個部分中
            if RENDER:
                env.render()
            # 選擇動作
            action = agent.get_action(state)
            # 與環境互動
            next_state, reward, done, info = env.step(action)
            # 儲存轉移資料
            agent.store_transition(state, action, reward)

            state = next_state
            episode_reward += reward
            # 如果環境返回 done 為 True，則跳出迴圈
            if done:
                break
        # 在每局遊戲結束時進行更新
        agent.learn()
        print(
            'Training | Episode: / | Episode Reward: :.0f | Running Time:
                {:.4f}'.format(
                episode + 1, TRAIN_EPISODES, episode_reward,
                time.time() - t0))
```

我們可以在每局遊戲結束後的部分增加一些程式，以便更進一步地顯示訓練過程。我們顯示每個回合的總獎勵和透過滑動平均計算的執行獎勵。之

後可以繪製執行獎勵以便更進一步地觀察訓練趨勢。最後，儲存訓練好的模型。

```
agent.save()
plt.plot(all_episode_reward)
if not os.path.exists('image'):
    os.makedirs('image')
plt.savefig(os.path.join('image', 'pg.png'))
```

如果我們使用測試模式，則過程更為簡單，只需要載入預訓練的模型，再用它和環境進行互動即可。

```
if args.test:
    # 進行測試
    agent.load()
    for episode in range(TEST_EPISODES):
        state = env.reset()
        episode_reward = 0
        for step in range(MAX_STEPS):
            env.render()
            state, reward, done, info = env.step(agent.get_action(state, True))
            episode_reward += reward
            if done:
                break
        print(
            'Testing | Episode: {}/{} | Episode Reward: {:.0f} | Running Time:
                {:.4f}'.format(
                episode + 1, TEST_EPISODES, episode_reward,
                time.time() - t0))
```

5.10.3 AC: CartPole-V0

Actor-Critic 演算法透過 TD 方法計算基準，能在每次和環境互動後立刻更新策略，和 MC 非常不同。

在 Actor-Critic 演算法中，我們建立了 2 個類別：Actor 和 Critic，其結構如下所示。

```
class Actor(object):
    def __init__(self, state_dim, action_num, lr=0.001):
    # 類別初始化。創建模型、最佳化器及其所需變數
        ...
    def learn(self, state, action, td_error): # 更新模型
        ...
    def get_action(self, state, greedy=False): # 透過機率分佈或貪婪方法選擇動作
        ...
    def save(self): # 儲存訓練模型
        ...
    def load(self): # 載入訓練模型 ...

class Critic(object):
    def __init__(self, state_dim, lr=0.01):
    # 類別初始化。創建模型、最佳化器及其所需變數
        ...
    def learn(self, state, reward, state_): # 更新模型
        ...
    def save(self): # 儲存訓練模型
        ...
    def load(self): # 載入訓練模型
        ...
```

Actor 類別的部分和策略梯度演算法很像。唯一的區別是 learn()函數使用了 TD 誤差作為優勢估計值進行更新，而非使用折扣化獎勵。

```
def learn(self, state, action, td_error):
    with tf.GradientTape() as tape:
        _logits = self.model(np.array([state]))
        _exp_v = tl.rein.cross_entropy_reward_loss(logits=_logits,
            actions=[action], rewards=td_error[0])
    grad = tape.gradient(_exp_v, self.model.trainable_weights)
    self.optimizer.apply_gradients(zip(grad, self.model.trainable_weights))
return _exp_v
```

和 PG 演算法不同，AC 演算法有一個帶有價值網路的批判者，它能估計每個狀態的價值。所以它初始化函數十分清晰，只需要創建網路和最佳化器即可。

```
class Critic(object):
    def __init__(self, state_dim, lr=0.01):
        input_layer = tl.layers.Input([1, state_dim], name='state')
        layer = tl.layers.Dense(
            n_units=30, act=tf.nn.relu6, W_init=tf.random_uniform_initializer
                (0, 0.01), name='hidden'
        )(input_layer)
        layer = tl.layers.Dense(n_units=1, act=None, name='value')(layer)
        self.model = tl.models.Model(inputs=input_layer, outputs=layer,
name="Critic")
        self.model.train()

        self.optimizer = tf.optimizers.Adam(lr)
```

在初始化函數之後，我們有了一個價值網路。下一步就是建立 learn()函數。learn()函數任務非常簡單，透過公式$\delta = R + \gamma V(s') - V(s)$計算 TD 誤差$\delta$，之後將 TD 誤差作為優勢估計來計算損失。

```
def learn(self, state, reward, state_, done):
    d = 0 if done else 1
    v_ = self.model(np.array([state_]))
    with tf.GradientTape() as tape:
        v = self.model(np.array([state]))
        # TD_error = r + d * lambda * V(newS) - V(S)
        td_error = reward + d * LAM * v_ - v
        loss = tf.square(td_error)
    grad = tape.gradient(loss, self.model.trainable_weights)
    self.optimizer.apply_gradients(zip(grad, self.model.trainable_weights))
    return td_error
```

儲存和載入函數與往常一樣。我們也可以將網路參數儲存為.npz 格式的檔案。

```
def save(self): # 儲存模型
    if not os.path.exists(os.path.join('model', 'ac')):
        os.makedirs(os.path.join('model', 'ac'))
    tl.files.save_npz(self.model.trainable_weights,
        name=os.path.join('model', 'ac', 'model_critic.npz'))

def load(self): # 載入模型
    tl.files.load_and_assign_npz(name=os.path.join('model', 'ac',
        'model_critic.npz'), network=self.model)
```

訓練迴圈的程式和之前的程式非常相似。唯一的不同是更新的時機不同。使用 TD 誤差的情況下，我們可以在每步進行更新。

```
if args.train:
    all_episode_reward = []
    for episode in range(TRAIN_EPISODES):
        # 重置環境
        state = env.reset().astype(np.float32)
        step = 0 # 部分中的步數
        episode_reward = 0 # 整個部分的獎勵
        while True:
            if RENDER: env.render()
            # 選擇動作，並與環境互動
            action = actor.get_action(state)
            state_new, reward, done, info = env.step(action)
            state_new = state_new.astype(np.float32)

            if done: reward = -20 # reward shaping trick
            episode_reward += reward

            # 在和環境互動後，更新模型
            td_error = critic.learn(state, reward, state_new, done)
            actor.learn(state, action, td_error)

            state = state_new
            step += 1
            # 一直執行，直到環境返回 done 為 True，或達到最大步數限制
```

```
        if done or step >= MAX_STEPS:
            break
```

顯示資訊、繪圖和測試部分的程式和策略梯度的程式一樣，這裡就不再贅述了。

5.10.4 A3C: BipedalWalker-v2

在這裡的 A3C 實現中，有個全域的 AC 和許多 Worker。全域 AC 的功能是使用 Worker 節點擷取的資料更新網路。每個 Worker 節點都有自己的 AC 網路，用來和環境互動。Worker 節點並將擷取的資料傳給全域 AC，之後從全域 AC 獲取最新的網路參數，再替換自己本地的參數結合著擷取資料。Worker 類別的結構如下所示：

```
class Worker(object):
    def __init__(self, name): # 初始化
        ...
    def work(self, globalAC): # 主要的功能函數
        ...
```

如上所說，每個 Worker 節點都有自己的行動者網路和批判者網路。所以在初始化函數中，我們透過實例化 ACNet 類別來創建模型。

```
class Worker(object):
    def __init__(self, name):
        self.env = gym.make(GAME)
        self.name = name
        self.AC = ACNet(name)
```

work()函數是 Worker 類別的主要函數。它和之前程式中的主迴圈相似，但在更新的地方有所不同。和往常一樣，這裡迴圈的主要內容是從智慧體取得動作，並與環境互動。

```
def work(self, globalAC):
    global GLOBAL_RUNNING_R, GLOBAL_EP
    total_step = 1
```

```
buffer_s, buffer_a, buffer_r = [], [], []

while not COORD.should_stop() and GLOBAL_EP < MAX_GLOBAL_EP:

# 重置環境
s = self.env.reset()
ep_r = 0

while True:
# 在訓練過程中，將 Worker0 視覺化
if self.name == 'Worker_0' and total_step
   self.env.render()

# 選擇動作並與環境互動
s = s.astype('float32')
a = self.AC.choose_action(s)
s_, r, done, _info = self.env.step(a)
s_ = s_.astype('float32')

# 將機器人摔倒的獎勵設定為 -2，代替原來的 -100
if r == -100: r = -2

ep_r += r

# 儲存轉移資料
buffer_s.append(s)
buffer_a.append(a)
buffer_r.append(r)
```

當智慧體擷取足夠的資料時，將開始更新全域網路。在那之後，本地網路的參數將被替換為更新後的最新全域網路參數。

```
if total_step
   if done:
      v_s_ = 0 # 終止情況下
   else:
      v_s_ = self.AC.critic(s_[np.newaxis, :])[0,0] # 修正資料維度
```

```
    # 折扣化獎勵
    buffer_v_target = []
    for r in buffer_r[::-1]:
        v_s_ = r + GAMMA * v_s_
        buffer_v_target.append(v_s_)
    buffer_v_target.reverse()
    buffer_s = tf.convert_to_tensor(np.vstack(buffer_s))
    buffer_a = tf.convert_to_tensor(np.vstack(buffer_a))
    buffer_v_target = tf.convert_to_tensor(np.vstack(buffer_v_target).astype
('float32'))
    # 更新全域網路
    self.AC.update_global(buffer_s, buffer_a, buffer_v_target.astype
('float32'), globalAC) buffer_s, buffer_a, buffer_r = [], [], []

    # 同步本地網路
    self.AC.pull_global(globalAC)

s = s_
total_step += 1
if done:
    if len(GLOBAL_RUNNING_R) == 0: # 儲存執行過程中的獎勵
        GLOBAL_RUNNING_R.append(ep_r)
    else: # 使用滑動平均
        GLOBAL_RUNNING_R.append(0.95 * GLOBAL_RUNNING_R[-1] + 0.05 * ep_r)

    print('Training | , Episode: / | Episode Reward: :.4f | Running Time:
        {:.4f}'\
    .format(self.name, GLOBAL_EP, MAX_GLOBAL_EP, ep_r, time.time()-T0 ))
    GLOBAL_EP += 1
    break
```

在上述程式中用到的 ACNet 類別包含行動者和批判者。它的結構如下所示：

```
class ACNet(object):
    def __init__(self, scope): # 初始化
```

```
    ...
    def update_global(self, buffer_s, buffer_a, buffer_v_target, globalAC):
    # 更新全域網路
        ...
    def pull_global(self, globalAC): # 本地網路同步全域網路
        ...
    def get_action(self, s, greedy=False): # 本地網路擷取動作
        ...
    def save(self): # 儲存訓練模型
        ...
    def load(self): # 載入訓練模型
        ...
```

update_global()函數是其中最重要的函數之一，從以下程式可以看出，使用了取樣資料來計算梯度，但是將梯度應用到全域網路，在那之後，再從全域網路更新資料，並繼續迴圈。在這個模式下，可以非同步更新多個 Worker 節點。

```
def update_global(
        self, buffer_s, buffer_a, buffer_v_target, globalAC
): # 透過取樣更新全域 AC 網路
    # 更新全域批判者
    with tf.GradientTape() as tape:
        self.v = self.critic(buffer_s)
        self.v_target = buffer_v_target
        td = tf.subtract(self.v_target, self.v, name='TD_error')
        self.c_loss = tf.reduce_mean(tf.square(td))
    self.c_grads = tape.gradient(self.c_loss, self.critic.trainable_weights)
    OPT_C.apply_gradients(zip(self.c_grads, globalAC.critic.trainable_weights))
        # 將本地梯度應用在全域網路上
    # 更新全域行動者
    with tf.GradientTape() as tape:
        self.mu, self.sigma = self.actor(buffer_s)
        self.test = self.sigma[0]
        self.mu, self.sigma = self.mu * A_BOUND[1], self.sigma + 1e-5
```

```
    normal_dist = tfd.Normal(self.mu, self.sigma) # tf2.0 中沒有 tf.contrib
self.a_his = buffer_a
    log_prob = normal_dist.log_prob(self.a_his)
    exp_v = log_prob * td # td 在 critic 用過了，這裡沒有梯度
    entropy = normal_dist.entropy() # 鼓勵探索
    self.exp_v = ENTROPY_BETA * entropy + exp_v
    self.a_loss = tf.reduce_mean(-self.exp_v)
    self.a_grads = tape.gradient(self.a_loss, self.actor.trainable_weights)
OPT_A.apply_gradients(zip(self.a_grads, globalAC.actor.trainable_weights))
# 將本地梯度應用在全域網路上
return self.test # 返回測試用資料
```

更新本地網路的函數非常簡單，只要將本地網路的參數替換為全域網路的參數即可。

```
def pull_global(self, globalAC): # 本地執行，從全域網路同步資料
    for l_p, g_p in zip(self.actor.trainable_weights,
        globalAC.actor.trainable_weights):
        l_p.assign(g_p)
    for l_p, g_p in zip(self.critic.trainable_weights,
        globalAC.critic.trainable_weights):
        l_p.assign(g_p)
```

最後，準備工作都完成後，在主函數中逐一啟動各個執行緒即可。

```
env = gym.make(GAME)
N_S = env.observation_space.shape[0]
N_A = env.action_space.shape[0]

A_BOUND = [env.action_space.low, env.action_space.high]
A_BOUND[0] = A_BOUND[0].reshape(1, N_A)
A_BOUND[1] = A_BOUND[1].reshape(1, N_A)
with tf.device("/cpu:0"):
    GLOBAL_AC = ACNet(GLOBAL_NET_SCOPE) # 這裡的全域網路只用來儲存參數

T0 = time.time()
if args.train:
```

```
with tf.device("/cpu:0"):
    OPT_A = tf.optimizers.RMSprop(LR_A, name='RMSPropA')
    OPT_C = tf.optimizers.RMSprop(LR_C, name='RMSPropC')

    workers = []
    for i in range(N_WORKERS):
        i_name = "Worker_%i" %i # worker name
        workers.append(Worker(i_name, GLOBAL_AC))

COORD = tf.train.Coordinator()

# 啟動 TF 執行緒
worker_threads = []
for worker in workers:
    # t = threading.Thread(target=worker.work)
    job = lambda: worker.work(GLOBAL_AC)
    t = threading.Thread(target=job)
    t.start()
    worker_threads.append(t)
COORD.join(worker_threads)

GLOBAL_AC.save()
plt.plot(GLOBAL_RUNNING_R)
if not os.path.exists('image'):
    os.makedirs('image')
plt.savefig(os.path.join('image', 'a3c.png'))
```

5.10.5 TRPO: Pendulum-V0

TRPO 以信賴域方法使用在 KL 散度約束下的最大更新步進值。例子中也使用了通用優勢估計器（Generalized Advantage Estimator, GAE）。我們先看一下 GAE_Buffer 如何實現。

```
class GAE_Buffer:
    def __init__(self, obs_dim, act_dim, size, gamma=0.99, lam=0.95): # 初始化快取
        ...
```

```
    def store(self, obs, act, rew, val, logp, mean, log_std): # 儲存資料
        ...
    def finish_path(self, last_val=0): # 透過 GAE-Lambda 計算優勢估計
        ...
    def _discount_cumsum(self, x, discount): # 機選折扣化累積和
        ...
    def is_full(self): # 查看快取是否已滿
        ...
    def get(self): # 從快取中取出資料
        ...
```

我們在初始化函數中建立之後要用到的變數。

```
class GAE_Buffer:
    def __init__(self, obs_dim, act_dim, size, gamma=0.99, lam=0.95):
        self.obs_buf = np.zeros((size, obs_dim), dtype=np.float32)
        self.act_buf = np.zeros((size, act_dim), dtype=np.float32)
        self.adv_buf = np.zeros(size, dtype=np.float32)
        self.rew_buf = np.zeros(size, dtype=np.float32)
        self.ret_buf = np.zeros(size, dtype=np.float32)
        self.val_buf = np.zeros(size, dtype=np.float32)
        self.logp_buf = np.zeros(size, dtype=np.float32)
        self.mean_buf = np.zeros(size, dtype=np.float32)
        self.log_std_buf = np.zeros(size, dtype=np.float32)
        self.gamma, self.lam = gamma, lam
        self.ptr, self.path_start_idx, self.max_size = 0, 0, size
```

在 store()函數中，我們將資料存入對應的快取中，再移動指標。

```
def store(self, obs, act, rew, val, logp, mean, log_std):
    assert self.ptr < self.max_size # 確保有儲存空間
    self.obs_buf[self.ptr] = obs
    self.act_buf[self.ptr] = act
    self.rew_buf[self.ptr] = rew
    self.val_buf[self.ptr] = val
    self.logp_buf[self.ptr] = logp
    self.mean_buf[self.ptr] = mean
```

```
    self.log_std_buf[self.ptr] = log_std
    self.ptr += 1
```

finish_path() 函數在每個軌跡的結尾或一個回合結束時會被呼叫。它提取當前軌跡並計算 GAE-Lambda 優勢和價值函數會用到的累積回報。

```
def finish_path(self, last_val=0):
    path_slice = slice(self.path_start_idx, self.ptr)
    rews = np.append(self.rew_buf[path_slice], last_val)
    vals = np.append(self.val_buf[path_slice], last_val)
    # 下面兩行計算了 GAE-Lambda 優勢
    deltas = rews[:-1] + self.gamma * vals[1:] - vals[:-1]
    self.adv_buf[path_slice] = self._discount_cumsum(deltas, self.gamma *
self.lam)

    # 下一行計算了折扣化獎勵，它將作為價值函數的目標
    self.ret_buf[path_slice] = self._discount_cumsum(rews, self.gamma)[:-1]

    self.path_start_idx = self.ptr
```

在之前程式中用到的_discount_cumsum()函數如下所示。這裡使用了 scipy（一個開放原始碼函數庫）的內建函數來實現。

```
def _discount_cumsum(self, x, discount):
    return scipy.signal.lfilter([1], [1, float(-discount)], x[::-1],
axis=0)[::-1]
```

is_full() 函數只是簡單確認一下指標是否移動到底。

```
def is_full(self):
    return self.ptr == self.max_size
```

當快取滿了的時候，我們將取出資料並重置指標。這裡使用了優勢標準化技術。

```
def get(self):
    assert self.ptr == self.max_size # 取資料之前，快取必須是滿的
    self.ptr, self.path_start_idx = 0, 0
```

```
    # 下兩行實現的是優勢標準化技術
    adv_mean, adv_std = np.mean(self.adv_buf), np.std(self.adv_buf)
    self.adv_buf = (self.adv_buf - adv_mean) / adv_std
    return [self.obs_buf, self.act_buf, self.adv_buf, self.ret_buf,
        self.logp_buf, self.mean_buf, self.log_std_buf]
```

接下來我們將介紹 TRPO，其結構如下所示：

```
class TRPO:
    def __init__(self, state_dim, action_dim, action_bound): # 創建網路、最佳化
器及變數
        ...
    def get_action(self, state, greedy=False): # 獲取動作和其他變數
        ...
    def pi_loss(self, states, actions, adv, old_log_prob): # 計算策略損失
        ...
    def gradient(self, states, actions, adv, old_log_prob):# 計算策略網路梯度
        ...
    def train_vf(self, states, rewards_to_go): # 訓練價值網路
        ...
    def kl(self, states, old_mean, old_log_std): # 計算 KL 散度
        ...
    def _flat_concat(self, xs): # 展平變數
        ...
    def get_pi_params(self): # 獲取策略網路的參數
        ...
    def set_pi_params(self, flat_params): # 設定策略網路的參數
        ...
    def save(self): # 儲存網路參數
        ...
    def load(self): # 載入網路參數
        ...
    def cg(self, Ax, b): # 共軛梯度演算法
        ...
    def hvp(self, states, old_mean, old_log_std, x): # Hessian 向量積
(Hessian-vector product)
```

```
    ...
  def update(self): # 更新全部網路
    ...
  def finish_path(self, done, next_state): # 結束一段軌跡
    ...
```

和往常一樣，我們在初始化函數中先設定網路、最佳化器和其他變數。這裡的動作分佈是由一個平均值和一個標準差描述的高斯分佈。策略網路只輸出了每個動作維度的平均值，所有動作共用一個變數來作為對數標準差。

```
class TRPO:
  def __init__(self, state_dim, action_dim, action_bound):
    # critic
    with tf.name_scope('critic'):
      layer = input_layer = tl.layers.Input([None, state_dim], tf.float32)
      for d in HIDDEN_SIZES:
        layer = tl.layers.Dense(d, tf.nn.relu)(layer)
      v = tl.layers.Dense(1)(layer)
    self.critic = tl.models.Model(input_layer, v)
    self.critic.train()

    # actor
    with tf.name_scope('actor'):
      layer = input_layer = tl.layers.Input([None, state_dim], tf.float32)
      for d in HIDDEN_SIZES:
        layer = tl.layers.Dense(d, tf.nn.relu)(layer)
      mean = tl.layers.Dense(action_dim, tf.nn.tanh)(layer)
      mean = tl.layers.Lambda(lambda x: x * action_bound)(mean)
      log_std = tf.Variable(np.zeros(action_dim, dtype=np.float32))
      self.actor = tl.models.Model(input_layer, mean)
      self.actor.trainable_weights.append(log_std)
      self.actor.log_std = log_std
      self.actor.train()

      self.buf = GAE_Buffer(state_dim, action_dim, BATCH_SIZE, GAMMA, LAM)
```

```
        self.critic_optimizer = tf.optimizers.Adam(learning_rate=VF_LR)
        self.action_bound = action_bound
```

有了網路，我們就可以透過以下函數取得對應狀態下的動作。除此之外，我們需要計算一些額外資料存入 GAE 快取中。

```
def get_action(self, state, greedy=False):
    state = np.array([state], np.float32)
    mean = self.actor(state)
    log_std = tf.convert_to_tensor(self.actor.log_std)
    std = tf.exp(log_std)
    std = tf.ones_like(mean) * std
    pi = tfp.distributions.Normal(mean, std)

    if greedy:
        action = mean
    else:
        action = pi.sample()
    action = np.clip(action, -self.action_bound, self.action_bound)
    logp_pi = pi.log_prob(action)

    value = self.critic(state)
    return action[0], value, logp_pi, mean, log_std
```

以下程式顯示了如何計算策略損失。我們先計算替代優勢，這是一個描述當前策略在之前策略取樣的資料中表現如何的資料。之後使用負的替代優勢作為子策略損失。

```
def pi_loss(self, states, actions, adv, old_log_prob):
    mean = self.actor(states)
    pi = tfp.distributions.Normal(mean, tf.exp(self.actor.log_std))
    log_prob = pi.log_prob(actions)[:, 0]
    ratio = tf.exp(log_prob - old_log_prob)
    surr = tf.reduce_mean(ratio * adv)
    return -surr
```

透過呼叫之前定義的 pi_loss() 函數，我們可以很簡單地計算梯度。

```
def gradient(self, states, actions, adv, old_log_prob):
    pi_params = self.actor.trainable_weights
    with tf.GradientTape() as tape:
        loss = self.pi_loss(states, actions, adv, old_log_prob)
    grad = tape.gradient(loss, pi_params)
    gradient = self._flat_concat(grad)
    return gradient, loss
```

訓練價值網路的方法如下所示。只要透過回歸減少均方差即可擬合價值函數。

```
def train_vf(self, states, rewards_to_go):
    with tf.GradientTape() as tape:
        value = self.critic(states)
        loss = tf.reduce_mean((rewards_to_go - value[:, 0]) ** 2)
    grad = tape.gradient(loss, self.critic.trainable_weights)
    self.critic_optimizer.apply_gradients(zip(grad,
self.critic.trainable_weights))
```

計算 KL 散度的過程如下所示。我們先以平均值和標準差產生動作分佈為基礎，然後計算兩個分佈的 KL 散度。

```
def kl(self, states, old_mean, old_log_std):
    old_mean = old_mean[:, np.newaxis]
    old_log_std = old_log_std[:, np.newaxis]
    old_std = tf.exp(old_log_std)
    old_pi = tfp.distributions.Normal(old_mean, old_std)

    mean = self.actor(states)
    std = tf.exp(self.actor.log_std)*tf.ones_like(mean)
    pi = tfp.distributions.Normal(mean, std)

    kl = tfp.distributions.kl_divergence(pi, old_pi)
    all_kls = tf.reduce_sum(kl, axis=1)
    return tf.reduce_mean(all_kls)
```

在這個程式例子中，許多參數都使用_flat_concat()函數展平，這樣能簡化很多計算過程。

```
def _flat_concat(self, xs):
    return tf.concat([tf.reshape(x, (-1,)) for x in xs], axis=0)
```

以下的 get_pi_params()和 set_pi_params()函數用於獲得和設定行動者網路的參數。在獲取和設定參數的過程中需要進行一些簡單的處理。

```
def get_pi_params(self):
    pi_params = self.actor.trainable_weights
    return self._flat_concat(pi_params)

def set_pi_params(self, flat_params):
    pi_params = self.actor.trainable_weights
    flat_size = lambda p: int(np.prod(p.shape.as_list())) # the 'int' is
important
        for scalars
    splits = tf.split(flat_params, [flat_size(p) for p in pi_params])
    new_params = [tf.reshape(p_new, p.shape) for p, p_new in zip(pi_params,
splits)]
    return tf.group([p.assign(p_new) for p, p_new in zip(pi_params,
new_params)])
```

儲存和載入函數和之前一樣。

```
def save(self):
    path = os.path.join('model', 'trpo')
    if not os.path.exists(path):
        os.makedirs(path)
    tl.files.save_weights_to_hdf5(os.path.join(path, 'actor.hdf5'),
self.actor)
    tl.files.save_weights_to_hdf5(os.path.join(path, 'critic.hdf5'),
self.critic)

def load(self):
    path = os.path.join('model', 'trpo')
    tl.files.load_hdf5_to_weights_in_order(os.path.join(path, 'actor.hdf5'),
```

```
        self.actor)
    tl.files.load_hdf5_to_weights_in_order(os.path.join(path, 'critic.hdf5'),
        self.critic)
```

以下程式實現的是共軛梯度演算法。使用這個函數可以不透過計算和儲存整個矩陣來直接計算矩陣向量積。

```
def cg(self, Ax, b):
    x = np.zeros_like(b)
    r = copy.deepcopy(b) # 注意，這裡應該是'b - Ax(x)'，但 x=0 時，Ax(x)=0。如果想
                    # 熱啟動可以進行修改
    p = copy.deepcopy(r)
    r_dot_old = np.dot(r, r)
    for _ in range(CG_ITERS):
        z = Ax(p)
        alpha = r_dot_old / (np.dot(p, z) + EPS)
        x += alpha * p
        r -= alpha * z
        r_dot_new = np.dot(r, r)
        p = r + (r_dot_new / r_dot_old) * p
        r_dot_old = r_dot_new
    return x
```

以下程式顯示了透過使用公式$\mathbf{Hx} = \nabla_\theta\big((\nabla_\theta \bar{D}_{KL}(\theta \parallel \theta_k))^{\mathrm{T}}\mathbf{x}\big)$計算 Hessian 向量積的過程。這裡使用阻尼係數來改變計算$\mathbf{Hx} \to (\alpha\mathbf{I} + \mathbf{H})\mathbf{x}$的過程，可以獲得更好的數值穩定性。

```
def hvp(self, states, old_mean, old_log_std, x):
    pi_params = self.actor.trainable_weights
    with tf.GradientTape() as tape1:
        with tf.GradientTape() as tape0:
            d_kl = self.kl(states, old_mean, old_log_std)
        g = self._flat_concat(tape0.gradient(d_kl, pi_params))
        l = tf.reduce_sum(g * x)
    hvp = self._flat_concat(tape1.gradient(l, pi_params))

    if DAMPING_COEFF > 0:
```

```
    hvp += DAMPING_COEFF * x
return hvp
```

有了如上準備，我們最後可以開始更新了。首先，透過 GAE 擷取資料並計算梯度和損失。接著我們使用共軛梯度演算法來計算變數$\mathbf{x}$，它對應公式 $\hat{\mathbf{x}}_k \approx \widehat{\mathbf{H}}_k^{-1}\hat{\mathbf{g}}_k$ 中的$\hat{\mathbf{x}}_k$。然後，我們計算公式$\theta_{k+1} = \theta_k + \alpha^j \sqrt{\frac{2\delta}{\hat{\mathbf{x}}_k^{\mathrm{T}}\widehat{\mathbf{H}}_k\hat{\mathbf{x}}_k}}\hat{\mathbf{x}}_k$中的$\sqrt{\frac{2\delta}{\hat{\mathbf{x}}_k^{\mathrm{T}}\widehat{\mathbf{H}}_k\hat{\mathbf{x}}_k}}$ 部分。之後，我們使用回溯線搜索來更新策略網路。最後，透過 MES 損失更新價值網路。

```
def update(self):
states, actions, adv, rewards_to_go, logp_old_ph, old_mu, old_log_std =
    self.buf.get()
g, pi_l_old = self.gradient(states, actions, adv, logp_old_ph)

Hx = lambda x: self.hvp(states, old_mu, old_log_std, x)
x = self.cg(Hx, g)

alpha = np.sqrt(2 * DELTA / (np.dot(x, Hx(x)) + EPS))
old_params = self.get_pi_params()

def set_and_eval(step):
    params = old_params - alpha * x * step
    self.set_pi_params(params)
    d_kl = self.kl(states, old_mu, old_log_std)
    loss = self.pi_loss(states, actions, adv, logp_old_ph)
    return [d_kl, loss]

    # 回溯線搜索，固定 KL 限制
    for j in range(BACKTRACK_ITERS):
        kl, pi_l_new = set_and_eval(step=BACKTRACK_COEFF ** j)
        if kl <= DELTA and pi_l_new <= pi_l_old:
            # 接受一步線搜索中更新的新參數
            break
    else:
        # 線搜索失敗，保持舊參數
```

```
        set_and_eval(step=0.)

    # 價值網路更新
    for _ in range(TRAIN_V_ITERS):
        self.train_vf(states, rewards_to_go)
```

這裡在軌跡要被切斷或回合結束的時候，也會需要使用 finish_path()函數。如果軌跡由於智慧體到達終止狀態而結束，那麼最後的價值將被設定為 0。

```
def finish_path(self, done, next_state):
    if not done:
        next_state = np.array([next_state], np.float32)
        last_val = self.critic(next_state)
```

程式的主迴圈如下所示。我們先創建環境、智慧體和一些後面會用上的變數。

```
env = gym.make(ENV_ID).unwrapped

# 設定隨機種子以便複現效果
np.random.seed(RANDOM_SEED)
tf.random.set_seed(RANDOM_SEED)
env.seed(RANDOM_SEED)

state_dim = env.observation_space.shape[0]
action_dim = env.action_space.shape[0]
action_bound = env.action_space.high

agent = TRPO(state_dim, action_dim, action_bound)
t0 = time.time()
```

在訓練模式下，我們將智慧體與環境產生的互動資料存入快取，當快取滿了的時候則進行一次更新。

```
if args.train: # train
    all_episode_reward = []
```

```
    for episode in range(TRAIN_EPISODES):
        state = env.reset()
        state = np.array(state, np.float32)
        episode_reward = 0
        for step in range(MAX_STEPS):
            if RENDER:
                env.render()
            action, value, logp, mean, log_std = agent.get_action(state)
            next_state, reward, done, _ = env.step(action)
            next_state = np.array(next_state, np.float32)
            agent.buf.store(state, action, reward, value, logp, mean, log_std)
            episode_reward += reward
            state = next_state
            if agent.buf.is_full():
            agent.finish_path(done, next_state)
            agent.update()
        if done:
            break
    agent.finish_path(done, next_state)
    if episode == 0:
        all_episode_reward.append(episode_reward)
    else:
        all_episode_reward.append(all_episode_reward[-1] * 0.9 +
            episode_reward * 0.1)
    print(
        'Training | Episode: {}/{} | Episode Reward: {:.4f} | Running Time:
            {:.4f}'.format(
            episode+1, TRAIN_EPISODES, episode_reward,
            time.time() - t0
        )
    )
    if episode
        agent.save()
agent.save()
```

接著我們可以增加一些繪圖的程式，以便於觀察訓練過程。

```
plt.plot(all_episode_reward)
if not os.path.exists('image'):
    os.makedirs('image')
plt.savefig(os.path.join('image', 'trpo.png'))
```

當訓練完成後，我們可以開始測試。

```
if args.test:
    # test
    agent.load()
    for episode in range(TEST_EPISODES):
        state = env.reset()
        episode_reward = 0
        for step in range(MAX_STEPS):
            env.render()
            action, *_ = agent.get_action(state, greedy=True)
            state, reward, done, info = env.step(action)
            episode_reward += reward
            if done:
                break
        print(
            'Testing | Episode: {}/{} | Episode Reward: {:.4f} | Running Time:
                {:.4f}'.format(
                episode + 1, TEST_EPISODES, episode_reward,
                time.time() - t0))
```

5.10.6 PPO: Pendulum-V0

PPO 是一種一階方法，與 TRPO 這樣的二階演算法不同。

在 PPO-Penalty 中，是透過給目標函數增加一個 KL 散度懲罰項的，以解決像 TRPO 這樣帶 KL 約束的更新問題。PPO 類別的結構如下所示：

```
class PPO(object):
    def __init__(self, state_dim, action_dim, action_bound, method='clip'):
    # 初始化
        ...
```

```
    def train_actor(self, state, action, adv, old_pi): # 行動者訓練函數
        ...
    def train_critic(self, reward, state): # 批判者訓練函數
        ...
    def update(self): # 主更新函數
        ...
    def get_action(self, s, greedy=False): # 選擇動作
        ...
    def save(self): # 儲存網路
        ...
    def load(self): # 載入網路
        ...
    def store_transition(self, state, action, reward):# 儲存每步的狀態、動作、獎勵
        ...
    def finish_path(self, next_state): # 計算累積獎勵
        ...
```

在 PPO 演算法中，我們在初始化函數中建立行動者網路和批判者網路。PPO 有兩種方法：PPO-Penalty 和 PPO-Clip。我們在選用不同的方法時，要設定其相對應的參數。由於環境是一個連續運動控制環境，我們可以使用隨機策略網路輸出平均值和對數標準差來描述動作分佈。另外，我們在網路輸出加了一個 lambda 層將平均值乘以 2，這是由於'Pendulum-V0'環境中的動作範圍是[−2,2]。

```
class PPO(object):
    def __init__(self, state_dim, action_dim, action_bound, method='clip'):
        # Critic
        with tf.name_scope('critic'):
            inputs = tl.layers.Input([None, state_dim], tf.float32, 'state')
            layer = tl.layers.Dense(64, tf.nn.relu)(inputs)
            layer = tl.layers.Dense(64, tf.nn.relu)(layer)
            v = tl.layers.Dense(1)(layer)
        self.critic = tl.models.Model(inputs, v)
        self.critic.train()

    # Actor
```

```
    with tf.name_scope('actor'):
        inputs = tl.layers.Input([None, state_dim], tf.float32, 'state')
        layer = tl.layers.Dense(64, tf.nn.relu)(inputs)
        layer = tl.layers.Dense(64, tf.nn.relu)(layer)
        a = tl.layers.Dense(action_dim, tf.nn.tanh)(layer)
        mean = tl.layers.Lambda(lambda x: x * action_bound, name='lambda')(a)
        logstd = tf.Variable(np.zeros(action_dim, dtype=np.float32))
    self.actor = tl.models.Model(inputs, mean)
    self.actor.trainable_weights.append(logstd)
    self.actor.logstd = logstd
    self.actor.train()
    self.actor_opt = tf.optimizers.Adam(LR_A)
    self.critic_opt = tf.optimizers.Adam(LR_C)

    self.method = method
    if method == 'penalty':
        self.kl_target = KL_TARGET
        self.lam = LAM
    elif method == 'clip':
        self.epsilon = EPSILON

    self.state_buffer, self.action_buffer = [], []
    self.reward_buffer, self.cumulative_reward_buffer = [], []
    self.action_bound = action_bound
```

train_actor()函數負責使用 PPO 方法更新行動者。PPO 使用特定的目標函數來防止新策略遠離舊策略。

```
def train_actor(self, state, action, adv, old_pi):
    with tf.GradientTape() as tape:
        mean, std = self.actor(state), tf.exp(self.actor.logstd)
        pi = tfp.distributions.Normal(mean, std)

        ratio = tf.exp(pi.log_prob(action) - old_pi.log_prob(action))
        surr = ratio * adv
        if self.method == 'penalty': # ppo penalty
            kl = tfp.distributions.kl_divergence(old_pi, pi)
```

```
            kl_mean = tf.reduce_mean(kl)
            aloss = -(tf.reduce_mean(surr - self.lam * kl))
        else: # ppo clip
            aloss = -tf.reduce_mean(
                tf.minimum(surr,
                    tf.clip_by_value(ratio, 1. - self.epsilon, 1. + self.epsilon)
                        * adv)
            )
    a_gard = tape.gradient(aloss, self.actor.trainable_weights)
    self.actor_opt.apply_gradients(zip(a_gard, self.actor.trainable_weights))

    if self.method == 'kl_pen':
        return kl_mean
```

train_critic()函數負責對批判者進行更新，程式如下所示。過程就是計算優勢並最小化損失$\sum_t \hat{A}_t^2$。

```
def train_critic(self, reward, state):
    reward = np.array(reward, dtype=np.float32)
    with tf.GradientTape() as tape:
        advantage = reward - self.critic(state)
        loss = tf.reduce_mean(tf.square(advantage))
    grad = tape.gradient(loss, self.critic.trainable_weights)
    self.critic_opt.apply_gradients(zip(grad, self.critic.trainable_weights))
```

在 update()函數中，我們先計算舊策略的分佈，之後再進行更新。如果我們使用 PPO-Penalty 方法，則我們還需要在更新行動者之後，根據 KL 散度來更新 lambda 值。

```
def update(self):
    s = np.array(self.state_buffer, np.float32)
    a = np.array(self.action_buffer, np.float32)
    r = np.array(self.cumulative_reward_buffer, np.float32)
    mean, std = self.actor(s), tf.exp(self.actor.logstd)
    pi = tfp.distributions.Normal(mean, std)
    adv = r - self.critic(s)
```

```
    # update actor
    if self.method == 'kl_pen':
        for _ in range(A_UPDATE_STEPS):
            kl = self.a_train(s, a, adv, pi)
        if kl < self.kl_target / 1.5:
            self.lam /= 2
        elif kl > self.kl_target * 1.5:
            self.lam *= 2
    else:
        for _ in range(A_UPDATE_STEPS):
            self.a_train(s, a, adv, pi)

    # update critic
    for _ in range(C_UPDATE_STEPS):
        self.c_train(r, s)

    self.state_buffer.clear()
    self.action_buffer.clear()
    self.cumulative_reward_buffer.clear()
    self.reward_buffer.clear()
```

get_action() 函數就是簡單地使用平均值和標準差來描述動作分佈，並且從中取樣動作。如果我們想要一個沒有探索的動作，就只需要輸出平均值即可。

```
def get_action(self, s, greedy=False):
    state = state[np.newaxis, :].astype(np.float32)
    mean, std = self.actor(state), tf.exp(self.actor.logstd)
    if greedy:
        action = mean[0]
    else:
        pi = tfp.distributions.Normal(mean, std)
    action = tf.squeeze(pi.sample(1), axis=0)[0]
    return np.clip(action, -self.action_bound, self.action_bound)
```

save()、load()、store_transition()函數和之前的程式類似，這裡不做展開。finish_ path()函數負責在遊戲結束或擷取好了一批次資料的時候計算累計獎勵。

```
def finish_path(self, next_state, done):
    if done:
        v_s_ = 0
    else:
        v_s_ = self.critic(np.array([next_state], np.float32))[0, 0]
    discounted_r = []
    for r in self.reward_buffer[::-1]:
        v_s_ = r + GAMMA * v_s_
        discounted_r.append(v_s_)
    discounted_r.reverse()
    discounted_r = np.array(discounted_r)[:, np.newaxis]
    self.cumulative_reward_buffer.extend(discounted_r)
    self.reward_buffer.clear()
```

主函數也和之前的十分相似。首先建立環境和 PPO 智慧體。

```
env = gym.make(ENV_ID).unwrapped

# 設定隨機種子，可以更進一步地複現效果
env.seed(RANDOM_SEED)
np.random.seed(RANDOM_SEED)
tf.random.set_seed(RANDOM_SEED)

state_dim = env.observation_space.shape[0]
action_dim = env.action_space.shape[0]
action_bound = env.action_space.high

agent = PPO(state_dim, action_dim, action_bound)
t0 = time.time()
```

接著使用智慧體和環境進行互動，並儲存資料。在遊戲結束或收集足夠的資料時，執行 finish_path()函數計算累計獎勵。在擷取好一批次資料時更

新智慧體。在經歷過很多次學習之後，智慧體就能取得很好的分數了。

```
if args.train:
    all_episode_reward = []
    for episode in range(TRAIN_EPISODES):
        state = env.reset()
        episode_reward = 0
        for step in range(MAX_STEPS): # 在單一部分中
            if RENDER:
                env.render()
            action = agent.get_action(state)
            state_, reward, done, info = env.step(action)
            agent.store_transition(state, action, reward)
            state = state_
            episode_reward += reward

            # 更新 PPO
            if len(agent.state_buffer) >= BATCH_SIZE:
                agent.finish_path(state_, done)
                agent.update()
            if done:
                break
        agent.finish_path(state_, done)
        print(
            'Training | Episode: {}/{} | Episode Reward: {:.4f} | Running Time:
                {:.4f}'.format(
                episode + 1, TRAIN_EPISODES, episode_reward, time.time() - t0)
        )
        if episode == 0:
            all_episode_reward.append(episode_reward)
        else:
            all_episode_reward.append(all_episode_reward[-1] * 0.9 +
                episode_reward * 0.1)

    agent.save()
    plt.plot(all_episode_reward)
    if not os.path.exists('image'):
```

```
        os.makedirs('image')
    plt.savefig(os.path.join('image', 'ppo.png'))
```

最後，像往常一樣測試智慧體。

```
if args.test:
    agent.load()
    for episode in range(TEST_EPISODES):
        state = env.reset()
        episode_reward = 0
        for step in range(MAX_STEPS):
            env.render()
            state, reward, done, info = env.step(agent.get_action(state,
greedy=True))
            episode_reward += reward
            if done:
                break
        print(
            'Testing | Episode: {}/{} | Episode Reward: {:.4f} | Running Time:
                {:.4f}'.format(
                episode + 1, TEST_EPISODES, episode_reward,
                time.time() - t0))
```

參考文獻

- KONDA V R, TSITSIKLIS J N, 2000. Actor-critic algorithms[C]//Advances in Neural InformationProcessing Systems. 1008-1014.
- LI J, WANG B, 2018. Policy optimization with second-order advantage information[J]. arXiv preprintarXiv:1805.03586.
- LIU H, FENG Y, MAO Y, et al., 2017. Action-depedent control variates for policy optimization via stein'sidentity[J]. arXiv preprint arXiv:1710.11198.

- MARTENS J, GROSSE R, 2015. Optimizing neural networks with kronecker-factored approximatecurvature[C]//International Conference on Machine Learning (ICML). 2408-2417.
- MITLIAGKAS I, ZHANG C, HADJIS S, et al., 2016. Asynchrony begets momentum, with an appli- cation to deep learning[C]//201654th Annual Allerton Conference on Communication, Control, and Computing (Allerton). IEEE: 997-1004.
- MNIH V, BADIA A P, MIRZA M, et al., 2016. Asynchronous methods for deep reinforcement learn- ing[C]//International Conference on Machine Learning (ICML). 1928-1937.
- SCHULMAN J, LEVINE S, ABBEEL P, et al., 2015. Trust region policy optimization[C]//InternationalConference on Machine Learning (ICML). 1889-1897.
- SCHULMAN J, WOLSKI F, DHARIWAL P, et al., 2017. Proximal policy optimization algorithms[J]. arXiv:1707.06347.
- SUTTON R S, MCALLESTER D A, SINGH S P, et al., 2000. Policy gradient methods for reinforcement learning with function approximation[C]//Advances in Neural Information Processing Systems. 1057-1063.
- WU C, RAJESWARAN A, DUAN Y, et al., 2018. Variance reduction for policy gradient with action- dependent factorized baselines[J]. arXiv preprint arXiv:1803.07246.
- WU Y, MANSIMOV E, GROSSE R B, et al., 2017. Scalable trust-region method for deep reinforce- ment learning using kronecker-factored approximation[C]//Advances in Neural Information ProcessingSystems. 5279-5288.

Chapter 06

深度 Q 網路和 Actor-Critic 的結合

深度 Q 網路（Deep Q-Network，DQN）演算法是最著名的深度強化學習演算法之一，將強化學習與深度神經網路相結合以近似最佳動作價值函數，只需以像素值作為輸入就在絕大部分 Atari 遊戲中達到了人類水準的表現。Actor-Critic 方法將 REINFORCE 演算法的蒙地卡羅更新方式轉化為時間差分更新方式，大幅度提高了取樣效率。近年來，將深度 Q 網路演算法與 Actor-Critic 方法相結合的演算法愈加流行，如深度確定性策略梯度（Deep Deterministic Policy Gradient，DDPG）演算法。這些演算法結合了深度 Q 網路和 Actor-Critic 方法的優點，在大多數環境特別是連續動作空間的環境中表現出優越的性能。本章先簡介各類方法的優缺點，然後介紹一些將深度 Q 網路和 Actor-Critic 方法相結合的經典演算法，如 DDPG 演算法、孿生延遲 DDPG（Twin Delayed Deep Deterministic Policy Gradient，TD3）演算法和柔性 Actor-Critic（Soft Actor-Critic，SAC）演算法。

6.1 簡介

深度 Q 網路（Deep Q-Network，DQN）(Mnih et al., 2015) 演算法是一種經典的離線策略方法。它將 Q-Learning 演算法與深度神經網路相結合，實現了從視覺輸入到決策輸出的點對點學習。該演算法僅使用 Atari 遊戲的原始像素作為輸入，便在幾十款遊戲中獲得了與人類水平同等級的表現。然而，雖然深度 Q 網路的輸入可以是高維的狀態空間，但是它只能處理離散的、低維的動作空間。對於連續的、高維的動作空間，深度 Q 網路無法直接計算出每個動作對應的Q值。

Actor-Critic（AC）(Sutton et al., 2018) 方法是 REINFORCE (Sutton et al., 2018)演算法的擴充。透過引入 Critic，該方法將策略梯度演算法的蒙地卡羅更新轉化為時間差分更新。透過這種方式，自舉法（Bootstrapping）可以靈活地運用到值估計當中，因此策略的更新不需要等得到完整的軌跡之後再進行，即不需要等到每局遊戲結束。雖然時間差分更新會引入一些估計偏差，但它可以減少估計方差從而加快學習速度。儘管如此，原始的 Actor-Critic 方法仍然是一種線上策略的演算法，而線上策略方法的取樣效率遠低於離線策略方法。

將深度 Q 網路與 Actor-Critic 相結合可以同時利用這兩種演算法的優點。由於深度 Q 網路的存在，Actor-Critic 方法轉化為離線策略方法，可以使用重播快取的樣本對網路進行訓練，從而提高取樣效率。從重播快取中隨機取樣也可以打亂資料的序列關係，最小化樣本之間的相關性，從而使價值函數的學習更加穩定。Actor-Critic 方法使得我們可以透過網路學習策略函數π，便於處理深度 Q 網路很難解決的具有高維或連續動作空間的問題（表 1）。

表 6.1 深度 Q 網路演算法與 Actor-Critic 演算法的特點

演算法	線上策略/離線策略	取樣效率	動作空間
深度 Q 網路	離線策略	高	離散
Actor-Critic	線上策略	低	連續
深度 Q 網路+Actor-Critic	離線策略	高	離散和連續

6.2 深度確定性策略梯度演算法

深度確定性策略梯度演算法可以看作是確定性策略梯度（Deterministic Policy Gradient，DPG）演算法(Silver et al., 2014) 和深度神經網路的結合，也可以看作是深度 Q 網路演算法在連續動作空間中的擴充。它可以解決深度 Q 網路演算法無法直接應用於連續動作空間的問題。深度確定性策略梯度演算法同時建立Q值函數（Critic）和策略函數（Actor）。Q值函數（Critic）與深度 Q 網路演算法相同，透過時間差分方法進行更新。策略函數（Actor）利用Q值函數（Critic）的估計，透過策略梯度方法進行更新。

在深度確定性策略梯度演算法中，Actor 是一個確定性策略函數，表示為$\pi(s)$，待學習參數表示為θ^{π}。每個動作直接由$A_t = \pi(S_t|\theta_t^{\pi})$計算，不需要從隨機策略中取樣。

這裡，一個關鍵問題是如何平衡這種確定性策略的探索和利用（Exploration and Exploitation）。深度確定性策略梯度演算法透過在訓練過程中增加隨機雜訊解決該問題。每個輸出動作增加雜訊N，此時有動作為$A_t = \pi(S_t|\theta_t^{\pi}) + N_t$。其中$N$可以根據具體任務進行選擇，原論文(Uhlenbeck et al., 1930) 中使用 Ornstein-Uhlenbeck 過程（O-U 過程）增加雜訊項。

O-U 過程滿足以下隨機微分方程：

$$\mathrm{d}X_t = \theta(\pi - X_t)\mathrm{d}t + \sigma \mathrm{d}W_t, \tag{6.1}$$

其中X_t是隨機變數，$\theta > 0, x, \sigma > 0$為參數。$W_t$是維納過程或稱布朗運動(It et al., 1965)，它具有以下性質：

- W_t是獨立增量過程，表示對於時間$T_0 < T_1 <\ldots< T_n$，有隨機變數$W_{T_0}, W_{T_1} - W_{T_0}, \cdots, W_{T_n} - W_{T_{n-1}}$都是獨立的。
- 對於任意時刻t和增量Δt, 有$W(t + \Delta_t) - W(t) \sim N(0, \sigma_W^2 \Delta t)$。
- W_t是關於t的連續函數。

我們知道馬可夫決策過程是以馬可夫性質為基礎的，滿足$p(X_{t+1}|X_t,\cdots,X_1)=p(X_{t+1}|X_t)$，其中$X_t$是$t$時刻的隨機變數，這表示隨機變數$X_t$的時間相關性只取決於上一個時刻的隨機變數$X_{t-1}$。而 O-U 雜訊就是一個具有時間相關性的隨機變數，這一點與馬可夫決策過程的性質相符，因此很自然地被運用到隨機雜訊的增加中。然而，實踐顯示，時間不相關的零平均值高斯雜訊也能取得很好的效果。

回到深度確定性策略梯度演算法，動作價值函數$Q(s,a|\theta^Q)$和深度 Q 網路演算法一樣，透過貝爾曼方程式（Bellman Equations）進行更新。

在狀態S_t下，透過策略π執行動作$A_t=\pi(S_t|\theta_t^\pi)$，得到下一個狀態$S_{t+1}$和獎勵值$R_t$。我們有：

$$Q^\pi(S_t,A_t)=\mathbb{E}[r(S_t,A_t)+\gamma Q^\pi(S_{t+1},\pi(S_{t+1}))]. \tag{6.2}$$

然後計算Q值：

$$Y_i=R_i+\gamma Q^\pi(S_{t+1},\pi(S_{t+1})). \tag{6.3}$$

使用梯度下降演算法最小化損失函數：

$$L=\frac{1}{N}\sum_i\,(Y_i-Q(S_i,A_i|\theta^Q))^2. \tag{6.4}$$

透過將鏈式法則應用於期望回報函數J來更新策略函數π。這裡，$J=\mathbb{E}_{R_i,S_i\sim E,A_i\sim\pi}[R_t]$（$E$表示環境），$R_t=\sum_{i=t}^{\mathrm{T}}\gamma^{(i-t)}r(S_i,A_i)$。我們有：

$$\begin{aligned}\nabla_{\theta^\pi}J\approx\;&\mathbb{E}_{S_t\sim\rho^\beta}[\nabla_{\theta^\pi}Q(s,a|\theta^Q)|_{s=S_t,a=\pi(S_t|\theta^\pi)}],\\ =\;&\mathbb{E}_{S_t\sim\rho^\beta}[\nabla_a Q(s,a|\theta^Q)|_{s=S_t,a=\pi(S_t)}\nabla_{\theta_\pi}\pi(s|\theta^\pi)|_{s=S_t}].\end{aligned} \tag{6.5}$$

透過批次樣本（Batches）的方式更新：

$$\nabla_{\theta^\pi}J\approx\frac{1}{N}\sum_i\,\nabla_a Q(s,a|\theta^Q)|_{s=S_i,a=\pi(S_i)}\nabla_{\theta^\pi}\pi(s|\theta^\pi)|_{S_i}. \tag{6.6}$$

此外，深度確定性策略梯度演算法採用了類似深度 Q 網路演算法的目標網路，但這裡透過指數平滑方法而非直接替換參數來更新目標網路：

$$\theta^{Q'}\leftarrow\rho\theta^Q+(1-\rho)\theta^{Q'}, \tag{6.7}$$

$$\theta^{\pi'}\leftarrow\rho\theta^\pi+(1-\rho)\theta^{\pi'}. \tag{6.8}$$

由於參數$\rho \ll 1$，目標網路的更新緩慢且平穩，這種方式提高了學習的穩定性。

演算法虛擬程式碼詳見演算法 6.26。

演算法 **6.26** DDPG

超參數：軟更新因數ρ，獎勵折扣因數γ。

輸入：重播快取$\mathcal{D}$，初始化 critic 網路$Q(s,a|\theta^Q)$參數θ^Q、actor 網路$\pi(s|\theta^\pi)$參數θ^π、目標網路Q'、π'。

初始化目標網路參數Q'和π'，設定值$\theta^{Q'} \leftarrow \theta^Q, \theta^{\pi'} \leftarrow \theta^\pi$。

for episode = $1, M$ **do**

  初始化隨機過程$\mathcal{N}$用於給動作增加探索。

  接收初始狀態S_1。

  for t = $1, T$ **do**

    選擇動作$A_t = \pi(S_t|\theta^\pi) + \mathcal{N}_t$。

    執行動作A_t得到獎勵R_t，轉移到下一狀態S_{t+1}。

    儲存狀態轉移資料對$(S_t, A_t, R_t, D_t, S_{t+1})$到$\mathcal{D}$。

    令$Y_i = R_i + \gamma(1 - D_t)Q'(S_{t+1}, \pi'(S_{t+1}|\theta^{\pi'})|\theta^{Q'})$

    透過最小化損失函數更新 Critic 網路：

      $L = \frac{1}{N}\sum_i (Y_i - Q(S_i, A_i|\theta^Q))^2$

    透過策略梯度的方式更新 Actor 網路：

      $\nabla_{\theta^\pi} J \approx \frac{1}{N}\sum_i \nabla_a Q(s,a|\theta^Q)|_{s=S_i,a=\pi(S_i)} \nabla_{\theta^\pi}\pi(s|\theta^\pi)|_{S_i}$

    更新目標網路：

      $\theta^{Q'} \leftarrow \rho\theta^Q + (1-\rho)\theta^{Q'}$

      $\theta^{\pi'} \leftarrow \rho\theta^\pi + (1-\rho)\theta^{\pi'}$

  end for

end for

6.3 孿生延遲 DDPG 演算法

孿生延遲 DDPG（Twin Delayed Deep Deterministic Policy Gradient，TD3）演算法是深度確定性策略梯度演算法的改進，其中運用了三個關鍵技術：

1. 截斷的 Double Q-Learning：透過學習兩個Q值函數，用類似 Double Q-Learning 的方式更新 critic 網路。
2. 延遲策略更新：更新過程中，策略網路的更新頻率低於Q值網路。
3. 目標策略平滑：在目標策略的輸出動作中加入雜訊，以此平滑Q值函數的估計，避免過擬合。

對於第一個技術，我們知道在深度 Q 網路演算法中 max 操作會導致Q值過估計的問題，這個問題同樣存在於深度確定性策略梯度演算法中，因為深度確定性策略梯度演算法中$Q(s,a)$的更新方式與深度 Q 網路演算法相同：

$$Q(s,a) \leftarrow R_s^a + \gamma \max_{\hat{a}} Q(s',\hat{a}). \tag{6.9}$$

在表格學習方法（Tabular Methods）中不存在該問題，因為Q值是精確儲存的。而當我們使用神經網路等工具作為函數近似器（Function Approximator）來處理更複雜的問題時，Q值的估計是存在誤差的，也就是說：

$$Q^{\text{approx}}(s',\hat{a}) = Q^{\text{target}}(s',\hat{a}) + Y_{s'}^{\hat{a}}, \tag{6.10}$$

其中，$Y_{s'}^{\hat{a}}$是零平均值的雜訊。但使用 max 操作，會導致Q^{approx}和Q^{target}之間存在誤差。將誤差表示為Z_s，我們有：

$$\begin{aligned} Z_s &\stackrel{\text{def}}{=} R_s^a + \gamma \max_{\hat{a}} Q^{\text{approx}}(s',\hat{a}) - (R_s^a + \gamma \max_{\hat{a}} Q^{\text{target}}(s',\hat{a})), \\ &= \gamma(\max_{\hat{a}} Q^{\text{approx}}(s',\hat{a}) - \max_{\hat{a}} Q^{\text{target}}(s',\hat{a})). \end{aligned} \tag{6.11}$$

考慮雜訊項$Y_{s'}^{\hat{a}}$，一些Q值可能偏小，而另一些可能偏大。max 操作總是為每個狀態選擇最大的Q值，將會導致演算法對高估動作的對應Q值異常敏感。在這種情況下，該雜訊使得$\mathbb{E}[Z_s] > 0$，從而導致過估計問題。

孿生延遲 DDPG 演算法在深度確定性策略梯度演算法中引入了 Double Q-Learning，透過建立兩個Q值網路來估計下一個狀態的值：

$$Q_{\theta_1'}(s',a') = Q_{\theta_1'}(s',\pi_{\phi_1}(s')), \tag{6.12}$$

$$Q_{\theta_2'}(s',a') = Q_{\theta_2'}(s',\pi_{\phi_1}(s')). \tag{6.13}$$

使用兩個Q值中的最小值計算貝爾曼方程式：

$$Y_1 = r + \gamma \min_{i=1,2} Q_{\theta_i'}(s',\pi_{\phi_1}(s')). \tag{6.14}$$

使用截斷的 Double Q-Learning，目標網路的估值不會給 Q-Learning 的目標帶來過高的估計誤差。雖然此更新規則可能導致低估，但這對更新影響不大。因為與過估計的動作不同，低估的動作的Q值不會被顯性更新(Fujimoto et al., 2018)。

對於第二個技術，我們知道目標網路是實現深度強化學習演算法穩定更新的有力工具。因為函數逼近需要多次梯度更新才能收斂，目標網路在學習過程中給演算法提供了一個穩定的更新目標。因此，如果目標網路可以用來減少多步更新的誤差，且錯誤狀態估計下的策略更新會導致發散的策略更新，那麼策略網路應該以比價值網路更低的頻率進行更新，以便在進行策略更新之前先最小化價值估計的誤差。因此，孿生延遲 DDPG 演算法降低了策略網路的更新頻率，策略網路只在價值網路更新d次後才進行更新。這種策略更新方式可以使Q值函數的估計具有更小的方差，從而獲得品質更高的策略更新。

對於第三個技術，確定性策略的問題是該類方法對於值空間中的窄峰估計可能存在過擬合。在孿生延遲 DDPG 演算法原文中，作者認為相似的動作應該具有相似的值估計，因此將目標動作周圍的一小塊區域的值進行模糊擬合是有道理的：

$$y = r + \mathbb{E}_{\epsilon}[Q_{\theta'}(s',\pi_{\phi'}(s') + \epsilon)]. \tag{6.15}$$

透過在每個動作中加入截斷的正態分佈雜訊作為正則化，可以平滑Q值的計算，避免過擬合。修正後的更新如下：

$$y = r + \gamma Q_{\theta'}(s', \pi_{\phi'}(s') + \epsilon), \epsilon \sim \text{clip}(N(0,\sigma), -c, c). \quad (6.16)$$

演算法虛擬程式碼見演算法 6.27。

演算法 6.27 TD3

超參數：軟更新因數ρ、回報折扣因數γ、截斷因數c

輸入：重播快取$\mathcal{D}$，初始化 Critic 網路$Q_{\theta_1}, Q_{\theta_2}$參數$\theta_1, \theta_2$，初始化 Actor 網路$\pi_\phi$參數$\phi$

初始化目標網路參數$\hat{\theta}_1 \leftarrow \theta_1, \hat{\theta}_2 \leftarrow \theta_2, \hat{\phi} \leftarrow \phi$

for $t = 1$ to T **do**

  選擇動作$A_t \sim \pi_\phi(S_t) + \epsilon, \epsilon \sim \mathcal{N}(0, \sigma)$

  接受獎勵R_t和新狀態S_{t+1}

  儲存狀態轉移資料對$(S_t, A_t, R_t, D_t, S_{t+1})$到$\mathcal{D}$

  從$\mathcal{D}$中取樣大小為N的小量樣本$(S_t, A_t, R_t, D_t, S_{t+1})$

  $\tilde{a}_{t+1} \leftarrow \pi_{\phi'}(S_{t+1}) + \epsilon, \epsilon \sim \text{clip}\big(\mathcal{N}(0, \tilde{\sigma}, -c, c)\big)$。

  $y \leftarrow R_t + \gamma(1 - D_t)\min_{i=1,2} Q_{\theta_i'}(S_{t+1}, \tilde{a}_{t+1})$

  更新 Critic 網路$\theta_i \leftarrow \text{argmin}_{\theta_i} N^{-1} \sum (y - Q_{\theta_i}(S_t, A_t))^2$

  if t mod d **then**

    更新ϕ：

    $\nabla_\phi J(\phi) = N^{-1} \sum \nabla_a Q_{\theta_1}(S_t, A_t)|_{A_t = \pi_\phi(S_t)} \nabla_\phi \pi_\phi(S_t)$

    更新目標網路：

    $\hat{\theta}_i \leftarrow \rho\theta_i + (1 - \rho)\hat{\theta}_i$

    $\hat{\phi} \leftarrow \rho\phi + (1 - \rho)\hat{\phi}$

  end if

end for

6.4 柔性 Actor-Critic 演算法

柔性 Actor-Critic（Soft Actor-Critic，SAC）演算法繼續採用了上一章提到的最大化熵的想法。學習的目標是最大化熵正則化的累積獎勵而不只是累計獎勵，從而鼓勵更多的探索。

$$\max_{\pi_\theta} \mathbb{E}[\textstyle\sum_t \gamma^t (r(S_t, A_t) + \alpha \mathcal{H}(\pi_\theta(\cdot\,|S_t)))]. \quad (6.17)$$

這裡α是正則化係數。最大化熵增強學習這個想法已經被很多論文，包括(Fox et al., 2016; Haarnoja et al., 2017; Levine et al., 2013; Nachum et al., 2017; Ziebart et al., 2008)提及。在本節中，我們主要介紹柔性策略迭代（Soft Policy Iteration）演算法。以這個演算法為基礎，我們會接著介紹SAC。

6.4.1 柔性策略迭代

柔性策略迭代是一個有理論保證的學習最佳最大化熵策略的演算法。和策略迭代類似，柔性策略迭代也分為兩步：柔性策略評估和柔性策略提高。

令

$$V^{\pi}(s) = \mathbb{E}\left[\sum_{t} \gamma^{t}(r(S_t, A_t) + \alpha\mathcal{H}(\pi(\cdot\,|S_t)))\right], \tag{6.18}$$

其中$s_0 = s$，令

$$Q(s,a) = r(s,a) + \gamma\mathbb{E}[V(s')] \tag{6.19}$$

這裡假設 $s' \sim \Pr(\cdot\,|s,a)$ 是下一個狀態。可以很容易地驗證以下式子成立。

$$V^{\pi}(s) = \mathbb{E}_{a\sim\pi}[Q(s,a) - \alpha\log(a|s)]. \tag{6.20}$$

在柔性策略評估時，定義的貝爾曼回溯運算元$\mathcal{T}$為

$$\mathcal{T}^{\pi}Q(s,a) = r(s,a) + \gamma\mathbb{E}[V^{\pi}(s')]. \tag{6.21}$$

和策略評估類似，我們可以證明對於任何映射$Q^0：\mathcal{S}\times\mathcal{A}\to\mathbb{R}$, $Q^k = \mathcal{T}^{\pi}Q^{k-1}$會收斂到$\pi$的柔性$Q$值。

在策略提高階段，我們用當前的Q值求解以下最大化熵正則化獎勵的最佳化問題。

$$\pi(\cdot\,|s) = \underset{\pi}{\mathrm{argmax}}\,\mathbb{E}_{a\sim\pi}[Q(s,a) + \alpha\mathcal{H}(\pi)]. \tag{6.22}$$

求解以上這個最佳化問題後(Fox et al., 2016; Nachum et al., 2017)可以得到的解為

$$\pi(\cdot\,|s)=\frac{\exp\left(\frac{1}{\alpha}Q(s,\cdot)\right)}{Z(s)}. \tag{6.23}$$

這裡 $Z(s)$ 是歸一化常數，也即$Z(s)=\sum_a \exp\left(\frac{1}{\alpha}Q(s,a)\right)$。如果採用的策略模型無法表達最佳的策略$\pi$，我們可以進一步求解

$$\pi(\cdot\,|s)=\underset{\pi\in\Pi}{\operatorname{argmin}}D_{\mathrm{KL}}\left(\pi(\cdot\,|s)\,\|\,\frac{\exp\left(\frac{1}{\alpha}Q(s,\cdot)\right)}{Z(s)}\right). \tag{6.24}$$

我們可以證明在學習過程，上面描述的柔性策略提高階段也有單調提高的性質。即使在使用 KL-散度投影到 Π 之後這個性質也是成立的。這一點和上一章提到的 TRPO 類似。最後，我們可以證明柔性策略迭代和策略迭代類似收斂到最佳解，如以下定理所示。

定理 6.1 讓 $\pi_0\in\Pi$ 為初始策略。假設在柔性策略迭代演算法下，π_0會收斂到$\pi*$，那麼對任意的$(s,a)\in\mathcal{S}\times\mathcal{A}$和任意的$\pi\in\Pi$，$Q^{\pi*}(s,a)\geq Q^{\pi}(s,a)$。

我們省略了這一章提到的各個結論的證明過程。感興趣的讀者可以參考論文(Haarnoja et al.,2018)。

6.4.2 SAC

SAC 進一步把柔性策略迭代拓展到更實用的函數近似設定下，它採用在價值函數和策略函數之間進行交替最佳化的方式來學習，而不只是透過估計策略π的Q值來提升策略。

令$Q_\phi(s,a)$表示Q值函數，π_θ 表示策略函數。這裡我們考慮連續動作的設定並假設π_θ的輸出為一個正態分佈的期望和方差。和本書前面提到的方法類似，Q值函數可以透過最小化柔性 Bellman 殘差來學習：

$$J_Q(\phi)=\mathbb{E}\left[\left(Q(S_t,A_t)-r(S_t,A_t)-\gamma\mathbb{E}_{S_{t+1}}\left[V_{\tilde{\phi}}(S_{t+1})\right]\right)^2\right]. \tag{6.25}$$

這裡 $V_{\tilde{\phi}}(s) = \mathbb{E}_{\pi_\theta}\left[Q_{\tilde{\phi}}(s,a) - \alpha\log\pi_\theta(a|s)\right]$, $Q_{\tilde{\phi}}$表示參數$\tilde{\phi}$由Q值函數的參數ϕ的指數移動平均數得到的目標Q值網路。策略函數π_θ 可以透過最小化以下的 KL-散度得到。

$$J_\pi(\theta) = \mathbb{E}_{s\sim\mathcal{D}}\left[\mathbb{E}_{a\sim\pi_\theta}\left[\alpha\log\pi_\theta(a|s) - Q_\phi(s,a)\right]\right]. \tag{6.26}$$

實際中，SAC 也使用了兩個Q值函數（同時還有兩個Q值目標函數）來處理Q值估計的偏差問題，也就是令 $Q_\phi(s,a) = \min\left(Q_{\phi_1}(s,a), Q_{\phi_2}(s,a)\right)$。注意到$J_\pi(\theta)$中的期望也依賴於策略$\pi_\theta$，我們可以使用似然比例梯度估計的方法來最佳化$J_\pi(\theta)$ (Williams, 1992)。在連續動作空間的設定下，我們也可以用策略網路的重參數化來最佳化。這樣往往能夠減少梯度估計的方差。再參數化的做法將π_θ表示成一個使用狀態s 和標準常態樣本ϵ作為其輸入的函數直接輸出動作a：

$$a = f_\theta(s,\epsilon). \tag{6.27}$$

代入$J_\pi(\theta)$的式子中

$$J_\pi(\theta) = \mathbb{E}_{s\sim\mathcal{D},\epsilon\sim\mathcal{N}}\left[\alpha\log\pi_\theta(f_\theta(s,\epsilon)|s) - Q_\phi(s, f_\theta(s,\epsilon))\right]. \tag{6.28}$$

式子中$\mathcal{N}$ 表示標準正態分佈，π_θ現在被表示為f_θ。

最後，SAC 還提供了自動調節正則化參數α方法。該方法透過最小化以下損失函數實現。

$$J(\alpha) = \mathbb{E}_{a\sim\pi_\theta}[-\alpha\log\pi_\theta(a|s) - \alpha\kappa]. \tag{6.29}$$

這裡 κ 是一個可以視為目標熵的超參數。這種更新α的方法被稱為自動熵調節方法。其背後的原理是在指定每一步平均熵至少為κ的約束下，原來的策略最佳化問題的對偶形式。對自動熵調節方法的嚴格表述感興趣的讀者，可以參考 SAC 的論文(Haarnoja et al., 2018)。演算法 4.2 列出了 SAC 的虛擬程式碼。

演算法 6.28 Soft Actor-Critic (SAC)

超參數: 目標熵 κ, 步進值 $\lambda_Q, \lambda_\pi, \lambda_\alpha$, 指數移動平均係數 τ。

輸入: 初始策略函數參數 θ, 初始Q值函數參數 ϕ_1 和 ϕ_2。

$\mathcal{D} = \emptyset; \tilde{\phi}_i = \phi_i$, for $i = 1,2$

for $k = 0,1,2,\cdots$ **do**

  for $t = 0,1,2,\cdots$ **do**

    從 $\pi_\theta(\cdot\,|S_t)$中取樣 A_t, 保存 (R_t, S_{t+1})。

    $\mathcal{D} = \mathcal{D} \cup \{S_t, A_t, R_t, S_{t+1}\}$

  end for

  進行多步梯度更新：

    $\phi_i = \phi_i - \lambda_Q \nabla J_Q(\phi_i)$ for $i = 1,2$

    $\theta = \theta - \lambda_\pi \nabla_\theta J_\pi(\theta)$

    $\alpha = \alpha - \lambda_\alpha \nabla J(\alpha)$

    $\tilde{\phi}_i = (1-\tau)\phi_i + \tau\tilde{\phi}_i$ for $i = 1,2$

end for

返回 θ, ϕ_1, ϕ_2。

6.5 程式例子

本節將分享 DDPG、TD3、和 SAC 的程式例子。它們都是使用 Q 網路作為批判者的 Actor-Critic 方法。這裡的例子都以 OpenAI Gym 環境為基礎。由於這些演算法都以連續動作空間為基礎，我們使用了"Pendulum-V0" 環境。

6.5.1 相關的 Gym 環境

之前有提到過，Pendulum-V0 是一個經典的倒立擺環境。它有 3 維觀測空間和 1 維動作空間。在每步中，環境根據當前的旋轉角度、速度和加速度返回一個獎勵。此任務的目標是讓倒立擺儘量直立不動，來獲取最高分數。

6.5.2 DDPG: Pendulum-V0

DDPG 使用離線策略和 TD 方法。DDPG 類別的結構如下所示。

```
class DDPG(object):
    def __init__(self, action_dim, state_dim, action_range): # 初始化
        ...
    def ema_update(self): # 指數滑動平均更新
        ...
    def get_action(self, s, greedy=False): # 獲得動作
        ...
    def learn(self): # 學習和更行
        ...
    def store_transition(self, s, a, r, s_): # 儲存轉移資料
        ...
    def save(self): # 儲存模型
        ...
    def load(self): # 載入模型
        ...
```

在初始化函數中，建立了 4 個網路，分別是行動者網路、批判者網路、行動者目標網路和批判者目標網路。目標網路的參數將被直接替換為對應網路的參數。

```
class DDPG(object):
    def __init__(self, action_dim, state_dim, action_range):
        self.memory = np.zeros((MEMORY_CAPACITY, state_dim * 2 + action_dim + 1),
            dtype=np.float32)
        self.pointer = 0
        self.action_dim, self.state_dim, self.action_range = action_dim,
            state_dim, action_range
        self.var = VAR

        W_init = tf.random_normal_initializer(mean=0, stddev=0.3)
        b_init = tf.constant_initializer(0.1)
```

```
    def get_actor(input_state_shape, name=''):
        input_layer = tl.layers.Input(input_state_shape, name='A_input')
        layer = tl.layers.Dense(n_units=64, act=tf.nn.relu, W_init=W_init,
            b_init=b_init, name='A_l1')(input_layer)
        layer = tl.layers.Dense(n_units=64, act=tf.nn.relu, W_init=W_init,
            b_init=b_init, name='A_l2')(layer)
        layer = tl.layers.Dense(n_units=action_dim, act=tf.nn.tanh,
            W_init=W_init,
            b_init=b_init, name='A_a')(layer)
        layer = tl.layers.Lambda(lambda x: action_range * x)(layer)
        return tl.models.Model(inputs=input_layer, outputs=layer,
            name='Actor' + name)
    def get_critic(input_state_shape, input_action_shape, name=''):
        state_input = tl.layers.Input(input_state_shape, name='C_s_input')
        action_input = tl.layers.Input(input_action_shape, name='C_a_input')
        layer = tl.layers.Concat(1)([state_input, action_input])
        layer = tl.layers.Dense(n_units=64, act=tf.nn.relu, W_init=W_init,
            b_init=b_init, name='C_l1')(layer)
        layer = tl.layers.Dense(n_units=64, act=tf.nn.relu, W_init=W_init,
            b_init=b_init, name='C_l2')(layer)
        layer = tl.layers.Dense(n_units=1, W_init=W_init, b_init=b_init,
            name='C_out')(layer)
        return tl.models.Model(inputs=[state_input, action_input],
            outputs=layer,
            name='Critic' + name)

# 建立網路
self.actor = get_actor([None, state_dim])
self.critic = get_critic([None, state_dim], [None, action_dim])
self.actor.train()
self.critic.train()
def copy_para(from_model, to_model):
    for i, j in zip(from_model.trainable_weights, to_model.trainable_weights):
        j.assign(i)

    # 替換參數
```

```
    self.actor_target = get_actor([None, state_dim], name='_target')
    copy_para(self.actor, self.actor_target)
    self.actor_target.eval()
    self.critic_target = get_critic([None, state_dim], [None, action_dim],
        name='_target')
    copy_para(self.critic, self.critic_target)
    self.critic_target.eval()

    self.ema = tf.train.ExponentialMovingAverage(decay=1 - TAU) #軟替換

    self.actor_opt = tf.optimizers.Adam(LR_A)
    self.critic_opt = tf.optimizers.Adam(LR_C)
```

在訓練過程中，目標網路的參數將透過滑動平均來更新。

```
def ema_update(self):
    paras = self.actor.trainable_weights + self.critic.trainable_weights
    self.ema.apply(paras)
    for i, j in zip(self.actor_target.trainable_weights +
        self.critic_target.trainable_weights, paras):
        i.assign(self.ema.average(j))
```

由於策略網路是一個確定性策略網路，所以我們如果不是要貪婪地選擇動作，就要對動作增加一些隨機。我們這裡使用了一個正態分佈作為隨機項，它的方差會隨著更新迭代而漸漸減小。這裡的隨機可以改成其他方式，如 O-U 雜訊。不過 OpenAI 推薦使用不相關的 0 平均值高斯雜訊，效果很好。

```
def get_action(self, state, greedy=False):
    a = self.actor(np.array([s], dtype=np.float32))[0]
    if greedy:
        return a
    # 增加一些隨機，來讓動作取樣帶有一些探索
    return np.clip(np.random.normal(a, self.var),
                   -self.action_range,
                   self.action_range)
```

在 learn()函數中，我們從重播快取中取樣離線資料，並使用貝爾曼方程式來學習 Q 函數。之後，可以透過最大化Q值來學習策略。最後，透過 Polyak 平均 (Polyak, 1964) 來更新目標網路，其公式為 $\theta^{Q'} \leftarrow \rho\theta^{Q} + (1-\rho)\theta^{Q'}, \theta^{\pi'} \leftarrow \rho\theta^{\pi} + (1-\rho)\theta^{\pi'}$。

```
def learn(self):
    self.var *= .9995
    indices = np.random.choice(MEMORY_CAPACITY, size=BATCH_SIZE)
    bt = self.memory[indices, :]
    bs = bt[:, :self.s_dim]
    ba = bt[:, self.s_dim:self.s_dim + self.a_dim]
    br = bt[:, -self.s_dim - 1:-self.s_dim]
    bs_ = bt[:, -self.s_dim:]

    with tf.GradientTape() as tape:
        a_ = self.actor_target(bs_)
        q_ = self.critic_target([bs_, a_])
        y = br + GAMMA * q_
        q = self.critic([bs, ba])
        td_error = tf.losses.mean_squared_error(y, q)
    c_grads = tape.gradient(td_error, self.critic.trainable_weights)
    self.critic_opt.apply_gradients(zip(c_grads, self.critic.trainable_weights))

    with tf.GradientTape() as tape:
        a = self.actor(bs)
        q = self.critic([bs, a])
        a_loss = -tf.reduce_mean(q) # 最大化Q 值
    a_grads = tape.gradient(a_loss, self.actor.trainable_weights)
    self.actor_opt.apply_gradients(zip(a_grads, self.actor.trainable_weights))
    self.ema_update()
```

store_transition() 函數使用了重播快取來儲存每步的轉移資料。

```
def store_transition(self, s, a, r, s_):
    s = s.astype(np.float32)
```

```
    s_ = s_.astype(np.float32)
    transition = np.hstack((s, a, [r], s_))
    index = self.pointer
    self.memory[index, :] = transition
    self.pointer += 1
```

主函數非常直接易懂，就是在每一步中使用智慧體和環境互動，將資料存入重播快取，再從重播快取中隨機取樣資料更新網路。

```
env = gym.make(ENV_ID).unwrapped

# 設定隨機種子，方便複現效果
env.seed(RANDOM_SEED)
np.random.seed(RANDOM_SEED)
tf.random.set_seed(RANDOM_SEED)

state_dim = env.observation_space.shape[0]
action_dim = env.action_space.shape[0]
action_range = env.action_space.high # 縮放動作 [-action_range, action_range]

agent = DDPG(action_dim, state_dim, action_range)
t0 = time.time()

if args.train: # 訓練
    all_episode_reward = []
    for episode in range(TRAIN_EPISODES):
        state = env.reset()
        episode_reward = 0
        for step in range(MAX_STEPS):
            if RENDER:
                env.render()
            # 增加探索雜訊
            action = agent.get_action(state)
            state_, reward, done, info = env.step(action)
            agent.store_transition(state, action, reward, state_)
            if agent.pointer > MEMORY_CAPACITY:
                agent.learn()
```

```
            state = state_
            episode_reward += reward
                if done:
                    break

            if episode == 0:
                all_episode_reward.append(episode_reward)
            else:
                all_episode_reward.append(all_episode_reward[-1] * 0.9 +
                    episode_reward * 0.1)
            print(
                'Training | Episode: {}/{} | Episode Reward: {:.4f} | Running Time:
                    {:.4f}'.format(
                    episode+1, TRAIN_EPISODES, episode_reward,
                    time.time() - t0
                )
            )

        agent.save()
        plt.plot(all_episode_reward)
        if not os.path.exists('image'):
    os.makedirs('image')
        plt.savefig(os.path.join('image', 'ddpg.png'))
```

在訓練完成後，可以進行測試。

```
if args.test:
    # 測試
    agent.load()
    for episode in range(TEST_EPISODES):
        state = env.reset()
        episode_reward = 0
        for step in range(MAX_STEPS):
            env.render()
            state, reward, done, info = env.step(agent.get_action(state,
            greedy=True))
            episode_reward += reward
```

```
        if done:
            break
    print(
        'Testing | Episode: {}/{} | Episode Reward: {:.4f} | Running Time:
            {:.4f}'.format(
            episode + 1, TEST_EPISODES, episode_reward,
            time.time() - t0))
```

6.5.3 TD3: Pendulum-V0

TD3 程式使用了這些類別：ReplayBuffer、QNetwork、PolicyNetwork 和 TD3。

ReplayBuffer 類別用來建立一個重播快取，它的主要函數是 push() 和 sample()函數。

```
class ReplayBuffer:
    def __init__(self, capacity): # 初始化函數
        ...
    def push(self, state, action, reward, next_state, done): # 存入資料
        ...
    def sample(self, batch_size): # 取樣資料
        ...
        def __len__(self): # 透過重構以實現對 len 函數的支援
        ...
```

__init__函數負責初始化，其中只包含指標、快取和容量值變數。

```
def __init__(self, capacity):
    self.capacity = capacity
    self.buffer = []
    self.position = 0
```

push()函數負責將資料存入快取，並且移動指標。這裡的快取是一個環狀快取。

```
def push(self, state, action, reward, next_state, done):
    if len(self.buffer) < self.capacity:
        self.buffer.append(None)
    self.buffer[self.position] = (state, action, reward, next_state, done)
    self.position = int((self.position + 1)
```

sample()函數負責從快取中取樣資料並返回。

```
def sample(self, batch_size):
    batch = random.sample(self.buffer, batch_size)
    state, action, reward, next_state, done = map(np.stack, zip(*batch))
    # 堆疊各元素
    return state, action, reward, next_state, done
```

透過重構__len__()函數可以在 ReplayBuffer 類別被 len()函數呼叫的時候返回快取的大小。

```
def __len__(self):
    return len(self.buffer)
```

QNetwork 類別被用於建立批判者的 Q 網路。這裡使用了另一種建立網路的方法，透過繼承 Model 類別並重構 forward 函數來建立網路模型。

```
class QNetwork(Model):
    def __init__(self, num_inputs, num_actions, hidden_dim, init_w=3e-3):
        super(QNetwork, self).__init__()
        input_dim = num_inputs + num_actions
        w_init = tf.random_uniform_initializer(-init_w, init_w)
        self.linear1 = Dense(n_units=hidden_dim, act=tf.nn.relu, W_init=w_init,
            in_channels=input_dim, name='q1')
        self.linear2 = Dense(n_units=hidden_dim, act=tf.nn.relu, W_init=w_init,
            in_channels=hidden_dim, name='q2')
        self.linear3 = Dense(n_units=1, W_init=w_init, in_channels=hidden_dim,
            name='q3')

    def forward(self, input):
        x = self.linear1(input)
```

```
        x = self.linear2(x)
        x = self.linear3(x)
```

PolicyNetwork 類別用於建立行動者的策略網路。它在建立網路模型的同時，也增加了 evaluate()、get_action()、sample_action()函數。

```
class PolicyNetwork(Model):
    def __init__(self, num_inputs, num_actions, hidden_dim, action_range=1.,
        init_w=3e-3): # 初始化網路
        ...
    def forward(self, state): # 重構前向傳播函數
        ...
    def evaluate(self, state, eval_noise_scale): # 進行評估
        ...
    def get_action(self, state, explore_noise_scale, greedy=False): # 獲取動作
        ...
    def sample_action(self): # 取樣動作
        ...
```

建立網路結構的詳細過程如下所示。

```
class PolicyNetwork(Model):
    def __init__(self, num_inputs, num_actions, hidden_dim, action_range=1.,
        init_w=3e-3):
        super(PolicyNetwork, self).__init__()
        w_init = tf.random_uniform_initializer(-init_w, init_w)
        self.linear1 = Dense(n_units=hidden_dim, act=tf.nn.relu, W_init=w_init,
            in_channels=num_inputs, name='policy1')
        self.linear2 = Dense(n_units=hidden_dim, act=tf.nn.relu, W_init=w_init,
            in_channels=hidden_dim, name='policy2')
        self.linear3 = Dense(n_units=hidden_dim, act=tf.nn.relu, W_init=w_init,
            in_channels=hidden_dim, name='policy3')
        self.output_linear = Dense(n_units=num_actions, W_init=w_init,
            b_init=tf.random_uniform_initializer(-init_w, init_w),
            in_channels=hidden_dim, name='policy_output')
        self.action_range = action_range
        self.num_actions = num_actions
```

```
    def forward(self, state):
        x = self.linear1(state)
        x = self.linear2(x)
        x = self.linear3(x)
        output = tf.nn.tanh(self.output_linear(x)) # 這裡的輸出範圍是 [-1, 1]
        return output
```

evaluate()函數透過評估狀態產生用於計算梯度的動作。它利用目標策略平滑技術來產生有雜訊的動作。

```
def evaluate(self, state, eval_noise_scale):
    state = state.astype(np.float32)
    action = self.forward(state)
    action = self.action_range * action
    # 增加雜訊
    normal = Normal(0, 1)
    eval_noise_clip = 2 * eval_noise_scale
    noise = normal.sample(action.shape) * eval_noise_scale
    noise = tf.clip_by_value(noise, -eval_noise_clip, eval_noise_clip)
    action = action + noise
    return action
```

get_action()函數透過狀態來產生用於和環境互動的動作。

```
def get_action(self, state, explore_noise_scale, greedy=False):
    action = self.forward([state])
    action = self.action_range * action.numpy()[0]
    if greedy:
        return action
    # 增加雜訊
    normal = Normal(0, 1)
    noise = normal.sample(action.shape) * explore_noise_scale
    action += noise
    return action.numpy()
```

sample_action()函數用於在訓練開始時產生隨機動作。

```
def sample_action(self, ):
    a = tf.random.uniform([self.num_actions], -1, 1)
    return self.action_range * a.numpy()
```

接下來介紹 TD3 類別，它是本例子的核心內容。

```
class TD3():
    def __init__(self, state_dim, action_dim, replay_buffer, hidden_dim,
        action_range,
        policy_target_update_interval=1, q_lr=3e-4, policy_lr=3e-4):
            # 創建重播快取和網路
        ...
    def target_ini(self, net, target_net): # 初始化目標網路時用到的硬拷貝更新
        ...
    def target_soft_update(self, net, target_net, soft_tau):
    # 透過使用 Polyak 平均對目標網路進行軟更新
        ...
    def update(self, batch_size, eval_noise_scale, reward_scale=10.,
        gamma=0.9, soft_tau=1e-2): # 更新 TD3 中的所有網路
        ...
    def save(self): # 儲存訓練參數
        ...
    def load(self): # 載入訓練參數
        ...
```

初始化函數創建了 2 個 Q 網路、1 個策略網路，還建立了它們的目標網路。總共建立了$(2+1)\times 2=6$個網路。

```
class TD3():
    def __init__(self, state_dim, action_dim, replay_buffer, hidden_dim,
        action_range,policy_target_update_interval=1, q_lr=3e-4, policy_lr=3e-4):
        self.replay_buffer = replay_buffer

        # 初始化所有網路
        self.q_net1 = QNetwork(state_dim, action_dim, hidden_dim)
```

```
self.q_net2 = QNetwork(state_dim, action_dim, hidden_dim)
self.target_q_net1 = QNetwork(state_dim, action_dim, hidden_dim)
self.target_q_net2 = QNetwork(state_dim, action_dim, hidden_dim)
self.policy_net = PolicyNetwork(state_dim, action_dim, hidden_dim,
  action_range)
self.target_policy_net = PolicyNetwork(state_dim, action_dim, hidden_dim,
  action_range)
print('Q Network (1,2): ', self.q_net1)
print('Policy Network: ', self.policy_net))

# 初始化目標網路參數
self.target_q_net1 = self.target_ini(self.q_net1, self.target_q_net1)
self.target_q_net2 = self.target_ini(self.q_net2, self.target_q_net2)
self.target_policy_net = self.target_ini(self.policy_net,
  self.target_policy_net)

# 設定訓練模式
self.q_net1.train()
self.q_net2.train()
self.target_q_net1.train()
self.target_q_net2.train()
self.policy_net.train()
self.target_policy_net.train()

self.update_cnt = 0
self.policy_target_update_interval = policy_target_update_interval

self.q_optimizer1 = tf.optimizers.Adam(q_lr)
self.q_optimizer2 = tf.optimizers.Adam(q_lr)
self.policy_optimizer = tf.optimizers.Adam(policy_lr)
```

target_ini() 函數和 target_soft_update() 函數都用來更新目標網路。不同之處在於前者是通超強拷貝直接替換參數，而後者是透過 Polyak 平均進行軟更新。

```
def target_ini(self, net, target_net):=
    for target_param, param in zip(target_net.trainable_weights,
        net.trainable_weights):
        target_param.assign(param)
    return target_net

def target_soft_update(self, net, target_net, soft_tau):=
    for target_param, param in zip(target_net.trainable_weights,
        net.trainable_weights):
        target_param.assign(target_param * (1.0 - soft_tau) + param * soft_tau)
        # 軟更新
    return target_net
```

接下來將介紹關鍵的 update()函數。這部分充分表現了 TD3 演算法的 3 個關鍵技術。

在函數的開始部分，我們先從重播快取中取樣資料。

```
def update(self, batch_size, eval_noise_scale, reward_scale=10., gamma=0.9,
    soft_tau=1e-2): # 更新 TD3 中的所有網路
    self.update_cnt += 1

    # 取樣資料
    state, action, reward, next_state, done = self.replay_buffer.sample(batch_size)
    reward = reward[:, np.newaxis] # 擴充維度
    done = done[:, np.newaxis]
```

接下來，我們透過給目標動作增加雜訊實現了目標策略平滑技術。透過這樣跟隨動作的變化，對 Q 值進行平滑，可以使得策略更難利用 Q 函數的擬合差錯。這是 TD3 演算法中的第三個技術。

```
    # 技術三: 目標策略平滑。透過給目標動作增加雜訊來實現
    new_next_action = self.target_policy_net.evaluate(
        next_state, eval_noise_scale=eval_noise_scale
    ) # 增加了截斷的常態雜訊

    # 透過批次資料的平均值和標準差進行標準化
```

```
reward = reward_scale * (reward - np.mean(reward, axis=0)) /
    np.std(reward, axis=0)
```

下一個技術是截斷的 Double-Q Learning。它將同時學習兩個 Q 值函數，並且選擇較小的 Q 值來作為貝爾曼誤差損失函數中的目標 Q 值。透過這種方法可以減輕 Q 值的過估計。這也是 TD3 演算法中的第一個技術。

```
# 訓練Q函數
target_q_input = tf.concat([next_state, new_next_action], 1) # 0維是樣本數量

# 技術一：截斷的Double-Q Learning。這裡使用了更小的Q值作為目標Q值
target_q_min = tf.minimum(self.target_q_net1(target_q_input),
    self.target_q_net2(target_q_input))

target_q_value = reward + (1 - done) * gamma * target_q_min
    # 如果done==1，則只有reward值
q_input = tf.concat([state, action], 1) # 處理Q網路的輸入

with tf.GradientTape() as q1_tape:
    predicted_q_value1 = self.q_net1(q_input)
    q_value_loss1 = tf.reduce_mean(tf.square(predicted_q_value1 - target_q_value))
q1_grad = q1_tape.gradient(q_value_loss1, self.q_net1.trainable_weights)
self.q_optimizer1.apply_gradients(zip(q1_grad, self.q_net1.trainable_weights))

with tf.GradientTape() as q2_tape:
with tf.GradientTape() as q2_tape:
    predicted_q_value2 = self.q_net2(q_input)
    q_value_loss2 = tf.reduce_mean(tf.square(predicted_q_value2 - target_q_value))
    q2_grad = q2_tape.gradient(q_value_loss2, self.q_net2.trainable_weights)
    self.q_optimizer2.apply_gradients(zip(q2_grad, self.q_net2.trainable_weights))
```

最後一個技術是延遲策略更新技術。這裡的策略網路及其目標網路的更新頻率比 Q 值網路的更新頻率更小。論文(Fujimoto et al., 2018)中建議每 2 次 Q 值函數更新時進行 1 次策略更新。這也是 TD3 演算法中提到的第二個技術。

```
# 訓練策略函數
# 技術二：延遲策略更新。減少策略更新的頻率
if self.update_cnt
    with tf.GradientTape() as p_tape:
        new_action = self.policy_net.evaluate(
            state, eval_noise_scale=0.0
        ) # 無雜訊，確定性策略梯度
        new_q_input = tf.concat([state, new_action], 1)
        # 實現方法一：
        # predicted_new_q_value =
            tf.minimum(self.q_net1(new_q_input),self.q_net2(new_q_input))
        # 實現方法二：
        predicted_new_q_value = self.q_net1(new_q_input)
        policy_loss = -tf.reduce_mean(predicted_new_q_value)
    p_grad = p_tape.gradient(policy_loss, self.policy_net.trainable_weights)
    self.policy_optimizer.apply_gradients(zip(p_grad,
        self.policy_net.trainable_weights)))

    # 軟更新目標網路
    self.target_q_net1 = self.target_soft_update(self.q_net1,
        self.target_q_net1, soft_tau)
    self.target_q_net2 = self.target_soft_update(self.q_net2,
        self.target_q_net2, soft_tau)
    self.target_policy_net = self.target_soft_update(self.policy_net,
        self.target_policy_net, soft_tau)
```

以下是主要訓練程式。這裡先創建環境和智慧體。

```
# 初始化環境
env = gym.make(ENV_ID).unwrapped
state_dim = env.observation_space.shape[0]
action_dim = env.action_space.shape[0]
action_range = env.action_space.high # 縮放動作 [-action_range, action_range]

# 設定隨機種子，以便復現效果
env.seed(RANDOM_SEED)
random.seed(RANDOM_SEED)
```

```
np.random.seed(RANDOM_SEED)
tf.random.set_seed(RANDOM_SEED)

# 初始化重播快取
replay_buffer = ReplayBuffer(REPLAY_BUFFER_SIZE)

# 初始化智慧體
agent = TD3(state_dim, action_dim, action_range, HIDDEN_DIM, replay_buffer,
        POLICY_TARGET_UPDATE_INTERVAL, Q_LR, POLICY_LR)
t0 = time.time()
```

在開始部分之前，需要做一些初始化操作。這裡訓練時間受總執行步數的限制，而非最大部分迭代數。由於網路建立的方式不同，這種方式需要在使用前額外呼叫一次函數。

```
# 訓練迴圈
if args.train:
   frame_idx = 0
   all_episode_reward = []
   # 這裡需要進行一次額外的呼叫，以使內建函數進行一些初始化操作，讓其可以正常使用
   # model.forward 函數
   state = env.reset().astype(np.float32)
   agent.policy_net([state])
   agent.target_policy_net([state])
```

在訓練剛開始的時候，會先由智慧體進行隨機取樣。透過這種方式可以擷取到足夠多的用於更新的資料。在那之後，智慧體還是和往常一樣與環境進行互動並擷取資料，再進行儲存和更新。

```
for episode in range(TRAIN_EPISODES):
   state = env.reset().astype(np.float32)
   episode_reward = 0
   for step in range(MAX_STEPS):
      if RENDER:
         env.render()
      if frame_idx > EXPLORE_STEPS
```

```
            action = agent.policy_net.get_action(state, EXPLORE_NOISE_SCALE)
        else:
            action = agent.policy_net.sample_action()

        next_state, reward, done, _ = env.step(action)
        next_state = next_state.astype(np.float32)
        done = 1 if done is True else 0

        replay_buffer.push(state, action, reward, next_state, done)
        state = next_state
        episode_reward += reward
        frame_idx += 1

        if len(replay_buffer) > BATCH_SIZE:
            for i in range(UPDATE_ITR):
                agent.update(BATCH_SIZE, EVAL_NOISE_SCALE, REWARD_SCALE)
        if done:
            break
```

最終，我們提供了一些視覺化訓練過程所需的函數，並將訓練的模型進行儲存。

```
    if episode == 0:
        all_episode_reward.append(episode_reward)
    else:
        all_episode_reward.append(all_episode_reward[-1] * 0.9 +
            episode_reward * 0.1)
    print(
        'Training | Episode: {}/{} | Episode Reward: {:.4f} | Running Time:
            {:.4f}'.format(
            episode+1, TRAIN_EPISODES, episode_reward,
            time.time() - t0
        )
    )
agent.save()
plt.plot(all_episode_reward)
```

```
if not os.path.exists('image'):
    os.makedirs('image')
plt.savefig(os.path.join('image', 'td3.png'))
```

6.5.4 SAC: Pendulum-v0

SAC 使用了離線策略的方式對隨機策略進行最佳化。它最大的特點是使用了熵正則項，但也使用了一些 TD3 中的技術。其目標 Q 值的計算使用了兩個 Q 網路中的最小值和策略$\pi(\tilde{a}|s)$的對數機率。例子中的程式使用了這些類別：ReplayBuffer、SoftQNetwork、PolicyNetwork 和 SAC。

其中 ReplayBuffer 和 SoftQNetwork 類別與 TD3 中的 ReplayBuffer 和 QNetwork 類別一樣，這裡就不再贅述，直接介紹後續的程式。

```
class ReplayBuffer: # 一個環狀重播快取，用於儲存轉移資料並提供資料取樣
    def __init__(self, capacity):
        ......
    def push(self, state, action, reward, next_state, done):
        ......
    def sample(self, batch_size):
        ......
    def __len__(self):
        ......

class SoftQNetwork(Model): # 用於評估狀態-動作值Q(s,a)的網路
    def __init__(self, num_inputs, num_actions, hidden_dim, init_w=3e-3):
        ......
    def forward(self, input):
        ......
```

PolicyNetwork 類別也和 TD3 的十分相似。不同之處在於，SAC 使用了一個隨機策略網路，而非 TD3 中的確定性策略網路。

```
class PolicyNetwork(Model):
    def __init__(self, num_inputs, num_actions, hidden_dim, action_range=1.,
        init_w=3e-3, log_std_min=-20, log_std_max=2): # 初始化
```

```
    ......
  def forward(self, state): # 前向傳播
    ......
  def evaluate(self, state, epsilon=1e-6): # 進行評估
    ......
  def get_action(self, state, greedy=False): # 獲取動作
    ......
  def sample_action(self): # 取樣動作
    ......
```

隨機策略網路輸出了動作和對數標準差來描述動作分佈。因此網路有兩層輸出。

```
class PolicyNetwork(Model):
  def __init__(self, num_inputs, num_actions, hidden_dim, action_range=1.,
    init_w=3e-3, log_std_min=-20, log_std_max=2):
    super(PolicyNetwork, self).__init__()
    self.log_std_min = log_std_min
    self.log_std_max = log_std_max
    w_init = tf.keras.initializers.glorot_normal(seed=None)
    self.linear1 = Dense(n_units=hidden_dim, act=tf.nn.relu, W_init=w_init,
      in_channels=num_inputs, name='policy1')
    self.linear2 = Dense(n_units=hidden_dim, act=tf.nn.relu, W_init=w_init,
      in_channels=hidden_dim, name='policy2')
    self.linear3 = Dense(n_units=hidden_dim, act=tf.nn.relu, W_init=w_init,
      in_channels=hidden_dim, name='policy3')
    self.mean_linear = Dense(n_units=num_actions, W_init=w_init,
      b_init=tf.random_uniform_initializer(-init_w, init_w),
    in_channels=hidden_dim, name='policy_mean')
      self.log_std_linear = Dense(n_units=num_actions, W_init=w_init,
    b_init=tf.random_uniform_initializer(-init_w, init_w),
      in_channels=hidden_dim, name='policy_logstd')
    self.action_range = action_range
    self.num_actions = num_actions
```

這裡在 forward() 函數中的對數標準差上進行截斷，防止標準差過大。

```
def forward(self, state):
    x = self.linear1(state)
    x = self.linear2(x)
    x = self.linear3(x)
    mean = self.mean_linear(x)
    log_std = self.log_std_linear(x)
    log_std = tf.clip_by_value(log_std, self.log_std_min, self.log_std_max)
    return mean, log_std
```

evaluate() 函數使用重參數技術從動作分佈上取樣動作，這樣可以保證梯度能夠反向傳播。函數也計算了取樣動作在原始動作分佈上的對數機率。

```
def evaluate(self, state, epsilon=1e-6):
    state = state.astype(np.float32)
    mean, log_std = self.forward(state)
    std = tf.math.exp(log_std) # 評估時不進行裁剪，裁剪會影響梯度
    normal = Normal(0, 1)
    z = normal.sample(mean.shape)
    action_0 = tf.math.tanh(mean + std * z) # 動作選用 TanhNormal 分佈；這裡使用了
                                            # 重參數技術
    action = self.action_range * action_0
    # 根據論文原文，這裡最後加了一個額外項以標準化不同動作範圍
    log_prob = Normal(mean, std).log_prob(mean + std * z) - tf.math.log(1. -
        action_0 ** 2 + epsilon) - np.log(self.action_range)
    # normal.log_prob 和 -log(1-a**2) 的維度都是 (N,dim_of_action);
    # Normal.log_prob 輸出了和輸入特徵一樣的維度，而非 1 維的機率
    # 這裡需要跨維度相加，來得到 1 維的機率，或使用多元正態分佈
    log_prob = tf.reduce_sum(log_prob, axis=1)[:, np.newaxis]
    # 由於 reduce_sum 減少了 1 個維度，這裡將維度擴充回來
    return action, log_prob, z, mean, log_std
```

get_action()函數是前面函數的簡單版。它只需要從動作分佈上取樣動作即可。

```
def get_action(self, state, greedy=False):
```

```
    mean, log_std = self.forward([state])
    std = tf.math.exp(log_std)
    normal = Normal(0, 1)
    z = normal.sample(mean.shape)
    action = self.action_range * tf.math.tanh(
        mean + std * z
    ) # 動作分佈使用 TanhNormal 分佈；這裡使用了重參數技術

    action = self.action_range * tf.math.tanh(mean) if greedy else action
    return action.numpy()[0]
```

sample_action()函數更加簡單。它只用在訓練剛開始的時候擷取第一次更新所需的資料。

```
def sample_action(self, ):
    a = tf.random.uniform([self.num_actions], -1, 1)
    return self.action_range * a.numpy()
```

SAC 的結構如下：

```
class SAC():
    def __init__(self, state_dim, action_dim, replay_buffer, hidden_dim,
action_range,
    soft_q_lr=3e-4, policy_lr=3e-4, alpha_lr=3e-4): # 建立網路及變數
        ......
    def target_ini(self, net, target_net): # 初始化目標網路時所需的硬拷貝更新
        ......
    def target_soft_update(self, net, target_net, soft_tau): # 更新目標網路時
                                            # 所用到的軟更新，使用了 Polyak 平均
        ......
    def update(self, batch_size, reward_scale=10., auto_entropy=True,
        target_entropy=-2, gamma=0.99, soft_tau=1e-2): # 更新 SAC 中所有的網路
        ......
    def save(self): # 儲存訓練參數
        ......
    def load(self): # 載入訓練參數
```

```
    ......
```

SAC 演算法中有 5 個網路，分別是 2 個 soft Q 網路及其目標網路，以及一個隨機策略網路。另外還需要一個 alpha 變數來作為熵正則化的權衡係數。

```
class SAC():
    def __init__(self, state_dim, action_dim, replay_buffer, hidden_dim,
        action_range, soft_q_lr=3e-4, policy_lr=3e-4, alpha_lr=3e-4):
        self.replay_buffer = replay_buffer

        # 初始化所有網路
        self.soft_q_net1 = SoftQNetwork(state_dim, action_dim, hidden_dim)
        self.soft_q_net2 = SoftQNetwork(state_dim, action_dim, hidden_dim)
        self.target_soft_q_net1 = SoftQNetwork(state_dim, action_dim, hidden_dim)
        self.target_soft_q_net2 = SoftQNetwork(state_dim, action_dim, hidden_dim)
        self.policy_net = PolicyNetwork(state_dim, action_dim, hidden_dim,
            action_range)
        self.log_alpha = tf.Variable(0, dtype=np.float32, name='log_alpha')
        self.alpha = tf.math.exp(self.log_alpha)
        print('Soft Q Network (1,2): ', self.soft_q_net1)
        print('Policy Network: ', self.policy_net)
        # set mode
        self.soft_q_net1.train()
        self.soft_q_net2.train()
        self.target_soft_q_net1.eval()
        self.target_soft_q_net2.eval()
        self.policy_net.train()

        # 初始化目標網路的參數
        self.target_soft_q_net1 = self.target_ini(self.soft_q_net1,
            self.target_soft_q_net1)
        self.target_soft_q_net2 = self.target_ini(self.soft_q_net2,
            self.target_soft_q_net2)

        self.soft_q_optimizer1 = tf.optimizers.Adam(soft_q_lr)
```

```
    self.soft_q_optimizer2 = tf.optimizers.Adam(soft_q_lr)
    self.policy_optimizer = tf.optimizers.Adam(policy_lr)
    self.alpha_optimizer = tf.optimizers.Adam(alpha_lr)
```

這裡我們介紹一下 update()函數。其他函數和之前 TD3 的程式一樣，這裡不做贅述。和往常一樣，在 update()函數的開始，我們先從重播快取中取樣資料。對獎勵值進行正則化，以提高訓練效果。

```
def update(self, batch_size, reward_scale=10., auto_entropy=True,
   target_entropy=-2, gamma=0.99, soft_tau=1e-2):
   state, action, reward, next_state, done = self.replay_buffer.sample(batch_size)
   reward = reward[:, np.newaxis] # 擴充維度
   done = done[:, np.newaxis]
   reward = reward_scale * (reward - np.mean(reward, axis=0)) / (
         np.std(reward, axis=0) + 1e-6
   ) # 透過批批次資料的平均值和標準差進行標準化，並增加一個極小的數防止除以 0 導致數值溢出
      問題
```

在這之後，我們將以下一個狀態值計算為基礎對應的 Q 值。SAC 使用了兩個目標網路輸出中較小的值，這裡和 TD3 相同。但是與之不同的是，SAC 在計算目標 Q 值的時候增加了熵正則項。這裡的 log_prob 部分是一個權衡策略隨機性的熵值。

```
# 訓練 Q 函數
new_next_action, next_log_prob, _, _, _ = self.policy_net.evaluate(next_state)
target_q_input = tf.concat([next_state, new_next_action], 1) # 第 0 維是樣本數量
target_q_min = tf.minimum(
   self.target_soft_q_net1(target_q_input),
   self.target_soft_q_net2(target_q_input)
) - self.alpha * next_log_prob
target_q_value = reward + (1 - done) * gamma * target_q_min
   # 如果 done==1，則只有 reward 值
```

在計算 Q 值之後，訓練 Q 網路就很簡單了。

```
q_input = tf.concat([state, action], 1)
with tf.GradientTape() as q1_tape:
    predicted_q_value1 = self.soft_q_net1(q_input)
    q_value_loss1 =
        tf.reduce_mean(tf.losses.mean_squared_error(predicted_q_value1,
        target_q_value))
    q1_grad = q1_tape.gradient(q_value_loss1, self.soft_q_net1.trainable_weights)
    self.soft_q_optimizer1.apply_gradients(zip(q1_grad,
        self.soft_q_net1.trainable_weights))
    with tf.GradientTape() as q2_tape:
        predicted_q_value2 = self.soft_q_net2(q_input)
        q_value_loss2 =
            tf.reduce_mean(tf.losses.mean_squared_error(predicted_q_value2,
            target_q_value))
    q2_grad = q2_tape.gradient(q_value_loss2, self.soft_q_net2.trainable_weights)
    self.soft_q_optimizer2.apply_gradients(zip(q2_grad,
        self.soft_q_net2.trainable_weights))
```

這裡的策略損失考慮了額外的熵項。透過最大化損失函數，可以訓練策略來使預期回報和熵之間的權衡達到最佳。

```
# 訓練策略網路
with tf.GradientTape() as p_tape:
    new_action, log_prob, z, mean, log_std = self.policy_net.evaluate(state)
    new_q_input = tf.concat([state, new_action], 1) # 第 0 維是樣本數量
    # 實現方式一
    predicted_new_q_value = tf.minimum(self.soft_q_net1(new_q_input),
        self.soft_q_net2(new_q_input))
    # 實現方式二
    # predicted_new_q_value = self.soft_q_net1(new_q_input)
    policy_loss = tf.reduce_mean(self.alpha * log_prob - predicted_new_q_value)
p_grad = p_tape.gradient(policy_loss, self.policy_net.trainable_weights)
    self.policy_optimizer.apply_gradients(zip(p_grad,
        self.policy_net.trainable_weights))
```

最後，我們要更新熵權衡係數 alpha 和目標網路。

```
# 更新 alpha
# alpha: 探索（最大化熵）和利用（最大化 Q 值）之間的權衡
if auto_entropy is True:
   with tf.GradientTape() as alpha_tape:
      alpha_loss = -tf.reduce_mean((self.log_alpha * (log_prob +
         target_entropy)))
   alpha_grad = alpha_tape.gradient(alpha_loss, [self.log_alpha])
   self.alpha_optimizer.apply_gradients(zip(alpha_grad, [self.log_alpha]))
   self.alpha = tf.math.exp(self.log_alpha)
else: # 固定 alpha 值
   self.alpha = 1.
   alpha_loss = 0

# 軟更新目標價值網路
self.target_soft_q_net1 = self.target_soft_update(self.soft_q_net1,
   self.target_soft_q_net1, soft_tau)
self.target_soft_q_net2 = self.target_soft_update(self.soft_q_net2,
   self.target_soft_q_net2, soft_tau)
```

訓練的主迴圈和 TD3 一樣，先建立環境和智慧體。

```
# 初始化環境
env = gym.make(ENV_ID).unwrapped
state_dim = env.observation_space.shape[0]
action_dim = env.action_space.shape[0]
action_range = env.action_space.high # 縮放動作，[-action_range, action_range]

# 設定隨機種子，方便複現效果
env.seed(RANDOM_SEED)
random.seed(RANDOM_SEED)
np.random.seed(RANDOM_SEED)
tf.random.set_seed(RANDOM_SEED)
replay_buffer = ReplayBuffer(REPLAY_BUFFER_SIZE)
# 初始化智慧體
agent = SAC(state_dim, action_dim, action_range, HIDDEN_DIM,
            replay_buffer, SOFT_Q_LR, POLICY_LR, ALPHA_LR)
t0 = time.time()
```

之後，使用智慧體和環境互動，並儲存用於更新的取樣資料。在第一次更新之前，用隨機動作來擷取資料。

```
# 訓練迴圈
if args.train:
    frame_idx = 0
    all_episode_reward = []
    # 這裡需要進行一次額外的呼叫，來使內建函數進行一些初始化操作，讓其可以正常使用
    # model.forward 函數
    state = env.reset().astype(np.float32)
    agent.policy_net([state])

    for episode in range(TRAIN_EPISODES):
        state = env.reset().astype(np.float32)
        episode_reward = 0
        for step in range(MAX_STEPS):
            if RENDER:
                env.render()
            if frame_idx > EXPLORE_STEPS:
                action = agent.policy_net.get_action(state)
            else:
                action = agent.policy_net.sample_action()
            next_state, reward, done, _ = env.step(action)
            next_state = next_state.astype(np.float32)
            done = 1 if done is True else 0
            replay_buffer.push(state, action, reward, next_state, done)
            state = next_state
            episode_reward += reward
            frame_idx += 1
```

擷取到足夠的資料後，我們可以開始在每步進行更新。

```
if len(replay_buffer) > BATCH_SIZE:
    for i in range(UPDATE_ITR):
        agent.update(
            BATCH_SIZE, reward_scale=REWARD_SCALE,
                auto_entropy=AUTO_ENTROPY,
```

```
        target_entropy=-1. * action_dim
        )
    if done:
        break
```

透過上述步驟，智慧體就可以透過不斷更新變得越來越強了。增加下面的程式可以更進一步地顯示訓練過程。

```
if episode == 0:
    all_episode_reward.append(episode_reward)
else:
    all_episode_reward.append(all_episode_reward[-1] * 0.9 + episode_reward *
        0.1)
print(
    'Training | Episode: {}/{} | Episode Reward: {:.4f} | Running Time:
        {:.4f}'.format(
        episode+1, TRAIN_EPISODES, episode_reward,
        time.time() - t0
    )
)
```

最後，儲存模型並且繪製學習曲線。

```
agent.save()
plt.plot(all_episode_reward)
if not os.path.exists('image'):
    os.makedirs('image')
plt.savefig(os.path.join('image', 'sac.png'))
```

參考文獻

- FOX R, PAKMAN A, TISHBY N, 2016. Taming the noise in reinforcement learning via soft updates[C]// Proceedings of the Thirty-Second Conference on Uncertainty in Artificial Intelligence. AUAI Press: 202-211.
- FUJIMOTO S, VAN HOOF H, MEGER D, 2018. Addressing function approximation error in actor-critic methods[J]. arXiv preprint arXiv:1802.09477.
- HAARNOJA T, TANG H, ABBEEL P, et al., 2017. Reinforcement learning with deep energy-based policies[C]//Proceedings of the 34th International Conference on Machine Learning-Volume 70. JMLR. org: 1352-1361.
- HAARNOJA T, ZHOU A, HARTIKAINEN K, et al., 2018. Soft actor-critic algorithms and applications[J]. arXiv preprint arXiv:1812.05905.
- IT K, MCKEAN H, 1965. Diffusion processes and their sample paths[J]. Die Grundlehren der math. Wissenschaften, 125.
- LEVINE S, KOLTUN V, 2013. Guided policy search[C]//International Conference on Machine Learning. 1-9.
- MNIH V, KAVUKCUOGLU K, SILVER D, et al., 2015. Human-level control through deep reinforcement learning[J]. Nature.
- NACHUM O, NOROUZI M, XU K, et al., 2017. Bridging the gap between value and policy based reinforcement learning[C]//Advances in Neural Information Processing Systems. 2775-2785.
- POLYAK B T, 1964. Some methods of speeding up the convergence of iteration methods[J]. USSR Computational Mathematics and Mathematical Physics, 4(5): 1-17.

- SILVER D, LEVER G, HEESS N, et al., 2014. Deterministic policy gradient algorithms[C]. SUTTON R S, BARTO A G, 2018. Reinforcement learning: An introduction[M]. MIT press.
- UHLENBECK G E, ORNSTEIN L S, 1930. On the theory of the brownian motion[J]. Physical review, 36(5): 823.
- WILLIAMS R J, 1992. Simple statistical gradient-following algorithms for connectionist reinforcement learning[J]. Machine Learning, 8(3-4): 229-256.
- ZIEBART B D, MAAS A L, BAGNELL J A, et al., 2008. Maximum entropy inverse reinforcement learning.[C]//Proceedings of the AAAI Conference on Artificial Intelligence: volume 8. Chicago, IL, USA: 1433-1438.

研究部分

這個部分介紹了一些深度強化學習的研究課題，這些內容對希望深入了解相關研究方向的讀者非常有用。我們首先在第 7 章中介紹了幾個深度強化學習的重大挑戰，包括取樣效率（Sample Efficiency）、學習穩定性（Learning Stability）、災難性遺忘（Catastrophic Interference）、探索（Exploration）、元學習（Meta-Learning）與表徵學習（Representation Learning）、多智慧體強化學習（Multi-Agent Reinforcement Learning）、模擬到現實（Simulation-to-Reality，Sim2Real），以及大規模強化學習（Large-Scale Reinforcement Learning）。然後我們用 6 個章節來介紹不同的前端研究挑戰的細節，以及目前的解決方法。從研究角度來看，很多經典的方法都包含在這 7 個章節中了，具體來說：

第 8 章較為全面地介紹了模仿學習（Imitation Learning）。模仿學習在學習過程中利用專家的示範例子，幫助減緩強化學習中低取樣效率的問題。第 9 章介紹了以模型為基礎的強化學習（Model- based RL），它也能用於提升學習效率，但這系列方法需要學習對環境的建模。以模型為基礎的強化學習是一個非常有前景的研究方向，有很多針對現實應用的前端研究內容。第 10 章介紹了分層強化學習（Hierarchical Reinforcement Learning），用以解決深度強化學習中災難性遺忘和難以探索的問題，並提高學習效率。這個章節還介紹了一些框架和封建制強化學習（Feudal Reinforcement Learning）方法。第 11 章介紹了多智慧體強化學習的概念，用以把強化學習拓展到多個智慧體上。不同智慧體之間的競爭（Competitive）與協作（Collaborative）、納什均衡（Nash Equilibrium）和一些多智慧體強化學習的內容細節會在這個章節中介紹。第 12 章介紹了深度強化學習的平行計算（Parallel Computing），用以解決可擴充性挑戰（Scalability Challenge），以提升學習的速度。這章介紹了不同的平行訓練框架，幫助大家把深度強化學習用於現實世界中的大規模問題。

Chapter

07

深度強化學習的挑戰

本章介紹了現有深度強化學習研究和應用中的挑戰，包括：（1）樣本效率問題；（2）訓練穩定性；（3）災難性遺忘問題；（4）探索相關問題；（5）元學習和表示學習對於強化學習方法的跨任務泛化性能；（6）有其他智慧體作為環境一部分的多智慧體強化學習；（7）透過模擬到現實遷移來彌補模擬環境和現實世界間的差異；（8）對大規模強化學習使用分散式訓練來縮短執行時間，等等。本章提出了以上挑戰，並介紹了一些可能的解決方案和研究方向，來引出本書第二個板塊的前端主題，從第 8 章到第 12 章，給讀者提供關於深度強化學習現有方法的缺陷、近來發展和未來方向的相對全面的了解。

7.1 樣本效率

強化學習中一個樣本高效（Sample-Efficient，或稱資料高效，Data-Efficient）的演算法表示這個演算法可以更進一步地利用收集到的樣本，從而實現更快速的策略學習。使用同樣數量的訓練樣本（比如按強化學習中的時間步來統計），相比於其他樣本低效的方法，一個樣本效率高的方法可以在學習曲線或最終結果上表現得更好。以 Pong 遊戲為例，一個普通人可能透過幾十次嘗試就基本掌握遊戲規則並取得較好的分數。然而，對於現有的強化學習演算法（尤其是無模型的方法）而言，它可能需要成百上千個樣本來逐漸學到一些有用的策略。這組成了強化學習中的關鍵問題：我們如何為智慧體設計更有效的強化學習演算法，從而用更少的樣本更快地學習？

這個問題的重要性主要是由於即時或現實世界中的智慧體與環境互動往往有較大的代價，甚至目前即使在模擬環境中的互動也需要一定的時間和能源上的消耗。多數現有強化學習演算法在解決大規模或連續空間問題時有較低的學習效率，以至於一個典型的訓練過程即使具有較快的模擬速度在當前運算能力下也需要難以忍受的等待時間。對於現實世界的互動過程情況可能更糟，一些潛在的問題，比如時間消耗、裝置損耗、強化學習探索過程中的安全性和失敗情況下的風險等，都對實踐中強化學習演算法的學習效率提出了更高的要求。

提高資料使用效率，一方面需要包含有用資訊的先驗知識，另一方面需要能夠從可獲得資料中更高效提取資訊的方式。從這兩方面出發，現有文獻中有許多方式解決學習效率的問題：

- 從專家示範（Expert Demonstrations）中學習。這個想法需要一個專家來提供有高獎勵值的訓練樣本，實際上屬於模仿學習（Imitation Learning）的範圍。它嘗試不僅模仿專家的動作選擇，而且學習一個能解決未見過情況的泛化策略。模仿學習和強化學習的結合實際上是一個很有前景的研究領域，在近幾年來被廣泛研究，並應用於如圍棋遊戲、機器人學習等，來緩解強化學習低學習效率的問題。
  從專家示範中學習的關鍵是從可獲得的示範資料集中提取能生成好的動作的潛在規則，並將其用於更廣泛的情況。

- 以模型（Model-Based）為基礎的強化學習而非無模型（Model-Free）強化學習。如前面章節所介紹的，一個以模型為基礎的強化學習方法一般指智慧體不僅學會一個預測其動作的策略，而且學習一個環境的模型來輔助其動作規劃，因此可以加速策略學習的速度。環境的模型基本包括兩個子模型：一個是狀態轉移模型（State Transition Model），它可以列出智慧體做出動作後的狀態變化；一個是獎勵模型（Reward Model），它決定了智慧體能從環境中得到多少獎勵作為其動作的回饋。

學習準確的環境模型可以為更進一步地評估智慧體的當前策略提供額外資訊，而這可以使整個學習過程更高效。然而，以模型為基礎的方法有它自己的缺點，比如，實踐中，以模型為基礎的方法經常會有模型偏差（Model Bias）的問題，即以模型為基礎的方法經常固有地假設學習到的環境模型能準確地刻畫真實環境，但是對於模型只能從少量樣本中學習的情況，這往往不成立，即實際模型基本不準確。在真實環境中，當策略以不準確或有偏差為基礎的模型進行學習時可能會產生問題。

舉例來說，一種以模型為基礎的高效強化學習演算法叫 PILCO (Deisenroth et al., 2011)，它應用非參數化的機率模型高斯過程來近似環境的動力學模型。它利用了高斯過程簡單直接的求解過程來有效地學習模型，而非採用神經網路擬合。策略評估和改進是以所學為基礎的機率模型。對於現實世界中一個推車雙鐘擺上翻（Cart-Double-Pendulum Swing Up）任務，PILCO 方法用僅 20 到 30 次嘗試就能學會一個控制的有效策略，而其他方法像多層感知機可能最終需要至少幾百次嘗試的樣本來學習一個動力學模型。然而，PILCO 方法也有它自己的問題，比如，由於學習策略參數是一個非凸最佳化問題，難以保證能搜索到最佳控制方式，而且高斯過程的求解無法擴充到複雜模型的高維參數空間上。

透過解決存在的缺陷來設計更加高效的學習演算法。上述兩種方法嘗試透過利用額外資訊來解決學習效率問題，如專家示範資料和環境建模資訊。如果沒有額外資訊可以利用或環境的動態模型難以準確學到，那麼我們就應該改進演算法本身的學習效率而不利用額外資訊。強化學習演算法根據它們的更新方式一般分為兩類：線上策略（On-Policy）和離線策略（Off-Policy），如之前章節中所介紹的。線上策略方法對策略的評估有較小的偏差（Bias）但有較大的方差（Variance），而離線策略方法可以利用一個較大的隨機取樣批次來實現較小的估計方差。

近年來，更加先進和有效演算法被不斷提出。多數演算法是針對一些傳統演算法中的特定缺陷。比如，為了減小策略梯度的方差，Critic 網路被引入來估計 Actor-Critic 的動作--價值函數（Action-Value Function）；為了將強化學習任務從小規模擴充到大規模，DQN 採用了深度神經網路來改進以表格（Tabular-based）為基礎的 Q-Learning 演算法；為了解決 DQN 更新規則中使用最大化運算元造成的過估計問題，Double DQN 演算法使用了一個額外的 Q 網路；為了促進探索，以參數雜訊為基礎的 Noisy DQN 被提出，柔性 Actor-Critic（Soft Actor-Critic，縮寫為 SAC）對策略的機率分佈採用自我調整熵；為了將 DQN 方法從只能解決離散任務擴充到連續任務，深度確定性策略梯度演算法（Deep Deterministic Policy Gradient，縮寫為 DDPG）被提出；為了穩定 DDPG 演算法的學習過程，孿生延遲 DDPG（Twin Delayed DDPG，縮寫為 TD3）提出用額外的網路和延遲更新的方式來最佳化策略；為了確保線上策略強化學習策略最佳化的安全更新，以信賴域為基礎的演算法像信賴域策略最佳化演算法（Trust Region Policy Optimization，縮寫為 TRPO）被提出；為了縮減 TRPO 二階最佳化方法的計算時間，近端策略最佳化（Proximal Policy Optimization，縮寫為 PPO）演算法採用一階近似；為了加速二階自然梯度下降方法，使用 Kronecker 因數化信賴域的 Actor-Critic 演算法（Actor Critic Using Kronecker-Factored Trust Region，縮寫為 ACKTR）提出在二階最佳化過程中使用 Kronecker 因數化（Kronecker-Factored）方法近似逆 Fisher 資訊矩陣；最大化後驗策略梯度（Maximum A Posteriori Policy Optimiza- tion，MPO）(Abdolmaleki et al., 2018) 演算法和它的線上策略變形 V-MPO (Song et al., 2019) 用一種“強化學習作為推理”的觀點實現策略最佳化。MPO 使用機率推理工具，像期望最大化演算法（Expectation Maximization，EM）來最佳化最大熵強化學習目標。以上的演算法只是整個強化學習演算法領域發展的一小部分，我們希望讀者到文獻中尋找更多改進演算法學習效率和其他缺陷的強化學習演算法。與此同時，所提出的強化學習演算法結構變得越來越複雜，有更多靈活的參數可以被自我調整地學習或人為選擇，而這需要在強化學習研究中更加細緻的考慮。有時額外的超參數可以顯著改進學習表現，但有時它們使得學習過程更加敏感，而你需要對具體情況具體分析。

在上面例子中，我們假設資料樣本包含豐富資訊，而只是強化學習演算法的學習效率較低。實踐中，經常見到樣本缺乏有用資訊的情況，尤其是稀疏獎勵的任務。比如，對單一二值變數表示任務成功與否的情況來說，中間樣本可能全部都是直接獎勵（Immediate Reward）值為 0，從而沒有任何區分度。這些樣本中的資訊自然就很稀疏。像這樣的情況，在沒有充分的獎勵函數指引的情況下，有效探索空間的方式可能就很關鍵。像後見之明經驗重播（Hindsight Experience Replay）(Andrychowicz et al., 2017)，分層學習結構(Kulkarni et al., 2016)、內在獎勵（Intrinsic Reward）(Sukhbaatar et al., 2018)、好奇心驅使的探索(Pathak et al., 2017) 和其他有效的探索機制(Houthooft et al., 2016) 都被用於一些工作中。強化學習中的學習效率由於強化學習的固有性質被探索過程顯著地影響，而有效的探索可以透過擷取到更有資訊的樣本而提高從樣本中學習的效率。由於探索是強化學習中的另一個巨大挑戰，它將在後續小節之一中被單獨討論。

7.2 學習穩定性

深度強化學習可能非常不穩定或有隨機性。這裡的“不穩定”指，在多次訓練中，每次學習表現在隨時間變化的水平比較中的差異。隨時間變化的不穩定，學習過程表現為有巨大的局部方差或在單次學習曲線上的非單調增長，比如有時學習表現甚至由於某些原因會下降。在多次訓練中，不穩定的學習過程表現為在每一個階段上的多次學習表現之間的巨大差異，而將會導致水平比較中的巨大方差。

深度神經網路的不穩定性和不可預測性在深度強化學習領域被進一步加劇，移動的目標分布、資料不滿足獨立同分佈條件、對價值函數的不穩定的有偏差估計等因素導致了梯度估計器中的雜訊，而進一步造成不穩定的學習表現。不同於監督學習在固定的資料集上學習（這裡不考慮批次限制的強化學習），強化學習經常是從高度相關的樣本中學習的。比如，學習智慧體大多採用策略探索得到的樣本，不是用線上策略學習的當前策略，就是用離線策略學習的先前策略（有時甚至是其他策略）。智慧體和環境之間連續互動產生的樣本可能是高度相關的，這打破了有效學習神經網路的獨立性條件。由於價值函數是由當前策略選擇的軌跡估計的，價值函數和估計它的策略之間也有依賴關係。由於策略隨訓練時間改變，參數化的價值函數的最佳化流形也隨時間改變。考慮到為了便於在訓練中探索，策略往往具有一定的隨機性，價值函數於是更加難以追尋，而這也會導致用來學習的資料不滿足獨立同分佈條件。不穩定的學習過程主要是由策略梯度或價值函數估計的變化造成的。然而，有偏差估計是強化學習中不穩定表現的另一根源，尤其是當偏差本身也不穩定的時候。舉例來說，回想第 2 章，為了實現用$Q^w(s,a)$ 對動作價值函數$Q^\pi(s,a)$ 進行的無偏差估計，可相容函數擬合條件（Compatible Function Approximation Condition）需要被滿足。同時，有一些其他條件來確保價值函數的無偏差估計，以及一些進一步的要求條件來保證進階強化學習演算法對策略改進有正確且準確的梯度計算。然而，實踐中，這些要求或條件經常被放寬，而導致對價值函數的不穩定有偏差估計，或策略梯度中較大的方差。多數情況下，人們討論強化學習演算法中估計的偏差和方差之間的權衡，而不穩定的偏差項本身也可能促成不穩定的學習表現。也有一些其他因素會導致不穩定的學習表現，比如探索策略中的隨機性、環境中的隨機性、數值計算的隨機種子等。

論文(Houthooft et al., 2016) 提出了以 Variational Information Maximizing Exploration（VIME）身為應用於一般強化學習演算法中的探索方式。一些學習表現展示於他們所做的演算法比較中，在三種不同的環境上使用

TRPO 或 TRPO+VIME 演算法的學習結果基本上在學習曲線上都顯示出了較大的方差，如圖 7.1 所示。對環境 MountainCar 來說，TRPO 演算法的學習曲線能夠覆蓋整個獎勵值範圍[0, 1]，而且對 TRPO+VIME 方法在 HalfCheetah 環境也是類似的情況。我們需要注意相比於其他一些強化學習演算法，TRPO 在多數情況下已經是一個相對穩定的演算法，它使用對梯度下降的二階最佳化和信賴域限制。其他演算法像 DDPG 可能在訓練過程中表現得更加不穩定，有雜訊的探索甚至可能在訓練了較長一段時間後顯著降低學習表現(Fujimoto et al., 2018)。

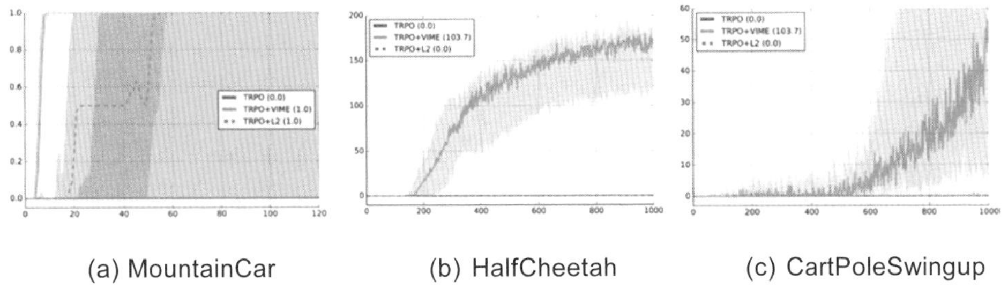

(a) MountainCar (b) HalfCheetah (c) CartPoleSwingup

圖 7.1 VIME 實驗中的學習曲線。圖片改編自文獻(Houthooft et al., 2016)

強化學習過程中的隨機性會給準確評估演算法表現帶來困難，而這也顯示出使用不同隨機種子獲得平均結果的重要性。

先前關於強化學習的調研(Henderson et al., 2018) 中列出了一些關於深度強化學習實驗中不穩定性和敏感性相關的結論：

- 策略網路結構可以對 TRPO 和 DDPG 演算法的結果有顯著影響。
- 對於策略網路或價值網路的隱藏層，ReLU 或 Leaky ReLU 啟動函數往往在多個環境和多個演算法上有最好的表現。而這個效果的大小對不同演算法或環境不一致。
- 獎勵值縮放的效果對不同環境和不同縮放值不一致。
- 5 個隨機種子（通常的報告設定）可能不足以論證顯著的結果，因為如果你仔細挑選隨機種子，不同的隨機種子可能得到完全不重合的置信區間，即使採用完全相同的實現方式。

- 環境動態的穩定性可能嚴重影響強化學習演算法的學習表現。比如，一個不穩定的環境可以迅速削弱 DDPG 演算法的有效學習表現。

人們已經有很長一段時間在嘗試解決強化學習中的穩定性問題。為了解決累計獎勵函數在原始 REINFORCE 演算法中的較大方差，價值函數擬合被引入來估計獎勵值。進一步地，動作價值函數也被用於獎勵函數近似，這降低了方差，即使它可能是有偏差的。像這樣方法組成了深度強化學習演算法的主流——結合 Q-Learning 和策略梯度（Policy Gradient）方法，如之前第 6 章中所介紹的。在原始 DQN (Mnih et al., 2013) 中，使用目標網路和延遲更新，以及經驗重播池幫助緩解了不穩定學習的問題。通常一個深度函數擬合器需要多次梯度更新而非單次更新來達到收斂，而目標網路給學習過程提供了一個穩定的目標，這有助在訓練資料上收斂。在某種程度上，它可以滿足同分佈條件，而強化學習在沒有目標網路時會將其打破。經驗重播池給 DQN 提供了一種離線策略的學習方式，而從重播池中隨機取樣到的訓練資料更接近於獨立同分佈資料，這也有助於穩定學習過程。更多關於 DQN 的細節在第 4 章中有所介紹。此外，TD3 演算法（在第 6 章仲介紹）在 DQN 的穩定技術上應用目標策略平滑正則化（Target Policy Smooth Regularization）方法，以相似動作有相似值為基礎的平滑性假設，從而在動作目標價值的估計中加入雜訊，以減小方差。同時，TD3 使用了一對 Critic 而非像 DDPG 中的，而這進一步穩定了學習表現。另一方面，對以策略梯度為基礎的方法來說，TRPO 使用二階最佳化透過更全面的資訊提供更穩定的更新，以及使用對更新後策略的限制來保證其保守但穩定的進步。

然而，即使有了以上工作，不穩定性、隨機性和對初值及超參數的敏感性都使得強化學習研究人員在不同任務上評估演算法和複現結果有一定困難，而這仍舊是強化學習社區的巨大挑戰。

7.3 災難性遺忘

由於強化學習通常有動態的學習過程而非像監督學習一樣在固定的資料集上學習，它可以被看作是追逐一個移動目標的過程，而資料集在整個過程不斷被更新。比如，在第 2 章中我們介紹了線上策略價值函數$V^{\pi}(s)$和動作價值函數$Q^{\pi}(s,a)$，它們都是用當前策略 π 來估計的。但是策略在整個學習過程中都在更新，這會導致對價值函數的動態估計。儘管透過離線策略重播池可以用一個相對穩定的訓練集來緩解這個問題，重播池中的樣本仍舊隨著智慧體的探索過程而不斷改變。因此，一個叫作**災難性遺忘**（Catastrophic Interference 或 Catastrophic Forgetting）(Kirkpatrick et al., 2017) 的問題可能在學習過程中發生，尤其是當策略或價值函數是以神經網路為基礎的深度學習方法時，這個問題描述了其在解決如上所述的增量學習過程中有較差能力的現象。新的資料經常使得已訓練過的網路改變很多來擬合它，從而忘記網路在之前訓練過程中所學到的內容，即使這些內容也是有用的。這是在強化學習方法中使用神經網路做擬合器的一種局限性。

相較於離線策略方式，自然的人類學習過程實際更接近於線上策略學習。人們每天都在即時地學習新事物而非一直從記憶中學習。然而，線上策略強化學習方法仍舊在努力提高學習效率，並且企圖防止災難性遺忘的問題。以信賴域為基礎的方法像 TRPO 和 PPO 對學習過程中更新策略的潛在範圍做了限制，來保證穩定但相對緩慢的學習表現進步。對於線上策略學習，樣本通常以相連結資料的形式被擷取，這極大促使了災難性遺忘的發生。因此，離線策略學習方法使用經驗重播池來緩解這個問題，從而在某種程度上保留舊資料來學習。像優先經驗重播（Prioritized Experience Replay）和後見之明經驗重播（Hindsight Experience Replay）的技術作為更複雜和先進的方式被提出，按照重播池中資料的重要性或其目標來使用資料。

災難性遺忘也發生在學習過程分為幾個階段的情況中。比如，在模擬到現實的策略遷移過程中，策略通常需要在模擬環境中預訓練而後利用現實世界資料微調。然而，實踐中，兩個過程可能使用不同的損失函數，而且損失函數可能不總是與整體強化學習目標一致。如在文獻(Jeong et al., 2019a)中，圖型觀察量被嵌入潛在表示而作為策略的輸入，這個嵌入網路（Embedding Network）在模擬到現實的適應過程中透過一個自監督損失函數來微調，而非使用原來在模擬訓練過程中的強化學習損失。這種在多階段訓練過程損失函數上的不匹配也可能在實踐中造成災難性遺忘，這表示策略可能遺忘預訓練中獲得的技能。為了解決這個問題，固定部分網路層並用之前的損失函數繼續更新網路可以在後訓練（Post-Training）過程中盡可能保持預訓練的網路。另一個相似的想法是殘差策略學習（Residual Policy Learning），如 8.6 節中所提到的，它也固定了預訓練網路的權重並在旁邊增加了一個新的網路來學習修正項。

7.4 探索

探索是強化學習中另一個主要的挑戰，它會顯著影響學習效率。相比於探索和利用間的權衡（Exploration-Exploitation Trade-Off）這個強化學習中經典且為人所知問題，這裡著重於探索本身的挑戰。強化學習中探索的困難可能來自稀疏的獎勵函數、較大的動作空間和不穩定的環境，以及現實世界中探索的安全性問題等。探索表示透過互動來獲取更多關於環境的資訊，通常與利用相對。利用指透過開發已知資訊來最大化獎勵。強化學習的學習過程以試錯為基礎。除非那些最佳的軌跡在之前被探索過，否則最佳的策略無法被學到。舉例來說，Atari 遊戲像 OpenAI Gym 中的 Montezuma's Revenge、Pitfall 由於探索的困難，對於一般強化學習演算法會很難解決，這幾個遊戲的場景如圖 7.2 所示，其中通常包括一個複雜的迷宮，需要較複雜的一系列操作來解決。它們像一個解迷宮的問題但是具有更複雜的結構和層次。Montezuma's Revenge 是一個非常典型的稀疏獎勵任務，這使得強化學習的探索非常難以進行。在一個遊戲場景中，Montezuma's Revenge 的智慧體必須完成幾十個連續動作來透過一個房間，而這個遊戲有 23 個不同的房間場景需要智慧體指導它自己透過。相似的情況在 Pitfall 遊戲中也有。這些遊戲常用作評估強化學習方法在探索能力方面的基準。OpenAI 和 Deepmind (Aytar et al., 2018) 都聲稱他們用高效的深度強化學習方法解決了 Montezuma's Revenge 遊戲。然而，這些結果可能不令人滿意。在他們的解決方案中，專家示範都被用於輔助探索。比如，在 Deepmind 的解決方案中，他們讓智慧體觀察 YouTube 視訊，而 OpenAI 使用人類示範來更進一步地初始化智慧體位置。

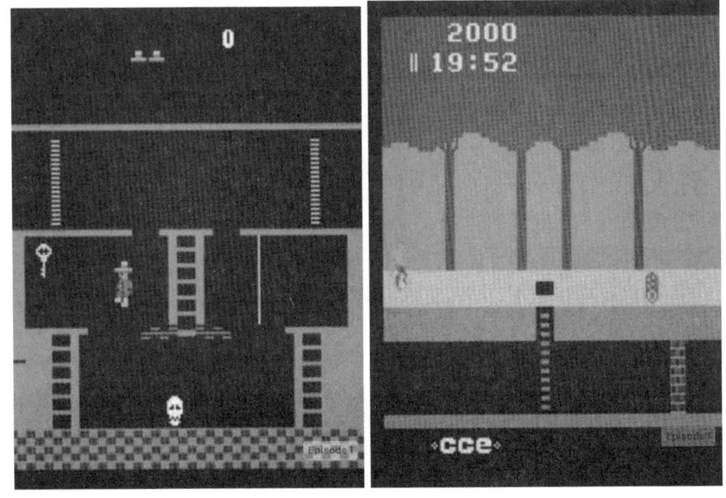

圖 7.2　難以學習的 Atari 遊戲：Montezuma's Revenge（左）和 Pitfall（右）

這裡稀疏獎勵任務的瓶頸實際在於探索本身。稀疏獎勵可能使價值網路和策略網路在一個不平滑且非凸的超曲面上最佳化，甚至在訓練的某些階段有不連續的情況。因此，一步最佳化後的策略可能無法幫助探索到更高獎勵的區域。以傳統探索策略為基礎的智慧體，比如隨機動作或 ϵ-貪心（ϵ-Greedy）策略，會發現很難在探索過程中遇到高獎勵值的軌跡。而即使它們取樣到近最佳（Near-Optimal）的軌跡，以價值為基礎的或以策略為基礎的最佳化方法可能也沒有對這些樣本充分重視，而導致失敗情況或緩慢的學習過程。上面描述的問題提出了當前深度強化學習方法的缺陷。

除稀疏獎勵外，較大的動作空間和不穩定的環境也對強化學習智慧體的探索造成困難。一個典型的例子是在文獻(Vinyals et al., 2019) 中解決的《星海爭霸 II》（StarCraft）遊戲。表 7.1 [1]中比較了 Atari 遊戲、圍棋和《星海爭霸》的資訊類型、動作空間、遊戲中的活動次數和玩家數量。大的動作空間和長的遊戲控制序列使得在《星海爭霸》中探索一個好的策略十分困難。此外，多玩家的設定使得對手在某種程度上成為遊戲環境的一部分，這也增加了探索的難度。

表 7.1 比較不同的遊戲

	Atari 遊戲	圍棋	《星海爭霸》
資訊類型	近完美	完美	不完美
動作空間	17	361	10^{26}
每場遊戲的活動次數	100/s	100/s	1000/s
玩家數量	單一	兩個	多個

為了解決探索的問題，研究人員調查了包括模仿學習、內在獎勵（Intrinsic Reward）、分層學習等概念。透過模仿學習，智慧體試圖模仿來自人類或其他的專家示範來改進學習效率並減少探索到近最佳樣本的困難。內在獎勵是以這樣為基礎的觀念，即行為不僅是外在獎勵的結果，而且也受到內在欲求的驅使，比如希望獲得關於未知的更多有效資訊。舉例來說，嬰兒可以透過好奇心驅使的探索很快地學習關於世界的知識。好奇心是一種內部驅動來改進智慧體的學習，使其朝向更有探索性的策略改進。更多的內部驅動力需要在研究中探索。分層學習將複雜且難以探索的任務分解成小的子任務，這使其容易學習。舉例來說，封建制網路

[1] 資料來源：Oriol Vinyals, Deep Reinforcement Learning Workshop, NeurIPS 2019.

（Feudal Network，FuN）作為封建制強化學習（Feudal Reinforcement Learning）中的關鍵方法使用了有管理者和工作者的層次性結構來解決 Montezuma's Revenge，實現更有效的探索和學習(Vezhnevets et al., 2017)。

近年來，一些新方法被提出來解決探索問題，其中一個稱為 Go-Explore，它不是一個深度強化學習的解決方案。Go-Explore 的主要想法是首先使用無神經網路的確定性訓練來探索遊戲世界，即不使用深度強化學習的方法，隨後使用一個深度神經網路來模仿學習最好的軌跡，從而使得策略能夠對環境的隨機性堅固。為了解決大規模高度複雜遊戲，比如《星海爭霸 II》，DeepMind 的研究人員(Vinyals et al., 2019) 使用了以族群為基礎的訓練（Population-based Training，PBT）機制來有效探索全域最佳策略，其中智慧體集合成為聯盟（League）。不同的智慧體被初始化到策略分佈中的不同叢集（Clusters）上，來保證探索過程的多樣性。以族群為基礎的訓練相比於單一智慧體對策略空間有更充分的探索。

現實世界中的探索也與安全性問題相關。舉例來說，當考慮一輛由智慧體控制的自動駕駛車輛時，有車禍的失敗情況也是智慧體應該從中進行學習的。但是現實中一輛實際的車不可能被用來擷取這些失敗情況的樣本，而使智慧體以可接受的低損耗從中學習。現實的車輛甚至不能採用隨機動作來探索，因為它可能導致災難性的結果。相同的問題也存在於其他現實世界應用中，比如機器人操作、機器人手術等。為了解決這個問題，模擬到現實的轉移（Sim-to-Real Transfer）的方法可以用於將強化學習部署到現實世界，它先在模擬中進行訓練，再將策略轉移到現實中。

7.5 元學習和表徵學習

除改善一個具體任務上的學習效率外，研究人員也在尋求能夠提高在不同任務上整體學習表現的方法，這與模型的通用性（Generality）和多面性

（Versatility）相關。因此，我們會問，如何讓智慧體以它所學習為基礎的舊任務來在新任務上更快地學習？而在這裡可以介紹多個概念，包括元學習（Meta-Learning）、表徵學習（Representation Learning）、遷移學習（Transfer Learning）等。元學習的問題實際上可以追溯到 1980—1990 年 (Bengio et al., 1990)。近來深度學習和深度強化學習重新將這個問題帶入我們的視野。許多令人興奮的想法被提出，比如那些與模型無關的元學習（Model-Agnostic Meta-Learning）方法，以及一些更強大的跨任務學習方法在近年來都有快速發展。元學習的最初目的是讓智慧體解決不同問題或掌握不同技能。然而，我們無法忍受它對每個任務都從頭學習，尤其是用深度學習來擬合的時候。元學習（Meta-Learning），也稱「學會學習」，是讓智慧體根據以往經驗在新任務上更快學習的方法，而非將每個任務作為一個單獨的任務。通常一個普通的學習者學習一個具體任務的過程被看作是元學習中的內循環（Inner-Loop）學習過程，而元學習者（Meta-Learner）可以透過一個外循環（Outer-Loop）學習過程來更新內循環學習者。這兩種學習過程可以同時最佳化或以一種迭代的方式進行。三個元學習的主要類別為循環模型（Recurrent Model）、度量學習（Metric Learning）和學習最佳化器（Optimizer）。結合元學習和強化學習，可以得到元強化學習（Meta-Reinforcement Learning）方法。一種有效的元強化學習方法像與模型無關的元學習(Finn et al., 2017) 可以透過小樣本學習（Few-Shot Learning）或幾步更新來解決一個簡單的新任務。

對於一個具體的任務領域，不同的任務之間可能有隱藏的連結性質。我們是否能讓智慧體從這個域內取樣到的一些任務中學習這些潛在的規律，從而將所學到的內容泛化到其他任務上來更快地學習？這個學習潛在的關係或規律的過程與一個叫表徵學習（Representation Learning）(Bengio et al., 2013) 的概念密切相關。表徵學習起初在機器學習中提出，被定義為從原始資料中學習表示法和提取有效資訊或特徵來便於分類器或預測器（比如強化學習中的策略）使用。表徵學習試圖學習抽象且簡潔的特徵來表示原始材料，並且透過這種抽象，預測器或分類器不會降低它們的表現，而有更高的學習效率。學習隱藏的表示對強化學習中提高學習效率十分有用，將這些規律遷移有利於在不同任務上的學習過程。表徵學習通常可以用於學習強化學習環境中複雜狀態的簡單表示，這被稱為狀態表徵學習（State Representation Learning，SRL）。這個表示包含在一個合適的抽象空間下的不變性和獨特性特徵，而這是從多樣化的任務域中提煉出來的。舉例來說，在一個拍攝物體運動的視訊的一系列幀中，物體表面角上的關鍵點（或物體表面上其他的特殊點）集合是對物體運動的一種恒定且堅固的表示，儘管幀中的像素點總是隨著物體運動而改變。這些關鍵點有時在電腦視覺術語中稱為描述器（Descriptors），它們存在一個描述器空間中。在這種表示法下，這些關鍵點的位置在物體運動中將改變，因此可以用來表示物體的運動。不同的物體有不同的關鍵點集合，因而也可以用來區分物體。強化學習中的表徵學習對需要跨域的強化學習策略很重要，包括不同的任務域、模擬到現實的域遷移等。它是一個有希望且在探索中的方向，可以用於研究人類是如何利用知識進行規劃的。

7.6 多智慧體強化學習

在之前介紹的章節中，環境中只有一個智慧體來尋找最佳策略，這屬於單智慧體強化學習。除單智慧體強化學習外，我們實際可以在同一個場景中設定多個智慧體，來對多智慧體策略進行同時探索，這個過程可以交替或同時進行，稱為多智慧體強化學習（Multi-Agent Reinforcement Learning，MARL）。MARL 是一個有希望且值得探索的方向，提供了一種能夠研究非正常強化學習情況的方式，包括群眾智慧、智慧體環境的動態變化、智慧體本身的創新等。

現代學習演算法更多的是出色的受試者（Test-Takers），而非創新者。智慧體的智慧上限可能受到其所在環境的限制。因此，創新的產生成為人工智慧（Artificial Intelligence，AI）中一個較熱的話題。一種通向這個願景的最有希望路徑是透過多智慧體的社會互動來學習。在多智慧體學習中，智慧體如何擊敗對手或與他人合作不是由環境的建造者決定的。舉例來說，古老的圍棋遊戲的發明者從未定義什麼策略能夠擊敗對手，而對手通常也組成了動態環境的一部分。然而，在一代又一代人類玩家或人工智慧體的自我演化過程中，大量先進的策略被發明出來，每個智慧體作為其他人環境的一部分，而對自身的提高也組成他人的新挑戰。

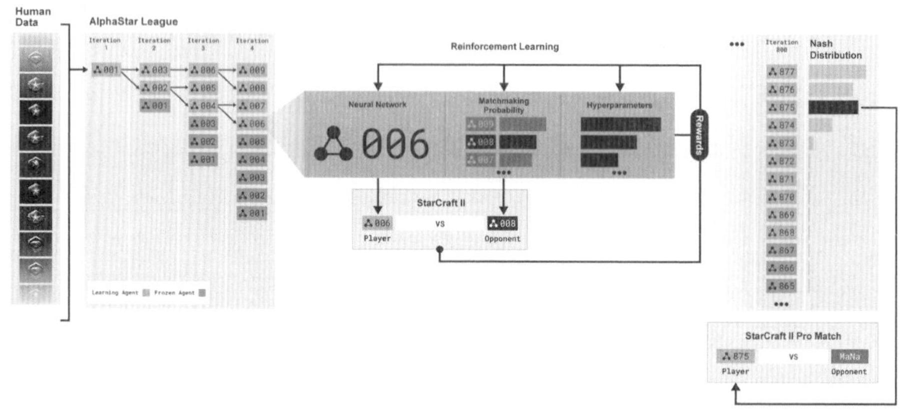

圖 7.3 AlphaStar 的訓練機制。每個小方塊表示一個 AlphaStar 聯盟中訓練的智慧體

MARL 中結合傳統的博弈論（Game Theory）和現代深度強化學習的方法近來在文獻(Lanctot et al., 2017; Nowéet al., 2012) 中有所探索，以及一些新的想法如自我博弈（Self-Play）(Berner et al., 2019; Heinrich et al., 2016; Shoham et al., 2003; Silver et al., 2018a)、優先虛擬自我博弈（Prioritized Fictitious Self-Play）(Vinyals et al., 2019)、以族群為基礎的訓練(Population-Based Training，PBT）(Jaderberg et al., 2017; Vinyals et al., 2019) 和獨立性強化學習（Independent Reinforcement Learning，InRL）(Lanctot et al., 2017; Tan, 1993)。MARL 不僅使得探索多智慧體環境中的分散式智慧成為可能，而且有助在較大規模複雜環境中學習近最佳或近平衡的智慧體策略，比如，Deepmind 用於掌握遊戲《星海爭霸 II》的 AlphaStar，如圖 7.3 所示。AlphaStar 的框架中用到了 PBT，透過使用一個聯盟（League）的智慧體，每一個智慧體由圖 7.3 中一個帶索引值的色

塊來表示，這種訓練方式被用來保證在策略空間的充分探索。在 PBT 中，策略最佳化的單位不再是每個智慧體的單一策略，而是整個聯盟的智慧體。整體策略不僅關於一個具體策略，而更是整個聯盟中智慧體的整體表現。更多關於 MARL 的內容在第 11 章中有詳細介紹。

7.7 模擬到現實

強化學習方法可以成功地解決大量模擬環境中的任務，甚至在一些具體領域可以超過最好的人類表現，比如圍棋遊戲。然而，應用強化學習方法到現實任務上的挑戰仍舊未被解決。除了 Atari 遊戲、策略性電腦遊戲、紙牌遊戲，強化學習在現實世界中的潛在應用包括機器人控制、車輛自動駕駛、無人機自動控制等。這些涉及現實世界中硬體的任務通常對安全性和準確性有較高要求。對於這些情況，一個誤操作可能導致災難性後果。當策略是透過強化學習方法學到的時候，這個問題就更加值得考慮，因為即使不考慮現實世界的取樣效率，學習智慧體的探索過程也會有巨大影響。現代工業中的機器控制仍舊嚴重依賴傳統控制方法，而非最先進的機器學習或強化學習解決方案。然而，用一個聰明的智慧體來控制這些物理機械仍舊是一個很好的追求，而大量相關領域的研究人員正為之努力。

近年來，深度強化學習被逐漸應用到越來越多的控制問題中。但是由於強化學習演算法較高的樣本複雜度以及其他一些物理限制，許多在模擬中展示的能力尚未在現實世界中複現。我們主要透過機器人學習的例子來展示這些內容，而這是一個越發活躍的研究方向，吸引了來自學術界和工業界的關注。

指導性策略搜索（Guided Policy Search，GPS）(Levine et al., 2013) 是一種能夠直接用真實機器人在有限時間內訓練的演算法。透過所學線性動態模型進行軌跡最佳化，這個方法能夠以較少的環境互動學會複雜的操作技巧。研究人員也探索了用多個機器人進行平行化訓練的方法(Levine et al.,

2018)。文獻(Kalashnikov et al., 2018) 提出能同時在 7 個真實機器人上進行分散式訓練的 QT-Opt 演算法，但是需要持續 4 個月的 800 個小時的機器人資料取樣時間作為代價。他們成功示範了直接在現實世界部署的機器人學習，但是其時間消耗和資源上的要求一般是無法接受的。更進一步來說，直接在物理系統上訓練策略的成功例子尚且只在有限的領域得到驗證。

模擬到現實遷移（Sim-to-Real Transfer）則是可以替代直接在現實中訓練深度強化學習智慧體的方法，由於模擬性能的提升和一些其他原因，模擬到現實遷移的方法比之前受到更多注意。相比於直接在現實世界中訓練，模擬到現實遷移可以透過在模擬中快速學習來實現。近年來，許多模擬到現實的方法成功將強化學習智慧體部署到現實中(Akkaya et al., 2019; Andrychowicz et al., 2018)。然而，相比於直接在現實環境中部署訓練過程，模擬到現實的方法也有它本身的缺陷，這主要由模擬和現實環境的差異造成，稱為現實鴻溝（Reality Gap）。在實踐中有大量因素會導致現實鴻溝，而這由具體系統而定。舉例來說，系統動力學過程的差異將導致模擬和現實的動力學鴻溝，如圖 7.4 所示是一個例子。不同的方法被提出來解決模擬到現實遷移的問題，後續還會介紹。

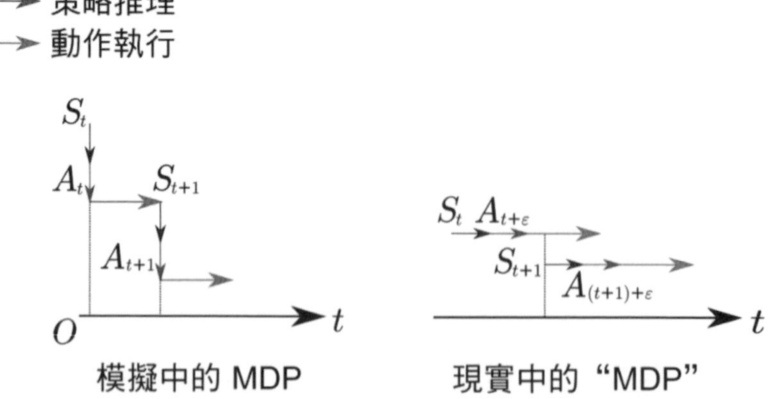

圖 7.4 圖片展示了模擬和現實中 MDP 的差異，它是由狀態擷取和策略推理過程產生的時間延遲造成的，這是造成現實鴻溝的可能因素之一

我們首先要了解現實鴻溝的概念。現實應用中的現實鴻溝可以在某種程度上用文獻(Jeong et al., 2019b) 中的圖 7.5 來了解，該圖展示了機器人上模擬軌跡和現實軌跡的差異，以及模擬和參考訊號的差異。對強化學習進行機器人控制任務來說，參考訊號是發送給智慧體的控制訊號，從而在機械臂的關節角度上獲得預期的行為。由於延遲、慣性和其他動力學上的不準確性，模擬和現實中的軌跡都會與參考訊號有顯著差異。此外，現實中的軌跡與模擬中的不同就是現實鴻溝。圖中的系統辨識（System Identification）是一種確認系統中動力學參數值的方法，可以用在策略或模擬器中來縮減模擬動力學過程和現實的差異。泛化力模型（Generalized Force Model，GFM）是一個在論文(Jeong et al., 2019b) 中新提出的方法，可以用額外的力來校正模擬器，從而生成與現實更接近的模擬軌跡。然而，即使使用了辨識和校正的方法，現實鴻溝依然可能存在，從而影響策略從模擬到現實中遷移。

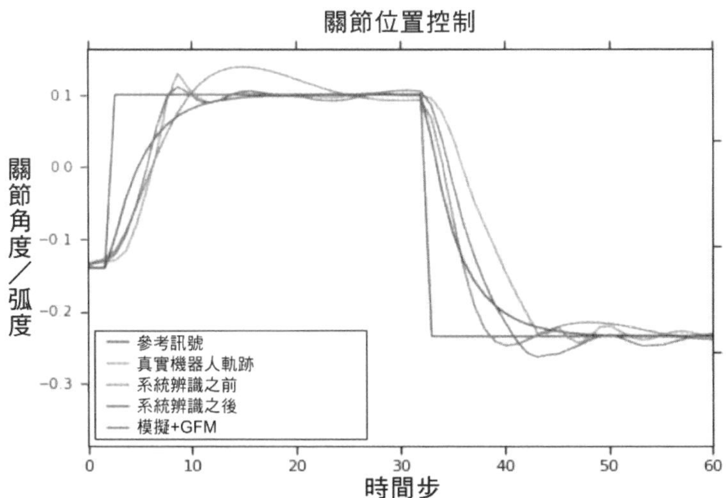

圖 7.5　在一個簡單的關節角度控制過程中，機器人控制的參考訊號、模擬和現實中的差異。圖片改編自文獻(Jeong et al., 2019b)

除了由於不同動力學過程導致的每一個時間步上模擬現實軌跡的差異，現實鴻溝也有其他來源。比如，在連續的現實世界控制系統中，有系統回應時間延遲或系統觀察量建構過程耗時，而這些在有離散時間步的理想模擬情況下可能都不存在。如圖 7.4 所示，在模擬環境或傳統強化學習設定下，狀態擷取和策略推理過程都認為是始終沒有時間損耗的，而在現實情況下，這兩個過程都可能需要相當的時間，這使得智慧體總是根據先前動作執行時的先前狀態產生的落後觀察量來進行動作選擇。

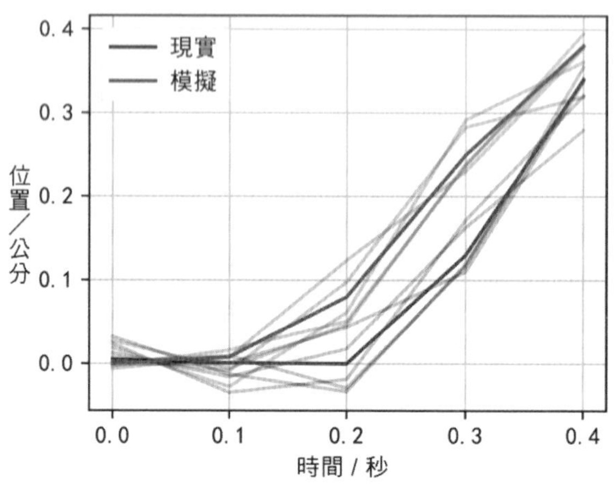

圖 7.6 圖片展示了物體觀察狀態（位置）在同一控制訊號下的時間延遲。由於現實中額外的觀察量建構過程，現實世界軌跡（下方）相比於模擬軌跡（上方）有一定延遲。不同的線表現了多次測試結果，粗體的線為平均值

上面的問題也會使得模擬和現實的軌跡展現出不同的模式，如圖 7.6 所示。考慮一個物體操作任務，即使我們假設有很快的神經網路前向過程（Forward Process）而忽略策略推理的時間消耗，現實世界中物體位置也可能需要一個攝影機來捕捉並用一些定位技術來追蹤，而這需要相當的時間來處理。這個觀察量建構的過程會引入時間延遲，從而即使在完全相同的控制訊號下，現實軌跡和模擬軌跡的比較圖上也會展示出時間間隙。這類延遲觀察量使得現實世界中的強化學習智慧體只能夠接受先前觀察量O_{t-1}來對當前步做出動作選擇A_t，而非直接根據當前狀態S_t。因此實踐中的策略根據時間延遲 δ 通常會有形式$\pi(A_t|O_{t-\delta})$，而這不同於模擬中根據即時觀察量訓練的策略，從而會產生較差的現實表現。一種解決這個問題的

方式是修改模擬器，使其有相同的時間延遲，從而訓練智慧體去學習。然而，這會導致其他的問題，比如如何精確地表示和測量模擬和現實中的時間延遲，如何保證以延遲觀察量學習為基礎的智慧體的表現等。近來，文獻(Ramstedt et al., 2019) 提出了即時強化學習方法，文獻(Xiao et al., 2020) 提出了“邊運動邊思考（Thinking While Moving）”的方法，在連續時間 MDP 設定下減輕了強化學習對於即時環境中延遲觀察量和併發動作選擇（Concurrent Action Choices）的問題，使得在現實世界中的控制軌跡更加平滑。

如上所述，從強化學習角度來看模擬到現實遷移的主要問題在於：在模擬中訓練得到的策略由於現實鴻溝不能在現實世界中始終正常使用，這個現實鴻溝即模擬和現實的差異。由於這個模型的差異，模擬環境中的成功策略無法極佳地遷移到對應的現實中。整體來說，解決模擬到現實遷移的方法可以分為至少兩個大類：零樣本（Zero-Shot）方法和自我調整學習方法。將控制策略從模擬遷移到現實的問題可以被看作是域自我調整（Domain Adaption）的例子，即將一個在來源域（Source Domain）中訓練的模型遷移到新的目標域（Target Domain）。這些方法背後的關鍵假設是不同的域有公共的特徵，從而在一個域中的表徵方式和行為會對其他域有用。域自我調整要求新的域中的資料適應預訓練的策略。在新的域中獲取資料的複雜性或困難程度，比如在現實世界中收集樣本，這種自我調整學習方法因而需要有較高的效率。影像元素學習(Arndt et al., 2019; Nagabandi et al., 2018)、殘差策略學習（Residual Policy Learning）(Johannink et al., 2019; Silver et al., 2018b) 和漸進網路（Progressive Networks）(Rusu et al., 2016a,b) 等方法被用於這些情形。零樣本（Zero-Shot）遷移是一個與域自我調整互補一類技術，它尤其適用於在模擬中學習。這表示在遷移過程中沒有任何以現實世界資料為基礎的進一步學習過程。域隨機化（Domain Randomization）是零樣本遷移中典型的一類方法。透過域隨機化，來源和目標域的差異被建模為來源域中的隨機性。透過域隨機化可以學到更普適的策略，而非過擬合到具體模擬器設定的特徵策略。根據具體的應用，隨機化可以被施加到不同的特徵上。舉例來說，對於機器人操作任務，摩擦力和品質的大小、力矩和速度的誤差在實際機器人上都會影響到控制的精度。因此，在模擬器中這些參數可以被隨機化，從而用強化學習訓練一個更堅固的策略(Peng et al., 2018)，這個過程稱為動力學隨機化（Dynamics Randomization）。在視覺域下的隨機化可以用於直接將以視覺為基礎的策略從模擬遷移到現實，而不需要任何現實的圖型來訓練(Sadeghi et al., 2016; Tobin et al., 2017)。可能的視覺隨機化的特徵變量包括紋理、光源條件和物體位置等。

現實鴻溝通常是依賴於具體任務的，它可能由動力學參數或動力學過程的定義不同造成。除了動力學隨機化(Peng et al., 2018) 或視覺特徵（觀察量）隨機化，還有一些其他方法來跨越現實鴻溝。利用系統辨識（System Identification）來學習一個對動力學敏感（Dynamics-Aware）的策略(Yu et al., 2017; Zhou et al., 2019) 是一個有希望的方向，它試圖學習一個以系統特徵為條件的策略，這些系統特徵包括動力學參數或軌跡的編碼。也有一些方法來最小化模擬與現實的差異，比如之前介紹的 GFM 方法用於進行力校正，等等。模擬到現實透過模擬到模擬（Sim-to-Real via Sim-to-Sim）(James et al., 2019) 是另一個跨過現實鴻溝的方法，它使用隨機到標準自我調整網路（Randomized-to-Canonical Adaptation Networks, RCANs）來將隨機的或現實世界圖型轉化成它們同等的非隨機的標準型，而與模擬環境中的類似。漸進網路(Rusu et al., 2016a) 也可以用於模擬到現實遷移(Rusu et al., 2016b)，這是一個普適的框架，重複利用任何低級視覺特徵到進階策略中，從而遷移到新的任務上，它以一種組合式但是簡單的方法來建構複雜技能。

當今的計算框架利用離散的以二值運算為基礎的計算過程，因此在某種程度上，我們應當始終承認模擬和現實世界的差異。這是因為後者在時間和空間上是連續的（至少在經典物理系統中）。只要學習演算法不足夠高效而能夠直接像人腦一樣應用於現實世界（或即使可以實現），在模擬環境中得到一些預訓練模型也總是有用的。如果模型在一定程度上有對現實環境的泛化能力就會更好，而這是模擬到現實遷移演算法的意義。換句話說，模擬到現實遷移演算法提供了始終考慮到在現實鴻溝下的學習模型方法論，而無關於模擬器本身有多精確。

7.8 大規模強化學習

如前面小節中所討論的，強化學習在現實世界的應用目前遭遇到的如延遲觀察量、域變換等問題，通常屬於現實鴻溝的問題範圍。然而，也有其他一些因素阻止了強化學習的應用，或在模擬情況下，或在現實世界中。最有挑戰性的問題之一是強化學習的可擴充性（Scalability），儘管深度強化學習利用了深度神經網路的通用表達能力，而這提出了大規模強化學習的挑戰。

我們可以首先看一些例子。在像掌握大規模即時電腦遊戲的應用中，如《星海爭霸 II》（*Star-Craft*）和《刀塔 2》（*Dota*），DeepMind 和 OpenAI 的團隊分別提出了 AlphaStar (Vinyals et al., 2019)和 OpenAI Five (Berner et al., 2019) 方法。在 AlphaStar 中，深度強化學習和監督學習（比如，模仿學習中的行為複製）都被用於一個以族群為基礎的訓練（Population-Based Training，PBT）框架中，以及用到進階網路結構如 Scatter Connections、Transformer 和 Pointer 網路，這使得深度強化學習在整個策略中實際上只佔一小部分。在 AlphaStar 中最終解決任務的關鍵步驟是如何高效率地從存在的示範資料中學習和使用預訓練的策略，作為強化學習智慧體的初始狀態，以及如何有效地結合來自聯盟中不同智慧體的不同次優策略。在 OpenAI Five 中，一個自我博弈（Self-Play）的框架被用於訓練，而非 PBT 框架，但它也使用了從人類示範中模仿學習的方法。上述事實說明，在多數情況下，當前的深度強化學習演算法本身對於完美地從點對點去解決一個大規模任務可能仍舊是不足夠有效且高效的。一些其他技術如模仿學習等通常需要被用來解決這些大規模問題。

此外，平行訓練框架也常於解決大規模問題。舉例來說，在解決現實中機器人學習的演算法 QT-Opt (Kalashnikov et al., 2018) 中，為了實現平行的機器人取樣，它應用了一個包含線上和離線資料的經驗重播快取，以及分散式訓練工作者來高效率地從快取資料中學習。一個分散式或平行的取樣和訓練框架對於解決這類大規模問題很關鍵，尤其是對高維的狀態和動作空間。文獻(Espeholt et al., 2018) 提出了重要性加權的行動者-學習者結構（Importance Weighted Actor-Learner Architecture，IMPALA），而文獻(Espeholt et al., 2019) 提出了可擴充高效深度強化學習（Scalable, Efficient Deep-RL，SEED）來實現大規模分散式強化學習。另外，強化學習的分散式框架通常與不同計算裝置（比如 CPU 和 GPU）間的平衡有關，如第 18 章中所討論的。在強化學習演算法方面，非同步優勢 Actor-Critic（Asynchronous Advantage Actor-Critic，A3C）(Mnih et al., 2016)、分散式近端策略最佳化（Distributed Proximal Policy Optimizaion，DPPO）(Heess et al., 2017)、循環快取分散式 DQN（Recurrent Peplay Distributed DQN，R2D2）(Kapturowski et al., 2019) 等演算法在近年來被提出，來更進一步地支持強化學習中的平行取樣和訓練。更多關於強化學習中平行計算的內容在第 12 章中有所介紹。

7.9 其他挑戰

除了上面提到的（深度）強化學習中的挑戰，也有一些其他挑戰，比如深度強化學習的可解釋性(Madumal et al., 2019)、強化學習應用的安全性問題(Berkenkamp et al., 2017; Garcıa et al., 2015)、相關理論中複雜度證明(Koenig et al., 1993; Lattimore et al., 2013) 中的困難、強化學習演算法的效率(Jin et al., 2018) 和收斂性質(Papavassiliou et al., 1999)，以及了解清楚強化學習方法在整個人工智慧中的作用和角色等。這些內容超出本書範圍，有興趣的讀者可以自行探索這些領域的前端。

在本章最後，我們引用 Richard Sutton2的一些話，「我們從這些痛苦的教訓中應當學到的一點是通用型（General Purpose）模型的力量，即那些能夠隨著運算能力提升而不斷擴充的方法，它們甚至到極其巨大的計算量時也能工作。有兩個看起來能夠以這種方式任意擴充的方法是搜索和學習。」這些話以這樣為基礎的觀察，即在電腦象棋或電腦圍棋，以及像語音辨識和電腦視覺等領域上的以往成功，一般的統計性方法（如神經網路）勝過了以人類知識為基礎的方法。因此，智能系統中的嵌入式知識可能只能在較短時間內滿足研究人員，而在長期阻礙了通用人工智慧的整體發展過程。「第二個從痛苦的教訓中學到的東西是大腦中實際的內容是極其複雜的，且這種複雜性是不可更改的；我們應當停止尋找簡單的方式來考慮大腦中的內容，比如用簡答的方式考慮空間、物體、多個智慧體或對稱性。所有的這些都是任意的、本質上複雜的外在環境的部分。它們不是我們應當嵌入的東西，因為它們的複雜度是無窮的；相反，我們應當只建構元方法來找到和擷取這種任意的複雜度。」這句話闡釋了提出元方法來自然地處理世界的複雜度的重要性，而非使用人為建構的、有具體用途的、相對簡單的認知結構和決策機制。

參考文獻

- ABDOLMALEKI A, SPRINGENBERG J T, TASSA Y, et al., 2018. Maximum a posteriori policy optimisation[J]. arXiv preprint arXiv:1806.06920.
- AKKAYA I, ANDRYCHOWICZ M, CHOCIEJ M, et al., 2019. Solving rubik’s cube with a robot hand[J]. arXiv preprint arXiv:1910.07113.

---

[2] Richard S. Sutton. “The Bitter Lesson.”March 13, 2019.

- ANDRYCHOWICZ M, WOLSKI F, RAY A, et al., 2017. Hindsight experience replay[C]//Advances inNeural Information Processing Systems. 5048-5058.
- ANDRYCHOWICZ M, BAKER B, CHOCIEJ M, et al., 2018. Learning dexterous in-hand manipula- tion[J]. arXiv preprint arXiv:1808.00177.
- ARNDT K, HAZARA M, GHADIRZADEH A, et al., 2019. Meta reinforcement learning for sim-to-realdomain adaptation[J]. arXiv preprint arXiv:1909.12906.
- AYTAR Y, PFAFF T, BUDDEN D, et al., 2018. Playing hard exploration games by watching youtube[C]// Advances in Neural Information Processing Systems. 2930-2941.
- BENGIO Y, BENGIO S, CLOUTIER J, 1990. Learning a synaptic learning rule[M]. Universitéde Montréal, Département d'informatique et de recherche opérationnelle.
- BENGIO Y, COURVILLE A, VINCENT P, 2013. Representation learning: A review and new perspec-tives[J]. IEEE transactions on pattern analysis and machine intelligence, 35(8): 1798-1828.
- BERKENKAMP F, TURCHETTA M, SCHOELLIG A, et al., 2017. Safe model-based reinforcement learning with stability guarantees[C]//Advances in Neural Information Processing Systems. 908-918.
- BERNER C, BROCKMAN G, CHAN B, et al., 2019. Dota 2 with large scale deep reinforcement learning[J]. arXiv preprint arXiv:1912.06680.
- DEISENROTH M, RASMUSSEN C E, 2011. Pilco: A model-based and data-efficient approach to policy search[C]//Proceedings of the 28th International Conference on Machine Learning (ICML-11).465-472.
- ESPEHOLT L, SOYER H, MUNOS R, et al., 2018. Impala: Scalable distributed deep-rl with importanceweighted actor-learner architectures[J]. arXiv preprint arXiv:1802.01561.

- ESPEHOLT L, MARINIER R, STANCZYK P, et al., 2019. Seed rl: Scalable and efficient deep-rl with accelerated central inference[J]. arXiv preprint arXiv:1910.06591.
- FINN C, ABBEEL P, LEVINE S, 2017. Model-agnostic meta-learning for fast adaptation of deep net- works[C]//Proceedings of the 34th International Conference on Machine Learning-Volume 70. JMLR.org: 1126-1135.
- FUJIMOTO S, VAN HOOF H, MEGER D, 2018. Addressing function approximation error in actor-critic methods[J]. arXiv preprint arXiv:1802.09477.
- GARCIA J, FERNÁNDEZ F, 2015. A comprehensive survey on safe reinforcement learning[J]. Journalof Machine Learning Research, 16(1): 1437-1480.
- HEESS N, SRIRAM S, LEMMON J, et al., 2017. Emergence of locomotion behaviours in rich environ-ments[J]. arXiv:1707.02286.
- HEINRICH J, SILVER D, 2016. Deep reinforcement learning from self-play in imperfect-information games[J]. arXiv:1603.01121.
- HENDERSON P, ISLAM R, BACHMAN P, et al., 2018. Deep reinforcement learning that matters[C]//Thirty-Second AAAI Conference on Artificial Intelligence.
- HOUTHOOFT R, CHEN X, DUAN Y, et al., 2016. Vime: Variational information maximizing explo- ration[Z].
- JADERBERG M, DALIBARD V, OSINDERO S, et al., 2017. Population based training of neural networks[J]. arXiv preprint arXiv:1711.09846.
- JAMES S, WOHLHART P, KALAKRISHNAN M, et al., 2019. Sim-to-real via sim-to-sim: Data- efficient robotic grasping via randomized-to-canonical adaptation networks[C]//Proceedings of the IEEE Conference on Computer Vision and Pattern Recognition. 12627-12637.
- JEONG R, AYTAR Y, KHOSID D, et al., 2019a. Self-supervised sim-to-

real adaptation for visual robotic manipulation[J]. arXiv preprint arXiv:1910.09470.

- JEONG R, KAY J, ROMANO F, et al., 2019b. Modelling generalized forces with reinforcement learningfor sim-to-real transfer[J]. arXiv preprint arXiv:1910.09471.
- JIN C, ALLEN-ZHU Z, BUBECK S, et al., 2018. Is q-learning provably efficient?[C]//Advances in Neural Information Processing Systems. 4863-4873.
- JOHANNINK T, BAHL S, NAIR A, et al., 2019. Residual reinforcement learning for robot control[C]//2019 International Conference on Robotics and Automation (ICRA). IEEE: 6023-6029.
- KALASHNIKOV D, IRPAN A, PASTOR P, et al., 2018. Qt-opt: Scalable deep reinforcement learning for vision-based robotic manipulation[J]. arXiv preprint arXiv:1806.10293.
- KAPTUROWSKI S, OSTROVSKI G, DABNEY W, et al., 2019. Recurrent experience replay in distributed reinforcement learning[C]//International Conference on Learning Representations.
- KIRKPATRICK J, PASCANU R, RABINOWITZ N, et al., 2017. Overcoming catastrophic forgetting inneural networks[J]. Proceedings of the national academy of sciences, 114(13): 3521-3526.
- KOENIG S, SIMMONS R G, 1993. Complexity analysis of real-time reinforcement learning[C]// Proceedings of the AAAI Conference on Artificial Intelligence. 99-107.
- KULKARNI T D, NARASIMHAN K, SAEEDI A, et al., 2016. Hierarchical deep reinforcement learn- ing: Integrating temporal abstraction and intrinsic motivation[C]//Advances in Neural Information Processing Systems. 3675-3683.
- LANCTOT M, ZAMBALDI V, GRUSLYS A, et al., 2017. A unified game-theoretic approach to multiagentreinforcement learning[C]//Advances in

Neural Information Processing Systems. 4190-4203.

- LATTIMORE T, HUTTER M, SUNEHAG P, et al., 2013. The sample-complexity of general reinforce-ment learning[C]//Proceedings of the 30th International Conference on Machine Learning. Journal ofMachine Learning Research.
- LEVINE S, KOLTUN V, 2013. Guided policy search[C]//International Conference on Machine Learning. 1-9.
- LEVINE S, PASTOR P, KRIZHEVSKY A, et al., 2018. Learning hand-eye coordination for robotic grasping with deep learning and large-scale data collection[J]. The International Journal of Robotics Research, 37(4-5): 421-436.
- MADUMAL P, MILLER T, SONENBERG L, et al., 2019. Explainable reinforcement learning througha causal lens[J]. arXiv preprint arXiv:1905.10958.
- MNIH V, KAVUKCUOGLU K, SILVER D, et al., 2013. Playing atari with deep reinforcement learning[J]. arXiv preprint arXiv:1312.5602.
- MNIH V, BADIA A P, MIRZA M, et al., 2016. Asynchronous methods for deep reinforcement learn-ing[C]//International Conference on Machine Learning (ICML). 1928-1937.
- NAGABANDI A, CLAVERA I, LIU S, et al., 2018. Learning to adapt in dynamic, real-world environments through meta-reinforcement learning[J]. arXiv preprint arXiv:1803.11347.
- NOWÉA, VRANCX P, DE HAUWERE Y M, 2012. Game theory and multi-agent reinforcementlearning[M]//Reinforcement Learning. Springer: 441-470.
- PAPAVASSILIOU V A, RUSSELL S, 1999. Convergence of reinforcement learning with general function approximators[C]//International Joint Conference on Artificial Intelligence: volume 99. 748-755.

- PATHAK D, AGRAWAL P, EFROS A A, et al., 2017. Curiosity-driven exploration by self-supervisedprediction[C]//Proceedings of the International Conference on Machine Learning (ICML).
- PENG X B, ANDRYCHOWICZ M, ZAREMBA W, et al., 2018. Sim-to-real transfer of robotic controlwith dynamics randomization[C]//2018 IEEE International Conference on Robotics and Automation (ICRA). IEEE: 1-8.
- RAMSTEDT S, PAL C, 2019. Real-time reinforcement learning[C]//Advances in Neural InformationProcessing Systems. 3067-3076.
- RUSU A A, RABINOWITZ N C, DESJARDINS G, et al., 2016a. Progressive neural networks[J]. arXivpreprint arXiv:1606.04671.
- RUSU A A, VECERIK M, ROTHÖRL T, et al., 2016b. Sim-to-real robot learning from pixels with progressive nets[J]. arXiv preprint arXiv:1610.04286.
- SADEGHI F, LEVINE S, 2016. Cad2rl: Real single-image flight without a single real image[J]. arXiv preprint arXiv:1611.04201.
- SHOHAM Y, POWERS R, GRENAGER T, 2003. Multi-agent reinforcement learning: a critical survey[J]. Web manuscript.
- SILVER D, HUBERT T, SCHRITTWIESER J, et al., 2018a. A general reinforcement learning algorithmthat masters chess, shogi, and Go through self-play[J]. Science, 362(6419): 1140-1144.
- SILVER T, ALLEN K, TENENBAUM J, et al., 2018b. Residual policy learning[J]. arXiv preprint arXiv:1812.06298.
- SONG H F, ABDOLMALEKI A, SPRINGENBERG J T, et al., 2019. V-mpo: On-policy maximum a posteriori policy optimization for discrete and continuous control[J]. arXiv preprint arXiv:1909.12238.
- SUKHBAATAR S, LIN Z, KOSTRIKOV I, et al., 2018. Intrinsic

motivation and automatic curricula viaasymmetric self-play[C]//International Conference on Learning Representations.

- TAN M, 1993. Multi-agent reinforcement learning: Independent vs. cooperative agents[C]//Proceedingsof the International Conference on Machine Learning (ICML).
- TOBIN J, FONG R, RAY A, et al., 2017. Domain randomization for transferring deep neural networks from simulation to the real world[C]//ROS.
- VEZHNEVETS A S, OSINDERO S, SCHAUL T, et al., 2017. Feudal networks for hierarchical reinforce- ment learning[C]//Proceedings of the 34th International Conference on Machine Learning-Volume 70. JMLR. org: 3540-3549.
- VINYALS O, BABUSCHKIN I, CZARNECKI W M, et al., 2019. Grandmaster level in starcraft ii usingmulti-agent reinforcement learning[J]. Nature, 575(7782): 350-354.
- XIAO T, JANG E, KALASHNIKOV D, et al., 2020. Thinking while moving: Deep reinforcement learning with concurrent control[J]. arXiv preprint arXiv:2004.06089.
- YU W, TAN J, LIU C K, et al., 2017. Preparing for the unknown: Learning a universal policy with online system identification[J]. arXiv preprint arXiv:1702.02453.
- ZHOU W, PINTO L, GUPTA A, 2019. Environment probing interaction policies[J]. arXiv preprint arXiv:1907.11740.

參考文獻

Chapter

08

模仿學習

為了緩解深度強化學習中的低樣本效率問題，模仿學習（Imitation Learning）或稱學徒學習（Apprenticeship Learning）是一種可能的解決方式，在連續決策過程中利用專家示範來更快速地實現策略最佳化。為了讓讀者全面了解如何高效率地從示範資料中提取資訊，我們將介紹模仿學習中最重要的幾類方法，包括行為複製（Behavioral Cloning）、逆向強化學習（Inverse Reinforcement Learning）、從觀察量（Observations）進行模仿學習、機率性方法和一些其他方法。在強化學習的範圍下，模仿學習可以用作對智慧體訓練的初始化或啟動。在實踐中，結合模仿學習和強化學習是一種可以有效學習並進行快速策略最佳化的方法。

8.1 簡介

如我們所知，強化學習，尤其是無模型的強化學習，具有低樣本效率的問題，如第 7 章所討論的。通常用其解決一個不是很複雜的任務並達到人類等級的表現可能需要成百上千的樣本。然而，人類可以用少得多的時間和樣本來解決這些任務。為了改進強化學習的演算法效率，除了透過更精細地設計強化學習演算法本身，我們實際上可以讓智慧體利用一些額外的資訊來源，比如專家示範（Expert Demonstrations）。這些專家示範依據先驗知識而對策略選擇有一定偏向性，而這些有效的偏見可以透過一個適當的學習過程而被提取或轉移到強化學習的智慧體策略中。從專家示範中學習的任務被稱為模仿學習（Imitation Learning，IL），也稱為學徒學習（Apprenticeship Learning）。人類和動物天生就有模仿同類其他個體的能力，這啟發了讓智慧體從其他個體的示範中進行模仿學習的方法。相比於強化學習，監督學習在資料使用方面是一種更加高效的方法，因為它可以利用有標籤資料。因此，如果示範資料是以有標籤的形式提供的，監督學習的方法可以被融合到智慧體的學習過程中來改進它的學習效率。

本章中，我們將介紹不同的使用示範進行策略學習的方法。圖 8.1 是對模仿學習中各個類別方法的概覽。我們將在後續小節中詳細介紹各種模仿學習方法，並將它們複習成幾個主要的類別，包括(1)行為複製（Behavioral Cloning，BC），(2)逆向強化學習（Inverse Reinforcement Learning，IRL），(3)從觀察量進行模仿學習（Imitation Learning from Observations, IfO，（一些文獻(Sun et al., 2019b) 中稱 ILFO），(4)機率推理，(5)其他方法。BC 是一種最簡單和直接的透過監督學習方式利用示範資料的方法，由於它的簡便性而被廣泛使用並作為其他更進階方法的基礎。IRL 對某些應用情況是有用的，比如難以寫出顯性的獎勵函數（Explicit Reward Function）來實現在不同的目標之間權衡的情況。舉例來説，對於一個以視覺觀察量為基礎的自動駕駛車輛，多少注意力應當被分配到處理不同的反光鏡上，這難以透過獎勵函數工程的方式來定義。IRL 是一種可以從示範資料中恢復未知獎勵函數的方法，從而促進強化學習過程。IfO 實際上解決了模仿學習的缺陷，即它通常要求每個狀態輸入都伴有動作標籤，而這種方式在人類的模仿學習過程中也是經常發生的。從機率推理的角度出發的方法包括用高斯混合模型回歸（Gaussian Mixture Model Regression）或高斯過程回歸（Gaussian Process Regression）來表示示範資料並啟動動作策略，在某些情況下這是比深度神經網路更高效的替代方法。也有一些其他方法，比如對離線策略（Off-Policy）強化學習直接將示範資料送入經驗重播快取（Replay Buffer）等。在介紹了不同模仿學習方法的基本類別後，我們將討論模仿學習和強化學習的關係，比如將模擬學習用作強化學習的初始化，來提高強化學習的效率。最終，我們將介紹一些其他的伴隨強化學習的具體模仿學習方法，它們可能是之前一些概念和方法的組合，或我們之前複習過的方法類別之外的方法，如圖 8.1 所複習的。

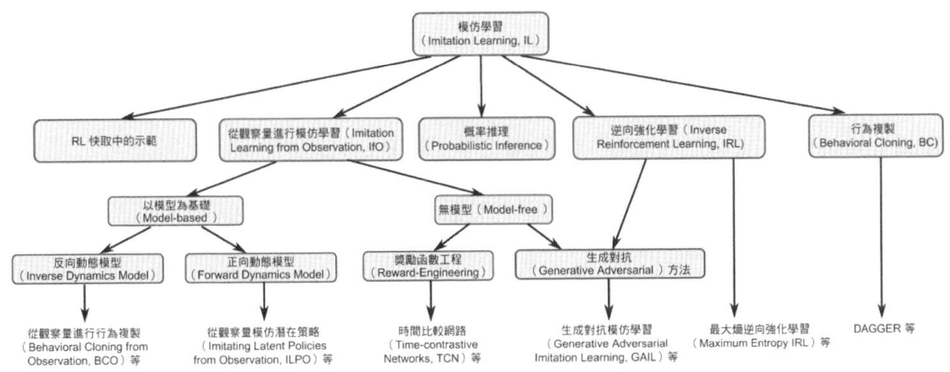

圖 8.1 模仿學習演算法概覽

模仿學習的概念可以用學徒學習的形式(Abbeel et al., 2004) 來定義：按照一個未知的獎勵函數$r(s,a)$，學習者找到一個策略π能夠表現得和專家策略π_{E}相當。我們定義一個策略$\pi \in \Pi$的佔用率（Occupancy）的度量$\rho_\pi \in \mathcal{D}: \mathcal{S} \times \mathcal{A} \to \mathbb{R}$為：$\rho_\pi(s,a) = \pi(a|s)\sum_{t=0}^{\infty}\gamma^t p(S_t = s|\pi)$ (Puterman, 2014)，這是一個用當前策略估計的狀態和動作的聯合分佈。由於Π和$\mathcal{D}$的一一對應關係，模仿學習的問題等價於$\rho_\pi(s,a)$和$\rho_{\pi_{\mathrm{E}}}(s,a)$ 之間的一個匹配問題。模仿學習的一個普遍目標是學習這樣一個策略：

$$\hat{\pi} = \underset{\pi \in \Pi}{\operatorname{argmin}} \psi^*(\rho_\pi - \rho_{\pi_{\mathrm{E}}}) - \lambda H(\pi) \tag{8.1}$$

其中ψ^*是一個ρ_π和$\rho_{\pi_{\mathrm{E}}}$之間的距離度量，而$\lambda H(\pi)$是一個有權衡因數λ的正則化項。舉例來說，這個正則化項可以定義為策略π的γ-折扣因果熵（Causal Entropy）：$H(\pi) \overset{\text{def}}{=} \mathbb{E}_\pi[-\log\pi(s,a)]$。模仿學習的整體目標就是增加從當前策略取樣得到的$\{(s,a)\}$分佈和示範資料中分佈的相似度，同時考慮到策略參數上的一些限制。

8.2 行為複製方法

如果示範資料有對應標籤的話（比如，對於指定狀態的好的動作可以被看作一個標籤），利用示範的模仿學習可以自然地被看作是一個監督學習任務。在強化學習的情況下，有標籤的示範資料 $\mathcal{D}$ 通常包含配對的狀態和動作：$\mathcal{D}=\{(s_i,a_i)|i=1,\cdots,N\}$，其中$N$是示範資料集的大小而指標 i 表示 si 和 ai 是在同一個時間步的。在滿足 MDP 假設的情況下（即最佳動作只依賴於當前狀態），狀態-動作對的順序在訓練中可以被打亂。考慮強化學習設定下，有一個以θ參數化和s為輸入狀態的初始策略π_θ，其輸出的確定性動作為$\pi_\theta(s)$，我們有專家生成的示範資料集$\mathcal{D}=\{(s_i,a_i)|i=1,\cdots,N\}$，可以用來訓練這個策略，其目標如下：

$$\min_\theta \sum_{(s_i,a_i)\sim\mathcal{D}} \| a_i-\pi_\theta(s_i) \|_2^2 \tag{8.2}$$

一些隨機性策略$\pi_\theta(\tilde{a}|s)$的具體形式，比如高斯策略等，可以用再參數化技巧來處理：

$$\min_\theta \sum_{\tilde{a}_i\sim\pi(\cdot|s_i),(s_i,a_i)\sim\mathcal{D}} \| a_i-\tilde{a}_i \|_2^2 \tag{8.3}$$

這個使用監督學習直接模仿專家示範的方法在文獻中稱為行為複製（Behavioral Cloning，BC）。

8.2.1 行為複製方法的挑戰

- **協變數漂移（Covariate Shift）**：儘管模仿學習可以對與示範資料集（用於訓練策略）相似的樣本有較好的表現，對它在訓練過程中未見過的樣本可能會有較差的泛化表現，因為示範資料集中只能包含有限的樣本。舉例來說，如果資料分佈是多模式的，測試中的新樣本可能跟訓練中的樣本來自不同的集群（Cluster），比如，在實踐中將一個不同貓的分類器用於區分狗的種類。由於 BC 方法將決策問題歸結為一個監督學習問題，機器學習中，眾所皆知的協變數漂移(Ross et al., 2010) 的問題可能使透過監督學習方法學得的策略很脆弱，而這對 BC 方法是一個挑戰。圖 8.2 進一步闡釋了 BC 中的協變數漂移。

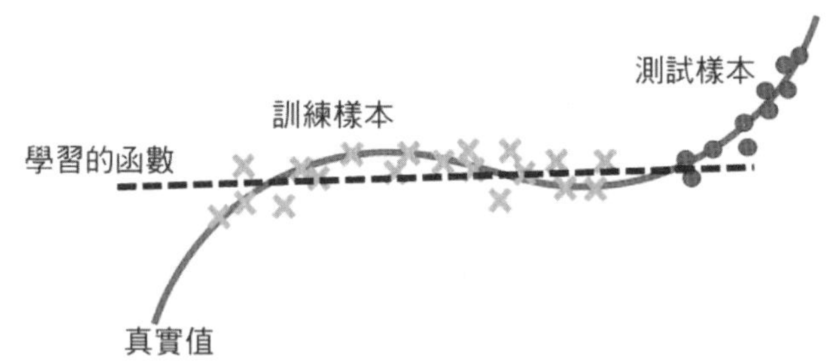

圖 8.2　協變數漂移：所學的函數（虛線）對訓練樣本可以極佳地擬合（交換符號），但是對測試樣本（點符號）有很大的預測偏差。線是真實值

- **複合誤差（Compounding Errors）**：BC 方法在很大程度上受複合誤差的影響，這是一種小誤差可以隨時間累積而最終導致顯著不同的狀態分佈(Ross et al., 2011) 的現象。強化學習任務的 MDP 性質是導致複合誤差的主要因素，即連續誤差的放大效應。而在 BC 方法中，實際上在每一個時間步上產生的誤差主要可能是由上面所述的協變數漂移所造成的。圖 8.3 展示了複合誤差。

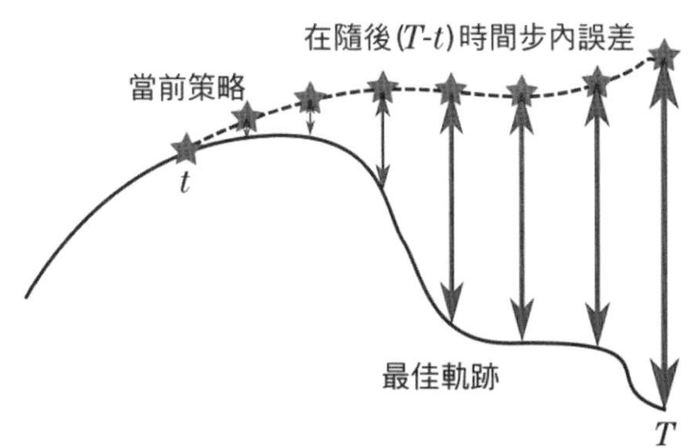

圖 8.3　在一個連續決策任務中，複合誤差沿著當前策略選擇的軌跡逐漸增加

8.2.2 資料集聚合

資料集聚合（Dataset Aggregation，DAgger）(Ross et al., 2011) 是一種更先進的以 BC 方法為基礎的從示範中模仿學習的演算法，它是一種無悔的（No-Regret）迭代演算法。根據先前的訓練迭代過程，它主動選擇策略，在隨後過程中有更大機率遇到示範樣本，這使得 DAgger 成為一種更有用且高效的線上模仿學習方法，可以應用於像強化學習中的連續預測問題。示範資料集$\mathcal{D}$會在每個時間步i連續地聚合新的資料集$\mathcal{D}_i$，這些資料集包含當前策略在整個模仿學習過程中遇到的狀態和對應的專家動作。因此，DAgger 同樣有一個缺陷，即它需要不斷地與專家互動，而這在現實應用中通常是一種苛求。DAgger 的虛擬程式碼如演算法 8.29 所示，其中π^*是專家策略，而β_i是在迭代 i時對策略軟更新（Soft-Update）的參數。

演算法 8.29 DAgger

初始化 $\mathcal{D} \leftarrow \emptyset$
初始化策略$\hat{\pi}_1$為策略集Π中任意策略
for i = $1,2,\cdots,N$ **do**
　$\pi_i \leftarrow \beta_i\pi^* + (1-\beta_i)\hat{\pi}_i$
　用π_i採樣幾個T步的軌跡
　得到由π_i訪問的策略和專家給出的動作組成的資料集$\mathcal{D}_i = \{(s, \pi^*(s))\}$
　聚合資料集：$\mathcal{D} \leftarrow \mathcal{D} \cup \mathcal{D}_i$
　在$\mathcal{D}$上訓練策略$\hat{\pi}_{i+1}$
end for
返回策略$\hat{\pi}_{N+1}$

8.2.3 Variational Dropout

一種緩解模仿學習中泛化問題的方法是預訓練並使用 **Variational Dropout** (Blau et al., 2018)，來替代 BC 方法中完全複製專家示範的行為。在這個方法中，使用示範資料集預訓練（模仿學習）得到的權重被參數化為高斯分佈，並用一個確定的方差閾值來進行高斯 Dropout，然後用來初始化強化學習策略。對於模仿學習的 Variational Dropout 方法(Molchanov et al.,

2017) 可以被看作一種相比於在預訓練的權重中加入雜訊來說更進階的泛化方法，它可以減少對雜訊大小選擇的敏感性，因而是一種使用模仿學習來初始化強化學習的有用技巧。

8.2.4 行為複製的其他方法

行為複製方法也包含了其他一些概念。比如，一些方法提供了在一個任務中將示範資料泛化到更一般情形的方法，比如**動態運動基元（Dynamic Movement Primitives，DMP）**(Pastor et al., 2009) 法，它使用一系列微分方程（Differential Equations）來表示任何記錄過的運動。DMP 中的微分方程通常包含可調整的權重，以及非線性函數來生成任意複雜運動。因此在行為複製中，相比於「黑盒」深度學習方法，DMP 更像是一種解析形式的解決方法。此外，有一種單樣本的（One-Shot）模仿學習方法(Duan et al., 2017) 使用對示範資料的柔性注意力（Soft Attention）來將模型泛化到在訓練資料中未見過的情景。它是一種元學習（Meta-Learning）的方法，在多個任務中將一個任務的示範映射到一個有效的策略上。相關的方法不限於此，在這裡不做過多介紹。

8.3 逆向強化學習方法

8.3.1 簡介

另一種主要的模仿學習方法以逆向**強化學習為基礎（Inverse Reinforcement Learning, IRL）**(Ng et al., 2000; Russell, 1998)。IRL 可以歸結為解決從觀察到的最佳行為中提取獎勵函數（Reward Function）的問題，這些最佳行為也可以表示為專家策略π_E。以 IRL 為基礎的方法反覆地在兩個過程中交替：一個是使用示範來推斷一個隱藏的獎勵或代價（Cost）函數，另一個是使用強化學習以推斷為基礎的獎勵函數來學習一個模仿策略。IRL 選擇獎勵函數R來最最佳化策略，並且使得任何脫離於π_E的單步選擇盡可

能產生更大損失。對於所有滿足$|R(s)| \leqslant R_{\max}, \forall s$的獎勵函數 R，IRL 用以下方式選擇 R^*：

$$R^* = \underset{R}{\operatorname{argmax}} \sum_{s \in \mathcal{S}} (Q^\pi(s, a_\mathrm{E}) - \max_{a \in A a_\mathrm{E}} Q^\pi(s, a)) \tag{8.4}$$

其中$a_\mathrm{E} = \pi_\mathrm{E}(s)$或$a_\mathrm{E} \sim \pi(\cdot\,|s)$是專家（最佳的）動作。以 IRL 為基礎的技術已經被用於許多任務，比如操控一個直升機(Abbeel et al., 2004) 和物體控制(Finn et al., 2016b)。IRL (Ng et al., 2000; Russell, 1998) 企圖從觀察到的最佳行為，比如專家示範中提取一個獎勵函數，但是這個獎勵函數可能不是唯一的（在之後有所討論）。IRL 中一個典型的方法是使用最大因果熵（Maximum Causal Entropy）正則化，即最大熵（Maximum Entropy, MaxEnt）IRL (Ziebart et al., 2010) 方法。MaxEnt IRL 可以表示為以下兩個步驟：

$$\mathrm{IRL}(\pi_\mathrm{E}) = \underset{R}{\operatorname{argmax}} \mathbb{E}_{\pi_\mathrm{E}}[R(s, a)] - \mathrm{RL}(R) \tag{8.5}$$

$$\mathrm{RL}(R) = \max_{\pi} H(\pi(\cdot\,|s)) + \mathbb{E}_\pi[R(s, a)] \tag{8.6}$$

這組成了 RL∘IRL(π_E)策略學習架構。第一個式子 IRL(π_E)學習一個獎勵函數來最大化專家策略和強化學習策略間的獎勵值差異，並且由於 Q 值是對獎勵的估計，它可以被式(8.4)替代。第二個式子 RL(R) 是熵正則化（Entropy-Regularized）正向強化學習，而其獎勵函數 R 是第一個式子學到的。這裡的熵$H(\pi(\cdot\,|s))$是指定狀態下的策略分佈的熵函數。

關於隨機變數 X 的分佈 $p(X)$ 的香農資訊熵度量了這個機率分佈的不確定性。

定義 8.1 一個滿足 p 分佈的離散隨機變數 X 的資訊熵為

$$H_p(X) = \mathbb{E}_{p(X)}[-\log p(X)] = -\sum_{X \in \mathcal{X}} p(X) \log p(X) \tag{8.7}$$

對於強化學習中隨機策略的情況，表示動作分佈的隨機變數通常排列成一個與動作空間維數相同的向量。常用的分佈有對角高斯分佈和類別分佈，匯出它們的熵是很簡單的。

代價函數$c(s,a) = -R(s,a)$也很常見，它在強化學習的過程中被最小化：

$$\mathrm{RL}(c) = \underset{\pi}{\operatorname{argmin}} - H(\pi) + \mathbb{E}_{\pi}[c(s,a)] \tag{8.8}$$

其中$H(\pi) = \mathbb{E}_{\pi}[-\log\pi(a|s)]$是策略 π 的熵。代價函數$c(s,a)$常用作當前策略π的分佈和示範資料間相似度的度量。熵$H(\pi)$可以被視作實現最佳解的唯一性的正則化項。

把上式代入 IRL 公式(8.5) 中，我們可以將 IRL 的目標表示成 max-min 的形式，它企圖在最大化熵正則化獎勵值的目標下學習一個狀態 s 和動作 a 的代價函數$c(s,a)$，以及進行策略 π 的學習。

$$\max_{c}(\min_{\pi} - \mathbb{E}_{\pi}[-\log\pi(a|s)] + \mathbb{E}_{\pi}[c(s,a)]) - \mathbb{E}_{\pi_{\mathrm{E}}}[c(s,a)] \tag{8.9}$$

其中 π_{E} 表示生成專家示範的專家策略，而 π 是強化學習過程訓練的策略。所學的代價函數將給專家策略分配較高的熵而給其他策略較低的熵。

8.3.2 逆向強化學習方法的挑戰

- **獎勵函數的非唯一性或獎勵問題（Reward Ambiguity）**:IRL 的函數搜索是病態的（Ill-Posed），因為示範行為可以由多個獎勵或代價函數導致。它始於獎勵塑形（Reward Shaping）(Ng et al., 1999) 的概念，這個概念描述了一類能保持最佳策略的獎勵函數變換。主要的結果是，在以下獎勵變換之下：

  $$\hat{r}(s,a,s') = r(s,a,s') + \gamma\phi(s') - \phi(s), \tag{8.10}$$

  最佳策略對任何函數$\phi: \mathcal{S} \to \mathbb{R}$保持不變。只用示範資料透過 IRL 方法學到的獎勵函數，是不能消除上面一類變換下獎勵函數之間分歧的。

  因此，我們需要對獎勵或策略施加限制來保證示範行為最佳解的唯一性。舉例來說，獎勵函數通常被定義為一個狀態特徵的線性組合(Abbeel et al., 2004; Ng et al., 2000) 或凸的組合（Convex Combination）(Syed et al., 2008)。所學的策略也假設其滿足最大熵(Ziebart et al., 2008)或最大因果熵(Ziebart et al., 2010) 規則。然而，這些顯性的限制對所提出方法(Ho et al., 2016) 的通用性有一定潛在限制。

- 較大的計算代價：IRL 可以在一般強化學習過程中透過示範和互動學到一個更好的策略。然而，在推斷出的獎勵函數下，使用強化學習來最佳化策略要求智慧體與它的環境互動，這從時間和安全性的角度考慮都可能是要付出較大代價的。此外，IRL 的步驟主要要求智慧體在迭代最佳化獎勵函數(Abbeel et al., 2004; Ziebart et al., 2008) 的內循環中解決一個 MDP 問題，而這從計算的角度也可能是有極大消耗的。然而，近來有一些方法被提出，以減輕這個要求(Finn et al., 2016b; Ho et al., 2016)。其中一種方法稱為生成對抗模仿學習（Generative Adversarial Imitation Learning，GAIL）(Ho et al., 2016)。

8.3.3 生成對抗模仿學習

生成對抗模仿學習（Generative Adversarial Imitation Learning，GAIL）(Ho et al., 2016) 採用了生產對抗網路（Generative Adversarial Networks，GANs）(Goodfellow et al., 2014) 中的生成對抗方法。相關演算法可以被想成是企圖引入一個對模仿者的狀態-動作佔用率（Occupancy）的度量，使之與示範者的相關特性類似。它使用一個 GAN 中的辨別器（Discriminator）來列出以示範資料為基礎的動作-價值（Action Value）函數估計。對一般以動作價值函數為基礎的強化學習過程來說，動作-價值可以透過一種生成式方法來從示範中得到：

$$Q(s,a) = \mathbb{E}_{\mathcal{T}_i}[\log(D_{\omega_{i+1}}(s,a))], \tag{8.11}$$

其中$\mathcal{T}_i$ 迭代次數為 i 時探索的樣本集合，而$D_{\omega_{i+1}}(s,a)$是來自辨別器的輸出值$D_{\omega_{i+1}}(s,a)$，辨別器的參數為ω_{i+1}。ω_{i+1}表示 Q 值是在更新了一步辨別

器的參數過後再估計的，因此迭代次數是 $i+1$。辨別器的損失函數定義為一般形式：

$$\text{Loss} = \mathbb{E}_{\mathcal{T}_i}[\nabla_\omega \log(D_\omega(s,a))] + \mathbb{E}_{\mathcal{T}_\text{E}}[\nabla_\omega \log(1 - D_\omega(s,a))] \tag{8.12}$$

其中$\mathcal{T}_i$，$\mathcal{T}_\text{E}$分別是來自探索和專家示範的樣本集合，而ω是辨別器的參數。圖 8.4 展示了 GAIL 的結構。

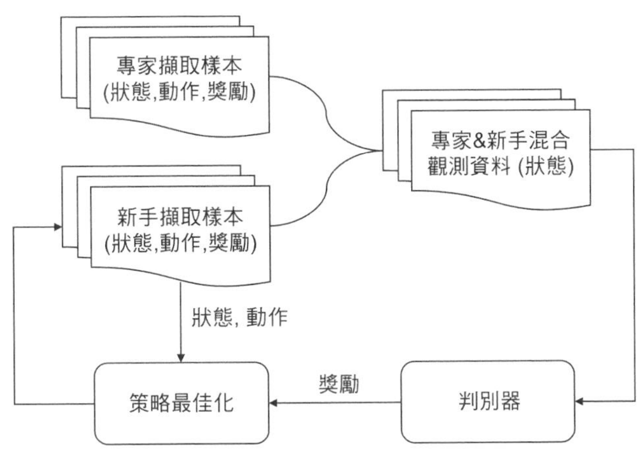

圖 8.4 GAIL 的結構，改編自文獻(Ho et al., 2016)

透過 GAIL 方法，策略可以透過由示範資料泛化得到的樣本進行學習，而且相比於使用 IRL 的方法有較低的計算消耗。它也不需要在訓練中跟專家進行互動，而像 DAgger 等方法可能需要這種實際上有時難以得到的互動資料。

這種方法可以進一步推廣到多模態的（Multi-Modal）策略來從多工中學習。以 GAN 為基礎的多模態模仿學習(Hausman et al., 2017) 將一個更進階的目標函數（額外的潛在指標表示不同的任務）用於生成對抗過程中，從而自動劃分來自不同任務的示範，並以模仿學習的方法學習一個多模態策略。

根據文獻(Goodfellow et al., 2014)，如果有無限的資料和無限的運算資源，在最佳情況下，以 GAIL 的目標生成的狀態-動作分佈應當完全匹配示範資料的狀態-動作對。然而，這種方法的缺點是，我們繞過了生成獎勵的中間步驟，即我們不能從辨別器中提取獎勵函數，因為$D_{\omega}(s,a)$對於所有的(s,a)將收斂到 0.5。

8.3.4 生成對抗網路指導性代價學習

如上所述，GAIL 方法無法從示範資料中恢復獎勵函數。一個類似的工作稱為生成對抗網路指導性代價學習（Generative Adversarial Network Guided Cost Learning，GAN-GCL），它以 GAN 為基礎的結構來最佳化一個指導性代價學習（Guided Cost Learning，GCL）方法，以此來從使用示範資料訓練的最佳辨別器中提取一個最佳的獎勵函數。我們將詳細介紹該方法。

GAN-GCL 方法（具體來説 GCL 部分）是以之前介紹為基礎的最大因果熵反向強化學習方法的，它考慮一個熵正則化馬可夫決策過程（Markov Decision Process，MDP）。熵正則化 MDP 對於強化學習的目標是最大化熵正則化折扣獎勵的期望（Expected Entropy-Regularized Discounted Reward）：

$$\pi^* = \underset{\pi}{\mathrm{argmax}}\mathbb{E}_{\tau\sim\pi}\left[\sum_{t=0}^{\mathrm{T}} \gamma^t (r(S_t, A_t) + H(\pi(\cdot\,|S_t)))\right], \tag{8.13}$$

這是來自式(8.5) 的用於實際學習策略的具體形式。可以看出最佳策略$\pi^*(a|s)$給出的軌跡分佈滿足$\pi^*(a|s) \propto \exp(Q^*_{\mathrm{soft}}(s,a))$ (Ziebart et al., 2010)，其中$Q^*_{\mathrm{soft}}(S_t,A_t) = r(S_t,A_t) + \mathbb{E}_{\tau\sim\pi}[\sum_{t\prime=t}^{\mathrm{T}} \gamma^{t\prime-t}(r(s_{t\prime},a_{t\prime}) + H(\pi(\cdot\,|s_{t\prime})))]$表示柔性 Q 函數（Soft Q-Function），這在柔性 Actor-Critic 演算法中也有用到。

IRL 問題可以被了解為解決以下一個極大似然估計（Maximum Likelihood Estimation，MLE）問題：

$$\max_{\theta}\mathbb{E}_{\tau\sim\pi_{\mathrm{E}}}[\log p_{\theta}(\tau)], \tag{8.14}$$

其中π_{E}是提供示範的專家策略，而$p_{\theta}(\tau) \propto p(S_0) \prod_{t=0}^{\mathrm{T}} p(S_{t+1}|S_t, A_t) \mathrm{e}^{\gamma^t r_{\theta}(S_t, A_t)}$以獎勵函數$r_{\theta}(s, a)$的參數$\theta$為參數，並且依賴 MDP 的初始狀態分佈和動態變化（或稱狀態轉移）。$p_{\theta}(\tau)$是示範資料以軌跡為中心的（Trajectory-Centric）分佈，這些資料是從以狀態為中心的（State-Centric）π_{E}得來的，即$p_{\theta}(\tau) \sim \pi_{\mathrm{E}}$。根據確定性轉移過程中$p(S_{t+1}|S_t, A_t) = 1$，其簡化為一個以能量為基礎的模型$p_{\theta}(\tau) \propto \mathrm{e}^{\sum_{t=0}^{\mathrm{T}} \gamma^t r_{\theta}(S_t, A_t)}$ (Ziebart et al., 2008)。參數化的獎勵函數可以按照上面的目標來最佳化參數θ。與之前的過程類似，我們在這裡可以引入代價函數作為累積折扣獎勵（Cumulative Discounted Rewards）$c_{\theta} = -\sum_{t=0}^{\mathrm{T}} \gamma^t r_{\theta}(S_t, A_t)$的負值，它也由$\theta$參數化。那麼 MaxEnt IRL 可以看作是使用玻爾茲曼分佈（Boltzmann Distribution）在以軌跡為中心的形式下對示範資料建模的結果，其中由代價函數c_{θ}給出的能量為

$$p_{\theta}(\tau) = \frac{1}{Z} \exp(-c_{\theta}(\tau)), \tag{8.15}$$

其中τ是狀態-動作軌跡，而$c_{\theta}(\tau) = \sum_t c_{\theta}(S_t, A_t)$ 整體代價函數，配分函數（Partition Function）Z 是$\exp(-c_{\theta}(\tau))$對所有符合環境動態變化的軌跡的積分，用以歸一化機率。對於大規模或連續空間的情況，準確估計配分函數 Z 會很困難，因為透過動態規劃（Dynamic Programming）對 Z 的精確估計只適用於小規模離散情況。否則我們需要使用近似估計的方法，比如以取樣為基礎的（Sampling-Based）GCL 方法。

GCL 使用重要性取樣（Importance Sampling）來以一個新的分佈$q(\tau)$（原來的示範資料分佈為$p(\tau)$）估計 Z，並採用 MaxEnt IRL 的形式：

$$\theta^* = \underset{\theta}{\operatorname{argmin}} \mathbb{E}_{\tau \sim p}[-\log p_{\theta}(\tau)] \tag{8.16}$$

$$= \underset{\theta}{\operatorname{argmin}} \mathbb{E}_{\tau \sim p}[c_{\theta}(\tau)] + \log Z \tag{8.17}$$

$$= \underset{\theta}{\operatorname{argmin}} \mathbb{E}_{\tau \sim p}[c_{\theta}(\tau)] + \log\left(\mathbb{E}_{\tau' \sim q}\left[\frac{\exp(-c_{\theta}(\tau'))}{q(\tau')}\right]\right). \tag{8.18}$$

其中τ'是從分佈q採樣得到的，而$q(\tau')$是其機率。因此q可以透過最小化$q(\tau')$和$\frac{1}{Z}\exp(-c_{\theta}(\tau'))$間的 KL 散度來最佳化，從而更新$\theta$以學習$q(\tau')$，其等值表示如下：

$$q^* = \min\mathbb{E}_{\tau\sim q}[c_\theta(\tau)] + \mathbb{E}_{\tau\sim q}[\log q(\tau)] \quad (8.19)$$

文獻(Finn et al., 2016a) 提出使用 GAN 的形式來解決上述最佳化問題，它使用 GAN 的結構最佳化 GCL，與 GAIL 方法類似但是有不同的具體形式。

注意，GAN 中的辨別器也可以實現用一個分佈去擬合另一個的功能：

$$D^*(\tau) = \frac{p(\tau)}{p(\tau)+q(\tau)} \quad (8.20)$$

我們可以在這裡將它用於 MaxEnt IRL 形式的 GCL。

$$D_\theta(\tau) = \frac{\frac{1}{Z}\exp(-c_\theta(\tau))}{\frac{1}{Z}\exp(-c_\theta(\tau))+q(\tau)} \quad (8.21)$$

這產生了 GAN-GCL 方法。策略π被訓練以最大化$R_\theta(\tau) = \log(1 - D_\theta(\tau)) - \log D_\theta(\tau)$，從而獎勵函數可以透過最佳化辨別器來學習。策略透過更新取樣分佈$q(\tau)$來學習，這個取樣分佈是用來估計配分函數的。如果達到了最佳情況，那麼我們可以用所學的最佳的代價函數$c_\theta^* = -R_\theta^*(\tau) = -\sum_{t=0}^{\mathrm{T}} \gamma^t r_\theta^*(S_t, A_t)$來得到最佳獎勵函數，而最佳策略可以透過$\pi^* = q^*$得到。GAN-GCL 為解決 MaxEnt IRL 問題提供了一種除直接最大化似然（Maximum Likelihood）方法外的方法。

8.3.5 對抗性逆向強化學習

由於上面介紹的 GAN-GCL 是以軌跡為中心（Trajectory-Centric）的，這表示完整的軌跡需要被估計，相比於估計單一狀態動作對會有較大的估計方差。對抗性逆向強化學習（Adversarial Inverse Reinforcement Learning，AIRL）(Fu et al., 2017) 直接對單一狀態和動作進行估計：

$$D_\theta(s,a) = \frac{\exp(f_\theta(s,a))}{\exp(f_\theta(s,a))+\pi(a|s)} \quad (8.22)$$

其中$\pi(a|s)$是待更新的取樣分佈而$f_\theta(s,a)$是所學的函數。配分函數在上面式子中被忽略了，而機率值的歸一性在實踐中可以由 Softmax 函數或 Sigmoid 輸出啟動函數來保證。經證明，在最佳情況下，$f^*(s,a) = \log\pi^*(a|s) =$

$A^*(s,a)$列出了最佳策略的優勢函數（Advantage Function）。然而，優勢函數是一個高度糾纏的獎勵函數減去一個基準線值的結果。文獻(Fu et al., 2017) 論證說獎勵函數從環境動態的變化中不能被堅固地恢復出來。因此，他們提出透過 AIRL 來從優勢函數中解糾纏（Disentangle）以得到獎勵函數：

$$D_{\theta,\phi}(s,a,s') = \frac{\exp(f_{\theta,\phi}(s,a,s'))}{\exp(f_{\theta,\phi}(s,a,s'))+\pi(a|s)} \tag{8.23}$$

其中，$f_{\theta,\phi}$被限制為一個獎勵擬合器g_θ和一個塑形（Shaping）項h_ϕ：

$$f_{\theta,\phi}(s,a,s') = g_\theta(s,a) + \gamma h_\phi(s') - h_\phi(s) \tag{8.24}$$

其中還需要對h_ϕ進行額外擬合。

8.4 從觀察量進行模仿學習

首先，從觀察量進行模仿學習（Imitation Learning from Observation，IfO）是在沒有完整可觀察的動作的情況下進行的模仿學習。IfO 的例子是從視訊中學習，其中物體的真實動作值是無法單純地透過一些幀中的資訊得到的，但人類仍舊能夠從視訊中學習，比如模仿動作，因此，在 IfO 相關文獻中經常見到從視訊中學習的例子。相比於其他前面介紹過的方法，IfO 從另一個角度來看待模仿學習。因而，這一小節所介紹的具體方法和之前介紹的方法有不可避免的重疊之處，但是，要注意這一小節的方法是在 IfO 的範圍之下的。當你閱讀這一小節時，應當記得，這裡的 IfO 方法與其他類別的方法大多是正交的關係，因為它是從另一個角度來處理模仿學習的，並且著重於解決不可觀測動作的問題。

之前提到的演算法，幾乎都不能用於解決只包含部分可觀測或不可觀測動作的示範資料的情況。一個對於學習這種類型的示範資料的想法是先從狀態中恢復動作，再採用標準的模仿學習演算法從恢復出來的狀態-動作對（State-Action Pairs）中進行策略學習。比如，文獻(Torabi et al., 2018a)

透過學習一個狀態轉移（State Transition）的動態模型來恢復動作，並使用 BC 演算法來找到最佳策略。然而，這種方法的性能極大地依賴於所學動態模型的好壞，對於狀態轉移中有雜訊的情況則很可能失敗。相反，文獻(Merel et al., 2017) 提出只透過狀態（或狀態的特徵值）軌跡來學習。他們拓展了 GAIL 框架，並只透過擷取運動示範資料的狀態來學習控制策略，展示了只需要部分狀態特徵而不需要示範者的具體動作對對抗式模仿（Adversarial Imitation）也是足夠的。相似地，文獻(Eysenbach et al., 2018) 指出策略應該可以控制智慧體到達哪些狀態，因而可透過最大化策略和狀態軌跡間的相互資訊（Mutual Information）來僅透過狀態訓練策略。也有一些其他研究嘗試只從觀察量而非真實狀態中學習。比如，文獻(Stadie et al., 2017) 透過域自我調整（Domain Adaption）方法從觀察量中提取特徵來保證專家（Experts）和新手（Novices）在同一個特徵空間下。然而，只使用示範狀態或狀態特徵在訓練中可能需要大量的環境互動，因為任何來自動作的資訊都被忽略了。

為了提供 IfO 方法的清楚的框架，我們把文獻中的 IfO 方法複習為兩大類：（1）以模型（Model-Based）方法；（2）無模型（Model-Free）方法。這也與強化學習中的一種主要的分類方法吻合。隨後，我們討論每一類方法的特點，並提出相關文獻中的演算法作為例子。

8.4.1 以模型方法為基礎

類似於以模型為基礎的強化學習（如第 9 章），如果環境模型可以用較低的消耗來精確學習，這個模型可能對學習過程有利，因為透過它可以高效率地做出規劃。由於模仿學習在與環境互動的過程中模仿的是一系列的動作而非單一動作，所以它難以避免地涉及環境的動態變化，而這可以透過以模型方法學習為基礎。根據不同的動態模型類型，以模型為基礎的 IfO 方法可以被分類為：（1）逆向動態模型（Inverse Dynamics Models）和（2）正向動態模型（Forward Dynamics Models）。

逆向動態模型：一個逆向動態模型是從狀態轉移$\{(S_t, S_{t+1})\}$到動作$\{A_t\}$的映射(Hanna et al., 2017)。在這一類中的工作如文獻(Nair et al., 2017) 提出的方法，它透過人類操作繩子從一個初始狀態到目標狀態的一系列圖型，來學習預測繩結操作中的一系列動作，這需要學習以下的像素級（Pixel-Level）的逆向動態模型：

$$A_t = M_\theta(I_t, I_{t+1}) \tag{8.25}$$

以上面的任務為例，其中A_t是透過逆向動態模型 M 以輸入的一對圖片I_t, I_{t+1}所預測的動作，模型由 θ 參數化，卷積神經網路被用於學習逆向動態模型。機器人透過探索策略自動地收集繩結操作的樣本，收集到的樣本被用於學習逆向動態模型，隨後機器人使用所學的模型和來自人類示範的期望狀態進行規劃。學到的逆向動態模型M_θ^*實際可以作為策略來根據期望幀 I^e 選擇與示範相似的動作：

$$A_t = M_\theta^*(I_t, I_{t+1}^{\mathrm{e}}) \tag{8.26}$$

另一個工作叫作增強逆向動態建模（Reinforced Inverse Dynamics Modeling，RIDM）(Pavse et al., 2019)，它在使用預先定義的探索策略所收集的樣本進行訓練的基礎上，使用一個增強的後訓練（Post-Training）過程來微調所學的逆向動態模型。如上所述，預訓練的逆向動態模型被看作是強化學習設定下的智慧體策略，這時可以用一個稀疏獎勵函數 R 來以強化學習為基礎對這個策略進行微調：

$$\theta^* = \underset{\theta}{\operatorname{argmax}} \sum_t R(S_t, M_\theta^{\mathrm{pre}}(S_t, S_{t+1}^{\mathrm{e}})) \tag{8.27}$$

其中M_θ^{pre}是預訓練模型，在這裡透過強化學習的方式來進行微調，微調目標是最大化獎勵函數 R。

協方差矩陣自我調整進化策略（Covariance Matrix Adaptation Evolution Strategy，CMA-ES）或者貝氏最佳化（Bayesian Optimization，BO）方法可以用於在低維的情況下最佳化模型。然而，作者假設每個觀察量轉移

（Observation Transition）都可以透過單一動作實現。為了消除這個不需要的假設，文獻(Pathak et al., 2018) 允許智慧體執行多個動作直到它與下一個示範幀足夠接近。

上面介紹的演算法試圖對每個示範狀態使用逆向動態模型從而實現對策略的恢復。從觀察量進行行為複製（Behavioral Cloning from Observation，BCO）演算法由文獻(Torabi et al., 2018a) 提出，這個演算法則試圖使用完整的觀察量-動作對（Observation-Action Pair）和所學的逆向動態模型來恢復示範資料集，然後用正常模仿學習的形式使用這個增強後的示範資料集來學習策略，如圖 8.5 所示。

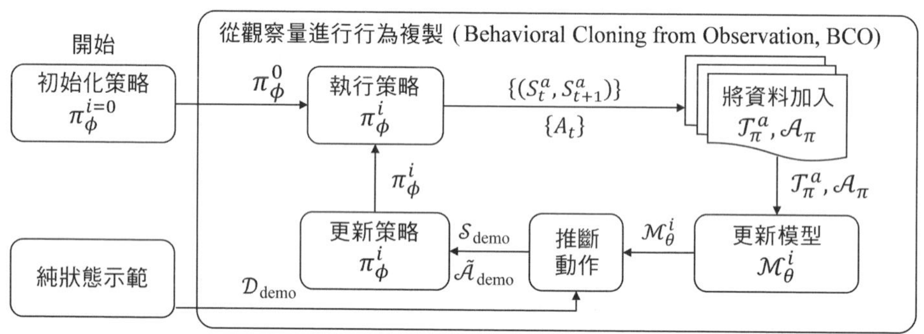

圖 8.5 從觀察量進行行為複製（Behavioral Cloning from Observation，BCO）的學習框架，改編自文獻(Torabi et al., 2018a)

文獻(Guo et al., 2019) 提出使用一個以張量為基礎的（Tensor-Based）模型來推理專家狀態序列對應的未觀測動作（即一個 IfO 問題），如圖 8.6 所示。智慧體的策略透過一個結合了強化學習和模仿學習的混合目標來最佳化：

$$\theta^* = \underset{\theta}{\operatorname{argmin}} L_{\text{RL}}(\pi(a|s;\theta)) - \mathbb{E}_{(S_t^{\text{e}}, S_{t+1}^{\text{e}})\sim\mathcal{D}}[\log\pi_\theta(M(S_t^{\text{e}}, S_{t+1}^{\text{e}})|S_t^{\text{e}})] \tag{8.28}$$

其中L_{RL} 是正常強化學習的損失項，其策略 π 由 θ 參數化。$\mathcal{D}$是示範資料集，而第二項是行為複製損失函數，用於最大化以專家狀態s^{e}為基礎和逆向動態模型 M 預測專家動作的可能性（Likelihood）。文獻(Guo et al., 2019) 提出一種結合 RIDM 和 BCO 的方法。這裡的逆向動態模型 M 是一個低秩的（Low-Rank）張量模型，而非像上面介紹的其他方法中的參數化（Parameterized）模型，它在某些情況下比深度神經網路有優勢。類似於 RIDM，這個方法需要提供獎勵訊號（Reward Signals）來得到強化學習損失函數。

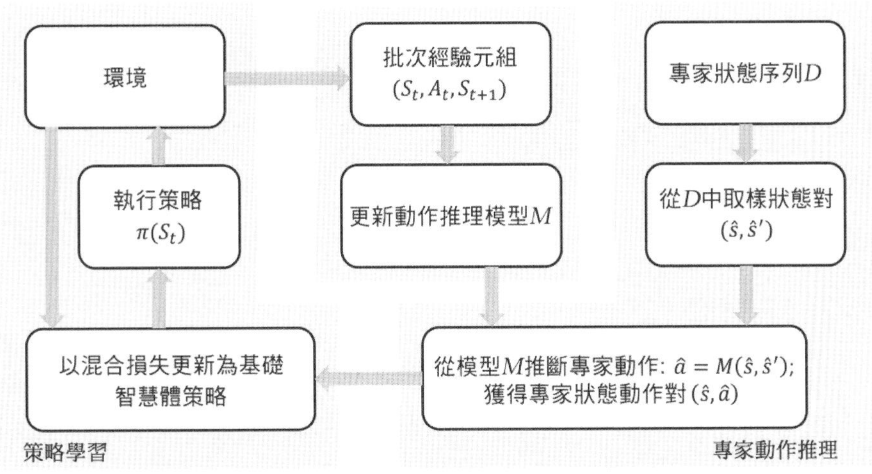

圖 8.6 混合強化學習和專家狀態序列的學習框架，改編自文獻(Guo et al., 2019)

正向動態模型：正向動態模型是從狀態-動作對$\{(S_t, A_t)\}$到下一個狀態$\{S_{t+1}\}$的映射。一個典型的在 IfO 中使用正向動態模型的方法叫作從觀察量模仿潛在策略（Imitating Latent Policies from Observation，ILPO）(Edwards et al., 2018)。ILPO 在其學習過程中使用兩個網路：潛在策略（Latent Policy）網路和動作重映射（Action Remapping）網路。潛在策略網路包括一個動作推理（Action Inference）模組，它將狀態S_t映射到一個潛在動作（Latent Action）z，而一個正向動態模組根據當前狀態S_t和潛在動作 z 預測下一個狀態S_{t+1}。這兩個模組的更新規則如下：

$$\omega^* = \operatorname{argmin} \mathbb{E}_{(S_t^e, S_{t+1}^e) \sim \mathcal{D}} [\| G_\omega(S_t^e, z) - S_{t+1}^e \|_2^2] \tag{8.29}$$

這是對於潛在動態模組G_ω的，而

$$\theta^* = \operatorname{argmax}\mathbb{E}_{(S_t^{\mathrm{e}},S_{t+1}^{\mathrm{e}})\sim\mathcal{D}}\left[\left\|\sum_z \pi_\theta(z|S_t^{\mathrm{e}})G_\omega(S_t^{\mathrm{e}},z) - S_{t+1}^{\mathrm{e}}\right\|_2^2\right] \tag{8.30}$$

是對於潛在策略$\pi_\theta(\cdot|z)$而言的，其中$\mathcal{D}$是專家示範資料集。

然而，由於潛在策略網路產生的潛在動作可能並不是真正的環境動態中的真實動作，動作重映射網路被用來將潛在動作連結到真實動作。使用潛在動作不需要在學習潛在模型和潛在策略的過程中與環境進行互動，而動作網路重映射只需要跟環境互動有限的次數，這使得整個演算法在學習過程中很高效（Efficient）。

8.4.2 無模型方法

除了使用所學動態模型進行以模型為基礎的 IfO 方法，也有一些無模型 IfO 方法，這屬於另一個主要的方法類別，即不使用模型進行學習。對於高度複雜的動態變化，模型可能很難學習，這與在正常強化學習設定中的情況一樣。對於無模型 IfO 有兩個主要的方法：（1）生成對抗（Generative Adversarial）方法和（2）獎勵函數工程（Reward Engineering）方法。其中生成對抗方法類似於正常模仿學習中的，但是只有狀態作為示範。

生成對抗方法：一種基本的生成對抗 IfO 的框架是由之前介紹的在正常模仿學習設定下 IRL 中的 GAIL 方法改進的。辨別器（Discriminator）只判別和比較當前策略探索到的樣本的狀態或專家示範資料中的狀態，而非對狀態-動作對進行判別，於是列出以下損失函數：

$$\mathrm{Loss} = \mathbb{E}_{s\sim\mathcal{D}}[\nabla_\omega \log(D_\omega(s))] + \mathbb{E}_{s\sim\mathcal{D}^{\mathrm{e}}}[\nabla_\omega \log(1 - D_\omega(s))] \tag{8.31}$$

其中$\mathcal{D}$是用當前策略探索到的樣本集，而$\mathcal{D}^{\mathrm{e}}$是示範資料集。不同的具體演算法以以上有不同為基礎的具體形式和修正方式。

舉例來説，文獻(Merel et al., 2017) 發展了一個 GAIL 的變形，它只使用部分可觀測的狀態特徵而不使用動作來給人類提供類似人的（Human-Like）運動軌跡，透過 GAN 的結構。它類似於以模型為基礎的 IfO 中的 RIDM 方法和混合（Hybrid）強化學習方法，也使用了一個強化學習模組和一個模仿學習模組，但是以一種層次化的結構使用的。強化學習模組是一個高階的（High-Level）控制器，它以一個低階為基礎的（Low-Level）控制器，這個低階控制器使用 BC 方法來擷取人類的運動特徵。狀態和動作的軌跡在一個隨機性策略 π 和環境的互動中被擷取，這對應於 GAN 結構中的生成器（Generator）。狀態-動作對隨後被轉化成特徵 z，其中動作可能被除去。根據原文所述，示範資料和擷取到的資料被假設在同一個特徵空間（Feature Space）下。示範或生成資料由辨別器評估來得到這個資料屬於示範資料的機率。辨別器的輸出值隨後被用作獎勵來透過強化學習更新模仿策略，類似於 GAIL 中的式(8.12)。如果學習多種行為的（Multi-Behavior）策略，那麼可以增加一個額外的背景變數（Context Variable）。這個辨別器的損失函數可以寫作：

$$\text{Loss} = \mathbb{E}_{z\sim s, s\sim\mathcal{D}}\left[\nabla_\omega \log\left(D_\omega(z,c)\right)\right] + \mathbb{E}_{z^{\mathrm{e}}\sim s^{\mathrm{e}}, s^{\mathrm{e}}\sim\mathcal{D}^{\mathrm{e}}}\left[\nabla_\omega \log\left(1 - D_\omega(z^{\mathrm{e}}, c^{\mathrm{e}})\right)\right] \tag{8.32}$$

其中z, z^{e}是s, s^{e}的編碼特徵，而s, s^{e}分別來自強化學習探索得到的資料集$\mathcal{D}$和專家示範資料集$\mathcal{D}^{\mathrm{e}}$，而c, c^{e}是表示不同行為的背景變數。

由文獻(Henderson et al., 2018) 提出的 OptionGAN 使用分層強化學習中的選項框架（Options Framework），從而以只使用可觀測狀態為基礎的生成對抗式結構（Generative Adversarial Architecture）來恢復獎勵-策略的聯合選項（Joint Reward-Policy Options），如圖 8.7 所示。經過策略分解（Decomposition），它不僅可以在簡單的任務上學習得好，而且對於複雜的連續控制任務也能學得一個以選項為基礎的一般策略（A General Policy over Options）。

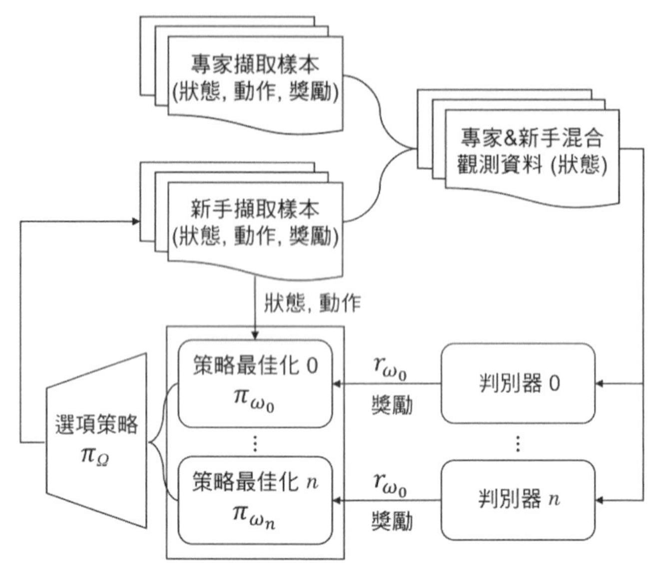

圖 8.7 OptionGAN 的結構，改編自文獻(Henderson et al., 2018)

圖 8.7 中 IfO 方法的潛在問題是，即使所學的最佳策略能夠生成一個與專家策略非常類似的狀態分佈，不表示對於模仿策略和專家策略的所有狀態，它對應的動作都是完全相同的。由 文獻(Torabi et al., 2019d) 提出的簡單例子是，在一個環狀的（Ring-Like）環境中，兩個智慧體以相同的速度但是不同的方向移動（即一個為順時鐘、另一個為逆時鐘），將會導致相同的狀態分佈，即使它們的行為與彼此相反（即在指定狀態下有不同的動作分佈）。

一種解決上述動作分佈不匹配問題的方法是，給辨別器輸入一系列狀態而非單一狀態，如文獻(Torabi et al., 2018b, 2019b) 所提出的相似演算法，它只是將辨別器的輸入改為狀態轉移$\{(S_t, S_{t+1})\}$而非單一狀態。這時辨別器的損失函數將變為

$$\mathbb{E}_{\mathcal{D}}[\nabla_\omega \log(D_\omega(S_t, S_{t+1}))] + \mathbb{E}_{\mathcal{D}^e}[\nabla_\omega \log(1 - D_\omega(S_t, S_{t+1}))] \qquad (8.33)$$

其中狀態序列在實踐中也可以選擇長度大於 2 的。

另一個由文獻(Torabi et al., 2019c)提出的工作使用本體感覺（Proprioceptive）特徵而非觀察到的圖型作為策略的狀態輸入，來在強化學習智慧體中建構

類似於人和動物的以本體感覺控制（Proprioception-Based Control）為基礎的模型。由於本體感覺特徵的低維性質，策略可以用一個簡單的多層感知機（Multi-Layer Perceptron，MLP），而非一個卷積神經網路（Convolutional Neural Network，CNN）來表示，而辨別器仍舊以來自探索樣本和專家示範的序列觀測圖型為輸入，如圖 8.8 所示。低維本體感覺特徵也使得整個學習過程更高效。

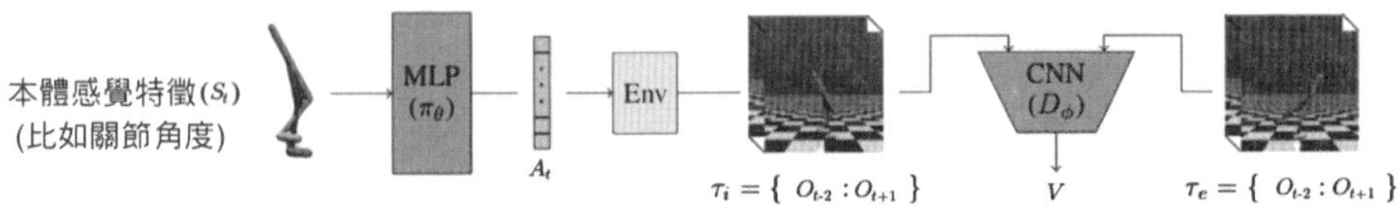

圖 8.8 使用本體感覺狀態，只從觀察量進行模仿學習。圖片改編自文獻(Torabi et al., 2019c)

如第 7 章中所提及的，較低的樣本效率（Sample Efficiency）是當前強化學習演算法的主要問題，這在模仿學習和 IfO 領域中也存在。由於生成對抗的方法屬於 IRL 的範圍，上面介紹的這些方法可能有 8.3 節所提到的較大計算消耗的問題。這些對抗式模仿學習演算法通常需要大量的示範樣本和迭代學習來成功學會模仿示範者的行為。為了進一步提高上述方法的樣本效率，文獻(Torabi et al., 2019a) 提出在策略學習中使用線性二次型調節器（Linear Quadratic Regulators，LQR）(Tassa et al., 2012) 身為以軌跡為基礎的（Trajectory-Centric）強化學習方法，而這有可能使得真實機器人的模仿學習成為現實。

上述方法主要以示範資料空間和模仿者學習為基礎的空間有一致性的基本假設。然而，當這兩個空間不匹配時，比如在三維空間中由於提供觀察量的攝影機位置不同而造成的角度變化，一般的模仿學習方法可能會有性能上的下降。示範和模仿的空間差異可能在動作空間，也可能在狀態空間。對於動作空間的差異，文獻(Zołna et al., 2018) 提出使用成對有任意時間間隔（Time Gaps）的狀態替代連續不斷的狀態（Consecutive States）來作為辨別器的輸入，這可以看作是用雜訊進行資料集增強（Dataset Augmentation），從而有更堅固和通用的表現。在他們的實驗中，這個方法確實展示出了在模仿者策略與示範資料有不同動作空間的情況下的性能提升。而對狀態空間的差異，比如上面提及的角度變化，文獻(Stadie et al., 2017) 提出使用一個分類器（Classifier）來區分來自不同角度的樣本，將辨別器最初的幾個神經網路層的輸出作為分類器的輸入。這個方法使用了域混淆（Domain Confusion）的想法來學習域無關的（Domain Agnostic）特徵，其中域在這種情況下指不同的角度。在辨別器的最初神經網路層（作為一個特徵提取器）混淆被最大化，但對分類器混淆被最小化，因而這也利用了對抗式訓練的框架。在訓練之後，提取器（辨別器的最初幾個神經網路層）所學特徵對角度變化有了不變性。

這領域也有一些其他方法。Sun et al. (2019b) 提出 IfO 中第一個可證明高效的演算法，叫作正向對抗式模仿學習（Forward Adversarial Imitation Learning，FAIL），它可以用跟所有相關參數有多項式（Polynomial）數量關係的樣本數來學習一個近最佳的策略，而不依賴於單一觀察量（Unique Observations）的數量。FAIL 中的極小化極大（Minimax）方法學習一個策略，這個策略能夠根據之前時間步的策略匹配下一個狀態的機率分佈。近來，一個稱為動作指導性對抗式模仿學習（Action-Guided Adversarial Imitation Learning，AGAIL）由文獻(Sun et al., 2019a) 提出，它試圖利用示範中的狀態和不完整動作資訊，因而是 IfO 跟傳統 IL 的結合方法。辨別器被用來區分單一狀態，類似於之前介紹的文獻(Merel et al., 2017) 的方法。此外，它還用一個指導性 Q 網路（Guided Q-Network）來以一種監督學習的方式學習$p(a^{\mathrm{e}}|a \sim \pi(s^{\mathrm{e}}))$的真實後驗（Posterior），其中$(s^{\mathrm{e}}, a^{\mathrm{e}})$表示專家示範樣本。

獎勵函數工程方法：生成對抗方法自然地提供了可以讓模仿策略以強化學習方式訓練的獎勵訊號。除了生成對抗方法，也有像獎勵函數工程（Reward Engineering）的方法來解決無模型 IfO。事實上，之前小節中提到的以模型為基礎的 IfO 中的 RIDM 方法是一種獎勵函數工程方法。這裡的獎勵函數工程指需要人為設計獎勵函數來以強化學習的方式從專家示範中學習模仿策略的方法。獎勵函數工程將模仿學習的監督學習方式轉化為一個強化學習問題，透過給強化學習智慧體建構一個獎勵函數。需要注意的是，人為設計的獎勵函數不需要是真實的產生專家策略的獎勵函數，而更像是一個以示範資料集或任務先驗知識（Prior Knowledge）為基礎的估計。比如，文獻 (Kimura et al., 2018) 提出使用預測的下一個狀態和示範者的下一個真實狀態間的歐氏距離（Euclidean Distance）作為獎勵函數，隨後根據這個獎勵函數可以用一般強化學習的方式來學習一個模仿策略。

另一種獎勵函數工程方法稱為時間比較網路（Time-Contrastive Networks，TCN），由文獻 (Ser- manet et al., 2018) 提出，如圖 8.9 所示。為了解決前面提及的多角度問題，而這個問題對於學習人的行為很重要，TCN 方法透過學習一個角度不變的表示來獲取物體之間的關係，它透過 TCN 網路處理從不同角度獲得的幾個（原文中是兩個）同步的相機視野。對抗式訓練因此可以用在嵌入式表示空間（Embedded Representation Space），而非原來的狀態空間（如其他方法中所用的）。這個表示是透過一個三重（Triplet）損失函數和 TCN 嵌入網路（Embedding Network）來學到的。這個三重損失被設定為在視訊示範資料中驅散（Disperse）連續幀的短時近鄰（Temporal Neighbors），而這些近鄰滿足有相似的視覺特徵但是不同的實際動態狀態，同時吸引（Attract）那些不同角度下同時發生的幀，這些幀在嵌入空間中有相同的動態狀態。因此，模仿策略能夠用無標籤的人類示範視訊以自監督（Self-Supervised Learning）的方式進行學習。類似文獻(Kimura et al., 2018) 中描述的工作，獎勵函數定義為同一時間步下示範狀態和智慧體實際狀態的歐氏距離，但它是在嵌入空間而非狀態空間。TCN 被設計成用於單幀狀態嵌入（Single Frame State Embedding）。Dwibedi et al. (2018) 擴充了 TCN 的工作，使其可以對多個幀進行嵌入，從而更進一步地表示軌跡的模式（Patterns in Trajectory）。文獻(Aytar et al., 2018) 也採用了一個相似的方法，從 YouTube 視訊幀中以示範資料為基礎來學習嵌入函數，從而解決難以探索的任務，比如 Montezuma's Revenge 和 Pitfall，這些任務在第 7 章的探索挑戰中有所提及。它可以解決較小的變化，比如視訊的失真和顏色變化。模仿者嵌入狀態和示範者嵌入狀態的距離測度（Measurement）也被用作獎勵函數。

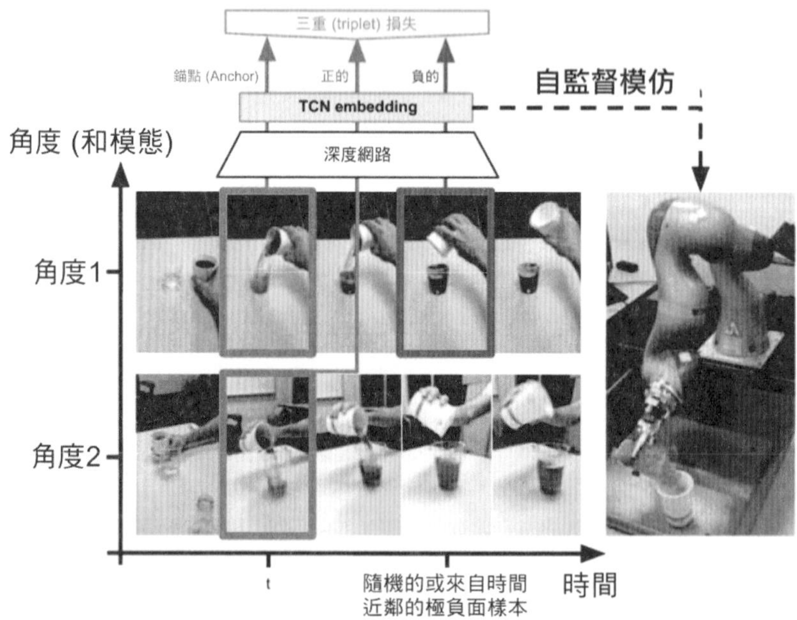

圖 8.9 使用三重損失函數的時間比較網路（TCN）的學習框架，它以一種自監督式的學習，用於只從觀察量進行的模仿學習（IfO）中的觀察量嵌入（Observation Embedding）。圖片來自文獻(Sermanet et al., 2018)

如之前所介紹的，可以用一個分類器來區分來自不同角度的觀察量。文獻(Goo et al., 2019) 提出，分類器也可以用於預測示範資料中幀的順序，透過一種打亂學習（Shuffle-and-Learn）的訓練方式(Misra et al., 2016)。獎勵函數可以根據所學的分類器來定義，並用於訓練模擬者策略。同時，在之前生成對抗方法的描述中，狀態空間的不匹配，比如由角度不同造成，可以透過不變的特徵表示（Invariant Feature Representation）來解決。然而，它也可以用一個定義為示範狀態和模仿者狀態在表徵空間下的歐氏距離作為獎勵函數，來訓練模仿策略，而非使用辨別器並以示範狀態和模仿者狀態作為輸入時的輸出值為獎勵，這在文獻(Gupta et al., 2017; Liu et al., 2018) 中都有提到。

8.4.3 從觀察量模仿學習的挑戰

根據以上所提及的 IfO 中的方法，智慧體能夠只從觀察到的狀態來學習策略，但是仍舊存在文獻(Torabi et al., 2019d) 所提到的問題。

- **具象不匹配**（Embodiment Mismatch）：具象不匹配通常用來描述外觀（對於以視覺為基礎的控制）、動態過程和其他特徵在模仿者域和示範者域間的差異。一個典型的例子是讓機械臂模仿人的手臂執行動作。由於控制動力學和觀察智慧體的角度會有顯著的差別，所以這樣的模仿學習過程可能很難實現。即使是確認機器人和人的手臂是否在同一個狀態都會有困難。一個解決這個問題的方法是學習隱藏對應關係（Correspondences）或潛在表示（Latent Representations），這個關係或表示能夠對兩個域的差異產生不變性，然後以這個關係或為基礎在所學的表徵空間內進行模仿學習。一個用來解決這個問題的 IfO 方法(Gupta et al., 2017) 用自動編碼器（Autoencoder）來學習不同的具象之間的對應關係以一種監督學習的方式。自動編碼器被訓練使得編碼後的表示對具象特徵有不變性。另一個方法(Sermanet et al., 2018) 使用少量人類監督和無監督的學習方式來學習對應關係。
- **角度差異**：在上面提到的幾個方法中，比如 TCN 和一些其他以模型為基礎的 IfO 方法，對於以視覺為基礎的控制，由於示範資料由相機擷取的圖型或視訊列出，角度的差異可能導致模仿策略表現顯著下降。通常來講，需要有一個在對角度不變的（Viewpoint Invariant）空間中表徵狀態的編碼模型（Encoding Model），如文獻(Sieb et al., 2019) 中提到的，或一個能夠根據某一幀預測具體角度的分類器，如文獻(Stadie et al., 2017) 所提到。另一種試圖解決這個問題的 IfO 方法是去學習一個背景轉化（Context Translation）模型，從而根據一個觀察量預測它在目標背景中的表示(Liu et al., 2018)。這個轉化是透過包含來源背景和目標背景下的圖像資料來學習的，而任務是將來源背景轉化到目標背景。這需要收集來源背景和目標背景下相似的樣本來實現。

8.5 機率性方法

除了使用神經網路的參數化方法，許多機率推理方法也可以被用於模仿學習，尤其是在機器人運動領域，這些方法包括高斯混合回歸（Gaussian Mixture Regression，GMR）(Calinon, 2016)、動態運動基元（Dynamic Movement Primitives，DMP）(Pastor et al., 2009)、機率性運動基元（Probabilistic Movement Primitives，ProMP）(Paraschos et al., 2013)、核心運動基元（Kernelized Movement Primitives，KMP）(Huang et al., 2019)、高斯過程回歸（Gaussian Process Regression，GPR）(Schneider et al., 2010)、以 GMR 為基礎的高斯過程(Jaquier et al., 2019) 等。由於本書主要是介紹使用深度神經網路參數化的深度強化學習，所以我們將僅簡單介紹這些機率性方法，而將機率性方法和深度強化學習結合起來本身就不是平庸的（Non-Trivial），不像在本章中介紹的其他方法那樣直接。

然而，即使將機率性方法用於深度強化學習任務可能是不容易實現的，機率性方法由於其一些優點還是很值得研究的，具體表現討論如下。

不同於深度神經網路列出確定性的預測結果，由 GRM、ProMP 和 KMP 計算得到預測分佈的協方差矩陣（Covariance Matrices）編碼了預測軌跡的變化性。而這在使用所學模型來預測或做決策且其決策的置信度同樣重要時會很有用，比如在機器人操作或車輛駕駛的情形中為了保證安全，每個指令的可行性和風險都需要以機率模型的方式來分析。除此之外，機率性方法根據機率論的支援通常有解析解，這與以深度神經網路為基礎的「黑盒」最佳化過程不同。而這也使得機率性方法能夠在資料量較小時用較短時間求解。此外，像以 GMR 為基礎的高斯過程類的機率性方法對未見過的輸入資料點有快速的適應能力，這在下面小節中將討論。對於模仿學習中的機率性方法，資料集被預設為是以有標籤資料類型來提供的，即輸入和輸出的配對，對於一般強化學習，它通常是狀態-動作對$\{(s_i, a_i)|i = 0,\cdots,N\}$，而對按時間排列的示範資料，它可以是時間-狀態對$\{(t, S_t)|t = 0,\cdots,N\}$ (Jaquier et al., 2019)。

以高斯混合回歸（GMR）為基礎的高斯回歸（GPR）是一種結合了高斯混合回歸和高斯過程回歸的方法。GMR 利用了高斯條件定理（Gaussian Conditioning Theorem）來估計指定輸入資料的輸出分佈。高斯混合模型（Gaussian Mixture Model，GMM）透過期望最大化演算法（Expectation Maximization，EM）來擬合輸入輸出資料點的聯合分佈（Joint Distribution）。指定觀察輸入，以條件為基礎的（Conditional）平均值和方差可以有封閉解，其輸出結果因而可以透過以條件為基礎的期望的線性組合來得到，使用測試資料點作為輸入。GP 如同深度神經網路一樣，是針對學習確定性（Deterministic）輸入-輸出關係問題的方法，它以可能為基礎的目標函數的高斯先驗（Prior）來計算。以 GMR 為基礎的 GP（GMR-Based GP）是種結合的方法，它的 GP 先驗平均值等於 GMR 模型以條件為基礎的平均值，而 GP 的核心（Kernel）是對應 GMM 各個組分單獨的核心的疊加。這種結合使得以 GMR 為基礎的 GP 方法有 GP 透過平均值和核心來編碼多種先驗置信（Prior Beliefs）的能力，並且允許 GMR 估計的多樣化資訊被封裝到 GP 的不確定性（Uncertainty）估計中。當列出新的未見過的輸入觀察資料點時，以 GMR 為基礎的 GP 能夠快速適應它們並列出合理預測輸出，如圖 8.10 所示。對於一個

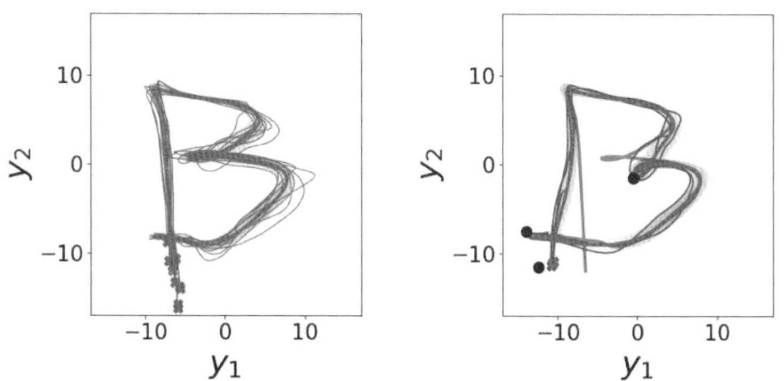

圖 8.10 模仿學習中以 GMR 為基礎的 GP 方法。左邊圖中，先驗平均值為藍色，取樣軌跡為紫色。右邊圖中，先驗平均值（與左圖相同）為藍色，取樣軌跡為粉色，預測軌跡為紅色，有三個黑色的點為新觀察量。圖片來自文獻(Jaquier et al., 2019)

二維軌跡的估計過程，圖 8.10 中的左邊用紫色線展示了所給的樣本，而藍色線展示了先驗平均值。右邊的圖是以 GMR 為基礎的 GP 方法，其中有 3 個新的觀察資料點被標為黑色，粉色線展示了取樣軌跡，而紅色線是預測軌跡。這個方法經證實對使用示範資料進行學習並快速適應到新的資料點的情況有很好的表現，而這可以用於操作機器人以示範避開障礙物為基礎。

8.6 模仿學習作為強化學習的初始化

使用模仿學習的基本設定是在不使用任何強化訊號而只有示範資料的情況下學習一個策略，這表示透過模仿學習所學策略是來自示範資料的最終策略。然而，在實際中，來自模仿學習的策略通常沒有足夠的泛化能力，尤其是對未見過的情況。因此，我們可以在強化學習的過程中使用模仿學習，以此來提高強化學習的效率。舉例來說，使用示範資料的預訓練策略可以用來初始化強化學習的策略。關於這些方法的細節將在隨後討論。因此，我們並不需要模仿學習列出的策略是最佳的，而是透過一個相對簡單的學習過程得到一個足夠好的策略，比如使用監督學習的模仿學習方法。所以，我們在下面只選擇一些簡單直接的方法來作為後續強化學習過程的初始化方法。模仿學習中更精緻的方法毫無疑問會成為更好的初始化策略，但是也會對應帶來如較長的預訓練時間等缺點。

整體來說，透過監督學習方式模仿示範資料而學到的策略，可以使用包括 BC、DAgger、Vari- ational Dropout 等方法，它們被看作是對強化學習策略較好的初始化，具體地，透過下面小節中描述的策略替換（Policy Replacement）或殘差策略學習（Residual Policy Learning）方法。

除了用策略替換來初始化強化學習（模擬學習策略在強化學習初始時替換其策略），殘差策略學習(Johannink et al., 2019; Silver et al., 2018) 是另一種實現初始化的方法。比如對於機器人控制任務，它通常以一個較好但是不完美為基礎的控制器，並以這個初始控制器為基礎學習一個殘差策略。對於現實世界的機器人控制，初始控制器可以是一個模擬器中預訓練的策略；對於模擬的機器人控制，初始控制器可以用監督學習的方式以專家軌跡預訓練得到為基礎，如 8.2 節中的方法。

殘差策略學習中的動作遵循結合式策略，即由初始策略（Initial Policy）π_{ini}和殘差策略π_{res}求和得到：

$$a = \pi_{\text{ini}}(s) + \pi_{\text{res}}(s). \tag{8.34}$$

透過這種方式，殘差策略學習能夠盡可能地保持初始策略的表現。

例子：使用 DDPG 的殘差策略學習

這裡我們使用深度確定性策略梯度（DDPG）演算法來實現以示範為基礎的殘差策略學習。根據殘差策略學習方法，DDPG 中的行動者（Actor）策略將包含兩部分：一個是預訓練得到的初始策略，在初始化後將被固定；另一個是後面學習過程中將訓練的殘差策略。初始策略透過模仿學習根據示範資料訓練得到。這個預訓練的初始策略只用於 DDPG 的行動者部分。以 DDPG 演算法使用殘差策略學習為基礎的過程如下：

（1）以殘差學習的方式初始化 DDPG 中的所有網路，包括對批判者（Critic）、目標批判者（Target Critic）的一般初始化，以及對殘差策略（Residual Policy）和目標殘差策略（Target Residual Policy）的最後網路層（Final Layers）進行零值初始化，還有將透過模仿學習得到的策略作為初始策略和目標初始策略（Target Initial Policy），一共是六個網路。這時固定住初始策略和目標策略，開始訓練過程。

（2）讓智慧體與環境互動，動作值是初始化策略和殘差策略的和值：$a = a_{\text{ini}} + a_{\text{res}}$；將樣本以$(s, a_{\text{res}}, s', r, \text{done})$的形式儲存。

從經驗重播快取中取樣$(s, a_{\text{res}}, s', r, \text{done})$，有

$$Q_{\text{target}}(s, a_{\text{res}}) = r + \gamma Q^{\text{T}}(s, \pi_{\text{res}}^{\text{T}}(s)) \tag{8.35}$$

其中 Q^{T}、$\pi_{\mathrm{res}}^{\mathrm{T}}$ 分別表示目標批判者和目標殘差策略。批判損失函數是 $\mathrm{MSE}(Q_{\mathrm{target}}(s, a_{\mathrm{res}}), Q(s, a_{\mathrm{res}}))$。行動者的目標是最大化狀態 s 和動作 a_{res} 的動作價值函數，如下：

$$\max_{\theta} Q(s, a_{\mathrm{res}}) = \max_{\theta} Q(s, \pi_{\mathrm{res}}(s|\theta)) \tag{8.36}$$

這可以透過確定性策略梯度（Deterministic Policy Gradient）來最佳化。

重複上面的第（2）（3）步，直到策略收斂到接近最佳。

比較一般的 DDPG 演算法，使用殘差策略學習的不同只是對殘差策略的動作 a_{res}，而非智慧體的整個動作 a 來學習動作價值函數和策略。

8.7 強化學習中利用示範資料的其他方法

8.7.1 將示範資料匯入經驗重播快取

以示範為基礎的深度 Q-Learning（Deep Q-Learning from Demonstrations，DQfD）(Hester et al., 2018)透過直接將專家軌跡匯入離線（Off-Policy）強化學習的記憶快取（Memory Buffer）中來利用示範資料，而非預訓練一個策略來初始化強化學習策略。它使用 DQN 來解決只有離散動作空間的應用。DQfD 使用一個由所有專家示範初始化的經驗重播快取（Experience Replay Buffer），並不斷在其增加擷取到的新樣本。DQfD 使用優先經驗重播（Prioritized Experience Replay）(Schaul et al., 2015) 來從重播快取中取樣訓練批次，且它使用一個監督式折頁損失函數（Hinge Loss）來模仿示範資料和一個一般的 TD 損失函數的結合來訓練策略。

以示範為基礎的深度確定性策略梯度（Deep Deterministic Policy Gradient from Demonstrations，DDPGfD）(Večerík et al., 2017) 是一種與上面 DQfD 類似的方法，但是使用 DDPG 來處理連續動作空間的應用。DDPGfD 透過直接將專家策略輸入離線強化學習（即 DDPG）的快取來利用示範資料，從而透過示範和探索資料一同訓練策略。優先經驗重播被用來平衡兩種訓練資料。DDPGfD 可以用於強化學習中的簡單、易解決的任務，而對從稀疏獎勵學習等較難任務需要在訓練中進行更積極的探索。

文獻(Nair et al., 2018) 提出一個以 DQfD 和 DDPGfD 為基礎的方法，對較難的任務有更好的學習效率，這些任務需要以示範資料進一步探索為基礎去解決。它的策略損失函數是策略梯度損失（Policy Gradient Loss）和行為複製損失（Behavioral Cloning Loss）的結合，其梯度如下：

$$\lambda_1 \nabla_\theta J - \lambda_2 \nabla_\theta L_{\mathrm{BC}} \tag{8.37}$$

其中 J 是一般的強化學習目標（最大化的），而L_{BC}（最小化的）是本章開始時定義的行為複製損失。

此外，這個方法也使用了 Q-Filter 技術，它要求行為複製損失函數只用於部分狀態，在這些狀態下所學的批判者$Q(s,a)$判定示範者動作比行動者動作更好：

$$L_{\mathrm{BC}} = \sum_{i=1}^{N_D} \| \pi(s_i|\theta_\pi) - a_i \|^2 \, 1_{Q(s_i,a_i)>Q(s_i,\pi(s_i))} \tag{8.38}$$

其中N_D是示範資料集中樣本的數量，而(s_i,a_i)是從示範資料集中取樣得到的。這保證了策略能夠探索到更好的動作，而非被示範資料所限制。

以同樣的方式，QT-Opt (Kalashnikov et al., 2018) 和分位數 QT-Opt（Quantile QT-Opt）(Bodnar et al., 2019) 演算法也使用線上快取和離線示範快取混合的方式來實現離線學習，透過一種無行動者（Actor-Free）的交叉熵方法和 DQN，可以在現實世界中以圖型為基礎的機器人學習任務上達到當時最先進的（State-of-the-Art）表現。

8.7.2 標準化 Actor-Critic

標準化 Actor-Critic（Normalized Actor-Critic，NAC）(Gao et al., 2018) 是另一個利用示範資料來進行高效強化學習的方法，它先預訓練一個策略作為改進強化學習過程的初始化。NAC 與其他方法的差異是它在使用示範資料預訓練初始化策略和改進強化學習的過程中使用完全相同的目標函數，這使得 NAC 對包含次優樣本的示範資料也表現得很堅固。

另一方面，NAC 方法類似於 DDPGfD 和 DQfD 方法，但是它依次使用示範資料和互動樣本進行訓練，而非同時使用這兩類樣本資料。

8.7.3 用示範資料進行獎勵塑形

用示範資料進行獎勵塑形（Reward Shaping with Demonstrations）(Brys et al., 2015) 是一個專注於初始化強化學習中價值函數而非動作策略的方法。它給智慧體提供了一個中間的獎勵來豐富稀疏獎勵訊號：

$$R_F(s,a,s') = R(s,a,s') + F^D(s,a,s') \tag{8.39}$$

其中以示範資料D為基礎的塑形獎勵F^D透過勢函數ϕ來定義並保證其收斂性，其形式如下：

$$F^D(s,a,s',a') = \gamma\phi^D(s',a') - \phi^D(s,a) \tag{8.40}$$

而ϕ^D定義為

$$\phi^D(s,a) = \max_{(s^d,a)} \mathrm{e}^{-\frac{1}{2}(s-s^d)^{\mathrm{T}}\Sigma^{-1}(s-s^d)} \tag{8.41}$$

它被用來最大化最接近示範狀態 s^d 的狀態 s 的勢值。最佳化後的勢函數被用來初始化強化學習中的動作價值函數 Q：

$$Q_0(s,a) = \phi^D(s,a) \tag{8.42}$$

獎勵塑形的直觀了解是使探索到的樣本傾向於那些等於或接近示範資料的狀態-動作對，從而加速強化學習的訓練過程。獎勵塑形提供了一種在強化學習過程中初始化價值估計函數的較好方式。

其他方法像無監督感知獎勵（Unsupervised Perceptual Rewards）(Sermanet et al., 2016) 也用於透過示範資料學習一個密集且平滑的獎勵函數，使用的是一個預訓練的深度學習模型得出的特徵。

8.8 複習

由於第 7 章中提到的強化學習低學習效率的挑戰，我們介紹模仿學習來身為可能的解決方案，它需要使用專家示範。本章整體可以複習為幾個主要類別。8.2 節中介紹的行為複製方法是以監督學習方式進行模仿學習的最直接方法，它可以進一步與強化學習結合，比如 8.6 節中介紹的將其作為強化學習的初始化。一個更先進的結合模仿學習和強化學習的方式是透過 IRL 來顯性或隱式地從示範中恢復獎勵函數，如 8.3 節所介紹的。像 MaxEnt IRL 方法可以顯性地學習獎勵函數，但是可能有較大計算消耗。其他的生成對抗式方法，如 GAIL、GAN-GCL、AIRL 則能更高效率地學習獎勵函數和策略。另一個問題是如果示範資料集中的動作是缺失的，比如只從影片中學習，那麼怎樣合理地進行模仿學習？這實際是 IfO 的研究範圍，如 8.4 節所介紹。由於 IfO 問題是從另一個角度來看模仿學習的，之前介紹的方法像 BC、IRL 同樣可以經過適當修改用於 IfO。IfO 中的方法基本可以複習為以模型和無模型兩類為基礎。以模型為基礎的方法從樣本中學習動態模型，而且它可以透過模型中狀態-動作關係從只有觀察量的示範資料中恢復動作，以顯性或隱式的方法。隨後，如果動作被顯性地恢復了，就可以使用正常的模仿學習方法。像 RIDM、BCO、ILPO 等方法屬於這個以模型為基礎的 IfO 範圍。對於 IfO 中的無模型方法，獎勵函數工程或生成對抗式方法可以用來提供獎勵函數從而進行強化學習。像 OptionGAN、FAIL、AGAIL 等方法屬於生成對抗式 IfO，而 TCN 和一些其他方法屬於 IfO 的獎勵函數工程一類。這裡對 IfO 的兩個類別實際對一般的模仿學習也適用，比如 GAIL 是一種生成對抗式方法，而最近提出的比較正向動態（Contrastive Forward Dynamics，CFD）(Jeong et al., 2019) 是模仿學習的一種從觀察量和動作示範中學習的獎勵函數工程方法。機率性方法包括 GMR、GPR 和以 GMR 為基礎的 GP 方法作為一般的模仿學習方法而在本章中有所介紹，它們對於相對低維的情況有較高的學習效率，如 8.5 節所討論的。最終，一些其他方法像 DDPGfD 和 DQfD 將示範資料直接匯入離線強化學習的重播快取中，等等，都在 8.7 節中介紹。模仿學習身為解決學習問題的高效方式，可以與強化學習有機結合，相關研究領域依然十分活躍。

參考文獻

- ABBEEL P, NG A Y, 2004. Apprenticeship learning via inverse reinforcement learning[C]//Proceedingsof the twenty-first international conference on Machine learning. ACM: 1.
- AYTAR Y, PFAFF T, BUDDEN D, et al., 2018. Playing hard exploration games by watching youtube[C]// Advances in Neural Information Processing Systems. 2930-2941.
- BLAU T, OTT L, RAMOS F, 2018. Improving reinforcement learning pre-training with variational dropout[C]//2018 IEEE/RSJ International Conference on Intelligent Robots and Systems (IROS). IEEE: 4115-4122.
- BODNAR C, LI A, HAUSMAN K, et al., 2019. Quantile QT-Opt for risk-aware vision-based robotic grasping[J]. arXiv preprint arXiv:1910.02787.
- BRYS T, HARUTYUNYAN A, SUAY H B, et al., 2015. Reinforcement learning from demonstration through shaping[C]//Twenty-Fourth International Joint Conference on Artificial Intelligence.
- CALINON S, 2016. A tutorial on task-parameterized movement learning and retrieval[J]. Intelligent Service Robotics, 9(1): 1-29.
- DUAN Y, ANDRYCHOWICZ M, STADIE B, et al., 2017. One-shot imitation learning[C]//Advances inNeural Information Processing Systems. 1087-1098.
- DWIBEDI D, TOMPSON J, LYNCH C, et al., 2018. Learning actionable representations from visual observations[C]//2018 IEEE/RSJ International Conference on Intelligent Robots and Systems (IROS).IEEE: 1577-1584.

- EDWARDS A D, SAHNI H, SCHROECKER Y, et al., 2018. Imitating latent policies from observation[J]. arXiv preprint arXiv:1805.07914.
- EYSENBACH B, GUPTA A, IBARZ J, et al., 2018. Diversity is all you need: Learning skills without areward function[J]. arXiv preprint arXiv:1802.06070.
- FINN C, CHRISTIANO P, ABBEEL P, et al., 2016a. A connection between generative adversarial net-works, inverse reinforcement learning, and energy-based models[J]. arXiv preprint arXiv:1611.03852.
- FINN C, LEVINE S, ABBEEL P, 2016b. Guided cost learning: Deep inverse optimal control via policyoptimization[C]//International Conference on Machine Learning. 49-58.
- FU J, LUO K, LEVINE S, 2017. Learning robust rewards with adversarial inverse reinforcement learn- ing[J]. arXiv preprint arXiv:1710.11248.
- GAO Y, LIN J, YU F, et al., 2018. Reinforcement learning from imperfect demonstrations[J]. arXiv preprint arXiv:1802.05313.
- GOO W, NIEKUM S, 2019. One-shot learning of multi-step tasks from observation via activity localization in auxiliary video[C]//2019 International Conference on Robotics and Automation (ICRA). IEEE: 7755-7761.
- GOODFELLOW I, POUGET-ABADIE J, MIRZA M, et al., 2014. Generative Adversarial Nets[C]// Proceedings of the Neural Information Processing Systems (Advances in Neural Information ProcessingSystems) Conference.
- GUO X, CHANG S, YU M, et al., 2019. Hybrid reinforcement learning with expert state sequences[J]. arXiv preprint arXiv:1903.04110.
- GUPTA A, DEVIN C, LIU Y, et al., 2017. Learning invariant feature spaces to transfer skills with reinforcement learning[J]. arXiv preprint arXiv:1703.02949.

- HANNA J P, STONE P, 2017. Grounded action transformation for robot learning in simulation[C]// Thirty-First AAAI Conference on Artificial Intelligence.
- HAUSMAN K, CHEBOTAR Y, SCHAAL S, et al., 2017. Multi-modal imitation learning from unstruc-tured demonstrations using generative adversarial nets[C]//Advances in Neural Information ProcessingSystems. 1235-1245.
- HENDERSON P, CHANG W D, BACON P L, et al., 2018. OptionGAN: Learning joint reward-policy op- tions using generative adversarial inverse reinforcement learning[C]//Thirty-Second AAAI Conferenceon Artificial Intelligence.
- HESTER T, VECERIK M, PIETQUIN O, et al., 2018. Deep Q-learning from demonstrations[C]//Thirty-Second AAAI Conference on Artificial Intelligence.
- HO J, ERMON S, 2016. Generative adversarial imitation learning[C]//Advances in Neural InformationProcessing Systems. 4565-4573.
- HUANG Y, ROZO L, SILVÉRIO J, et al., 2019. Kernelized movement primitives[J]. The InternationalJournal of Robotics Research, 38(7): 833-852.
- JAQUIER N, GINSBOURGER D, CALINON S, 2019. Learning from demonstration with model-basedgaussian process[J]. arXiv preprint arXiv:1910.05005.
- JEONG R, AYTAR Y, KHOSID D, et al., 2019. Self-supervised sim-to-real adaptation for visual roboticmanipulation[J]. arXiv preprint arXiv:1910.09470.
- JOHANNINK T, BAHL S, NAIR A, et al., 2019. Residual reinforcement learning for robot control[C]//2019 International Conference on Robotics and Automation (ICRA). IEEE: 6023-6029.

- KALASHNIKOV D, IRPAN A, PASTOR P, et al., 2018. Qt-opt: Scalable deep reinforcement learningfor vision-based robotic manipulation[J]. arXiv preprint arXiv:1806.10293.
- KIMURA D, CHAUDHURY S, TACHIBANA R, et al., 2018. Internal model from observations for reward shaping[J]. arXiv preprint arXiv:1806.01267.
- LIU Y, GUPTA A, ABBEEL P, et al., 2018. Imitation from observation: Learning to imitate behaviors from raw video via context translation[C]//2018 IEEE International Conference on Robotics and Automation(ICRA). IEEE: 1118-1125.
- MEREL J, TASSA Y, SRINIVASAN S, et al., 2017. Learning human behaviors from motion capture byadversarial imitation[J]. arXiv preprint arXiv:1707.02201.
- MISRA I, ZITNICK C L, HEBERT M, 2016. Shuffle and learn: unsupervised learning using temporal order verification[C]//European Conference on Computer Vision. Springer: 527-544.
- MOLCHANOV D, ASHUKHA A, VETROV D, 2017. Variational dropout sparsifies deep neural net- works[C]//Proceedings of the 34th International Conference on Machine Learning-Volume 70. JMLR.org: 2498-2507.
- NAIR A, CHEN D, AGRAWAL P, et al., 2017. Combining self-supervised learning and imitation for vision-based rope manipulation[C]//2017 IEEE International Conference on Robotics and Automation(ICRA). IEEE: 2146-2153.
- NAIR A, MCGREW B, ANDRYCHOWICZ M, et al., 2018. Overcoming exploration in reinforcement learning with demonstrations[C]//2018 IEEE International Conference on Robotics and Automation (ICRA). IEEE: 6292-6299.
- NG A Y, HARADA D, RUSSELL S, 1999. Policy invariance under reward transformations: Theory andapplication to reward shaping[C]//Proceedings

of the International Conference on Machine Learning (ICML): volume 99. 278-287.

- NG A Y, RUSSELL S J, et al., 2000. Algorithms for inverse reinforcement learning.[C]//Proceedings ofthe International Conference on Machine Learning (ICML): volume 1. 2.
- PARASCHOS A, DANIEL C, PETERS J R, et al., 2013. Probabilistic movement primitives[C]//Advances in Neural Information Processing Systems. 2616-2624.
- PASTOR P, HOFFMANN H, ASFOUR T, et al., 2009. Learning and generalization of motor skills by learning from demonstration[C]//2009 IEEE International Conference on Robotics and Automation. IEEE: 763-768.
- PATHAK D, MAHMOUDIEH P, LUO G, et al., 2018. Zero-shot visual imitation[C]//Proceedings of the IEEE Conference on Computer Vision and Pattern Recognition Workshops. 2050-2053.
- PAVSE B S, TORABI F, HANNA J P, et al., 2019. Ridm: Reinforced inverse dynamics modeling for learning from a single observed demonstration[J]. arXiv preprint arXiv:1906.07372.
- PUTERMAN M L, 2014. Markov decision processes: Discrete stochastic dynamic programming[M]. John Wiley & Sons.
- ROSS S, BAGNELL D, 2010. Efficient reductions for imitation learning[C]//Proceedings of the thirteenth international conference on artificial intelligence and statistics. 661-668.
- ROSS S, GORDON G, BAGNELL D, 2011. A reduction of imitation learning and structured predictionto no-regret online learning[C]//Proceedings of the fourteenth international conference on artificial intelligence and statistics. 627-635.
- RUSSELL S J, 1998. Learning agents for uncertain environments[C]//COLT: volume 98. 101-103.

- SCHAUL T, QUAN J, ANTONOGLOU I, et al., 2015. Prioritized experience replay[C]//arXiv preprintarXiv:1511.05952.
- SCHNEIDER M, ERTEL W, 2010. Robot learning by demonstration with local gaussian process regres-sion[C]//2010 IEEE/RSJ International Conference on Intelligent Robots and Systems. IEEE: 255-260.
- SERMANET P, XU K, LEVINE S, 2016. Unsupervised perceptual rewards for imitation learning[J]. arXiv preprint arXiv:1612.06699.
- SERMANET P, LYNCH C, CHEBOTAR Y, et al., 2018. Time-contrastive networks: Self-supervised learning from video[C]//2018 IEEE International Conference on Robotics and Automation (ICRA). IEEE: 1134-1141.
- SIEB M, XIAN Z, HUANG A, et al., 2019. Graph-structured visual imitation[J]. arXiv preprint arXiv:1907.05518.
- SILVER T, ALLEN K, TENENBAUM J, et al., 2018. Residual policy learning[J]. arXiv preprint arXiv:1812.06298.
- STADIE B C, ABBEEL P, SUTSKEVER I, 2017. Third-person imitation learning[J]. arXiv preprintarXiv:1703.01703.
- SUN M, MA X, 2019a. Adversarial imitation learning from incomplete demonstrations[J]. arXiv preprintarXiv:1905.12310.
- SUN W, VEMULA A, BOOTS B, et al., 2019b. Provably efficient imitation learning from observationalone[J]. arXiv preprint arXiv:1905.10948.
- SYED U, BOWLING M, SCHAPIRE R E, 2008. Apprenticeship learning using linear programming[C]//Proceedings of the 25th international conference on Machine learning. ACM: 1032-1039.
- TASSA Y, EREZ T, TODOROV E, 2012. Synthesis and stabilization of complex behaviors through online trajectory optimization[C]//2012 IEEE/RSJ International Conference on Intelligent Robots andSystems.

IEEE: 4906-4913.

- TORABI F, WARNELL G, STONE P, 2018a. Behavioral cloning from observation[J]. arXiv preprintarXiv:1805.01954.
- TORABI F, WARNELL G, STONE P, 2018b. Generative adversarial imitation from observation[J]. arXivpreprint arXiv:1807.06158.
- TORABI F, GEIGER S, WARNELL G, et al., 2019a. Sample-efficient adversarial imitation learning fromobservation[J]. arXiv preprint arXiv:1906.07374.
- TORABI F, WARNELL G, STONE P, 2019b. Adversarial imitation learning from state-only demon- strations[C]//Proceedings of the 18th International Conference on Autonomous Agents and MultiAgentSystems. International Foundation for Autonomous Agents and Multiagent Systems: 2229-2231.
- TORABI F, WARNELL G, STONE P, 2019c. Imitation learning from video by leveraging propriocep- tion[J]. arXiv preprint arXiv:1905.09335.
- TORABI F, WARNELL G, STONE P, 2019d. Recent advances in imitation learning from observation[J]. arXiv preprint arXiv:1905.13566.
- VEČERÍK M, HESTER T, SCHOLZ J, et al., 2017. Leveraging demonstrations for deep reinforcement learning on robotics problems with sparse rewards[J]. arXiv preprint arXiv:1707.08817.
- ZIEBART B D, MAAS A L, BAGNELL J A, et al., 2008. Maximum entropy inverse reinforcement learning.[C]//Proceedings of the AAAI Conference on Artificial Intelligence: volume 8. Chicago, IL, USA: 1433-1438.
- ZIEBART B D, BAGNELL J A, DEY A K, 2010. Modeling interaction via the principle of maximum causal entropy[J].
- ZOŁNA K, ROSTAMZADEH N, BENGIO Y, et al., 2018. Reinforced imitation learning from observa-tions[J].

Chapter

09

整合學習與規劃

在本章中，我們將從學習和規劃的角度進一步分析強化學習。我們首先將介紹以模型和無模型強化學習為基礎的概念，並著重介紹模型規劃的優勢。為了在強化學習中充分利用以模型和無模型方法為基礎，我們將介紹整合學習和規劃的架構，並詳細説明應用其架構的 Dyna-Q 演算法。最終，將進一步詳細分析整合學習和規劃的以模擬為基礎的搜索應用。

9.1 簡介

在強化學習中，智慧體可以和環境進行互動。智慧體在每一輪互動中收集到的資訊可以稱為智慧體的經驗，這能幫助智慧體提升自身的決策策略。一般來説，學習指代智慧體決策策略以實際和環境為基礎的互動逐漸提升的過程。直接策略學習是最為基本的學習方式，如圖 9.1 所示，其中，智慧體首先根據當前的決策策略在環境中制定動作，環境會以智慧體當前為基礎的狀態和動作回饋給智慧體所得到的收益，使其能夠評估當前策略的表現並幫助智慧體探索如何進一步提升策略。然而，直接策略學習是以智慧體為基礎在環境中每一個單步動作所產生的經驗，由於環境的隨機性和不確定性，以單步動作為基礎的經驗會使學習結果存在很大方差，大大影響了學習的速度和品質。

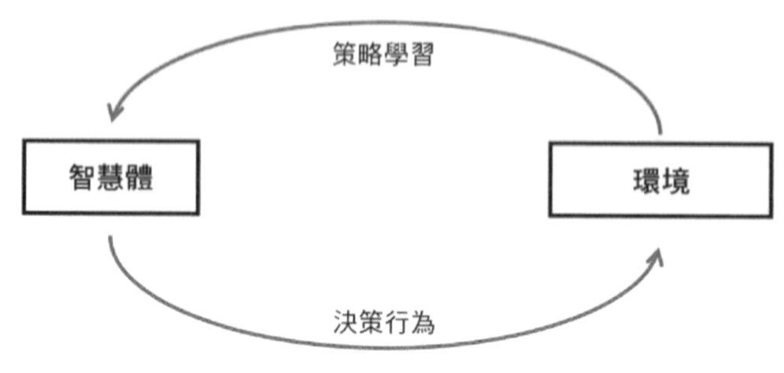

圖 9.1 直接策略學習

為了提高學習效率，在策略學習的每一個學習週期中，累積多輪和環境的互動作為智慧體的經驗是很有幫助的。透過在環境中進行演算（Roll-out）收集多輪互動資訊，即在環境中根據當前的狀態和決策策略形成一條具體的包含一系列狀態、動作和獎勵資訊的探索軌跡。在一般的無模型學習中，智慧體將在真實的環境中線上演算，並將獲得的多輪互動資訊用於策略學習。

然而，在環境中透過線上演算產生經驗的成本很高。舉例來說，在工業界的應用中，一些狀態可以指代系統崩潰或裝置爆炸，這些狀態在策略學習的探索過程中是十分危險的。另外，在實際環境中只能順序演算，不能平行計算，這導致其取樣效率和學習速度都很低。因而，在一些場景下，我們希望能夠使用模擬環境來取代實際環境進行探索和經驗累積。在模擬環境中的演算被稱為規劃（Planning），可透過平行計算高效率地為策略學習產生大量模擬經驗。為了在規劃中使用有效的模擬環境，以模型為基礎的方法得以提出。

9.2 以模型為基礎的方法

為了能夠實行規劃，模型的概念將在智慧體和環境之間產生(Kaiser et al., 2019)，，如圖 9.2 所示，當智慧體在狀態S_t採取決策動作A_t時，環境會為模型給予回饋獎勵R_{t+1}並使智慧體進入下一狀態S_{t+1}。根據智慧體和環境

之間收集到的經驗資訊，我們將S_{t+1}和(S_t, A_t)之間的映射關係稱為轉移模型，並將R_{t+1}和(S_t, A_t)之間的映射關係稱為獎勵模型。當狀態不能完全被觀察資訊表示時，還將設定觀察模型$\mathcal{M}(O_t|S_t)$和表示模型$\mathcal{M}(S_{t+1}|S_t, A_t, O_{t+1})$ (Hafner et al., 2019)，其中O_t表示在狀態S_t下第t步所對應的觀察資訊。舉例來說，捕捉到的關乎物體運動的圖片屬於觀察資訊，可以表現該物體蘊含的所處狀態資訊。後面，為了集中分析其中的轉移模型和獎勵模型，我們假設狀態是完全可觀測的。我們將轉移模型和獎勵模型分別由方程式$\mathcal{F}_s$和$\mathcal{F}_r$表示：

$$S_{t+1} \sim \mathcal{F}_s(S_t, A_t), \tag{9.1}$$

$$R_{t+1} = \mathcal{F}_r(S_t, A_t). \tag{9.2}$$

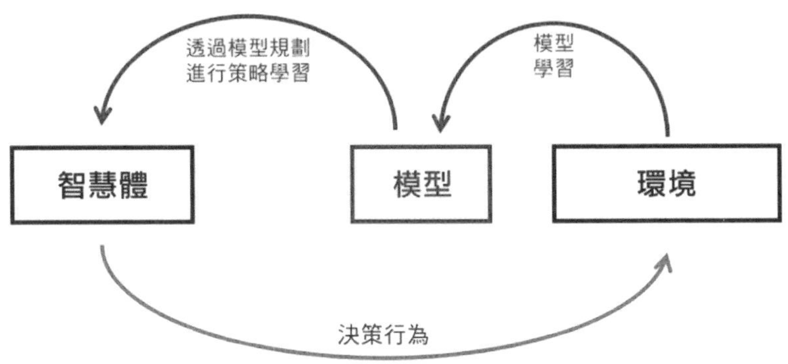

圖 9.2 以模型為基礎的強化學習方法

模型學習是一個監督式的擬合學習過程，目標是建立一個虛擬的環境，其中的轉移關係和獎勵關係和真實環境保持一致。因而，以對真實環境的了解為基礎，我們可以使用一個環境模型使智慧體在其中進行規劃，然後將收集到的經驗資訊用於幫助其策略學習。

在不同的應用場景中，模型學習和策略學習的關係是多樣的，具體如下所述。

- **直接學習**：如果智慧體已經以規則或專家資訊和環境互動過多次為基礎，那麼之前收集到的經驗資訊可以直接用來進行模型學習。當模型學習完成時，智慧體可以將訓練後的模型當作模擬的環境，並與其互動幫助其進行策略學習。

- **迭代學習**：如果模型在初始時並沒有足夠的資料進行學習，那麼模型學習和策略學習可以迭代交替進行。以當前智慧體和環境互動產生為基礎的有限資訊，模型可以學習真實環境中部分且有限的資訊。智慧體在以有限學習產生為基礎的模擬環境進行規劃並以此訓練參數，且其策略表現獲得了少許提升後，將用更新的策略在真實環境中互動，並將收集到的經驗資訊進一步用於對模型的學習。隨著迭代次數的增加，模型學習和策略學習將逐步收斂到最佳結果。因此，模型學習和策略學習可以相互輔助而進行有效的學習。

因此，以模型為基礎的強化學習將透過對真實環境的學習建立一個模擬環境的模型，並在其中進行規劃，使智慧體更進一步地進行策略學習。模型學習的優勢可列舉如下：

- 由於規劃可以在智慧體和模型之間完成，智慧體不需要在真實環境中採取大量的決策動作進行探索和策略學習。因而，和成本高並且需要線上採取動作的真實環境相比，以模型為基礎的方法能夠有效地降低訓練時間並且保障在策略學習過程中的安全性。舉例來說，在真實環境中，機器人完成任務需要實際操作，在 QT-Opt (Kalashnikov et al., 2018)方法中，為了完成抓取的任務，7 個機器人需要晝夜不停地在實際環境中收集取樣資料。然而一個模擬的環境（透過學習或人工建立）可以用來節省大量的時間並且降低機器人的磨損。
- 當策略學習在智慧體和模擬模型之間進行時，學習過程可以採用平行計算。在分散式系統中可以存在多個學習者合作同時進行策略學習，其中每個學習者可以和一個根據真實環境模擬的模型進行互動，從而所有學習者都可以在其對應的模型進行規劃。模型之間是相互獨立的，並且不會影響到真實環境中所處的狀態資訊。因此，具有平行性的策略學習大大提高了學習效率，且增大了可學習問題的規模。

然而，以模型為基礎的強化學習的結構同樣也存在缺點和不足：

- 在以模型為基礎的強化學習中，模型學習的表現將影響策略學習的結果。對於複雜且動態的環境場景，如果學習到的模型不能極佳地模擬出真實環境，智慧體在規劃中會和一個錯誤且不準確的模型進行互動，從而將增大策略學習的誤差。
- 如果真實環境有更新或調整，模型需要透過多次迭代之後才會學到環境的變化，然後還需要耗費大量訓練時間使智慧體學習並調整其策略。因此，對於線上學習中真實環境的變化，智慧體對其策略的對應調整具有很高的延遲，這並不適用於那些對即時性有要求的 應用。

9.3 整合模式架構

綜合無模型和以模型為基礎的強化學習方法的優劣，整合學習和規劃的過程可以極佳地將無模型和以模型為基礎的方法結合在一起。對於不同的應用場景，整合學習和規劃的方法和架構是不同的。

一般來說，在無模型的方法中，智慧體僅在與真實環境的互動中得到真實的經驗，沒有採用規劃輔助其策略的學習和提升。在基本的以模型為基礎的方法中，首先將透過智慧體和真實環境的互動進行模型學習，然後以學到為基礎的模型，智慧體將迭代式採取規劃並用收集到的經驗進行策略學習。

由於模型處於智慧體和環境之間，在智慧體策略學習中，經驗來源可以分為以下兩類：

- **真實經驗**：真實經驗是從智慧體和真實環境中直接取樣獲得的。一般來說，真實經驗表現了環境正確的特徵和屬性，但獲得成本較高，並且在真實環境中的探索不可逆且難以人工操作。

- **模擬經驗**：模擬經驗是從模型規劃過程中獲得的，可能不能準確地表現真實環境的真實特徵，但模型很容易人工操縱，並且可以透過模型學習減小模型和真實環境的誤差。

對於策略學習，如果我們能夠同時考慮真實經驗和模擬經驗，那麼就能結合無模型和以模型為基礎的方法的優勢，提高學習的效率和準確性。Dyna 架構在(Sutton, 1991)中提出。如圖 9.3 所示，根據基礎的以模型為基礎的方法，在策略學習中，智慧體不僅從已經學到的模型所提供的模擬經驗中更新策略，並且考慮了與真實環境互動所收集到的真實經驗。因此，在策略學習中，模擬經驗能夠保證學習過程中有足夠多的訓練資料來降低學習方差，另外，真實經驗能夠更準確地表現環境的動態變化和正確特徵，從而降低由於環境而產生的學習偏差。

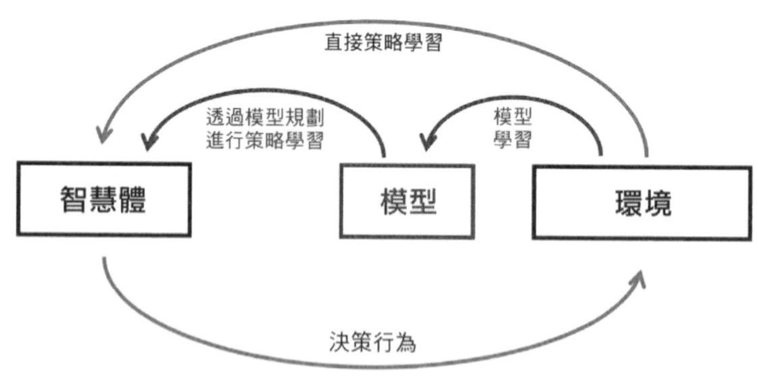

圖 9.3 Dyna 架構

以此架構為基礎，Dyna-Q 演算法得以進一步提出，如演算法 4 所述。Dyna-Q 演算法將建立並維護一個 Q 表格，據此指導智慧體做出動作決策。在每個學習週期中，Q 表格透過智慧體和真實環境的互動中學習更新，模擬的模型同時也會從真實經驗中學習，並且透過規劃獲得n組模擬經驗用於進一步的 Q 表格學習。因此，隨著學習週期的增加，Q 表格能夠學習並收斂到最佳的結果。

演算法 9.30 Dyna-Q

初始化 $Q(s,a)$ 和 Model(s,a)，其中 $s \in \mathcal{S}$，$a \in \mathcal{A}$。

while(true):

(a) $s \leftarrow$ 當前（非終止）狀態

(b) $a \leftarrow \epsilon$-greedy(s,Q)

(c) 執行決策動作a; 觀測獎勵r, 獲得下一個狀態s'

(d) $Q(s,a) \leftarrow Q(s,a) + \alpha[r + \gamma \max_{a'} Q(s',a') - Q(s,a)]$

(e) Model$(s,a) \leftarrow r, s'$

(f) 重複n次:

$s \leftarrow$ 隨機歷史觀測狀態

$a \leftarrow$ 在狀態s下歷史隨機決策動作

$r, s' \leftarrow$ Model(s,a)

$Q(s,a) \leftarrow Q(s,a) + \alpha[r + \gamma \max_{a'} Q(s',a') - Q(s,a)]$

9.4 以模擬為基礎的搜索

在本節中，我們偏重於規劃部分，並介紹一些以模擬為基礎的搜索演算法，使其在當前的狀態透過演算形成探索軌跡。因此，以模擬為基礎的搜索演算法一般是使用以樣本規劃為基礎的前向搜索範式。前向搜索和取樣具體的說明如下。

- **前向搜索**：在規劃過程中，智慧體當前所處馬可夫過程中的狀態比其他的狀態更值得關注。因而從另一角度，我們將具有有限選擇的 MDP 看作一個樹狀的結構，其中樹的根部代表當前狀態，如圖 5 所示，前向搜索演算法從當前的狀態選擇最佳的決策動作，並且透過樹狀結構的枝幹來考慮未來的選擇。

- **取樣**：當以 MDP 採用規劃過程時為基礎，從當前的狀態到下一個狀態可能有多種選擇，因而在規劃中需要取樣的操作，即智慧體隨機選定下一個狀態並繼續前向搜索的演算過程。因而下一個狀態的選取具有隨機性，並且有可能服從某種機率或分佈，具體是由模擬中智慧體採取的決策策略決定的。

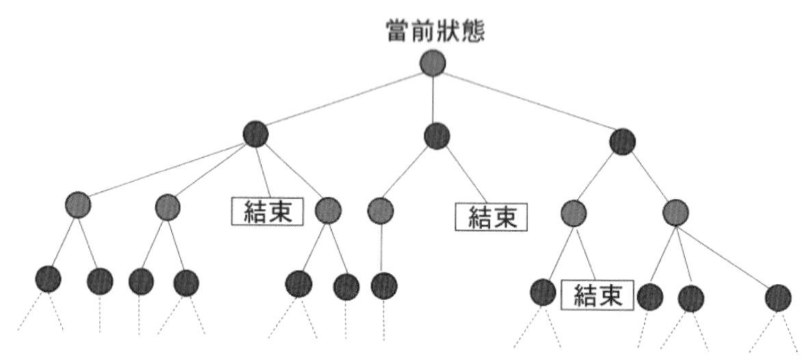

圖 9.4 前向搜索

在以模擬為基礎的搜索中，模擬策略被用來指導規劃過程中探索的方向。模擬策略與智慧體學習的策略相結合，有助規劃過程能夠準確地反映智慧體當前的決策策略。

下面將進一步介紹幾種不同的以模擬為基礎的搜索方法並結合策略學習來解決問題。

9.4.1 樸素蒙地卡羅搜索

如果一開始提供了固定的模型$\mathcal{M}$和固定的模擬策略π，樸素蒙地卡羅搜索可以依據模擬得到的經驗來評估對應動作的性能好壞並更新學習到的策略。如演算法 9.31 所示，對每一個作用於當前狀態S_t的動作$a, a \in \mathcal{A}$，執行模擬策略π並用G_t^k表示第k個軌跡的全部獎勵。根據保存的軌跡，我們利用$Q(S_t, A_t)$來評估選擇動作A_t的性能，最後根據當前狀態下所有動作各自的Q值選擇最佳的動作。

演算法 9.31 樸素蒙地卡羅搜索

固定模型 $\mathcal{M}$ 和模擬策略 π

　　for 每個動作 $a \in \mathcal{A}$ **do**

　　for 每個部分 $k \in \{1,2,\cdots,K\}$ **do**

　　　根據模型 $\mathcal{M}$ 和 模擬策略 π, 從當前狀態 S_t開始在環境中展開

　　　記錄軌跡 $\{S_t, a, R_{t+1}^k, S_{t+1}^k, A_{t+1}^k, R_{t+2}^k, \cdots, S_T^k\}$

　　　計算從每個S_t開始的累積獎勵$G_t^k = \sum_{j=t+1}^{\mathrm{T}} R_j^k$

　　end for

　　$Q(S_t, a) = \frac{1}{K}\sum_{k=1}^{K} G_t^k$

end for

返回當前最大Q值的動作 $A_t =_{a\in\mathcal{A}} Q(S_t, a)$。

9.4.2 蒙地卡羅樹搜索

樸素蒙地卡羅搜索的明顯不足是，它的模擬策略是固定的，從而沒有辦法利用在規劃過程中學習到的資訊。蒙地卡羅樹搜索（Monte Carlo Tree Search，MCTS）(Browne et al., 2012)正是針對這個不足所設計的。具體地說，MCTS 維護了一棵搜尋樹來保存收集到的資訊並逐步最佳化模擬策略。

如演算法 9.32 所示，在從當前的狀態S_t開始取樣到一個軌跡之後，對於軌跡中所有存取過的(s, a)，MCTS 類似地使用平均回報更新了Q值，進而根據樹中新的Q值更新每個節點處的模擬策略π。一個更新模擬策略π的方法是根據當前Q值的ϵ貪婪策略。當模擬策略到達一個新的當前並不在搜尋樹中的狀態的時候，π轉換成預設的策略，比如均勻探索策略。第一個被探索的新狀態會接著被加入搜尋樹中。[1] MCTS 重複這個節點評估和策略提升的過程直到到達模擬的預算。最後，智慧體選擇在當前狀態S_t上有最大Q值的動作。

---

[1] 另一個方法是將軌跡上所有新的節點都加入搜尋樹中。

演算法 9.32 蒙地卡羅樹搜索

固定模型$\mathcal{M}$
初始化模擬策略 π **do**
for 每個動作 $a \in \mathcal{A}$ **do**
  for 每個部分 $k \in \{1,2,\cdots,K\}$ **do**
    根據模型$\mathcal{M}$ 和模擬策略 π 從當前狀態 S_t在環境中展開
    記錄軌跡 $\{S_t, a, R_{t+1}, S_{t+1}, A_{t+1}, R_{t+2}, \cdots S_T\}$
    用從(S_t, A_t)，$A_t = a$開始的平均回報更新每個$(S_i, A_i), i = t, \cdots, T$ 的Q值
    由當前的Q值更新模擬策略π
  end for
end for
返回當前最大Q值的動作$A_t = \mathrm{argmax}_{a\in\mathcal{A}} Q(S_t, a)$

9.4.3 時間差分搜索

除了 MCTS 的方法，時間差分（Temporal Difference，TD）搜索同樣受到關注 (Silver et al.,2012)。和 MCTS 的方法相比，TD 搜索不需要演算一個擴充軌跡並用其來評估和更新當前策略。在模擬的每一步中，策略都將被更新並用更新的策略指導智慧體在下一個狀態中做出決策動作。

Dyna-2 演算法就是採用 TD 搜索的方式(Silver et al., 2008)，如演算法 4.2 所述，智慧體將儲存兩網路拓樸路參數，分別儲存於長期儲存空間和短期儲存空間。在下層中透過採用 TD 學習的方法，短期儲存空間中的網路參數將根據收集到的模擬經驗進行更新，並在策略$\overline{Q}$的指導下將學到的網路參數$\overline{\theta}$用於幫助智慧體在真實環境中做出決策動作，而在長期儲存空間的網路參數將在真實環境的探索中透過在上層的 TD 學習得到更新。在上層中學習到的以網路參數θ為基礎的策略Q將是最終智慧體學習到的最佳策略。

和 MCTS 的方法相比，由於每一步策略都會更新，TD 搜索會更有效率。然而，由於頻繁的更新，TD 搜索傾向於降低結果的方差但是有可能增大偏差。

演算法 9.33 Dyna-2

```
function LEARNING
    初始化 𝓕_s 和 𝓕_r
    θ ← 0                          # 初始化長期儲存空間中網路參數
    loop
        s ← S_0
        θ̄ ← 0                      # 初始化短期儲存空間中網路參數
        z ← 0                      # 初始化資格跡
        SEARCH(s)
        a ← π(s; Q̄)                # 以和 Q̄ 相關為基礎的策略選擇決策動作
        while s 不是終結狀態 do
            執行 a, 觀測獎勵 r 和下一個狀態 s′
            (𝓕_s, 𝓕_r) ← UpdateModel(s, a, r, s′)
            SEARCH(s′)
            a′ ← π(s′; Q̄)          # 選擇決策動作使其用於下一個狀態 s′
            δ ← r + Q(s′, a′) − Q(s, a)    # 計算 TD-error
            θ ← θ + α(s, a)δz      # 更新長期儲存空間中網路參數
            z ← λz + φ             # 更新資格跡
            s ← s′, a ← a′
        end while
    end loop
end function

function SEARCH(s)
    while 時間週期內 do
    z̄ ← 0                          # 清除短期儲存的資格跡
    a ← π̄(s; Q̄)                    # 以和 Q̄ 相關為基礎的策略決定決策動作
    while s 不是終結狀態 do
        s′ ← 𝓕_s(s, a)             # 獲得下一個狀態
        r ← 𝓕_r(s, a)              # 獲得獎勵
        a′ ← π̄(s′; Q̄)
        δ̄ ← R + Q̄(s′, a′) − Q̄(s, a)   # 計算 TD-error
        θ̄ ← θ̄ + ᾱ(s, a)δ̄z̄          # 更新短期儲存空間中網路參數
        z̄ ← λ̄z̄ + φ̄                 # 更新短期儲存的資格跡
```

$s \leftarrow s', a \leftarrow a'$

end while

end while

end function

參考文獻

- BROWNE C B, POWLEY E, WHITEHOUSE D, et al., 2012. A survey of monte carlo tree searchmethods[J]. IEEE Transactions on Computational Intelligence and AI in games, 4(1): 1-43.
- HAFNER D, LILLICRAP T, BA J, et al., 2019. Dream to control: Learning behaviors by latent imagination[J]. arXiv preprint arXiv:1912.01603.
- KAISER L, BABAEIZADEH M, MILOS P, et al., 2019. Model-based reinforcement learning for atari[Z].
- KALASHNIKOV D, IRPAN A, PASTOR P, et al., 2018. Qt-opt: Scalable deep reinforcement learning for vision-based robotic manipulation[J]. arXiv preprint arXiv:1806.10293.
- SILVER D, SUTTON R S, MÜLLER M, 2008. Sample-based learning and search with permanent and transient memories[C]//Proceedings of the 25th international conference on Machine learning. ACM:968-975.
- SILVER D, SUTTON R S, MÜLLER M, 2012. Temporal-difference search in computer go[J]. Machinelearning, 87(2): 183-219.
- SUTTON R S, 1991. Dyna, an integrated architecture for learning, planning, and reacting[J]. ACM Sigart Bulletin, 2(4): 160-163.

Chapter

10 分層強化學習

在本章中，我們將介紹分層強化學習。它是一種透過建構並利用認知和決策過程的底層結構來提高學習效果的方法。具體來說，首先我們將介紹了分層強化學習的背景和兩個主要類別：選項框架（Options Framework）和封建制強化學習（Feudal Reinforcement Learning）。然後我們將詳細介紹這些類別中的一些典型演算法，包括戰略專注作家（Strategic Attentive Writer）、選項批判者（Option-critic）和封建制網路（Feudal Networks）等。在本章的最後，我們對近年來關於分層強化學習的研究成果進行了複習。

10.1 簡介

近年來，深度強化學習在許多領域取得了顯著的成功(Levine et al., 2018; Mnih et al., 2015; Schulman et al., 2015; Silver et al., 2016, 2017)。然而，長期規劃對智慧體來說仍然是一個挑戰，特別是在一些獎勵稀疏、大時間跨度的環境，例如 Dota (OpenAI, 2018) 和《星海爭霸》(Vinyals et al., 2019)。分層強化學習（Hierarchical Reinforcement Learning，HRL）提供了一種方法來尋找這種複雜控制問題中的時空抽象和行為模式(Bacon et al., 2017; Barto et al., 2003; Dayan, 1993b; Dayan et al., 1993a; Dietterich,

1998, 2000; Hausknecht, 2000; Kaelbling, 1993; Nachum et al., 2018; Parr et al., 1998a; Sutton et al., 1999; Vezhnevets et al., 2016, 2017)。與人類認知的層次結構類似，HRL 具備抽象多層次控制的潛力，其中高層次的長期規劃和元學習指導低層次的控制器。層次結構的模組化也提供了可攜性和可解釋性，舉例來說，了解地圖和達到有利狀態的技術通常在像 grid-world (Tamar et al., 2016) 或 Doom (Bhatti et al., 2016; Kempka et al., 2016) 這樣的遊戲中十分有用。

以往對 HRL 的研究大多從 4 個主要方面展開：選項框架（Options Framework）(Sutton et al., 1999)、封建制強化學習（Feudal Reinforcement Learning，FRL）(Dayan et al., 1993a)、MAXQ 分解（MAXQ Decomposition）(Dietterich, 2000) 和層次抽象機器（Hierarchical Abstract Machines，HAMs）(Parr et al., 1998a,b) 在選項框架中，高層策略會在特定的時間步上切換低層策略，以便在時間域上分解問題。在 FRL 智慧體中，高層控制器負責為下層控制器提出明確的目標（如某些特定的狀態），來實現狀態空間的層次分解。MAXQ 分解也提出了一種將子任務的解與 Q 值函數相結合的狀態抽象方法。HAMs 則考慮了一個學習過程來減少大型複雜問題中的搜索空間，其學習過程中智慧體能執行的動作受限於有限狀態機的層次。在本章中，我們將重點介紹在 HRL 中應用深度學習的最新研究成果。具體來說，我們討論了分別屬於選項框架和 FRL 的兩種演算法，並在本章結尾對深度 HRL 進行了簡要的複習。

10.2 選項框架

選項框架(Hausknecht, 2000; Sutton et al., 1999) 將動作在時間層面擴充。選項（Options），也被稱為技能(Da Silva et al., 2012) 或巨集操作(Hauskrecht et al., 1998; Vezhnevets et al., 2016)，是一種具有終止條件的子策略。它觀察環境並輸出動作，直到滿足終止條件為止。終止條件是一類時序上的隱式分割點，來表示對應的子策略已經完成了自己的工作，且頂層的選項策略（Policy-Over-Action）需要切換至另一個選項。指定一個狀態集為$\mathcal{S}$、動作集為$\mathcal{A}$的 MDP，選項$\omega \in \Omega$被定義為三元組$(I_\omega, \pi_\omega, \beta_\omega)$，其中$I_\omega \subseteq \mathcal{S}$為一組初始狀態集，$\pi_\omega: \mathcal{S} \times \mathcal{A} \to [0,1]$ 是一個選項內建策略，而$\beta_\omega: \mathcal{S} \to [0,1]$是一個透過伯努利分佈提供隨機終止條件的終止函數。一個選項ω只有在$s \in I_\omega$時，才能用於狀態s。一個智慧體透過其選項策略選擇一個選項，並繼續保持該策略直到終止條件滿足，然後再次查詢選項策略並重複該步驟。注意，若選項ω被執行，則動作將由對應的策略π_ω進行選擇，直到選項根據β_ω被隨機終止。比如說，一個名為「開門」的選項可能包含一個用於接近、抓取和轉動門把手的策略，以及一個確定門被打開機率的終止條件。

尤其特別的是，一個選項框架由兩層結構組成：底層的每個元素是一個選項，而頂層則是一個選項策略，用來在部分開始或上個選項終結時候選擇一個選項。選項策略從環境列出的獎勵資訊學習，而選項可透過明確的子目標來學習。舉例來說，在表格情況下，每個狀態可以被看作子目標的候選 (Schaul et al., 2015; Wiering et al., 1997)。一旦列出了選項，則頂層可以將其作為動作，透過標準技術來進行學習。

在選項框架中，頂層模組學習的是一個選項策略，而底層模組學習能完成各個選項目標的策略。這可以看成馬可夫過程在時間層（幾個時間步）上的分解。**半馬可夫決策過程**（Semi-Markov Decision Process，SMDP）為動作間持續時間具備不確定性的選項框架提供了一個理論觀點 (Sutton et al., 1999)，如圖 10.1 所示。SMDP 是一個具備額外元素$\mathcal{F}$: $(\mathcal{S}, \mathcal{A}, \mathcal{P}, \mathcal{R}, \mathcal{F})$的標準 MDP。其中$\mathcal{F}(t|s,a)$列出在狀態$s$下執行動作$a$時，轉移時間為$t$的機率。不嚴謹地說，選項框架中的頂層控制可以被看成一個 SMDP 上的策略。對於多級選項的情況，更高層的選項可以看成低層選項在時間上進一步擴充的 SMDP (Riemer et al., 2018)。

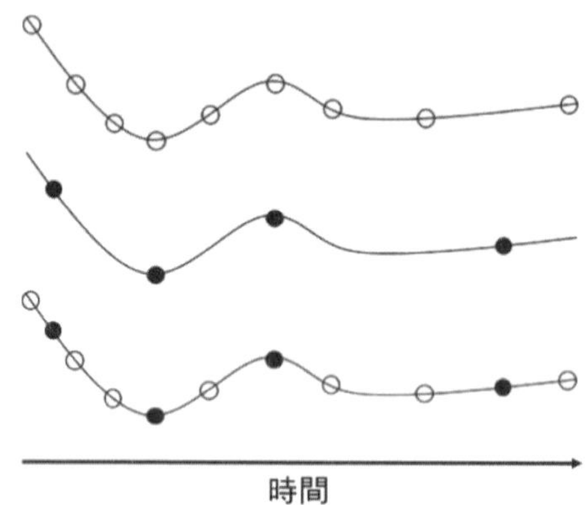

圖 10.1 在 SMDP 角度下的選項，改編自文獻(Sutton et al., 1999).頂部：一個馬可夫決策過程（MDP）的狀態軌跡。中部：一個半馬可夫決策過程（SMDP）的狀態軌跡。底部：一個兩層結構上 MDP 的狀態軌跡。實心圓表示 SMDP 的決策，而空心圓則是對應選項包含的原始動作

研究顯示，人工定義的選項透過和深度學習的結合，即使在像《Minecraft》和 Atari 遊戲這樣很有挑戰性的環境中，也可以取得顯著的效果 (Kulkarni et al., 2016; Tessler et al., 2017)。然而，初始集和終結條件是選項框架的限制因素。舉例來說，一個人工定義的策略π_ω是讓移動機器人插上它的充電器，而它很有可能是只為充電器在視野範圍內的狀態而訂製的。終結條件表示當機器人成功插上充電器或狀態在I_ω之外時，終結的機率為 1。因此，如何自動地發掘選項也曾是 HRL 的研究主題。我們將介紹兩種演算法，它們將選項發掘表示為最佳化問題，並用函數逼近的方式解決這類問題。第一個是一種深度遞迴神經網路，被稱為戰略專注作家（Strategic Attentive Writer，STRAW），它透過開環選項內建策略[1]（Open-Loop Intra-Option Policies）學習選項。第二個則是考慮閉環選項內建策略[2]（Close-Loop Intra-Option Policies）的選項-批判者（Option-Critic）結構。

---

1 開環意即不將控制的結果回饋，進而影響當前控制的系統。

2 閉環意即將控制的結果進行完全回饋，進而影響當前控制的系統。

10.2.1 戰略專注作家

戰略專注作家(Vezhnevets et al., 2016) 是一種新奇的深度遞迴神經網路結構。它對常見的動作序列（巨集動作）進行時域抽象，並透過這些動作進行點對點的學習。值得注意的是，巨集動作是一個在神經網路中隱式表示的特定選項。其動作序列（或在此之上的分佈）是在巨集動作被初始化的時候決定的。STRAW 分別包含短期動作分佈和長期計畫這兩個模組。

第一個模組將環境的觀測資料轉化為一個**動作-計畫**（Action-Plan），它是一個顯性（Explicit）的隨機變數，用於表示接下來一段時間內計畫執行的動作。當時間步為t時，動作-計畫表示為矩陣$\mathbf{A} \in \mathbb{R}^{|\mathcal{A}| \times T}$，其中 T 是計畫的最大時間跨度，而在$\mathbf{A}$中的第τ列對應動作在時間步$t+\tau$的分對數。

第二個模組透過單行矩陣$\mathbf{c}^t \in \mathbb{R}^{1 \times T}$維護**承諾-計畫**（Commitment-Plan），即一個決定在哪一步網路結束一個巨集動作並更新動作-計畫的狀態變數。在時間步為t時，$\mathbf{c}^{t-1}$的第一個元素提供了終止條件的伯努利分佈的參數。在落實計畫的期間，行動-計畫 $\mathbf{A}^t$ 和承諾-計畫 $\mathbf{c}^t$ 都被一個時間移位運算符ρ直接滑動至下一步，其中ρ透過移除矩陣的第一列並在尾端添 0 的形式來移動矩陣。

圖 10.2 顯示了一個包含動作-計畫和承諾-計畫的 STRAW 工作流範例。為了更新這兩類計畫，STRAW 在時間維度上使用了專注寫作技術(Gregor et al., 2015)，它使網路能夠聚焦在當前部分。該技術將一個高斯濾波器矩陣沿著時間維度應用於計畫。更準確地說，對於時間大小K，一個$|\mathcal{A}| \times K$一維高斯濾波器的網格透過指定網格中心的座標和相鄰篩檢程式之間的步幅來在計畫中定位。注意，這裡的步幅（Stride）和 CNN 中的相同術語相似。讓ψ^A作為動作-計畫的注意力參數，即高斯濾波器的網格位置、步幅和標準差。STRAW 將注意力操作定義如下：

$$\boldsymbol{D} = \mathrm{write}(\boldsymbol{p}, \psi_t^A); \boldsymbol{\beta}_t = \mathrm{read}(\boldsymbol{A}^t, \psi_t^A), \tag{10.1}$$

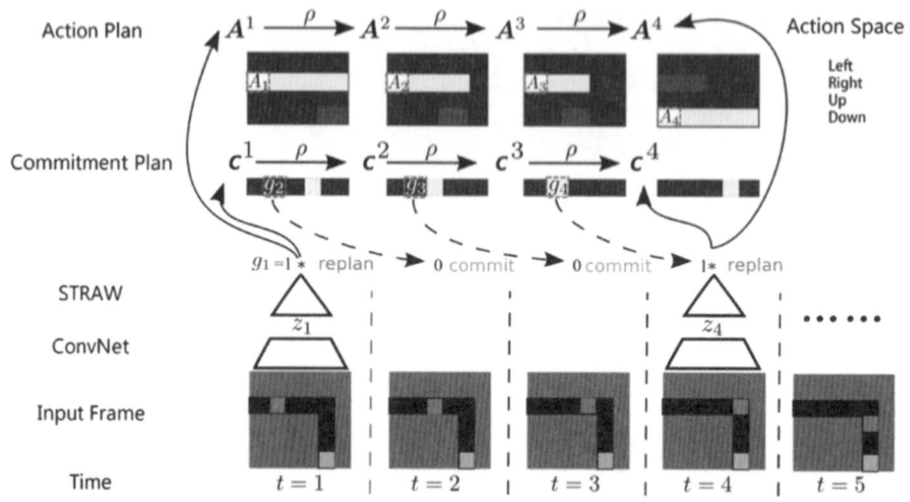

圖 10.2 STRAW 在一個迷宮導航遊戲中的工作流程，改編自文獻(Vezhnevets et al., 2016)。觀測資料是原始像素，其中像素的顏色可以是藍色、黑色、紅色和綠色，分別代表牆、走廊、智慧體和最終目的地。動作空間為上、下、左、右四個方向的移動。當$t = 1$時，幀的特徵被一個卷積神經網路提取後輸入進 STRAW。STRAW 立刻產生兩個計畫。在緊接著的 2 個時間步中，這兩個計畫被ρ滑動。之後，智慧體來到角落並由承諾-計畫$\mathbf{c}^t$列出一個重新計畫的訊號

其中，$\mathbf{p} \in \mathbb{R}^{A\times K}$是一個時間視窗為$K$的計畫更新。write 操作生成了一個與$\mathbf{A}^t$相同大小的平滑計畫$\mathbf{D}$，而 read 操作生成了一個讀取更新$\boldsymbol{\beta}_t \in \mathbb{R}^{A\times K}$。此外，將$z_t$作為在時間步$t$下的觀測資料的特徵表示，並將相似的注意力技術應用於承諾-計畫，計畫的更新演算法如演算法 3 所示。其中f^{ψ}、f^A和f^c都是線性函數，h是一個多層感知器，$\mathbf{b} \in \mathbb{R}^{1\times T}$是一個具有相同純量參數$b$的偏差，而$e$是 固定為 40 的純量 (Vezhnevets et al., 2016)，以便經常重新做計畫。

演算法 10.34 STRAW 中的計畫更新

if $g_t = 1$ **then**

　計算動作-計畫的注意力參數 $\psi_t^A = f^{\psi}(z_t)$

　應用專注閱讀：$\boldsymbol{\beta}_t = \text{read}(\mathbf{A}^{t-1}, \psi_t^A)$

　計算中間表示$\epsilon_t = h(\text{concat}(\beta_t, z_t))$

　計算承諾-計畫的注意力參數 $\psi_t^c = f^c(\text{concat}(\psi_t^A, \epsilon_t))$

　更新 $\mathbf{A}^t = \rho(\mathbf{A}^{t-1}) + \text{write}(f^A(\epsilon_t), \psi_t^A)$

　更新 $\mathbf{c}_t = \text{Sigmoid}(\mathbf{b} + \text{write}(e, \psi_t^c))$

else

　更新 $\mathbf{A}^t = \rho(\mathbf{A}^{t-1})$

　更新 $\mathbf{c}_t = \rho(\mathbf{c}_{t-1})$

end if

對於進一步的結構化搜索，STRAW 在對角高斯分佈上使用了重參數技術 $Q(z_t|\zeta_t) = \mathcal{N}(\mu(\zeta_t), \sigma(\zeta_t))$，其中$\zeta_t$是特徵提取器的輸出。STRAW 的訓練 loss 被定義如下：

$$\mathcal{L} = \sum_{t=1}^{\mathrm{T}} (L(\mathbf{A}^t) + \alpha g_t \mathrm{KL}(Q(z_t|\zeta_t)|P(z_t)) + \lambda \mathbf{c}_1^t), \tag{10.2}$$

其中，L是一個領域特定損失函數（例如回報的負對數似然），$P(z_t)$是一個先決條件，而最後一項懲罰了重新計畫並鼓勵承諾。

要特別注意的是，STRAW 是一個網路結構。對於強化學習的任務，可以使用一系列的強化學習演算法。文獻(Vezhnevets et al., 2016) 展示了在《2D 迷宮》和 Atari 遊戲上使用 A3C (Mnih et al., 2016) 演算法的效果。《2D 迷宮》是由許多格子組成的 2D 網格世界，其中每個格子只可能是牆壁或通道，而其中，某個通道會隨機選擇為目的地。智慧體將完全觀測到迷宮的狀態，並需要透過結構化探索來到達目標。在本任務中，文獻(Vezhnevets et al., 2016) 展示了 STRAW 在策略上的表現優於 LSTM，並且很接近由 Dijkstra 演算法列出的最佳策略。在 Atari 遊戲領域中，文獻(Vezhnevets et al., 2016) 選出了 8 個需要一些規劃和探索的遊戲，其中

STRAW 及其變形在 8 個遊戲中的 6 個裡，比 LSTM 和簡單前饋網路在遊戲中獲得了更高的分數。

10.2.2 選項-批判者結構

選項-批判者結構（Option-Critic Architecture）(Bacon et al., 2017) 將策略梯度定理擴充至選項，它提供一種點對點的對選項和選項策略的聯合學習。它直接最佳化了折扣化回報。我們先考慮將選項-價值函數定義如下：

$$Q_\Omega(s,\omega) = \sum_a \pi_\omega(a|s) Q_U(s,\omega,a), \tag{10.3}$$

其中 $Q_U: \mathcal{S} \times \Omega \times \mathcal{A} \to \mathbb{R}$ 是在確定狀態-選項對(s,ω)後執行某個動作的價值：

$$Q_U(s,\omega,a) = R(s,a) + \gamma \sum_{s'} p(s'|s,a) U(\omega,s'), \tag{10.4}$$

其中$U: \Omega \times \mathcal{S} \to \mathbb{R}$是進入一個狀態$s'$時，執行$\omega$的價值：

$$U(\omega,s') = (1-\beta_\omega(s'))Q_\Omega(s',\omega) + \beta_\omega(s')V_\Omega(s'), \tag{10.5}$$

其中$V_\Omega: \mathcal{S} \to \mathbb{R}$是選項的最佳價值函數：

$$V_\Omega(s') = \max_{\omega\in\Omega} \mathbb{E}_\omega [\sum_{n=0}^{k-1} \gamma^n R_{t+n} + \gamma^k V_\Omega(S_{t+k}) | S_t = s'], \tag{10.6}$$

其中k是ω在狀態s'中的預計持續時間。因此，我們可以定義$A_\Omega: \mathcal{S} \times \Omega \to \mathbb{R}$為選項的優勢函數：

$$A_\Omega(s,\omega) = Q_\Omega(s,\omega) - V_\Omega(s). \tag{10.7}$$

如果選項ω_t曾被初始化或已經在狀態 S_t 中執行了 t 個時間步，透過將狀態-選項對視為馬可夫鏈中的正常狀態，那麼在一步中狀態轉移至(S_{t+1},ω_{t+1})的機率為

$$\sum_a \pi_{\omega_t}(a|S_t)p(S_{t+1}|S_t,a)[(1-\beta_{\omega_t}(S_{t+1}))\mathbf{1}_{\omega_t=\omega_{t+1}}+\beta_{\omega_t}(S_{t+1})\pi_\Omega(\omega_{t+1}|S_{t+1})]. \tag{10.8}$$

透過假設所有選項在任何地方都可用，上述轉移是一個在狀態-選項對的唯一穩態。

用於學習選項的隨機梯度下降演算法的結構如圖 10.3 所示，其中梯度由定理 10.1 和定理 10.2 列出。然而，文獻(Bacon et al., 2017) 提出了透過一種以兩種時間尺度結構為基礎來學習價值，在更新選項內建策略使用更快的時間尺度，而更新終止函數時使用比例更小的時限(Konda et al., 2000)。我們可以從行動者-批判者結構中看出，選項內建策略、終止函數和選項策略都屬於行動者的部分，而批判者則包括Q_U 和 A_Ω。

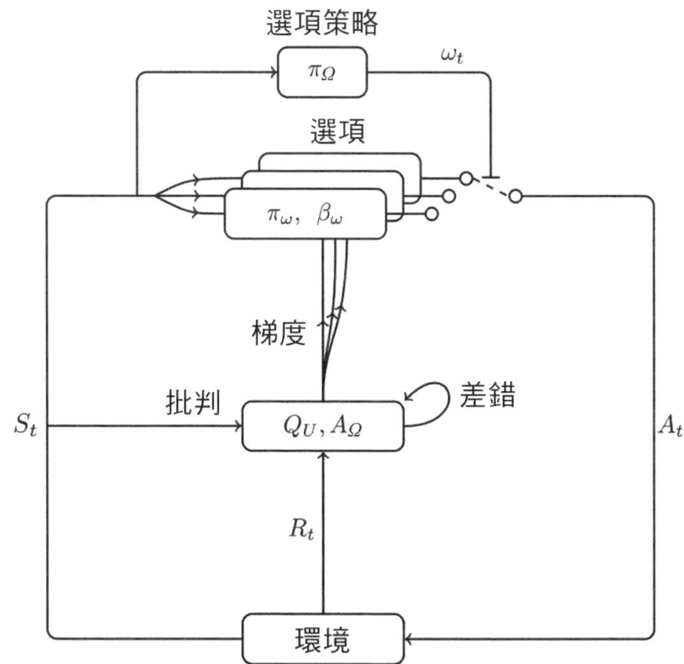

圖 10.3 選項-評判家結構，改編自文獻 (Bacon et al., 2017)

定理 10.1 選項內建策略梯度理論（Intra-Option Policy Gradient Theorem）(Bacon et al., 2017) 指定一組馬可夫選項，隨機選項內建策略對它們的參數 θ 可微。折扣化回報期望關於 θ 和初始條件$(\hat{s}, \widehat{\omega})$的梯度為

$$\sum_{s,\omega} \mu_{\Omega}(s, \omega|\hat{s}, \widehat{\omega}) \sum_{a} \frac{\partial \pi_{\omega,\theta}(a|s)}{\partial \theta} Q_U(s, \omega, a), \tag{10.9}$$

其中$\mu_{\Omega}(s, \omega|\hat{s}, \widehat{\omega}) = \sum_{t=0}^{\infty} \gamma^t p(S_t = s, \omega_t = \omega|S_0 = \hat{s}, \omega_0 = \widehat{\omega})$ 是一個沿著從$(\hat{s}, \widehat{\omega})$開始的軌跡的狀態-選項對的折扣化權重。

定理 10.2 終止梯度定理（Termination Gradient Theorem）(Bacon et al., 2017) 指定一組馬可夫選項，選項的隨機終止函數對其參數φ可微。折扣化回報目標期望對於φ和初始條件$(\hat{s}, \widehat{\omega})$的梯度為

$$-\sum_{s',\omega} \mu_{\Omega}(s', \omega|\hat{s}, \widehat{\omega}) \frac{\partial \beta_{\omega,\varphi}(s')}{\partial \varphi} A_{\Omega}(s', \omega), \tag{10}$$

其中$\mu_{\Omega}(s, \omega|\hat{s}, \widehat{\omega}) = \sum_{t=0}^{\infty} \gamma^t p(S_t = s, \omega_t = \omega|S_0 = \hat{s}, \omega_0 = \widehat{\omega})$是一個沿著從$(\hat{s}, \widehat{\omega})$開始的軌跡的狀態-選項對的折扣化權重。

文獻(Bacon et al., 2017) 提供了離散和連續環境下的實驗。在離散環境中，文獻(Bacon et al., 2017) 在 Atari 學習環境（Arcade Learning Environment，ALE）(Bellemare et al., 2013) 中訓練了 4 個 Atari 遊戲，這些訓練與文獻(Mnih et al., 2015) 採取了相同的設定。結果顯示，選項-批判者能夠在這全部 4 個遊戲中學到結構選項。在連續環境中，文獻(Bacon et al., 2017) 選擇了 Pinball 遊戲(Konidaris et al., 2009)，遊戲中智慧體控制一個小球在隨機形狀的多邊形 2D 迷宮中進行移動，其目的地也隨機生成。透過選項-批判者學習到的軌跡顯示，智慧體可以實現時域抽象。

10.3 封建制強化學習

封建制強化學習（Feudal Reinforcement Learning，FRL）(Dayan et al., 1993a) 提出了一種封建制等級結構。其中，管理者具有為他們工作的下級

管理者和他們自己的上級管理者。它反映了封建等級制度，其中每層的各個管理者可以為他們的下級設定任務、獎勵和懲罰。有兩個保證封建制規則的關鍵原則需要被重視：**獎勵隱藏**（Reward Hiding）和 **資訊隱藏**（Information Hiding）。獎勵隱藏指的是，無論某管理者做出的指令是否能使其上級滿意，該管理者的下級都必須服從。而資訊隱藏是指管理者的下級不知道該管理者被派予的任務，而管理者的上級也不知道該管理者給其下級安排了什麼任務。頂層的封建智慧體並非像選項框架那樣學習一個選項的時間分解，而是透過為底層策略制定明確目標來分解狀態空間的問題。這樣的結構允許強化學習擴充到管理層之間具有明確分工到大型領域中。

在這種解耦學習的啟發下，文獻 (Vezhnevets et al., 2017) 引入了一種新的神經網路結構，稱為**封建制網路**（Feudal Networks，FuNs）。它可以自動發現子目標，並且具備獎勵隱藏和資訊隱藏的軟條件。它跨越多層解耦了點對點學習，這使得它可以處理不同的時間解析度。此外，**使用離線策略修正的分層強化學習**（Hierarchical Reinforcement Learning with Off-policy Correction，HIRO）可進一步提高了離線策略經驗的樣本效率 (Nachum et al., 2018)。實驗顯示，HIRO 獲得了顯著的進展，並且能解決非常複雜的結合運動和基本物體互動的問題。

10.3.1 封建制網路

封建制網路（Feudal Networks，FuNs）是一個完全可微模組化的 FRL 神經網路，它有兩個模組：管理者和工作者。管理者在一個潛在狀態空間中更低的時間解析度上設定目標，而工作者則學習如何透過內在獎勵達到目標。圖 10.5 展示了 FuN 的結構，其中前向過程可以描述成以下等式：

$$\mathbf{z}_t = f^{\text{Percept}}(S_t) \tag{10.11}$$

$$\mathbf{m}_t = f^{\text{Mspace}}(\mathbf{z}_t) \tag{10.12}$$

$$h_t^{\mathrm{M}}, \hat{\mathbf{g}}_t = f^{\mathrm{Mrnn}}(\mathbf{m}_t, \mathbf{h}_{t-1}^M); \mathbf{g}_t = \hat{\mathbf{g}}_t / \| \hat{\mathbf{g}}_t \|; \tag{10.13}$$

$$\mathbf{w}_r = \phi\left(\sum_{i=t-c}^{t} \mathbf{g}_i\right) \tag{10.14}$$

$$h^{\mathrm{W}}, \mathbf{U}_t = f^{\mathrm{Wrnn}}(\mathbf{z}_t, h_{t-1}^W) \tag{10.15}$$

$$\boldsymbol{\pi}_t = \mathrm{SoftMax}(\mathbf{U}_t \mathbf{w}_t) \tag{10.16}$$

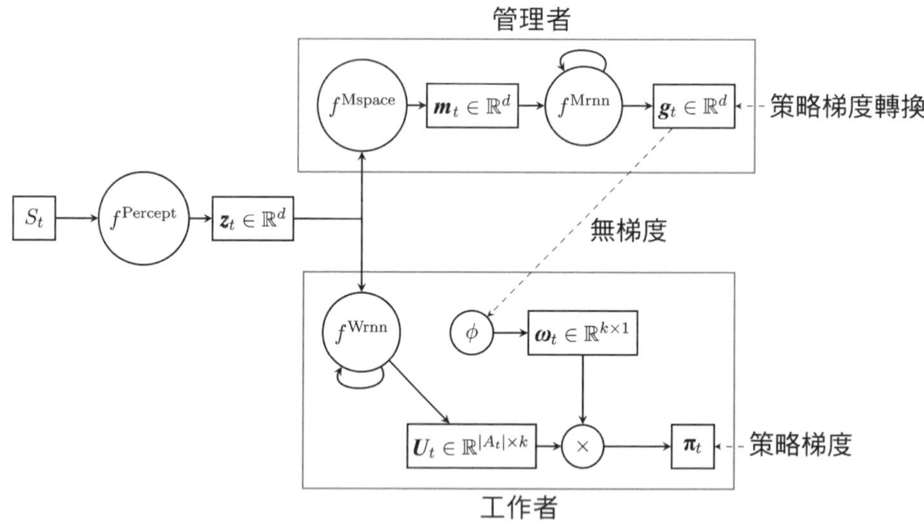

圖 10.5 FuN 的結構，改編自文獻(Vezhnevets et al., 2017)。在文獻(Vezhnevets et al., 2017) 中，超參數 k 和 d 被定為 $k = 16 \ll d = 256$

其中$\mathbf{z}_t$是S_t的表示，f^{Mspace}向管理者提供狀態$\mathbf{m}_t$，而$\mathbf{g}_t$表示管理者輸出的目標。在 FRL 中需要注意以下兩個原則：管理者和工作者之間沒有梯度傳播；但接收觀測資料的感知機模組f^{Percept}共用。管理者的f^{Mrnn}和工作者的f^{Wrnn}都是循環模組，f^{Mspace}是全連接的。h^{M}和h^{W}分別對應管理者和工作者各自的內部狀態。ϕ是一個無偏線性變換，將目標$\mathbf{g}_t$映射成一個嵌入向量$\mathbf{w}_t$。$\mathbf{U}_t$表示動作的嵌入矩陣，它透過矩陣與$\mathbf{w}_t$的積輸出工作者動作策略的分對數。

考慮到標準強化學習的設定是最大化折扣化回報$G_t = \sum_{k=0}^{\infty} \gamma^k R_{t+k}$。一個自然而然的學習整個結構的方法就是透過策略梯度演算法進行點對點訓練，因為 FuNs 全部可微。然而這樣會導致梯度會被工作者透過任務目標傳播給管理者，這可能導致目標會變成一個內部潛在變數，而非分層標示。因此，FuN 分別訓練管理者和工作者。對於管理者，更新規則遵循預測優勢方向：

$$\nabla \mathbf{g}_t = (G_t - V_t^{\mathrm{M}}(S_t, \theta)) \nabla_\theta d_{\cos}(\mathbf{m}_{t+c} - \mathbf{m}_t, g_t(\theta)) \qquad (10.17)$$

其中，V_t^{M} 是管理者的值函數，而$d_{\cos}(\boldsymbol{\alpha}, \boldsymbol{\beta}) = \boldsymbol{\alpha}^{\mathrm{T}}\boldsymbol{\beta}/(|\boldsymbol{\alpha} \parallel \boldsymbol{\beta}|)$是餘弦相似度。另一方面，工作者可以透過任意現成的深度強化學習方式訓練，其內在獎勵定義如下：

$$R_t^{\mathrm{I}} = \frac{1}{c}\sum_{i=1}^{c} d_{\cos}(\mathbf{m}_t - \mathbf{m}_{t-i}, \mathbf{g}_{t-i}) \qquad (10.18)$$

其中，狀態空間中的方向偏移為目標提供了結構不變性。在實踐中，FuN 透過使用$R_t + \alpha R_t^{\mathrm{I}}$訓練工作者，軟化了原始 FRL 中的獎勵隱藏條件，其中α是一個正則化內在獎勵影響的超參數。

文獻 (Vezhnevets et al., 2017) 也提供了一個關於管理者訓練規則的理論分析。考慮到有高層跨策略的策略$o(S_t, \theta)$，它在固定時長c下，在幾個子策略中進行選擇。對每個子策略來說，轉移分佈$p(S_{t+c}|S_t, o)$可以被看作一個轉移策略$\pi^{\mathrm{T}}(S_{t+c}|S_t, \theta)$。和選項框架的 SMDP 角度類似，我們可以在高層 MDP 對$\pi^{\mathrm{T}}(S_{t+c}|S_t, \theta)$應用策略梯度理論。

$$\nabla_\theta \pi^{\mathrm{T}}(S_{t+c}|S_t, \theta) = \mathbb{E}[(G_t - V_t^{\mathrm{M}}(S_t, \theta)) \nabla_\theta \log p(S_{t+c}|S_t, o)] \qquad (19)$$

這也被稱為**轉移策略梯度**（Transition Policy Gradients）。假設方向$S_{t+c} - S_t$遵循 Mises-Fisher 分佈，我們可以得到$\log p(S_{t+c}|S_t, o) \propto d_{\cos}(S_{t+c} - S_t, \mathbf{g}_t)$。

此外，文獻(Vezhnevets et al., 2017) 提出了用於管理者的 Dilated LSTM，與空洞卷積一樣，可以在解析度無損的情況下獲取更大的感受野。Dilated LSTM 維持了幾個內部 LSTM 單元的狀態。在任意時間步中，只有一個單元狀態被更新，而輸出的是最近 *c* 個被更新的狀態進行池化後的 結果。

需要注意的是，與 STRAW 相類似，FuN 也是一個用於 HRL 的神經網路結構。文獻 (Vezhnevets et al., 2017) 選擇了 A3C 作為強化學習演算法，並設計了一系列的實驗來顯示 FuN 相對於 LSTM 的有效性。首先，它展示了對 FuN 應用在 *Montezuma's Revenge* 遊戲的分析。*Montezuma's Revenge* 是一個 Atari 遊戲，它在強化學習領域是個難題。它需要透過許多技巧來控制角色躲開致命的陷阱，並且從稀疏獎勵中進行學習。實驗結果顯示，FuN 在取樣效率上具有顯著的提高。此外，它在另外 10 款 Atari 遊戲中也有效果提升，其中 FuN 的分數明顯高於選項-批判者結構。同樣，文獻 (Vezhnevets et al., 2017) 使用了 4 個不同等級的 DeepMind 實驗室 3D 遊戲平台(Beattie et al., 2016) 來驗證 FuN。它證明 FuN 學習了更加有意義的子策略，之後將這些子策略在記憶體中高效率地結合起來能產生更有價值的行為。

10.3.2 離線策略修正

HRL 方法提出訓練多層策略來對時間和行為進行抽象。在前幾節中，我們討論了 STRAW 和 FuN 使用神經網路結構來學習一個分層策略，而選項-批判者結構則點對點地同時學習內部策略和選項的終止條件。HRL 還會有許多問題，例如通用性、可遷移性和取樣效率等。在本節中，我們將介紹離線策略修正分層強化學習（Hierarchical Reinforcement Learning with Off-policy Correction，HIRO）(Nachum et al., 2018)。它為訓練 HRL 智慧體提供了一種普遍適用且資料效率很高的 方法。

一般來說，HIRO 考慮了高層控制器透過自動提出一些目標來監督低層控制器的方案。更準確地說，在每個時間步t中，HIRO 透過一個目標g_t來驅動智慧體。指定一個使用者指定的參數c，若t是c的倍數，則目標g_t由高層策略μ^h產生，否則g_t由目標轉移函數h: $g_t = h(S_{t-1}, g_{t-1}, S_t)$透過之前的目標$g_{t-1}$提供。和 FuN 類似，目標是指包含所需位置和方向資訊在內的高層決策。實驗發現，與在嵌入空間中表示目標不同，HIRO 直接使用原始觀測資料更為有效。需要注意的是，我們可以根據特定任務的領域知識設計內在獎勵和目標轉移函數。具體來說，在最簡單的情況下，內在獎勵被定義如下：

$$R_t^{\mathrm{I}} = -\| S_t + g_t - S_{t+1} \|_2, \tag{10.20}$$

目標轉移函數被定義為

$$h(S_{t-1}, g_{t-1}, S_t) = S_{t-1} + g_{t-1} - S_t \tag{10.21}$$

來維持目標方向。

為了提高資料效率，HIRO 將離線策略技術擴充到高層和低層訓練。HIRO 讓低層策略 μ^l儲存經驗$(S_t, g_t, A_t, R_t^{\mathrm{I}}, S_{t+1}, h(S_t, g_t, S_{t+1}))$，並將$g_t$視為模型的額外輸入，以支援任意離線演算法訓練這些策略。對於高層策略，轉移元組$(S_{t:t+c}, g_{t:t+c}, A_{t:t+c}, R_{t:t+c}, S_{t+c})$（':' 在 Python 中表示切片操作。這裡的切片不包括最後的元素）也可以透過任意的離線策略演算法進行訓練，這裡只需將g_t視為一個動作並累加$R_{t:t+c}$作為獎勵。然而過去的低層控制器觀測的轉移資料並不能反映動作。為了解決這個問題，HIRO 提出使用重標記（Re-label）技術來校正高層轉移資料。舊的轉移資料$(S_t, g_t, \sum R_{t:t+c}, S_{t+c})$將被重新標記一個不同的目標$\hat{g}_t$使得$\hat{g}_t$能最大化$\mu^l(A_{t:t+c}|S_{t:t+c}, \hat{g}_{t:t+c})$機率，其中$\hat{g}_{t+1:t+c}$透過目標轉移函數$h$計算。對於隨機行為策略，其對數機率$\log\mu^l(A_{t:t+c}|S_{t:t+c}, \hat{g}_{t:t+c})$可以通以下方式計算：

$$\log\mu^l(A_{t:t+c}|S_{t:t+c}, \hat{g}_{t:t+c}) \propto -\frac{1}{2}\sum_{i=t}^{t+c-1} \| A_t - \mu^l(S_i, \hat{g}_i) \|_2^2 + \text{const.} \tag{10.22}$$

在實踐中，HIRO 從一個包括原始目標的目標候選集中選擇能最大化對數機率的目標。該目標對應 $S_{t+c} - S_t$ 的差，並來自一個對角高斯分佈的取樣。分佈中每個平均項隨機對應向量$S_{t+c} - S_t$中的元素，其中減號表示一個元素運算子。

HIRO 的結構如圖 10.5 所示。Nachum 等人(Nachum et al., 2018) 在文獻(Duan et al., 2016) 中透過 4 個挑戰性的任務驗證了 HIRO。實驗顯示，離線策略修正具有顯著的優勢，並且對低層控制器的重標記可以對初始訓練進行加速。

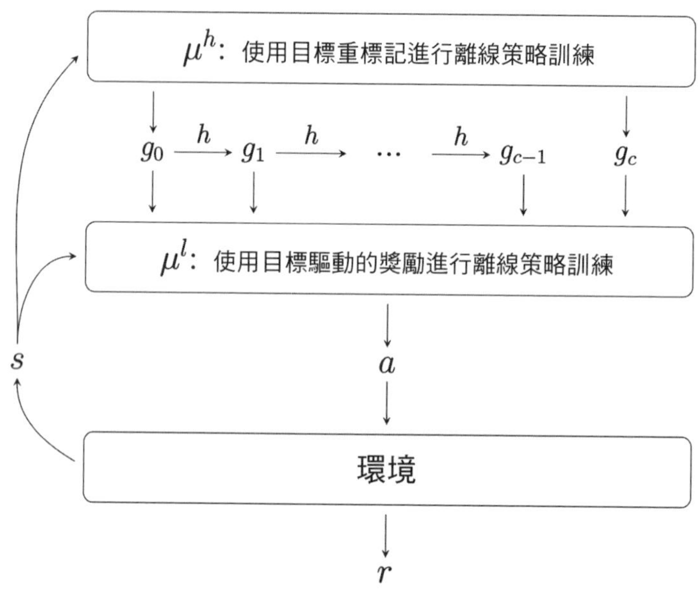

圖 10.5 HIRO 的結構，改編自文獻(Nachum et al., 2018)。低層策略接收高層目標，並直接與環境互動。其中目標是由高層策略或目標轉移函數產生的

10.4 其他工作

在本節中，我們對近年來 HRL 方面的工作進行了簡要的複習。圖 10.6 顯示了兩個角度。先從低層策略獎勵訊號這個角度看，通常有兩種觀點，第一種觀點是提出直接用點對點的透過環境學習低層策略，例如前文介紹的

STRAW (Vezhnevets et al., 2016) 和選項-批判者結構(Bacon et al., 2017)。第二種觀點認為透過輔助獎勵進行學習可以獲得更好的分層效果，例如前文提到過的 FuN (Vezhnevets et al., 2017) 和 HIRO (Nachum et al., 2018)。

高階抽象目標	狀態抽象 時域抽象 狀態空間分解
低階策略獎勵訊號	從環境中學習 借助輔助獎勵

圖 10.6 HRL 演算法的兩個角度

一般來說，第一種觀點可以從點對點學習中獲得更為有效的效果。這個分支下的主要工作聚焦在選項上。對於選項的探索方法，STRAW (Vezhnevets et al., 2016) 和選項-評判者結構(Bacon et al., 2017) 都可以被視為從上往下的方法，這種方法先透過探索獲得一些獎勵訊號，隨後對動作進行拆解，從而組成選項。與之不同的是，文獻(Machado et al., 2017) 介紹了一種自下而上的方法，該方法使用了在一個 Laplacian 圖框架下的原始值函數（Proto-Value Functions，PVFs）來對環境進行表示學習，為任務無關的選項提供了理論基礎。文獻(Riemer et al., 2018) 擴充了選項-批判者結構，並得出了一個深度分層選項的策略梯度定理。實驗結果顯示，分層選項-批判者在離散和連續的環境中都十分有效。文獻(Harutyunyan et al., 2018) 仿照離線策略學習中的做法，將終止條件解耦為行為終止和目標終止。該方法在文中的實驗裡表現出了更快的收斂速度。文獻(Sharma et al., 2017) 受到 SMDP 角度下的選項的啟發，提出了細粒度動作重複（Fine Grained Action Repetition，FiGAR）。它能透過學習來預測選擇出的動作要被重複執行的時間步數。

此外，另外一種直觀的方法是將元學習與這種點對點的方法結合起來形成一個層次結構。文獻(Frans et al., 2017) 開發了一個能提升未知任務取樣效率的元學習演算法，該演算法共用了分層結構中的基礎策略，並在 3D 仿人機器人上獲得了顯著的成果。然而，由於對最終任務具有唯一依賴性，如何將該方法擴充到複雜領域仍然是一個問題(Bacon et al., 2017; Frans et al., 2017; Nachum et al., 2018)。

第二種觀點是使用輔助獎勵。FuN (Vezhnevets et al., 2017) 和 HIRO (Nachum et al., 2018) 都為低層策略建立了目標導向的內在獎勵。有許多其他的工作聚焦於能在一系列領域上有效的目標導向獎勵。通用價值函數逼近器（Universal Value Function Approximators, UVFAs）(Schaul et al., 2015) 在目標上泛化價值函數。文獻(Levy et al., 2018) 進一步引入了後見之明目標轉移，擴充了後見之明經驗重播（Hindsight Experience Replay，HER）(Andrychowicz et al., 2017) 的思想，並獲得了顯著的穩定性。文獻(Kulkarni et al., 2016) 介紹了 h-DQN 演算法，它學習不同時間尺度下的分層動作價值函數。其中頂層的動作價值函數學習選項策略，低層的動作價值函數學習如何達到給定的子目標。

另外也可以利用領域知識來建構手工輔助獎勵。文獻(Heess et al., 2016) 介紹了一個用於移動任務的結構，它會先在相關簡單任務上進行預訓練。文獻(Tessler et al., 2017) 提出了應用在《Minecraft》遊戲領域的終生學習系統。它會有選擇地將學到的技能轉移到新任務上。文獻(Florensa et al., 2017) 引入了隨機神經網路結構，它透過預訓練的技能來學習高層策略，需要最少的下游任務領域知識，並可以很好利用學到的技能的可遷移性。然而，無論是目標導向獎勵和手工獎勵都很難簡單地將任務擴充到其他領域，比如像素級觀測的領域。

我們也可以從抽象目標的角度來了解 HRL 演算法。選項框架通常學習時域抽象，而 FuN 則考慮狀態抽象。HIRO 可以被認為既考慮了狀態抽象又考慮了時域抽象。其目標提供了狀態方向和目標轉移函數模型的時間資訊。對於時域抽象，與選項框架相比，文獻(Haarnoja et al., 2018) 使用了圖模型來實現另一個分層思想。在該分層中，若當前任務沒有完全成功，則每一層解決自己當前的任務。這會使上層的工作更為簡單。在狀態抽象和時域抽象之外，文獻(Mnih et al., 2014) 提供了一個利用注意力機制對狀態空間進行分解的方法。更準確地說，這項工作在選擇動作前，在狀態空間增加了一個視覺注意力機制。此處的注意力完成了在狀態空間上的高層規劃(Sahni et al., 2017; Schulman, 2016)。對於選擇抽象物件，其核心是回答高層策略如何指導低層策略的問題。對於有足夠先驗知識的領域，透過元學習進行技能組合學習的方式可以取得更好的效果。對於長期規劃，頂層的時域抽象是十分必要的。

我們可以看出，HRL 仍然是強化學習的進階課題，還有許多問題需要解決。回想起 HRL 的動機是透過分層抽象來提高取樣效率和透過重用學到的技巧來處理大時間跨度的問題。實驗結果顯示，分層架構帶來了一些效果提升，但並沒有足夠的證據顯示，它是確實實現了分層抽象，或只是進行了更有效的探索(Nachum et al., 2018)。未來，在機率規劃、相關理論研究，以及在其他強化學習領域進行分層等方向上，可能會帶來新的突破。

參考文獻

- ANDRYCHOWICZ M, WOLSKI F, RAY A, et al., 2017. Hindsight experience replay[C]//Advances in Neural Information Processing Systems. 5048-5058.
- BACON P L, HARB J, PRECUP D, 2017. The option-critic architecture[C]//Thirty-First AAAI Confer- ence on Artificial Intelligence.
- BARTO A G, MAHADEVAN S, 2003. Recent advances in hierarchical reinforcement learning[J]. Discrete event dynamic systems, 13(1-2): 41-77.
- BEATTIE C, LEIBO J Z, TEPLYASHIN D, et al., 2016. DeepMind Lab[J]. arXiv:1612.03801.

- BELLEMARE M G, NADDAF Y, VENESS J, et al., 2013. The Arcade Learning Environment: An evaluation platform for general agents[J]. Journal of Artificial Intelligence Research, 47: 253-279.
- BHATTI S, DESMAISON A, MIKSIK O, et al., 2016. Playing Doom with slam-augmented deep reinforcement learning[J]. arXiv preprint arXiv:1612.00380.
- DA SILVA B, KONIDARIS G, BARTO A, 2012. Learning parameterized skills[J]. arXiv preprint arXiv:1206.6398.
- DAYAN P, 1993b. Improving generalization for temporal difference learning: The successor representa- tion[J]. Neural Computation, 5(4): 613-624.
- DAYAN P, HINTON G E, 1993a. Feudal reinforcement learning[C]//Advances in Neural Information Processing Systems. 271-278.
- DIETTERICH T G, 1998. The MAXQ method for hierarchical reinforcement learning.[C]//Proceedings of the International Conference on Machine Learning (ICML): volume 98. Citeseer: 118-126.
- DIETTERICH T G, 2000. Hierarchical reinforcement learning with the MAXQ value function decompo- sition[J]. Journal of Artificial Intelligence Research, 13: 227-303.
- DUAN Y, CHEN X, HOUTHOOFT R, et al., 2016. Benchmarking deep reinforcement learning for continuous control[C]//International Conference on Machine Learning. 1329-1338.
- FLORENSA C, DUAN Y, ABBEEL P, 2017. Stochastic neural networks for hierarchical reinforcement learning[J]. arXiv preprint arXiv:1704.03012.
- FRANS K, HO J, CHEN X, et al., 2017. Meta learning shared hierarchies[J]. arXiv preprint arXiv:1710.09767.

- GREGOR K, DANIHELKA I, GRAVES A, et al., 2015. Stochastic backpropagation and approximate inference in deep generative models[C]//Proceedings of the International Conference on Machine Learning (ICML).
- HAARNOJA T, HARTIKAINEN K, ABBEEL P, et al., 2018. Latent space policies for hierarchical reinforcement learning[J]. arXiv preprint arXiv:1804.02808.
- HARUTYUNYAN A, VRANCX P, BACON P L, et al., 2018. Learning with options that terminate off-policy[C]//Thirty-Second AAAI Conference on Artificial Intelligence.
- HAUSKNECHT M J, 2000. Temporal abstraction in reinforcement learning[D]. University of Mas- sachusetts, Amherst.
- HAUSKRECHT M, MEULEAU N, KAELBLING L P, et al., 1998. Hierarchical solution of Markov decision processes using macro-actions[C]//Proceedings of the Fourteenth conference on Uncertainty in artificial intelligence. Morgan Kaufmann Publishers Inc.: 220-229.
- HEESS N, WAYNE G, TASSA Y, et al., 2016. Learning and transfer of modulated locomotor controllers[J]. arXiv preprint arXiv:1610.05182.
- KAELBLING L P, 1993. Hierarchical learning in stochastic domains: Preliminary results[C]//Proceedings of the tenth International Conference on Machine Learning (ICML): volume 951. 167-173.
- KEMPKA M, WYDMUCH M, RUNC G, et al., 2016. ViZDoom: A Doom-based AI research platform for visual reinforcement learning[C]//2016 IEEE Conference on Computational Intelligence and Games (CIG). IEEE: 1-8.
- KONDA V R, TSITSIKLIS J N, 2000. Actor-critic algorithms[C]//Advances in Neural Information Processing Systems. 1008-1014.
- KONIDARIS G, BARTO A G, 2009. Skill discovery in continuous

reinforcement learning domains using skill chaining[C]//Advances in Neural Information Processing Systems. 1015-1023.

- KULKARNI T D, NARASIMHAN K, SAEEDI A, et al., 2016. Hierarchical deep reinforcement learn- ing: Integrating temporal abstraction and intrinsic motivation[C]//Advances in Neural Information Processing Systems. 3675-3683.
- LEVINE S, PASTOR P, KRIZHEVSKY A, et al., 2018. Learning hand-eye coordination for robotic grasping with deep learning and large-scale data collection[J]. The International Journal of Robotics Research, 37(4-5): 421-436.
- LEVY A, PLATT R, SAENKO K, 2018. Hierarchical reinforcement learning with hindsight[J]. arXiv preprint arXiv:1805.08180.
- MACHADO M C, BELLEMARE M G, BOWLING M, 2017. A Laplacian framework for option discovery in reinforcement learning[C]//Proceedings of the 34th International Conference on Machine Learning- Volume 70. JMLR. org: 2295-2304.
- MNIH V, HEESS N, GRAVES A, et al., 2014. Recurrent models of visual attention[C]//Advances in Neural Information Processing Systems. 2204-2212.
- MNIH V, KAVUKCUOGLU K, SILVER D, et al., 2015. Human-level control through deep reinforcement learning[J]. Nature.
- MNIH V, BADIA A P, MIRZA M, et al., 2016. Asynchronous methods for deep reinforcement learn- ing[C]//International Conference on Machine Learning (ICML). 1928-1937.
- NACHUM O, GU S S, LEE H, et al., 2018. Data-efficient hierarchical reinforcement learning[C]// Advances in Neural Information Processing Systems. 3303-3313.
- OPENAI, 2018. Openai five[Z].

- PARR R, RUSSELL S J, 1998a. Reinforcement learning with hierarchies of machines[C]//Advances in Neural Information Processing Systems. 1043-1049.
- PARR R E, RUSSELL S, 1998b. Hierarchical control and learning for Markov decision processes[M]. University of California, Berkeley Berkeley, CA.
- RIEMER M, LIU M, TESAURO G, 2018. Learning abstract options[C]//Advances in Neural Information Processing Systems. 10424-10434.
- SAHNI H, KUMAR S, TEJANI F, et al., 2017. State space decomposition and subgoal creation for transfer in deep reinforcement learning[J]. arXiv preprint arXiv:1705.08997.
- SCHAUL T, HORGAN D, GREGOR K, et al., 2015. Universal value function approximators[C]// International Conference on Machine Learning. 1312-1320.
- SCHULMAN J, 2016. Optimizing expectations: From deep reinforcement learning to stochastic compu- tation graphs[D]. UC Berkeley.
- SCHULMAN J, LEVINE S, ABBEEL P, et al., 2015. Trust region policy optimization[C]//International Conference on Machine Learning (ICML). 1889-1897.
- SHARMA S, LAKSHMINARAYANAN A S, RAVINDRAN B, 2017. Learning to repeat: Fine grained action repetition for deep reinforcement learning[J]. arXiv preprint arXiv:1702.06054.
- SILVER D, HUANG A, MADDISON C J, et al., 2016. Mastering the game of go with deep neural networks and tree search[J]. Nature.
- SILVER D, HUBERT T, SCHRITTWIESER J, et al., 2017. Mastering chess and shogi by self-play with a general reinforcement learning algorithm[J]. arXiv preprint arXiv:1712.01815.

- SUTTON R S, PRECUP D, SINGH S, 1999. Between MDPs and semi-MDPs: A framework for temporal abstraction in reinforcement learning[J]. Artificial intelligence, 112(1-2): 181-211.
- TAMAR A, WU Y, THOMAS G, et al., 2016. Value iteration networks[C]//Advances in Neural Informa- tion Processing Systems. 2154-2162.
- TESSLER C, GIVONY S, ZAHAVY T, et al., 2017. A deep hierarchical approach to lifelong learning in Minecraft[C]//Thirty-First AAAI Conference on Artificial Intelligence.
- VEZHNEVETS A, MNIH V, OSINDERO S, et al., 2016. Strategic attentive writer for learning macro- actions[C]//Advances in Neural Information Processing Systems. 3486-3494.
- VEZHNEVETS A S, OSINDERO S, SCHAUL T, et al., 2017. Feudal networks for hierarchical reinforce- ment learning[C]//Proceedings of the 34th International Conference on Machine Learning-Volume 70. JMLR. org: 3540-3549.
- VINYALS O, BABUSCHKIN I, CZARNECKI W M, et al., 2019. Grandmaster level in starcraft ii using multi-agent reinforcement learning[J]. Nature, 575(7782): 350-354.
- WIERING M, SCHMIDHUBER J, 1997. HQ-learning[J]. Adaptive Behavior, 6(2): 219-246.

Chapter

11

多智慧體強化學習

在強化學習中，複雜的應用需要多個智慧體的介入來同時學習並處理不同的任務。然而，智慧體數目的增加會對管理其之間的互動帶來挑戰。根據每個智慧體的最佳化問題，均衡的概念被提出並用於規範多智慧體的分散式動作。結合典型的多智慧體強化學習演算法，我們進一步分析了在多種場景下智慧體之間合作與競爭的關係，以及一般性的博弈架構如何用於建模多智慧體多種類型的互動場景。透過對博弈架構中每一部分最佳化和均衡的分析，每一個智慧體最佳的多智慧體強化學習策略將得到指引和進一步探索。

11.1 簡介

以規則和環境回饋為基礎，一個智慧體可以透過強化學習學到動作策略並且表現優異。然而，人工智慧中有很多應用具有大規模的環境背景和複雜的學習任務，這不僅要求一個智慧體做出明智的動作，而且我們希望有多個智慧體可以透過有限的通訊共同做出明智的決策。因此，我們需要在多個智慧體的情況下為每一個智慧體制定有效的強化學習策略。考慮到多個智慧體之間的相互交流和影響，多智慧體強化學習的概念被提出並受到廣泛的關注和探索。

為了方便分析和了解，在多智慧體強化學習中，我們列出三個基本元素，分別是智慧體、策略和效用函數。

- **智慧體**：智慧體是一群具有自主決策意識的個體，它們中每一個個體都可以獨立地和環境進行互動。為了能使自己獲得最大的收益和最小的損失，每一個智慧體會以對其他智慧體動作為基礎的觀察、學習並制定自己的動作策略。在本章我們要考慮的情況中，會有多個智慧體同時存在。智慧體的數目為 1 時即普通強化學習的場景。
- **策略**：在多智慧體強化學習中，每一個智慧體會制定策略來最大化自身的收益並且最小化損失。其制定的策略以智慧體為基礎對環境的感知，並且會被其他智慧體的策略影響。
- **效用函數**：考慮到每個智慧體自身的需求和對環境及其他智慧體的依賴關係，每一個智慧體都會有獨自的效用函數。一般來說，效用函數定義為智慧體在實現各種目標時獲得的總收益和總成本之差。在多智慧體的場景下，在對周圍環境和其他智慧體的學習過程中，每一個智慧體會以最大化自身的效用函數為最終目標。

在多智慧體強化學習中，每一個智慧體會有自身的效用函數，並以最大化其效用價值為目標，以對環境的觀察為基礎和互動自主地學習並制定策略。由於每一個智慧體在自主學習時不會考慮到其策略對其他智慧體效用函數的影響，因此，在多個智慧體相互互動影響下會存在競爭或合作的情況。考慮到智慧體之間相互互動的多種複雜情況，博弈論普遍被用來對智慧體的決策進行具體分析(Fudenberg et al., 1991)。針對不同的多智慧體強化學習的場景，可以採用不同的博弈框架來模擬互動的場景，整體上可以分為以下三種類別。

- **靜態博弈**：靜態博弈是模擬智慧體間互動的最基本形式。在靜態博弈中，所有智慧體同時做出決策，並且每一個智慧體只做出一個決策動作。由於每個智慧體只行動一次，所以其可以做出一些出乎正常的欺騙和背叛策略來使自己在博弈中獲益。因此，在靜態博弈中，每一個智慧體在制定策略時需要考慮並防範其他智慧體的欺騙和背叛來降低自身的損失。

- **重複博弈**：重複博弈是多個智慧體在相同的狀態下採取重複多次的決策動作。因此，每個智慧體的總效益函數是其在每次決策動作所帶來的效益價值的總和。由於所有智慧體會做出多次動作，當某個智慧體在某一次動作時採取了欺騙或背叛的決策時，在未來的動作中，該智慧體可能會收到其他智慧體的懲罰和報復。因此，相比於靜態博弈，重複博弈大大地避免了多智慧體之間惡意的動作決策，從而整體上提高了所有智慧體總效益價值之和。

- **隨機博弈**：隨機博弈（或馬可夫博弈）可以看作是一個馬可夫過程，其中存在多個智慧體在多個狀態下多次做出動作決策。隨機博弈模擬出了多個智慧體做多次決策的一般情況，每個智慧體會根據自身所處的狀態，透過對環境的觀察和對其他智慧體動作的預測，做出提升自身效用函數的最佳動作決策。

在本章中，在單智慧體強化學習的基礎上，我們更多地關注智慧體之間的互動和連結，尋求在多智慧體強化學習中所有智慧體之間達到均衡狀態，並且每個智慧體都能獲得相對較高和穩定的效用函數。

11.2 最佳化和均衡

由於每個智慧體以提高自身的效用函數為目標，多智慧體強化學習可以看成一個求解多個最佳化問題的數學問題，其中每個智慧體對應一個最佳化問題。為了分析智慧體之間的關係，設有m個智慧體，用$\mathcal{X} = \mathcal{X}_1 \times \mathcal{X}_2 \times, \cdots, \times \mathcal{X}_m$表示所有智慧體的決策空間，用$\mathbf{u} = (u_1(\mathbf{x}), \cdots, u_m(\mathbf{x}))$表示所有智慧體在採取決策$\mathbf{x}$, $\mathbf{x} \in \mathcal{X}$時的效用空間。因此，每個智慧體$i$，$\forall i \in$

$\{1,2,\cdots,m\}$，需要在和其他智慧體的互動情況下，最大化其自身的效用函數。在多智慧體強化學習下，一般來說，就是同時或順序求解多個最佳化問題，來保證每個智慧體都能獲得最佳的效用函數。

因為每個智慧體的收益函數和所有智慧體的決策動作相關，在求解多智慧體的最佳化問題中，我們希望所有智慧體最終都能有穩定的決策策略，在其狀態下，每一個智慧體都不能透過只改變自身的決策策略而使自己獲得更高的收益。因而，在多智慧體強化學習中，我們提出了均衡的概念。為了更進一步地了解和分析，在不失一般性的前提下，我們透過膽小鬼博弈（Chicken Dare Game，或被稱為鬥雞博弈）及其延伸來介紹多種均衡概念。經典的膽小鬼博弈是一種靜態博弈模型，其中涉及兩個智慧體之間的互動關係。兩個智慧體可以相互獨立地選擇怯懦（簡稱為"C"）或勇敢（簡稱為"D"）作為自身的動作決策。以兩個智慧體所有可能為基礎的動作決策，兩個智慧體獲得的效用價值由圖 1 所示。當兩個智慧體選擇"D"即勇敢時，兩者各自都會獲得最低的效用價值0；當其中一個智慧體選擇"D" 即勇敢，另一個智慧體選擇 "C" 即怯懦時，選擇勇敢的智慧體獲得其最佳的效用價值6，選擇怯懦的智慧體獲得相對較低的效用價值3。當兩個智慧體都選擇 "C" 即怯懦時，兩者都會獲得相對較高的收益5。

	C	D
C	5, 5	3, 6
D	6, 3	0, 0

圖 11.1 膽小鬼博弈

11.2.1 納許均衡

根據圖 11.1 所示的膽小鬼博弈 (Rapoport et al., 1966) 的場景，我們設定規則要求兩個智慧體同時做出決策。因而，當兩個智慧體同時選擇 "C" 時，假設對方在保持當前決策動作，每個智慧體都想要選擇 "D" 而使自己獲得更高的效用價值。當兩個智慧體同時選擇 "D" 時，兩者都只能獲得最低的效用價值0，因而希望改變策略 "D" 而獲得更高的收益。然而，當一個智慧體選擇"C"，而另一個智慧體選擇 "D" 時，在假設對方不會改變當前決策動作的前提下，兩個智慧體都不能只單獨改變自己的決策而提高自己的效用價值。因此，我們稱一個智慧體選擇 "C"，而另一個智慧體選擇 "D" 這種情況在當前場景下達到了納許均衡 (Nash et al., 1950)，其定義如下：

定義 11.1 令$(\mathcal{X},\mathbf{u})$表示m個智慧體下的靜態場景，其中$\mathcal{X}=\mathcal{X}_1\times\mathcal{X}_2\times,\cdots,\times\mathcal{X}_m$表示智慧體的策略空間。當所有智慧體採取策略$\mathbf{x}$，其中$\mathbf{x}\in\mathcal{X}$時，$\mathbf{u}=(u_1(\mathbf{x}),\cdots,u_m(\mathbf{x}))$表示智慧體的效用空間。我們同時設$x_i$為智慧體$i$的策略，設$\mathbf{x}_{-i}$為除智慧體$i$外其他所有智慧體的策略集合。當$\forall i,\ x_i\in\mathcal{X}_i$時，

$$u_i(x_i^*,\mathbf{x}_{-i}^*)\geq u_i(x_i,\mathbf{x}_{-i}^*). \tag{11.1}$$

策略$x^*\in\mathcal{X}$使當前場景達到納許均衡。

純策略納許均衡

根據定義所示，在多智慧體強化學習的靜態場景下，所有智慧體同時採取一次決策動作。在其他智慧體的決策動作不改變的前提下，每個智慧體不能透過改變當前的決策動作而獲得更高的收益，我們稱所有的智慧體達到純策略納許均衡。在膽小鬼博弈的例子中存在兩個純策略納許均衡，其中一個智慧體選擇怯懦動作，另一個智慧體選擇勇敢動作。一般來說，純策略納許均衡不一定存在，因為智慧體的純策略動作不能保證其他智慧體透過改變當前的動作來獲得更高的效用價值。

混合策略納許均衡

在純決策動作之外，每個智慧體還可以制定並採取決策的策略，並根據策略以不同為基礎的機率隨機選擇不同的決策動作。因而，智慧體制定策略可以在其相互互動的過程中帶來隨機性和不可確定性，並可以考慮其他智慧體的策略調整改變自己的策略組合而達到混合策略納許均衡。一般來說，混合策略納許均衡總是存在。以膽小鬼博弈為例子，我們設智慧體 1

採取怯懦的機率是p，相對應地，其採取勇敢的機率是$1-p$。為了保證智慧體 1 策略的制定沒有使其對手智慧體 2 的動作有偏見，從而使智慧體 2 產生最佳的純策略動作，需要滿足以下關係：

$$5p+3(1-p)=6p+0(1-p). \tag{11.2}$$

我們得到$p=0.75$。從智慧體 2 的角度來說，依此類推，即當兩個智慧體選擇 "C" 的機率均為0.75，並且選擇 "D" 的機率為0.25時，兩個智慧體達到了混合策略納許均衡，其中每個智慧體獲得的期望效益價值為4.5。

綜上所述，我們將膽小鬼博弈的結果用圖 11.2 表示，其中X軸表示智慧體 1 的效用函數，Y軸表示智慧體 2 的效用函數。以圖 11.1 表示為基礎的智慧體之間的關係，點A對應兩個智慧體同時選擇 "C" 的情況，點B表示智慧體 1 採用動作 "C" 智慧體 2 採用動作 "D" 的結果，點C表示智慧體 1 採用動作"D" 智慧體 2 採用動作 "C" 的結果，點D對應兩個智慧體同時選擇 "D" 的情況。因此，兩個智慧體採取所有可能的決策策略結果落在在四邊形$ABDC$區域中，其中點B和點C為純策略納許均衡的結果，線段BC的中點E即為混合策略納許均衡的結果。對於所有納許均衡的結果，兩個智慧體效用函數之和相同，等於 9。

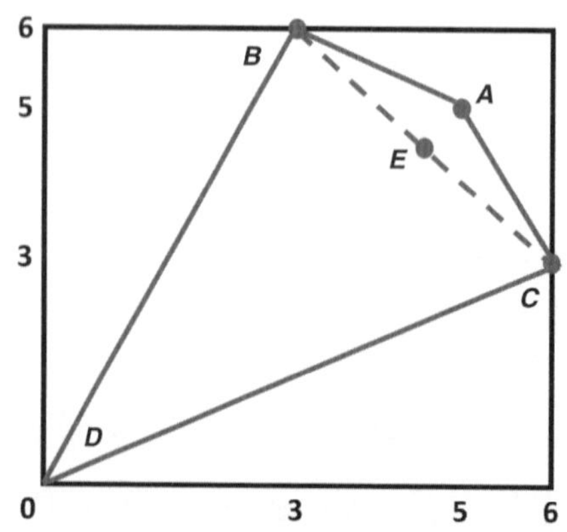

圖 11.2 膽小鬼博弈中的納許均衡

11.2.2 連結性均衡

在膽小鬼博弈的納許均衡中，兩個智慧體總效益之和為9，小於所有兩個智慧體總效益之和的最大可能值10。然而，兩個智慧體需要都選擇策略 "C" 使得總效益之和達到10，在絕對分散式的方式下是不穩定的。因此，為了更進一步地提高所有智慧體的總效益價值並同時保證每個智慧體能夠擁有穩定的收益，連結性均衡被進一步提出。

在膽小鬼博弈的例子中，我們設定兩個智慧體選擇 "CC"（第一個 "C" 對應智慧體 1 的決策動作，第二個 "C" 對應智慧體 2 的決策動作），"CD"、"DC" 和 "DD" 的可能性為$\mathbf{v}$。當兩個智慧體相連結並且設定每種情況的可能性為$\mathbf{v} = [1/3,1/3,1/3,0]$時，兩個智慧體的總效用價值為9.3333，比納許均衡的結果要高。不僅如此，假設當智慧體 1 宣佈將選擇 "C" 時，為了滿足每種情況的可能性保持為$\mathbf{v}$，其對手智慧體 2 需要採取混合策略，其選擇 "C" 和 "D" 的可能性分別均為 0.5。那麼當智慧體 1 真實選擇 "C" 的時候，能獲得的效益價值為$0.5 \times 5 + 0.5 \times 3 = 4$。但如果智慧體 1 私自改變了決策動作 "D"，在智慧體 2 策略不發生改變的情況下，智慧體 1 能夠收到的效益價值為$0.5 \times 6 + 0.5 \times 0 = 3$，低於選擇 "C" 情況下的效益價值 4。相對應地，當智慧體 1 宣佈將選擇 "D" 時，為了滿足每種情況的可能性保持為$\mathbf{v}$，其對手智慧體 2 需要以100%的機率做出決策動作 "C"，那麼智慧體 1 依然不能將宣佈的動作私自改變到 "C" 而獲得更高的效用價值。因此，其相連結的機率分佈$\mathbf{v}$讓兩個智慧體達到了連結性均衡，具體定義如下：

定義 11.2 連結性均衡(Aumann, 1987) 定義為智慧體之間能夠相連結實現機率分佈$\mathbf{v}$，並且滿足以下關係

$$\sum_{\mathbf{x}_{-i} \in \mathcal{X}_{-i}} v(x_i^*, \mathbf{x}_{-i})[u_i(x_i^*, \mathbf{x}_{-i}) - u_i(x_i, \mathbf{x}_{-i})] \geqslant 0, \forall x_i \in \mathcal{X}_i, \tag{11.3}$$

其中$\mathcal{X}_i$表示智慧體i的策略空間，$\mathcal{X}_{-i}$ 表示除智慧體i外所有其他智慧體的策略空間。

因此，在假設兩個智慧體服從相連結分佈的前提下，每個智慧體不能改變當前相連結的策略而獲得更高的效用價值。為了更直觀地表現出連結性均衡的優勢，我們在圖 11.3 中用點F標注出本例中連結性均衡的結果。一般來說，在圖中ABC區域中，只要滿足公式 (11.3) 所示的關係，其結果均可達到連結性均衡。

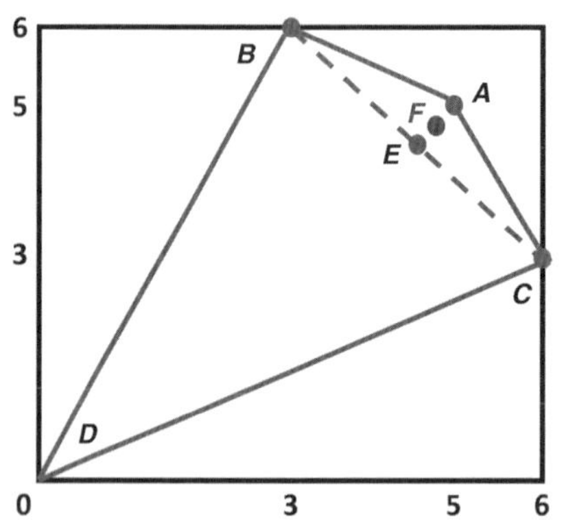

圖 11.3 膽小鬼博弈中的連結性均衡

11.2.3 斯塔柯爾伯格博弈

除了同時做出決策的情況，智慧體之間還可能會順序做出決策。在順序做出決策的情況下，智慧體會分別被定義為領導者和追隨者，其中領導者會先做出決策，追隨者隨後做出決策 (Bjorn et al., 1985)。因而，領導者在決策時會有先發優勢（First-Mover Advantage），可以透過預測追隨者對其決策的反應來決定能夠給自身帶來最大收益的最佳決策。在膽小鬼博弈的例子中，如果我們擴充場景使兩個智慧體的決策是順序決定的，並令智慧體 1 為領導者，智慧體 2 為追隨者，那麼智慧體 1 會選擇策略動作 "D"，因為智慧體 1 可以預測到，當其選擇 "D" 時，為了獲得更高的收益，智慧體 2 一定會選擇動作 "C"，從而使自己的效用價值為所有可能結果中的最大值6，並且在循序執行的前提假設下，兩個智慧體能夠達到斯塔柯爾伯格均衡。斯塔柯爾伯格均衡的定義如下：

定義 11.3 設$((\mathcal{X},\Pi),(g,f))$為循序執行的場景，其中有$m$個領導者同時先做出策略動作，$n$個追隨者同時後做出策略動作。$\mathcal{X}=\mathcal{X}_1\times\mathcal{X}_2\times,\cdots,\times\mathcal{X}_m$和$\Pi=\Pi_1\times\Pi_2\times,\cdots,\times\Pi_n$分別表示領導者和追隨者的策略空間，$g=(g_1(\mathbf{x}),\cdots,g_m(\mathbf{x}))$為領導者$\mathbf{x}\in\mathcal{X}$的效用函數。$f=(f_1(\boldsymbol{\pi}),\cdots,f_n(\boldsymbol{\pi}))$為追隨者$\boldsymbol{\pi}\in\Pi$的效用函數。設$x_i$為領導者$i$的決策策略，$\mathbf{x}_{-i}$為除領導者$i$外其他領導者的決策策略集合。同樣地，設$\pi_j$為追隨者$j$的決策策略，$\boldsymbol{\pi}_{-j}$為除追隨者$j$外其他追隨者的決策策略集合。那麼對於$\forall i,\forall j\ x_i\in\mathcal{X}_i,\pi_j\in\Pi_j$，策略集合$x^*\in\mathcal{X}$，$\boldsymbol{\pi}^*\in\Pi$可以達到多領導者多追隨者的斯塔柯爾伯格均衡，並且滿足以下關係：

$$g_i(x_i^*,\mathbf{x}_{-i}^*,\boldsymbol{\pi}^*)\geqslant g_i(x_i,\mathbf{x}_{-i}^*,\boldsymbol{\pi}^*)\geqslant g_i(x_i,\mathbf{x}_{-i},\boldsymbol{\pi}^*), \tag{11.4}$$

$$f_j(\mathbf{x},\boldsymbol{\pi}_j^*,\boldsymbol{\pi}_{-j}^*)\geqslant f_j(\mathbf{x},\boldsymbol{\pi}_j,\boldsymbol{\pi}_{-j}^*). \tag{11.5}$$

11.3 競爭與合作

在上一節中，我們以膽小鬼博弈為例子介紹了多智慧體強化學習中最佳化和均衡的概念。除此之外，在不同的應用中，多智慧體之間的關係會多種多樣，在本節，我們會更多分析在分散式的場景下，多智慧體之間競爭和合作的關係。在沒有特殊說明的情況下，我們設所考慮的場景中存在m個智慧體，$\mathcal{X}=\mathcal{X}_1\times\mathcal{X}_2\times,\cdots,\times\mathcal{X}_m$表示所有智慧體的策略空間，$\mathbf{u}=(u_1(\mathbf{x}),\cdots,u_m(\mathbf{x}))$表示所有智慧體在採用策略集合$\mathbf{x}$的情況下的效用集合，其中$\mathbf{x}\in\mathcal{X}$。

11.3.1 合作

當多個智慧體相互合作的時候，一般來說，所有智慧體的效用價值之和會期望高於不合作的情況下的效用價值之和，並且在分散式的場景下，每個智慧體會更多地考慮自身的效用價值。因此，為了使智慧體能夠加入合作聯盟，每個智慧體自身需要在合作的情況下獲得比不在合作的時候更高的

效用價值。因而，其對智慧體$i, \forall i \in \{1,2,\cdots,m\}$的最佳化問題可以歸納為

$$\max_{x_i} \sum_{k=1}^{k=m} u_k(x_k|\mathbf{x}_{-k}),$$
$$\text{s.t.}\ u_i(x_i^*|\mathbf{x}_{-i}^*) \geq u_i(x_i|\mathbf{x}_{-i}^*), \tag{11.6}$$

11.3.2 零和博弈

零和博弈(VINCENT, 1974)在許多應用中被頻繁使用。為了簡化問題但不失一般性，我們設有兩個智慧體，每個智慧體可以採取策略 "A" 或 "B"，因而，在博弈中不同情況下的效用函數如圖 4 所示，其中，每種情況下智慧體收益價值之和總是為零。在一般性的零和博弈中，每個智慧體需要以對其他智慧體的動作為基礎預測最大化其自身的效用價值並且最小化其他智慧體的效用價值之和。因而，其對智慧體$i, \forall i \in \{1,2,\cdots,m\}$最佳化問題可以複習以下

$$\max_{x_i}\min_{\mathbf{x}_{-i}} u_i. \tag{11.7}$$

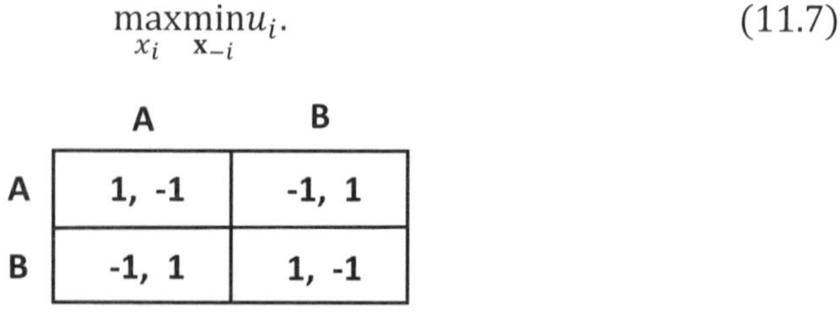

	A	B
A	1, -1	-1, 1
B	-1, 1	1, -1

圖 11.4 零和博弈

以此最佳化問題為基礎，在文獻(Littman, 1994) 對一個簡化的踢足球問題進行分析並建模為零和博弈。在足球遊戲中，存在兩個智慧體，每個智慧體都努力地把球踢進來提高自身的效用價值並且防守對方智慧體來最小化其對手的效用價值。因此，在該問題中，對於智慧體i，其最佳化問題具體表示為

$$\max_{\pi_i}\min_{\mathbf{a}_{-i}} \sum_{a_i} Q(s, a_i, \mathbf{a}_{-i})\pi_i, \tag{11.8}$$

其中π_i表示智慧體i的策略，a_i代表智慧體以策略π_i實際為基礎的動作。在足球遊戲中，智慧體i努力提高自己的價值函數，然而其對手採取動作$\mathbf{a}_{-i}$努力降低該價值函數。

11.3.3 同時決策下的競爭

除了零和博弈，一般來說，還有很多應用在多種智慧體同時做出決策時存在競爭的關係。在同時決策下的競爭，所有智慧體需要在相同的時間下同時做出決策動作，因而其最佳化問題可以複習如下：

$$\max_{x_i} u_i(\mathbf{x_i}|\mathbf{x_{-i}}). \tag{11.9}$$

在文獻(Hu et al., 1998) 中，Q學習被提出來解決一般情況下多智慧體之間的競爭問題。其具體演算法如演算法 3.3 所示，以互動過程中經歷為基礎的累積，每個智慧體i都會維護一個Q列表，用於指導指定策略π_i。隨著更多經歷的累積，Q列表更新方程式如下：

$$Q_i(s,a_i,\mathbf{a}_{-i}) = (1-\alpha_i)Q_i(s,a_i,\mathbf{a}_{-i}) + \alpha_i[r_i + \gamma\pi_i(s')Q_i(s',a'_i,\mathbf{a}'_{-i})\boldsymbol{\pi}_{-i}(s')]. \tag{11.10}$$

演算法 11.35 多智慧體一般性Q-learning

設定Q表格中初值 $Q_i(s,a_i,\mathbf{a}_{-i}) = 1, \forall i \in \{1,2,\cdots,m\}$。

for episode = 1 to

　M **do** 設定初始

　狀態 $s = S_0$ **for**

　step = 1 to T **do**

　　每個智慧體 i 以 $\pi_i(s)$ 為基礎選擇決策行為 a_i , 其行為是根據當前 Q 中所有智慧體混合納許均衡決策策略

　　觀測經驗 $(s,a_i,\mathbf{a}_{-i},r_i,s')$ 並將其用於更新 Q_i

　　更新狀態 $s = s'$

　end for

end for

在多智慧體的場景下，由於Q列表的更新和其他智慧體$\boldsymbol{\pi}_{-i}$的策略相關，因而，智慧體i需要同時建立並估計所有其他智慧體的Q列表。根據由這些Q列表推導出對其他智慧體策略$\boldsymbol{\pi}_{-i}$的預測，智慧體i才可以更好制定策略π_i，以使所有智慧體的策略集合$(\pi_i, \boldsymbol{\pi}_{-i})$最終達到混合策略納許均衡的結果。

除了基本的Q學習，其他深度強化學習的方法也在嘗試探索在多智慧體強化學習中的應用。以單智慧體深度確定性策略梯度（Deep Deterministic Policy Gradient，DDPG）為基礎演算法，多智慧體深度確定性策略梯度（Multi-Agent Deep Deterministic Policy Gradient，MADDPG）(Lowe et al., 2017) 在所有智慧體同時做出決策的場景下，為每一個智慧體提供策略。MADDPG 演算法如演算法 11.36 所示，每個智慧體對應一個分散式的行動者（Actor），為其決策提供建議。另一方面，批判者（Critic）是集中控制的，並整體維護一個和所有智慧體動作集合相關的 Q 列表。

演算法 11.36 多智慧體深度確定性策略梯度

```
for episode = 1 to M do
    設定初始狀態 s = S_0
    for step = 1 to T do
        每個智慧體 i以當前決策策略 π_{θ_i}為基礎選擇決策行為 a_i
        同時執行所有智慧體的決策行為 a = (a_1, a_2, ⋯, a_m)
        將 (s, a, r, s') 存在重放緩衝區 M
        更新狀態 s = s'
        for 智慧體 i = 1 to m do
            從回訪緩衝區 M 中取樣批次歷史經驗資料
            對於行動者和批判者網路，計算網路參數梯度並根據梯度更新參數
        end for
    end for
end for
```

特別來說，對於每個行動者 i，其期望回報的梯度表示為

$$\nabla_{\theta_i^\pi} J(\pi_i) = \mathbb{E}[\nabla_{\theta_i^\pi} \boldsymbol{\pi}_i(o_i|\theta_i^\pi) \nabla_{a_i} Q_i^{\boldsymbol{\pi}}(o_1, \cdots, o_m, a_1, \cdots, a_m|\theta_i^Q)], \quad (11.11)$$

其中，設$o_1, \cdots, o_m$分別為m個智慧體的觀察樣本。$\boldsymbol{\pi}_i$為智慧體i的確定性策略，因而其決策動作滿足$a_i = \boldsymbol{\pi}_i(o_i)$。

相對應地，批判者對於智慧體i的損失函數是Q值的 TD-error，表示為

$$\mathcal{L}_i = \mathbb{E}[(Q_i^{\boldsymbol{\pi}}(o_1, \cdots, o_m, a_1, \cdots, a_m | \theta_i^Q) - r_i - \gamma Q_i^{\boldsymbol{\pi}'}(o'_1, \cdots, o'_m, a'_1, \cdots, a'_m | \theta_i^{Q'}))^2], \tag{11.12}$$

其中$\theta_i^{Q'}$指Q預測的延遲參數，$\boldsymbol{\pi}'$表示在延遲參數$\theta_i^{\pi'}$下的目標決策策略。

11.3.4 順序決策下的競爭

在某些應用中，不同類型的智慧體可能在做出決策時會有時間先後之分。因而，在競爭中，多個智慧體之間可能會順序做出決策動作，並且先做出決策的智慧體會有先發優勢。設$((\mathcal{X}, \Pi), (g, f))$為一般情況下$m$個領導者和$n$個追隨者的順序決策場景。其中 $\mathcal{X} = \mathcal{X}_1 \times \mathcal{X}_2 \times, \cdots, \times \mathcal{X}_m$和$\Pi = \Pi_1 \times \Pi_2 \times, \cdots, \times \Pi_n$ 分別表示領導者和追隨者的決策策略空間。設 $g = (g_1(\mathbf{x}), \cdots, g_m(\mathbf{x}))$為領導者$\mathbf{x} \in \mathcal{X}$的效用函數，$f = (f_1(\boldsymbol{\pi}), \cdots, f_n(\boldsymbol{\pi}))$為追隨者$\boldsymbol{\pi} \in \Pi$的效用函數。那麼追隨者$j, \forall j \in \{1,2, \cdots, n\}$的最佳化問題可以表示為

$$\max f_j(\pi_j | \boldsymbol{\pi}_{-j}, \mathbf{x}). \tag{11.13}$$

領導者$i, \forall i \in \{1,2, \cdots, m\}$的最佳化問題為

$$\begin{aligned} & \max g_i(x_i | \mathbf{x}_{-i}, \boldsymbol{\pi}), \\ & \text{s.t. } \pi_j = \operatorname{argmax} \boldsymbol{f_j}(\pi_j | \boldsymbol{\pi}_{-j}, \mathbf{x}), \quad \forall j \in \{1,2, \cdots, n\}. \end{aligned} \tag{11.14}$$

11.4 博弈分析架構

以對多智慧體之間關係為基礎的分析，我們複習出一個滿足一般性多智慧體博弈分析架構，如圖 11.5 所示。在此架構中，我們設定一個循環迭代的場景，其中所有的智慧體能夠在不同時間段中多次做出決策。在同一個時

間段中，我們將所有智慧體進一步分為多個層級，在最高層級的智慧體先做出動作，以對高層級智慧體動作為基礎的觀察，低層級的智慧體相對應地做出利於自身的決策，並且在每一個層級中，可以存在多個智慧體同時做出決策。因而，在不同層級之間，所有智慧體期望達到斯塔柯爾伯格均衡，如果多個智慧體存在相同層級中，根據這些智慧體可否相連結，期望能夠達到納許均衡或連結性均衡的結果而使所有智慧體獲得穩定效用價值。

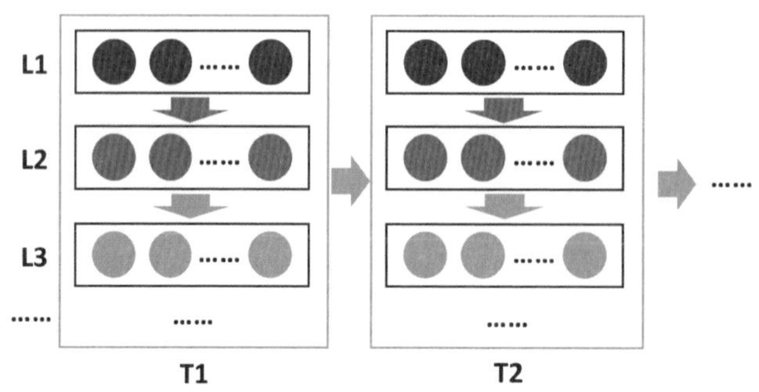

圖 11.5 一般性多智慧體博弈分析架構

博弈分析架構一般可以用來建模並處理所有多智慧體強化學習的問題。為了更進一步地測試並且評估，各種多智慧體強化學習平台目前已經建立並廣受關注。比如 AlphaStar 可以很好模擬《星海爭霸》遊戲中多智慧體之間的關係和動作。多智慧體互聯自動駕駛（MACAD）平台(Palanisamy, 2019) 極佳地學習並且模擬在公路上駕駛汽車的環境場景。Google 研究足球(Kurach et al., 2019) 則是一個模擬多個有自主意識的智慧體一起踢足球的平台等等。以適用於多種不同場景為基礎的多智慧體學習平台，我們期待在博弈分析架構下的多智慧體強化學習策略可以得到更具體的分析和研究。

參考文獻

- AUMANN R J, 1987. Correlated equilibrium as an expression of bayesian rationality[J]. Econometrica: Journal of the Econometric Society: 1-18.
- BJORN P A, VUONG Q H, 1985. Econometric modeling of a stackelberg game with an application to labor force participation[J].
- FUDENBERG D, TIROLE J, 1991. Game theory, 1991[J]. Cambridge, Massachusetts, 393(12): 80.
- HU J, WELLMAN M P, 1998. Multiagent reinforcement learning: Theoretical framework and an algorithm[C]//International Conference on Robotics and Automation (ICRA).
- KURACH K, RAICHUK A, STACZYK P, et al., 2019. Google research football: A novel reinforcement learning environment[Z].
- LITTMAN M L, 1994. Markov games as a framework for multi-agent reinforcement learning[C]// Proceedings of the International Conference on Machine Learning (ICML). 157-163.
- LOWE R, WU Y, TAMAR A, et al., 2017. Multi-agent actor-critic for mixed cooperative-competitive environments[C]//Advances in Neural Information Processing Systems.
- NASH J F, et al., 1950. Equilibrium points in n-person games[J]. Proceedings of the national academy of sciences, 36(1): 48-49.
- PALANISAMY P, 2019. Multi-agent connected autonomous driving using deep reinforcement learn- ing[Z].
- RAPOPORT A, CHAMMAH A M, 1966. The game of chicken[J]. American Behavioral Scientist, 10 (3): 10-28.
- VINCENT P, 1974. Learning the optimal strategy in a zero-sum game[J]. Econometrica, 42(5): 885-891.

參考文獻

Chapter

12 平行計算

以強化學習低取樣效率為基礎的問題，平行計算作為解決方案可以高效率地加速模型訓練過程並提高學習效果。在本章中，我們將具體介紹強化學習中採用平行計算的系統架構。對應不同的應用場景，我們分別分析同步通訊和非同步通訊，並詳細說明平行計算在多種網路拓撲結構中的不同運算方式。透過平行計算，經典的分散式強化學習演算法和架構將被逐一介紹並互相比較。最終，我們將複習一般性的分散式運算架構的基本組成和組成元素。

12.1 簡介

在深度強化學習中，針對模型的訓練需要大量資料。以 OpenAI Five (OpenAI et al., 2019) 為例，為了使智慧體能夠透過學習在 Dota 遊戲中做出明智的決策，每兩秒鐘就大概有 2 百萬組資料被用來訓練模型。不僅如此，從最佳化的角度，特別在以策略梯度為基礎的方法中，大量的訓練資料能夠有效地降低結果的方差。然而，由於在強化學習中，智慧體和環境的互動限制於在時間上循序執行，強化學習的演算法在擷取資料上往往存在低效率的問題，從而帶來不理想的訓練結果和緩慢的收斂速度。平行計算，即對相互分離獨立的任務以同時計算的方式，為解決強化學習問題帶來有效的解決方案。一般來說，平行計算中的平行性可以表現在以下兩個方面：

- **計算的平行性**：資料計算是包括特徵工程、模型學習，以及結果評估等任務在內的核心過程，是由每一個計算單元具體操作執行的，不同的操作單元可以根據任務的大小和種類靈活地結合並擴充到不同的規模。在同等級規模的任務中，計算的性能和表現取決於以下兩類策略：一類是合併多個計算單元共同計算一個任務，另一類是分別使用多個計算單元同時平行計算多個任務。以第一類計算策略為基礎，隨著越來越多的計算單元用於一個計算任務，完成任務的效率會先上升，然後會因為一些瓶頸的環節而逐漸收斂。因而在深度強化學習中，在有運算資源充足的前提下，將一個計算任務拆分成多個相互獨立的子任務，並且將每個子任務分配適當的運算資源進行平行計算，是尋求計算效率提升的重要方向。
- **資料傳輸的平行性**：在擁有充足的運算資源時，運算資源之間的資料傳輸會成為解決問題效率的瓶頸。一般來說，為了避免傳輸的過多容錯，平衡網路中傳輸的資料量並且降低傳輸延遲時間，以不同為基礎的應用提出了不同的資料傳輸網路拓撲模型。在平行計算中，由於多個處理程序或執行緒可能同時需要完成不同的任務。管理資料的傳輸並且在有限傳輸頻寬的網路中，保證傳輸效率是極具挑戰的。

在監督學習的設定中，一種簡單的提升學習速度的方法是同時訓練多種不同的訓練資料。然而，在深度強化學習中，智慧體和環境需要在時間上順序多次互動來逐步獲得有效資訊，因而不可能把所有資料集合在一起讓模型同時學習。在深度強化學習中提高平行計算的能力可以透過讓智慧體在訓練中同時平行學習多個訓練軌跡，或可以累積批次的資料來訓練深度強化學習模型中的參數。在本章中，我們即從計算的平行性和資料傳輸的平行性的角度分析深度強化學習中可以採取平行計算的方面，並且在解決大規模深度強化學習問題的同時，我們將介紹當前重要的分散式運算的演算法和架構。

12.2 同步和非同步

在平行計算中，最普及的資料計算和傳輸方法採用類似星形的拓撲結構，是由一個主節點和多個從節點組成的。主節點整體上管理資料資訊，完成從從節點的資料分發和收集。以從從節點收集到為基礎的資料，整體的網路參數將得到學習並更新。每一個從節點，對應地，會從主節點收到分配的資料，進行具體的資料計算，並將計算的結果提交給主節點。由於在主節點的管理下，同時可以有多個從節點進行資料計算。這樣的平行計算可以合作高效率地完成大規模模型參數訓練問題。

星形結構在解決深度強化學習的問題中獲得了廣泛的應用，舉例來說，在 Actor-Critic 方法的平行計算版本，通常會採用一個主節點，以及多個從節點。每個從節點會維護一個深度策略網路，該策略網路的結構和其他從節點和主節點一樣。因此，從節點在初始化的時候會從主節點，同步策略網路的參數，然後其將獨立與環境互動學習。在與環境互動之後，從節點將再次和主節點通訊，將學習到的資訊提交給主節點，其中學習到的資訊以不同為基礎的架構可以是單步探索所得到的經驗、連續探索的軌跡的經驗、儲存的帶有權重的探索經驗、網路參數的梯度資訊，等等。在收集到每個從節點探索並學習的經驗和回饋之後，主節點將更新其網路的參數，並同步給所有從節點，用於從節點下一輪的探索。

星形拓撲結構清晰地將任務細分，透過多個從節點的平行計算加速了智慧體對策略的學習。然而以不同為基礎的運算能力，不同從節點完成探索並收集經驗的時間可能不會完全相同，因而制定資料傳輸的模式會因所解決的問題和系統架構的不同而有所變化。一般來說，其分為同步通訊和非同步通訊兩種模式。

同步通訊模式如圖 12.1 所示，其中紅色的區間代表資料通訊所使用的時間，藍色的區間表示與環境互動和資料計算所使用的的時間。值得注意的是，在同步通訊模式中，所有從節點將使用完全相同的時間區間進行資訊互動。主節點將用相同固定的時間段同時與所有從節點進行通訊。然而，有更強算力的從節點不得不等待其他所有弱算力的節點完成本輪計算任務之後才能繼續和主節點通訊，因而同步通訊模式雖然對主節點來說在收集分析從節點計算結果的時間分配上更為清晰固定，但是在從節點中會有大量運算資源因為等待同步而造成浪費。

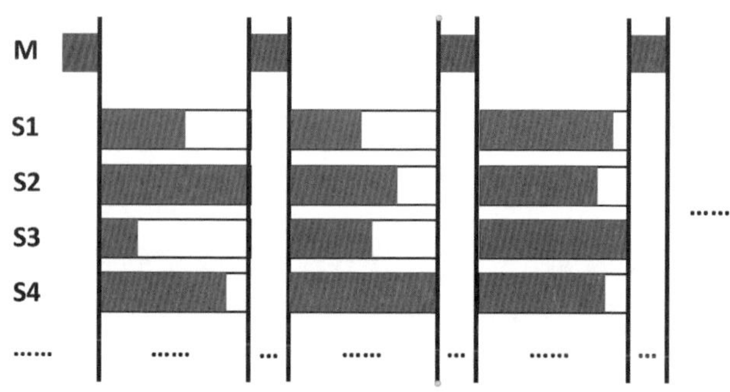

圖 12.1 同步通訊

為了減少從節點的等待時間，提升運算資源的使用效率，非同步通訊模式對應被提出。如圖 12.2 所示，只要從節點完成了本輪的計算或探索任務，可以立刻將資訊提交給主節點。只有從節點提交資訊，主節點才會用收集到的資訊更新網路參數並與該從節點進行同步，使其從節點能夠繼續開始下一輪的計算或探索任務。以此種方式為基礎，主節點和許多從節點的資料通訊將在多段不同的時間區間內完成，主節點需要不定時地與不同的從節點進行通訊，確保從節點中的運算資源獲得了充分的利用。

圖 12.2 非同步通訊

12.3 平行計算網路

星形拓撲結構採用了集中控制式平行計算的方式，其中存在一個主節點管理並維護整個系統，使其確保所有分散式運算的任務能夠進行得井井有條。然而，從另一個方面來說，主節點同樣也是整個系統最薄弱的部分，為了確保計算的高性能，主節點需要在處理資料上比從節點更具效率。另外，由於所有從節點可能需要將資訊同時傳輸給主節點，為了避免過大的傳輸延遲時間，主節點的資料傳輸頻寬需要足夠大。不僅如此，系統的穩定性將大大取決於主節點，如果主節點有任何的停機事件，整個系統將停止工作，即使所有的從節點存在大量可用的運算資源。

綜上所述，對很多對穩定性和大規模平行計算有需求的應用來說，擁有一個分散式資料計算和通訊的結構十分必要。我們假設有多個相互獨立的處理程序，其中每個處理程序會建立並維護一個結構相同的深度學習網路，並且處理程序與處理程序之間會保持頻繁的通訊，以使網路參數保持同步。由於每個處理程序需要與所有其他處理程序通訊，當處理程序的數量增加時，處理程序間通訊的成本將指數級上升。為了降低容錯的通訊並高效率地實現資訊同步，具有訊息傳遞介面（Message Passing Interfaces，MPI）的處理程序間通訊（Inter-Process Communication，IPC）方式將被採納。一般來說，MPI 提供基本的處理程序進行資料發送，廣播和接收的介面標準，以這些標準為基礎，不同的通訊結構得以進一步提出並由此提高資訊交流效率。一些經典的通訊結構舉例如下。

- **樹狀結構通訊**: 設系統中有N個處理程序，當其中一個處理程序希望將其自身的網路參數資訊廣播給其他$N-1$個處理程序時，可以透過如圖 12.3 所示的樹狀結構通訊。在樹狀通訊結構中，該處理程序首先會將資訊發送給其周圍$m-1$個處理程序，然後在下一步迭代中，其周圍的$m-1$個處理程序均會將資訊平行發送新的$m-1$個不同的處理程序。因此，隨著平行通訊數目的增加，該處理程序僅需要$\lceil \log_m N \rceil$次迭代即可將資訊發送給所有其他$N-1$個處理程序，其中每個處理程序只需要完成$(m-1)\lceil\log_m N\rceil$次通訊。相比於星形結構中每個處理程序都需要把資訊分別發送給所有其他的處理程序，樹狀結構通訊透過提高迭代次數使用平行通訊的方式大大降低了所有處理程序發送資訊的總數。

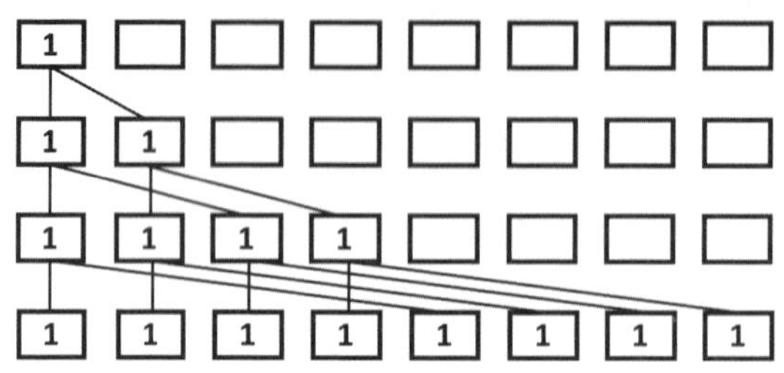

圖 12.3 樹狀結構通訊

- **蝴蝶形結構通訊**: 當所有N個處理程序需要同時將自身的資訊廣播給所有其他處理程序時，每個處理程序將可以透過樹狀結構的形式進行通訊，從而疊加為蝴蝶形通訊結構。如圖 12.4 所示，蝴蝶形通訊結構中，每個處理程序首先將資訊發送給其周圍$m-1$個處理程序，並同時收集並處理其他處理程序發來的資訊用於下一次迭代中資訊的發送。由於每個處理程序會在每次迭代中收集並處理其他處理程序發來的資訊，所以其分散式的資訊發送和處理效率獲得了進一步的提升。一般來說，所有處理程序需要$(m-1)\lceil\log_m N\rceil$次迭代完成所有資訊的通訊，並且每個處理程序一共只需要完成$(m-1)\lceil\log_m N\rceil$次通訊。另外，在這個系統中無論其中哪一個處理程序出現故障中斷，其他處理程序之間仍可以繼續完成資訊的同步而不受到影響。

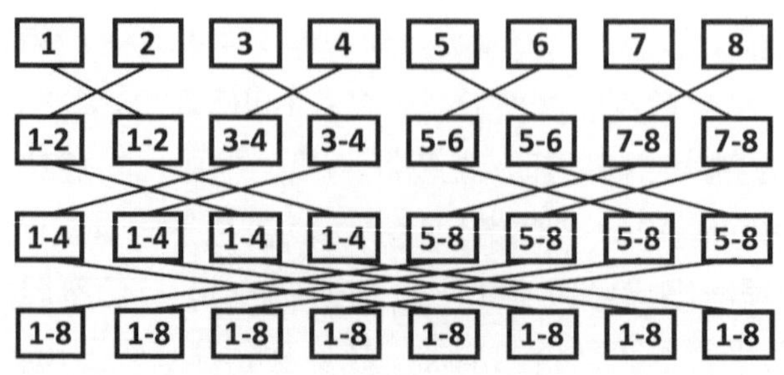

圖 12.4 蝴蝶形結構通訊

以不同結構為基礎的通訊，深度強化學習演算法中平行資料計算和資料傳輸的方式是靈活且多樣的。對於不同的應用，為了提高平行性和處理效率，深度強化學習演算法的架構也會對應地有所調整，在下一節中，我們將進一步分析並複習深度強化學習中一般性的分散式運算架構。

12.4 分散式強化學習演算法

12.4.1 非同步優勢 Actor-Critic

非同步優勢 Actor-Critic（Asynchronous Advantage Actor-Critic，A3C）(Mnih et al., 2016) 是以優勢 Actor-Critic（Advantage Actor-Critic，A2C）演算法為基礎的分散式版本，如圖 12.5 所示，多個行動-學習者（Actor-Learner）將與多個獨立且完全相同的環境互動，並採用 A2C 演算法學習並更新網路參數，因而每個行動-學習者都需要維護一個策略網路和一個價值網路來指導其在與環境的互動中採取明智的決策動作。為了使所有的行動-學習者的網路參數初始化相同並保持同步，在所有行動-學習者之外將建立參數伺服器，並使其支持對所有行動-學習者的非同步通訊。

演算法 12.37 非同步優勢 Actor-Critic （Actor-Learner）

超參數: 總探索步數 $T_{\max}$，每個週期內最多探索步數 $t_{\max}$。
初始化步數 $t = 1$
while $T \leqslant T_{\max}$ **do**
　初始化網路參數梯度: $\mathrm{d}\theta = 0$ 和 $\mathrm{d}\theta_v = 0$
　和參數伺服器保持同步並獲得網路參數 $\theta' = \theta$ 和 $\theta'_v = \theta_v$
　$t_{\text{start}} = t$
　設定每個探索週期初始狀態 S_t
　while 達到終結狀態 or $t - t_{\text{start}} == t_{\max}$ **do**
　　以決策策略 $\pi(S_t|\theta')$ 為基礎選擇決策行為 a_t
　　在環境中採取決策行為，獲得獎勵 R_t 和下一個狀態 S_{t+1}。
　　$t = t + 1, T = T + 1$。

end while

if 達到終結狀態 **then**

$R = 0$

else

$R = V(S_t|\theta'_v)$

end if

for $i = t-1, t-2, \cdots, t_{\text{start}}$ **do**

更新折扣化獎勵 $R = R_i + \gamma R$。

累積參數梯度 θ', $\mathrm{d}\theta = \mathrm{d}\theta + \nabla_{\theta'}\log\pi(S_i|\theta')(R - V(S_i|\theta'_v))$。

累積參數梯度 θ'_v, $\mathrm{d}\theta_v = \mathrm{d}\theta_v + \partial(R - V(S_i|\theta'_v))^2/\partial\theta'_v$。

end for

以梯度 $\mathrm{d}\theta$ 和 $\mathrm{d}\theta_v$ 為基礎非同步更新 θ 和 θ_v

end while

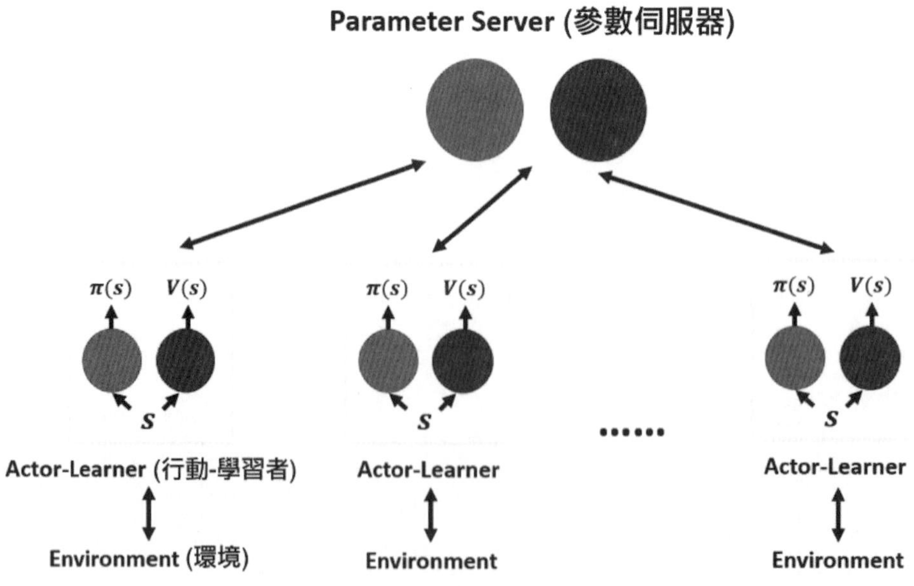

圖 12.5 A3C 架構

從每一個行動-學習者的角度，其具體的學習演算法如演算法 6 所述，在每個學習週期中，透過非同步通訊，每個行動-學習者首先會從參數伺服器中同步其網路參數，以更新為基礎的策略網路，行動-學習者會做出決策動作並與環境最多互動$t_{\max}$次，與環境互動探索的經驗會被收集並用來訓練其自身的策略網路和價值網路，分別得到兩個網路參數的更新梯度$\mathrm{d}\theta$和$\mathrm{d}\theta_v$。在行動-學習者和環境互動$T_{\max}$次後，行動-學習者會將兩個網路所有累積的梯度之和提交給參數伺服器，使其能夠分別非同步更新網路服務器中的網路參數θ和θ_v。

12.4.2 GPU/CPU 混合式非同步優勢 Actor-Critic

為了更進一步地利用 GPU 的運算資源從而提高整體計算效率，A3C 進一步最佳化提升為 GPU/CPU 混合式非同步優勢 Actor-Critic（Hybrid GPU/CPU A3C，GA3C）(Babaeizadeh et al., 2017)，如圖 12.6 所示，在學習模型與環境的互動過程中，GA3C 演算法主要由智慧體、預測者（Predictor）和訓練者（Trainer）三部分組成，每一部分的功能具體如下。

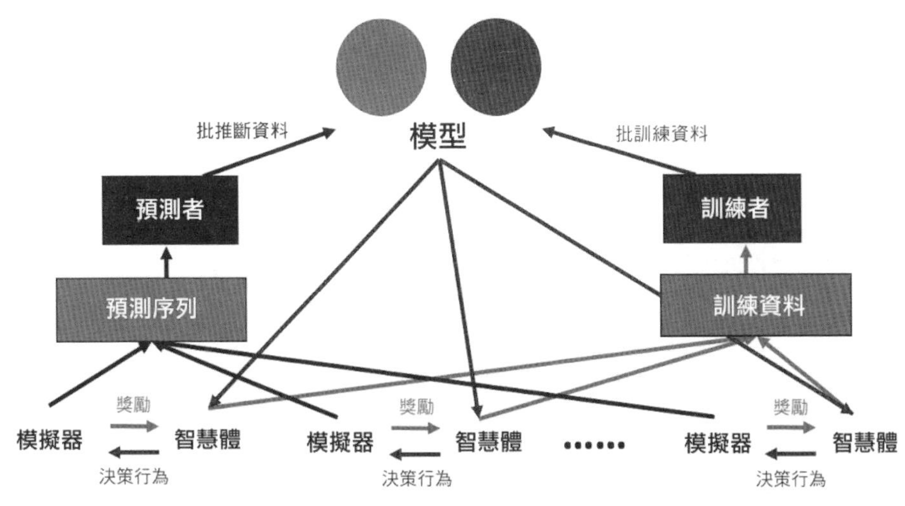

圖 12.6 GA3C 架構

- **智慧體**：在 GA3C 演算法中，多個智慧體分別與模擬的環境進行互動，然而每個智慧體自身不需要維護一個策略網路來指導其做出決策動作，而是以當前為基礎的狀態S_t，將如何決策的請求發送給預測序列，預測者則會根據整體策略網路順序為預測序列中的請求提供決策建議。當智慧體採取A_t決策動作，透過與環境的互動獲得獎勵R_t並進入狀態S_{t+1}時，智慧體會將其探索經驗的資訊(S_t, A_t, R_t, S_{t+1})發送到訓練佇列，用於學習網路參數的訓練提升。
- **預測者**：當預測者從智慧體中收集決策請求並儲存在預測佇列中，再進行模型推論時，將從預測佇列中批次獲取決策請求，並將其輸入決策網路中，從而為每一個請求得到建議的決策動作。由於批次的資料登錄使得模型在推論時可以利用 GPU 的平行計算能力，因而提升了學習模型的計算效率。以不同為基礎的請求數量，預測者和其預測佇列的數目可以隨之調整用於控制資訊的處理速度，降低計算延遲，從而進一步提升計算效率。
- **訓練者**：在收到多個智慧體的互動經驗資訊後，訓練者會將資訊儲存在訓練佇列中，並從中批次選取資料，用於整體策略網路和價值網路的模型訓練。同樣，在模型訓練中，批次的資訊輸入利用 GPU 的平行計算能力提升了計算效率，同時也降低了訓練結果的方差。

12.4.3 分散式近端策略最佳化

分散式近端策略最佳化（Distributed Proximal Policy Optimization，DPPO）是 PPO 演算法的分散式版本，如圖 12.7 所示，其中領導者和工人分別與 A3C 演算法中的參數伺服器和行動-學習者的功能相對應。DPPO 演算法將資料的擷取和梯度計算分佈在多個工人中執行，從而大大降低了學習的時間。週期性地接收每一個工人提交的平均梯度值，領導者會更新其自身的網路參數並將最新的網路參數同步更新給所有工人。

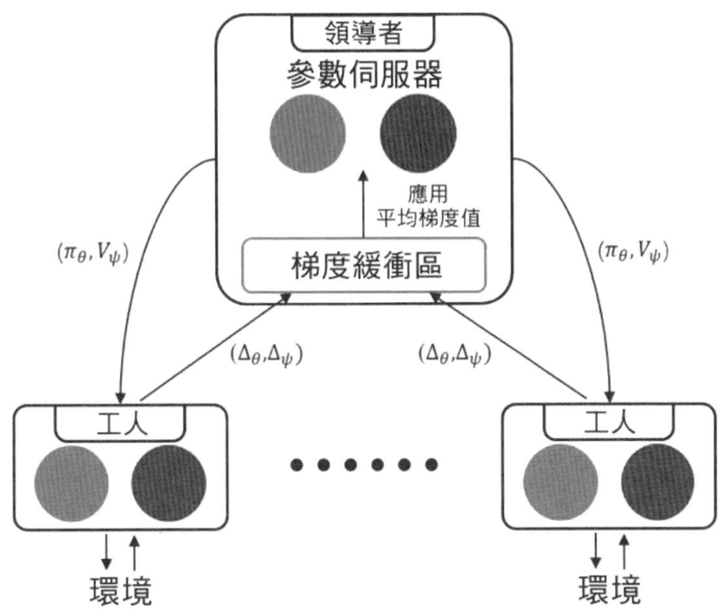

圖 12.7 DPPO 架構

DPPO 演算法的虛擬程式碼從領導者（Chief）和工人（Worker）的角度分別由演算法 12.38、演算法 12.39 和演算法 12.40 所述，由於工人可以以 PPO 演算法兩種版本 PPO-Penalty 和 PPO-Clip 中的為基礎，因而本節相對應地提出兩種 DPPO 演算法，分別為 DPPO-Penalty 和 DPPO-Clip。這兩種演算法在領導者的部分是相和的，唯一的差別是工人計算梯度的方法，具體可見以下虛擬程式碼。

演算法 12.9 DPPO (Chief)

超參數: workers 數目 W，可獲得梯度的 worker 數目門限值 D, 次迭代數目 M, B。

輸入: 初始全域策略網路參數 θ，初始全域價值網路參數 ϕ。

for k = 0,1,2, ⋯ **do**

    for $m \in \{1, \cdots, M\}$ **do**

        等待至少可獲得 $W - D$ 個 worker 計算出來梯度 θ，去梯度的平均值並更新全域梯度θ。

    end for

    for $b \in \{1, \cdots, B\}$

等待至少可獲得 $W-D$ 個 worker 計算出來梯度 ϕ，去梯度的平均值並更新全域梯度 ϕ。

end for

end for

領導者從工人中收集網路參數的梯度資訊並用於更新其自身的網路參數。由演算法 12.38 所示，在每一次迭代中，策略網路和價值網路分別將執行 M和B次子迭代。在每一次子迭代中，領導者至少等待所有工人提交$(W-D)$組梯度資料，然後用所有這些梯度的平均值來更新網路參數。更新的網路參數將和所有工人同步，用於其之後的取樣和梯度計算。

從自身的角度會收集資料樣本並計算梯度，然後將梯度傳遞給領導者。演算法 10 和演算法 12.39 除在計算策略梯度的部分外大致相同，在每次迭代中，工人首先會收集一組資料$\mathcal{D}_k$，並根據收集的資料計算演算法中的$\hat{G}_t$或$\hat{A}_t$，將當前探索的策略π_θ儲存為π_{old}，在策略網路和價值網路中分別重複 M和B次子迭代過程。

演算法 12.39 DPPO (PPO-Penalty worker)

超參數: KL 懲罰係數 λ, 自我調整參數 $a=1.5, b=2$, 次迭代數目 M, B。

輸入: 初始局部策略網路參數 θ, 初始局部價值網路參數 ϕ。

for k = 0,1,2, ⋯ **do**

透過在環境中採用策略 π_θ 收集探索軌跡 $\mathcal{D}_k=\{\tau_i\}$

計算 rewards-to-go $\hat{G}_t$

以當前價值函數 V_{ϕ_k} 計算為基礎對 advantage 的估計，$\hat{A}_t$（可選擇使用任何一種 advantage 估計方法）。

儲存部分軌跡資訊

$\pi_{\text{old}} \leftarrow \pi_\theta$

for $m \in \{1, \cdots, M\}$ **do**

$$J_{\text{PPO}}(\theta)=\sum_{t=1}^{\mathrm{T}} \frac{\pi_\theta(A_t|S_t)}{\pi_{\text{old}}(A_t|S_t)} \hat{A}_t-\lambda \mathrm{KL}[\pi_{\text{old}}|\pi_\theta]-\xi \max(0, \mathrm{K}L[\pi_{\text{old}}|\pi_\theta]-2\mathrm{K}L_{\text{target}})^2$$

if $\mathrm{K}L[\pi_{\text{old}}|\pi_\theta]>4KL_{\text{target}}$ **then**

break 並繼續開始 $k+1$ 次迭代

end if

計算 $\nabla_\theta J_{\text{PPO}}$

發送梯度資料 θ 到 chief

等待梯度被接受或被捨棄，更新網路參數。

end for

for $b \in \{1, \cdots, B\}$ **do**

$L(\phi) = -\sum_{t=1}^{\mathrm{T}} (\hat{G}_t - V_\phi(S_t))^2$

計算 $\nabla_\phi L$

發送梯度資料 ϕ 到 chief

等待梯度被接受或被捨棄，更新網路參數。

end for

計算 $d = \hat{\mathbb{E}}_t[\mathrm{K}L[\pi_{\text{old}}(\cdot\,|S_t), \pi_\theta(\cdot\,|S_t)]]$

if $d < d_{\text{target}}/a$ **then**

$\lambda \leftarrow \lambda/b$

else if $d > d_{\text{target}} \times a$ **then**

$\lambda \leftarrow \lambda \times b$

end if

end for

演算法 12.40 DPPO (PPO-Clip worker)

超參數: clip 因數 ϵ, 次迭代數目 M, B。

輸入: 初始局部策略網路參數 θ, 初始局部價值網路參數 ϕ。

for k = 0,1,2, ⋯ **do**

透過在環境中採用策略 π_θ 收集探索軌跡 $\mathcal{D}_k = \{\tau_i\}$

計算 rewards-to-go $\hat{G}_t$

以當前價值函數 V_{ϕ_k} 計算為基礎對 advantage 的估計，$\hat{A}_t$（可選擇使用任何一種 advantage 估計方法）。

儲存部分軌跡資訊

$\pi_{\text{old}} \leftarrow \pi_\theta$

for $m \in \{1, \cdots, M\}$ **do**

透過最大化 PPO-Clip 目標更新策略：

$$J_{\mathrm{PPO}}(\theta)=\frac{1}{|\mathcal{D}_k|T}\sum_{\tau\in\mathcal{D}_k}\sum_{t=0}^{\mathrm{T}}\min\left(\frac{\pi_\theta(A_t|S_t)}{\pi_{\mathrm{old}}(A_t|S_t)}\hat{A}_t(\frac{\pi(A_t|S_t)}{\pi_{\mathrm{old}}(A_t|S_t)},1-\epsilon,1+\epsilon)\hat{A}_t\right)$$

計算 $\nabla_\theta J_{\mathrm{PPO}}$

發送梯度資料 θ 到 chief

等待梯度被接受或被捨棄，更新網路參數。

end for

for $b\in\{1,\cdots,B\}$ **do**

透過回歸均方誤差擬合價值方程式：

$$L(\phi)=-\frac{1}{|\mathcal{D}_k|T}\sum_{\tau\in\mathcal{D}_k}\sum_{t=0}^{\mathrm{T}}\left(V_\phi(S_t)-\hat{G}_t\right)^2$$

計算 $\nabla_\phi L$

發送梯度資料 ϕ 到 chief

等待梯度被接受或被捨棄，更新網路參數。

end for

end for

在 DPPO-Clip 中，網路參數λ會在所有工人中共用，但是否更新取決於每一個工人計算的平均 KL 散度。另外，在工人們共用的資料中建議使用統計值，舉例來說，對觀察到的資料，獎勵和優勢函數透過計算平均值和標準差，使其具有歸一化。另外，在 DPPO-Clip 演算法中，當 KL 散度超過一定數值後會增加額外的處罰項。對於策略網路，在每次子迭代過程中會採用早停法來進一步提高演算法穩定性。

12.4.4 重要性加權的行動者-學習者結構和可擴充高效深度強化學習

以 A2C 學習演算法為基礎，重要性加權的行動者-學習者結構（Importance Weighted Actor-Learner Architecture，IMPALA）在分散式運算中使用智慧體探索軌跡的所有經驗作為通訊資訊。如圖 12.8 所示，IMPALA 架構由行動者和學習者組成，具體介紹如下：

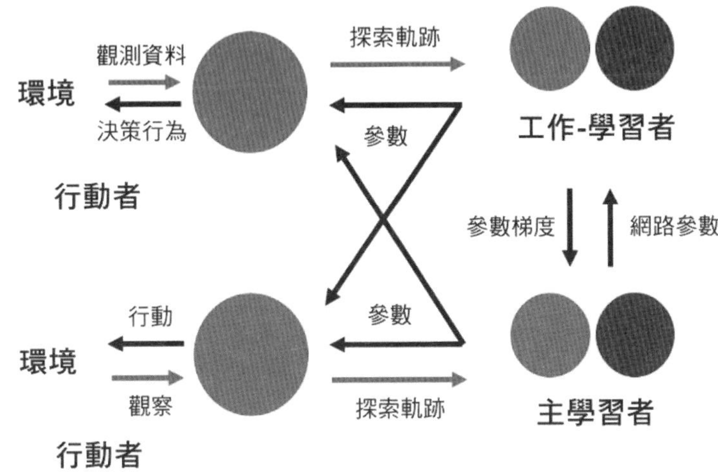

圖 12.8 重要性加權的行動者-學習者結構

- **行動者**：每個行動者中會有一個複製的策略網路，用於在和模擬的環境互動時做出決策，在互動時收集到的經驗將儲存到緩衝區中，在與環境互動固定次數後，每個行動者會將其儲存的探索軌跡經驗發送給學習者，並和其他行動者以同步通訊的方式從學習者中收到更新的策略網路參數資訊。
- **學習者**：透過和行動者通訊，學習者收到所有行動者收集的軌跡經驗資訊並用其訓練模型，設在狀態S_T下的價值估計為n步 V 軌跡 Target，定義以下

$$\text{Target} = V(S_T) + \sum_{t=T}^{T+n-1} \gamma^{t-T}(\Pi_{i=T}^{t-1} c_i)\delta_t V, \tag{12.1}$$

其中$\delta_t V = \rho_t(R_t + \gamma V(S_{t+1}) - V(S_t))$表示時間差分。$\rho_t = \min(\bar{\rho}, \frac{\pi(S_t)}{\mu(S_t)})$。$c_i = \min(\bar{c}, \frac{\pi(S_i)}{\mu(S_i)})$。$\pi$為學習者的決策策略，為上一輪同步時所有行動者的策略μ的平均值。

大規模模型訓練演算法可以存在多個學習者，細分為工人學習者和主學習者，每個學習者會和不同的行動者通訊並獨立完成模型訓練，但週期性地，所有工人學習者需要和主學習者通訊，每個工人學習者會將學習到的網路參數梯度發送給主學習者，然後主學習者會更新其自身的網路參數並同步更新到所有的工人學習中。

可擴充高效深度強化學習（Scalable，Efficient Deep-RL，SEED）架構 (Espeholt et al., 2019) 和 IMPALA 十分類似，主要的區別在於策略網路的推斷過程會從行動者部分轉移到學習者中，從而降低了行動者的算力要求和通訊延遲時間。具體的 SEED 架構如圖 12.9 所示，由於每個行動者中只需要完成和環境的互動，很多弱算力的運算資源可以加入架構中並成為獨立的行動者。根據學習者指導的決策動作，每一個行動者將一步的經驗回饋給學習者，其回饋的經驗資訊將首先儲存在學習者的經驗緩衝器中。在多次迭代之後，批次的軌跡經驗資料將提供給學習者進行模型訓練，其中方程式 (1) 中 V 軌跡目標也被使用作為狀態的價值估計。

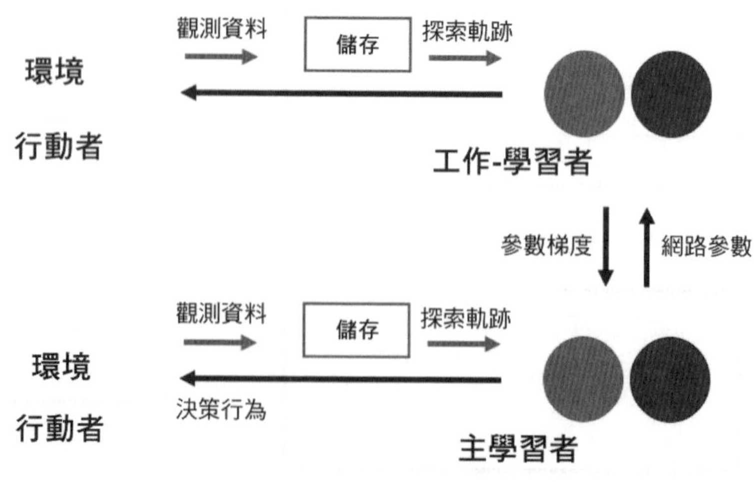

圖 12.9 可擴充高效深度強化學習架構

12.4.5 Ape-X、回溯-行動者和分散式深度循環重播 Q 網路

在分散式網路中，考慮到智慧體和環境的頻繁互動，將帶有優先順序的經驗重播加入架構中對規模化場景很有助益。Ape-X (Horgan et al., 2018) 是典型的包含帶有優先順序的經驗重播部分的分散式架構，如圖 12.10 所示。設有多個相互獨立的行動者，在每個行動者中會有一個智慧體在策略網路的指導下與環境進行互動。以從多個行動者中收集為基礎的經驗資訊，學習者將訓練其網路參數，從而學習最佳的動作策略。不僅如此，除了行動者和學習者，演算法中還有重播緩衝區收集所有行動者擷取的資訊，維護並更新每一個儲存經驗的優先順序，並且根據優先程度從中批次選取資料發送給學習者進行模型訓練。經過重播緩衝區的處理，批次且標有優先順序的訓練資料能夠有效地提升計算效率及模型訓練結果。

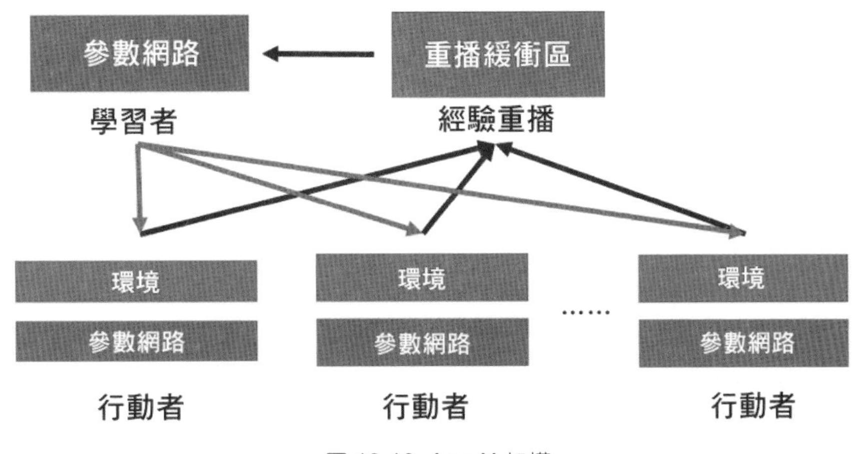

圖 12.10 Ape-X 架構

在行動者中的演算法如演算法 12.41 所示，其中每一個行動者首先和學習者在策略網路參數上保持同步，更新的網路參數資訊將指導智慧體和環境發生互動。在收到環境帶來的回饋後，行動者會計算其中探索經驗資料的優先順序，並將帶有優先順序資訊的資料發送給重播緩衝區。

當重播緩衝區從行動者中收集到確定數目的經驗資訊後，學習者將開始從重播緩衝區獲取批次資訊進行學習。從學習者的角度如演算法 12.42 所示，在每個模型訓練週期中，學習者首先將從重播緩衝區中獲得帶有優先順序的批次經驗資料，每個資料資訊用$(i, \mathbf{d})$表示，其中i表示資料的索引編號，**d**為具體的經驗資料資訊，其中包括初始狀態、決策動作、獎勵和採取動作後到達的狀態四個部分。批次的經驗資料將用來訓練學習者的網路參數，並週期性地將更新的網路參數與所有行動者中的策略網路參數保持同步。另外，在模型訓練之後，取樣資料的優先順序將被調整並在重播緩衝區中更新。由於容量大小的限制，在重播緩衝區中會週期性地將具有較低優先順序的資料刪除。

當訓練模型分別使用 DQN 或 DPG 演算法的時候，以如上架構為基礎，Ape-X 深度 Q 網路（Ape-X DQN）和 Ape-X 深度策略梯度（Ape-X DPG）相對應被提出。在 Ape-X DQN 中，Q網路存在學習者和所有行動者中，在行動者中智慧體的決策動作受網路產生的Q值指導；在 Ape-X DPG 中，學習者將建構策略網路和價值網路，而在行動者裡只有相同結構的策略網路，用於指導其智慧體制定策略動作。

演算法 12.41 Ape-X (Actor)

超參數: 單次批次發送到重播緩衝區的資料大小 B、迭代數目 T。

與學習者同步並獲得最新的網路參數 θ_0

從環境中獲得初始狀態 S_0

for t = $0,1,2,\cdots,T-1$ **do**

　以決策策略 $\pi(S_t|\theta_t)$為基礎選擇決策行為 A_t

　將經驗 (S_t, A_t, R_t, S_{t+1}) 加入當地緩衝區

　if 當地緩衝區儲存資料達到數目門限值 B **then**

　　批次獲得緩衝資料 B

　　計算獲得緩衝資料的優先順序 p

　　將批次緩衝資料和其更新的優先順序發送重播緩衝區

　end if

週期性同步並更新最新的網路參數 θ_t

end for

演算法 **12.42** Ape-X (Learner)

超參數: 學習週期數目 T

初始化網路參數 θ_0

for $t = 1,2,3,\cdots,T$ **do**

從重播緩衝區中批次取樣帶有優先順序的資料 (i, d)

透過批次資料進行模型訓練

更新網路參數θ_t

對於批次資料 d 計算優先順序 p

更新重播緩衝區中索引 i 資料的優先順序 p

週期性地從重播緩衝區中刪除低優先順序的資料

end for

同樣設立帶有優先順序的分散式重播緩衝區，回溯-行動者（Retrace-Actor, Reactor）Reactor）(Gruslys et al., 2017)以 Actor-Critic 架構被提出為基礎，取代之前的單一經驗資訊，一個序列的經驗資訊將被同時輸入緩衝區中，並採用 Retrace(λ)演算法來更新對Q值的估計。在神經網路中，LSTM 網路將在策略和價值網路中使用，並獲得很好的模型訓練結果。

同理，分散式深度循環重播 Q 網路（Recurrent Replay Distributed DQN，R2D2）R2D2）(Kapturowski et al., 2019)在帶有優先順序的分散式重播緩衝區中採用具有固定長度序列的經驗格式，以深度 Q 網路（DQN）演算法為基礎，R2D2 同樣在策略網路中使用 LSTM 層，並且用存在重播快取區中的狀態資料訓練網路。

12.4.6 Gorila

以深度 Q 網路演算法（General Reinforcement Learning Architecture，Gorila）(Nair et al., 2015) 為基礎如圖 12.11 所示。在此架構中，當和參數

伺服器中深度 Q 網路的參數保持同步之後，行動者將在深度 Q 網路的指導下和環境進行互動，並將透過互動收集到的經驗直接發送到重播緩衝區。重播緩衝區將儲存並管理所有從行動者中收集經驗資訊。當從重播緩衝區中獲取批次資料後，學習者將進行模型學習並計算 Q 網路中參數的梯度。在學習者中會用一個學習 Q 網路和一個目標 Q 網路來計算 TD 誤差，其中學習 Q 網路將在學習的每一步和參數伺服器中的網路參數保持同步，然而目標 Q 網路只在每過N步之後和參數伺服器同步。參數伺服器將週期性地從學習者中接收網路參數的梯度資訊，並更新自身的網路參數，以使之後的探索更具效率。

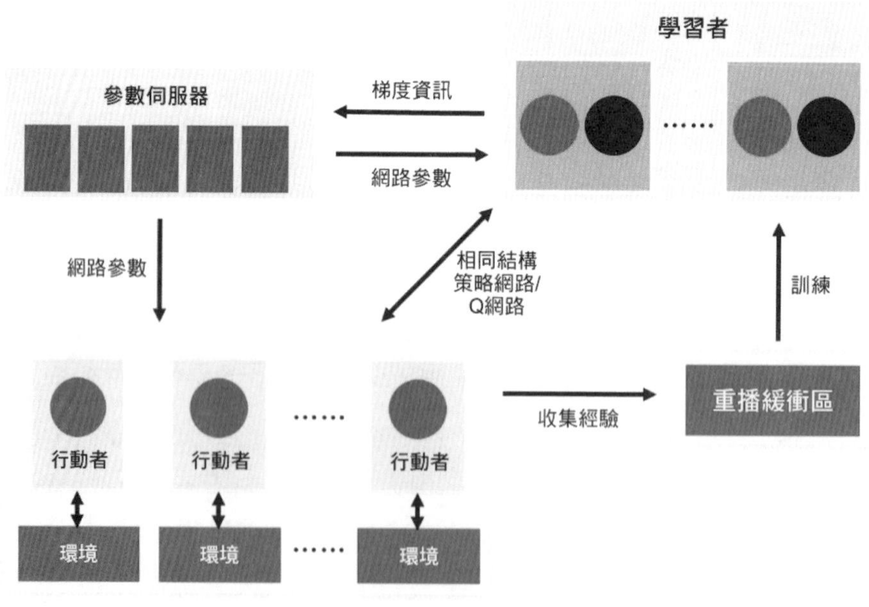

圖 12.11 Gorila 架構

12.5 分散式運算架構

以平行計算為基礎的基本模式和結構，在分散式強化學習中，大規模平行計算架構能夠得以進一步探索和研究。一般來說，其系統一般會有以下基本組成元素：

- **環境**（Environments）：環境是智慧體需要與其互動的場景。在深度學習的大規模平行計算中，環境可能會存在多個複製版本，並分別對應到多個行動者中，使其能夠相互獨立地平行探索，獲取經驗，並且，在以模型為基礎的強化學習中，通常會用多個模擬的環境來使其在探索和學習中具備平行性。
- **行動者**（Actors）：系統中行動者通常指直接和環境進行互動的部分。其中，可能會有多個行動者和一個或多個真實或模擬的環境進行互動，並且其中每一個行動者都能在所列出的環境狀態下獨立地做出決策動作。其決策動作可以由行動者自身的策略網路或 Q 網路推斷產生，或是由參數伺服器或其周圍的學習者中共用的策略網路或 Q 網路產生的。當行動者在環境中進行了連續多步的探索之後，探索軌跡將形成。形成的探索軌跡將被提交到重播儲存緩衝器或直接提交給學習者。由於行動者和環境的互動需要花費很多時間，所以，行動者探索和資料收集的平行性能夠提升獲得經驗資料的速度，從而可以將批次資料發送給學習者訓練模型，訓練效果得到很大提升。
- **重播儲存緩衝區**（Replay Memory Buffers）：重播儲存緩衝區將從所有行動者中收集探索軌跡，並將其整理後提供給學習者用於策略學習或 Q 學習。由於儲存緩衝區需要快速的資料讀寫和資料打亂重排，資料儲存的結構同樣需要支援動態且平行的方式。並且，由於大多數學習者依賴重播儲存緩衝區中的資料進行模型訓練。為了保證模型訓練的高效率，建議在重播儲存緩衝區分配在學習者的周圍並高效連通。

- **學習者**（Learners）：學習者是深度強化學習的關鍵組成部分，以不同為基礎的深度強化學習方法，學習者的結構也將各有不同。通常來說，每個學習者會維護一個策略網路或 Q 網路，並且用從重播儲存緩衝區中得到的行動者與環境互動的經驗資訊來訓練深度網路參數。在訓練前後，學習者均會和參數伺服器進行通訊，使其在訓練前同步深度網路參數資訊，並在訓練後提交訓練得到的參數梯度資訊。多個學習者和參數伺服器的通訊方式可以是同步或非同步的。
- **參數伺服器**（Parameter Servers）：參數伺服器是從學習者中收集所有資訊並維護管理策略網路或 Q 網路中的參數資訊。參數伺服器將週期性地和所有學習者保持同步，使每個學習者獲得其他學習者學習得到的資訊，並且參數伺服器能夠在行動者和環境互動時幫助其制定決策策略。在大規模深度強化學習系統中，為了保證參數伺服器和學習者及行動者通訊時的穩定性和高效率，參數伺服器自身也可以具有多種不同的架構，其內部也可採用集中式或分散式的資料通訊方式。

一般性的分散式運算架構可以採納其中元素組合形成。由於其中的每一部分可獨立且平行進行資料的儲存，傳輸或計算，其架構可以根據要解決的問題適應性調整並靈活改變，從而充分滿足應用中多樣的學習任務需求。

參考文獻

- BABAEIZADEH M, FROSIO I, TYREE S, et al., 2017. Reinforcement learning thorugh asynchronousadvantage actor-critic on a gpu[C]//ICLR.
- ESPEHOLT L, MARINIER R, STANCZYK P, et al., 2019. Seed rl: Scalable and efficient deep-rl withaccelerated central inference[J]. arXiv preprint arXiv:1910.06591.
- GRUSLYS A, DABNEY W, AZAR M G, et al., 2017. The reactor: A fast and sample-efficient actor-criticagent for reinforcement learning[Z].

- HORGAN D, QUAN J, BUDDEN D, et al., 2018. Distributed prioritized experience replay[Z].
- KAPTUROWSKI S, OSTROVSKI G, DABNEY W, et al., 2019. Recurrent experience replay in distributedreinforcement learning[C]//International Conference on Learning Representations.
- MNIH V, BADIA A P, MIRZA M, et al., 2016. Asynchronous methods for deep reinforcement learn-ing[C]//International Conference on Machine Learning (ICML). 1928-1937.
- NAIR A, SRINIVASAN P, BLACKWELL S, et al., 2015. Massively parallel methods for deep reinforce-ment learning[Z].
- OPENAI, :, BERNER C, et al., 2019. Dota 2 with large scale deep reinforcement learning[Z].

應用部分

為了幫助讀者更加深入地了解深度強化學習，並能很快地把相關技術用到實踐中，下面的章節將介紹五個精選的應用，包括 Learning to Run、圖型增強、AlphaZero、機器人學習和以 Arena 平台為基礎的多智慧體強化學習。這些應用覆蓋了盡可能多的細節，幫助讀者了解不同場景下的實現技巧。表 1 列出了該部分的應用及其演算法名稱、策略、動作空間和觀測的形式。我們相信這些內容能幫助讀者根據具體應用來選擇對應類似的專案。

表 1　本書應用部分的複習

應用	演算法	動作空間	觀測
Learning to Run	SAC	連續	連續
圖型增強	PPO	離散	圖片特徵
AlphaZero	MCTS	離散	[c]二值棋盤矩陣（Binary Chessboard Matrix）
機器人學習	SAC	連續	連續
以 Arena 平台為基礎的多智慧體強化學習	MADDPG, etc	任意	任意

Chapter 13

Learning to Run

在這一章，我們提供了一個實踐專案，方便讀者獲得一些深度強化學習應用的經驗，而這個專案是一個由 CrowdAI 和 NeurIPS[1] 2017 主辦的挑戰：Learning to Run。這個環境有 41 維的狀態空間和 18 維的動作空間，二者都是連續的，因此，對於初學者獲取經驗而言是一個較大規模的環境。我們為這個任務提供了一個柔性 Actor-Critic（Soft Actor-Critic，SAC）演算法的解決方案，同時也有一些輔助技巧來提高其表現。

13.1 NeurIPS 2017 挑戰：Learning to Run

13.1.1 環境介紹

Learning to Run 是一個由 CrowdAI 和 NeurIPS 2017 舉辦的競賽，吸引了許多強化學習研究人員的參與。在這個任務中，參與者被要求開發一個控制器，使得一個生理學人體模型可以盡可能快地透過一條複雜而有障礙物的路線。任務中提供了一個肌肉骨骼模型和一個以物理過程模擬環境為基

[1] 該會議名稱當時縮寫爲 NIPS。

礎。為了模擬這個物理和生物力學過程並用強化學習智慧體對其導航，任務提供了一個以 OpenSim 函數庫為基礎的 osim-rl 環境，而 OpenSim 是一個對肌肉骨骼建模的標準物理和生物力學環境。如圖 1 所示是一個包括主體在內的環境場景。

這個環境結合了一個包括兩條腿、一個骨盆、一個代表上半身的部分（軀幹、頭部、手臂）的肌肉骨骼模型。不同部分之間由關節連接（比如膝關節和髖），而這些關節處的活動由肌肉觸發來控制。模型中的這些肌肉有很複雜的路徑（比如，肌肉可以經過不止一個關節，並且模型中有容錯肌肉），而肌肉激勵器本身也是高度非線性的。這個智慧體在 3 維世界中進行 2 維運動。為了便於了解和操作，我們在這個專案中使用的環境相比挑戰賽中使用的有所簡化，因此可能有些地方跟競賽官方文件略微不同。以下是骨骼模型的所有組成部分。

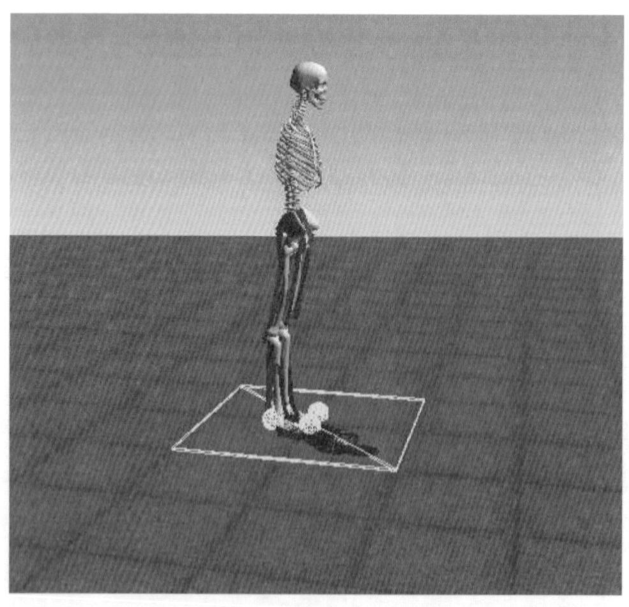

圖 13.1 NeurIPS 2017 挑戰賽：Learning to Run 環境

- 觀察量包括 41 個值：
  * 骨盆位置（角度，x座標，y座標）
  * 骨盆速度（角速度，x速度，y速度）
  * 每個踝關節、膝關節和髖的角度 （6 個值）
  * 每個踝關節、膝關節和髖的角速度 （6 個值）
  * 質心位置（2 個值）
  * 質心速度（2 個值）
  * 頭部、骨盆、軀幹、左右腳趾、左右踝的位置（共 14 個值）
  * 左右腰肌強度：對難度等級低於 2（難度值是一個預設環境參數）的環境，其值為 1.0，否則它是一個隨機變數，在整個模擬週期中取樣於平均值為 1.0、標準差為 0.1 的固定正態分佈。（注意：在我們簡化的環境中，這些腰肌強度值被設為 0.0。）
  * 下一個障礙物：到骨盆的x軸距離，以及其中心相對地面的y座標。（注意：在我們的簡化環境中，所有這些值被設為 0.0，無障礙物出現。）
- 動作包括 18 個純量值，分別表示 18 塊肌肉的觸發程度（每條腿 9 個）：
  * 膕繩肌腱
  * 股二頭肌
  * 臀大肌
  * 髂腰肌
  * 股直肌
  * 股肌
  * 腓腸肌
  * 比目魚肌
  * 脛骨前肌
- 獎勵函數：
  * 獎勵函數由骨盆沿x軸運動距離減去由於使用韌帶的懲罰計算得到。

- 其他細節：
  * "done" 訊號表示這一步是環境模擬的最後一步。這會在 1000 次迭代到達或骨盆高度低於 0.65 公尺時發生。

從以上對環境的描述中我們可以看出，相比於其他 OpenAI Gym 或 DeepMind Control Suite 中的遊戲，這個競賽的環境相對複雜，具有高維觀察量空間和動作空間。因此，以較好的表現和較短的訓練時間解決這個任務需要一些特殊的技巧。我們將介紹這些具體方法及用一個平行訓練框架來解決這個任務。我們在隨書的程式庫中提供了這個環境的備份和解決方案的程式，因此，我們推薦讀者用這個專案進行上手練習。

13.1.2 安裝

根據官方函數庫，這個環境可以用以下命令列安裝：

1. 創建一個包含 OpenSim 軟體套件的 Conda 環境（命名為 opensim-rl）。

```
conda create -n opensim-rl -c kidzik opensim python=3.6.1
```

2. 啟動我們剛創建的 Conda 環境。

在 Windows 上，執行：

```
activate opensim-rl
```

在 Linux/OS X 上，執行：

```
source activate opensim-rl
```

你需要在每次打開一個新的終端時輸入上面的命令。

3. 安裝我們的 Python 強化學習環境。

```
conda install -c conda-forge lapack git
pip install osim-rl
```

自從 2017 年以後，這個挑戰已連續舉辦了三年（至 2019 年）。因而，最初的 Learning to Run 環境由於版本更新已經被廢棄。雖然如此，我們仍舊選擇用這個原始的 2017 版本環境來做示範，因為它相對簡單。於是，在我們的專案中提供了一個倉庫存放 2017 版本的環境：

```
git clone
   https://github.com/deep-reinforcement-learning-book/Chapter13-Learning-
to-Run.git
```

我們所用的強化學習演算法程式和環境的封裝也都在上述倉庫中提供。

透過以上幾步，我們已經完成了環境的安裝，可以透過以下命令檢驗安裝是否成功：

```
python -c "import opensim"
```

如果它能正常執行，說明安裝已成功；不然可以在這個網站找到解決方案。

要用隨機取樣執行 200 次模擬迭代，我們可以用 Python 解譯器執行以下命令（在 Linux 環境）：

```
from osim.env import RunEnv # 匯入軟體套件
env = RunEnv(visualize=True) # 初始化環境
observation = env.reset(difficulty = 0) # 重置環境
for i in range(200): # 擷取樣本
   observation, reward, done, info = env.step(env.action_space.sample())
```

這個環境由於已被寫成 OpenAI Gym 遊戲的格式，對使用者十分友善，而且有一個定義好的獎勵函數。我們的任務是得到一個從當前觀察量（一個 41 維向量）到肌肉啟動動作（18 維向量）的映射函數，使得它能夠最大化獎勵值。如前所述，獎勵函數被定義為一個迭代步中骨盆沿x軸的位移減去韌帶受力大小，從而盡可能鼓勵智慧體在最小身體損耗的情況下向前移動。

13.2 訓練智慧體

為了更進一步地解決這個任務，在訓練框架中需要實現一系列技巧，包括：

- 一個可以平衡 CPU 和 GPU 資源的平行訓練框架；
- 獎勵值縮放；
- 指數線性單元 (Exponential Linear Unit，ELU)啟動函數；
- 層標準化 （Layer Normalization）；
- 動作重複；
- 更新重複；
- 觀察量標準化和動作離散化可能是有用的，但我們未在提供的解決方案中使用；
- 根據智慧體雙腿的對稱性所做的資料增強可能是用的，但我們未在提供的解決方案中使用。

注意，根據競賽參與團體的實驗和報告，後兩個技巧也可能是有用的，但由於它們更多以該具體任務為基礎的方法而不對其他任務廣泛適用，我們未在這裡的解決方案中使用。然而，要知道觀察量標準化、動作值離散化和資料增強是可以根據一些任務的具體情況應用來加速學習過程的。

這個環境一個典型的缺陷是模擬速度太慢，在一個普通 CPU 上完成單一部分至少需要幾十秒時間。為了更高效率地學習策略，我們需要將取樣和訓練過程 平行化。

13.2.1 平行訓練

至少有兩個原因需要我們對這個任務進行平行訓練。第一個是由於上面所述 Learning to Run 環境較慢的模擬速度，至少耗時幾十秒完成一個模擬部分。第二個是由於該環境有較高的內在複雜度。以作者經驗為基礎，這個環境用普通的無模型（Model-Free）強化學習演算法，如深度決定性策略梯度（Deep Deterministic Policy Gradient，DDPG）或柔性 Actor-Critic（Soft Actor-Critic，SAC），需要至少上百個 CPU/CPU 計算小時來獲得一個較好的策略。因此，這裡需要一個多處理程序跨 GPU 的訓練框架。

由於 Learning to Run 環境的高複雜度，訓練過程需要用多個 CPU 和 GPU 來平行分佈實現。此外，CPU 和 GPU 之間的平衡對這個任務也很關鍵，因為與環境互動取樣的過程一般是在 CPU 上，而反向傳播訓練過程一般是在 GPU 上。整個過程的訓練效率在實踐中滿足缺陷效應。關於平行訓練中如何均衡 CPU 和 GPU 計算的內容在第 12 章和第 18 章中也有討論。這裡有一種解決這個任務的方案。

如圖 13.2 所示，在一般的單處理程序深度強化學習中，訓練過程由一個處理程序來處理，而這通常無法充分發揮運算資源的潛力，尤其在有多個 CPU 核心和多個 GPU 的情況下。

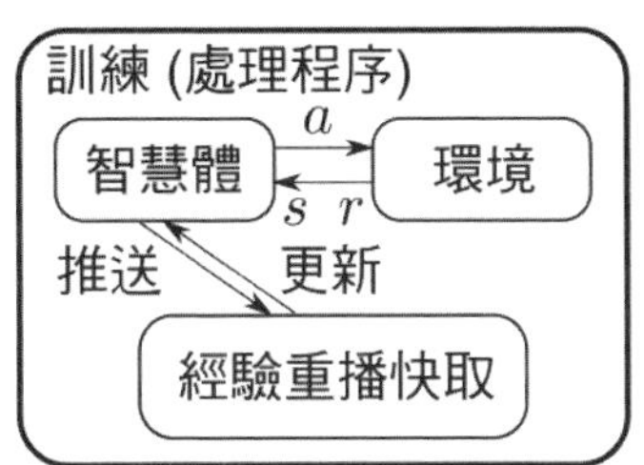

圖 13.2　在離線策略深度強化學習中進行單處理程序訓練：只有一個處理程序來取樣和訓練策略

圖 13.3 展示了在多個 CPU 和多個 GPU 上部署離線策略（Off-Policy）深度強化學習的平行訓練架構，其中，一個智慧體和一個環境被封裝進一個「工作者」來執行一個處理程序。多個工作者可以共用同一個 GPU，因為有時單一工作者無法完全佔用整個 GPU 記憶體。在這種設定下，使用同一個 GPU 的處理程序數量和工作者數量可以被手動設定，從而在學習過程中最大化所有運算資源的使用率。

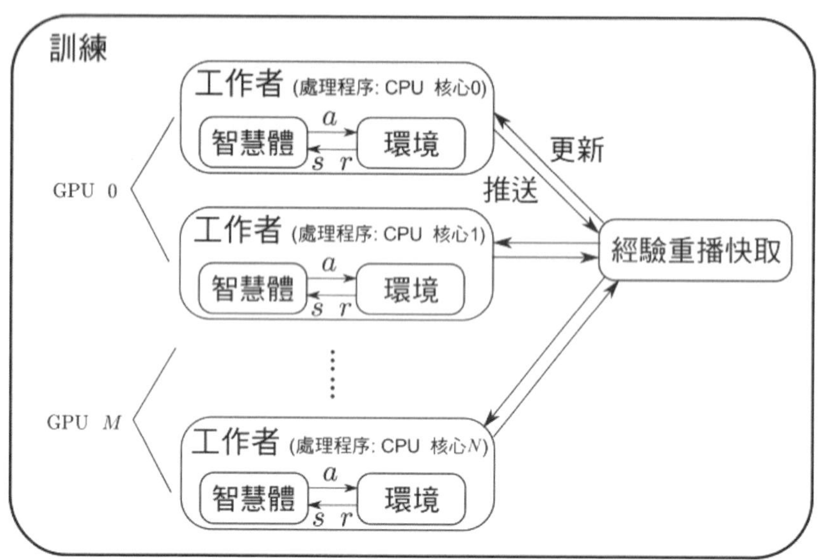

圖 13.3 一個離線策略深度強化學習的平行訓練架構。每個工作者包含一個與環境互動的智慧體，策略被分佈在多個 GPU 上訓練

我們的專案提供了一個高度平行化的 SAC 演算法，它使用上述架構來解決這個需要多處理程序和多 GPU 計算的任務。由於多處理程序的記憶體之間互相不共用，需要用特殊的模組來處理資訊交流和參數共用。在程式中，重播緩衝區透過 Python 內的 multiprocessing 模組共用，訓練過程中的網路和參數更新由 PyTorch 的 multiprocessing 模組共用（在 Linux 系統上）。

實踐中，儘管每個工作者包含一個智慧體，但是智慧體內的網路實際在多個工作者間共用，因此實際上只保留了一套網路（用於一個智慧體的）。PyTorch 的 nn.Module 模組可以處理使用多個處理程序更新共用記憶體中網路參數的情況。由於 Adam 最佳化器在訓練中也有一些統計量，我們使用以下 ShareParameters()函數來在多處理程序中共用這些值：

```
def ShareParameters(adamoptim):
    # 共用 Adam 最佳化器的參數便於實現多處理程序
    for group in adamoptim.param_groups:
        for p in group['params']:
```

```
        state = adamoptim.state[p]
        # 初始化：需要在這裡初始化，否則無法找到對應量

        state['step'] = 0
        state['exp_avg'] = torch.zeros_like(p.data)
        state['exp_avg_sq'] = torch.zeros_like(p.data)

        # 在記憶體中共用
        state['exp_avg'].share_memory_()
        state['exp_avg_sq'].share_memory_()
```

在訓練函數中，我們用以下方式設定 SAC 演算法中的共用模組，包括網路和最佳化器：

```
# 共用網路
sac_trainer.soft_q_net1.share_memory()
sac_trainer.soft_q_net2.share_memory()
sac_trainer.target_soft_q_net1.share_memory()
sac_trainer.target_soft_q_net2.share_memory()
sac_trainer.policy_net.share_memory()
# 共用最佳化器參數
ShareParameters(sac_trainer.soft_q_optimizer1)
ShareParameters(sac_trainer.soft_q_optimizer2)
ShareParameters(sac_trainer.policy_optimizer)
ShareParameters(sac_trainer.alpha_optimizer)
```

share_memory()是一個繼承自 PyTorch 的 nn.Module 模組的函數，可用於共用神經網路。我們也可以共用熵因數，但是在這個程式裡沒有實現它。"forkserver" 啟動方法是在 Python 3 中使用 CUDA 子處理程序所需的，如程式中所示：

```
torch.multiprocessing.set_start_method('forkserver', force=True)
```

重播緩衝區可以用 Python 的 multiprocessing 模組共用：

```
from multiprocessing.managers import BaseManager
```

```
replay_buffer_size = 1e6
BaseManager.register('ReplayBuffer', ReplayBuffer)
manager = BaseManager()
manager.start()
replay_buffer = manager.ReplayBuffer(replay_buffer_size)
    # 透過 manager 來共用經驗重播快取
```

在複製下來的資料夾中執行以下命令來開始訓練（注意，由於使用 "forkserver" 啟動方法，所以在 Windows 10 上無法進行這樣的平行訓練）：

```
python sac_learn.py -train
```

我們也可用以下命令測試訓練的模型：

```
python sac_learn.py -test
```

13.2.2 小技巧

然而，即使使用了上面的平行架構，我們仍舊不能在這個任務上取得很好的表現。由於任務的複雜性和深度學習模型的非線性，損失函數上的局部最佳和非平滑甚至不可微的曲面都容易使最佳化過程陷入困境（對於策略或價值函數）。在使用深度強化學習方法的過程中經常需要一些微調策略，尤其是對像 Learning to Run 這樣的複雜任務。所以，下面介紹我們使用的一些小技巧，來更高效和穩定地解決這個任務。

- **獎勵值縮放**：獎勵值縮放遵循一般的值縮放規則，即將獎勵值除以訓練過程中所採批次樣本的標準差。獎勵值縮放，或叫標準化和歸一化，是強化學習中使訓練過程穩定而加速收斂速度的常用技術手段。如 SAC 演算法後續的一篇文章(Haarnoja et al., 2018)所報導的，最大熵強化學習演算法可能對獎勵函數的縮放敏感，這不同於其他傳統強化學習演算法。因此，SAC 演算法的作者增加了一個以梯度為基礎的溫度調校模組用作熵正則化項，這顯著緩解了實踐中超參數微調過程的困難。

- 指數線性單元（Exponential Linear Unit，ELU）(Clevert et al., 2015) 啟動函數被用以替代整流線性單元（Rectified Linear Unit，ReLU）(Agarap, 2018)：為了得到更快的學習過程和更好的泛化表現，我們使用 ELU 作為策略網路隱藏層的啟動函數。ELU 函數定義如下：

$$f(x) = \begin{cases} x, & \text{if} x > 0 \\ \alpha \exp(x-1), & \text{if} x \leqslant 0 \end{cases} \tag{13.1}$$

ELU 和 ReLU 的比較如圖 13.4 所示。相比於 ReLU，ELU 有負數值，這使得它能夠將神經單元啟動的平均值拉至更接近 0 的位置，如同批次標準化，但是卻具有更低的計算複雜度。平均值移動到趨於 0 可以加速學習，因為它透過減少神經單元觸發造成的移動偏差，使得一般的梯度更加接近於神經網路單元的自然梯度。

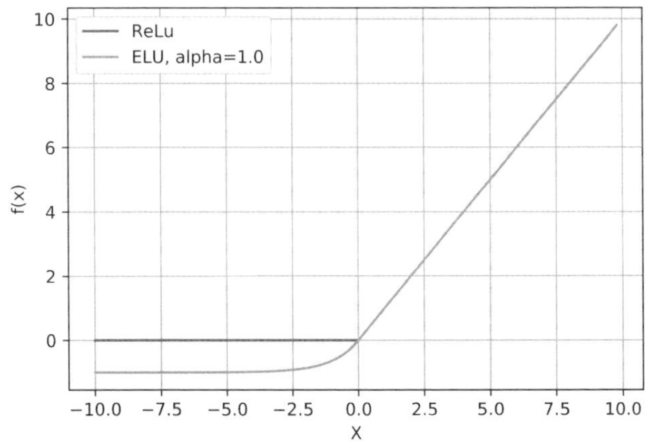

圖 13.4 比較 ReLU 和 ELU 啟動函數。ELU 在零點可微

- **層標準化**：我們也對價值網路和策略網路的每個隱藏層使用層標準化 (Ba et al., 2016)。相比於批次標準化（Batch Normalization），層標準化對單一訓練樣本在某神經網路層上的神經元的累加輸入計算平均值和方差來進行標準化。每個神經元有其與眾不同的適應性偏差（Bias）和增益（Gain），這些值在標準化之後和非線性啟動之前被增加到神經元的值上。這種方法在實際中可以幫助加速訓練過程。

- **動作重複**：我們在訓練過程中使用一個常見的技巧叫動作重複（或叫跳幀），來加速訓練的執行時間（Wall-Clock Time）。DQN 原文中使用跳幀和像素級的最大化（Max）運算元來實現在 Atari 2600 遊戲上以圖型為基礎的學習。如果我們定義單一幀的原始觀察量是o_i，其中i表示幀指標，原始 DQN 文章中的輸入是 4 個堆疊幀，其中每個是兩個連續幀中的最大值，即$[\max(o_{i-1}, o_i), \max(o_{i+3}, o_{i+4}), \max(o_{i+7}, o_{i+8}), \max(o_{i+11}, o_{i+12})]$，對應的跳每秒顯示畫面就是 4（實際上，對於不同遊戲，該跳每秒顯示畫面可以是 2,3 或 4）。在這些跳過的幀中，動作被重複執行。最大化運算元在圖型觀察量上按像素計算，獎勵函數對所有跳過和不跳過的幀累加。原始 DQN 中的跳幀機制增加了隨機性，同時加速了取樣速率。然而，在我們的任務中，我們使用一種不同的設定，不使用最大化運算元和堆疊幀：每個動作在跳過的幀上進行簡單的重複執行，包括跳過幀和未跳過幀在內的所有樣本被存入重播緩衝區。實踐中，我們使用 3 作為動作重複率，減少了策略與環境互動所需的正向推理時間。
- **更新重複**：我們也在訓練中使用一個小的學習率並重複更新策略的技巧，從而策略以重複率 3 在同一個批次樣本上進行學習。

13.2.3 學習結果

透過以上設定和 SAC 演算法上的這些小技巧，智慧體能夠在 3 天的訓練時長下學會用人類的方式奔跑很長的一段距離，訓練是在一個 4GPU 和 56CPU 的伺服器上進行的，結果如圖 13.5 所示。圖 13.6 展示了學習曲線，包括原始的獎勵函數值和移動平均的平滑曲線，呈現了上升的學習表現。縱軸是一個部分內的累計獎勵值，顯示了智慧體奔跑的距離和姿勢狀況。

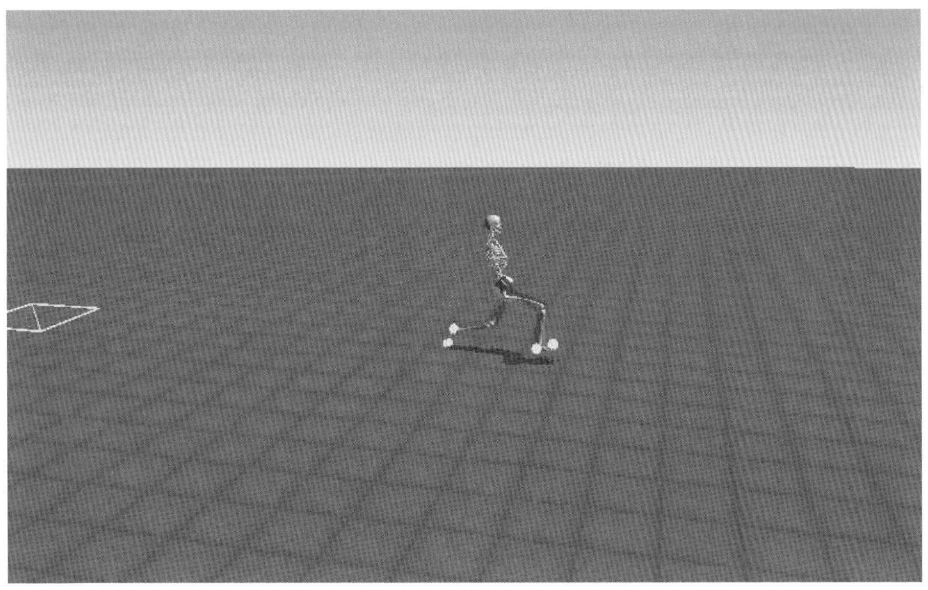

圖 13.5 Learning to Run 任務中奔跑智慧體的最終表現（場景）

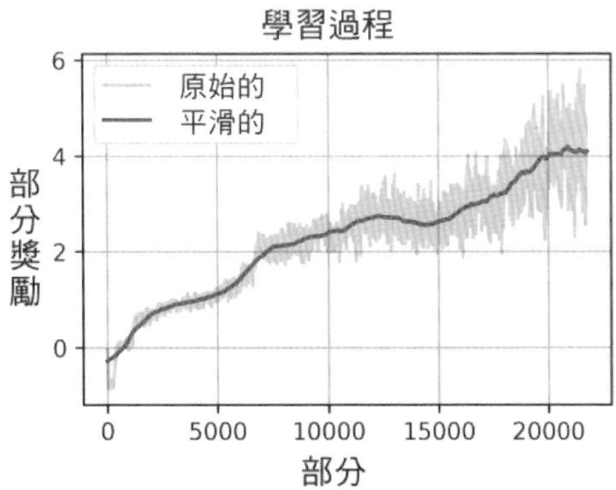

圖 13.6 Learning to Run 任務的學習過程

參考文獻

- AGARAP A F, 2018. Deep learning using rectified linear units (relu)[Z]. BA J L, KIROS J R, HINTON G E, 2016. Layer normalization[Z].
- CLEVERT D A, UNTERTHINER T, HOCHREITER S, 2015. Fast and accurate deep network learningby exponential linear units (elus)[Z].
- HAARNOJA T, ZHOU A, HARTIKAINEN K, et al., 2018. Soft actor-critic algorithms and applications[J]. arXiv preprint arXiv:1812.05905.

Chapter

14

堅固的圖型增強

深度生成模型相較於經典的演算法，在超解析度、圖型分割等電腦視覺任務中，獲得了顯著的進展。然而，這種以學習為基礎的方法缺乏堅固性和可解釋性，限制了它們在現實世界中的應用。本章將討論一種堅固的圖型增強方法，它可以透過深度強化學習與許多可解釋的技術進行結合。我們將先從一些圖型增強的背景知識介紹，接著將圖型增強的過程看作一個由馬可夫決策過程（Markov Decision Process，MDP）建模的處理流程。最後，我們將展示如何透過近端策略最佳化（Proximal Policy Optimization，PPO）演算法建構智慧體來處理這個 MDP 過程。實驗環境由一個真實世界的資料集建構，包含 5000 張照片，其中包括原始圖型和專家調整後的版本。

14.1 圖型增強

圖型增強技術屬於影像處理技術。它的主要目標是使處理後的圖型更適合各種應用的需要。典型的圖型增強技術包括去噪、去模糊和亮度改善。現實世界中的圖型總是需要多種圖型增強技術。圖 14.1 顯示了一個包括亮度改善和去噪的圖型增強流程。專業的照片編輯軟體，如 Adobe Photoshop，提供強大的修圖能力，但效率不高，需要使用者在照片編輯方面具備專業知識。在諸如推薦系統這樣的大規模場景中，圖型的主觀品質對使用者體驗非常重要，因此需要一種滿足有效性、堅固性和效率的自動圖型增強方法。其中堅固性是最重要的條件，尤其是在使用者生成內容的平台上，比如 Facebook 和 Twitter，即使 1% 的較差情況（Bad Case）也會傷害數百萬使用者的使用體驗。

圖 14.1 一個圖型增強流程的案例。左側的原始圖型存在 JPEG 壓縮雜訊並且曝光不足

與圖型分類或分割具有其獨特的真實值（Ground Truth）不同，圖型增強的訓練資料依賴於人類專家。因此，圖型增強並沒有大規模的公共圖型增強資料集。經典的圖型增強方法主要基礎是伽馬校正和長條圖均衡化，以及先驗的專家知識。這些方法也不需要大量的資料。伽馬校正利用了人類感知的非線性，比如，我們感知光和顏色的能力。長條圖均衡化實現了允許局部比較度較低的區域獲得更高的比較度，以更進一步地分佈在像素長條圖上的思想，這在背景和前景為全亮或全暗（如 X 射線圖型）時非常有用。這些方法雖然快速、簡單，但是缺乏對上下文資訊的考慮，限制了它們的應用。

最近，有學者使用以學習為基礎的方法，試圖用 CNN 擬合從輸入圖型到所需像素值的映射，並取得了很大的成功(Bychkovsky et al., 2011; Kupyn et al., 2018; Ulyanov et al., 2018; Wang et al., 2019)。然而，這種方法也存在問題。首先，很難訓練出一個能處理多種增強情況的綜合神經網路。此外，像素到像素的映射缺乏堅固性，舉例來說，在處理諸如頭髮和字元等細節資訊時，它的表現不是很好(Nataraj et al., 2019; Zhang et al., 2019)。一些研究者提出，將深度強化學習應用於圖型增強，將增強過程描述為一系列策略迭代問題，以解決上述問題。在本章中，我們遵循這些方法，並提出一種新的 MDP 公式來進行圖型增強。我們在一個包含 5000 對圖型的資料集上用程式範例演示了我們的方法，以提供快速的實際學習過程。

在討論演算法之前，我們先介紹兩個 Python 函數庫：Pillow (Clark, 2015) 和 scikit-image (Van der Walt et al., 2014)。。它們提供了許多友善的介面來實現圖型增強。可以使用以下程式直接從 PyPI 安裝它們：

```
pip install Pillow
pip install scikit-image
```

下面是 Pillow 的子模組 ImageEnhance 調整比較度的範例程式。

```
from PIL import ImageEnhance

def adjust_contrast(image_rgb, contrast_factor):
    # 調整比較度
    # 參數:
    # image_rgb (PIL.Image): RGB 圖型
    # contrast_factor (float): 顏色平衡因數範圍從 0 到 1.
    # 返回:
    # PIL.Image 物件
    #
    enhancer = ImageEnhance.Contrast(image_rgb)
    return enhancer.enhance(contrast_factor)
```

14.2 用於堅固處理的強化學習

在將強化學習應用於圖型增強時，首先需要考慮如何構造該領域的馬可夫決策過程。一個自然出現的想法是將像素處理為狀態，將不同的圖型增強技術視為強化學習的動作。該構想提供了幾種可控的初級增強演算法的組合方法，以獲得穩健、有效的結果。在本節中，我們將討論這種以強化學習為基礎的顏色增強方法。為了簡單起見，我們只採取全域增強操作。值得一提的是，透過區域候選模組(Ren et al., 2015)來適應一般的增強演算法也是很自然的想法。

假設訓練集包含N對 RGB 圖型$\{(l_i, h_i)\}_{i=1}^{N}$，其中l_i為低品質原始圖型，h_i是高品質修復圖型。為了保持資料分佈，初始狀態S_0應從$\{l_i\}_{i=1}^{N}$中均勻取樣。在每步中，智慧體會執行一個預先定義對動作，如調整比較度，再將它應用於當前狀態。需要注意的是，當前狀態和選擇動作完全決定了狀態轉移。也就是說，環境沒有不確定性。我們在之前工作的基礎上 (Furuta et al., 2019; Park et al., 2018)上繼續研究，並使用了 CIELAB 顏色空間作為轉移獎勵函數。

$$\| L(h) - L(S_t) \|_2^2 - \| L(h) - L(S_{t+1}) \|_2^2 \tag{14.1}$$

其中h是對應的高品質圖型S_0，L是 RGB 顏色空間到 CIELAB 顏色空間到映射。

另一個重點是定義學習和評估時的終結狀態。在遊戲的強化學習應用中，終結狀態可以由環境決定。而與此不同的是，在圖型增強中的智慧體需要由自己決定退出時機。文獻 (Park et al., 2018) 提出了一個以 DQN 為基礎的智慧體，它在所有動作預測的Q值都為負數時會退出。然而，Q-Learning 中由函數近似引起的過估計問題可能會導致推理過程的堅固性降低。我們透過訓練一個明確的策略並增加一個用於退出選擇的「無操作」動作來處理這個問題。表 14.1 列出了所有預先定義的動作，其中索引為 0 的動作表示「無操作」動作。

表 14.1 全域圖型增強動作集

索引	簡介	索引	簡介
0	無操作	7	紅、綠色調整 × 0.95
1	比較度 × 0.95	8	紅、綠色調整 × 1.05
2	比較度 × 1.05	9	藍、綠色調整 × 0.95
3	飽和度 × 0.95	10	藍、綠色調整 × 1.05
4	飽和度 × 1.05	11	紅、藍色調整 × 0.95

索引	簡介	索引	簡介
5	亮度 × 0.95	12	紅、藍色調整 × 1.05
6	亮度 × 1.05		

從零開始訓練一個卷積神經網路需要大量的原始-修復圖型對。因此，我們不使用原始圖型狀態作為觀測值的方案，而是考慮使用在 ILSVRC 分類資料集(Russakovsky et al., 2015) 上預訓練的 ResNet50 網路中的最後一層卷積層的啟動值作為深層特徵輸入。這樣的深層特徵十分重要，它可以提升許多其他視覺辨識任務的效果(Redmon et al., 2016; Ren et al., 2016)。受到前人工作(Lee et al., 2005; Park et al., 2018) 的啟發，我們在構造觀測資訊時進一步考慮使用長條圖資訊。具體來說，我們計算了 RGB 顏色空間在(0, 255), (0, 255), (0, 255) 範圍內和 CIELab 顏色空間在(0, 100), (−60, 60), (−60, 60) 範圍內的統計資訊。這三個特徵連成 2048 + 2000 維的觀測資訊。接著，我們選擇 PPO (Schulman et al., 2017) 作為策略最佳化演算法。PPO 是一種 Actor-Critic 演算法，它在一系列任務上已經獲得了顯著的成果。它的網路由 3 部分組成：3 層特徵取出作為主幹網絡、1 層行動者（Actor）網路和 1 層批判者（Critic）網路。所有層都是全連接的，其中特徵取出器中各層的輸出分別為 2048、512 和 128 個單元，並都使用了 ReLU 作為啟動函數。

我們在 MIT-Adobe FiveK (Bychkovsky et al., 2011) 資料集上對我們的方法進行了評估。其中包括 5000 張原始圖型，而每張原始圖型又有 5 個不同專家（A/B/C/D/E）修復後的圖型。繼之前的工作(Park et al., 2018; Wang et al., 2019) 之後，我們只使用專家 C 修復的圖型，並隨機選擇 4500 張圖型進行訓練，剩下的 500 張圖型用於測試。原始圖型是 DNG 格式的，而修復圖型是 TIFF 格式的。我們使用 Adobe Lightroom 將它們都轉為品質為 100、顏色空間為 sRGB 的 JPEG 格式。為了更有效地訓練，我們也調整了圖型大小，使得每張圖型的最大邊為 512 像素。具體的超參數在表 14.2 中列出。

表 14.2 用於圖型增強的 PPO 超參數

超參數	值	超參數	值
最佳化器	Adam	每次迭代的最佳化數	2
學習率	1e-5	最大迭代數	10000
梯度範數裁剪	1.0	熵因數	1e-2
GAE λ	0.95	獎勵縮放	0.1
每次迭代的部分數	4	γ	0.95

接下來開始，我們將演示如何實現上述演算法，首先需要建構一個環境物件。

```
class
  Env(object):
  # 訓練環境

  def __init__(self, src, max_episode_length=20,
    reward_scale=0.1): # 參數:
    # src (list[str, str]): 原始圖型和處理圖型路徑的清單，初始狀態將從中均勻取樣
    # max_episode_length (int): 最大可執行動作數量
    self._src = src
    self._backbone = backbone
    self._preprocess = preprocess
    self._rgb_state = None
    self._lab_state = None
    self._target_lab = None
    self._current_diff = None
    self._count = 0
    self._max_episode_length = max_episode_length
    self._reward_scale = reward_scale
    self._info = dict()
```

透過使用 TensorFlow 的 ResNet API，我們可以透過_state_feature 函數建構觀測資料。過程如下所示：

```
[language=Python, texcl] backbone =
tf.keras.applications.ResNet50(include_top=False, pooling='avg')
```

```
preprocess = tf.keras.applications.resnet50.preprocess_input

def get_lab_hist(lab):
    # 獲取 Lab 圖型的長條圖
    lab = lab.reshape(-1, 3)
    hist, _ = np.histogramdd(lab, bins=(10, 10, 10),
                range=((0, 100), (-60, 60), (-60, 60)))
    return hist.reshape(1, 1000) / 1000.0

def get_rgb_hist(rgb):
    # 獲取 RGB 圖型的長條圖
    rgb = rgb.reshape(-1, 3)
    hist, _ = np.histogramdd(rgb, bins=(10, 10, 10),
            range=((0, 255), (0, 255), (0, 255)))
    return hist.reshape(1, 1000) / 1000.0

def _state_feature(self):
    s = self._preprocess(self._rgb_state)
    context = self._backbone(s).numpy().astype('float32')
    hist_rgb = get_rgb_hist(self._rgb_state).astype('float32')
    hist_lab = get_lab_hist(self._lab_state).astype('float32')
    return np.concatenate([context, hist_rgb, hist_lab], 1)
```

接著，我們建構和 OpenAI Gym (Brockman et al., 2016)相同的介面。其中，我們按照表 1 定義轉移函數_transit，並依據公式 (1) 建構獎勵函數_reward。

```
def step(self, action):
    # 執行單步
    self._count += 1
    self._rgb_state = self._transit(action)
    self._lab_state = rgb2lab(self._rgb_state)
    reward = self._reward()
    done = self._count >= self._max_episode_length or action == 0
    return self._state_feature(), reward, done, self._info
```

```
def reset(self):
    # 重置環境
    self._count = 0
    raw, retouched = map(Image.open, random.choice(self._src))
    self._rgb_state = np.asarray(raw)
    self._lab_state = rgb2lab(self._rgb_state)
    self._target_lab = rgb2lab(np.asarray(retouched))
    self._current_diff = self._diff(self._lab_state)
    self._info['max_reward'] = self._current_diff
    return self._state_feature()
```

這裡的 PPO 與 5.10.6 節實現有所不同。我們將 PPO (Schulman et al., 2017) 演算法用於離散動作情況。需要注意的是，我們將 LogSoftmax 作為行動者網路的啟動函數，這樣能在計算替代目標時提供更好的數值穩定性。對 PPO 智慧體，我們先定義它的初始化函數和行為函數：

```
class Agent(object):
    # PPO 智慧體
    def __init__(self, feature, actor, critic, optimizer,
                 epsilon=0.1, gamma=0.95, c1=1.0, c2=1e-4, gae_lambda=0.95):
        # 參數:
        # feature (tf.keras.Model): 行動者和批判者的基礎網路
        # actor (tf.keras.Model): 行動者網路
        # critic (tf.keras.Model): 批判者網路
        # optimizer (tf.keras.optimizers.Optimizer): 最佳化器
        # epsilon (float): 裁剪操作中的 epsilon
        # gamma (float): 獎勵折扣
        # c1 (float): 價值損失係數
        # c2 (float): 熵係數
        self.feature, self.actor, self.critic = feature, actor, critic
        self.optimizer = optimizer

        self._epsilon = epsilon
        self.gamma = gamma
        self._c1 = c1
        self._c2 = c2
```

```
        self.gae_lambda = gae_lambda

    def act(self, state, greedy=False):
        # 參數:
        # state (numpy.array): 1 * 4048 維的狀態
        # greedy (bool): 是否要選取貪婪動作
        # Returns:
        # action (int): 所選擇的動作
        # logprob (float): 所選動作的機率對數
        # value (float): 當前狀態的價值
        feature = self.feature(state)
        logprob = self.actor(feature)
        if greedy:
            action = tf.argmax(logprob[0]).numpy()
            return action, 0, 0
        else:
            value = self.critic(feature)
            logprob = logprob[0].numpy()
            action = np.random.choice(range(len(logprob)), p=np.exp(logprob))
            return action, logprob[action], value.numpy()[0, 0]
```

在取樣過程中，我們透過 GAE (Schulman et al., 2015) 演算法記錄軌跡。

```
def sample(self, env, sample_episodes, greedy=False):
    # 從指定環境中取樣一個軌跡
    # 參數:
    # env: 指定的環境
    # sample_episodes (int): 要取樣多少部分
    # greedy (bool): 是否選取貪婪動作
    trajectories = [] # s, a, r, logp
    e_reward = 0
    e_reward_max = 0
    for _ in range(sample_episodes):
        s = env.reset()
        values = []
        while True:
            a, logp, v = self.act(s, greedy)
```

```
        s_, r, done, info = env.step(a)
        e_reward += r
        values.append(v)
        trajectories.append([s, a, r, logp, v])
        s = s_
        if done:
            e_reward_max += info['max_reward']
            break
    episode_len = len(values)
    gae = np.empty(episode_len)
    reward = trajectories[-1][2]
    gae[-1] = last_gae = reward - values[-1]
    for i in range(1, episode_len):
        reward = trajectories[-i - 1][2]
        delta = reward + self.gamma * values[-i] - values[-i - 1]
        gae[-i - 1] = last_gae = \
            delta + self.gamma * self.gae_lambda * last_gae
    for i in range(episode_len):
        trajectories[-(episode_len - i)][2] = gae[i] + values[i]
e_reward /= sample_episodes
e_reward_max /= sample_episodes
return trajectories, e_reward, e_reward_max
```

最後，策略最佳化的部分如下所示，其中價值損失裁剪和優勢標準化遵循文獻(Dhariwal et al., 2017) 的描述。

```
def _train_func(self, b_s, b_a, b_r, b_logp_old, b_v_old):
    # 訓練函數
    all_params = self.feature.trainable_weights + \
                 self.actor.trainable_weights + \
                 self.critic.trainable_weights
    with tf.GradientTape() as tape:
        b_feature = self.feature(b_s)
        b_logp, b_v = self.actor(b_feature), self.critic(b_feature)

        entropy = -tf.reduce_mean(
```

```
            tf.reduce_sum(b_logp * tf.exp(b_logp), axis=-1))
        b_logp = tf.gather(b_logp, b_a, axis=-1, batch_dims=1)
        adv = b_r - b_v_old
        adv = (adv - tf.reduce_mean(adv)) / (tf.math.reduce_std(adv) + 1e-8)

        c_b_v = b_v_old + tf.clip_by_value(b_v - b_v_old,
                                          -self._epsilon, self._epsilon)
        vloss = 0.5 * tf.reduce_max(tf.stack(
            [tf.pow(b_v - b_r, 2), tf.pow(c_b_v - b_r, 2)], axis=1), axis=1)
        vloss = tf.reduce_mean(vloss)

        ratio = tf.exp(b_logp - b_logp_old)
        clipped_ratio = tf.clip_by_value(
            ratio, 1 - self._epsilon, 1 + self._epsilon)
        pgloss = -tf.reduce_mean(tf.reduce_min(tf.stack(
            [clipped_ratio * adv, ratio * adv], axis=1), axis=1))

        total_loss = pgloss + self._c1 * vloss - self._c2 * entropy
    grad = tape.gradient(total_loss, all_params)
    self.optimizer.apply_gradients(zip(grad, all_params))
    return entropy

def optimize(self, trajectories, opt_iter):
    # 以指定軌跡資料為基礎進行最佳化
    b_s, b_a, b_r, b_logp_old, b_v_old = zip(*trajectories)
b_s = np.concatenate(b_s, 0)
b_a = np.expand_dims(np.array(b_a, np.int64), 1)
b_r = np.expand_dims(np.array(b_r, np.float32), 1)
b_logp_old = np.expand_dims(np.array(b_logp_old, np.float32), 1)
b_v_old = np.expand_dims(np.array(b_v_old, np.float32), 1)
b_s, b_a, b_r, b_logp_old, b_v_old = map(
    tf.convert_to_tensor, [b_s, b_a, b_r, b_logp_old, b_v_old])
for _ in range(opt_iter):
    entropy = self._train_func(b_s, b_a, b_r, b_logp_old, b_v_old)

return entropy.numpy()
```

最終經過訓練後，智慧體學到了圖型增強的策略。圖 2 展示了一個訓練效果範例。

原始圖型

本章效果

專家資料

圖 14.2　一個在 MIT-Adobe FiveK 資料集上使用全域增強的效果範例。當右上角的天空等區域需要局部增強時，全域亮度會增加

參考文獻

- BROCKMAN G, CHEUNG V, PETTERSSON L, et al., 2016. OpenAI gym[J]. arXiv:1606.01540.
- BYCHKOVSKY V, PARIS S, CHAN E, et al., 2011. Learning photographic global tonal adjustment with a database of input/output image pairs[C]//CVPR 2011. IEEE: 97-104.
- CLARK A, 2015. Pillow (pil fork) documentation[Z].
- DHARIWAL P, HESSE C, KLIMOV O, et al., 2017. OpenAI baselines[J]. GitHub, GitHub repository.
- FURUTA R, INOUE N, YAMASAKI T, 2019. Fully convolutional network with multi-step reinforcement learning for image processing[C]//Proceedings of the AAAI Conference on Artificial Intelligence: volume 33. 3598-3605.
- KUPYN O, BUDZAN V, MYKHAILYCH M, et al., 2018. DeblurGAN: Blind motion deblurring using conditional adversarial networks[C]//Proceedings of the IEEE Conference on Computer Vision

and Pattern Recognition. 8183-8192.

- LEE S, XIN J, WESTLAND S, 2005. Evaluation of image similarity by histogram intersection[J]. Color Research & Application: Endorsed by Inter-Society Color Council, The Colour Group (Great Britain),Canadian Society for Color, Color Science Association of Japan, Dutch Society for the Study of Color,The Swedish Colour Centre Foundation, Colour Society of Australia, Centre Français de la Couleur, 30(4): 265-274.
- NATARAJ L, MOHAMMED T M, MANJUNATH B, et al., 2019. Detecting GAN generated fake images using co-occurrence matrices[J]. Journal of Electronic Imaging.
- PARK J, LEE J Y, YOO D, et al., 2018. Distort-and-recover: Color enhancement using deep reinforcement learning[C]//Proceedings of the IEEE Conference on Computer Vision and Pattern Recognition. 5928-5936.
- REDMON J, DIVVALA S, GIRSHICK R, et al., 2016. You only look once: Unified, real-time object detection[C]//Proceedings of the IEEE Conference on Computer Vision and Pattern Recognition. 779-788.
- REN S, HE K, GIRSHICK R, et al., 2015. Faster R-CNN: Towards real-time object detection with regionproposal networks[C]//Advances in Neural Information Processing Systems. 91-99.
- REN S, HE K, GIRSHICK R, et al., 2016. Object detection networks on convolutional feature maps[J]. IEEE transactions on pattern analysis and machine intelligence, 39(7): 1476-1481.
- RUSSAKOVSKY O, DENG J, SU H, et al., 2015. Imagenet Large Scale Visual Recognition Challenge[J]. International Journal of Computer Vision (IJCV), 115(3): 211-252.
- SCHULMAN J, MORITZ P, LEVINE S, et al., 2015. High-dimensional continuous control using generalized advantage estimation[J]. arXiv preprint arXiv:1506.02438.

- SCHULMAN J, WOLSKI F, DHARIWAL P, et al., 2017. Proximal policy optimization algorithms[J]. arXiv:1707.06347.
- ULYANOV D, VEDALDI A, LEMPITSKY V, 2018. Deep image prior[C]//Proceedings of the IEEE Conference on Computer Vision and Pattern Recognition. 9446-9454.
- VAN DER WALT S, SCHÖNBERGER J L, NUNEZ-IGLESIAS J, et al., 2014. scikit-image: image processing in python[J]. PeerJ, 2: e453.
- WANG R, ZHANG Q, FU C W, et al., 2019. Underexposed photo enhancement using deep illumination estimation[C]//Proceedings of the IEEE Conference on Computer Vision and Pattern Recognition. 6849-6857.
- ZHANG S, ZHEN A, STEVENSON R L, 2019. GAN based image deblurring using dark channel prior[J]. arXiv preprint arXiv:1903.00107.

Chapter 15

AlphaZero

本章首先介紹組合博弈問題（如象棋、圍棋等）的概念，然後以五子棋為例介紹 AlphaZero 演算法。AlphaZero 演算法作為棋類問題的通用演算法，在許多挑戰巨大的棋類遊戲中都獲得了超越人類的表現，例如圍棋、西洋棋、日本將棋等。該演算法結合蒙地卡羅樹搜索和深度強化學習自博弈，是人工智慧史上的標示性演算法。本章分為三個部分：第一部分介紹組合博弈的概念；第二部分介紹蒙地卡羅樹搜索演算法；第三部分以五子棋為例，詳細介紹 AlphaZero 演算法。

15.1 簡介

AlphaGo Zero (Silver et al., 2017b) 演算法在圍棋中獲得了超越人類冠軍的表現，AlphaZero (Silver et al., 2017a, 2018) 演算法是 AlphaGo Zero 的通用版本。相比最初擊敗人類選手的 AlphaGo (Silver et al., 2016) 系列演算法 AlphaGo Fan（擊敗 Fan Hui）、AlphaGo Lee（擊敗 Lee Sedol）和 AlphaGo Master（擊敗柯潔），AlphaZero 演算法完全以自博弈（Self-Play）為基礎的強化學習從零開始提升。它沒有利用人類專家資料進行監督學習，而是直接從隨機動作選擇開始探索。AlphaZero 有兩個關鍵部分：（1）在自博弈中使用蒙地卡羅樹搜索來收集資料；（2）使用深度神經網路擬合資料，並在樹搜索過程中用於動作機率和狀態價值估計。該演算法不僅適用於圍棋，還在西洋棋和日本將棋中擊敗了世界冠軍程式，證明了該演算法的通用性。本章首先介紹組合博弈（包括圍棋、西洋棋、五子棋等）的概念，並列出無禁手五子棋的程式；然後介紹蒙地卡羅樹搜索的具體步驟；最後以五子棋為遊戲環境演示 AlphaZero 演算法的具體細節。

15.2 組合博弈

組合博弈理論（CGT）(Albert et al., 2007)是數學和理論電腦科學的分支，通常研究具有完美資訊（Perfect Information）的序列化遊戲。這類遊戲通常具有以下特點：

- 遊戲通常包含兩個玩家（如圍棋、象棋）。有時只包含一個玩家的遊戲（如數獨、紙牌）也可以看成遊戲設計者和玩家之間的組合博弈。包含兩個以上玩家的遊戲不被視為組合博弈問題，因為遊戲中會出現合作等更加複雜的博弈問題(Browne et al., 2012)。
- 遊戲不包含任何影響遊戲結果的隨機性因素（Chance Factor），如骰子等。
- 遊戲給玩家提供完美資訊(Muthoo et al., 1996)，這表示每個玩家都完全了解之前發生的所有事件。
- 玩家以回合制的方式執行動作，且動作空間和狀態空間都是有限的。
- 遊戲會在有限步內結束，結果通常為輸贏，有些遊戲有平局情況。

許多組合博弈問題(Albert et al., 2007)，包括數獨和紙牌等單人遊戲，以及如六連棋（Hex）、圍棋（Go）和象棋（Chess）等雙人遊戲，都是電腦科學家需要解決的經典問題。自從 IBM 公司的深藍系統(Campbell et al., 2002; Hsu, 1999) 擊敗了西洋棋大師 Gary Kasparov 之後，圍棋成為了人工智慧的下一個橋頭堡。除此之外，還有很多其他的遊戲，如黑白棋

（Othello）、亞馬遜棋（Amazons）、日本將棋（Shogi）、跳棋（Chinese Checkers）、四子棋（Connect Four）、五子棋（Gomoku）等，吸引了一大批人用電腦來尋找解決方案。

介紹完組合博弈的特點之後，我們以五子棋為例列出一些程式細節。首先從一個空棋盤開始，當有五個相同顏色的棋子連成一條線（水平、垂直或斜線）時，即代表一名玩家獲勝，否則為平局。五子棋有各種各樣的規則，最常見的規則是無禁手（Freestyle Gomoku）規則或長連禁手（Standard Gomoku）規則。無禁手五子棋只需要有至少五個子連成一條線即可贏得比賽。而長連禁手五子棋需要恰好五個子才代表獲勝，任何多於五個棋子都不算獲勝。這裡我們以無禁手五子棋作為範例。

這裡我們進一步簡化棋盤大小，使用 3×3 的棋盤作為範例。三個棋子連成第一線即表示獲勝（我們可以稱之為「三子棋」或井字棋），圖 15.1 展示了在該棋盤上的動作序列範例。

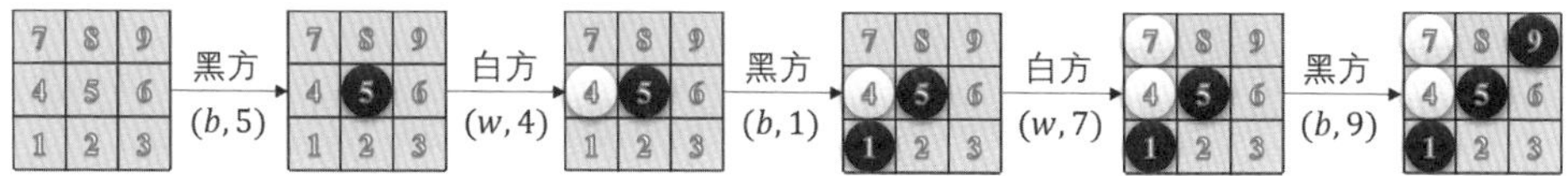

圖 15.1　3×3 棋盤上的落子序列範例。"b" 代表「黑方玩家」，"w" 代表「白方玩家」。$(b,5)$表示黑方玩家在位置 5 處落子。最終黑方玩家獲得了遊戲勝利

棋盤上的紅色數字表示不同的位置，可用於表示每次動作的選擇。白色和黑色圓圈是兩個玩家的棋子。遊戲過程可以表示為一個序列：$((b,5),(w,4),(b,1),(w,7),(b,9))$，其中 "b" 代表「黑方玩家」，"w" 代表「白方玩家」。如圖 15.1 最後一個棋盤狀態所示，黑方玩家有三個棋子連成第一線，這表示黑方贏得了比賽。回憶我們之前提到的定義，這個簡化的五子棋（或「三子棋」）滿足組合博弈問題的所有特徵：遊戲包含兩個玩家；遊戲不包含任何隨機因素；遊戲提供完美資訊；玩家以回合制的方式執行動作；遊戲在有限時間步內結束。

這裡我們列出無禁手五子棋的程式範例。

定義遊戲為 Board 類別，並將遊戲規則實現成一些函數。我們之前用簡化的版本介紹了五子棋的規則，這裡透過給變數 n_in_row 設定值為 5 來定義一個標準的五子棋。

```
class Board(object):
    # 定義遊戲的類別
    def __init__(self, width, height, n_in_row): ... # 初始化函數
    def move_to_location(self, move): ... # 位置表示轉換函數
    def location_to_move(self, location): ... # 位置表示轉換函數
    def do_move(self, move): ... # 更新每一步走子，並交換對手
    def has_a_winner(self): ... # 判斷是否有玩家勝利
    def current_state(self): ... # 生成網路的狀態輸入
    ...
```

如圖 15.1 所示，棋盤上的每個走子位置都用一個數字表示，這樣方便在蒙地卡羅樹搜索過程中建立樹節點。但這種方式不便於辨認是否有五個棋子連成第一線。所以我們定義了座標和數字之間的轉換函數，座標用來判斷玩家是否有五個棋子連成第一線，數字用來在樹搜索中建立樹節點。

```
def move_to_location(self, move):
    # 從數字轉換到座標表示
    # 例如 3 x 3 棋盤：
    # 6 7 8
    # 3 4 5
    # 0 1 2
    # 數字 5 的座標表示為(1,2)
    h = move // self.width
    w = move
    return [h, w]
def location_to_move(self, location):
    # 從座標轉換到數字表示
    if len(location) != 2:
        return -1
    h = location[0]
    w = location[1]
    move = h * self.width + w
```

```
    if move not in range(self.width * self.height):
        return -1
    return move
```

為了判斷是否有玩家獲勝，需要函數來判斷一行或一列或對角線中是否有五個棋子連成第一線。函數 has_a_winner()如下所示：

```
def has_a_winner(self):
    # 判斷是否有玩家獲勝，如果有，返回是哪個玩家
    width = self.width
    height = self.height
    states = self.states
    n = self.n_in_row
    # 棋盤上所有棋子的位置
    moved = list(set(range(width * height)) - set(self.availables))
    # 當前所有棋子數量不足以獲勝
    if len(moved) < self.n_in_row + 2:
        return False, -1

    for m in moved:
        h, w = self.move_to_location(m)
        player = states[m]
        # 判斷是否有水平線
        if (w in range(width - n + 1) and
                len(set(states.get(i, -1) for i in range(m, m + n))) == 1):
            return True, player
        # 判斷是否有分隔號
        if (h in range(height - n + 1) and
                len(set(states.get(i, -1) for i in range(m, m + n * width,
                    width))) == 1):
            return True, player
        # 判斷是否有斜線
        if (w in range(width - n + 1) and h in range(height - n + 1) and
                len(set(states.get(i, -1) for i in range(m, m + n * (width + 1),
                    width + 1))) == 1):
            return True, player
```

```
    if (w in range(n - 1, width) and h in range(height - n + 1) and
        len(set(states.get(i, -1) for i in range(m, m + n * (width - 1),
          width - 1))) == 1): return True, player

return False, -1
```

15.3 蒙地卡羅樹搜索

蒙地卡羅樹搜索（MCTS）(Browne et al., 2012)是一種透過動作取樣，並根據結果建立搜尋樹，尋找在指定空間中最佳決策的方法。這種方法在組合博弈和規劃問題方面產生了革命性的影響，並將圍棋等 AI 演算法的性能推向了前所未有的高度。

蒙地卡羅樹搜索主要包括兩部分：樹結構和搜索演算法。樹是一種資料結構（圖 15.2），它包含由邊連接的節點。一些重要的概念包括根節點、父節點與子節點、葉節點等。樹結構最上方的節點稱為根節點；一個節點對應的上一級節點稱為其父節點，一個節點對應的下一級節點稱為其子節點；沒有子節點的節點稱為葉節點。一般來說除狀態和動作外，搜尋樹中的節點還存有被存取次數的統計和獎勵的估值。在 AlphaZero 演算法中，節點還包含該狀態對應的動作機率分佈。

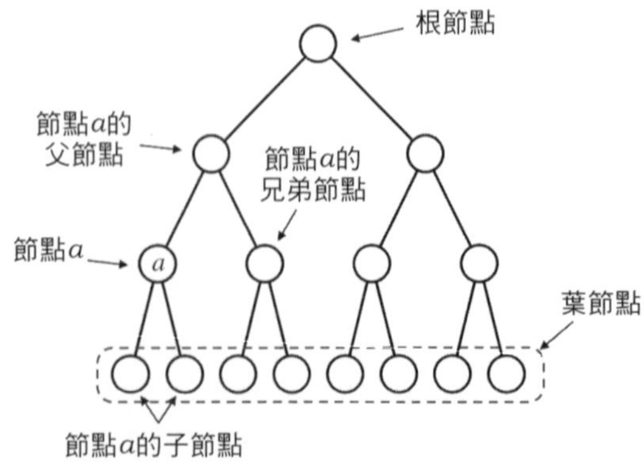

圖 15.2 樹結構示意圖

綜上，如圖 15.3 所示，AlphaZero 演算法的搜尋樹中，每個節點包含以下資訊：

- A：到達該節點所需執行的上一個動作（用以索引其父節點）。
- N：節點被存取次數。初值為 0，表示該節點未被存取過。
- W：節點的獎勵值之和，用以計算平均獎勵。初值設為 0。
- Q：節點的平均獎勵值，透過$\frac{W}{N}$計算得到，代表該節點的值函數估計。初值設為 0。
- P：動作A的選取機率。這個值由神經網路輸入其父節點的狀態得到，儲存到該子節點便於索引和計算。

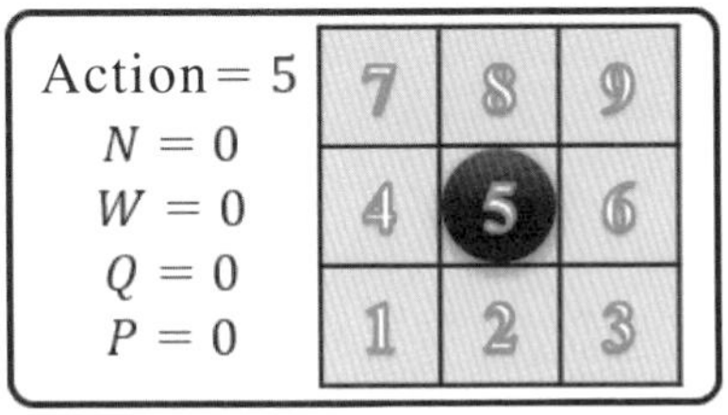

Action = 5
$N = 0$
$W = 0$
$Q = 0$
$P = 0$

7	8	9
4	5	6
1	2	3

圖 15.3 節點包含資訊範例。其中位置 5 處有黑方玩家落子，這裡動作可表示為$(b,5)$，代表黑方玩家（"b"）執行動作 5 並到達該狀態。$N = 0$表示當前節點存取次數為 0，W表示該狀態的獎勵值之和，Q表示平均獎勵，P表示選擇動作 $A = 5$的機率。由於當前節點還未被存取過，所有的初值都設為 0

在繼續介紹之前，我們先強調一個關鍵點。由於遊戲中存在兩個玩家，所以在建立搜尋樹時，一棵樹裡存在兩個玩家的角度。節點上的資訊不是從黑方玩家的角度進行更新，就是從白方玩家的角度進行更新。舉例來說，在圖 15.3 中，此節點表示的棋盤狀態只有一個黑方的棋子，所以此時應該輪到白方玩家執行下一步。但是，需要注意的是，這個節點上的資訊是從其父節點（即黑方玩家）的角度來儲存的。由於該節點是父節點在擴充其子節點的過程中新產生的，因此該節點上的A、N、W、Q、P都是由黑方玩家初始化的，並用於黑方角度下的後續更新和使用。所以，只有黑方玩家選擇動作$A = 5$才到達該節點，同時初始化當前資訊為$N = 0$、$W = 0$、$Q = 0$、$P = 0$。對每個節點的角度有一個清晰的了解是非常重要的，否則在隨後樹搜索的過程中執行 backup 步時，不易了解整個更新過程。

建立搜尋樹後，蒙地卡羅樹搜索透過啟發式的方法探索決策空間，用以估計根節點的動作價值函數$Q^{\pi}(s,a)$。整個過程可以描述為，從根節點開始一直探索到葉節點，多次重複該過程使得每個動作的獎勵估計逐漸精確，從而在搜尋樹中找到最佳動作。不帶折扣因數（Discount Factor）的動作價值函數可以表示為 (Couetoux et al., 2011)：

$$Q^{\pi}(s,a)=\mathbb{E}_{\pi}\left[\sum_{h=0}^{T-1} P(S_{h+1}|S_h,A_h)R(S_{h+1}|S_h,A_h)|S_0=s,A_0=a,A_h=\pi(S_h)\right]. \tag{15.1}$$

其中$Q^{\pi}(s,a)$表示動作價值函數，即在狀態s執行動作a並依策略π選擇動作，直到終止狀態時獲得的期望獎勵。

一般來說樹搜索方法有四個步驟：選擇（Select），擴充（Expand），模擬（Simulate），回溯（Backup），所有這些步驟都是在搜尋樹中執行的，真正的棋盤上沒有落子。

- **選擇**：根據某個策略，從根節點開始選擇動作，直到到達某個葉節點。
- **擴充**：在當前葉節點之後增加子節點。
- **模擬**：從當前節點開始，透過某種策略（如隨機策略）模擬下棋直到遊戲結束，得到結果：勝、負或平局。根據結果獲得獎勵，通常+1代表勝，−1代表負，0 代表平局。
- **回溯**：回溯更新模擬得到的結果，依次回訪本輪樹搜索中經過的節點，並更新每個節點上的資訊。

最常用的樹搜索演算法是 UCT（Upper Confidence Bound in Tree，樹置信上界）演算法(Kocsis et al., 2006)，它極佳地解決了樹搜索過程中探索與利用（Exploration versus Exploitation）之間的平衡。UCT 演算法是 UCB（Upper Confidence Bound，置信上界）演算法(Auer et al., 2002) 在樹結構

中的擴充。UCB 演算法（詳見 2.2.2 節）是解決多臂賭博機（Multi-Armed Bandit）問題的經典演算法。在多臂賭博機問題中，智慧體需要在每個時刻選擇一個賭博機並得到對應獎勵，其目標為最大化期望獎勵。UCB 演算法根據以下策略在 t 時刻選擇動作：

$$A_t =_a \left[Q_t(a) + c\sqrt{\frac{\ln t}{N_t(a)}}\right]. \tag{15.2}$$

其中$Q_t(a)$是動作值估計，該項增加了優勢動作被選到的可能性，即估值越大，動作越傾在被選取（即利用，Exploitation）。後一項平方根式中$N_t(a)$表示動作a在前t次時間步內被選中的次數，該項增加了動作的探索度，即動作被選中的次數越少，該動作越傾向被選取（即探索，Exploration）。c是一個正的實數，用來調節探索與利用之間的權重。UCB 演算法還有一系列變形，如 UCB1、UCB1-NORMAL、UCB1-TUNED 和 UCB2 等(Auer et al., 2002)。

UCT 演算法是 UCB1 演算法在樹結構中的實現，該演算法選擇搜尋樹中最大 UCT 值對應的動作，UCT 值定義如下：

$$\text{UCT} = \overline{X}_j + C_p\sqrt{\frac{2\ln n}{n_j}}. \tag{15.3}$$

這裡，n是當前節點的存取次數，n_j是其子節點j的存取次數，$C_p > 0$ 是控制探索的權重參數，可以根據具體問題具體設定。平均獎勵項$\overline{X}_j$鼓勵利用高獎勵對應的動作，而平方根項$\sqrt{\frac{2\ln n}{n_j}}$鼓勵探索存取次數少的動作。

UCT 演算法解決了樹搜索中每個狀態下對應動作的探索與利用的平衡，並顛覆了許多大規模的強化學習問題，例如六連棋（Hex）、圍棋（Go）和 Atari 遊戲（Atari）等。Levente Kocsis 和 Csaba Szepesv′ari (Kocsis et al., 2006) 證明了：考慮一個有限狀態馬可夫決策過程（Finite-Horizon MDP），其中獎勵在[0,1]之間，狀態數為D，每個狀態的動作數為K。考慮 UCT 演算法，令 UCT 的根號項乘以D，那麼期望獎勵$\overline{X}_n$的估計偏差與$O(\frac{\log n}{n})$ 同階。此外，隨著搜索次數的增加，根節點估計錯誤的機率以多項式速率收斂到零。這表示，隨著搜索次數的增加，UCT 演算法能夠保證樹搜索收斂到最佳解。

AlphaZero 演算法捨棄了模擬步驟，直接用深度神經網路預測結果。因此，AlphaZero 演算法包含三個關鍵步驟，如圖 15.4 所示。

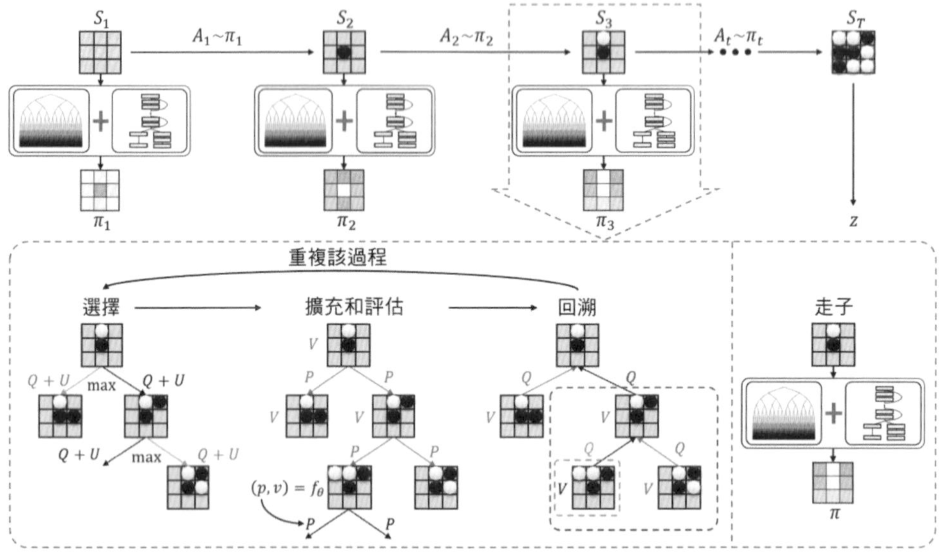

圖 15.4 AlphaZero 中的蒙地卡羅樹搜索。在每次真正落子之前，樹搜索過程都會重複多次。它首先從根節點選擇動作直到到達葉節點，然後擴充葉節點並估值，最後執行回溯步驟更新節點資訊

- **選擇**：根據某個策略，從根節點開始選擇動作，直到到達某個葉節點。
- **擴充和評估**：在當前葉節點之後增加子節點。同時每個動作的選取機率和狀態值的估計直接透過策略網路和價值網路預測得到。為了節省資源，通常在不損失演算法效力的前提下，會設定一個閾值來判斷該節點是否需要擴充。我們的實現省略了這個閾值，每次到達葉節點都進行擴充和評估。

- **回溯**：擴充和評估完成之後，回溯更新結果，依次回訪本輪樹搜索中經過的節點，並更新每個節點上的資訊。如果葉節點不是遊戲的終止狀態，那麼遊戲無法返回勝負結果，轉而由神經網路預測得到。如果葉節點已經到達遊戲的終止狀態，那麼結果直接由遊戲列出。

在選擇步驟中，動作由公式$a = \operatorname{argmax}_a(Q(s,a) + U(s,a))$列出。其中$Q(s,a) = \frac{W}{N}$鼓勵利用高獎勵值對應的動作，$U(s,a) = c_{\text{puct}}P(s,a)\frac{\sqrt{\sum_b N(s,b)}}{1+N(s,a)}$鼓勵探索存取次數較少的動作，$c_{\text{puct}}$平衡探索和利用的權重，在 AlphaZero 演算法中該值設為 5。

在擴充和評估步驟中，策略網路輸出當前狀態下每個動作被選擇的機率$p(s,a)$，價值網路輸出當前狀態s的估值v。$p(s,a)$用於在 select 步驟中計算$U(s,a)$，其中$U(s,a) = c_{\text{puct}}P(s,a)\frac{\sqrt{\sum_b N(s,b)}}{1+N(s,a)}$。$v$用於在回溯步驟中計算$W$，其中$W(s,a) = W(s,a) + v$。神經網路輸出的動作機率和狀態值估計開始時可能不準確，但在訓練過程中會逐漸變準。

在回溯步驟中，每個節點上的資訊被依次更新，其中$N(s,a) = N(s,a) + 1, W(s,a) = W(s,a) + v, Q(s,a) = \frac{W(s,a)}{N(s,a)}$。

部分核心程式如下：

蒙地卡羅樹搜索程序定義為類別 MCTS，它包含整個樹結構和樹搜索函數 _playout()：

```
class MCTS(object):
   # 蒙地卡羅樹搜索類別
   def__init__(self, policy_value_fn,action_fc,evaluation_fc,
      is_selfplay,c_puct, n_playout): ... # 初始化函數
   def _playout(self, state): ... # 樹搜索過程
```

樹中的節點定義為類別 TreeNode，其中包括前述的三個關鍵步驟：*選擇*，擴充和評估，回溯。

```
class TreeNode(object):
    # 樹節點類別
    # 每個節點保存值估計，動作選擇機率等相關參數
    def __init__(self, parent, prior_p): ... # 初始化函數
    def select(self, c_puct): ... # 選擇動作
    def expand(self, action_priors, add_noise): ...# 擴充節點並評估當前狀態和每個
動作
    def update(self, move): ... # 回溯更新節點
    ...
```

函數 select()對應*選擇*步驟：

```
def select(self, c_puct):
    # 選擇最大 UCT 值對應的動作，返回動作和下一個節點
    return max(self._children.items(),
        key=lambda act_node: act_node[1].get_value(c_puct))
```

函數 expand()對應*擴充和評估*步驟。我們在每個節點都增加了狄利克雷雜訊，增加隨機探索：

```
def expand(self, action_priors, add_noise):
    # 擴充新節點
    # action_priors 是策略網路輸出的動作及其對應的機率值
    if add_noise:
        action_priors = list(action_priors)
        length = len(action_priors)
        dirichlet_noise = np.random.dirichlet(0.3 * np.ones(length))
        for i in range(length):
            if action_priors[i][0] not in self._children:
                self._children[action_priors[i][0]] = TreeNode(self,
                0.75 * action_priors[i][1] + 0.25 * dirichlet_noise[i])
    else:
        for action, prob in action_priors:
            if action not in self._children:
                self._children[action] = TreeNode(self, prob)
```

函數 update_recursive()對應*回溯*步驟：

```
def update_recursive(self, leaf_value):
    # 遞迴更新所有節點
    # 若該節點不是根節點，則遞迴更新
    if self._parent:
        # 透過傳遞反轉後的值來改變玩家的角度
        self._parent.update_recursive(-leaf_value)
    self.update(leaf_value)

def update(self, leaf_value):
    # 更新節點資訊
    self._n_visits += 1
    # 更新存取次數
    self._Q += 1.0 * (leaf_value - self._Q) / self._n_visits
    # 更新值估計：(v-Q)/(n+1)+Q = (v-Q+(n+1)*Q)/(n+1)=(v+n*Q)/(n+1)
```

蒙地卡羅樹搜索類別 MCTS 呼叫樹搜索函數_playout()依次執行三個步驟：選擇，擴充和評估，回溯。

```
def _playout(self, state):
    # 執行一次樹搜索過程
    node = self._root
    # 選擇
    while(1):
        if node.is_leaf():
            break
        action, node = node.select(self._c_puct)
        state.do_move(action)
    # 擴充和評估
    action_probs, leaf_value =
        self._policy_value_fn(state,self._action_fc,self._evaluation_fc)
    end, winner = state.game_end()
    if not end:
        node.expand(action_probs,add_noise=self._is_selfplay)
    else:
        if winner == -1: # draw
```

```
        leaf_value = 0.0
else:
    leaf_value = (
        1.0 if winner == state.get_current_player() else -1.0
    )
# 回溯
node.update_recursive(-leaf_value)
```

15.4 AlphaZero：棋類遊戲的通用演算法

一般來說，AlphaZero 演算法適用於各種組合博弈遊戲，如圍棋、西洋棋、日本將棋等。這裡，我們以 15.2 節中提到的無禁手五子棋作為例子，介紹 AlphaZero 演算法的細節。因為遊戲本身不是重點，五子棋這樣一個規則簡單的回合制遊戲非常適合作為例子。進一步，我們簡化棋盤大小為 3 × 3，如前所述，三個棋子連成第一線表示獲勝。另外，由於 AlphaZero 演算法是 AlphaGo Zero 演算法的加強版，這兩種演算法非常相似。我們的實現同時參考了這兩種演算法。

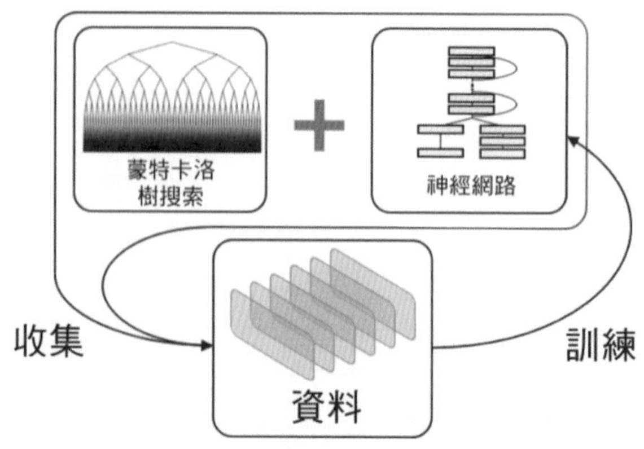

圖 15.5 演算法流程。在 AlphaZero 演算法中，蒙地卡羅樹搜索、資料及神經網路形成了一個循環。蒙地卡羅樹搜索結合神經網路用於生成資料，生成的資料用於提升網路預測精度。網路預測越精確，蒙地卡羅樹搜索生成的資料品質越高；資料品質越高，訓練的網路預測越精確；整個過程形成良性循環

為了讓讀者更好了解該演算法，本節將演示 AlphaZero 演算法的詳細流程。整個演算法可分為兩部分：（1）採用蒙地卡羅樹搜索的自博弈強化方法收集資料；（2）利用深度神經網路擬合資料並用於蒙地卡羅樹搜索中。整個過程如圖 15.5 所示。

圖 15.6 棋盤狀態。棋盤大小為 3 × 3。在該狀態下，輪到白方玩家執行動作

首先，我們演示蒙地卡羅樹搜索收集資料。為了用相對較短的篇幅演示樹搜索過程直到遊戲的終止狀態，我們假設遊戲從圖 15.6 所示的狀態開始（通常遊戲是從一個空棋盤開始的）。此時，輪到白方玩家執行動作。

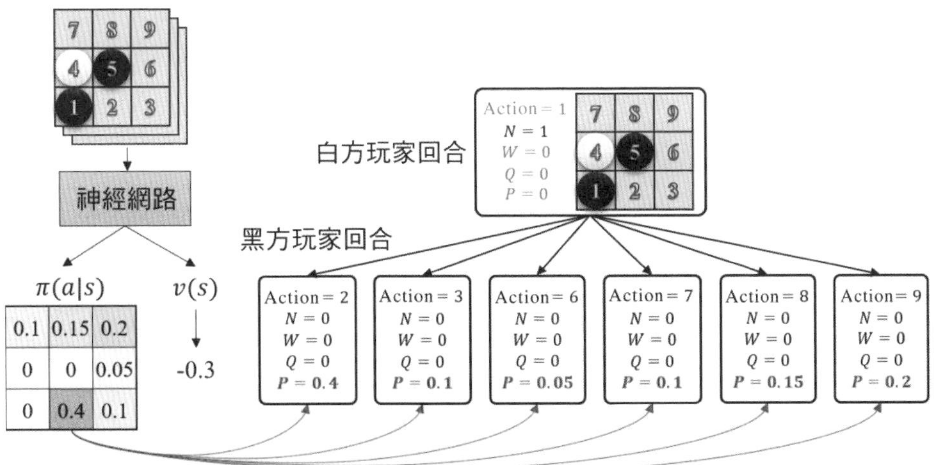

圖 15.7 根節點處的*擴充和評估*。所有可行動作的節點都被擴充，神經網路列出對應的機率值$\pi(a|s)$

我們從這個狀態開始建構樹結構，依次執行前述三個樹搜索步驟：選擇，擴充和評估，回溯。此時樹中只有一個節點，由於它在樹的頂部，所以是根節點，又因為它沒有子節點，所以它也是葉節點。這表示我們已經到達了一個葉節點，相當於已經完成了選擇步驟。因此，接下來執行第二個步驟：擴充和評估。圖 15.7 展示了節點擴充的過程，該節點的所有子節點被展開，同時策略網路以該節點狀態作為輸入，列出了每個動作被選擇的機率。

最後一步是回溯。由於當前節點是根節點，我們不需要回溯W和Q（用於判斷樹搜索是否應該到達該節點），只需更新存取次數N。將$N = 0$更新為$N = 1$，本次樹搜索過程完成。

每次重新執行樹搜索，我們都將從根節點開始。如圖 8 所示，第二次樹搜索過程也將從根節點開始。這一次，根節點下存在子節點，這意味該節點不是葉節點。動作由公式$a = \text{argmax}_a(Q(s,a) + U(s,a))$，$Q(s,a) = \frac{W}{N}$，$U(s,a) = c_{\text{puct}}P(s,a)\frac{\sqrt{\sum_b N(s,b)}}{1+N(s,a)}$列出。這裡白方玩家選擇動作$A = 2(w,2)$，並到達新節點。這個新節點為葉節點，且此時，輪到黑方玩家選擇 動作。

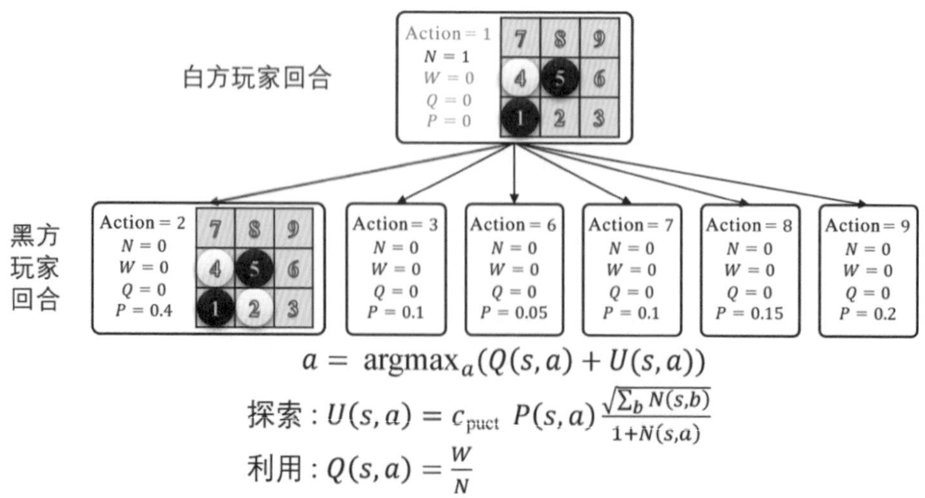

圖 15.8 根節點處的選擇。白方玩家選擇$A = 2\ (w,2)$並到達葉節點。此時輪到黑方玩家選擇動作

我們對這個葉節點進行*擴充和評估*。與第一次相同：所有可行的動作都被擴充，每個動作的機率由策略網路列出。

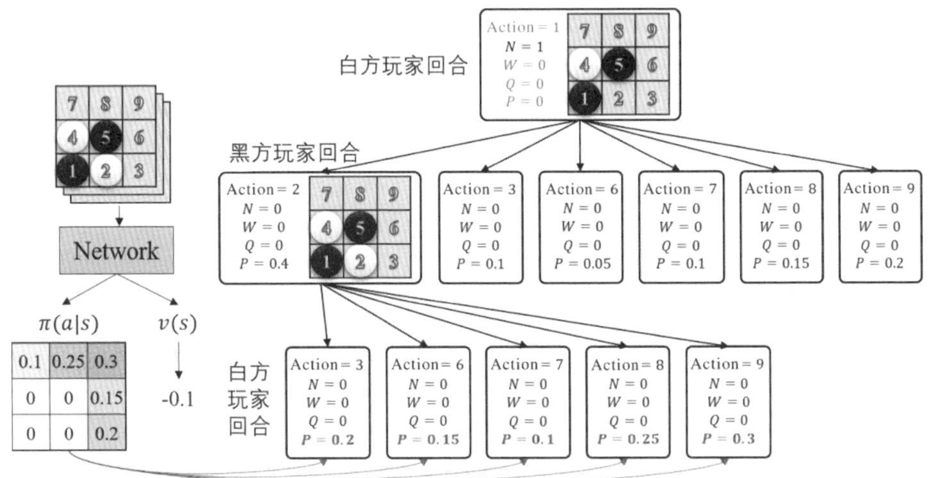

圖 15.9　新節點處的*擴充和評估*。所有可行的動作都被擴充，神經網路列出對應的機率值 $\pi(a|s)$

現在輪到回溯操作了。此時樹裡有兩個節點，我們首先更新當前節點，然後更新前一個節點。這兩個節點的更新遵循相同的方式：$N(s,a) = N(s,a) + 1, W(s,a) = W(s,a) + v(s), Q(s,a) = \frac{W(s,a)}{N(s,a)}$。值得注意的是，樹中有兩個角度：黑方角度和白方角度。我們需要注意更新的角度，並且總是以當前玩家的角度更新值。舉例來說，在圖 15.10 中，價值網路的估值 $v(s) = -0.1$，這是從黑方玩家的角度來看的。當更新屬於白方玩家的資訊時需要反轉，即$v(s) = -0.1$。所以，我們得到$N = 1, W = 0.1, Q = 0.1$。

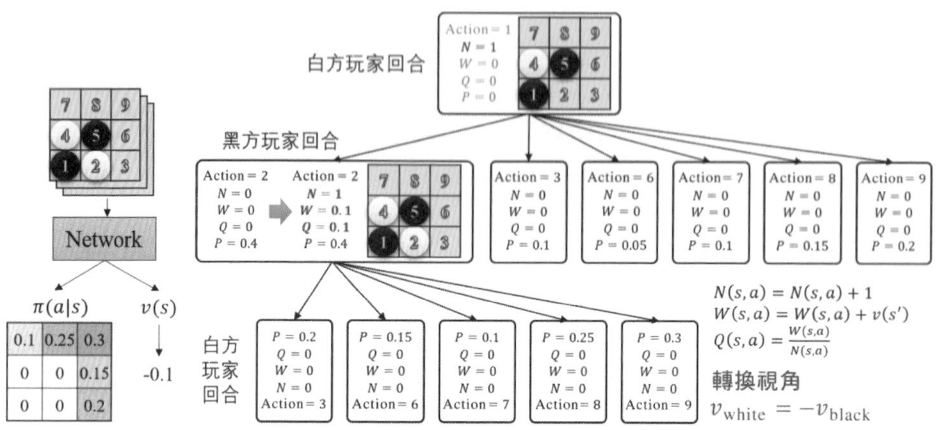

圖 15.10 新節點處的回溯。當前節點的資訊被更新，Q值從白方角度進行更新：$N = 1, W = 0.1, Q = 0.1$

然後我們返回到它的父節點。和之前一樣，由於當前狀態的節點是根節點，我們不需要回溯更新W和Q，只需要更新存取次數N。所以，令$N = 2$，第二次樹搜索過程完成。如圖 15.11 所示。

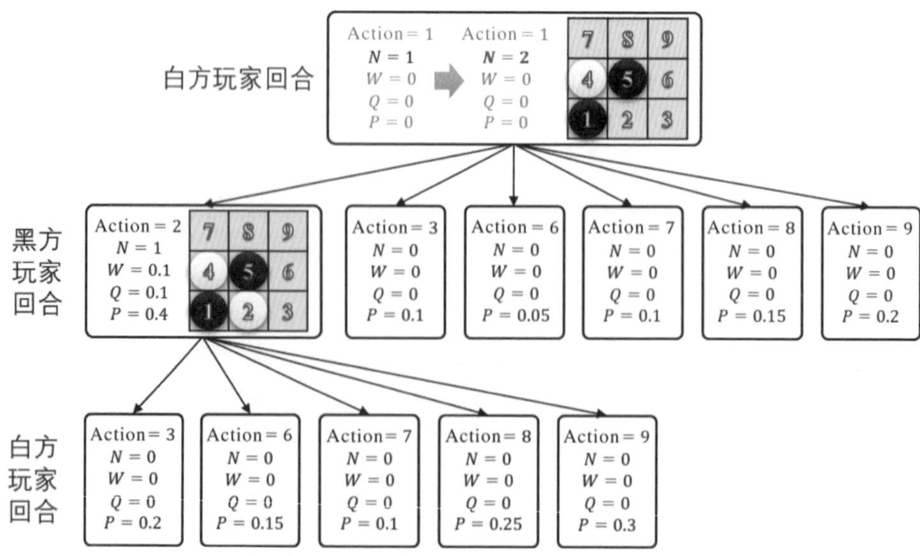

圖 15.11 根節點處的*回溯*。N更新為 2，W和Q不需要更新

第三次樹搜索過程也從根節點開始。根據公式$a = \text{argmax}_a(Q(s,a) + U(s,a))$和當前樹中的資訊，白方玩家選擇動作 2 $(w, 2)$，黑方玩家選擇動作 9 $(b, 9)$。如圖 15.12 所示，經過*選擇*步驟後，遊戲到達了終止狀態。這次對於*擴充和評估*步驟，節點將不會被擴充，同時可以直接從遊戲中獲取價值v。因此，價值網路不會用來估計狀態價值，策略網路也不會輸出動作機率。

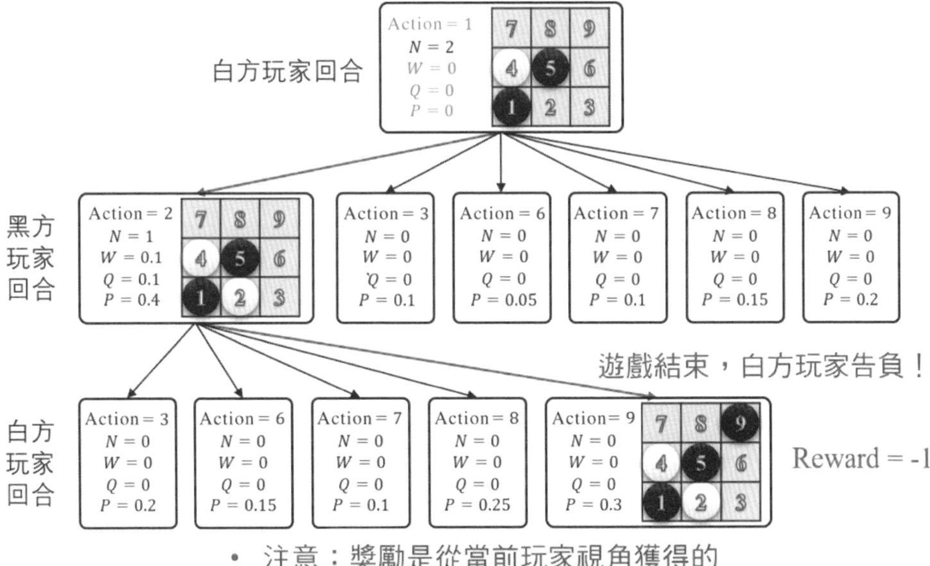

圖 15.12 終節點處的*擴充和評估*。由於遊戲在該節點結束，因此不會擴充任何節點，並且可以直接從遊戲中獲得獎勵。所以，這裡不會使用策略網路和價值網路

接下來是*回溯*，且軌跡上有三個節點。如前所述，節點從葉節點遞迴更新直到根節點，其中$N(s,a) = N(s,a) + 1, W(s,a) = W(s,a) + v(s), Q(s,a) = \frac{W(s,a)}{N(s,a)}$。此外，還應該切換每個節點的角度，這表示$v_{\text{white}} = -v_{\text{black}}$。在這個遊戲中，黑方玩家選擇動作 9 $(b, 9)$並到達一個新節點。現在本該輪到白方玩家選擇動作，但遺憾的是遊戲在此結束了，白方玩家輸掉了遊戲。所以獎勵值 reward $= -1$是從白方玩家的角度來看的，也就是說$v_{\text{white}} = -1$。當我們更新這個節點上的資訊時，如前所述，這些資訊是被黑方玩家

用來選擇動作$A = 9$並到達這個節點，所以這個節點的值應該是$v_{\text{black}} = -v_{\text{white}} = 1$，其他資訊同理，有$N = 1, W = 1, Q = 1$。剩餘兩個節點的資訊也以同樣的方式更新。

在完成回溯步驟之後，樹結構如圖 15.13 所示。根節點已被存取三次，並且每個被存取過的節點資訊都已更新。

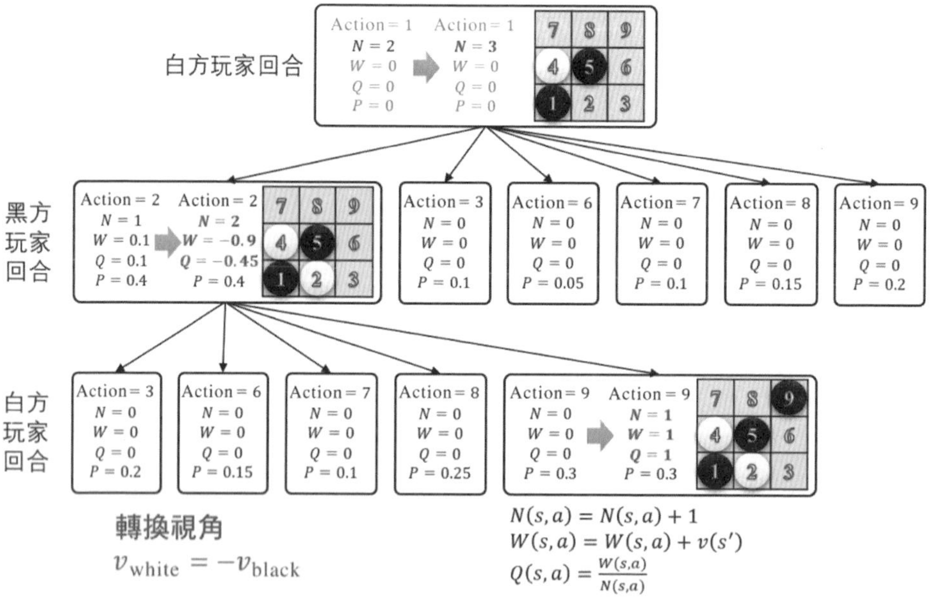

圖 15.13 回溯步驟之後的樹結構。在第三次樹搜索過程中，*回溯*步驟遞迴地更新三個被存取節點的資訊。由於兩個玩家在同一樹結構中，且$v_{\text{white}} = -v_{\text{black}}$，所以需要注意從正確的角度更新資訊

我們已經演示了三次蒙地卡羅樹搜索的迭代過程。經過 400 次搜索後（在 AlphaGo Zero 演算法中，搜索次數是 1600；在 AlphaZero 演算法中，搜索次數是 800，如圖 15.14 所示），樹結構變得更大，且估值更加精確。

經過樹搜索過程之後，可以在真正的棋盤上走子了。動作的選取透過計算每個動作的存取次數並歸一化為機率進行選擇，而非直接透過策略網路輸出動作機率：$\pi(a|s) = \frac{N(s,a)^{1/\tau}}{N(s)^{1/\tau-1}} = \frac{N(s,a)^{1/\tau}}{\sum_b N(s,b)^{1/\tau}}$，其中$\tau \to 0$是溫度參數，$b \in A$

表示狀態s下的可行動作。這裡選擇的動作是 9 $(w,9)$，如圖 15.15 所示。

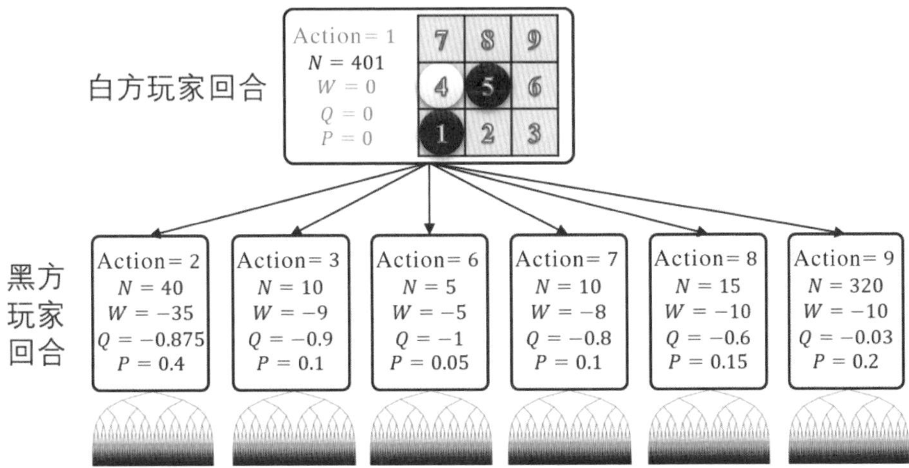

圖 15.14 經過 400 次搜索的樹結構。由於第一次搜索是從*擴充和評估*步驟開始的，並沒有選擇子節點，因此其子節點的存取次數之和為 400，根節點的存取次數為 401。這個細節並不影響演算法思想

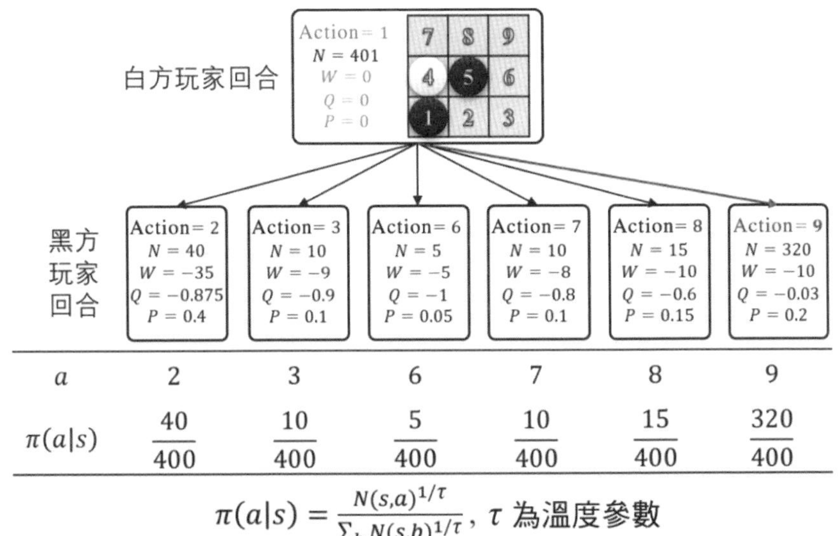

a	2	3	6	7	8	9
$\pi(a\|s)$	$\frac{40}{400}$	$\frac{10}{400}$	$\frac{5}{400}$	$\frac{10}{400}$	$\frac{15}{400}$	$\frac{320}{400}$

$$\pi(a|s) = \frac{N(s,a)^{1/\tau}}{\sum_b N(s,b)^{1/\tau}}，\tau \text{ 為溫度參數}$$

圖 15.15 在真正的棋盤上走子。經過 400 次搜索後，根據$\pi(a|s) = \frac{N(s,a)^{1/\tau}}{\sum_b N(s,b)^{1/\tau}}$選擇動作。這裡白方玩家選擇動作 9 $(w,9)$

溫度參數用來控制探索度。若$\tau = 1$，動作的選擇機率和存取次數成正比，則這種方式探索度高，可以確保資料收集的多樣性。若$\tau \to 0$，則探索度低，此時傾向於選擇存取次數最大的動作。在 AlphaZero 和 AlphaGo Zero 演算法中，當執行自博弈過程收集資料時，前 30 步（在我們的實現中為 12 步）的溫度參數設為$\tau = 1$，其餘部分設定為$\tau \to 0$。當與真正對手下棋時，溫度參數始終設定為$\tau \to 0$，即每次都選擇最佳動作。

至此，位置 9 處已經放置了白方棋子，因此樹中的根節點將被更改。如圖 15.16 所示，蒙地卡羅樹搜索將從新的根節點繼續。其他兄弟節點及其父節點將被剪枝捨棄以節省記憶體。

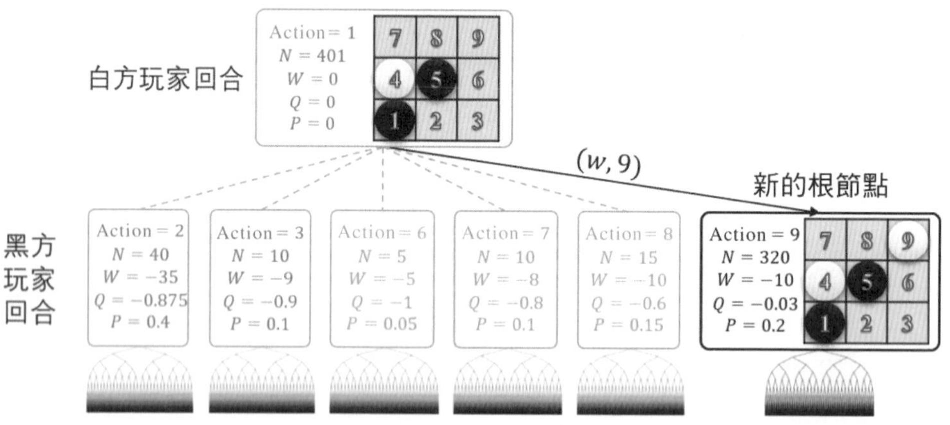

圖 15.16 新的根節點。新根節點下的節點將被保留，其他節點將被捨棄

整個過程一直重複下去，直到一局遊戲結束。我們得到資料和結果如圖 15.17 所示。

每個動作的機率計算方式為：$\pi(a|s) = \frac{N(s,a)^{1/\tau}}{\sum_b N(s,b)^{1/\tau}}, \tau = 1$。需要注意，這裡的機率透過存取次數計算，這是蒙地卡羅樹搜索自博弈過程和神經網路訓練相結合的關鍵點。由於該局遊戲的結果是平局，這裡所有資料的標籤都是 0（圖 15.18）。

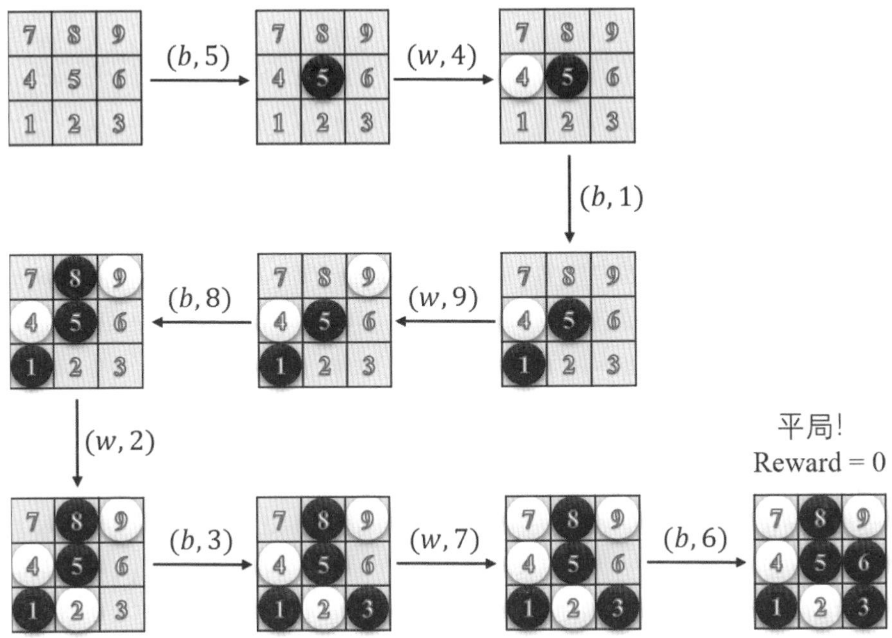

圖 15.17 棋譜資料。該局遊戲的所有狀態都將被保存，並指定動作機率$\pi(a|s)$和狀態值$v(s)$

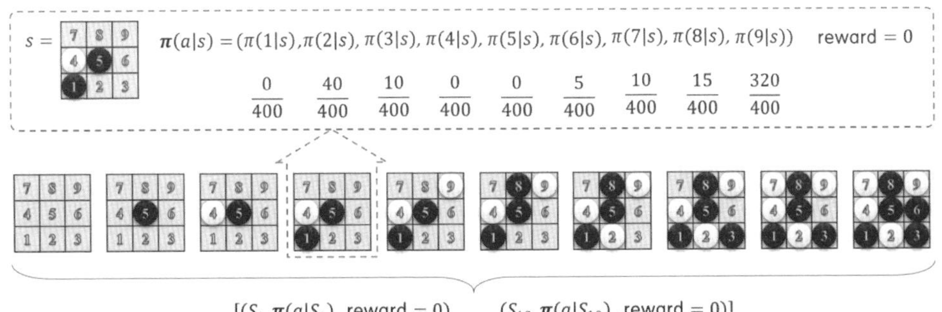

圖 15.18 帶標籤的資料。動作的機率根據$\pi(a|s) = \frac{N(s,a)^{1/\tau}}{\sum_b N(s,b)^{1/\tau}}$計算，標籤$v(s)$來自遊戲的結果：1 表示勝利，-1 表示失敗，0 表示平局

現在我們已經有了蒙地卡羅樹搜索生成的資料，下一步就是利用深度神經網路進行訓練。在訓練過程中，首先將資料轉換成堆疊的特徵層。每個特徵層只包含 0-1 值用以表示玩家的落子，其中一組特徵層表示當前玩家的

落子，另一組特徵層表示對手的落子。這些特徵層按照歷史動作序列順序堆疊。然後，我們用與 AlphaGo Zero 演算法相同的資料增強方法對資料進行擴充：由於圍棋和五子棋的規則都不受旋轉和映像檔翻轉的影響，因此在訓練之前，我們將資料做旋轉和映像檔翻轉增強。在蒙地卡羅樹搜索過程中，棋盤狀態被隨機旋轉或映像檔翻轉，然後再用神經網路進行預測，從而可以在一定程度上減小方差。然而在 AlphaZero 演算法中，由於某些遊戲規則不具有旋轉和映像檔翻轉不變性，因此 AlphaZero 沒有使用該技巧。言歸正傳，隨著收集的資料越來越多，不斷訓練的網路會得到更加精確的估計。

我們使用 ResNet (He et al., 2016) 作為網路結構（圖 15.19），這和 AlphaGo Zero 演算法相同。網路的輸入是前述構造的狀態特徵，輸出是動作機率和狀態值。網路可以表示為$(\mathbf{p}, v) = f_\theta(s)$，資料為$(s, \boldsymbol{\pi}, r)$，其中$\mathbf{p}, \boldsymbol{\pi}$為列向量。損失函數$l$由動作分佈的交叉熵損失、狀態值的均方誤差和參數的 L2 正則化組成。具體公式為$l = (r - v)^2 - \boldsymbol{\pi}^{\mathrm{T}}\log\mathbf{p} + c \parallel \theta \parallel^2$，其中參數$c$調節正則化權重。

此外，我們介紹一些關於模型更新的細節。在 AlphaGo Zero 演算法中，新模型將和當前的最佳模型對打 400 局，如果新模型勝率超過 55%，那麼它將替換掉之前的模型成為當前的最佳模型，即對模型有一個評估的過程。相比之下，在 AlphaZero 演算法的版本中，它不與之前的模型進行對打，而是直接不斷更新模型參數，這些都是可行的方法。我們的版本和 AlphaGo Zero 的方式相同，以使訓練過程更加穩定。此外，如果想更快地訓練模型，可以使用多處理程序平行收集資料，甚至採用原論文非同步樹搜索的方式。圖 15.20 展示了平行的訓練方式，多個處理程序同時從最佳模型中源源不斷生成自博弈資料，收集到最新的自博弈資料用來訓練神經網路，最新訓練的模型和最佳模型進行不斷評估（AlphaGo Zero 的方式），所有這些處理程序都並存執行。

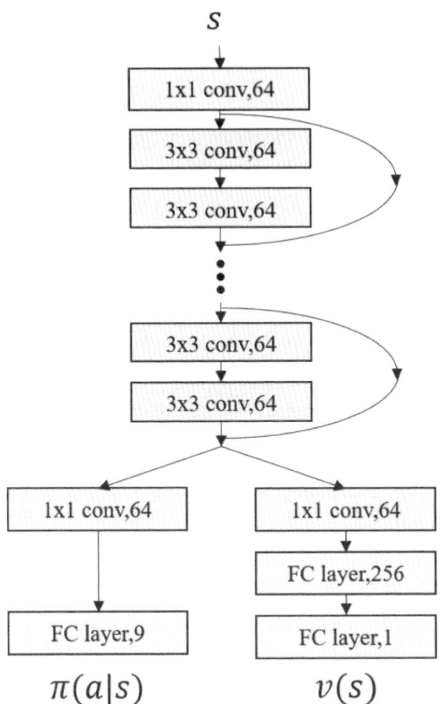

圖 15.19 網路結構。結構與 AlphaGo Zero 演算法相同。ResNet 作為主幹，兩個頭部分別輸出機率分佈和狀態估值

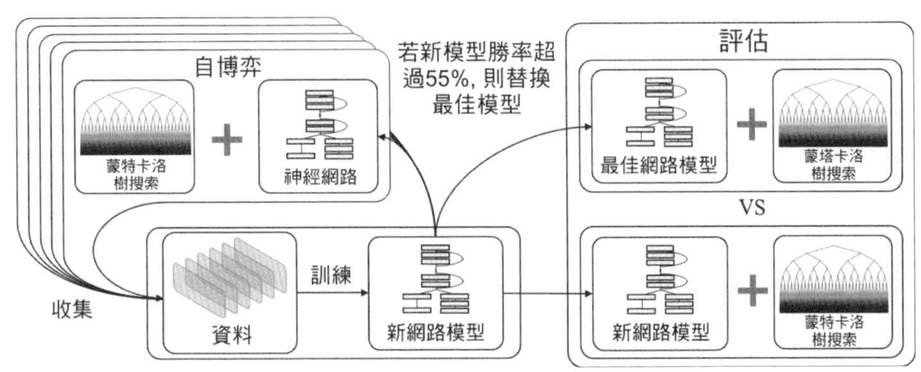

圖 15.20 平行訓練框架

隨著新資料源源不斷地生成，神經網路不斷迭代訓練，得到更準確的估值，一個強大的五子棋 AI 就生成了。

我們最終在 11×11 的棋盤上透過多處理程序平行的方式訓練了無禁手規則的五子棋 AI，表 15.1 列出了一些具體參數。隨後我們在 15×15 的棋盤上同樣成功訓練了一個模型，這表示了 AlphaZero 演算法的通用性和穩定性。

表 15.1 參數比較

參數	五子棋	**AlphaGo Zero**	**AlphaZero**
c_{puct}	5	5	5
MCTS times	400	1600	800
residual blocks	19	19/39	19/39
batch size	512	2048	4096
learning rate	0.001	annealed	annealed
optimizer	Adam	SGD with momentum	SGD with momentum
Dirichlet noise	0.3	0.03	0.03
weight of noise	0.25	0.25	0.25
$\tau = 1$ for the first n moves	12	30	30

參考文獻

- ALBERT M, NOWAKOWSKI R, WOLFE D, 2007. Lessons in play: an introduction to combinatorialgame theory[M]. CRC Press.
- AUER P, CESA-BIANCHI N, FISCHER P, 2002. Finite-time analysis of the multiarmed bandit problem[J].Machine learning, 47(2-3): 235-256.
- BROWNE C B, POWLEY E, WHITEHOUSE D, et al., 2012. A survey of monte carlo tree searchmethods[J]. IEEE Transactions on Computational Intelligence & Ai in Games, 4(1): 1-43.
- CAMPBELL M, HOANE JR A J, HSU F H, 2002. Deep blue[J]. Artificial intelligence.

- COUETOUX A, MILONE M, BRENDEL M, et al., 2011. Continuous rapid action value estimates[C]//Asian Conference on Machine Learning. 19-31.
- HE K, ZHANG X, REN S, et al., 2016. Deep residual learning for image recognition[C]//Proceedings ofthe IEEE Conference on Computer Vision and Pattern Recognition. 770-778.
- HSU F H, 1999. Ibm's deep blue chess grandmaster chips[J]. IEEE Micro, 19(2): 70-81.
- KOCSIS L, SZEPESVÁRI C, 2006. Bandit based monte-carlo planning[C]//European conference onmachine learning. Springer: 282-293.
- MUTHOO A, OSBORNE M J, RUBINSTEIN A, 1996. A course in game theory.[J]. Economica, 63(249): 164-165.
- SILVER D, HUANG A, MADDISON C J, et al., 2016. Mastering the game of go with deep neuralnetworks and tree search[J]. Nature.
- SILVER D, HUBERT T, SCHRITTWIESER J, et al., 2017a. Mastering chess and shogi by self-play with a general reinforcement learning algorithm[J]. arXiv preprint arXiv:1712.01815.
- SILVER D, SCHRITTWIESER J, SIMONYAN K, et al., 2017b. Mastering the game of go without human knowledge[J]. Nature, 550(7676): 354.
- SILVER D, HUBERT T, SCHRITTWIESER J, et al., 2018. A general reinforcement learning algorithm that masters chess, shogi, and Go through self-play[J]. Science, 362(6419): 1140-1144.

Chapter 16

模擬環境中機器人學習

本章主要介紹模擬環境中機器人學習的上手專案，包括在 CoppeliaSim 中設定一個機械臂抓取物體的任務，並用深度強化學習演算法柔性 Actor-Critic（Soft Actor-Critic，SAC）去解決它。實驗部分展示不同獎勵函數的效果，用以驗證輔助密集獎勵對於解決類似機器人抓取任務的重要性。在本章尾端，我們也對機器人學習應用、模擬到現實的遷移和其他機器人學習專案及模擬器進行簡單的討論。

深度強化學習演算法有很多潛在的現實世界應用場景，機器人控制是其中最令人振奮的領域之一。儘管深度強化學習演算法已經能夠極佳地解決絕大多數簡單的遊戲，像之前介紹的 OpenAI Gym 環境等，我們目前還不能期望深度強化學習方法在機器人控制領域能完全替代傳統控制方法，比如反向運動學（Inverse Kinematics）或比例-積分-微分（Proportional–Integral–Derivative, PID）控制等。然而，深度強化學習能夠應用於某些具體情形，作為與傳統控制相輔相成的方法，尤其是對於高度複雜的系統或靈活操控任務 (Akkaya et al., 2019; Andrychowicz et al., 2018)。

在絕大多數情況下，機器人控制的動態過程可以用馬可夫（Markov）過程極佳地近似，這使得它成為深度強化學習在模擬和現實中的理想的試驗場。另外，深度強化學習對於現實世界中機器人控制的巨大潛力也吸引了許多像 DeepMind 和 OpenAI 等高科技公司來投入這個研究領域。近來，

OpenAI 甚至透過自動域隨機化（Automatic Domain Randomization）技術來解決模擬到現實的遷移（Sim-to-Real Transfer）問題，從而用一個單手五指機械臂解決了 Rubik 魔方，如圖 16.1 所示。其他公司也開始研究使用比如在倉儲物流中的貨物分發任務上使用機械臂，甚至直接讓機器人在現實世界中訓練(Korenkevych et al., 2019)。

圖 16.1 用一個機器手解決 Rubik 魔方的場景。圖片改編自文獻(Akkaya et al., 2019)

然而，由於將強化學習演算法直接應用於現實世界中有取樣效率低和安全性的問題，人們發現直接在現實世界中訓練強化學習策略來解決複雜的機器人系統控制或靈活操控任務 (Akkaya et al., 2019) 是有困難的。在模擬環境中訓練並在隨後將策略遷移到現實世界，或利用人類專家的示範（Human Expert Demonstrations）來學習，都是更有潛力滿足機器人學習的計算性能和安全要求的方式。機器人的模擬器已經發展了數十年，包括 DART、CoppeliaSim（在 3.6.2 版本之前叫作 V-REP）(Rohmer et al., 2013)、MuJoCo、Gazebo 等。在本章最後一小節會有相關討論。為了便於人們使用深度強化學習控制策略和其他數值操作，這些模擬器多數都有 Python 對應版本。

在模擬環境中學習至少在兩個方面有意義。第一，模擬環境可以用作新提出演算法或框架的試驗地（包括但不限於強化學習領域），尤其是大規模的現實世界應用，比如機器人學習任務。在模擬環境中學習可以作為新方法在應用到現實情景前的驗證過程。第二，對透過模擬到現實遷移的方式解決現實世界問題來說，在模擬中學習是不可或缺的一步，可以減少時間消耗和物理裝置磨損。

在這一章，我們將介紹把深度強化學習演算法應用到一個模擬環境中簡單的機器人物體抓取任務的過程，使用 CoppeliaSim（V-REP）模擬器和它的 Python 封裝：PyRep (James et al., 2019a)。我們開放原始碼了這個專案的任務描述和深度強化學習演算法相關程式，便於讀者學習和了解。

由於之前已經介紹了一個將強化學習應用於大規模高維度連續空間的應用，本章的機器人學習任務將更加著重實踐中強化學習的其他方面，包括如何建構一個能透過強化學習實現特定任務的模擬環境，如何設計獎勵函數來輔助強化學習實現最終的任務目標等，以給讀者提供對強化學習更好的了解，不僅限於訓練過程，更在於如何設計學習環境。

16.1 機器人模擬

我們第一步要做的是設定一個模擬環境，包括：一個機械臂、與機械臂互動的物塊。這個模擬環境應當符合現實物理動態規律。然而，這裡我們要強調一點，一個真實的模擬不表示在這個模擬環境中學習到的策略就可以直接在現實世界中取得好的表現。一個「真實的」模擬環境可以透過不同的具體形式實現，而其中只有一種形式可以與實際的現實世界相匹配。舉例來說，不同光源條件可以在物體上產生不同的陰影效果，而這些可能看起來都很「真實」，但是只有其中一種是跟現實相同的，而且由於深度神經網路的敏感性，這些外觀上的細微差異可能導致現實中做出截然不同的動作。為了解決這類模擬到現實遷移過程的問題，如域隨機化（Domain Randomization）、動力學隨機化（Dynamics Randomization）等許多方法被提出和應用，我們也將在本章進行相關討論。

現在有許多機器人的模擬器，包括 CoppeliaSim（V-REP）、MuJoCo、Unity 等。原版 CoppeliaSim（V-REP）軟體使用 C++和 Lua 語言支援的通用介面，而只有部分函數功能可以透過 Python 實現。然而，對於應用深度強化學習而言，最好使用 Python 介面。幸運的是，我們有 PyRep 軟體套件來將 CoppeliaSim（V-REP）用於深度機器人學習。在本專案中，我們使用 CoppeliaSim（V-REP）並搭配它的軟體套件 PyRep 來呼叫 Python 介面。

我們將在本節展示設定一個機器人學習任務的基本過程。

安裝 CoppeliaSim 和 PyRep

CoppeliaSim（V-REP）軟體可以在官網下載到，而在本書的寫作過程中，我們需要 CoppeliaSim（V-REP）的 3.6.2 版本（可以在網站上找到）來跟 PyRep 相容。它可以直接透過解壓下載的檔案來安裝。注意高於 CoppeliaSim（V-REP）3.6.2 的版本可能跟這個專案的其他模組不相容。

安裝完 CoppeliaSim（V-REP）之後，我們可以透過以下幾步安裝我們倉庫網站上的 PyRep 的分支穩定版本：

```
git clone https://github.com/deep-reinforcement-learning-book/PyRep.git
pip3 install -r requirements.txt
python3 setup.py install —user
# 注意：在以下指令中需要將路徑改為使用者本機的 VREP 安裝位置
export VREP_ROOT=EDIT/ME/PATH/TO/V-REP/INSTALL/DIR
export LD_LIBRARY_PATH=$LD_LIBRARY_PATH:$VREP_ROOT
export QT_QPA_PLATFORM_PLUGIN_PATH=$VREP_ROOT
source~/.bashrc
```

記得透過上面指令稿中的 VREP_ROOT 更改 V-REP 的路徑。

Git 複製本專案

本章的深度強化學習演算法應用於機器人學習任務專案可以透過以下命令下載：

```
git clone https://github.com/deep-reinforcement-learning-book/Chapter16-
Robot-Learning
   -in-Simulation.git
```

這個專案包含機器人的部分（機械臂，夾具）和其他我們需要的物體、建構的機器人抓取任務情景、用來訓練智慧體控制策略的深度強化學習演算法等。本專案中的機器人抓取任務情景見圖 16.2。我們將在以下幾小節中展示如何建構這個包含基本組成部分的場景。

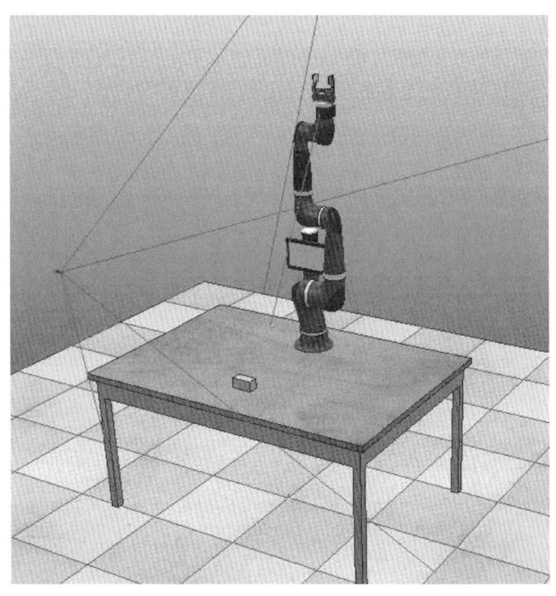

圖 16.2 CoppeliaSim (V-REP) 中的抓取（Grasping）任務場景

組裝機器人

我們使用名為 *Rethink Sawyer* 的機械臂和一個 BraxterGripper 終端夾具。官方 PyRep 軟體套件提供了多種機械臂和夾具，可以用來組裝和建構你想要的任務場景。我們這裡提供一個例子，將一個夾具安裝到機械臂，如圖 16.3 所示。

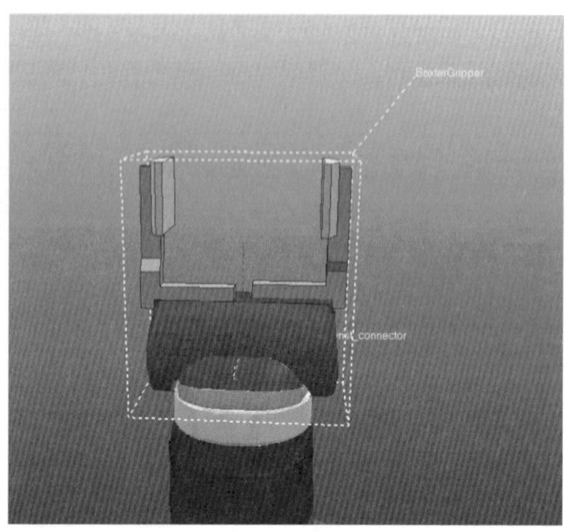

圖 16.3 Sawyer 機械臂末端（左）和組裝的夾具 BaxterGripper（右）

在我們的 Git 檔案下，將./hands/BaxterGripper.ttm 和./arms/Sawyer.ttm 拖入在 Cop- peliaSim（V-REP）中打開的新場景。我們選擇夾具並同時按 Ctrl 加滑鼠左鍵點擊 Sawyer 的終端關節（即 Sawyer_wrist_connector，它是 CoppeliaSim（V-REP）中的力感測器，可以用於連接不同物體），然後點擊「組裝」按鈕，如圖 16.4 所示。CoppeliaSim（V-REP）提供了不同種類的連接器，這裡的力感測器只是其中一種，且這種連接器在關節受到的真實力大於一個閾值的時候有破碎的可能。另一方面，我們不應該在這裡用「組合/合併」（group/merge）選項，這是為了能夠獨立控制夾具和機械臂。更多關於如何連接和組合不同物體的細節可以查閱 CoppeliaSim（V-REP）的網站。在我們完成以上過程後，所建構場景的層級（Scene hierarchy）應當如圖 16.5 所示。

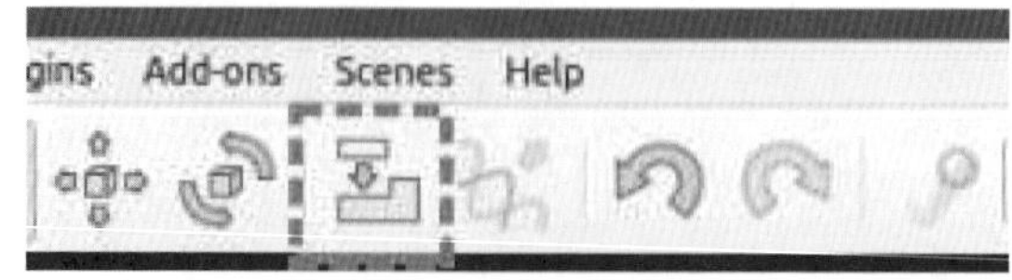

圖 16.4 CoppeliaSim (V-REP) 中的「組裝」（assemble）按鈕

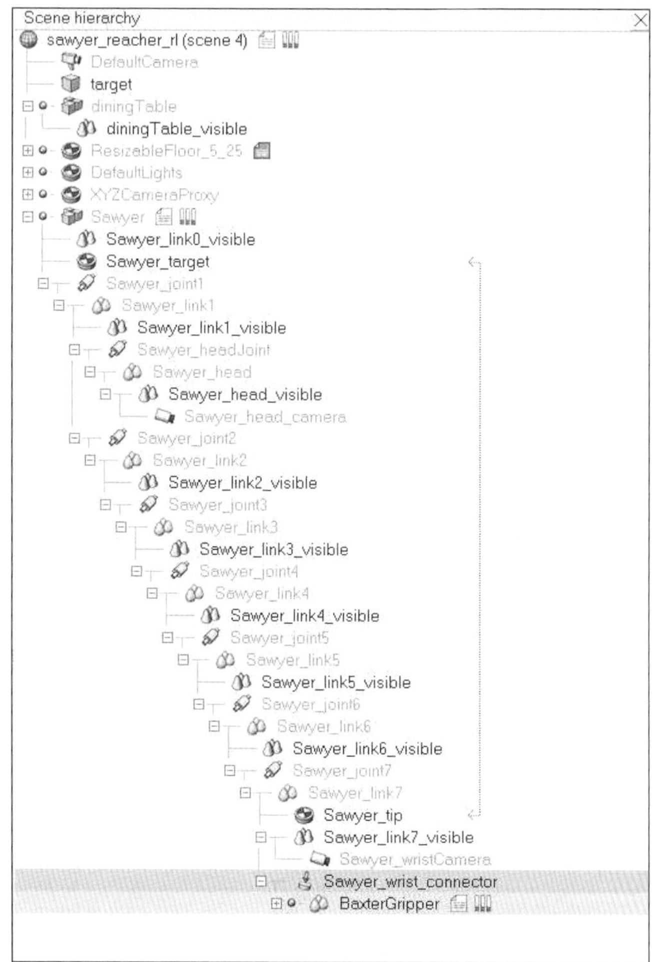

圖 16.5　CoppeliaSim (V-REP) 中任務場景的層級，包括 Sawyer 機械臂在內的所有物理模型。紅色箭頭表示用於端點控制模式的反向運動學鏈。黑色字型表示場景中可見的物體，而灰色字型表示不可見的虛擬物體

建構學習環境

圖 16.2 展示了 CoppeliaSim（V-REP）中一個建構好的場景，對應檔案為./scenes/sawyer_ reacher_rl.ttt。為了建構這個最終場景，我們需要把其他物體增加到當前只包含機械臂和夾具的場景中。

首先，我們透過增加（Add）-> 簡單形狀（Primitive shape）-> 長方體（Cuboid）增加一個目標物體，調整它成為我們想要的尺寸並重新命名為「目標」。我們需要雙擊「目標」前面的圖示並選擇公共（Common）-> 可繪製的（Renderable）來使得物體對視覺感測器可見。

在以上步驟之後，我們需要增加一個可以啟用我們提供訂製場景視野的視覺感測器。這個視覺感測器可以在模擬過程中一直拍攝視野的圖型，如果我們使用以圖型為基礎的控制，那麼這個視覺感測器是必需的（如果不是以圖型為基礎的控制，我們可能不需要它）。如果我們在場景中的這個視覺感測器，我們可以在模擬的每一步返回圖型。為了設定這樣的場景，點擊增加（Add）-> 視覺感測器（Vision sensor）-> 角度類型（perspective type），然後按右鍵場景，選擇增加（Add）-> 浮動視野（Floating view）。這時先點擊我們剛剛創建的視覺感測器，然後按右鍵打開的浮動視野，選擇視圖（View）-> 相關檢視和已選擇的視覺感測器（associate view with selected vision sensor）。隨後，我們手動設定增加的視覺感測器的位置和旋轉角度，得到如圖 16.6 所示的場景。

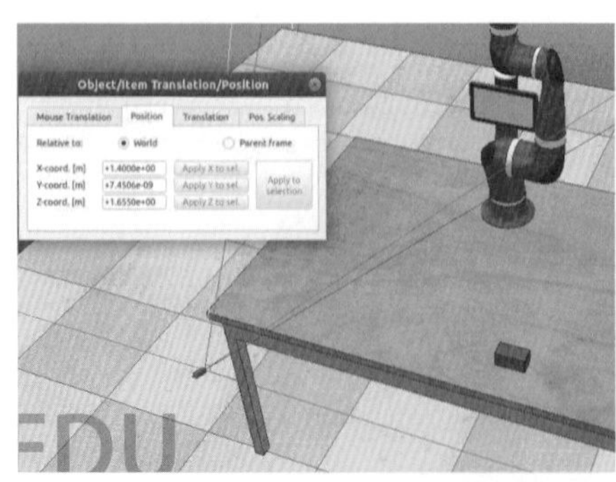

圖 16.6　在 CoppeliaSim (V-REP) 中設定視覺感測器。左面的圖片設定相機位置；右面圖片中右上角的小視窗是由所放置的相機得到的。如果採用以圖型為基礎的控制策略並呼叫相機，那麼它可以給每個時間步提供圖型觀察量

下面，我們從專案檔案夾./objects 中拖入物體檔案 table.ttt。透過點擊物體（Object）/ 物品移動（item　shift）按鍵，我們手動設定這個帶夾具機械

臂的位置和目標長方體的位置，使得它們位於桌子上方，如圖 16.7 所示。

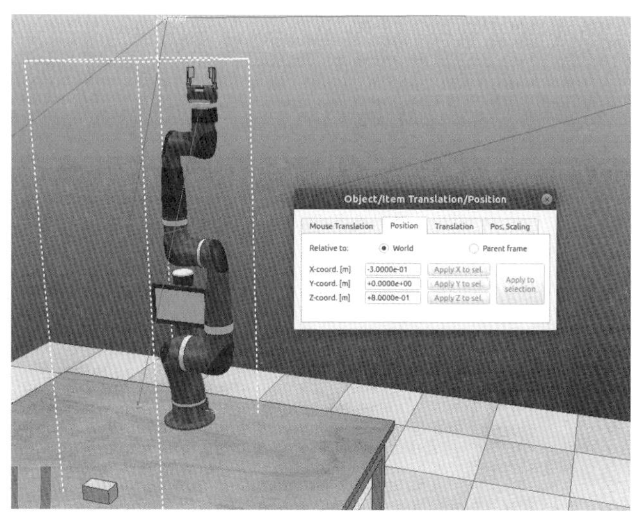

圖 16.7 手動改變 CoppeliaSim (V-REP) 中物體的位置

以上是設定環境場景的過程，這個場景給我們提供了任務中可以看到的實體。這些實體的動力學過程將遵從物理模擬器的模擬規則。除此之外，我們還需要給在環境中定義控制流程和獎勵函數（Reward Functions），通常包括物體移動的限制條件（主要是運動類的任務）、一個訓練部分（Episode）的開啟和結束步驟、初始化條件、觀察量的形式等。在我們的 Git 檔案中，我們提供了一個指令稿 sawyer_grasp_env_boundingbox.py 用來在場景中實現這些功能。為了便於之後應用強化學習演算法進行控制，這個指令稿我們採用與 OpenAI Gym 環境相似的應用程式介面（APIs）。我們上面建構的場景本身是靜態的，而這個控制指令稿可以為它提供控制動力學過程的功能（除了模擬器中實現的物理過程）。對於這個機器人抓取任務，我們使用正向運動學（直接控制關節運動速度）的控制機制來控制機械臂。我們也使用不同設定方式實現了一個透過反向運動學實現控制的（控制機械臂終端位置）的場景。反向運動學控制通常需要求一個描述關節角度和機械臂端點位置關係的雅可比（Jacobian）矩陣的逆，這個功能在 PyRep 中也有支持。更多關於反向運動學設定的細節超出本書範圍。我們提供的例副程式中的指令稿定義的動力學過程和機器人控制可以支援以上兩種控制機制。

注意：實踐中，當你嘗試建構自己的機器人模型或用不同的元件組裝訂製機械臂的時候，你需要小心機械臂上不同模組的組裝順序和依賴關係。這與 CoppeliaSim（V-REP）軟體對動態和靜態元件（比如反向運動學中的 Sawyer_tip 是一個靜態元件）的一些要求有關。細節參考官方網站。

在 CoppeliaSim（V-REP）中設定好環境場景之後，我們需要用 PyRep 軟體套件寫一個定義環境中動力學過程和獎勵函數的控制指令稿。我們的倉庫中提供了定義環境的程式。下面幾小節中我們將介紹專案中用到的函數和模組。

環境指令稿中的模組

匯入所需軟體套件並設定下面需要的全域變數。

```
from os.path import dirname, join, abspath
from pyrep import PyRep
from pyrep.robots.arms.sawyer import Sawyer
from pyrep.robots.end_effectors.baxter_gripper import BaxterGripper
from pyrep.objects.proximity_sensor import ProximitySensor
from pyrep.objects.vision_sensor import VisionSensor
from pyrep.objects.shape import Shape
from pyrep.objects.dummy import Dummy
from pyrep.const import JointType, JointMode
import numpy as np
import matplotlib.pyplot as plt
import math

POS_MIN, POS_MAX = [0.1, -0.3, 1.], [0.45, 0.3, 1.]  # 目標物體有效位置範圍
```

所定義機器人抓取任務環境類別的整體結構顯示如下。這裡所有的函數都在類別中簡寫，我們將在後文中多作說明。

```
class GraspEnv(object):
    # Sawyer 機器人抓取物塊
    def __init__(self, headless, control_mode='joint_velocity'):
        # 參數：
        # :headless: bool，如果為 True，沒有視覺化；否則有視覺化
        # :control_mode: str, 'end_position'或'joint_velocity'
        ......

    def _get_state(self):
        # 返回包括關節角度或速度和目標位置的狀態
        ......

    def _is_holding(self):
        # 返回抓取目標與否的狀態，為 bool
        ......

    def _move(self, action, bounding_offset=0.15, step_factor=0.2,
        max_itr=20, max_error=0.05, rotation_norm =5.):
        # 對於'end_position'模式，用反向運動學根據動作移動末端。反向運動學模式控制是透過設
        # 置末端目標來實現的，而非使用 solve_ik()函數，因為有時 solve_ik()函數不能正確工作

        # 模式：閉環比例控制，使用反向運動學

        # 參數：
        # :bounding_offset:有效目標位置範圍外的邊界方框所用的偏移量，作為有效且安全的動作
        # 範圍
        # :step_factor: 小步進值因數，用來乘以當前位置和位置的偏差，即作為控制的比例因數
        # :max_itr: 最大移動迭代次數
        # :max_error: 每次呼叫時移動距離誤差的上邊界
        # :rotation_norm: 用來歸一化旋轉角度值的因數，由於動作對每個維度有相同的值範
        # 圍，角度需要額外處理
        ......

    def reinit(self):
        # 重新初始化環境，比如可當夾具在探索中破損時呼叫
        ......
```

```
def reset(self, random_target=False):
    # 重置夾具位置和目標位置
    ......

def step(self, action):
    # 根據動作移動機械臂：如果控制模式為'joint_velocity'，則動作是 7 維的關節速度值
    # +1 維的夾具旋轉值；如果控制模式為'end_position'，則動作是 3 維末端（機械臂端
    # 點）位置 +1 維夾具旋轉值
    ......

def     shutdown(self):
    # 關閉模擬器
    ......
```

第一步是初始化環境，包括設定共用變數，如 init () 函數所定義的一樣：

```
def __init__(self,  headless,  control_mode='joint_velocity'):
    # 參數：
    # :headless:  bool，若為 True，則沒有視覺化；否則有視覺化
    # :control mode:  str，'end_position'或'joint_velocity'

    # 設定公開變數

    self.headless = headless # 若 headless 為 True，則無視覺化
    self.reward_offset = 10.0 # 抓到物體的獎勵值
    self.reward_range = self.reward_offset # 獎勵值域
    self.penalty_offset = 1. # 對不希望發生情形的懲罰值
    self.fall_down_offset = 0.1  # 用於判斷物體掉落桌面的距離值
    self.metadata=[] # gym 環境參數
    self.control_mode = control_mode
      # 機械臂控制模式：'end_position'或'joint_velocity'
```

函數__init__() 的第二部分是設定和啟動場景，並設定場景中物體對應的代理變數：

```
self.pr = PyRep() # 呼叫 PyRep
if control_mode == 'end_position': # 所有關節都以反向運動學的方式進行的位置控制模式
    SCENE_FILE = join(dirname(abspath( file )),
        './scenes/sawyer_reacher_rl_new_ik.ttt') # 使用反向運動學控制的場景
elif  control_mode == 'joint_velocity': # 所有關節都以正向運動學的力或力矩方式進行
                                        # 的速度控制模式
    SCENE_FILE = join(dirname(abspath( file )),
        './scenes/sawyer_reacher_rl_new.ttt') # 使用正向運動學控制的場景
    self.pr.launch(SCENE_FILE, headless=headless)# 啟動場景，headless 表示無視覺化
    self.pr.start()  # 啟動場景
    self.agent = Sawyer() # 得到場景中的機械臂
    self.gripper = BaxterGripper() # 得到場景中的夾具
    self.gripper_left_pad = Shape('BaxterGripper_leftPad') # 夾具手指上的左護墊
    self.proximity_sensor = ProximitySensor('BaxterGripper_attachProxSensor')
        # 感測器名稱
    self.vision_sensor = VisionSensor('Vision_sensor') # 感測器名稱
    self.table = Shape('diningTable') # 場景中的桌子，用來檢查碰撞
    if control_mode == 'end_position': # 透過機械臂端點位置來用反向運動學控制機械臂
        self.agent.set_control_loop_enabled(True) # 若為 False，則反向運動學無法執行
        self.action_space = np.zeros(4)
            # 3 自由度的端點位置控制和 1 自由度的夾具旋轉控制
    elif control_mode  ==  'joint_velocity':
        # 透過直接設定每個關節速度來用正向運動學控制機械臂
        self.agent.set_control_loop_enabled(False)
        self.action_space = np.zeros(7)
            # 7 自由度速度控制，無須額外控制端點旋轉，第 7 個關節控制它
    else:
        raise NotImplementedError
    self.observation_space = np.zeros(17)#7 個關節的純量位置和純量速度+3 維目標位置
    self.agent.set_motor_locked_at_zero_velocity(True) self.target =
    Shape('target') # 得到目標物體
    self.agent_ee_tip = self.agent.get_tip()
```

```
        # 機械臂末端的部分，作為反向運動學控制鏈的末端來進行控制
    self.tip_target = Dummy('Sawyer_target') # 末端（機械臂的端點）運動的目標位置
    self.tip_pos = self.agent_ee_tip.get_position() # 末端 x，y，z 位置
```

函數__init__() 的第三部分是設定合適的初始機器人姿勢和末端位置：

```
if control_mode == 'end_position':
    initial_pos = [0.3, 0.1, 0.9]
    self.tip_target.set_position(initial_pos) # 設定目標位置
    # 對旋轉來說單步控制足以透過設定 reset_dynamics=True 就可以立即設定旋轉角
    self.tip_target.set_orientation([0,np.pi,np.pi/2], reset_dynamics=True)
        # 前兩個沿著 x 和 y 軸的維度使夾具向下
    self.initial_tip_positions = self.initial_target_positions = initial_pos
elif control_mode == 'joint_velocity':
    self.initial_joint_positions = [0.0, -1.4, 0.7, 2.5, 3.0, -0.5, 4.1]
        # 一個合適的初始姿態
    self.agent.set_joint_positions(self.initial_joint_positions)
self.pr.step()
```

如下所示是一個獲得觀察狀態的函數，包括關節位置和速度，以及目標物體的三維空間位置，總共 17 維。

```
def _get_state(self):
    # 返回包括關節角度或速度和目標位置的狀態

    return np.array(self.agent.get_joint_positions() + # list，維數為 7
        self.agent.get_joint_velocities() + # list，維數為 7
        self.target.get_position()) # list，維數為 3
```

一個決定夾具是否抓到物體的函數被定義為_is_holding()，透過夾具護墊上的碰撞檢測和近距離感測器來決定物體是否在夾具內。

```
def _is_holding(self):
    # 返回抓取目標與否的狀態，為 bool

    # 注意碰撞檢測不總是準確的，對於連續碰撞幀，可能只有開始的 4～5 幀碰撞可以被檢測到
    pad_collide_object = self.gripper_left_pad.check_collision(self.target)
```

```
    if pad_collide_object and self.proximity_sensor.is_detected(self.target)==True:
        return True
    else:
        return False
```

函數_move() 可以在有效範圍內透過反向運動學模式操控移動機械臂末端執行器。PyRep 中可以透過在機械臂末端放置一個部件來實現以反向運動學控制末端執行器，具體做法是設定這個末端部件的位置和旋轉角。如果呼叫 pr.step() 函數，那麼在 PyRep 中機械臂關節的反向運動學控制可以自動求解。由於單一較大步進值的控制可能是不精確的，這裡我們將整個動作產生的位移運動分解為一系列小步進值運動，並採用一個有最大迭代次數和最大容錯值的回饋控制閉環來執行這些小步進值動作。

```
def _move(self, action, bounding_offset=0.15, step_factor=0.2, max_itr=20,
    max_error=0.05, rotation_norm =5.):
    # 對於'end_position'模式，用反向運動學根據動作移動末端。反向運動學模式控制是透過設
    # 置末端目標來實現的，而非使用 solve_ik()函數，因為有時 solve_ik()函數不能正確
    # 工作。
    # 模式：閉環比例控制，使用反向運動學

    # 參數：
    # :bounding_offset: 有效目標位置範圍外的邊界方框所用的偏移量，作為有效且安全的動作
    # 範圍
    # :step_factor:小步進值因數，用來乘以當前位置和目標位置的偏差，即作為控制的比例因數
    # :max_itr: 最大移動迭代次數
    # :max_error: 每次呼叫時移動距離誤差的上界
    # :rotation_norm: 用來歸一化旋轉角度值的因數，由於動作對每個維度有相同的值範圍，
    # 角度需要額外處理

    pos=self.gripper.get_position()

    # 檢查狀態加動作是否在邊界方框內，若在，則正常運動；否則動作不會被執行。該範圍為
    # x_min < x < x_max 且 y_min < y < y_max 且 z > z_min
    if pos[0]+action[0]>POS_MIN[0]-bounding_offset and
```

```
    pos[0]+action[0]<POS_MAX[0]+bounding_offset \
    and pos[1]+action[1] > POS_MIN[1]-bounding_offset and pos[1]+action[1] <
    POS_MAX[1]+2*bounding_offset \
and pos[2]+action[2] > POS_MIN[2]-2*bounding_offset: #z 軸有較大偏移量

# 物體的 set_orientation()和 get_orientation()之間有一個錯配情況，
# set_orientation() 中的(x，y，z)對應 get_orientation()中的(y，x，-z)
ori_z=-self.agent_ee_tip.get_orientation()[2]
    # 減號是因為 set_orientation()和 get_orientation()之間的錯配
target_pos = np.array(self.agent_ee_tip.get_position())+np.array(action[:3])
diff=1 # 初始化
itr=0
while np.sum(np.abs(diff))>max_error and itr<max_itr:
    itr+=1
    #透過小步來到達位置
    cur_pos = self.agent_ee_tip.get_position()
    diff = target_pos-cur_pos # 當前位置和目標位置差異，進行閉環控制
    pos = cur_pos+step_factor*diff
        # 根據當前差異邁一小步，防止反向運動學無法求解
    self.tip_target.set_position(pos.tolist())
    self.pr.step() # 每次設定末端目標位置，需呼叫模擬步來實現

    #對 z 軸旋轉單步即可，但是由於反向運動學求解器的問題，所以還是存在小誤差
    ori_z+=rotation_norm*action[3]
        # 歸一化旋轉值，因為通常在策略中對旋轉和位移的動作範圍是一樣的
    self.tip_target.set_orientation([0, np.pi, ori_z])
        # 使夾具向下並沿 z 軸旋轉 ori_z
    self.pr.step() # 模擬步

else:
    print("Potential Movement Out of the Bounding  Box!")
    pass # 如果潛在運動超出了邊界方框，動作不會執行
```

這裡提供了一個可以重新初始化場景的函數。

```
def reinit(self):
    # 重新初始化環境，比如當夾具在探索中破損時可呼叫
    self.shutdown() # 首先關掉當前環境
    self.__init__(self.headless) # 以相同的 headless 模式進行初始化
```

如下是一個能夠重置場景中目標物體和機械臂的函數。

```
def reset(self, random_target=False):
    # 重置夾具位置和目標位置

    # 設定目標物體
    if random_target: # 隨機化
        pos = list(np.random.uniform(POS_MIN,POS_MAX))#從合理範圍的均勻分佈中取樣
        self.target.set_position(pos) # 隨機位置
    else: # 無隨機化
        self.target.set_position(self.initial_target_positions) # 固定位置
    self.target.set_orientation([0,0,0])
    self.pr.step()

    # 把末端位置設定到初始位置
    if self.control_mode == 'end_position': # JointMode.IK
        self.agent.set_control_loop_enabled(True) # 反向運動學模式
        self.tip_target.set_position(self.initial_tip_positions)
            # 由於反向運動學模式或力/力矩模式開啟，所以無法直接設定關節位置
        self.pr.step()
        # 避免卡住的情況：由於使用反向運動學來移動，所以機械臂卡住會使得反向運動學難以
        # 求解，從而無法正常重置，因此在預期位置無法到達時需要採用一些隨機動作
        itr=0
        max_itr=10
        while np.sum(np.abs(np.array(self.agent_ee_tip.get_position()-
            np.array(self.initial_tip_positions))))>0.1 and itr<max_itr:
            itr+=1
            self.step(np.random.uniform(-0.2,0.2,4)) # 採取隨機動作來防止卡住的情況
            self.pr.step()

    elif self.control_mode == 'joint_velocity': # JointMode.FORCE
```

```
        self.agent.set_joint_positions(self.initial_joint_positions)
        self.pr.step()

    # 設定可碰撞(collicable)模式，用於碰撞檢測
    self.gripper_left_pad.set_collidable(True)
        # 設定夾具護墊為可碰撞的，從而可以檢測碰撞
    self.target.set_collidable(True)

    # 如果夾具沒有完全打開，將其完全打開
    if np.sum(self.gripper.get_open_amount())<1.5:
        self.gripper.actuate(1, velocity=0.5)
        self.pr.step()

    return self._get_state() # 返回路境當前狀態
```

如其他環境（OpenAI Gym 等）中經常使用的 step() 函數，在我們這裡的環境中也會用到。這個函數需要對應的動作值作為輸入。如果機器人是由 end_position 模式使用反向運動學控制的，它需要呼叫之前定義的_move() 函數來執行動作；如果機器人是由 joint_velocity 模式透過正向運動學控制的，那麼機械臂上的關節位置可以直接被設定。

```
def step(self, action):
    # 根據動作移動機械臂：如果控制模式為'joint_velocity'，那麼動作是 7 維的關節速度值+1
    # 維的夾具旋轉值；如果控制模式為'end_position'，那麼動作是 3 維末端(機械臂端點)
    #位置+1 維夾具旋轉值

    # 初始化
    done=False # 部分結束
    reward=0
    hold_flag=False  #  是否抓住物體的標籤
    if self.control_mode == 'end_position':
        if action is None or action.shape[0]!=4: # 檢查動作是否合理
            print('No actions or wrong action dimensions!')
            action = list(np.random.uniform(-0.1, 0.1, 4)) # 隨機
        self._move(action)
```

```
elif  self.control_mode  ==  'joint_velocity':
    if action is None or action.shape[0]!=7: # 檢查動作是否合理
        print('No  actions  or  wrong  action  dimensions!')
        action = list(np.random.uniform(-0.1, 0.1, 7)) # 隨機
    self.agent.set_joint_target_velocities(action) # 機械臂執行動作
    self.pr.step()

else:
    raise NotImplementedError
```

除了移動機械臂，獎勵函數（Reward Function）、吸收狀態（Absorbing State）、結束訊號（done）和其他像標記物體被持有狀態的資訊等也是透過 step() 函數實現的，如下所示。成功抓取物體的獎勵是一個正數，而物體掉落桌面的懲罰是一個同樣數值大小的負數。這組成了一種稀疏獎勵機制，而可能對智慧體來說很難學習。所以我們增加了距離上的懲罰項來輔助學習。這個懲罰項的值是末端執行器到目標物體的距離，同時我們也懲罰夾具與桌面的碰撞來避免夾具損壞。這組成了一個密集獎勵函數。然而，我們要知道密集獎勵函數可能跟最終的任務目標有出入，而我們的目標是讓機器人抓取目標物體。由於距離懲罰項正比於夾具和物體中心的距離，它會促使夾具盡可能地接近物體中心，而這可能導致不合適的抓取姿態。更多關於這種獎勵函數與強化學習任務目標之間的分歧可以參考第 18 章中的討論。由於這個原因，我們需要對獎勵函數進行修正，比如設定一個位於目標物體上方的位置偏移量（虛擬目標點）來取代目標物體的中心，我們將在隨後的幾小節中進行相關討論。

```
ax, ay, az = self.gripper.get_position()
if math.isnan(ax): # 捕捉探索中夾具破損的情況
    print('Gripper  position  is  nan.')
    self.reinit()
    done=True
tx, ty, tz = self.target.get_position()
sqr_distance = (ax - tx) ** 2 + (ay - ty) ** 2 + (az - tz) ** 2
    # 夾具和目標物體的距離的平方
```

```
# 在夾具與物體足夠近且物體被近距離感測器檢測到時關閉夾具
if sqr_distance<0.1 and self.proximity_sensor.is_detected(self.target)== True:
   # 確保抓取之前夾具是打開的
   self.gripper.actuate(1, velocity=0.5)
   self.pr.step()
   self.gripper.actuate(0, velocity=0.5)
      # 如果結束了，關閉夾具，0 是關閉，1 是打開；速度 0.5 可以確保夾具在一幀內關閉
   self.pr.step() # 物理模擬器前進一步

   if self._is_holding():
      reward += self.reward_offset # 抓到物體的額外獎勵
      done=True
      hold_flag = True
   else:
      self.gripper.actuate(1, velocity=0.5)
      self.pr.step()

elif np.sum(self.gripper.get_open_amount())<1.5: # 如果夾具由於碰撞或其他原因是
# 關閉的（或未完全打開），打開它；get_open_amount()返回夾具關節的一些資料值
   self.gripper.actuate(1, velocity=0.5)
   self.pr.step()
else:
   pass
# 基本獎勵是距離目標的負值
reward -= np.sqrt(sqr_distance)

# 物體掉落桌面的情況
if tz <  self.initial_target_positions[2]-self.fall_down_offset:
   done = True
   reward = -self.reward_offset

# 機械臂與桌面碰撞的懲罰
if self.gripper_left_pad.check_collision(self.table):
   reward -= self.penalty_offset
```

```
if math.isnan(reward): # 捕捉數值問題
    reward = 0.

return  self._get_state(),  reward,  done,  {'finished':  hold_flag}
```

用於關閉環境的函數相對簡單：

```
def shutdown(self):
    # 關閉模擬器
    self.pr.stop()
    self.pr.shutdown()
```

在以下實驗中，我們採用以下關於上面抓取任務的基本設定：目標物體的初始位置是固定的；機器人關節位置的初始化選取了可以避免較複雜機器人姿態的方式；機器人是透過正向運動學模式來控制關節速度的；機器人的控制是以數值狀態為基礎的，包括關節位置、關節速度和目標位置作為觀察量。但是讀者可以隨意更改這些設定使其更複雜，比如使用反向運動學模式來控制機器人末端位置，使用原始圖型進行以視覺為基礎的控制或用它與部分的數值狀態相結合，使用更少的資訊作為觀察量，或設定任務使其更加困難和複雜，等等。

在專案檔案中，Sawyer 抓取任務的環境可以用以下命令來測試：

```
python sawyer_grasp_env_boundingbox.py
```

16.2 強化學習用於機器人學習任務

上述以正向運動學控制為基礎的機器人學習環境有一個控制關節速度的 7 維連續動作空間，以及一個 17 維連續狀態空間，因此相比於之前第 5 章和第 6 章中的例子而言，這是一個相對複雜的環境。並且，機器人模擬系統的複雜性使得取樣過程需要耗費相當長的時間。這使得透過單執行緒或單處理程序框架在較短時間內訓練一個相對好的策略很困難。實踐中，我們發現策略學習速度的瓶頸主要在於 CoppeliaSim（V-REP）的模擬過程，如果只用單處理程序取樣，就會使得整個學習過程非常低效。我們需要平行的離線訓練框架來改善這個任務的取樣速度。

在這個專案中，我們使用平行的柔性 Actor-Critic（Soft Actor-Critic，SAC）演算法，使用的是第 13 章的專案中的平行框架。SAC 演算法的詳細介紹在第 6 章，包括理論和實現方法，所以這裡只簡短地描述選擇 SAC 演算法的原因和優點所在。身為離線策略（Off-Policy）學習演算法，SAC 使用對角高斯（Gaussian）策略來應對高維連續動作空間，並且它在訓練中比其他像深度確定性策略梯度（Deep Deterministic Policy Gradient）演算法更加穩定並且對參數堅固，尤其是採用了對熵因數進行適應性學習的方法 (Haarnoja et al., 2018) 後。它也採用柔性 Q-Learning（Soft Q-Learning）來進行熵正則化，這對像機器人抓取這類難以訓練的任務來說可以促進探索。還有，由於 SAC 演算法採用離線策略的學習方式，所以它在實踐中可以較方便地改成平行版本。

即使採用了平行的取樣處理程序，讓機器人以上面定義為基礎的密集獎勵探索一個好的物體抓取姿勢也很困難，如果只使用稀疏獎勵則會難上加難。為了進一步促進學習過程，我們對獎勵函數進行啟發式增強。首先，目標物體是一個長方體，由於它的長邊要長於夾具的開合寬度，所以夾具只能調整方在使其垂直於物體長邊來夾取，並且朝向需要向下。因此，我們在獎勵函數上增加了一個額外的懲罰項如下：

```
# 對角度的增強獎勵：如果夾具與目標物體方向相垂直，這是一個更好的抓取姿態
# 注意夾具的座標系與目標座標系有\pi/2 的 z 方向角度差異
desired_orientation = np.concatenate(([np.pi, 0],
   [self.target.get_orientation()[2]]))
   # 夾具與目標垂直，並且朝下
rotation_penalty = -np.sum(np.abs(np.array
   (self.agent_ee_tip.get_orientation())- desired_orientation))
rotation_norm  =  0.02
reward  +=  rotation_norm*rotation_penalty
```

其次，如上所述，將夾具和物體之間距離的負數作為獎勵函數的一部分可能會導致非最佳的夾取姿勢。所以第二個獎勵函數上的修正是透過設定目標物體中心上方一個偏移量的位置作為零懲罰點的，這個對距離項的修改如下所示：

```
# 對目標位置的增強獎勵：目標位置相對目標物體有垂直方向上的相對偏移
offset=0.08 # 偏移量
sqr_distance = (ax - tx) ** 2 + (ay - ty) ** 2 + (az - (tz+offset)) ** 2
   # 夾具和目標位置距離的平方
```

透過以上兩種對獎勵函數的增強，學習效果相比於原始的密集或稀疏獎勵的情況得到進一步提升，如圖 16.8 所示。

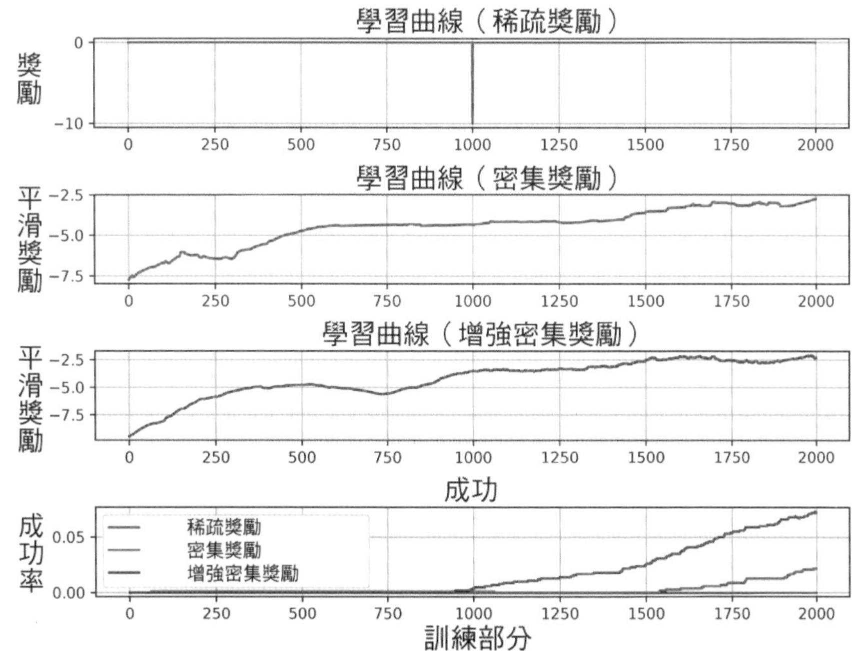

圖 16.8　使用 SAC 演算法平行訓練的 Sawyer 機器人抓取任務的學習表現，使用不同獎勵函數的比較

獎勵函數工程是實踐中一種有效結合人類先驗知識來輔助學習的方式，儘管這可能與科學研究本身的訴求相斥，因為從科學研究的角度講，人們往

往更加專注於減少獎勵函數工程的工作量，以及其他對智慧體學習的人為輔助，同時希望實現更加智慧和自動化的學習過程。其實，在實踐中解決一個任務，類似以上的一些人為輔助設計可能會很有幫助。除了獎勵函數工程，從專家示範中學習也是實踐中一種有效改善學習效果的方式，如第 8 章所述。

16.2.1 平行訓練

CoppeliaSim（V-REP）軟體需要每個模擬環境有一個獨立的處理程序。因此，為了加速取樣過程，我們設定了多處理程序而非多執行緒的方式來平行收集樣本。我們的程式庫中提供了一個透過 PyTorch 實現的多處理程序版本的 SAC 演算法。其訓練和測試過程可以簡單地執行如下：

```
# 訓練
python  sac_learn.py   --train
# 測試
python sac_learn.py --test
```

在這個程式中，環境的互動是透過多個處理程序實現的，每個處理程序包含一個模擬環境。

16.2.2 學習效果

我們測試了演算法在 *Sawyer* 抓取任務上的表現，並在表 16.1 中列出了訓練所需的超參數。學習效果如圖 16.8 所示，包括三種不同類型的獎勵函數。圖 16.8 中稀疏獎勵函數下的值-10 是由物體掉落桌面的懲罰造成的。不同的獎勵函數列出了不同範圍的獎勵值，直接對這些獎勵值曲線進行比較可能是不公平的。除列出（平滑的）部分獎勵外，我們還展示了整個學習過程中的抓取成功率。隨著訓練進行，我們可以清楚地看到成功事件發生得越來越頻繁，這顯示出機器人抓取技能的進步。增強的獎勵函數比較原始密集獎勵函數表現了顯著的加速學習的效果，而對稀疏獎勵來說，探索和學習抓取物體幾乎是不可能的。

表16.1 SAC 的超參數

參數	值
最佳化器	Adam (Kingma et al., 2014)
學習率	3×10^{-4}
獎勵折扣（γ）	0.99
工作者（workers）數量	6
隱藏層數（策略）	4
隱藏單元數（策略）	512
隱藏層數（Q 網路）	3
隱藏單元數（Q 網路）	512
批次尺寸	128
目標熵值	動作維度的負值
快取尺寸	1×10^{6}

如圖 16.9 所示，在幾千個部分的訓練過後，機器人已經能夠從一個固定的目標物體位置將其抓到，儘管抓取的姿勢不是很完美且成功率還不是很高。在這個例子中，整個訓練過程是從頭開始的，沒有任何的示範或預訓練。

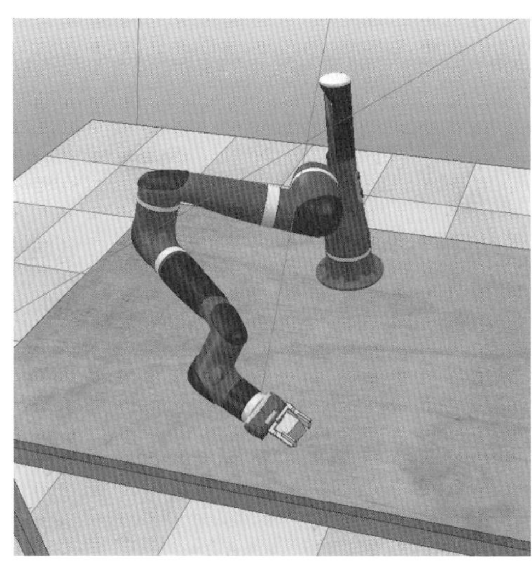

圖 16.9　經過訓練，Sawyer 在模擬環境中用深度強化學習的策略抓取物體

16.2.3 域隨機化

當我們將模擬環境中訓練得到的策略用於現實中時，由於現實世界動力學過程和模擬環境中的差異，這個策略往往不能成功。域隨機化是改善策略泛化能力的一種方法，尤其是當我們將模擬環境中學習的策略遷移到現實情景中時。

域隨機化可以透過隨機化環境中的物理參數來實現，包括決定機械臂動力學及其與場景中其他物體動態互動過程的參數。具體來說，隨機化物理參數叫作動力學隨機化(Peng et al., 2018)，比如，物體的品質、機械臂上關節的摩擦力、物體和桌面之間的摩擦力等。並且，在以視覺為基礎的控制中，物體顏色、光源條件和物體材質也可以被隨機化，這些會影響透過觀察機器人圖型來對其進行控制的智慧體。比如，我們可以用以下命令在 PyRep 中設定物體的顏色：

```
self.target.set_color(np.random.uniform(low=0, high=1, size=3).tolist())
    # 為目標物體顏色設定[r，g，b]3 通道值
```

其他模擬環境中的物理參數也可以進行對應設定，這裡超出了本章範圍。在訓練智慧體時，我們可以在整個訓練過程中對每個部分或幾十個部分進行一次參數重設定。同時，重要的是，要保證對模擬環境中動力學參數和其他特徵進行隨機化的範圍要能夠覆蓋現實中真實的動力學過程，從而緩解模擬現實間隙。

域隨機化只是在模擬到現實遷移中緩解現實間隙的一種可能的方式，以上使用 PyRep 在 CoppeliaSim 中進行視覺特徵隨機化的步驟也只是一個很簡單的例子。關於模擬到現實遷移的詳細描述在第 7 章中。

16.2.4 機器人學習基準

在以上小節中，我們展示了如何建構一個機器人抓取任務，並用一個強化學習演算法去解決它。近來，文獻(James et al., 2019b) 提出了 RLBench 軟體套件，作為一個覆蓋 100 個獨立的人為設計任務的大規模基準和學習環

境。這個軟體套件專門用於促進以視覺為基礎的機器人操控領域的研究，不僅限於強化學習，而且可以應用於模仿學習、多工學習、幾何電腦視覺和小樣本學習。如圖 16.10[1]所示，RLBench 以前幾節所用為基礎的 PyRep，它包含了 100 個基本的機器人操控任務，包括抓取、移動、堆積和其他多樣的現實世界中常見的操作，也支援透過簡單的設定步驟實現任務訂製化，並使得包括強化學習在內的不同的學習方法可以用來解決這個環境中的任務。

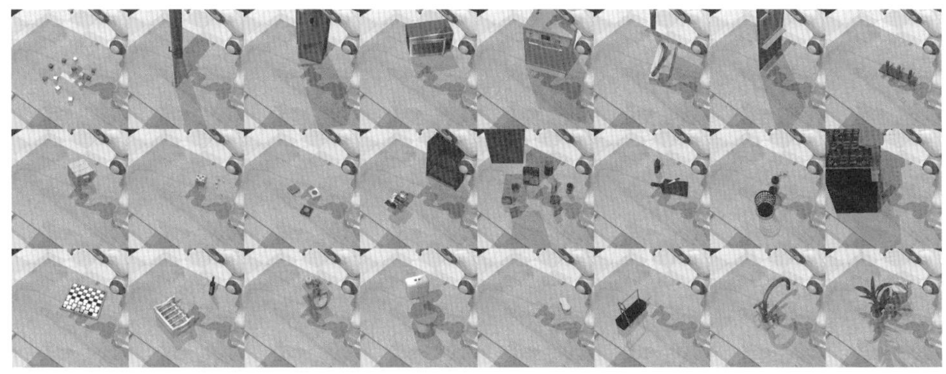

圖 16.10　RLBench 中定義的機器人學習任務

前幾小節中介紹的機器人抓取任務提供了一個用 CoppeliaSim（V-REP）實現模擬環境中機器人學習的標準框架，這也適用於 RLBench 軟體套件。它們都包括至少三個基本要素：（1）在 CoppeliaSim（V-REP）中進行任務場景的建構，（2）透過指令稿定義環境的模擬過程，包括 reset()和 step() 函數，（3）透過指令稿提供一個能夠學習的智慧體，比如用強化學習。RLBench 遵循這種建構流程，但以一種層次化的結構來架設全體任務。

[1] 圖型來自 RLBench。

RLBench 軟體套件可以透過以下命令來安裝（如果你已經安裝了 PyRep）：

```
git clone https://github.com/stepjam/RLBench.git
pip3 install -r requirements.txt
python3 setup.py install —user
```

16.2.5 其他模擬器

如圖 16.11 所示，有許多不同的機器人學習模擬軟體，包括 OpenAI Gym、CoppeliaSim（V- REP/PyRep）(James et al., 2019a; Rohmer et al., 2013)、MuJoCo (Todorov et al., 2012)、Gazebo，Bullet/PyBullet (Coumans et al., 2016, 2013)、Webots (Michel, 2004)、Unity 3D、NVIDIA Isaac SDK 等。實踐中，這些軟體套件或平台對不同的應用有不同的特徵。舉例來說，OpenAI Gym robotics 環境是一個相對簡單的環境，可以快速驗證提出的方法；CoppeliaSim 和 Unity 3D 都是以物理模擬器為基礎的，且具有相對較好的繪製效果；MoJoCo 有較為現實和準確的物理引擎，可以用於模擬到現實遷移；Isaac SDK 是一個相對較新的軟體（於 2019 年發佈），對深度學習演算法和應用有較強的支援，以及以 Unity 3D 為基礎的照片級真實的繪製，等等。

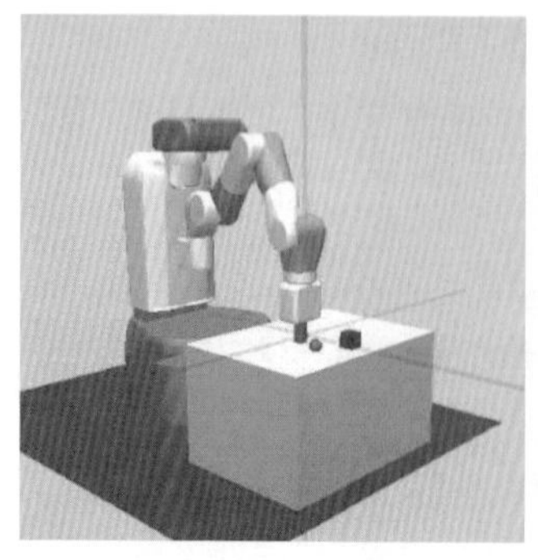

圖 16.11　機器人學習任務：（1）OpenAI Gym 中的 FetchPush（左）；（2）使用 PyRep 實現的目標到達任務（中）；RoboSuite 中的 SawyerLift 任務（右）

參考文獻

- AKKAYA I, ANDRYCHOWICZ M, CHOCIEJ M, et al., 2019. Solving rubik's cube with a robot hand[J].arXiv preprint arXiv:1910.07113.
- ANDRYCHOWICZ M, BAKER B, CHOCIEJ M, et al., 2018. Learning dexterous in-hand manipula-tion[J]. arXiv preprint arXiv:1808.00177.
- COUMANS E, BAI Y, 2016. Pybullet, a python module for physics simulation for games, robotics andmachine learning[J]. GitHub repository.
- COUMANS E, et al., 2013. Bullet physics library[J]. Open source: bulletphysics. org, 15(49): 5.
- HAARNOJA T, ZHOU A, HARTIKAINEN K, et al., 2018. Soft actor-critic algorithms and applications[J].arXiv preprint arXiv:1812.05905.
- JAMES S, FREESE M, DAVISON A J, 2019a. Pyrep: Bringing v-rep to deep robot learning[J]. arXivpreprint arXiv:1906.11176.
- JAMES S, MA Z, ARROJO D R, et al., 2019b. Rlbench: The robot learning benchmark & learningenvironment[J]. arXiv preprint arXiv:1909.12271.
- KINGMA D, BA J, 2014. Adam: A method for stochastic optimization[C]//Proceedings of the Interna- tional Conference on Learning Representations (ICLR).
- KORENKEVYCH D, MAHMOOD A R, VASAN G, et al., 2019. Autoregressive policies for continuouscontrol deep reinforcement learning[J]. arXiv preprint arXiv:1903.11524.
- MICHEL O, 2004. Cyberbotics ltd. webots: professional mobile robot simulation[J]. International Journal of Advanced Robotic Systems, 1(1): 5.

- PENG X B, ANDRYCHOWICZ M, ZAREMBA W, et al., 2018. Sim-to-real transfer of robotic controlwith dynamics randomization[C]//2018 IEEE International Conference on Robotics and Automation (ICRA). IEEE: 1-8.
- ROHMER E, SINGH S P, FREESE M, 2013. V-rep: A versatile and scalable robot simulation frame- work[C]//2013 IEEE/RSJ International Conference on Intelligent Robots and Systems. IEEE: 1321- 1326.
- TODOROV E, EREZ T, TASSA Y, 2012. Mujoco: A physics engine for model-based control[C]//IROS.

Chapter 17

Arena：多智慧體強化學習平台

在這一章節，我們將介紹一個名為 Arena (Song et al., 2019) 的用於研究多智慧體強化學習（Multi-Agent Reinforcement Learning，MARL）的專案。我們提供了一些上手經驗來使用 Arena 工具套件建構遊戲，包括一個單智慧體遊戲和一個簡單的雙智慧體遊戲，並採用不同的獎勵機制。Arena 中的獎勵機制是一種定義多智慧體間社會結構的方式，包括不可學習的（Non-Learnable）、獨立的（Isolated）、競爭的（Competitive）、合作的（Collaborative）和混合型的（Mixed）社會關係。不同的獎勵機制可以在一個遊戲場景中用於同一個層次性結構上，不同的層次性結構上也可以用不同的獎勵機制，配合對物理單元的從個體到群眾的結構性表示，可以用來全面地描述多智慧體系統的複雜關係。此外，我們也展示了在 Arena 中使用基準線的過程，它提供了許多已實現的多智慧體強化學習演算法來作為基準。透過這個專案，我們希望給讀者提供一個有用的工具，來研究在訂製化遊戲場景中使用多智慧體強化學習演算法的表現。

Arena 是一個在 Unity 上對多體智慧學習進行評估的通用平台。它使用多樣化邏輯和表示法來建構學習環境，並對多智慧體複雜的社會關係進行簡單的設定。Arena 也包含對最先進深度多智慧體強化學習演算法基準的實現，可以幫助讀者快速驗證所建立的環境。整體來說，Arena 是一個幫助讀者快速創造和建構包含多智慧體社會關係的訂製化遊戲環境的工具，用以探索多智慧體問題。Arena 注重於第一人稱或第三人稱動作類遊戲，借助於 Unity 極好的繪製效果來實現 3D 模擬環境。而其他像最近由 DeepMind 發佈的開放原始碼專案 OpenSpiel，則專注於多智慧體棋牌類遊戲。

Arena 中有兩個主要的模組：（1）開發套件（the Building Toolkit），可以用來快速建構有訂製特徵的多智慧體環境；（2）基準線（the Baselines），可以用 MARL 演算法來測試所架設的環境。我們將從建構 Arena 中的環境開始。

17.1 安裝

Unity ML-agents 工具套件是使用 Arena 的前提，需要在使用 Arena 之前將其安裝。Arena 完整的安裝過程遵循開發套件和基準線各自的官方網站。

注意，如果你想在沒有圖形化使用者介面（比如 X-Server）的遠端伺服器上執行或你無法存取 X-Server，那麼你就需要根據 3.1 節 中或 Arena 官網上的指示來設定虛擬顯示。

安裝好之後，我們可以發現在 Arena 資料夾下的 Arena-BuildingToolkit/Assets/Arena SDK/GameSet/檔案中，有幾十個已建構好的或連續或離散動作空間的遊戲場景。它們是預先製作好的，作為使用 Arena 的例子，你可以閱讀所有這些遊戲的指令稿來更進一步地了解 Arena 是執行原理的。所有的遊戲和抽象層共用同一個 Unity 專案。每一個遊戲都在一個獨立的資料夾中，遊戲名即資料夾命名。ArenaSDK 資料夾存放了所有的抽象層和共用程式、實體和功能。整體程式風格與 Unity ML-agents 工具套件盡可能一致。

17.2 用 Arena 開發遊戲

我們將使用 Arena 開發套件內提供的許多現成的實體和多智慧體功能，來展示一個多智慧體遊戲的建構過程，它不需要很多程式。在你開始之前，我們希望你已經有了關於 Unity 使用的基礎。因此，推薦你先完成官網上的 roll-a-ball 教學來學習關於 Unity 的一些基本概念。

為了使用 Arena，執行 Unity，選擇打開專案，選擇複製或下載的"Arena-BuildingToolkit"檔案。第一次打開的過程可能會花費一定時間。

我們可以看到 Arena 資料夾下幾十個建好的遊戲。它們是預先設計作為 Arena 使用案例的，你可以閱讀這些遊戲的指令稿來進一步了解 Arena 是執行原理的。我們將在下面小節中提供架設這些遊戲的基本指導。

圖 17.1 Arena 檔案中提供已建構的遊戲

17.2.1 簡單的單玩家遊戲

我們從建構一個基本的單玩家遊戲開始：

- 創建一個資料夾來存放遊戲。在這部分中，我們為單玩家遊戲創建名為"1P"的資料夾。
- 在左邊的"Hierarchy"視窗中，我們刪除原來的 **Main Camera** 和 **Directional Light**。將 Arena 資料夾 Assets/ArenaSDK/SharedPrefabs 下

預製的 GlobalManager（如圖 17.2 所示）拖入左邊的"Hierarchy"視窗，如圖 17.3 所示。注意到，這些預製物體是 Unity 中公用的模組，可以透過簡單的拖曳操作來使用任何提前訂製好的物體。Arena 中的 GlobalManager 管理整個遊戲，因此其他組成部分需要依附在它下面。

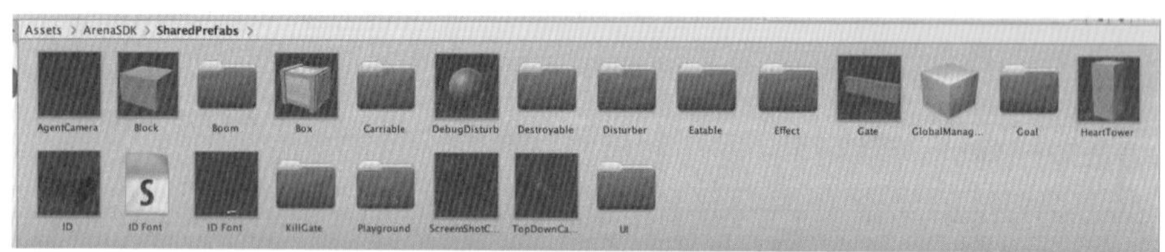

圖 17.2 Arena 中的預製模組

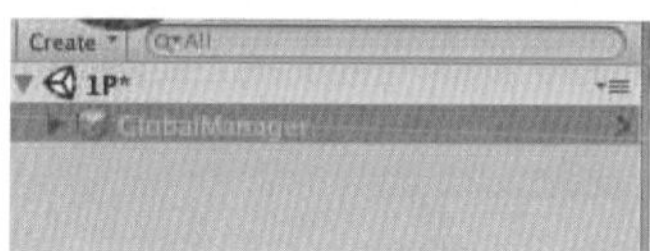

圖 17.3 將 Arena 預製模組中的 GlobalManager 拖到當前遊戲的"Hierarchy"視窗中

- 下面我們需要放置一個智慧體的運動場所，我們找到 Arena 中名為 PlayGroundWithDeadWalls 的預製模組，然後將它附於 GlobalManager 的子節點 World 上。GlobalManager 也有另一個子節點 TopDownCamera 用於提供一個遊戲的全域視野。這一步在圖 4 中有所展示。

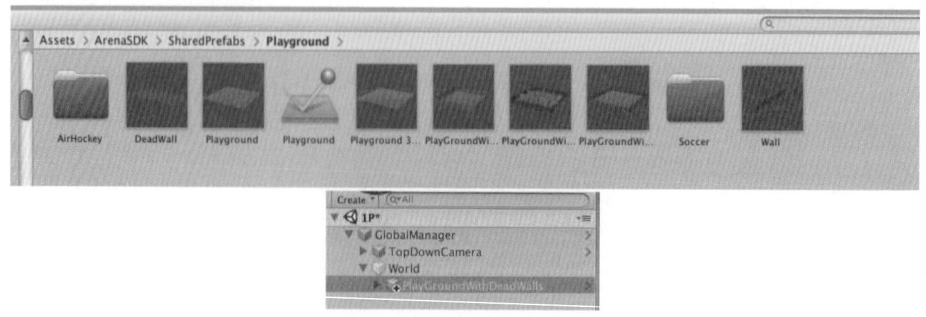

圖 17.4 選擇 Arena 預製模組中的運動場（Playground），並將它附於 **GlobalManager** 的子節點上

- 與上面類似，我們需要從 Arena 預製模組中選擇一個 **BasicAgent** 並將其附於 **GlobalManager**，如圖 17.5 所示。從而我們現在得到一個在場地上的智慧體，我們可以手動拖曳智慧體到一個合適的位置，如圖 17.6 所示。x軸、y 軸和z軸的位置和旋轉角將在智慧體的 **Transform** 屬性中展示。

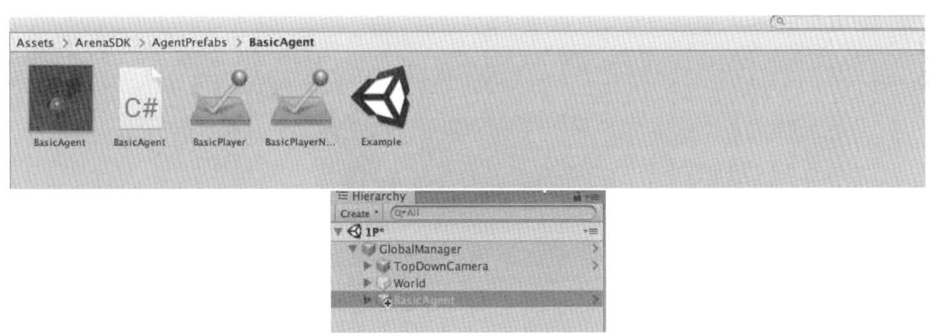

圖 17.5　選擇並將一個 Arena 預製模組中的 **BasicAgent** 附於 **GlobalManager** 的子節點上

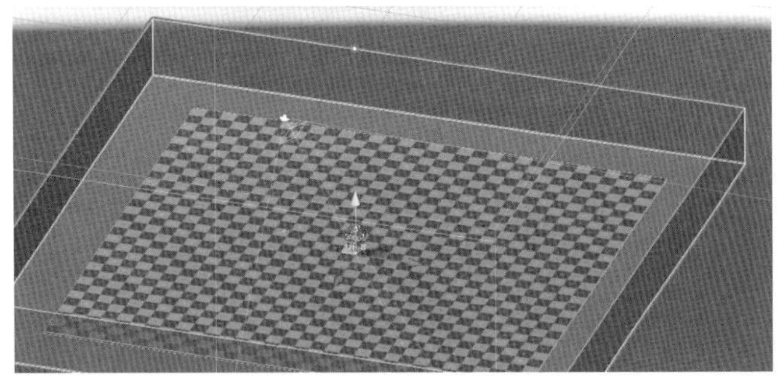

圖 17.6 單一智慧體在場地上的場景

- 為了讓智慧體正常執行，我們需要設定遊戲參數，如圖 17.7 所示。這裡我們只需要改變 GlobalManager 中的 Living Condition Based On Child Nodes。Living Condition 被選擇為 At Least Specific Number Living 而 At Least Specific Number Living 值被設為 1。由於我們在這個遊戲中只有一個智慧體，上面的設定保證了在智慧體數量小於 1 的任何情況下，這個遊戲部分（Episode）就會結束並重新啟動。現在我們需要按下 Play 按鈕來開始遊戲並用鍵盤上的 "W，A，S，D" 操作智慧體移動。由於場地的一邊是"Dead Walls"，智慧體無論何時碰觸它都會結束生命並且重新開始遊戲。使用 BasicAgent 時也會有很多其他性質，包括不同的 Actions Settings、Reward Functions（用於強化學習）等。你可以偵錯它們（在當前這個遊戲中只有 Actions Settings 是有效的）來熟悉 Arena 開發套件。

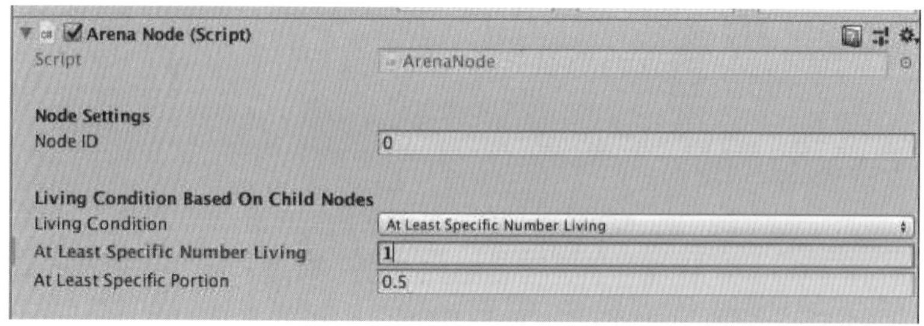

圖 17.7 進行單玩家遊戲設定

17.2.2 簡單的使用獎勵機制的雙玩家遊戲

在這一小節，我們將介紹如何在遊戲場景中按照社交樹（Social Tree）來部署多於一個智慧體的遊戲。

- 首先，讓我們從上面的單玩家遊戲開始。如果我們選擇 GlobalManager 或 BasicAgent，那麼我們就會發現這些物件都有一個叫作 Arena Node (Script)的指令稿，分別如圖 17.8 和圖 17.9 所示，這個基本概念可以用來幫助了解 Arena 遊戲中定義的社會關係。關於 Arena Node 的描述將在本小節中提供。

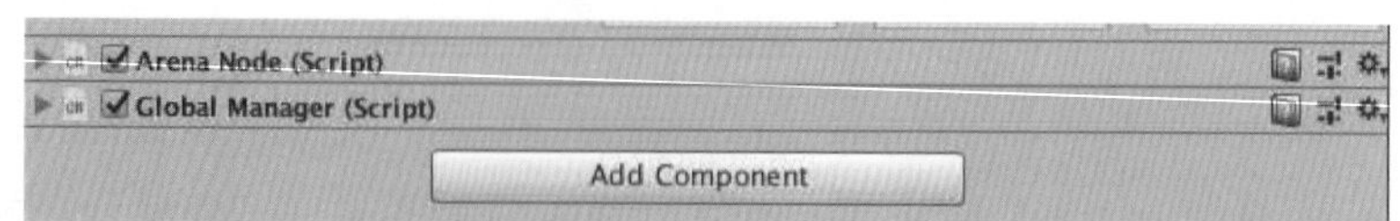

圖 17.8 存在於 GlobalManager 中的 Arena Node (Script)

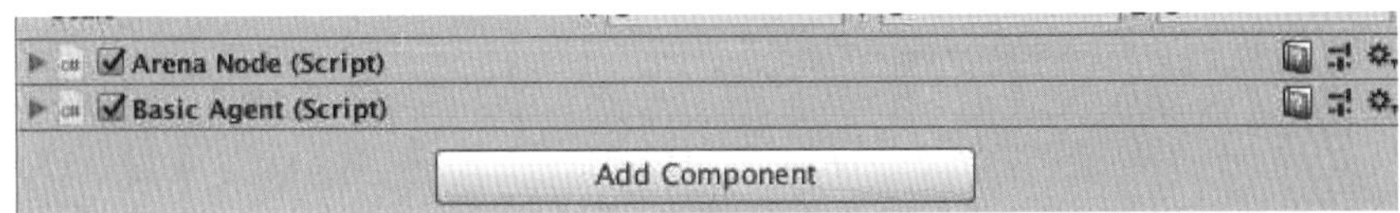

圖 17.9 存在於 BasicAgent 中的 Arena Node (Script)

- 我們選擇之前建構的 BasicAgent 並將它在左邊 "Hierarchy" 視窗中透過 Ctrl+C 和 Ctrl+V 複製，如圖 17.10 所示。現在 Global Manager 之下有兩個 Arena Nodes，因此我們需要將兩個 BasicAgents 中的任一個設定 Node ID 為 1 而非 0 來辨別它們（見圖 17.11）。智慧體在場景中的位置可以被移動到一個合適的位置，從而將它們區分開，這是因為複製後的兩個智慧體會有相同的位置。

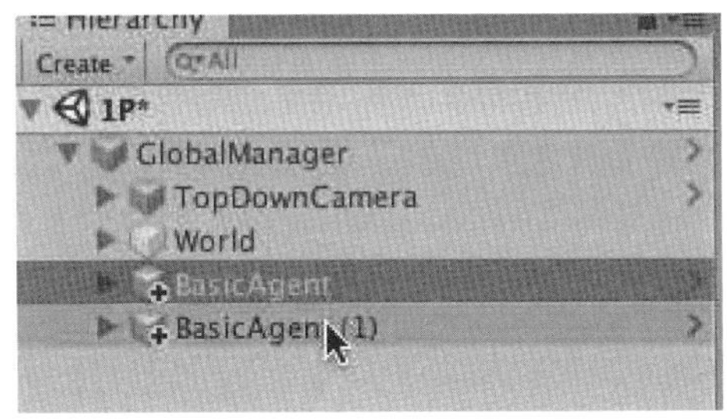

圖 17.10 在 GlobalManager 下複製 BasicAgent

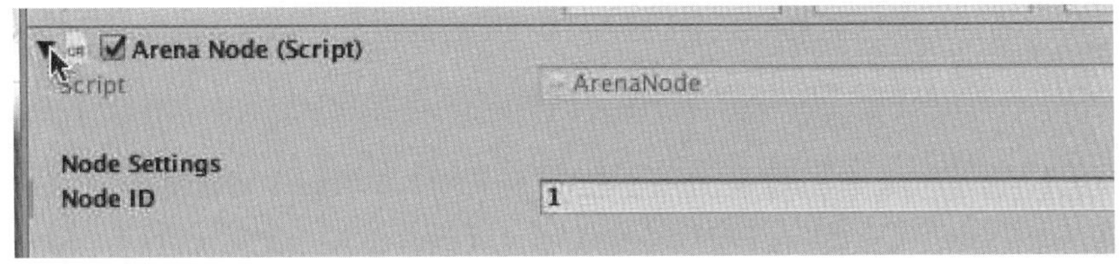

圖 17.11 當 **GlobalManager** 下有多個節點時需要改變節點 ID，使得它們各不相同

- 下面我們選擇 GlobalManager 、Arena Node (Script)來設定遊戲的獎勵函數，如圖 17.12 所示。我們點擊 Is Reward Ranking，這是一個在 GlobalManager 下用於設定智慧體競爭性獎勵函數的屬性。我們也將 Ranking Win Type 選擇為 Survive，這表示最後結束生命（存活到最後）的智慧體會得到一個正的獎勵。如果你選擇 Depart，獎勵將給首

先結束生命的智慧體。我們也需要取消 Is Reward Distance（這是根據智慧體到目標的距離列出密集獎勵的函數）。上面是 Arena 中內建的不同獎勵機制，透過或競爭或合作（有時二者都有）的形式。不同的遊戲中會有不同的獎勵設定來表示不同的社會關係結構。你可以對不同的遊戲使用不同的獎勵設定。舉例來說，如果你想用智慧體到目標的距離來解決一個類似到達目標類的任務，那麼可以設定一個以距離為基礎的密集獎勵來實現，透過點擊選取 Is Reward Distance，以及將一個目標物體拖到 Target 空格中來設定。

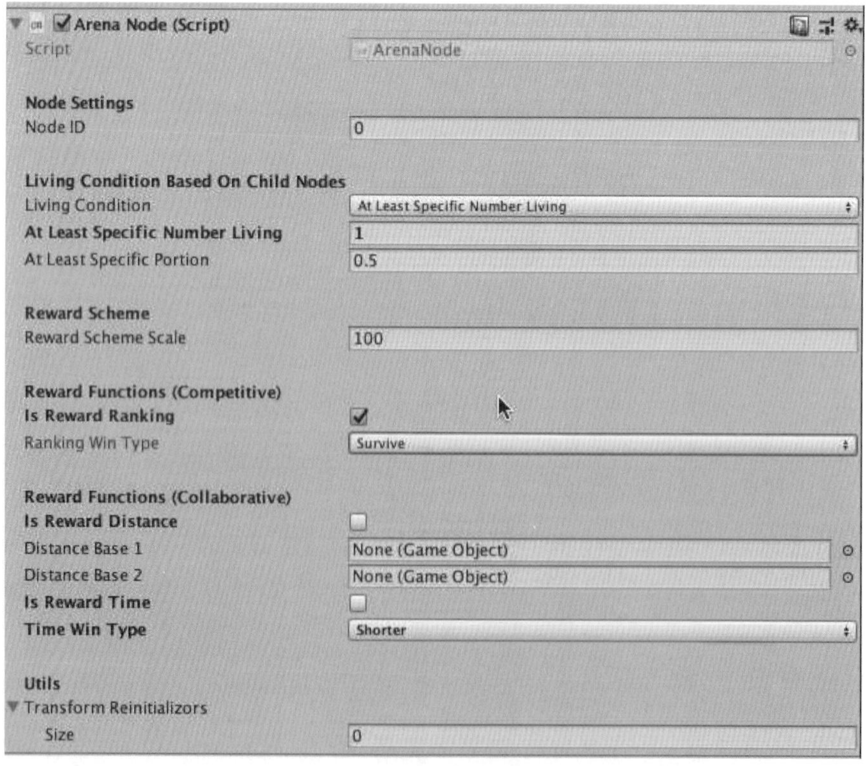

圖 17.12 在 **GlobalManager** 下設定獎勵函數

- 我們需要在 GlobalManager 的 Living Condition Based On Child Nodes 下設定 At Least Specific Number Living 為 2，如圖 17.13 所示，從而只

有當至少兩個智慧體存活時，遊戲才會繼續；否則遊戲將終止並重新開始。現在我們點擊 Play 按鈕，遊戲應該正常執行，只要一個智慧體結束了生命，遊戲就會結束，而且獎勵或懲罰就會施加給智慧體，如 Console 中所顯示的獎懲記錄，見圖 17.14。

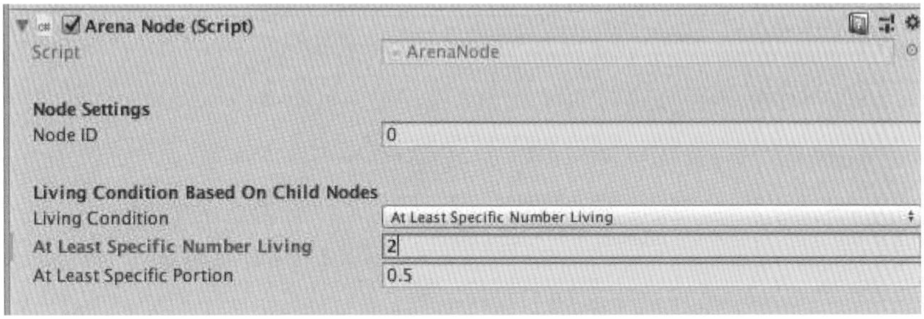

圖 17.13 在 **GlobalManager** 中設定最小存活智慧體數量

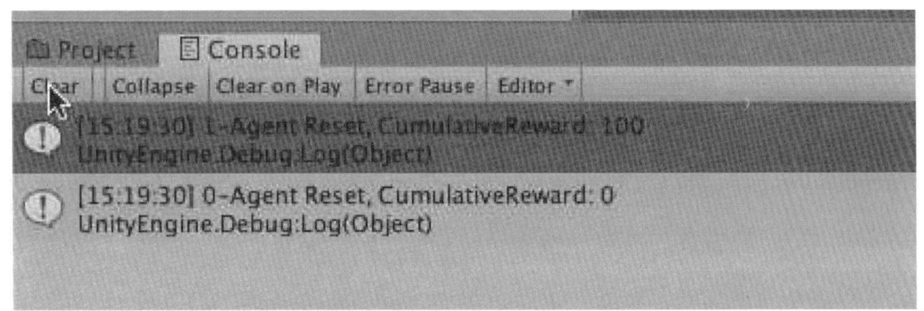

圖 17.14 給每個智慧體的獎勵顯示在 **Console** 中

- 下面我們會使得遊戲更加複雜，我們想要兩隊各自有兩個智慧體來互相競爭。首先，我們在"Hierarchy"視窗創建一個空白物件並將其命名為"2 Player Team"。隨後我們將 Arena Node 指令稿附加到它上面，如圖 17.15 所示。

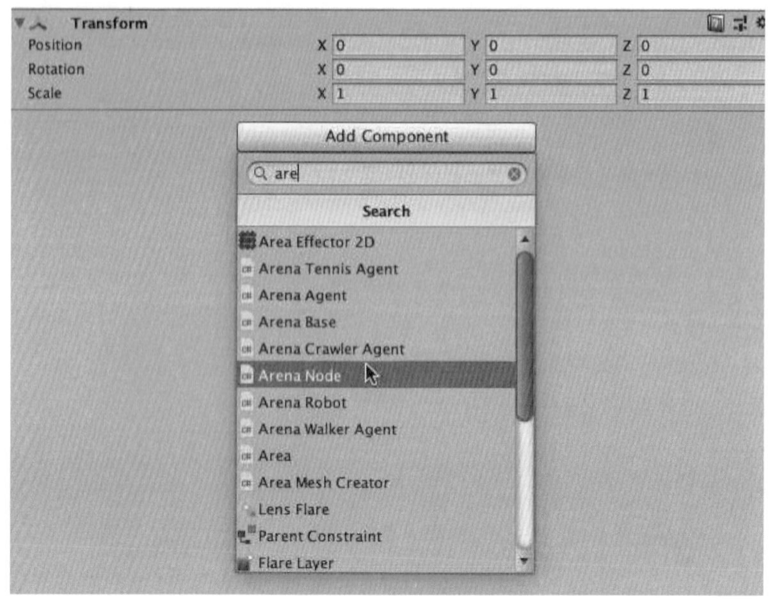

圖 17.15 將 **Arena Node** 指令稿附加到隊伍（Team）物件上

- 現在我們將兩個之前的 BasicAgent 拖到新創建的隊伍物件 2 Player Team 中。隨後我們複製 2 Player Team，將第二組物件的 Node ID 從 0 改為 1。現在我們有隊伍和智慧體的結構如圖 17.16 所示。如果我們現在點擊 Play 按鈕，我們將看到兩個各有兩個智慧體的隊伍在場景中，如圖 17.17 所示。

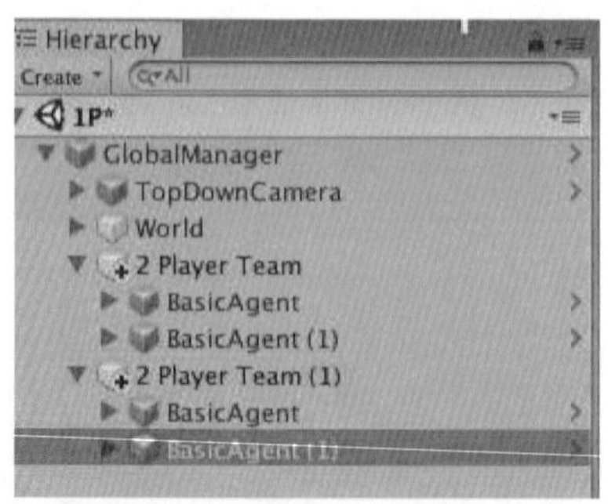

圖 17.16 Arena 的 **GlobalManager** 下兩個隊伍（Teams）各有兩個智慧體（Agents）的層次性結構

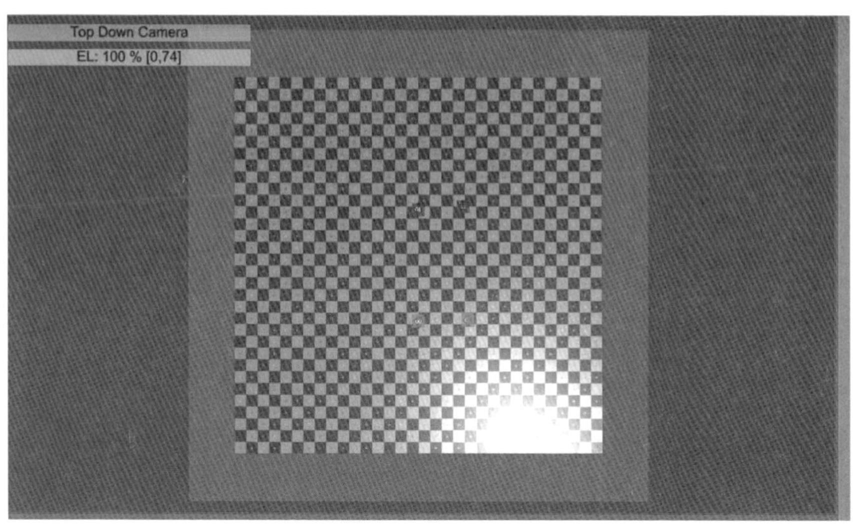

圖 17.17 兩個各有兩個智慧體的隊伍在遊戲中

- 由於 GlobalManager 的 At Least Specific Number Living 被設為 2，任何隊伍生命的結束都會造成遊戲結束。由於 2 Player Team 的 At Least Specific Number Living 預設為 1，只有當同一個隊伍中兩個智慧體都結束生命時才會造成隊伍的生命結束。我們也可以設定不同的遊戲邏輯，如果我們設定 2 Player Team 的 Living Condition 為 All Living，那麼一個隊伍中任何智慧體結束生命都會導致隊伍的生命結束，從而結束整個遊戲。從以上來看，透過 GlobalManager->Team->Agent 的社交樹結構，Arena 基本可以透過定義生存和獎勵機制，使用 Arena Node 支援任意類型的社會關係。

17.2.3 進階設定

獎勵機制

為了建構複雜的社會關係，在 Arena 中有 5 個基本的多智慧體獎勵機制（Basic Multi-Agent Reward Schemes，BMaRSs）來定義社交樹上每個節點的不同社交範式，包括：**不可學習的**（Non-Learnable，NL）、**獨立的**

（Isolated，IS）、**競爭的**（Competitive，CP）、**合作的**（Collaborative，CL）、**競爭和合作混合型的**（Competitive and Collaborative Mixed，CC）。具體來說，每個 BMaRS 是一個對獎勵函數的限制，因此它與能產生某種具體社交範式的一批獎勵函數相關。對於每個 BMaRS，Arena 提供了多個可以立即使用的獎勵函數（稀疏或密集），簡化了有複雜社會關係的遊戲建構過程。除提供獎勵函數外，Arena 也提供了對訂製化獎勵函數的驗證選項，從而可以將編寫的獎勵函數置於一種 BMaRS 下而產生對應的具體社交範式。我們將詳細討論這五種不同的獎勵機制。

首先我們需要列出一些預備知識。我們考慮基本強化學習中定義的馬可夫（Markov）遊戲，它包括多個智慧體$x \in \mathcal{X}$、一個有限的全域狀態空間$s_t \in \mathcal{S}$、一個對每個智慧體x的有限的動作空間$a_{x,t} \in \mathcal{A}_x$和一個對每個智慧體$x$的有限步獎勵空間$r_{x,t} \in \mathbb{R}$。至於環境，它包括一個轉移函數$g: \mathcal{S} \times \{\mathcal{A}_x: x \in \mathcal{X}$，這是一個有隨機性的（由於 Unity 模擬器的隨機性）函數 $s_{t+1} \sim g(s_{t+1}|(s_t, \{a_{x,t}: x \in \mathcal{X})\}$ 和一個對每個智慧體的獎勵函數$f_x: \mathcal{S} \times \{\mathcal{A}_x: x \in \mathcal{X}$。這是一個確定性函數$r_{x,t+1} = f_x(s_t, \{a_{x,t}: x \in \mathcal{X}\}$，以及一個聯合獎勵函數$f = \{f_x: x \in \mathcal{X}\}$和對每個智慧體$x$在聯合獎勵函數$f$下的部分獎勵$R_x^f = \sum_{t=1}^{\mathrm{T}} r_{x,t}$。對智慧體來說，Arena 考慮以下情況，即它觀察$s_{x,t} \in \mathcal{S}_x$，其中$\mathcal{S}_x$包括全域狀態空間$\mathcal{S}$的部分資訊。因此，策略$\pi_x: \mathcal{S}_x \to \mathcal{A}_x$是一個隨機性函數$a_{x,t} \sim \pi_x(s_{x,t})$。除此之外，Arena 考慮智慧體$x$能夠從一個策略集合$\Pi_x$中採取一個策略$\pi_x$。Arena 假設所有取樣操作的隨機種子是$k$，這是從整個種子空間$\mathcal{K}$中取樣得到的。

不同的 BMaRSs 定義使用的基本概念包括，智慧體$\{x: x \in \mathcal{X}\}$、策略$\{\pi_x: \Pi_x\}$、智慧體獎勵$\{R_x^f: x \in \mathcal{X}\}$和聯合獎勵函數$\mathcal{F} = \{f: \cdot\}$，其中智慧體整體為$\mathcal{X}$。Arena 中五種不同的 BMaRSs 透過以下方式定義：

1. 不可學習的 BMaRSs（$\mathcal{F}^{\mathrm{NL}}$）是一個聯合獎勵函數集合$f$，如下：

$$\mathcal{F}^{\mathrm{NL}} = \{f: \forall k \in \mathcal{K}, \forall x \in \mathcal{X}, \forall \pi_x \in \Pi_x, \partial R_x^f / \partial \pi_x = \mathbf{0}\}, \quad (17.1)$$

其中$\mathbf{0}$是與定義π_x的參數空間同樣大小和形狀的零矩陣。直觀上，$\mathcal{F}^{\mathrm{NL}}$表示對於任何智慧體$x \in \mathcal{X}$改進其策略$\pi_x$都是無法最佳化$R_x^f$的。

2. 獨立的 BMaRSs（$\mathcal{F}^{\mathrm{IS}}$）是一個聯合獎勵函數的集合如下：

$$\mathcal{F}^{\mathrm{IS}} = \left\{ f : f \notin \mathcal{F}^{\mathrm{NL}}\ and\ \forall k \in \mathcal{K}, \forall x \in \mathcal{X}, \forall x' \in \mathcal{X}\backslash\{x\}, \forall \pi_x \in \Pi_x, \forall \pi_{x'} \in \Pi_{x'}, \frac{\partial R_x^f}{\partial \pi_{x'}} = \mathbf{0} \right\}, \tag{17.2}$$

其中 "\" 是集合的差。直觀上，$\mathcal{F}^{\mathrm{IS}}$表示智慧體 $x \in \mathcal{X}$ 接受的部分內獎勵R_x^f與任何其他智慧體$x' \in \mathcal{X}\backslash\{x\}$採取的策略$\pi_{x'}$無關。$\mathcal{F}^{\mathrm{IS}}$的$f$中的獎勵函數$f_x$在其他多智慧體方法(Bansal et al., 2018; Hendtlass, 2004; Jaderberg et al., 2018)中通常被稱為內部獎勵函數（Internal Reward Functions），表示除了施加到群眾層面的獎勵函數（比如贏輸），還有指引學習過程去取得群眾層面獎勵的獎勵函數。群眾層面獎勵可能很稀疏而難以學習，但這些內部獎勵可以更頻繁地獲取，即更加密集(Heess et al., 2017; Singh et al., 2009, 2010)。$\mathcal{F}^{\mathrm{IS}}$在比如當智慧體是一個機器人需要連續控制施加在關節上的力的時候變得更加切實可行，這表示基本的動作技巧（比如運動）需要在生成群眾智慧前被學習到。因此，Arena 在$\mathcal{F}^{\mathrm{IS}}$中提供了$f$來應對：能量損耗、施加較大力的懲罰、保持穩定速度的激勵和朝向目標的移動距離等。

3. 競爭的 BMaRSs（$\mathcal{F}^{\mathrm{CP}}$）是受文獻(Cai et al., 2011)啟發的方式，定義為

$$\mathcal{F}^{\mathrm{CP}} = \left\{ f : f \notin \mathcal{F}^{\mathrm{NL}} \cup \mathcal{F}^{\mathrm{IS}}\ and\ \forall k \in \mathcal{K}, \forall x \in \mathcal{X}, \forall \pi_x \in \Pi_x, \forall \pi_{x'} \in \Pi_{x'}, \quad \frac{\partial \int_{x' \in \mathcal{X}} R_{x'}^f \mathrm{d}x'}{\partial \pi_x} = \mathbf{0} \right\}, \tag{17.3}$$

上式直觀上表示對於任何智慧體$x \in \mathcal{X}$，採用任何可能的策略$\pi_x \in \Pi_x$，所有智慧體在部分內獎勵的求和是不變的。如果部分長度為 1，它表示典型的多玩家零和遊戲(Cai et al., 2011)。

關於$\mathcal{F}^{\mathrm{CP}}$中$f$的有使用案例子為（1）智慧體需要為有限的資源鬥爭，而這些資源在部分結束後通常會耗盡，智慧體會為它所得到的資源受到獎勵；

（2）鬥爭一直到結束生命，獎勵根據生命結束的順序來列出（獎勵也可以以相反為基礎的順序，從而離開遊戲的一方首先接受最高的獎勵，比如在一些撲克遊戲中，首先打出所有牌的一方獲勝）。標準形式（Normal-Form）遊戲(Myerson, 2013) 中的剪刀石頭布（Rock, Paper, and Scissors）和(Balduzzi et al., 2019)中循環遊戲（Cyclic Game）都是$\mathcal{F}^{\mathrm{CP}}$的特殊情況。

4. 合作的 BMaRSs（$\mathcal{F}^{CL}$）是由文獻(Cai et al., 2011) 啟發的方式，定義為

$$\mathcal{F}^{CL}=\{f\colon f\notin\mathcal{F}^{\mathrm{NL}}\cup\mathcal{F}^{\mathrm{IS}}\ and\ \forall k\in\mathcal{K},\forall x\in\mathcal{X},\forall x'\in\mathcal{X}\{x\},\forall\pi_x\in\Pi_x,$$

$$\forall\pi_{x'}\in\Pi_{x'},\frac{\partial R^f_{x'}}{\partial R^f_x}\geq 0\},\tag{17.4}$$

上式直觀上表示對任何一對智慧體(x',x)都沒有利益衝突（$\partial R^f_{x'}/\partial R^f_x<0$）。除此之外，由於$f\notin\mathcal{F}^{\mathrm{NL}}\cup\mathcal{F}^{\mathrm{IS}}$，至少有一對智慧體$(x,x')$使得$\partial R^f_{x'}/\partial R^f_x>0$。該式表示這對智慧體有共同利益，從而對智慧體$x$其$R^f_x$的提高也會造成智慧體$x'$的$R^f_{x'}$提高。最常見的關於$\mathcal{F}^{CL}$中$f$的例子是對於所有$x\in\mathcal{X}$的$f_x$都是相等的，比如，一個物體的移動距離可以由多個智慧體的共同努力來推動，或一個群眾的存活時長（只要群眾內有一個個體是存活的，群眾就是存活的）。因此，Arena 在$\mathcal{F}^{CL}$中提供了f來應對：隊伍存活時間（正值或負值，因為一些遊戲需要隊伍盡可能久地存活，而其他一些遊戲需要隊伍盡可能早地消失，比如撲克中的紙牌）等。

5. 競爭和合作混合型的 BMaRSs（$\mathcal{F}^{CC}$）定義為任何以上四種之外的情況。

$$\mathcal{F}^{CC}=\{f\colon f\notin\mathcal{F}^{\mathrm{NL}}\cup\mathcal{F}^{\mathrm{IS}}\cup\mathcal{F}^{\mathrm{CP}}\cup\mathcal{F}^{CL}\},\tag{17.5}$$

首先，式 (17.3) 中的$\partial\int_{x'\in\mathcal{X}}R^f_{x'}\mathrm{d}x'/\partial\pi_x=\mathbf{0}$可以寫為$\int_{x'\in\mathcal{X}}\partial R^f_{x'}/\partial R^f_x\mathrm{d}x'=0$（證明在這裡不提供，可以參考原文），這是式 (17.5) 的另一種表示。考慮式(17.3) 中的$\mathcal{F}^{\mathrm{CP}}$和式(17.5) 中的$\mathcal{F}^{CL}$，對$\mathcal{F}^{CC}$的直觀的解釋是，存在$\partial R^f_{x'}/\partial R^f_x<0$ 的情形，即智慧體在這時是競爭的。但是對整體利益的導數$\int_{x'\in\mathcal{X}}\partial R^f_{x'}/\partial R^f_x\mathrm{d}x'$不總是為 0。因此，整體利益可以用具體的策略來最大化，即智慧體在這時是合作的。

除了在每個 BMaRS 提供了幾個實際的f，Arena 也對每個 BMaRS 提供了一個驗證選項，即可訂製f並使用這個驗證選項來確保編寫的f屬於一個具體的 BMaRS。

上面的內容提供了關於如何使用不同類別獎勵函數來定義社會關係的理論。此外，獎勵函數應當根據上面定義的類別來實現預期的群眾中的社會關係。實踐中，獎勵函數有一些具體形式，如我們在之前小節中提到的。Arena 框架通常在 GlobalManager 的 Arena Node 中定義了 Collaborative 和 Competitive 的獎勵函數，而 Isolated 獎勵函數定義在像 BasicAgent 的智慧體的 Arena Node 中。

這裡是一個便於了解社會樹關係的例子，這個樹中每個 **Arena Node** 使用了不同的 BMaRs，如圖 17.18[1] 所示。獎勵機制被指定到各個 **Arena Node** 來定義它的子節點的社會關係。圖 17.18(a)中的圖形化使用者介面（Graphical User Interface，GUI）定義了圖 17.18(b)中的樹結構，用來表示一個有四個智慧體的群眾。這個樹結構可以透過在圖 17.18(a)的 GUI 中拖曳、複製或刪除來進行簡單設定。在這個例子中，每個智慧體有個體層面的 BMaRS。智慧體是一個機器螞蟻，而其個體等級的 BMaRSs 是$\mathcal{F}^{\mathrm{IS}}$，具體來說，ant-motion 的選項使得學習朝在基本的運動技巧，比如向前移等進行，如圖 17.18(c)所示。每兩個智慧體組成一個隊伍（一個智慧體或隊伍的集合），而這兩個智慧體有隊伍層面的 BMaRSs。在這個例子中，兩個機器螞蟻互相合作來推動盒子前進，如圖 17.18(d)所示。因此，隊伍層面的 BMaRSs 是$\mathcal{F}^{CL}$，具體來說，是推動盒子的距離。在兩個隊伍之上，Arena 有全域的 BMaRSs。在這個例子中，兩個隊伍被設定為有一場關於哪個隊伍先將盒子推向目標點的競賽，如圖 17.18(e)所示。因此，全域的 BMaRSs 是$\mathcal{F}^{\mathrm{CP}}$，具體來說，是將盒子推到目標的先後次序。應用到

---

1 圖片來源：Song, Yuhang, et al. "Arena: A General Evaluation Platform and Building Toolkit for Multi-Agent Intelligence." arXiv preprint arXiv:1905.08085 (2019)。

每個智慧體的最終獎勵函數是以上三個層次的 BMaRSs 的加權求和。我們也可以想像如何來定義一個超過三個層次的社會樹，其中小的隊伍組成大的隊伍，在每個節點定義的 BMaRSs 列出更加複雜和結構化的社會關係。在定義了社會樹並在每個節點使用了 BMaRSs 之後，環境便可以使用了。其抽象層可以解決其他問題，比如，為視窗中的每個智慧體分配視圖、增加隊伍顏色、展示智慧體 ID 並生成一個從上到下的視野等。

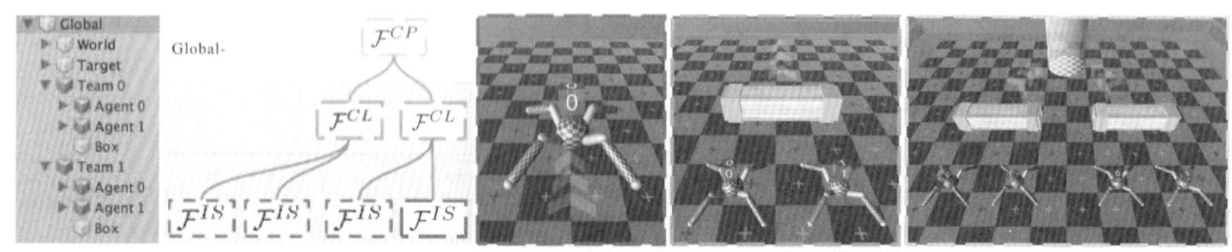

圖 17.18 在 Arena 對每個 **Arena Node** 使用不同 BMaRs 定義的社會樹

此外，我們可以簡單拓展上述框架到其他常見社會關係，如圖 17.19[2] 所示。

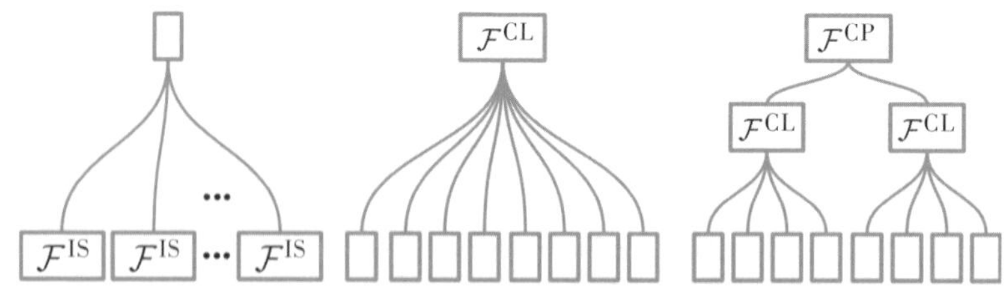

圖 17.19 Arena 框架下定義的常見社會關係

更多預製智慧體

除了之前的 BasicAgent，Arena 也有其他更進階的預製智慧體可以直接使用，如圖 17.20 所示。其他智慧體的使用基本與 BasicAgent 類似，透過拖曳並將它附於 GlobalManager 之下。唯一的不同在於動作空間，你需要改

[2] 圖片來源：Song, Yuhang, et al. "Arena: A General Evaluation Platform and Building Toolkit for Multi-Agent Intelligence." arXiv preprint arXiv:1905.08085 (2019)。

變對應的控制大腦（Brain）來控制不同的智慧體。舉例來說，預製智慧體中的 ArenaCrawlerAgent 如圖 17.21 所示，它有連續的動作空間來控制關節的動作值。為了恰當地使用這個智慧體，我們需要改變 ArenaCrawlerAgent 大腦為圖 17.22 所示的 ArenaCrawlerPlayerContinuous (PlayerBrain)。隨後這個遊戲可以匯出並用作一般的遊戲來使用。

圖 17.20 Arena 中不同的預製智慧體

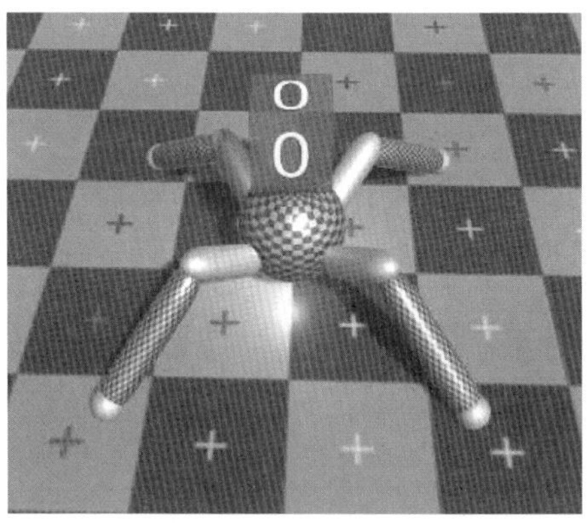

圖 17.21 場景中的 ArenaCrawlerAgent

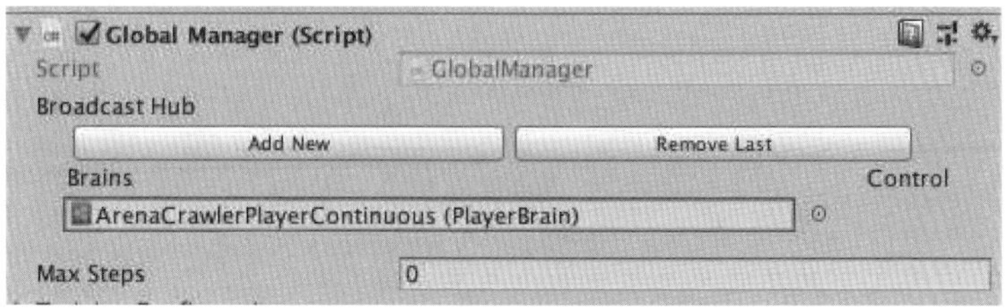

圖 17.22 為 ArenaCrawlerAgent 更改大腦

17.2.4 匯出二進位遊戲

當你在 Unity 中的玩家模式下測試了遊戲之後，確保遊戲設定沒有任何問題，就可以將遊戲匯出為一個獨立的二進位檔案，並用它與 Python 指令稿訓練 MARL 演算法。這一小節展示了如何匯出遊戲。

- 首先，我們需要將大腦的類型從 PlayerBrain 改為一個對應的 LearningBrain（同樣類型），PlayerBrain 被用於透過使用者鍵盤操作來控制遊戲智慧體，而 LearningBrain 可以用學習演算法來直接控制。如圖 17.23 所示，對於這個遊戲，我們改變 GeneralPlayerDiscrete (PlayerBrain) 為圖 17.24 中的 GeneralLearnerDiscrete (LearningBrain)。我們也需要取消選取 Debugging 來減少訓練中的輸出資訊。

Global Manager (Script)
Script
GlobalManager
Broadcast Hub
Add New
Remove Last
Brains
Control
GeneralPlayerDiscrete (PlayerBrain)
Max Steps
0

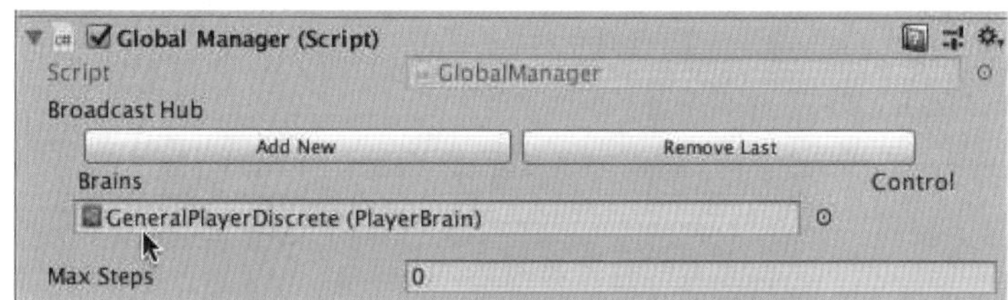

圖 17.23 玩家模式下原先的控制大腦類型

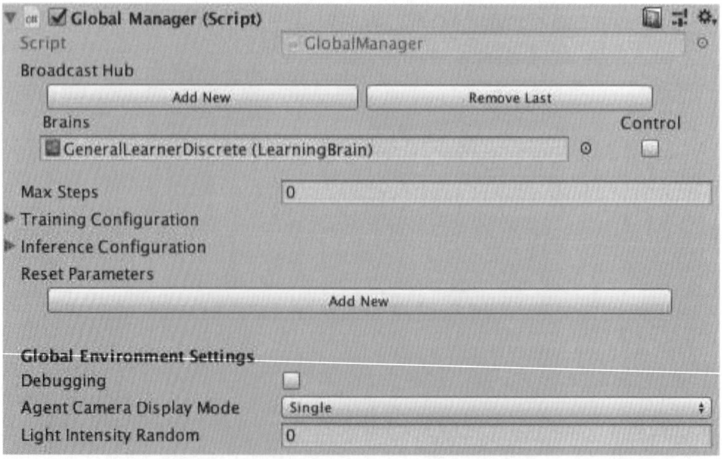

Global Manager (Script)
Script
GlobalManager
Broadcast Hub
Add New
Remove Last
Brains
Control
GeneralLearnerDiscrete (LearningBrain)
Max Steps
0
Training Configuration
Inference Configuration
Reset Parameters
Add New
Global Environment Settings
Debugging
Agent Camera Display Mode
Single
Light Intensity Random
0

圖 17.24 更改控制大腦類型為 **LearningBrain** 來匯出訓練遊戲

- 為了匯出遊戲，我們選擇 File->Build Settings，對應得到一個如圖 17.25 所示的視窗。透過這個視窗，我們可以設定 Target Platform 和 Architecture。

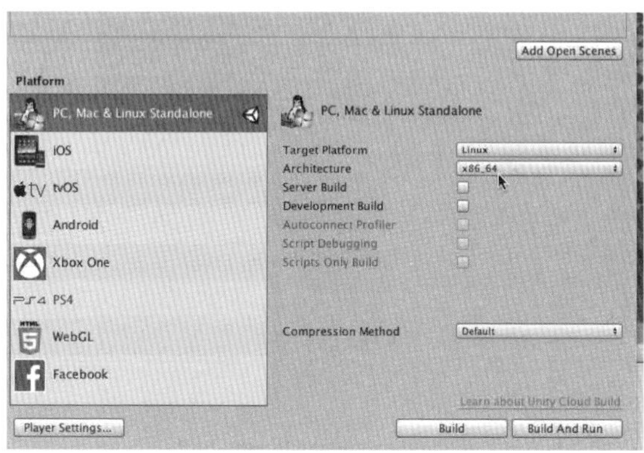

圖 17.25 檢查創建遊戲的設定

- 我們也需要點擊 Player Settings 來檢查其他設定，如圖 17.26 所示。一個需要注意的點是：Display Resolution Dialog 需要設為 Disabled 來正常執行。隨後我們回到之前的視窗並點擊 Build，這樣就可以在創建遊戲之後得到其二進位檔案。

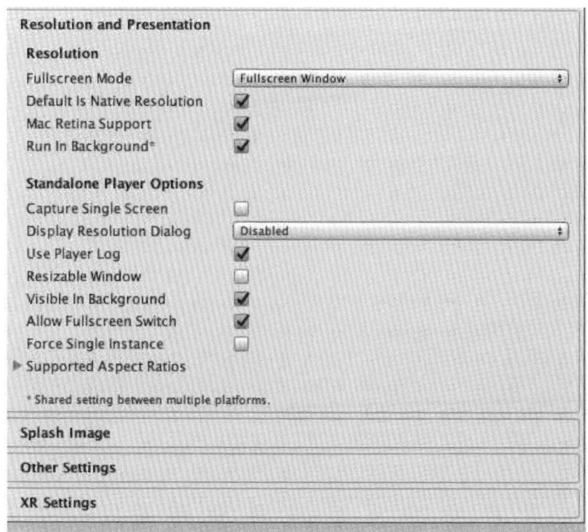

圖 17.26 設定遊戲匯出的視窗

17.3 MARL 訓練

有了用 Arena 建構並匯出的獨立（Standalone）遊戲，我們可以設定訓練過程來研究多智慧體強化學習（Multi-Agent Reinforcement Learning，MARL）中的各種問題。

在開始訓練之前，我們需要先設定系統。由於 MARL 一般需要大量的計算，我們通常需要用一個伺服器來應對訓練過程。Arena 環境的基本設定遵循 17.1 節中的內容。如果你在伺服器上不能正常使用 X-Server，那麼可以遵循以下部分內容來設定虛擬顯示，否則可以直接跳過該部分到訓練小節。

17.3.1 設定 X-Server

使用虛擬顯示的基本設定如下：

```
# 安裝 Xorg
sudo apt-get update
sudo apt-get install -y xserver-xorg mesa-utils
sudo nvidia-xconfig -a –use-display-device=None –virtual=1280x1024

# 獲得 BusID 資訊
nvidia-xconfig –query-gpu-info

# 增加 BusID 資訊到你的/etc/X11/xorg.conf 檔案
sudo sed -i 's/ BoardName "GeForce GTX TITAN X"/BoardName "GeForce GTX TITAN
X" BusID "0:30:0"/g'/etc/X11/xorg.conf

# 從/etc/X11/xorg.conf 檔案中移除小節"Files"
# 並且移除包含小節"Files"和 EndSection 的兩行
sudo vim /etc/X11/xorg.conf

# 為 Ubuntu 下載和安裝最新的 Nvidia 驅動器
wget
http://download.nvidia.com/XFree86/Linux-x86_64/390.87/NVIDIA-Linux-x86_64-
```

```
390.87.run sudo /bin/bash ./NVIDIA-Linux-x86_64-390.87.run –accept-license
–no-questions
–ui=none

# 禁用 Nouveau，因為它會使 Nvidia 驅動器崩潰
sudo echo 'blacklist nouveau' | sudo tee -a /etc/modprobe.d/blacklist.conf
sudo echo 'options nouveau modeset=0' | sudo tee -a
/etc/modprobe.d/blacklist.conf sudo echo options nouveau modeset=0 | sudo
tee -a /etc/modprobe.d/nouveau-kms.conf sudo update-initramfs -u

sudo reboot now
```

用以下三種方式（不同的方式可能在不同的 Linux 版本上執行）之一關閉 Xorg：

```
# 方式 1：執行以下命令並執行這個命令的輸出
ps aux | grep -ie Xorg | awk 'print "sudo kill -9 " $2}'
方式 2：運行以下命令
sudo killall Xorg
#方式 3：運行以下命令
sudo init 3
```

用該命令開啟虛擬顯示：

```
sudo ls
sudo /usr/bin/X :0 &
```

你應當可以看到虛擬顯示正常啟動，並輸出以下內容：

```
X.Org X Server 1.19.5
Release Date: 2017-10-12
X  Protocol Version 11, Revision 0
Build Operating  System:  Linux  4.4.0-97-generic  x86_64  Ubuntu
Current Operating System: Linux W54.13.0-46-generic 51-Ubuntu SMP Tue Jun
   1212:36:29 UTC 2018 x86_64
Kernel command line: BOOT_IMAGE=/boot/vmlinuz-4.13.0-46-generic.efi.signed
   root=UUID=5fdb5e18-f8ee-4762-a53b-e58d2b663df1 ro quiet splash nomodeset
   acpi=noirq thermal.off=1 vt.handoff=7
```

```
Build Date: 15 October 201705:51:19PM
xorg-server 2:1.19.5-0ubuntu2 (For technical support please see
   http://www.ubuntu.com/support)
Current version of pixman: 0.34.0
   Before reporting problems, check http://wiki.x.org to make sure that you
   have the latest version.
Markers: (--) probed, (**) from config file, (==) default setting,
   (++) from command line, (!!) notice, (II) informational,
   (WW) warning, (EE) error, (NI) not implemented, (??) unknown.

(==) Log file: "/var/log/Xorg.0.log", Time: Fri Jun 1401:18:402019
(==) Using config file: "/etc/X11/xorg.conf"
(==) Using system config directory "/usr/share/X11/xorg.conf.d"
```

如果你看到報錯，回到「用以下三種方式之一關閉 Xorg」並嘗試用另一種方法。在新視窗中運行 "Arena-Baselines" 之前，運行以下命令來將一個虛擬顯示埠附於視窗：

```
export DISPLAY=:0
```

17.3.2 進行訓練

創建 TMUX 會話（如果你用的機器是一個可以用 SSH 連接的伺服器）並進入虛擬環境：

```
tmux new-session -s Arena
source activate Arena
```

連續動作空間

Arena 中連續動作空間的遊戲列表：

* ArenaCrawler-Example-v2-Continuous

* ArenaCrawlerMove-2T1P-v1-Continuous

* ArenaCrawlerRush-2T1P-v1-Continuous

* ArenaCrawlerPush-2T1P-v1-Continuous

* ArenaWalkerMove-2T1P-v1-Continuous
* Crossroads-2T1P-v1-Continuous
* Crossroads-2T2P-v1-Continuous
* ArenaCrawlerPush-2T2P-v1-Continuous
* RunToGoal-2T1P-v1-Continuous
* Sumo-2T1P-v1-Continuous
* YouShallNotPass-Dense-2T1P-v1-Continuous

運行訓練命令，將 GAME_NAME 用上面的遊戲名替換並根據你所用電腦選擇合適的 num-processes（num-mini-batch 需等於 num-processes）：

```
CUDA_VISIBLE_DEVICES=0 python main.py --mode train --env-name GAME_NAME --
    obs-type visual --num-frame-stack 4 --recurrent-brain --normalize-obs --
    trainer ppo --use-gae --lr 2.5e-4 --value-loss-coef 0.5 --ppo-epoch 4 --
    num-processes 16 --num-steps 1024 --num-mini-batch 16 --use-linear-lr-
    decay --entropy-coef 0.01 --clip-param 0.1 --num-env-steps 100000000 --
    reload-playing-agents-principle OpenAIFive --vis --vis-interval 1 --log-
    interval 1 --num-eval-episodes 10 --arena-start-index 31569 --aux 0
```

你也可以改用其他 MARL 演算法來替代上面的 PPO 去測試你所創建的遊戲。

17.3.3 視覺化

為了用 Tensorboard 視覺化分析訓練過程的學習曲線，執行：

```
source activate Arena && tensorboard --logdir ../results/ --port 8888
```

並存取對應通訊埠打開 Tensorboard 視覺化。

17.3.4 致謝

我們特別感謝 Yuhang Song、教授 Zhenghua Xu、教授 Thomas Lukasiewicz 等人對 Arena 專案的巨大貢獻。

參考文獻

- BALDUZZI D, GARNELO M, BACHRACH Y, et al., 2019. Open-ended learning in symmetric zero-sum games[J]. arXiv:1901.08106.
- BANSAL T, PACHOCKI J, SIDOR S, et al., 2018. Emergent complexity via multi-agent competition[C]// International Conference on Learning Representations.
- CAI Y, DASKALAKIS C, 2011. On minmax theorems for multiplayer games[C]//Proceedings of the twenty-second annual ACM-SIAM symposium on Discrete Algorithms. Society for Industrial and Applied Mathematics.
- HEESS N, SRIRAM S, LEMMON J, et al., 2017. Emergence of locomotion behaviours in rich environ- ments[J]. arXiv:1707.02286.
- HENDTLASS T, 2004. An introduction to collective intelligence[M]//Applied Intelligent Systems.
- JADERBERG M, CZARNECKI W M, DUNNING I, et al., 2018. Human-level performance in first-person multiplayer games with population-based deep reinforcement learning[C]//CoRR.
- MYERSON R B, 2013. Game theory[M]. Harvard university press.
- SINGH S, LEWIS R L, BARTO A G, 2009. Where do rewards come from[C]//Proceedings of the annual conference of the cognitive science society.
- SINGH S, LEWIS R L, BARTO A G, et al., 2010. Intrinsically motivated reinforcement learning: An evolutionary perspective[J]. IEEE Transactions on Autonomous Mental Development.
- SONG Y, WANG J, LUKASIEWICZ T, et al., 2019. Arena: A general evaluation platform and building toolkit for multi-agent intelligence[J]. arXiv preprint arXiv:1905.08085.

Chapter 18

深度強化學習應用實踐技巧

之前的章節向讀者展現了深度強化學習的主要基礎知識、強化學習演算法的主要類別和演算法實現，以及為了便於了解深度強化學習應用而講解的幾個實踐專案。然而，由於如之前強化學習的挑戰一章中提到的低樣本效率、不穩定性等問題，初學者想要較好地部署這些演算法到自己的應用中還是有一定困難的。因此，在這一章，從數學分析和實踐經驗的角度，我們細緻地複習了一些在深度強化學習應用實踐中常用的技巧和方法。這些方法或小竅門涉及了演算法實現階段和訓練偵錯階段，用來幫助讀者避免陷入一些實踐上的困境。這些經驗上的技巧有時可以產生顯著效果，但不總是這樣。這是由於深度強化學習模型的複雜性和敏感性造成的，而有時需要同時使用多個技巧。如果在某一個專案上卡住時，大家也可以從這一章中得到一些解決方案上的啟發。

18.1 概覽：如何應用深度強化學習

深度學習通常被認為是「黑盒」方法。儘管它實際上並不是「黑盒」，但是它有時會表現得不穩定且會產生不可預測的結果。在深度強化學習中，由於強化學習的基本過程需要智慧體從與環境互動的動態過程中的獎勵訊號而非標籤中學習，這個問題變得更加嚴重。這是與有監督學習的情況不同的。強化學習中的獎勵函數可能只包含不完整或局部的資訊，而智慧體使用自舉（Bootstrapping）學習方法時往往在追逐一個變化的目標。此外，深度強化學習中經常用到不止一個深度神經網路，尤其是在那些較為高等或最近提出的方法中。這都使得深度強化學習演算法可能表現得不穩定且對超參數敏感。以上問題使得深度強化學習的研究和應用困難重重。由於這個原因，我們在這裡介紹一些實現深度強化學習中常用的技巧和建議。

首先，你需要知道一個強化學習演算法是否可以用於解決某一個特定的問題，而且顯然不是每個演算法都對所有任務適用。我們經常需要仔細考慮強化學習本身是否可以用於解決某個任務。整體來說，強化學習可以用於連續決策制定問題，而這類問題通常可以用馬可夫（Markov）過程來描述或近似。一個有標籤資料的預測任務通常不需要強化學習演算法，而監督學習方法可能更直接和有效。強化學習任務通常包括至少兩個關鍵要素：（1）環境，用來提供動態過程和獎勵訊號；（2）智慧體，由一個策略控制，而這個策略是透過強化學習訓練得到的。在之前的幾個章節中強化學習演算法被用來解決像 OpenAI Gym 這類環境中的任務。在這些實驗中，你不需要過多關心環境，因為它們已經被設計好且經過標準化和正則化。然而，在應用章節中介紹的幾個專案則需要人為定義環境，並運用強化學習演算法去使智慧體正常執行。

整體來說，應用深度強化學習演算法有以下幾個階段。

1. **簡單測試階段**：你需要使用對其正確性和準確性有高置信度的模型，包括強化學習演算法，如果是一個新的任務，用它來探索環境（甚至使用一個隨機策略）或逐步驗證你將在最終模型上做的延伸，而非直接使用一個複雜的模型。你需要快速進行實驗來檢測環境和模型基本設定中可能的問題，或至少讓你自己熟悉這個要解決的任務，這會給你在之後的過程中提供一些啟發，有時也會曝露出一些需要考慮的極端情況。

2. **快速設定階段**：你應該對模型設定做快速測試，來評估其成功的可能性。如果有錯誤，盡可能多地視覺化學習過程，並在你無法直接從數字上得到潛在關係的時候使用一些統計變數（方差、平均值、平均差值、極大極小值等）。這一步應當在簡單測試階段後開始，然後逐步增加新模型的複雜度。如果你無法百分之百確定更改的有效性，你應當每一次都進行測試。

3. **部署訓練階段**：在你仔細確認過模型的正確性後，你可以開始大量部署訓練了。由於深度強化學習往往需要較大量的樣本去訓練較長時間，我們鼓勵你使用平行訓練方式、使用雲端服務器（如果你自己沒有伺服器的話）等，來加速對最終模型的大規模訓練。有時這一階段是和第二階段交替進行的，因而這一步在實踐中可能會花費較長時間。

在下面幾個小節中，我們將分幾部分介紹應用深度強化學習的技巧。

18.2 實現階段

- **從頭實現一些基本的強化學習演算法**。對於深度強化學習領域的初學者而言，從頭實現一些基本的強化學習演算法並偵錯這些演算法直到它們最終正確執行，是很好的練習。Deep Q-Networks 身為以價值函數為基礎的演算法，是值得去自己實現的。連續動作空間、策略梯度和 Actor-Critic 演算法也是剛開始學習強化學習演算法實現時很好的選擇。這個過程會需要你了解強化學習演算法實現中的每一行程式，給你一個強化學習過程的整體感覺。剛開始，你不需要一個複雜的大規模任務，而是一個相對簡單的可以快速驗證的任務，比如那些 OpenAI Gym 環境。在實現這些基本演算法的時候，你應當以一種公用為基礎的結構並且使用一種深度學習框架（比如 TensorFlow、PyTorch 等），並逐步擴充到更加複雜的任務上，同時使用更加進階的技術（比如優先經驗重播等）。這會顯著地加速你隨後將不同的深度強化學習演算法應用於其他專案的處理程序。如果你在實現過程中遇到一些問題，你可以參考其他人的實現方法（比如本書提供的強化學習演算法實現指南）或透過網路尋找你遇到的問題。絕大多數問題都已經被他人所解決。

- **適當地實現論文細節**。在你熟悉了這些基本的強化學習演算法後，就可以開始實現和測試一些在文獻中的方法。通常強化學習演算法的研究論文中包含很多實現細節，而有時這些細節在不同論文中不是一致的。所以，當你實現這些方法的時候，不要過擬合到論文細節上，而是去了解論文作者為何在這些特定情形下選擇使用這些技巧。舉一個典型的例子，在多數文章中，實驗部分中神經網路的結構細節包括隱藏層的維數和層數、各個超參數的數值等。這些都或在論文主體、或在補充材料中提到。你不需要在自己的實現版本中嚴格遵循這些實現細節，而且你很可能甚至跟原文用不一樣的環境來對方法進行測試。比如，在深度決定性策略梯度（Deep Deterministic Policy Gradient）演算法的論文中，作者建議使用 Ornstein-Uhlenbeck（OU）雜訊來進行探索。然而，實踐中，有時很難說 OU 雜訊是否比高斯雜訊更好，而這往往在很大程度上依賴於具體任務。另一個例子是，在 Vinyals et al. (2019)關於 AlphaStar 的工作中，Vanilla TD(λ)方法被證實比其他更進階的離線策略（Off-Policy）修正方法 V-Trace (Espeholt et al., 2018)更有效。因此，如果這些技巧不足夠通用，那麼它們可能不值得你花精力去實現。相比而言，一些微調方法可能對具體任務有更好的效果。然而，如上所述，了解作者在這些情況下為何使用這些技巧則是更關鍵和有意義的。當你採取論文中的某些想法並將其應用到你自己的方法中時，這些建議可能更有意義，因為有時對於你自己的具體情況，可能不是論文中的主要想法，而是某些具體技巧或操作對你幫助最大。

- **如果你在解決一個具體任務，先探索一下環境。**你應當檢查一下環境的細節，包括觀察量和動作的性質，如維度、值域、連續或離散數值型態等。如果環境觀察量的值在一個很大的有效範圍內或是未知範圍的，你就應該把它的值歸一化。比如，如果你使用 Tanh 或 Sigmoid 作為啟動函數，較大的輸入值將可能使第一個隱藏層的節點飽和，而這訓練開始時將導致較小的梯度值和較慢的學習速度。此外，你應當為強化學習選擇好的輸入特徵，這些特徵應當包含環境的有用資訊。你也可以用能進行隨機動作選取的智慧體來探索環境並視覺化這個過程，以找到一些極端情況。如果環境是你自己架設的，這一步可能很重要。
- **給每一個網路選取一個合適的輸出啟動函數。**你應當根據環境來對動作網路選擇一個合適的輸出啟動函數。比如，常用的像 ReLU 可能從計算時間和收斂表現上都對隱藏層來說可以極佳地工作，但是它對有負值的動作輸出範圍來說可能是不合適的。最好將策略輸出值的範圍跟環境的動作值域匹配起來，比如對於動作值域(−1,1)在輸出層使用 Tanh 啟動 函數。
- **從簡單例子開始逐漸增加複雜度。**你應當從比較清晰的模型或環境開始測試，然後逐步增加新的部分，而非一次將所有的模組合起來測試和偵錯。在實現過程中不斷進行測試，除非你是這個領域的專家並且很幸運，否則你不應當期望一個複雜的模型可以一次實現成功並得到很好的結果。
- **從密集獎勵函數開始。**獎勵函數的設計可以影響學習過程中最佳化問題的凸性，因此你應當從一個平滑的密集獎勵函數開始嘗試。比如，在第 16 章中定義的機器人抓取任務中，我們用一個密集獎勵函數來開始機器人學習，這個函數是從機器人夾具到目標物體之間距離的負數。這可以保證值函數網路和策略網路能夠在一個較為光滑的超平面上最佳化，從而顯著地加速學習過程。一個稀疏獎勵可以被定義為一個簡單的二值變數，用來表示機器人是否抓取了目標物體，而在沒有額外資訊的情況下這對機器人來説可能很難進行探索和學習。

- **選擇合適的網路結構**。儘管在深度學習中經常見到一個有幾十層網路和數十億參數的網路，尤其在像電腦視覺(He et al., 2016)和自然語言處理(Jaderberg et al., 2015)領域。對於深度強化學習而言，神經網路深度通常不會太深，超過 5 層的神經網路在強化學習應用中不是特別常見。這是由於強化學習演算法本身的計算複雜度造成的。因此，除非環境有很大的規模而且你有幾十上百個 GPU 或 TPU 可以使用，否則你一般不會在深度強化學習中用一個 10 層及以上的網路，它的訓練將非常困難。這不僅是運算資源上的限制，而且這也與深度強化學習由於缺失監督訊號而導致的不穩定性和非單調表現增長有關。在監督學習中，如果網路相比於資料而言足夠大，它可以過擬合到資料集上，而在深度強化學習中，它可能只是緩慢地收斂甚至是發散，這是因為探索和利用之間的強連結作用。網路大小的選擇經常是依據環境狀態空間和動作空間而定的。一個有幾十個狀態動作組合的離散環境可能可以用一個表格方法，或一個單層或兩層的神經網路解決。更複雜的例子如第 13 章和第 16 章中介紹的應用，通常有幾十維的連續狀態和動作空間，這就需要可能大於 3 層的網路，但是相比於其他深度學習領域中的巨型網路而言，這仍舊是很小的規模。

對於網路的結構而言，文獻中很常見的有多層感知機（Multi-Layer Perceptrons，MLPs）、卷積神經網路（CNNs）和循環神經網路（RNNs）。更為進階和複雜的網路結構很少用到，除非對模型微調方面有具體要求或一些其他特殊情況。一個低維的向量輸入可以用一個多層感知機處理，而以視覺為基礎的策略經常需要一個卷積神經網路主幹來提前提取資訊，不是與強化學習演算法一起訓練，就是用其他電腦視覺的方法進行預訓練。也有其他情況，比如將低維的向量輸入和高維的圖型輸入一起使用，實踐中通常先採用從高維輸入中提取特徵的主幹再與其餘低維輸入並聯的方法。循環神經網路可以用於不是完全可觀測的環境或非馬可夫過程，最佳的動作選擇不僅依賴當前狀態，而且依賴之前狀態。以上是實踐中對策略和價值網路都有效的經驗指導。有時策略和價值網路可能組成一種非對稱的 Actor-Critic 結構，因而它們的狀態輸入是不同的，這可以用於價值網路只用作訓練中策略網路的指導，而在動作預測時不再可以使用價值網路的情況。

- **熟悉你所用的強化學習演算法的性質。**舉例來說，像 PPO 或 TRPO 類的以信賴域為基礎的方法可能需要較大的批次尺寸來保證安全的策略進步。對於這些信賴域方法，我們通常期待策略表現穩定的進步，而非在學習曲線上某些位置突然有較大下降。TRPO 等信賴域方法需要用一個較大批次尺寸的原因是，它需要用共軛梯度來近似 Fisher 資訊矩陣，這是以當前取樣到為基礎的批次樣本計算的。如果批次尺寸太小或是有偏差的，可能對這個近似造成問題，並且導致對 Fisher 資訊矩陣（或逆 Hessian 乘積）的近似不準確而使學習表現下降。因此，實踐中，演算法 TRPO 和 PPO 中的批次尺寸需要被增大，直到智慧體有穩定進步的學習表現為止。所以，TRPO 有時也無法較好地擴充到大規模的網路或較深的卷積神經網路和循環神經網路上。DDPG 演算法則通常被認為對超參數敏感，儘管它被證明對許多連續動作空間的任務很有效。當把它應用到大規模或現實任務(Mahmood et al., 2018)上時，這個敏感性會更加顯著。比如，儘管在一個簡單的模擬測試環境中透過徹底的超參數搜索可以最終找到一個最佳的表現效果，但是在現實世界中的學習過程由於時間和資源上的限制可能不允許這種超參數搜索，因此 DDPG 相比與其他 TRPO 或 SAC 演算法可能不會有很好的效果。另一方面，儘管 DDPG 演算法起初是設計用來解決有連續值動作的任務，這並不表示它不能在離散值動作的情況下工作。如果你嘗試將它應用到有離散值動作的任務上，那麼需要使用一些額外的技巧，比如用一個有較大t值的 Sigmoid(tx)輸出啟動函數並且將其修剪成二值化的輸出，還得保證這個截斷誤差比較小，或你可以直接使用 Gumbel-

Softmax 技巧來更改確定性輸出為一個類別的輸出分佈。其他演算法也可以有相似處理。

- **歸一化值處理**。整體來說，你需要透過縮放而非改變平均值來歸一化獎勵函數值，並且用同樣的方式標準化值函數的預測目標值。獎勵函數的縮放以訓練中取樣為基礎的批次樣本。只做值縮放（即除以標準差）而不做平均值平移（為得到零平均值而減去統計平均值）的原因是，平均值平移可能會影響到智慧體的存活意願。這實際上與整個獎勵函數的正負號有關，而且這個結論只適用於你使用 "Done" 訊號的情況。其實，如果你事先沒有用 "Done" 訊號來終止部分，那麼，你可以使用平均值平移。考慮以下一種情況，如果智慧體經歷了一個部分，而 "Done=True" 訊號在最大部分長度以內發生，那麼假如我們認為智慧體仍舊存活，則這個"Done" 訊號之後的獎勵值實際為 0。如果這些為 0 的獎勵值整體上比之前的獎勵值高（即之前的獎勵值基本是負數），那麼智慧體會傾向於盡可能早地結束部分，以最大化整個部分內的獎勵。相反，如果之前的獎勵函數基本是正值，智慧體會選擇「活」得更久一些。如果我們對獎勵值採取平均值平移方式，它會打破以上情形中智慧體的存活意願，從而使得智慧體即使在獎勵值基本為正時不會選擇存活得更久，而這會影響訓練中的表現。歸一化值函數的目標也是相似的情況。舉例來說，一些以 DQN 為基礎的演算法的平均Q值會在學習過程中意外地不斷增大，而這是由最大化最佳化公式中對Q值的過估計造成的。歸一化目標Q值可以緩解這個問題，或使用其他的技巧如 Double Q-Learning。

- **一個關於折扣因數的小提示**。你可以根據折扣因數γ對單步動作選擇的有效時間範圍有一個大致感覺：$1+\gamma+\gamma^2+\cdots=1/(1-\gamma)$。根據該式，對於$\gamma=0.99$，我們經常可以忽略 100 個時間步後的獎勵。用這個小技巧可以加速你設定參數時的過程。

- **Done 訊號只在終止狀態時為真。**對初學者來説，深度強化學習中有一些很容易忽略的細微差別，而部分式強化學習中的 "Done" 訊號就是其中一個。這些細微的差異可能使得實踐中即使是相同演算法的不同實現也會有截然不同的表現。在部分式強化學習中，"Done" 訊號被廣泛用於結束一個部分，而它是環境狀態的函數，只要智慧體到達終止狀態，它就被設定為真。注意，這裡終止狀態被定義為指示智慧體已經完成部分的情況，不是成功就是失敗，而非任意一個到達時間限度或最大部分長度的狀態。將 "Done" 訊號的值只在狀態為終止狀態時設為真不是一個平庸的問題。舉例來説，如果一個任務是操控機械臂到達空間中某個具體的位置，這個 "Done" 訊號只應當在機械臂確實到達這個位置時為真，而非到達預設部分最大長度等情況下。為了了解這個差異，我們需要知道在強化學習中有些環境，時間長度是無窮的，有些是有限的，而在取樣過程中，演算法經常是對有限長度的軌跡做處理的。有兩種常用的實現方式，一是設定最大部分長度，二是使用 "Done" 訊號作為環境的回饋來透過跳開迴圈以終止部分。當使用 "Done" 訊號作為取樣過程中的中中斷點時，它不應當在部分由於到達最大長度的時候設為真，而只應在終止狀態到達時為真。還是前面的例子，若一個機械臂在非目標點的任意其他點由於到達了部分最大長度而結束了這個軌跡，同時設定了 "Done" 訊號為真，則會對學習過程產生消極影響。具體來説，以 PPO 演算法為例，從狀態S_t累計的獎勵值被用來估計該狀態的價值$V(S_t)$，而一個終止狀態的價值為 0。如果在非終止狀態時 "Done" 訊號的值為真，那麼該狀態的值被強制設為 0 了，而實際上它可能不應該為 0。這會在價值網路估計之前狀態值的時候讓其產生混淆，從而阻礙學習過程。

- **避免數值問題。**對於程式設計實踐中的除法，如果使用不當可能會產生無限大的數值。兩個技巧可以解決這類問題：一個是對正數值的情況使用指數縮放$a/b = \exp(\log(a) - \log(b))$；另一個方法是對於非負分母加上一個小量，如$a/b \approx a/(b + 10^{-6})$。

- **注意獎勵函數和最終目標之間的分歧。**強化學習經常被用於一個有最終目標的具體任務，而通常需要人為設計一個與最終目標一致的獎勵函數來便於智慧體學習。在這個意義上說，獎勵函數是目標的一種量化形式，這也表示它們可能是兩個不同的東西。在某些情況下它們之間會有分歧。因為一個強化學習智慧體能夠過擬合到你為任務所設定的獎勵函數上，而你可能發現訓練最終策略在達成最終目標上與你所期望的不同。這其中一個最可能的原因是獎勵函數和最終目標之間的分歧。在多數情況下，獎勵函數傾向於最終的任務目標十分容易，但是設計一個獎勵函數與最終目標在所有極端情況下都始終一致，是不平庸的。你應該做的是盡可能減少這種分歧，來保證你設計的獎勵函數能夠平滑地幫助智慧體達到最終真實目標。

- **獎勵函數可能不總是對學習表現的最好展示。**人們通常在學習過程中展示獎勵函數值（有時用移動平均，有時不用）來表示一個演算法的能力。然而，如同上面所說，最終目標和你所定義的獎勵函數之間可能有分歧，這使得一個較高獎勵的狀態可能對應一個在達成最終目標方面較差的情況，或至少沒有顯性地表現出該狀態與最佳狀態之間的關係。由於這個原因，我們總需要在使用強化學習和展示結果時考慮這種分歧的可能性。所以，在文獻 (Fu et al., 2018) 中很常見到，有的學習表現不是用平滑後的部分內獎勵（這也依賴獎勵函數的設計）來評估和展示的，而是用一個對這個任務更具體的度量方式，比如圖 18.1 所示的機器人學習任務中，用機器夾具跟目標點的距離來實現位置到達或用物塊跟目標的距離來實現物塊推動。夾具與物體間的距離，或是否物塊被抓取，這些都是對任務目標的真實度量方式。所以，這些度量可以用來展示任務學習效果，從而更進一步地表現任務最終目標是否到達。這對於最終目標跟人為設計的獎勵函數有偏差的情況很有用，如果你想比較多個不同個獎勵函數，那麼這些額外的度量也很關鍵。

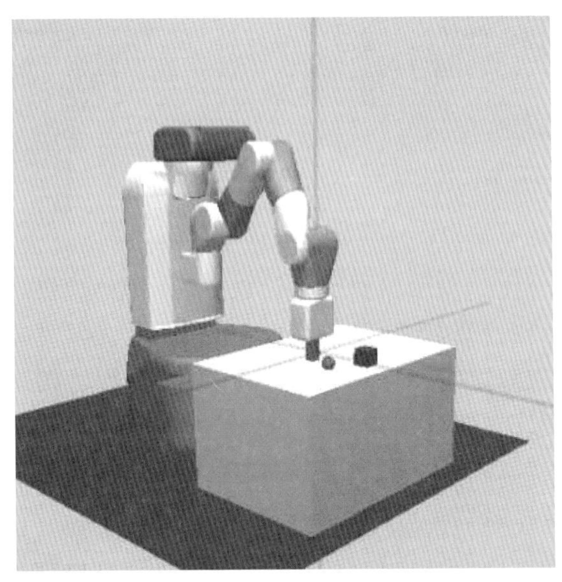

圖 18.1 OpenAI Gym 中的 FetchPush 環境。對這個環境而言，使用物體到目標位置的最終距離比獎勵函數值能更進一步地衡量對所學策略的表現，因為它是對任務整體目標的最直接表示。然而獎勵函數可能被設定為包含一些其他因素，如夾具到物體的距離等

- **非馬可夫情況**。如之前章節所述，這本書所介紹的絕大多數理論結果都以馬可夫過程為基礎的假設或狀態的馬可夫性質。馬可夫性質不僅簡化了問題和推導，更重要的是它使得連續決策問題可以描述，而且可以用迭代的方式解決它，還能得到簡潔的解決方法。然而，實踐中，馬可夫過程的假設不總是成立。舉例來說，如圖 18.2 所示，Gym 環境中的 Pong 遊戲就不滿足馬可夫過程在智慧體選取最佳動作時對狀態所做的假設。我們需要記住馬可夫性質是狀態或環境的性質，因此它是由狀態的定義決定的。非馬可夫決策過程和部分可觀測馬可夫過程（POMDP）的差異有時是細微的。比如，如果一個在上述遊戲中狀態被定義為同時包含小球的位置和速度資訊（假設小球運動沒有加速度），而觀察量只有位置，那麼這個環境是 POMDP 而非非馬可夫過程。然而，Pong 遊戲的狀態通常被認為是每一個時間步靜態幀，那麼

當前狀態只包含小球的位置而沒有智慧體能夠做出最佳動作選擇的所有資訊，比如，小球速度和小球運動方向也會影響最佳動作。所以這種情況下它是一個非馬可夫環境。一種提供速度和運動方向資訊的方法是使用歷史狀態，而這違背了馬可夫過程下的處理方法。所以，如 DQN (Mnih et al., 2015) 原文，堆疊幀可以以一種近似的 MDP 來解決 Pong 任務。如果我們把所有的堆疊幀看作一個單一狀態，並且假設堆疊幀可以包含做出最佳動作選擇的所有資訊，那麼這個任務實際上仍舊遵從馬可夫過程假設。畢竟在所有的模擬環境中，過程都是離散的，而不像現實世界中，有時間尺度上的連續性，我們經常可以用這種轉化方式來把一個非馬可夫過程看作一個馬可夫過程。除了像 DQN 原文中使用堆疊幀，循環神經網路（RNN）(Heess et al., 2015) 或更進階的長短期記憶（LSTM）方法也可以用於以歷史記憶進行決策的情況，來解決非馬可夫過程的問題。

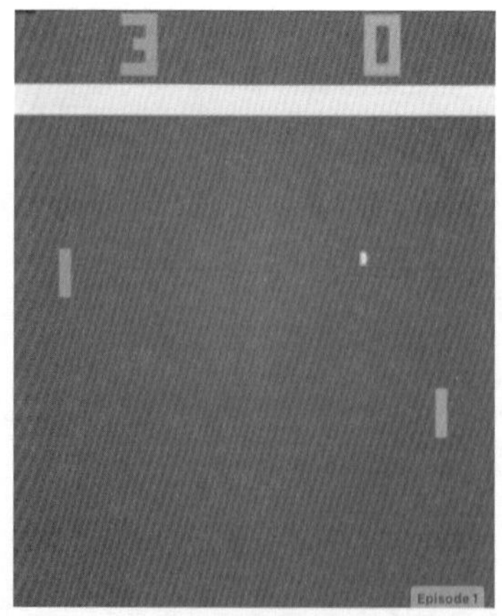

圖 18.2 Gym 中的 Pong-v0 遊戲：由於小球的速度無法在單一幀中捕捉，這個任務是非馬可夫的，用堆疊幀作為觀察量可以解決它

18.3 訓練和偵錯階段

- **初始化很重要。**深度強化學習方法通常不是以線上策略（On-Policy）方式用每個部分內的樣本更新策略，就是使用離線策略（Off-Policy）中動態的重播快取（Replay Buffer），這個快取包含隨時間變化的多樣性樣本。這使得深度強化學習不同於監督學習，監督學習是從一個固定的資料集中學習，因而學習樣本的順序不是特別重要。然而，在深度強化學習中，策略的初始化可以影響隨後可能的探索範圍，並決定存入快取的後續樣本或直接用於更新的樣本，因此它會影響整個學習表現。從一個隨機策略開始會導致較大的機率有更多樣的樣本，這對訓練開始階段是很好的。但隨著策略的收斂和進步，探索的範圍逐漸收窄，而近趨於當前策略所生成的軌跡。對於權重參數的初始化而言，整體上來說使用較進階的方法如 Xavier 初始化(Glorot et al., 2010)或正交初始化(Saxe et al., 2013)會較好，這樣可以避免梯度消失或梯度爆炸，並且對多數深度學習情況都有較穩定的學習表現。

- **在程式中增加有用的探針。**深度學習往往要處理大量的資料，而這其中有一些隱藏的操作是我們可能不總清楚，尤其是當我們對模型不熟悉的時候。通常的顯示出錯系統可能不是針對其中一些錯誤的，尤其是邏輯錯誤。模型中類似的潛在問題將是很危險和難以察覺的。比如，有時在深度強化學習中，你只關注獎勵函數，但是也應當視覺化損失函數值的變化來了解其他函數的擬合情況，比如價值函數，或隨機分佈策略的熵來了解當前的探索狀態。如果策略輸出分佈熵過早下降，那麼基本上表示智慧體不能透過當前策略探索到更有用的樣本。這可以透過使用熵獎勵或 KL 散度懲罰項來緩解，如柔性 Actor-Critic（Soft Actor-Critic，SAC）等演算法使用了適應性熵類自動解決這類問題。對於以信賴域為基礎的方法，你需要新舊策略間 KL 散度值的指標來告訴你模型是否正常執行。有時你需要輸出網路的梯度值來檢查它的工作情況。正常網路層的梯度值不應該過大或全為 0，否則它表明不是有異常梯度值，就是是沒有梯度流。其他有用的指標有像在輸出空間和參數空間的更新步進值，對於以上情況，Tensorboard 模組是一個強大的工具，它起初是為 TensorFlow 開發設計的但是後來也支援 PyTorch 框架。它可以簡化變數的視覺化過程、神經網路計算圖等，對實踐中使用這些探針很有幫助。

- **使用多個隨機種子並計算平均值來減少隨機性。**深度強化學習方法很典型地有不穩定的訓練過程，隨機種子甚至都會很大地影響學習表現，有 NumPy 的隨機種子，以及 TensorFlow 或 PyTorch 的，還有環境的種子等。在隨機化這些種子的時候，身為預設設定，所有這些種子都需要被合適地隨機化。剛開始，你可以固定這些種子，然後觀察取樣軌跡上是否有任何差異，如果仍有隨機性，可能表現系統內還有其他隨機因素。固定隨機種子可以用來再現學習過程。使用隨機種子並得到學習曲線的平均值，可以減少實驗比較中深度強化學習隨機性造成的得到錯誤結論的可能性。通常使用越多的隨機種子，實驗結果就越可靠，但同時也增加了實驗耗時。根據經驗，我們採用不同的隨機種子進行 3 到 5 次試驗便可以得到一個相對可信的結果，但是越多越好。

- **平衡 CPU 和 GPU 運算資源以加速訓練。**這個提示實際上是關於找到和解決訓練速度上的瓶頸問題。在有限的電腦上更進一步地使用運算資源，對於強化學習要比監督學習複雜。在監督學習中，CPU 經常用於資料讀寫和前置處理，而 GPU 用於進行前在推理和反向傳播過程。然而，由於強化學習中推理過程總是涉及與環境的互動，計算梯度的裝置需要與處理環境互動的裝置匹配運算能力，否則會是對探索或利用的浪費。在強化學習中，CPU 經常被用於與環境互動取樣的過程，而這對某些複雜的模擬系統可能涉及大量運算。GPU 被用來進行前向推理和反向傳播來更新網路。你在部署大規模訓練的過程中，應當檢查 CPU 和 GPU 運算資源的使用率，避免執行緒或處理程序沉睡。這對於將程式分配到大規模平行計算系統中尤為重要。對於 GPU 過度利用的情況，可以採用更多的取樣執行緒或處理程序來與環境互動。對於 CPU 過度利用的情況，你可以減少分散式取樣執行緒的數量，或增加分散式更新執行緒的數量，增大演算法內更新迭代次數，對於離線更新增大批次尺寸等，這些都依賴於你管理平行線程和處理程序的方式。注意上面所述只是關於如何最大化利用你的運算資源，你也應當考慮探索和利用之間的取捨，以及對於多種多樣的強化學習任務在不同層次上的取樣效率等。

為了解決 CPU 和 GPU 資源間的平衡問題，你經常需要在取樣和訓練過程中使用多執行緒或多處理程序平行計算，來充分利用你的電腦。需要仔細考慮如何設計能夠同時執行取樣執行緒/處理程序和網路更新執行緒/處理程序的平行訓練框架。鎖和管道被經常用於這種框架來支持其順利執行。創建容錯處理程序有時可以節省等待時間。線上策略和離線策略的處理可能不和，相比於線上策略，離線策略訓練的平行設定經常更加靈活，因為你可以在任何時刻更新策略而非僅在部分的最後一步。一個典型的在 PyTorch 框架下使用多 GPU 分散式訓練的使用方式 如圖 3 所示。使用 PyTorch 處理多 GPU 過程在前向推理中採用了一個模型複製過程和一個推理結果擷取過程，而在反向更新過程中，梯度縮減被用於平行的梯度反向傳播。更多相關細節在強化學習應用的章節中有所討論，我們也在程式庫中提供了一些範例程式。

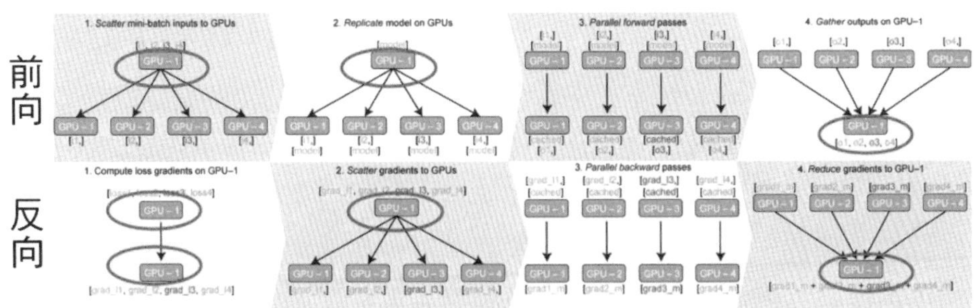

圖 18.3 使用 torch.nn.DataParallel 的前向和反向過程

- **視覺化**。如果你不能直接從數值中看清潛在關係，你應當盡可能對其視覺化。比如，有時由於強化學習過程不穩定的特性，獎勵函數可能有很大抖動，這種情況下你可能需要畫出獎勵值的滑動平均曲線來了解智慧體在訓練中是否有進步。

- **平滑學習曲線**。強化學習的過程可能非常不穩定。直接從未經處理的學習曲線中得出結論經常是不可靠的，像圖 18.4 中未經平滑的學習曲線那樣。我們通常要用滑動平均、卷積核心等來平滑學習曲線，並且選用一個合適的視窗長度。透過這種方式，學習表現的上升/下降趨勢可以更清楚地展示出來，當你在解決一個具有很長訓練週期和較慢表現進步的複雜強化學習任務時，這麼做可能很關鍵。

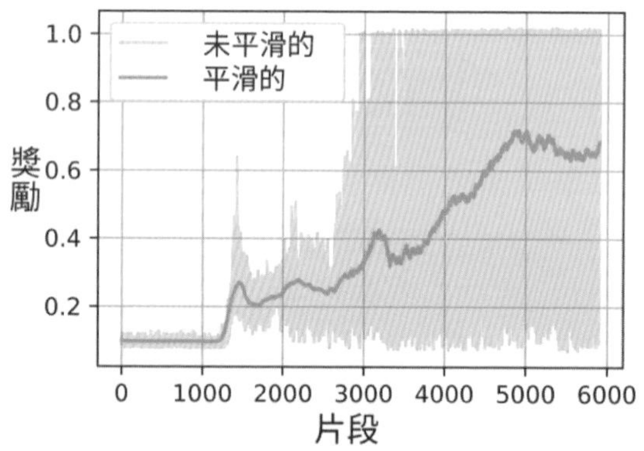

圖 18.4 強化學習中平滑的和未平滑的學習曲線

- **了解探索和利用**。從圖 18.4 中我們可以看出，學習曲線在早期訓練階段有一個平台期。實際上，這在強化學習過程中不是一個罕見的，而是一個十分常見的情況。這是因為在強化學習中，學習樣本不是像在監督學習中那樣提前準備好的，而是透過所應用的智慧體策略探索得到的。因此，當前策略能否探索到較高獎勵值的軌跡在強化學習訓練中可能是很關鍵的。而這會引出探索相關的問題，即需要保證我們的策略能逐漸探索到接近最佳的軌跡。當強化學習演算法不能對一個具體任務工作時，你需要研究這個智慧體是否已經探索到那些更好的軌跡。如果沒有，至少說明當前的探索方式可能有問題。然而，如果當前策略能夠探索到好的軌跡，但它仍不能收斂到好的動作選擇，那麼可能是利用問題。這表示策略不能夠較好地從好的軌跡中學習。利用問題可能是由較低的樣本效率、較差的價值函數擬合、價值函數較低的學習率、較差的策略網路學習效果等造成的。圖 4 中所示的學習曲線展示了一個健康的學習進步：一旦好的樣本被探索到（在平台期中），策略更新會使學習表現會顯著提升（在平台期後）。

- **首先質疑你的演算法實現**。當你剛完成程式實現以後，它不會工作，是很常見的，而這時，耐心地偵錯程式就很重要。演算法實現的正確性總是要先於微調一個相對好的結果，因此，應當在保證實現正確性的前提下再考慮微調超參數。而這也正是本章開頭提到的強化學習應用的過程：先用小規模例子測試來保證演算法實現的正確性，然後逐步擴充到大規模環境並微調分散式的訓練過程。一個糟糕的學習表現可能由很多因素導致，如不充足的訓練時間、對超參數的糟糕選擇、未經歸一化的輸入資料等，而最常見的原因是程式實現中的錯誤。

為了給讀者提供更全面的關於強化學習演算法在具體專案應用上的指導，我們在寫本章的過程中也參考了一些外部資源，包括 OpenAI Spinning Up[1]、John Schulman 的幻燈片講稿[2]、William Falcon 的相關網誌[3]等。我們也建議讀者參考這些複習得較好的建議和來自研究人員的經驗，來幫助實現自己的強化學習演算法和應用。查閱與你所做內容相似的他人之前的工作，並從中吸取經驗，總是很有幫助的。

---

1 OpenAI Spinning Up: https://spinningup.openai.com/en/latest/index.html

2 The Nuts and Bolts of Deep RL Research. John Schulman: http://joschu.net/docs/nuts-and-bolts.pdf

3 Deep RL Hacks: https://github.com/williamFalcon/DeepRLHacks

此外，讀者需要知道只是閱讀上面段落中經驗性的指示而不實踐，幾乎沒有用。所以，我們強烈推薦讀者自己手動實現一些程式來獲取實踐經驗，只用透過這種方式才能發揮這些技巧的最大作用。

參考文獻

- ESPEHOLT L, SOYER H, MUNOS R, et al., 2018. Impala: Scalable distributed deep-rl with importance weighted actor-learner architectures[J]. arXiv preprint arXiv:1802.01561.
- FU J, SINGH A, GHOSH D, et al., 2018. Variational inverse control with events: A general framework for data-driven reward definition[C]//Advances in Neural Information Processing Systems. 8538-8547.
- GLOROT X, BENGIO Y, 2010. Understanding the difficulty of training deep feedforward neural net- works[C]//Proceedings of the thirteenth international conference on artificial intelligence and statistics. 249-256.
- HE K, ZHANG X, REN S, et al., 2016. Deep Residual Learning for Image Recognition[C]//Proceedings of the IEEE Conference on Computer Vision and Pattern Recognition (CVPR).
- HEESS N, HUNT J J, LILLICRAP T P, et al., 2015. Memory-based control with recurrent neural networks[J]. arXiv preprint arXiv:1512.04455.
- JADERBERG M, SIMONYAN K, ZISSERMAN A, et al., 2015. Spatial transformer networks[C]// Proceedings of the Neural Information Processing Systems (Advances in Neural Information Processing Systems) Conference. 2017-2025.

- MAHMOOD A R, KORENKEVYCH D, VASAN G, et al., 2018. Benchmarking reinforcement learning algorithms on real-world robots[J]. arXiv preprint arXiv:1809.07731.
- MNIH V, KAVUKCUOGLU K, SILVER D, et al., 2015. Human-level control through deep reinforcement learning[J]. Nature.
- SAXE A M, MCCLELLAND J L, GANGULI S, 2013. Exact solutions to the nonlinear dynamics of learning in deep linear neural networks[J]. arXiv preprint arXiv:1312.6120.
- VINYALS O, BABUSCHKIN I, CZARNECKI W M, et al., 2019. Grandmaster level in starcraft ii using multi-agent reinforcement learning[J]. Nature, 575(7782): 350-354.

複習部分

為了幫助讀者快速查閱與比較不同的演算法，我們在附錄 A 複習了介紹過的演算法及其對應論文，在附錄 B 提供了各個演算法的虛擬程式碼，附錄 C 提供英文字首縮寫和中英文對照表。

Appendix

A

演算法複習表

在附錄 A 中，我們將那些常見的強化學習演算法複習成一張表格，尤其是那些在本書中介紹過的。我們希望這樣能為讀者尋找相關文獻提供參考。

強化學習演算法

強化學習演算法	策略	動作空間	年份	文獻	作者
Q-Learning	離線策略（Off-Policy）	離散	1992	Q-Learning (Watkins et al., 1992)	Cristopher J.C.H Watkinsand Peter Dayan
SARSA	線上策略（On-Policy）	離散	1994	Online Q-Learning using ConnectionistSystems (Rummery et al., 1994)	G.A.Rummery and M.Niranjan
DQN	離線策略	離散	2015	Human-level Control Through Deep Reinforcement Learning (Mnih et al., 2015)	Volodymyr Mnih, et al.
Dueling DQN	離線策略	離散	2015	Dueling Network Architectures for Deep Reinforcement Learning (Wang et al., 2015)	Ziyu Wang, et al.
Double DQN	離線策略	離散	2016	Deep Reinforcement Learning with DoubleQ-Learning (Van Hasselt et al., 2016)	Hado van Hasselt, et al.
Noisy DQN	離線策略	離散	2017	Noisy Networks for Exploration (Fortunatoet al., 2017)	Meire Fortunato, et al.
Distributed DQN	離線策略	離散	2017	A Distributional Perspective on ReinforcementLearning (Bellemare et al., 2017)	Marc G. Bellemare, et al.

強化學習演算法	策略	動作空間	年份	文獻	作者
Actor-Critic (QAC)	線上策略	離散或連續	2000	Actor-Critic Algorithms (Konda et al., 2000)	Vijay R. Konda and John N. Tsitsiklis
A3C	線上策略	離散或連續	2016	Asynchronous Methods for Deep Reinforcement Learning (Mnih et al., 2016)	Volodymyr Mnih, et al.
DDPG	離線策略	連續	2016	Continuous Control With Deep ReinforcementLearning (Lillicrap et al., 2015)	Timothy P. Lillicrap, et al.
REINFORCE	線上策略	離散或連續	1988	On the Use of Backpropagation in AssociativeReinforcement Learning (Williams, 1988)	Ronald J. Williams
TD3	離線策略	連續	2018	Addressing function approximation error inactor-critic methods (Fujimoto et al., 2018)	Scott Fujimoto, et al.
SAC	離線策略	離散或連續	2018	Soft actor-critic algorithms and applications (Haarnoja et al., 2018)	Tuomas Haarnoja, et al.
TRPO	線上策略	離散或連續	2015	Trust region policy optimization (Schulmanet al., 2015)	John Schulman, et al.
PPO	線上策略	離散或連續	2017	Proximal policy optimization algorithms (Schulman et al., 2017)	John Schulman, et al.
DPPO	線上策略	離散或連續	2017	Emergence of locomotion behaviours in richenvironments (Heess et al., 2017)	Nicolas Heess, et al.
ACKTR	線上策略	離散或連續	2017	Scalable trust-region method for deep reinforcement learning using Kronecker-factored approximation (Wu et al.,2017)	Yuhuai Wu, et al.
CE Method	線上策略	離散或連續	2004	The cross-entropy method: A unified approachto Monte Carlo simulation, randomized optimization and machine learning (Rubinsteinet al., 2004)	R. Rubinstein and D. Kroese

參考文獻

- BELLEMARE M G, DABNEY W, MUNOS R, 2017. A distributional perspective on reinforcement learning[C]//Proceedings of the 34th International Conference on Machine Learning-Volume 70. JMLR. org: 449-458.
- FORTUNATO M, AZAR M G, PIOT B, et al., 2017. Noisy networks for exploration[J]. arXiv preprint arXiv:1706.10295.
- FUJIMOTO S, VAN HOOF H, MEGER D, 2018. Addressing function approximation error in actor-critic methods[J]. arXiv preprint arXiv:1802.09477.
- HAARNOJA T, ZHOU A, HARTIKAINEN K, et al., 2018. Soft actor-critic algorithms and applications[J]. arXiv preprint arXiv:1812.05905.
- HEESS N, SRIRAM S, LEMMON J, et al., 2017. Emergence of locomotion behaviours in rich environ- ments[J]. arXiv:1707.02286.
- KONDA V R, TSITSIKLIS J N, 2000. Actor-critic algorithms[C] //Advances in Neural Information Processing Systems. 1008-1014.
- LILLICRAP T P, HUNT J J, PRITZEL A, et al., 2015. Continuous control with deep reinforcement learning[J]. arXiv preprint arXiv:1509.02971.
- MNIH V, KAVUKCUOGLU K, SILVER D, et al., 2015. Human-level control through deep reinforcement learning[J]. Nature.
- MNIH V, BADIA A P, MIRZA M, et al., 2016. Asynchronous methods for deep reinforcement learn- ing[C]//International Conference on Machine Learning (ICML). 1928-1937.
- RUBINSTEIN R Y, KROESE D P, 2004. The cross-entropy method: A unified approach to monte carlo simulation, randomized optimization and machine learning[J]. Information Science & Statistics, Springer Verlag, NY.

- RUMMERY G A, NIRANJAN M, 1994. On-line q-learning using connectionist systems: volume 37[M]. University of Cambridge, Department of Engineering Cambridge, England.
- SCHULMAN J, LEVINE S, ABBEEL P, et al., 2015. Trust region policy optimization[C]//International Conference on Machine Learning (ICML). 1889-1897.
- SCHULMAN J, WOLSKI F, DHARIWAL P, et al., 2017. Proximal policy optimization algorithms[J]. arXiv:1707.06347.
- VAN HASSELT H, GUEZ A, SILVER D, 2016. Deep reinforcement learning with double Q-learning[C]// Thirtieth AAAI conference on artificial intelligence.
- WANG Z, SCHAUL T, HESSEL M, et al., 2015. Dueling network architectures for deep reinforcement learning[J]. arXiv preprint arXiv:1511.06581.
- WATKINS C J, DAYAN P, 1992. Q-learning[J]. Machine learning, 8(3-4): 279-292.
- WILLIAMS R J, 1988. On the use of backpropagation in associative reinforcement learning[C]// Proceedings of the IEEE International Conference on Neural Networks: volume 1. San Diego, CA.: 263-270.
- WU Y, MANSIMOV E, GROSSE R B, et al., 2017. Scalable trust-region method for deep reinforce- ment learning using kronecker-factored approximation[C]//Advances in Neural Information Processing Systems. 5279-5288.

Appendix

B

演算法速查表

附錄 B 複習了（深度）強化學習的演算法和關鍵概念。這些演算法被分為四個部分：深度學習、強化學習、深度強化學習和高等深度強化學習。為了便於讀者學習，我們為每個演算法提供了虛擬程式碼。我們儘量在行文中保持數學符號、變數記號和術語與整本書一致。

B.1 深度學習

B.1.1 隨機梯度下降

演算法 B.43 隨機梯度下降的訓練過程

Input: 參數 $\boldsymbol{\theta}$, 學習率 α, 訓練步數/迭代次數 S

for $i = 0$ **to** S **do**

計算一個小量的 $\mathcal{L}$

透過反向傳播計算 $\frac{\partial \mathcal{L}}{\partial \boldsymbol{\theta}}$

$\nabla\boldsymbol{\theta} \leftarrow -\alpha \cdot \frac{\partial \mathcal{L}}{\partial \boldsymbol{\theta}}$;

$\boldsymbol{\theta} \leftarrow \boldsymbol{\theta} + \nabla\boldsymbol{\theta}$ 更新參數

end for

return $\boldsymbol{\theta}$; 返回訓練好的參數

B.1.2 Adam 最佳化器

演算法 B.44 Adam 最佳化器的訓練過程

Input:參數 $\boldsymbol{\theta}$, 學習率 α, 訓練步數/迭代次數 S, $\beta_1 = 0.9$, $\beta_2 = 0.999$, $\epsilon = 10^{-8}$

$\mathbf{m}_0 \leftarrow 0$; 初始化一階動量

$\mathbf{v}_0 \leftarrow 0$; 初始化二階動量

for $t = 1$ **to** S **do**

$\frac{\partial \mathcal{L}}{\partial \boldsymbol{\theta}}$; 用一個隨機的小量計算梯度

$\mathbf{m}_t \leftarrow \beta_1 * \mathbf{m}_{t-1} + (1 - \beta_1) * \frac{\partial \mathcal{L}}{\partial \boldsymbol{\theta}}$; 更新一階動量

$\mathbf{v}_t \leftarrow \beta_2 * \mathbf{v}_{t-1} + (1 - \beta_2) * (\frac{\partial \mathcal{L}}{\partial \boldsymbol{\theta}})^2$; 更新二階動量

$\widehat{\mathbf{m}}_t \leftarrow \frac{\mathbf{m}_t}{1-\beta_1^t}$; 計算一階動量的滑動平均

$\hat{\mathbf{v}}_t \leftarrow \frac{\mathbf{v}_t}{1-\beta_2^t}$; 計算二階動量的滑動平均

$\nabla\boldsymbol{\theta} \leftarrow -\alpha * \frac{\widehat{\mathbf{m}}_t}{\sqrt{\hat{\mathbf{v}}_t}+\epsilon}$

$\boldsymbol{\theta} \leftarrow \boldsymbol{\theta} + \nabla\boldsymbol{\theta}$; 更新參數

end for

return $\boldsymbol{\theta}$; 返回訓練好的參數

B.2 強化學習

B.2.1 賭博機

隨機多臂賭博機（Stochastic Multi-armed Bandit）

演算法 B.45 多臂賭博機學習

初始化K個手臂

定義總時長為T

每一個手臂都有一個對應的$v_i \in [0,1]$. 每一個獎勵都是獨立同分佈地從v_i中取樣得到的

for $t = 1,2,\cdots,T$ **do**

智慧體從K個手臂中選擇$A_t = i$

環境返回獎勵值向量$R_t = (R_t^1, R_t^2, \cdots, R_t^K)$
智慧體觀測到R_t^i
end for

對抗多臂賭博機（Adversarial Multi-armed Bandit）

演算法 B.46 對抗多臂賭博機

初始化K個機器手臂
for $t = 1,2,\cdots,T$ **do**
智慧體在K個手臂當中選中I_t
對抗者選擇一個獎勵值向量$\mathbf{R}_t = (R_t^1, R_t^2, \cdots, R_t^K) \in [0,1]^K$
智慧體觀察到獎勵$R_t^{I_t}$（根據具體的情況也有可能看到整個獎勵值向量）
end for

演算法 B.47 針對對抗多臂賭博機的 Hedge 演算法

初始化K個手臂
$G_i(0)$ for $i = 1,2,\cdots,K$
for $t = 1,2,\cdots,T$ **do**
智慧體從$p(t)$分佈中選擇$A_t = i_t$，其中

$$p_i(t) = \frac{\exp(\eta G_i(t-1))}{\sum_j^K \exp(\eta G_j(t-1))}$$

智慧體觀測到獎勵g_t
讓$G_i(t) = G(t-1) + g_t^i,\ \forall i \in [1,K]$
end for

B.2.2 動態規劃

策略迭代（Policy Iteration）

演算法 B.48 策略迭代

對於所有的狀態初始化V和π
repeat

//執行策略評估

repeat

$\delta \leftarrow 0$

for $s \in \mathcal{S}$ **do**

$v \leftarrow V(s)$

$V(s) \leftarrow \sum_{r,s'} (r + \gamma V(s'))P(r, s'|s, \pi(s))$

$\delta \leftarrow \max(\delta, |v - V(s)|)$

end for

until δ小於一個正閾值

//執行策略提升

stable ← true

for $s \in \mathcal{S}$ **do**

$a \leftarrow \pi(s)$

$\pi(s) \leftarrow \text{argmax}_a \sum_{r,s'} (r + \gamma V(s'))P(r, s'|s, a)$

if $a \neq \pi(s)$ **then**

stable ← false

end if

end for

until stable = true

return 策略 π

價值迭代（Value Iteration）

演算法 B.49 價值迭代

為所有狀態初始化V

repeat

$\delta \leftarrow 0$

for $s \in \mathcal{S}$ **do**

$u \leftarrow V(s)$

$V(s) \leftarrow \max_a \sum_{r,s'} P(r, s'|s, a)(r + \gamma V(s'))$

$\delta \leftarrow \max(\delta, |u - V(s)|)$

end for

until δ 小於一個正閾值

輸出貪婪策略 $\pi(s) = \text{argmax}_a \sum_{r,s'} P(r, s'|s, a)(r + \gamma V(s'))$

B.2.3 蒙地卡羅

蒙地卡羅預測

演算法 B.50 第一次蒙地卡羅預測

輸入：初始化策略 π

初始化所有狀態的$V(s)$

初始化一列回報： Returns(s)對所有狀態

repeat

  透過π: $S_0, A_0, R_0, S_1, \cdots, S_{T-1}, A_{T-1}, R_t$生成一個回合

  $G \leftarrow 0$

  $t \leftarrow T-1$

  for $t >= 0$ **do**

    $G \leftarrow \gamma G + R_{t+1}$

    if $S_0, S_1, \cdots, S_{t-1}$沒有$S_t$ **then**

      Returns(S_t).append(G)

      $V(S_t) \leftarrow$ mean(Returns(S_t))

    end if

    $t \leftarrow t-1$

  end for

until 收斂

蒙地卡羅控制

演算法 B.51 蒙地卡羅探索開始

初始化所有狀態的$\pi(s)$

對於所有的狀態-動作對，初始化$Q(s,a)$和 Returns(s,a)

repeat

  隨機選擇S_0和A_0直到所有狀態-動作對的機率為非零

  根據π: $S_0, A_0, R_0, S_1, \cdots, S_{T-1}, A_{T-1}, R_t$來生成 S_0, A_0

  $G \leftarrow 0$

  $t \leftarrow T-1$

  for $t >= 0$ **do**

    $G \leftarrow \gamma G + R_{t+1}$

if $S_0, A_0, S_1, A_1 \cdots, S_{t-1}, A_{t-1}$沒有 S_t, A_t **then**

Returns(S_t, A_t).append(G)

$Q(S_t, A_t) \leftarrow$ mean(Returns(S_t, A_t))

$\pi(S_t) \leftarrow_a Q(S_t, a)$

end if

$t \leftarrow t - 1$

end for

until 收斂

時間差分（Temporal Difference，TD）

演算法 B.52 TD(0)對狀態值的估算

輸入策略 π

初始化 $V(s)$和步進值$\alpha \in (0,1]$

for 每一個回合 **do**

初始化 S_0

for 每一個在現有的回合的S_t **do**

$A_t \leftarrow \pi(S_t)$

$R_{t+1}, S_{t+1} \leftarrow$ Env(S_t, A_t)

$V(S_t) \leftarrow V(S_t) + \alpha[R_{t+1} + \gamma V(S_{t+1}) - V(S_t)]$

end for

end for

TD($\boldsymbol{\lambda}$)

演算法 B.53 狀態值半梯度 TD(λ)

輸入策略π

初始化一個可求導的狀態值函數v、步進值 α和狀態值函數權重 **w**

for 對每一個回合 **do**

初始化 S_0

z ← 0

for 每一個本回合的步驟S_t **do**

使用π來選擇 A_t

$R_{t+1}, S_{t+1} \leftarrow$ Env(S_t, A_t)

$\mathbf{z} \leftarrow \gamma\lambda\mathbf{z} + \nabla V(S_t, \mathbf{w}_t)$
$\delta \leftarrow R_{t+1} + \gamma V(S_{t+1}, \mathbf{w}_t) - V(S_t, \mathbf{w}_t)$
$\mathbf{w} \leftarrow \mathbf{w} + \alpha\delta\mathbf{z}$
end for
end for

Sarsa：線上策略 TD 控制

演算法 B.54 Sarsa（線上策略 TD 控制）

對所有的狀態-動作對初始化$Q(s, a)$
for 每一個回合 **do**
初始化S_0
用一個以Q為基礎的策略來選擇A_0
每一個在當前回合的S_t **do**
for 用一個以Q為基礎的策略從S_t選擇A_t
$R_{t+1}, S_{t+1} \leftarrow \mathrm{Env}(S_t, A_t)$
從S_{t+1}中用一個以Q為基礎的策略來選擇 A_{t+1}
$Q(S_t, A_t) \leftarrow Q(S_t, A_t) + \alpha[R_{t+1} + \gamma Q(S_{t+1}, A_{t+1}) - Q(S_t, A_t)]$
end for
end for

*N*步 Sarsa

*N*步 Sarsa

對所有的狀態動作對初始化$Q(s, a)$
初始化步進值$\alpha \in (0,1]$
決定一個固定的策略π或使用ϵ-貪婪
for 每一個回合 **do**
初始化S_0
使用 $\pi(S_0, A)$來選擇A_0
$T \leftarrow$ INTMAX（一個回合的長度）
$\gamma \leftarrow 0$
for $t \leftarrow 0,1,2,\cdots$ until $\gamma - T - 1$ **do**

if $t < T$ **then**

$R_{t+1}, S_{t+1} \leftarrow \text{Env}(S_t, A_t)$

if S_{t+1}是終止狀態 **then**

$T \leftarrow t + 1$

else

使用$\pi(S_t, A)$來選擇A_{t+1}

end if

end if

$\tau \leftarrow t - n + 1$ （更新的時間點。這個是n步 Sarsa，所以只需要更新那個$n + 1$前的一步，就會持續這樣下去，直到所有狀態都被更新。)

if $\tau \geq 0$ **then**

$G \leftarrow \sum_{i=\tau+1}^{\min(r+n,T)} \gamma^{i-\gamma-1} R_i$

if $\gamma + n < T$ **then**

$G \leftarrow G + \gamma^n Q(S_{t+n}, A_{\gamma+n})$

end if

$Q(S_\gamma, A_\gamma) \leftarrow Q(S_\gamma, A_\gamma) + \alpha[G - Q(S_\gamma, A_\gamma)]$

end if

end for

end for

Q-learning：離線策略 TD 控制

演算法 B.56 Q-learning （離線策略 TD 控制）

初始化所有的狀態-動作對的$Q(s, a)$以及步進值$\alpha \in (0,1]$

for 每一個回合 **do**

初始化S_0

for 每一個在當前回合的S_t **do**

使用以Q為基礎的策略來選擇A_t

$R_{t+1}, S_{t+1} \leftarrow \text{Env}(S_t, A_t)$

$Q(S_t, A_t) \leftarrow Q(S_t, A_t) + \alpha[R_{t+1} + \gamma \max_a Q(S_{t+1}, a) - Q(S_t, A_t)]$

end for

end for

B.3 深度強化學習

深度 Q 網路（Deep Q-Networks，DQN）是一個將 Q-learning 透過深度神經網路來擬合價值函數，從而延伸到高維情況的方法，它使用一個目標動作價值網路和一個經驗重播快取來更新。

主要思想：

- 用神經網路進行 Q 值函數擬合；
- 用經驗重播快取進行離線更新；
- 目標網路和延遲更新；
- 用均方誤差或 Huber 損失來最小化時間差分（Temporal Difference，TD）誤差。

演算法 B.57 DQN

超參數: 重播快取容量 N、獎勵折扣因數 γ、 用於目標狀態-動作值函數更新的延遲步進值 C、 ϵ-greedy 中的 ϵ

輸入: 空重播快取 $\mathcal{D}$，初始化狀態-動作值函數Q的參數 θ

使用參數$\hat{\theta} \leftarrow \theta$初始化目標狀態-動作值函數$\hat{Q}$

for 部分 $= 0,1,2,\cdots$ **do**

　初始化環境並獲取觀測資料O_0

　初始化序列 $S_0 = \{O_0\}$ 並對序列進行前置處理 $\phi_0 = \phi(S_0)$

　for t $= 0,1,2,\cdots$ **do**

　　透過機率 ϵ 選擇一個隨機動作 A_t，否則選擇動作 $A_t = \text{argmax}_a Q(\phi(S_t), a; \theta)$

　　執行動作 A_t 並獲得觀測資料 O_{t+1} 和獎勵資料 R_t

　　如果本局結束，則設定 $D_t = 1$，否則 $D_t = 0$

　　設定 $S_{t+1} = \{S_t, A_t, O_{t+1}\}$ 並進行前置處理 $\phi_{t+1} = \phi(S_{t+1})$

　　儲存狀態轉移資料 $(\phi_t, A_t, R_t, D_t, \phi_{t+1})$到$\mathcal{D}$中

　　從$\mathcal{D}$中隨機取樣小量狀態轉移資料 $(\phi_i, A_i, R_i, D_i, \phi_{i'})$

　　如果 $D_i = 0$，設定 $Y_i = R_i + \gamma \text{max}_{a'} \hat{Q}(\phi_{i'}, a'; \hat{\theta})$，否則設定 $Y_i = R_i$

　　在$(Y_i - Q(\phi_i, A_i; \theta))^2$ 上對 θ 執行梯度下降步驟

　　每C步對目標網路$\hat{Q}$進行同步

如果部分結束，則跳出迴圈

end for

end for

Double DQN 是一個 DQN 的改進版本，用來解決過估計（Overestimation）問題。

主要思想：

- 雙Q網路是一種對目標價值估計的嵌入式方法，一個Q估計值被嵌入另一個Q估計值中。
  更改上面 DQN 演算法的第 14 行為令
  $Y_j = R_j + \gamma(1 - D_j)\hat{Q}(\phi_{j+1}, \text{argmax}_{a'} Q(\phi_{j+1}, a'; \theta_j); \hat{\theta})$。
  Dueling DQN 是對 DQN 的改進版本，它將動作價值函數分解為一個狀態價值函數和一個依賴狀態的動作優勢函數。

主要思想：

- 將動作價值函數Q分解為值函數V和優勢函數A。
  更改 DQN 中動作價值函數Q（及它的目標$\hat{Q}$）的參數化方式為
  $Q(s, a; \theta, \theta_v, \theta_a) = V(s; \theta, \theta_v) + (A(s, a; \theta, \theta_a) - \max_{a'} A(s, a'; \theta, \theta_a))$或，
  $Q(s, a; \theta, \theta_v, \theta_a) = V(s; \theta, \theta_v) + (A(s, a; \theta, \theta_a) - \frac{1}{|\mathcal{A}|} A(s, a'; \theta, \theta_a))$。

REINFORCE 是一個使用以策略最佳化和線上策略更新為基礎的演算法。

演算法 B.58 REINFORCE

輸入: 初始策略參數θ

for k = 0,1,2, ⋯ **do**

初始化環境

透過在環境中執行策略$\pi_k = \pi(\theta_k)$收集軌跡資料集

$\mathcal{D}_k = \{\tau_i = \{(S_t, A_t, R_t) | t = 0,1, \cdots, T\}\}$

計算累計獎勵G_t

估計策略梯度 $g_k = \frac{1}{|\mathcal{D}_k|} \sum_{\tau \in \mathcal{D}_k} \sum_{t=0}^{T} \nabla_\theta \log \pi_\theta (A_t | S_t)|_{\theta_k} G_t$

透過梯度上升更新策略 $\theta_{k+1} = \theta_k + \alpha_k g_k$

end for

帶基準函數的 **REINFORCE** 演算法或稱初版策略梯度（REINFORCE with Baseline/Vanilla Policy Gradient）是 REINFORCE 的另一個版本，它使用動作優勢函數而非累計獎勵來估計策略梯度。

演算法 B.59 帶基準函數的 REINFORCE 演算法

超參數: 步進值η_θ、獎勵折扣因數γ、總步數L、批次尺寸B、基準函數b。

輸入: 初始策略參數θ_0

初始化$\theta = \theta_0$

for $k = 1,2,\cdots,$ **do**

  執行策略π_θ得到B個軌跡，每一個有L步，並收集$\{S_{t,\ell}, A_{t,\ell}, R_{t,\ell}\}$。

  $\hat{A}_{t,\ell} = \sum_{\ell\prime=\ell}^{L} \gamma^{\ell\prime-\ell} R_{t,\ell} - b(S_{t,\ell})$

  $J(\theta) = \frac{1}{B}\sum_{t=1}^{B} \sum_{\ell=0}^{L} \log\pi_\theta(A_{t,\ell}|S_{t,\ell})\hat{A}_{t,\ell}$ $\theta = \theta + \eta_\theta \nabla J(\theta)$

  用$\{S_{t,\ell}, A_{t,\ell}, R_{t,\ell}\}$更新$b(S_{t,\ell})$

  end for

返回θ

Actor-Critic 是一個改自 REINFORCE 的演算法，它使用價值函數擬合。

演算法 B.60 Actor-Critic 演算法

超參數: 步進值η_θ 和η_ψ、獎勵折扣因數γ

輸入: 初始策略函數參數θ_0, 初始價值函數參數ψ_0

初始化$\theta = \theta_0$和$\psi = \psi_0$

for $t = 0,1,2,\cdots$ **do**

  執行一步策略π_θ, 保存$\{S_t, A_t, R_t, S_{t+1}\}$

  估計優勢函數$\hat{A}_t = R_t + \gamma V_\psi^{\pi_\theta}(S_{t+1}) - V_\psi^{\pi_\theta}(S_t)$

  $J(\theta) = \sum_t \log\pi_\theta(A_t|S_t)\hat{A}_t$

  $J_{V_\psi^{\pi_\theta}}(\psi) = \sum_t \hat{A}_t^2$

  $\psi = \psi + \eta_\psi \nabla J_{V_\psi^{\pi_\theta}}(\psi)$, $\theta = \theta + \eta_\theta \nabla J(\theta)$

  end for

返回 (θ, ψ)

Q 值 Actor-Critic（Q-value Actor-Critic，QAC）是另一個版本的 Actor-Critic 演算法，作為以價值為基礎（比如 Q-Learning）和以策略（比如 REINFORCE）最佳化方法為基礎的結合，使用線上策略更新的方式。

主要思想：

- 結合 DQN 和 REINFORCE。

演算法 B.61 QAC

輸入: 初始策略參數θ、初始動作價值函數Q的參數ω、折扣因數γ

for k = 0,1,2, ⋯ **do**

初始化環境

透過在環境中執行策略$\pi_k = \pi(\theta_k)$，收集軌跡資料集

$\mathcal{D}_k = \{\tau_i = \{(S_t, A_t, R_t, D_t)|t = 0,1,\cdots,T\}\}$。

計算 TD 誤差$\delta_t = R_t + \gamma \max_{a'} Q_\omega(S_{t+1}, a') - Q_\omega(S_t, A_t)$

估計策略梯度如 $g_k = \frac{1}{|\mathcal{D}_k|} \sum_{\tau \in \mathcal{D}_k} \sum_{t=0}^{\mathrm{T}} \nabla_\theta \log \pi_\theta (A_t|S_t)|_{\theta_k} Q_\omega(S_t, A_t)$

透過梯度上升更新策略 $\theta_{k+1} = \theta_k + \alpha_k g_k$

使用均方誤差更新動作價值函數 $\phi_{k+1} = \mathrm{argmin}_\phi \frac{1}{|\mathcal{D}_k|T} \sum_{\tau \in \mathcal{D}_k} \sum_{t=0}^{\mathrm{T}} \delta_t^2$透過梯度下降演算法

end for

優勢 Actor-Critic（Advantage Actor-Critic，A2C）是 Actor-Critic 演算法的改進版本，它使用有基準的 REINFORCE 而非初版 REINFORCE 來進行策略最佳化，並且使用線上策略更新。

主要思想：

- 結合 DQN 和有基準的 REINFORCE。

演算法 B.62 A2C

Master:

超參數: 步進值η_ψ 和 η_θ, worker 節點集 $\mathcal{W}$

輸入: 初始策略函數參數θ_0, 初始價值函數參數 ψ_0

初始化 $\theta = \theta_0$ 和 $\psi = \psi_0$

for $k = 0,1,2,\cdots$ **do**

$(g_\psi, g_\theta) = 0$

for $\mathcal{W}$裡每一個 worker 節點 **do**

$(g_\psi, g_\theta) = (g_\psi, g_\theta) + worker(V_\psi^{\pi_\theta}, \pi_\theta)$

end for

$\psi = \psi - \eta_\psi g_\psi; \theta = \theta + \eta_\theta g_\theta$ 。

end for

Worker:

超參數: 獎勵折扣因數γ, 軌跡長度L

輸入: 價值函數 $V_\psi^{\pi_\theta}$, 策略函數 π_θ

執行L 步策略π_θ, 保存 $\{S_t, A_t, R_t, S_{t+1}\}$

估計優勢函數 $\hat{A}_t = R_t + \gamma V_\psi^{\pi_\theta}(S_{t+1}) - V_\psi^{\pi_\theta}(S_t)$

$J(\theta) = \sum_t \log\pi_\theta(A_t|S_t)\hat{A}_t$

$J_{V_\psi^{\pi_\theta}}(\psi) = \sum_t \hat{A}_t^2$

$(g_\psi, g_\theta) = (\nabla J_{V_\psi^{\pi_\theta}}(\psi), \nabla J(\theta))$

返回 (g_ψ, g_θ)

非同步優勢 Actor-Critic（Asynchronous Advantage Actor-Critic，A3C）是一個 A2C 的修改版本，它使用非同步梯度更新來實現大規模平行計算。

主要思想：

- 非同步更新策略。

演算法 **B.63** A3C

Master:

超參數:步進值η_ψ 和 η_θ, 當前策略函數 π_θ, 價值函數 $V_\psi^{\pi_\theta}$

輸入: 梯度 g_ψ, g_θ

$\psi = \psi - \eta_\psi g_\psi; \theta = \theta + \eta_\theta g_\theta$ 。

返回 $(V_\psi^{\pi_\theta}, \pi_\theta)$

Worker:

超參數: 獎勵折扣因數γ、軌跡長度 L

輸入: 策略函數 π_θ、 價值函數 $V_\psi^{\pi_\theta}$

$(g_\theta, g_\psi) = (0,0)$

for $k = 1,2,\cdots,$ **do**

　$(\theta, \psi) = Master(g_\theta, g_\psi)$

　執行 L步策略π_θ, 保存 $\{S_t, A_t, R_t, S_{t+1}\}$。

　估計優勢函數$\hat{A}_t = R_t + \gamma V_\psi^{\pi_\theta}(S_{t+1}) - V_\psi^{\pi_\theta}(S_t)$

　$J(\theta) = \sum_t \log\pi_\theta(A_t|S_t)\hat{A}_t$

　$J_{V_\psi^{\pi_\theta}}(\psi) = \sum_t \hat{A}_t^2$

　$(g_\psi, g_\theta) = (\nabla J_{V_\psi^{\pi_\theta}}(\psi), \nabla J(\theta))$

end for

深度確定性策略梯度（Deep Deterministic Policy Gradient，DDPG）是 DQN 和 QAC 的結合，它使用確定性策略，並採用經驗重播快取和離線策略更新的方式。

主要思想：

- 確定性策略作為動作空間上Q值的最大化運算元的擬合；
- 用 Ornstein-Uhlenbeck 或高斯雜訊進行隨機動作的探索；
- 目標網路和延遲更新。

演算法 B.64 DDPG

超參數：軟更新因數ρ，獎勵折扣因數γ

輸入：重播快取$\mathcal{D}$，初始化 Critic 網路$Q(s,a|\theta^Q)$參數θ^Q、Actor 網路$\pi(s|\theta^\pi)$參數θ^π、目標網路Q'、π'

初始化目標網路參數Q'和π'，設定值$\theta^{Q'} \leftarrow \theta^Q, \theta^{\pi'} \leftarrow \theta^\pi$

for episode = $1, M$ **do**

　初始化隨機過程$\mathcal{N}$用於給動作增加探索

　接收初始狀態S_1

　for t = $1, T$ **do**

　　選擇動作$A_t = \pi(S_t|\theta^\pi) + \mathcal{N}_t$

　　執行動作A_t得到獎勵R_t，轉移到下一狀態S_{t+1}

　　儲存狀態轉移資料對$(S_t, A_t, R_t, D_t, S_{t+1})$到$\mathcal{D}$

令$Y_i = R_i + \gamma(1 - D_t)Q'(S_{t+1}, \pi'(S_{t+1}|\theta^{\pi'})|\theta^{Q'})$

透過最小化損失函數更新 Critic 網路：

$L = \frac{1}{N}\sum_i (Y_i - Q(S_i, A_i|\theta^Q))^2$

透過策略梯度的方式更新 Actor 網路：

$\nabla_{\theta^\pi} J \approx \frac{1}{N}\sum_i \nabla_a Q(s, a|\theta^Q)|_{s=S_i, a=\pi(S_i)} \nabla_{\theta^\pi}\pi(s|\theta^\pi)|_{S_i}$

更新目標網路：

$\theta^{Q'} \leftarrow \rho\theta^Q + (1-\rho)\theta^{Q'}$

$\theta^{\pi'} \leftarrow \rho\theta^\pi + (1-\rho)\theta^{\pi'}$

end for

end for

孿生延遲 DDPG（Twin Delayed DDPG，TD3）是一個更先進的以 DDPG 為基礎的演算法，它使用孿生動作價值網路，並對策略和目標網路採用延遲更新。

主要思想：

- Double Q-learning；
- 對目標網路和策略的延遲更新；
- 對目標策略的平滑正則化。

演算法 **B.65** TD3

超參數：軟更新因數ρ，回報折扣因數γ，截斷因數c

輸入：重播快取$\mathcal{D}$，初始化 Critic 網路$Q_{\theta_1}, Q_{\theta_2}$參數$\theta_1, \theta_2$，初始化 Actor 網路$\pi_\phi$參數$\phi$

初始化目標網路參數$\hat{\theta}_1 \leftarrow \theta_1, \hat{\theta}_2 \leftarrow \theta_2, \hat{\phi} \leftarrow \phi$

for $t = 1$ to T do **do**

選擇動作$A_t \sim \pi_\phi(S_t) + \epsilon, \epsilon \sim \mathcal{N}(0, \sigma)$

接受獎勵R_t和新狀態S_{t+1}

儲存狀態轉移資料對$(S_t, A_t, R_t, D_t, S_{t+1})$到$\mathcal{D}$

從$\mathcal{D}$中取樣大小為N的小量樣本$(S_t, A_t, R_t, D_t, S_{t+1})$

$\tilde{a}_{t+1} \leftarrow \pi_{\phi'}(S_{t+1}) + \epsilon, \epsilon \sim \text{clip}(\mathcal{N}(0, \tilde{\sigma}, -c, c))$。$y \leftarrow$

$R_t + \gamma(1 - D_t)\min_{i=1,2} Q_{\theta_i'}(S_{t+1}, \tilde{a}_{t+1})$

更新 Critic 網路$\theta_i \leftarrow \text{argmin}_{\theta_i} N^{-1} \sum (y - Q_{\theta_i}(S_t, A_t))^2$

if t mod d **then**

更新ϕ：

$\nabla_\phi J(\phi) = N^{-1} \sum \nabla_a Q_{\theta_1}(S_t, A_t)|_{A_t=\pi_\phi(S_t)} \nabla_\phi \pi_\phi(S_t)$

更新目標網路：

$\hat{\theta}_i \leftarrow \rho\theta_i + (1-\rho)\hat{\theta}_i$

$\hat{\phi} \leftarrow \rho\phi + (1-\rho)\hat{\phi}$

end for

end for

柔性 **Actor-Critic**（Soft Actor-Critic，SAC）是一個更先進的以 DDPG 為基礎的演算法，使用額外的柔性熵（Soft Entropy）項來促進探索。

主要思想：

- 熵正則化來促進探索；
- Double Q-learning；
- 再參數化技巧使得隨機性策略可微並用確定性策略梯度更新；
- Tanh 高斯型動作分佈。

演算法 **B.66** SAC

超參數: 目標熵 κ, 步進值 $\lambda_Q, \lambda_\pi, \lambda_\alpha$, 指數移動平均係數 τ

輸入: 初始策略函數參數 θ, 初始Q值函數參數 ϕ_1 及 ϕ_2

$\mathcal{D} = \emptyset; \tilde{\phi}_i = \phi_i$, for $i = 1,2$

for $k = 0,1,2,\cdots$ 。**do**

for $t = 0,1,2,\cdots$ **do**

從 $\pi_\theta(\cdot|S_t)$中取樣 A_t, 保存 (R_t, S_{t+1})。

$\mathcal{D} = \mathcal{D} \cup \{S_t, A_t, R_t, S_{t+1}\}$

end for

進行多步梯度更新：

$\phi_i = \phi_i - \lambda_Q \nabla J_Q(\phi_i)$ for $i = 1,2$

$\theta = \theta - \lambda_\pi \nabla_\theta J_\pi(\theta)$

$\alpha = \alpha - \lambda_\alpha \nabla J(\alpha)$

$\tilde{\phi}_i = (1-\tau)\phi_i + \tau\tilde{\phi}_i$ for $i = 1,2$

end for

返回 θ, ϕ_1, ϕ_2。

信賴域策略最佳化（Trust Region Policy Optimization，TRPO）是一個使用二階梯度下降和線上策略更新的信賴域演算法。

主要思想：

- 用 KL 散度（KL-divergence）來使得新舊策略在策略空間中接近；
- 有限制的二階最佳化方法；
- 使用共軛梯度（Conjugate Gradient）來避免計算反矩陣（Inverse Matrix）。

演算法 B.67 TRPO

超參數: KL-散度上限 δ, 回溯係數 α, 最大回溯步數 K

輸入: 重播快取 $\mathcal{D}_k$, 初始策略函數參數 θ_0, 初始價值函數參數 ϕ_0

for episode $= 0,1,2,\cdots$ **do**

　在環境中執行策略$\pi_k = \pi(\boldsymbol{\theta}_k)$ 並保存軌跡集 $\mathcal{D}_k = \{\tau_i\}$

　計算將得到的獎勵 $\hat{G}_t$

　以當前為基礎的價值函數V_{ϕ_k}計算優勢函數估計 $\hat{A}_t$（使用任何估計優勢的方法）

　估計策略梯度 $\hat{\mathbf{g}}_k = \frac{1}{|\mathcal{D}_k|}\sum_{\tau\in\mathcal{D}_k}\sum_{t=0}^{\mathrm{T}} \nabla_\theta \log\pi_\theta(A_t|S_t)|_{\boldsymbol{\theta}_k}\hat{A}_t,$

　使用共軛梯度演算法計算 $\hat{\mathbf{x}}_k \approx \widehat{\mathbf{H}}_k^{-1}\hat{\mathbf{g}}_k$ 這裡 $\widehat{\mathbf{H}}_k$ 是 樣本平均 KL 散度的 Hessian 矩陣

　透過回溯線搜索更新策略 $\boldsymbol{\theta}_{k+1} = \boldsymbol{\theta}_k + \alpha^j\sqrt{\frac{2\delta}{\hat{\mathbf{x}}_k^{\mathrm{T}}\widehat{\mathbf{H}}_k\hat{\mathbf{x}}_k}}\hat{\mathbf{x}}_k$ 這裡 j 是$\{0,1,2,\cdots K\}$ 中提高樣本損失並且滿足樣本 KL 散度約束的最小值

　透過使用梯度下降的演算法最小化均方誤差來擬合價值函數：$\phi_{k+1} = \arg\min_\phi \frac{1}{|\mathcal{D}_k|T}$

　$\sum_{\tau\in\mathcal{D}_k}\sum_{t=0}^{\mathrm{T}}\left(V_\phi(S_t) - \hat{G}_t\right)^2$

end for

近端策略最佳化（懲罰型）（Proximal Policy Optimization，PPO-Penalty）是一個以 TRPO 為基礎的信賴域演算法，它使用一階梯度和以一個自我調整懲罰項實現的信賴域限制。

主要思想：

- 用 KL 散度來使得新舊策略在策略空間中接近；
- 將受限最佳化問題轉化為一個不受限的問題；
- 用一階方法來避免計算 Hessian 矩陣；
- 自我調整地調整懲罰係數。

演算法 B.68 PPO-Penalty

超參數: 獎勵折扣因數 γ，KL 散度懲罰係數 λ，適應性參數 $a = 1.5, b = 2$, 子迭代次數 M, B。

輸入: 初始策略函數參數 θ、初始價值函數參數 ϕ。

for k = 0,1,2, ⋯ **do**

  執行T步策略 π_θ，保存 $\{S_t, A_t, R_t\}$。

  估計優勢函數 $\hat{A}_t = \sum_{t'>t} \gamma^{t'-t} R_{t'} - V_\phi(S_t)$。

  $\pi_{\text{old}} \leftarrow \pi_\theta$

  for $m \in \{1, \cdots, M\}$ **do**

    $J_{\text{PPO}}(\theta) = \sum_{t=1}^{\text{T}} \frac{\pi_\theta(A_t|S_t)}{\pi_{\text{old}}(A_t|S_t)} \hat{A}_t - \lambda \hat{\mathbb{E}}_t[D_{\text{KL}}(\pi_{\text{old}}(\cdot|S_t) \parallel \pi_\theta(\cdot|S_t))]$

    使用梯度演算法以$J_{\text{PPO}}(\theta)$更新策略函數參數 θ為基礎。

  end for

  for $b \in \{1, \cdots, B\}$ **do**

    $L(\phi) = -\sum_{t=1}^{\text{T}} \left(\sum_{t'>t} \gamma^{t'-t} R_{t'} - V_\phi(S_t)\right)^2$

    使用梯度演算法以$L(\phi)$更新價值函數參數 ϕ為基礎。

  end for

  計算 $d = \hat{\mathbb{E}}_t[D_{\text{KL}}(\pi_{\text{old}}(\cdot|S_t) \parallel \pi_\theta(\cdot|S_t))]$

  if $d < d_{\text{target}}/a$ **then**

    $\lambda \leftarrow \lambda/b$

  else if $d > d_{\text{target}} \times a$ **then**

    $\lambda \leftarrow \lambda \times b$

end if

end for

近端策略最佳化（截斷型）是一個以 TRPO 為基礎的信賴域演算法，它使用一階梯度和以一個對梯度的截斷方法實現的信賴域限制。

主要思想：

- 在目標函數中用截斷方法替換 KL-散度的限制。

演算法 **B.69** PPO-Clip

超參數: 截斷因數 ϵ, 子迭代次數 M, B。

輸入: 初始策略函數參數 θ, 初始價值函數參數 ϕ

for k = 0,1,2, ⋯ **do**

　在環境中執行策略π_{θ_k} 並保存軌跡集 $\mathcal{D}_k = \{\tau_i\}$

　計算將得到的獎勵$\hat{G}_t$

　以當前為基礎的價值函數V_{ϕ_k}計算優勢函數$\hat{A}_t$（以任何優勢函數為基礎的估計方法）

　for $m \in \{1, \cdots, M\}$ **do**

　　$\ell_t(\theta') = \frac{\pi_\theta(A_t|S_t)}{\pi_{\theta_{\text{old}}}(A_t|S_t)}$ 採用 Adam 隨機梯度上升演算法最大化 PPO-Clip 的目標函數來更新策略：

$$\theta_{k+1} = \underset{\theta}{\text{argmax}} \frac{1}{|\mathcal{D}_k|T} \sum_{\tau \in \mathcal{D}_k} \sum_{t=0}^{\mathrm{T}} \min(\ell_t(\theta') A^{\pi_{\theta_{\text{old}}}}(S_t, A_t),$$

$$\text{clip}(\ell_t(\theta'), 1 - \epsilon, 1 + \epsilon) A^{\pi_{\theta_{\text{old}}}}(S_t, A_t))$$

　end for

　for $b \in \{1, \cdots, B\}$ **do**

　　採用梯度下降方法最小化均方誤差來學習價值函數:

　　$\phi_{k+1} = \text{argmin}_\phi \frac{1}{|\mathcal{D}_k|T} \sum_{\tau \in \mathcal{D}_k} \sum_{t=0}^{\mathrm{T}} \left(V_\phi(S_t) - \hat{G}_t\right)^2$

　end for

end for

使用 **Kronecker** 因數化信賴域的 **Actor-Critic**（Actor Critic using Kronecker-Factored Trust Region，ACKTR）是一種信賴域線上策略演算法，對二階自然梯度計算使用 Kronecker 因數化近似。

主要思想：

- 使用自然梯度的二階最佳化；
- 對自然梯度進行 K-FAC 近似。

演算法 B.70 ACKTR

超參數: 步進值 $\eta_{\max}$, KL-散度上限 δ

輸入: 空重播快取 $\mathcal{D}$, 初始策略函數參數 θ_0, 初始價值函數參數 ϕ_0

for k = 0,1,2, ⋯ **do**

  在環境中執行策略$\pi_k = \pi(\theta_k)$ 並保存軌跡集$\mathcal{D}_k = \{\tau_i | i = 0,1, \cdots\}$

  計算累積獎勵 G_t

  以當前為基礎的價值函數V_{ϕ_k}計算優勢函數$\hat{A}_t$（以任何優勢函數為基礎的估計方法）

  估計策略梯度 $\hat{\mathbf{g}}_k = \frac{1}{|\mathcal{D}_k|} \sum_{\tau \in \mathcal{D}_k} \sum_{t=0}^{\mathrm{T}} \nabla_\theta \log \pi_\theta (A_t | S_t)|_{\theta_k} \hat{A}_t$

  for $l = 0,1,2, \cdots$ **do**

    $\mathrm{vec}(\Delta\theta_k^l) = \mathrm{vec}(\mathbf{A}_l^{-1} \nabla_{\theta_k^l} \hat{\mathbf{g}}_k \mathbf{S}_l^{-1})$ 這裡 $\mathbf{A}_l = \mathbb{E}[\mathbf{a}_l \mathbf{a}_l^{\mathrm{T}}]$, $S_l = \mathbb{E}[(\nabla_{s_l} \hat{g}_k)(\nabla_{\mathbf{s}_l} \hat{\mathbf{g}}_k)^{\mathrm{T}}]$（$\mathbf{A}_l, \mathbf{S}_l$透過計算部分的捲動平均值所得），$\mathbf{a}_l$是第$l$層的輸入啟動向量，$\mathbf{s}_l = \mathbf{W}_l \mathbf{a}_l$，vec(·)是把矩陣變換成一維向量的向量化變換

  end for

  由 K-FAC 近似自然梯度來更新策略：$\theta_{k+1} = \theta_k + \eta_k \Delta\theta_k$ 這裡 $\eta_k = \min(\eta_{\max}, \sqrt{\frac{2\delta}{\boldsymbol{\theta}_k^{\mathrm{T}} \hat{\mathbf{H}}_k \boldsymbol{\theta}_k}})$，$\hat{\mathbf{H}}_k^l = \mathbf{A}_l \otimes \mathbf{S}_l$ 採用 Gauss-Newton 二階梯度下降方法（並使用 K-FAC 近似）最小化均方誤差來學習價值函數:

  $\phi_{k+1} = \mathrm{argmin}_\phi \frac{1}{|\mathcal{D}_k| T} \sum_{\tau \in \mathcal{D}_k} \sum_{t=0}^{\mathrm{T}} \left(V_\phi(S_t) - G_t\right)^2$

end for

B.4 高等深度強化學習

B.4.1 模仿學習

DAgger

演算法 B.71 DAgger

初始化$\mathcal{D} \leftarrow \emptyset$

初始化策略$\hat{\pi}_1$為策略集Π中任意策略

for i = 1,2, ⋯ , N **do**

　$\pi_i \leftarrow \beta_i \pi^* + (1-\beta_i)\hat{\pi}_i$

　用π_i取樣幾個T步的軌跡

　得到由π_i存取的策略和專家列出的動作組成的資料集$\mathcal{D}_i = \{(s, \pi^*(s))\}$

　聚合資料集：$\mathcal{D} \leftarrow \mathcal{D} \cup \mathcal{D}_i$

　在$\mathcal{D}$上訓練策略$\hat{\pi}_{i+1}$

end for

返回策略$\hat{\pi}_{N+1}$

B.4.2 以模型為基礎的強化學習

Dyna-Q

演算法 B.72 Dyna-Q

初始化 $Q(s,a)$ 和 Model(s,a)，其中 $s \in \mathcal{S}$，$a \in \mathcal{A}$

while(true):

　(a) $s \leftarrow$ 當前（非終止）狀態

　(b) $a \leftarrow \epsilon$-greedy(s, Q)

　(c) 執行決策行為a; 觀測獎勵r, 獲得下一個狀態s'

　(d) $Q(s,a) \leftarrow Q(s,a) + \alpha[r + \gamma \max_{a'} Q(s',a') - Q(s,a)]$

　(e) Model$(s,a) \leftarrow r, s'$

　(f) 重複n次:

　　$s \leftarrow$ 隨機歷史觀測狀態

　　$a \leftarrow$ 在狀態s下歷史隨機決策行為

$r, s' \leftarrow \text{Model}(s, a)$

$Q(s,a) \leftarrow Q(s,a) + \alpha[r + \gamma \text{max}_{a'} Q(s', a') - Q(s,a)]$

樸素蒙地卡羅搜索（Simple Monte Carlo Search）

演算法 B.73 樸素蒙地卡羅搜索

固定模型 $\mathcal{M}$ 和模擬策略 π

for 每個動作 $a \in \mathcal{A}$ **do**

　for 每個部分 $k \in \{1,2,\cdots,K\}$ **do**

　　根據模型 $\mathcal{M}$ 和 模擬策略 π,從當前狀態 S_t開始在環境中展開

　　記錄軌跡 $\{S_t, a, R_{t+1}^k, S_{t+1}^k, A_{t+1}^k, R_{t+2}^k, \cdots S_T^k\}$

　　計算從每個S_t開始的累積獎勵 $G_t^k = \sum_{j=t+1}^{\mathrm{T}} R_j^k$

　end for

$$Q(S_t, a) = \frac{1}{K}\sum_{k=1}^{K} G_t^k$$

end for

返回當前最大Q值的動作 $A_t =_{a\in\mathcal{A}} Q(S_t, a)$

蒙地卡羅樹搜索（Monte Carlo Tree Search）

演算法 B.74 蒙地卡羅樹搜索

固定模型$\mathcal{M}$

初始化模擬策略 π

for 每個動作 $a \in \mathcal{A}$ **do**

　for 每個部分 $k \in \{1,2,\cdots,K\}$ **do**

　　根據模型$\mathcal{M}$ 和模擬策略 π 從當前狀態 S_t在環境中展開

　　記錄軌跡 $\{S_t, a, R_{t+1}, S_{t+1}, A_{t+1}, R_{t+2}, \cdots S_T\}$

　　用從(S_t, A_t)，$A_t = a$開始的平均回報更新每個$(S_i, A_i), i = t, \cdots, T$ 的Q值

　　由當前的Q值更新模擬策略π

　end for

end for

返回當前最大Q值的動作$A_t = \text{argmax}_{a\in\mathcal{A}} Q(S_t, a)$

Dyna-2

演算法 B.75 Dyna-2

function LEARNING
　初始化 $\mathcal{F}_s$ 和 $\mathcal{F}_r$
　$\theta \leftarrow 0$　　# 初始化長期儲存空間中網路參數
　loop
　　$s \leftarrow S_0$
　　$\overline{\theta} \leftarrow 0$　　# 初始化短期儲存空間中網路參數
　　$z \leftarrow 0$　　# 初始化資格跡
　　SEARCH(s)
　　$a \leftarrow \pi(s;\overline{Q})$　　# 以和 $\overline{Q}$ 相關為基礎的策略選擇決策動作
　　while s 不是終結狀態 **do**
　　　執行 a, 觀測獎勵 r 和下一個狀態 s'
　　　$(\mathcal{F}_s,\mathcal{F}_r) \leftarrow \text{UpdateModel}(s,a,r,s')$
　　　SEARCH(s')
　　　$a' \leftarrow \pi(s';\overline{Q})$　　# 選擇決策動作使其用於下一個狀態 s'
　　　$\delta \leftarrow r + Q(s',a') - Q(s,a)$　　# 計算 TD-error
　　　$\theta \leftarrow \theta + \alpha(s,a)\delta z$　　# 更新長期儲存空間中網路參數
　　　$z \leftarrow \lambda z + \phi$　　# 更新資格跡
　　　$s \leftarrow s', a \leftarrow a'$
　　end while
　end loop
end function

function SEARCH(s)
　while 時間週期內 **do**
　　$\overline{z} \leftarrow 0$　　# 清除短期儲存的資格跡
　　$a \leftarrow \overline{\pi}(s;\overline{Q})$　　# 以和 $\overline{Q}$ 相關為基礎的策略決定決策動作
　　while s 不是終結狀態 **do**
　　　$s' \leftarrow \mathcal{F}_s(s,a)$　　# 獲得下一個狀態
　　　$r \leftarrow \mathcal{F}_r(s,a)$　　# 獲得獎勵

$a' \leftarrow \overline{\pi}(s';\overline{Q})$ $\overline{\delta} \leftarrow R + \overline{Q}(s',a') - \overline{Q}(s,a)$ # 計算 TD-error

$\overline{\theta} \leftarrow \overline{\theta} + \overline{\alpha}(s,a)\overline{\delta}\overline{z}$ # 更新短期儲存空間中網路參數

$\overline{z} \leftarrow \overline{\lambda}\overline{z} + \overline{\phi}$ # 更新短期儲存的資格跡

$s \leftarrow s', a \leftarrow a'$

end while

end while

end function

B.4.3 分層強化學習

戰略專注作家（STRategic Attentive Writer，STRAW）

演算法 **B.76** STRAW 中的計畫更新

if $g_t = 1$ **then**

計算動作-計畫的注意力參數 $\psi_t^A = f^{\psi}(z_t)$

應用專注閱讀：$\beta_t = \text{read}(\mathbf{A}^{t-1}, \psi_t^A)$

計算中間表示$\epsilon_t = h(\text{concat}(\beta_t, z_t))$

計算承諾-計畫的注意力參數 $\psi_t^c = f^c(\text{concat}(\psi_t^A, \epsilon_t))$

更新 $\mathbf{A}^t = \rho(\mathbf{A}^{t-1}) + \text{write}(f^A(\epsilon_t), \psi_t^A)$

更新 $\mathbf{c}_t = \text{Sigmoid}(\mathbf{b} + \text{write}(e, \psi_t^c))$

else

更新 $\mathbf{A}^t = \rho(\mathbf{A}^{t-1})$

更新 $\mathbf{c}_t = \rho(\mathbf{c}_{t-1})$

end if

B.4.4 多智慧體強化學習

多智慧體 Q-Learning（Multi-Agent Q-Learning）

演算法 **B.77** 多智慧體一般性 Q-learning

設定 Q 表格中初值 $Q_i(s, a_i, \mathbf{a}_{-i}) = 1, \forall i \in \{1,2,\cdots,m\}$

for episode = 1 to M **do**

設定初始狀態 $s = S_0$

for step = 1 to T **do**
每個智慧體 i 以 $\pi_i(s)$ 為基礎選擇決策行為 a_i，其行為是根據當前 $\mathbf{Q}$ 中所有智慧體混合納許均衡決策策略
觀測經驗 $(s, a_i, \mathbf{a}_{-i}, r_i, s')$ 並將其用於更新 Q_i
更新狀態 $s = s'$
end for
end for

多智慧體深度確定性策略梯度（Multi-Agent Deep Deterministic Policy Gradient，MADDPG）

演算法 B.78 多智慧體深度確定性策略梯度

for episode = 1 to M **do**
設定初始狀態 $s = S_0$
for step = 1 to T **do**
每個智慧體 i 以當前決策策略 π_{θ_i} 為基礎選擇決策行為 a_i
同時執行所有智慧體的決策行為 $\mathbf{a} = (a_1, a_2, \cdots, a_m)$
將 $(s, \mathbf{a}, r, s')$ 存在重播緩衝區 $\mathcal{M}$
更新狀態 $s = s'$
for 智慧體 i = 1 to m **do**
從回訪緩衝區 $\mathcal{M}$ 中取樣批次歷史經驗資料
對於行動者和批判者網路，計算網路參數梯度並根據梯度更新參數
end for
end for
end for

B.4.5 平行計算

非同步優勢 Actor-Critic（Asynchronous Advantage Actor-Critic，A3C）

演算法 B.79 非同步優勢 Actor-Critic (Actor-Learner)

超參數: 總探索步數 $T_{\max}$，每個週期內最多探索步數 $t_{\max}$
初始化步數 $t = 1$

while $T \leq T_{\max}$ **do**

初始化網路參數梯度: $\mathrm{d}\theta = 0$ 和 $\mathrm{d}\theta_v = 0$

和參數伺服器保持同步並獲得網路參數 $\theta' = \theta$ 和 ${\theta'}_v = \theta_v$

$t_{\text{start}} = t$

設定每個探索週期初始狀態 S_t

while 達到終結狀態 or $t - t_{\text{start}} == t_{\max}$ **do**

以決策策略 $\pi(S_t|\theta')$ 為基礎選擇決策行為 a_t

在環境中採取決策行為，獲得獎勵 R_t 和下一個狀態 S_{t+1}

$t = t + 1, T = T + 1$。

end while

if 達到終結狀態 **then**

$R = 0$

else

$R = V(S_t|{\theta'}_v)$

end if

for $i = t-1, t-2, \cdots, t_{\text{start}}$ **do**

更新折扣化獎勵 $R = R_i + \gamma R$

累積參數梯度 θ', $\mathrm{d}\theta = \mathrm{d}\theta + \nabla_{\theta'}\log\pi(S_i|\theta')(R - V(S_i|{\theta'}_v))$

累積參數梯度 ${\theta'}_v$, $\mathrm{d}\theta_v = \mathrm{d}\theta_v + \partial(R - V(S_i|{\theta'}_v))^2/\partial{\theta'}_v$

end for

以梯度 $\mathrm{d}\theta$ 和 $\mathrm{d}\theta_v$ 為基礎非同步更新 θ 和 θ_v

end while

分散式近端策略最佳化（Distributed Proximal Policy Optimization，DPPO）

演算法 B.80 DPPO (chief)

超參數: workers 數目 W, 可獲得梯度的 worker 數目門限值 D, 次迭代數目 M, B

輸入: 初始全域策略網路參數 θ, 初始全域價值網路參數 ϕ

for k = 0,1,2, ⋯ **do**

for $m \in \{1, \cdots, M\}$ **do**

等待至少可獲得 $W - D$ 個 worker 計算出來梯度 θ，去梯度的平均值並更新全域梯度 θ

end for

for $b \in \{1, \cdots, B\}$ **do**
等待至少可獲得 $W - D$ 個 worker 計算出來梯度 ϕ，去梯度的平均值並更新全域梯度 ϕ
end for
end for

演算法 B.81 DPPO (PPO-Penalty worker)

超參數: KL 懲罰係數 λ, 自我調整參數 $a = 1.5, b = 2$, 次迭代數目 M, B
輸入: 初始局部策略網路參數 θ, 初始局部價值網路參數 ϕ
for $\mathrm{k} = 0,1,2, \cdots$ **do**
透過在環境中採用策略 π_θ 收集探索軌跡 $\mathcal{D}_k = \{\tau_i\}$
計算 rewards-to-go $\hat{G}_t$
以當前價值函數 V_{ϕ_k} 計算為基礎對 advantage 的估計，$\hat{A}_t$（可選擇使用任何一種 advantage 估計方法）
儲存部分軌跡資訊
$\pi_{\text{old}} \leftarrow \pi_\theta$
for $m \in \{1, \cdots, M\}$ **do**
$J_{\text{PPO}}(\theta) = \sum_{t=1}^{\mathrm{T}} \frac{\pi_\theta(A_t|S_t)}{\pi_{\text{old}}(A_t|S_t)} \hat{A}_t - \lambda \mathrm{KL}[\pi_{\text{old}}|\pi_\theta] - \xi \max(0, \mathrm{K}L[\pi_{\text{old}}|\pi_\theta] - 2\mathrm{K}L_{\text{target}})^2$
if $\mathrm{K}L[\pi_{\text{old}}|\pi_\theta] > 4KL_{\text{target}}$ **then**
break 並繼續開始 $k + 1$ 次迭代
end if
計算 $\nabla_\theta J_{\text{PPO}}$
發送梯度資料 θ 到 chief
等待梯度被接受或被捨棄，更新網路參數
end for
for $b \in \{1, \cdots, B\}$ **do**
$L(\phi) = -\sum_{t=1}^{\mathrm{T}} (\hat{G}_t - V_\phi(S_t))^2$
計算 $\nabla_\phi L$
發送梯度資料 ϕ 到 chief
等待梯度被接受或被捨棄，更新網路參數
end for
計算 $d = \hat{\mathbb{E}}_t[\mathrm{K}L[\pi_{\text{old}}(\cdot\,|S_t), \pi_\theta(\cdot\,|S_t)]]$
if $d < d_{\text{target}}/a$ **then**

$\lambda \leftarrow \lambda / b$

else if $d > d_{\text{target}} \times a$ **then**

$\lambda \leftarrow \lambda \times b$

end if

end for

演算法 **B.82** DPPO (PPO-Clip worker)

超參數: clip 因數 ϵ, 次迭代數目 M, B

輸入: 初始局部策略網路參數 θ, 初始局部價值網路參數 ϕ

for k = 0,1,2, ⋯ **do**

透過在環境中採用策略 π_θ 收集探索軌跡 $\mathcal{D}_k = \{\tau_i\}$

計算 rewards-to-go $\hat{G}_t$

以當前價值函數 V_{ϕ_k} 計算為基礎對 advantage 的估計，$\hat{A}_t$（可選擇使用任何一種 advantage 估計方法）

儲存部分軌跡資訊

$\pi_{\text{old}} \leftarrow \pi_\theta$

for $m \in \{1, \cdots, M\}$ **do**

透過最大化 PPO-Clip 目標更新策略:

$J_{\text{PPO}}(\theta) = \frac{1}{|\mathcal{D}_k| T} \sum_{\tau \in \mathcal{D}_k} \sum_{t=0}^{\text{T}} \min\left(\frac{\pi_\theta(A_t|S_t)}{\pi_{\text{old}}(A_t|S_t)} \hat{A}_t (\frac{\pi(A_t|S_t)}{\pi_{\text{old}}(A_t|S_t)}, 1-\epsilon, 1+\epsilon) \hat{A}_t\right)$

計算 $\nabla_\theta J_{\text{PPO}}$

發送梯度資料 θ 到 chief

等待梯度被接受或被捨棄，更新網路參數

end for

for $b \in \{1, \cdots, B\}$ **do**

透過回歸均方誤差擬合價值方程式:

$L(\phi) = -\frac{1}{|\mathcal{D}_k| T} \sum_{\tau \in \mathcal{D}_k} \sum_{t=0}^{\text{T}} \left(V_\phi(S_t) - \hat{G}_t\right)^2$

計算 $\nabla_\phi L$

發送梯度資料 ϕ 到 chief

等待梯度被接受或被捨棄，更新網路參數

end if

end for

Ape-X

演算法 B.83 Ape-X (Actor)

超參數: 單次批次發送到重播緩衝區的資料大小 B，迭代數目 T

與學習者同步並獲得最新的網路參數 θ_0

從環境中獲得初始狀態 S_0

for t = $0,1,2,\cdots,T-1$ **do**

  以決策策略 $\pi(S_t|\theta_t)$為基礎選擇決策行為 A_t

  將經驗 (S_t, A_t, R_t, S_{t+1}) 加入當地緩衝區

  if 當地緩衝區儲存資料達到數目門限值 B **then**

    批次獲得緩衝資料 B

    計算獲得緩衝資料的優先順序 p

    將批次緩衝資料和其更新的優先順序發送重播緩衝區

  end if

  週期性同步並更新最新的網路參數 θ_t

end for

演算法 B.84 Ape-X (Learner)

超參數: 學習週期數目 T

初始化網路參數 θ_0

for $t = 1,2,3,\cdots,T$ **do**

  從重播緩衝區中批次取樣帶有優先順序的資料 (i,d)

  透過批次資料進行模型訓練

  更新網路參數θ_t

  對於批次資料 d 計算優先順序 p

  更新重播緩衝區中索引 i 資料的優先順序 p

  週期性地從重播緩衝區中刪除低優先順序的資料

end for

Appendix C

中英文對照表

中文	英文	縮寫
機器學習基礎		
人工智慧	Artificial Intelligence	AI
機器學習	Machine Learning	ML
深度學習	Deep Learning	DL
多層感知器	Multilayer Perceptron	MLP
深度神經網路	Deep Neural Networks	DNN
卷積神經網路	Convolutional Neural Network	CNN
循環神經網路	Recurrent Neural Network	RNN
類神經網路	Artificial Neural Network	ANN
長短期記憶	Long Short-Term Memory	LSTM
單元	Cell	
偏差	Bias	
隱藏狀態	Hidden State	
單元狀態	Cell State	
隱藏層	Hidden Layer	
批次大小	Batch Size	
小量	Mini-Batch	

中文	英文	縮寫
整流線性單元	Rectified Linear Unit	ReLU
指數線性單元	Exponential Linear Unit	ELU
梯度下降	Gradient Descent	
隨機梯度下降	Stochastic Gradient Descent	SGD
輸出層	Output Layer	
權重	Weight	
引理	Lemma	
步進值	Step Size	
步幅	Stride	
超參數	Hyperparameter	
輸入	Input	
輸出	Output	
初始化	Initialize/Initialization	
更新	Update	
協方差	Covariance	
交換驗證	Cross-Validation	
過度擬合	Overfitting	
欠擬合	Underfitting	
權重衰減	Weight Decay	
整合學習	Ensemble Learning	
自動編碼器	Autoencoder	AE
變分自動編碼器	Variational Autoencoder	VAE
生成對抗網路	Generative Adversarial Networks	GANs
全連接	Fully-Connected	FC
密集層，亦稱全連接層	Dense Layer	
單純貝氏	Naive Bayes	
線性回歸	Linear Regression	

中文	英文	縮寫
折頁損失函數	Hinge Loss	
KL 散度	Kullback-Leibler Divergence	KL Divergence
多類別	Multinomial	
獨熱碼	One-Hot	
學習率	Learning Rate	
前向傳播	Forward Propagation	
反向傳播	Backward Propagation	
批次標準化	Batch Normalization	
分對數	Logit	
對數機率	Log Probability	
線段樹	Segment Tree	
張量	Tensor	
早停法	Early Stopping	
資料增強	Data Augmentation	
強化學習基礎		
狀態	State	
狀態集	State Set	
動作	Action	
動作集合	Action Set	
觀測	Observation	
軌跡	Trajectory	
智慧體	Agent	
獎勵	Reward	
環境	Environment	
回報	Return	
轉移	Transition	
長期回報	Long-Term Return	

中文	英文	縮寫
短期回報	Short-Term Return	
探索-利用的權衡	Exploration-Exploitation Trade-Off	
確定性轉移過程	Deterministic Transition Process	
隨機性轉移過程	Stochastic Transition Process	
狀態轉移矩陣	State Transition Matrix	
基準	Baseline	
部分可觀測的	Partially Observable	
完全可觀測的	Fully Observable	
立即獎勵	Immediate Reward	
累積獎勵	Cumulative Reward	
非折扣化的回報	Undiscounted Return	
折扣化回報	Discounted Return	
期望回報	Expected Return	
起始狀態分佈	Start-State Distribution	
行動者	Actor	
批判者	Critic	
以模型為基礎的	Model-Based	
無模型的	Model-Free	
以價值為基礎的	Value-Based	
以策略為基礎的	Policy-Based	
既定策略	On-Policy	
新定策略	Off-Policy	
線上策略	On-Policy	
離線策略	Off-Policy	
規劃	Planning	
試錯過程	Trial-and-Error Process	
自省法	Introspection	

中文	英文	縮寫
時間差分	Temporal Difference	TD
正向運動學	Forward Kimematics	
反向運動學	Inverse Kinematics	
馬可夫	Markov	
馬可夫鏈	Markov Chain	
馬可夫性質	Markov Property	
時間同質性	Time-Homogeneous	
時間不同質	Time-Inhomogeneous	
折扣因數	Discount Factor	
賭博機	Bandit	
單臂賭博機	Single-Armed Bandit	
多臂賭博機	Multi-Armed Bandit	MAB
健忘對抗者	Oblivious Adversary	
非健忘對抗者	Non-Oblivious Adversary	
全資訊博弈	Full-Information Game	
部分資訊博弈	Partial-Information Game	
機率圖模型	Probabilistic Graphical Model	
觀察變數	Observed Variable	
蒙地卡羅	Monte Carlo	MC
第一次蒙地卡羅	First-Visit Monte Carlo	
每次蒙地卡羅	Every-Visit Monte Carlo	
動態規劃	Dynamic Programming	DP
反矩陣方法	Inverse Matrix Method	
探索和利用	Exploration and Exploitation	
重播快取	Replay Buffer	
自舉	Bootstrap	
窮舉法	Exhaustive Method	

中文	英文	縮寫
非終結	Non-Terminal	
強化學習	Reinforcement Learning	RL
高等強化學習	Advanced Reinforcement Learning	
深度強化學習	Deep Reinforcement Learning	DRL
回合/片段	Episode	
回溯	Backup	
崩潰	Collapse	
截斷	Clipped	
貝爾曼方程式	Bellman Equation	
貝爾曼期望方程式	Bellman Expectation Equation	
貝爾曼最佳方程式	Bellman Optimality Equation	
貝爾曼最佳回溯運算元	Bellman Optimality Backup Operator	
批次	Batch	
函數擬合器	Function Approximator	
馬可夫過程	Markov Process	MP
馬可夫獎勵過程	Markov Reward Process	MRP
獎勵函數	Reward Function	
獎勵折扣因數	Reward Discount Factor	
馬可夫決策過程	Markov Decision Process	MDP
有限範圍馬可夫決策過程	Finite-Horizon Markov Decision Process	
部分可觀測的馬可夫決策過程	Partially Observed Markov Decision Process	POMDP
貪心策略	Greedy Policy	
ϵ-貪心	ϵ-Greedy	
後悔值	Regret	
置信上界	Upper Confidence Bound	UCB
樹置信上界	Upper Confidence Bound in Tree	UCT

中文	英文	縮寫
Atari 遊戲	Atari Game	
價值函數	Value Function	
Q 值函數	Q-Value Function	
動作價值函數	Action-Value Function	
線上價值函數	On-Policy Value Function	
最佳價值函數	Optimal Value Function	
線上動作價值函數	On-Policy Action-Value Function	
最佳動作價值函數	Optimal Action-Value Function	
查閱資料表	Lookup Table	
多項式族	Polynomial Family	
多項式基	Polynomial Basis	
傅立葉基	Fourier Basis	
傅立葉轉換	Fourier Transformation	
粗略編碼	Coarse Coding	
瓦式編碼	Tile Coding	
感知域	Receptive Field	
徑向基函數	Radial Basis Function	RBF
決策樹	Decision Tree	
最近鄰	Nearest Neighbor	
半梯度	Semi-Gradient	
死亡三件套	the Deadly Triad	
過估計	Over-Estimation/Over-Estimate	
欠估計	Under-Estimation/Under-Estimate	
均方誤差	Mean Squared Error	MSE
平均絕對誤差	Mean Absolute Error	MAE
策略梯度	Policy Gradient	PG
確定性策略	Deterministic Policy	

中文	英文	縮寫
隨機性策略分佈	Stochastic Policy Distribution	
確定性策略梯度	Deterministic Policy Gradient	DPG
隨機性策略梯度	Stochastic Policy Gradient	SPG
條件機率分佈	Conditional Probability Distribution	
初版策略梯度	Vanilla Policy Gradient	VPG
參數化策略	Parameterized Policy	
伯努利分佈	Bernoulli Distribution	
類別分佈	Categorical Distribution	
對角高斯分佈	Diagonal Gaussian Distribution	
二值化動作策略	Binary-Action Policy	
類別型策略	Categorical Policy	
一個一個元素的乘積	Element-Wise Product	
耿貝爾分佈	Gumbel Distribution	
耿貝爾-Softmax 函數	Gumbel-Softmax	
耿貝爾-最大化函數	Gumbel-Max	
不可微的	Non-Differentiable	
逆變換	Inverse Transform	
對角高斯策略	Diagonal Gaussian Policy	
累計折扣獎勵	Cumulative Discounted Reward	
折扣狀態分佈	Discounted State Distribution	
轉移機率	Transition Distribution	
對數-導數技巧	Log-Derivative Trick	
對數	Logarithm	
將得到的獎勵	Reward-to-Go	
偏微分	Partial Derivative	
貫穿時間的反向傳播	Backpropagation Through Time	BPTT
萊布尼茨積分法則	Leibniz Integral Rule	

中文	英文	縮寫
富比尼定理	Fubini's Theorem	
積測度	Product Measure	
可測函數	Measurable Function	
緊致性	Compactness	
被積函數	Integrand	
行為策略	Behaviour Policy	
約等於	Approximately Equivalent	
正常 delta-近似	Regular delta-Approximation	
利普希茨	Lipschitz	
目標網路	Target Network	
得分函數	Score Function	
路徑導數	Pathwise Derivative	
再參數化	Reparametrization	
隨機價值梯度	Stochastic Value Gradient	SVG
協方差矩陣自我調整	Covariance Matrix Adaptation	CMA
協方差矩陣自我調整進化策略	Covariance Matrix Adaptation Evolution Strategy	CMA-ES
爬山法	Hill Climbing	
選擇比率	Selection Ratio	
相容函數近似	Compatible Function Approximation	
優勢函數	Advantage Function	
中央處理器	Central Processing Unit	CPU
圖形處理器	Graphics Processing Unit	GPU
樣本效率	Sample Efficiency	
高樣本效率的	Sample-Efficient	
災難性遺忘	Catastrophic Interference/Forgetting	
元學習	Meta-Learning	

中文	英文	縮寫
表徵學習	Representation Learning	
多智慧體強化學習	Multi-Agent Reinforcement Learning	MARL
模擬到現實	Simulation-to-Reality	Sim2Real, Sim-to-Real
信賴域	Trust Region	
共軛梯度	Conjugate Gradient	
自然梯度	Nature Gradient	
變分推斷	Variational Inference	VI
專家示範	Expert Demonstrations	
模仿學習	Imitation Learning	IL
交叉熵	Cross Entropy	CE
分層強化學習	Hierarchical Reinforcement Learning	HRL
封建制強化學習	Feudal Reinforcement Learning	
無行動者	Actor-Free	
逆向強化學習	Inverse Reinforcement Learning	IRL
行為複製	Behavioral Cloning	BC
學徒學習	Apprenticeship Learning	
從觀察量進行模仿學習	Imitation Learning from Observations	IfO/ILFO
高斯混合模型回歸	Gaussian Mixture (Model) Regression	GMR
高斯過程回歸	Gaussian Process Regression	
因果熵	Causal Entropy	
協變數漂移	Covariate Shift	
複合誤差	Compounding Errors	
資料集聚合	Dataset Aggregation	DAgger
無悔的	No-Regret	
動態運動基元	Dynamic Movement Primitives	DMP
單樣本的	One-Shot	

中文	英文	縮寫
最大熵逆向強化學習	Maximum Entropy Inverse Reinforcement Learning	MaxEnt IRL
獎勵塑形	Reward Shaping	
生成對抗模仿學習	Generative Adversarial Imitation Learning	GAIL
辨別器	Discriminator	
多模態的	Multi-Modal	
指導性代價學習	Guided Cost Learning	GCL
生成對抗網路指導性代價學習	Generative Adversarial Network Guided Cost Learning	GAN-GCL
極大似然估計	Maximum Likelihood Estimation	MLE
以軌跡為中心的	Trajectory-Centric	
以狀態為中心的	State-Centric	
玻爾茲曼分佈	Boltzmann Distribution	
配分函數	Partition Function	
重要性取樣	Importance Sampling	
對抗性逆向強化學習	Adversarial Inverse Reinforcement Learning	AIRL
互資訊	Mutual Information	
時間步	Time Step	
逆向動態模型	Inverse Dynamics Models	
正向動態模型	Forward Dynamics Models	
貝氏最佳化	Bayesian Optimization	BO
從觀察量模仿潛在策略	Imitating Latent Policies from Observation	ILPO
選項框架	Options Framework	
本體感覺	Proprioceptive	
線性二次型調節器	Linear Quadratic Regulator	LQR

中文	英文	縮寫
極小化極大	Minimax	
從觀察量進行行為複製	Behavioral Cloning from Observation	BCO
正向對抗式模仿學習	Forward Adversarial Imitation Learning	FAIL
動作指導性對抗式模仿學習	Action-Guided Adversarial Imitation Learning	AGAIL
增強逆向動態建模	Reinforced Inverse Dynamics Modeling	RIDM
獎勵函數工程	Reward Engineering	
歐氏距離	Euclidean Distance	
時間比較網路	Time-Contrastive Networks	TCN
具象不匹配	Embodiment Mismatch	
機率性運動基元	Probabilistic Movement Primitives	ProMP
核運動基元	Kernelized Movement Primitives	KMP
高斯過程回歸	Gaussian Process Regression	GPR
高斯混合模型	Gaussian Mixture Model	GMM
策略替換	Policy Replacement	
殘差策略學習	Residual Policy Learning	
以示範為基礎的深度 Q-learning	Deep Q-learning from Demonstrations	DQfD
以示範為基礎的深度確定性策略梯度	Deep Deterministic Policy Gradient from Demonstrations	DDPGfD
標準化 Actor-Critic	Normalized Actor-Critic	NAC
最先進的	State-of-the-Art	SOTA
用示範資料進行獎勵塑形	Reward Shaping with Demonstrations	
比較正向動態	Contrastive Forward Dynamics	CFD
內在獎勵	Intrinsic Reward	
封建制網路	Feudal Network	FuN
以族群為基礎的訓練	Population-Based Training	PBT

中文	英文	縮寫
通用性	Generality	
多面性	Versatility	
與模型無關的元學習	Model-Agnostic Meta-Learning	
學會學習	Learning to Learn	
內循環	Inner-Loop	
外循環	Outer-Loop	
元學習者	Meta-Learner	
度量學習	Metric Learning	
元強化學習	Meta-Reinforcement Learning	
小樣本學習	Few-Shot Learning	
狀態表徵學習	State Representation Learning	SRL
描述器	Descriptor	
博弈論	Game Theory	
自我博弈	Self-Play	SP
優先虛擬自我博弈	Prioritized Fictitious Self-Play	PFSP
指導性策略搜搜	Guided Policy Search	GPS
比例-積分-微分	Proportional-Integral-Derivative	PID
現實鴻溝	Reality Gap	
系統辨識	System Identification	SI
泛化力模型	Generalized Force Model	GFM
零樣本	Zero-Shot	
域自我調整	Domain Adaption	DA
漸進網路	Progressive Networks	
動力學隨機化	Dynamics Randomization	DR
隨機到標準自我調整網路	Randomized-to-Canonical Adaptation Networks	RCANs
可擴充性	Scalability	

中文	英文	縮寫
重要性加權的行動者-學習者結構	Importance Weighted Actor-Learner Architecture	IMPALA
可擴充高效深度強化學習	Scalable, Efficient Deep-RL	SEED
社交樹	Social Tree	
多步學習	Multi-Step Learning	
雜訊網路	Noisy Nets	
值分佈強化學習	Distributional Reinforcement Learning	
分散式貝爾曼運算元	Distributional Bellman Operator	
自我調整的	Adaptive	
層標準化	Layer Normalization	
子迭代	Sub-Iteration	
分塊對角矩陣	Block Diagonal Matrix	
無窮範式	∞-Norm	
L2 範式	L2-Norm	
模擬	Simulation	
評估/估計	Evaluate	
策略迭代	Policy Iteration	
策略評估	Policy Evaluation	
策略提升	Policy Improvement	
泛化策略迭代	Generalized Policy Iteration	GPI
柔性策略迭代	Soft Policy Iteration	
價值迭代	Value Iteration	
最佳性原則	Principle of Optimality	
優先掃描	Prioritized Sweeping	
梯度賭博機	Gradient Bandit	
直接策略搜索	Direct Policy Search	
資格跡	Eligibility Trace	

中文	英文	縮寫
延遲幀	Lazy-Frame	
選項策略	Policy-over-Action	
選項內建策略	Intra-Option Policy	
時域抽象	Temporal Abstraction	
專注寫作	Attentive Writing	
選項內建策略梯度理論	Intra-Option Policy Gradient Theorem	
獎勵隱藏	Reward Hiding	
資訊隱藏	Information Hiding	
半馬可夫決策過程	Semi-Markov Decision Process	SMDP
轉移策略梯度	Transition Policy Gradients	
重標記	Re-Label	
原始值函數	Proto-Value Functions	PVFs
後見之明目標轉移	Hindsight Goal Transitions	
終生學習	Lifelong Learning	
–	Ornstein-Uhlenbeck	OU
斯塔柯爾伯格博弈	Stackelberg Game	
先發優勢	First-Mover Advantage	
演算	Roll-Out	
訊息傳遞介面	Message Passing Interfaces	MPI
處理程序間通訊	Inter-Process Communication	IPC
預測者	Predictor	
訓練者	Trainer	
強化學習演算法		
探索和利用的指數加權演算法	Exponential-Weight Algorithm for Exploration and Exploitation	Exp3
單步 Q-learning	One-Step Q-learning	
多步 Q-learning	Multi-Steps Q-learning	

中文	英文	縮寫
深度 Q 網路	Deep Q-Networks	DQN
–	Categorical 51	C51
深度確定性策略梯度	Deep Deterministic Policy Gradient	DDPG
優先經驗重播	Prioritized Experience Replay	PER
後見之明經驗重播	Hindsight Experience Replay	HER
信賴域策略最佳化	Trust Region Policy Optimization	TRPO
近端策略最佳化	Proximal Policy Optimization	PPO
分散式近端策略最佳化	Distributed Proximal Policy Optimizaion	DPPO
–	Actor-Critic	AC
歸一化 Actor-Critic	Normalized Actor-Critic	NAC
使用 Kronecker 因數化信賴域的 Actor Critic	Actor Critic Using Kronecker-Factored Trust Region	ACKTR
（同步）優勢 Actor-Critic	Synchronous Advantage Actor-Critic	A2C
非同步優勢 Actor-Critic	Asynchronous Advantage Actor-Critic	A3C
最大化後驗策略梯度	Maximum a Posteriori Policy Optimization	MPO
期望最大化演算法	Expectation Maximization	EM
擬合 Q 迭代	Fitted Q Iteration	
線上 Q 迭代	Online Q Iteration	
分位數 QT-Opt	Quantile QT-Opt	Q2-Opt
有基準的 REINFORCE	REINFORCE with Baseline	
孿生延遲 DDPG	Twin Delayed DDPG	TD3
柔性 Actor-Critic	Soft Actor-Critic	SAC
變分資訊量最大化探索	Variational Information Maximizing	
Exploration	VIME	
樸素蒙地卡羅搜索	Simple Monte Carlo Search	

中文	英文	縮寫
蒙地卡羅樹搜索	Monte Carlo Tree Search	MCTS
多智慧體 Q-learning	Multi-Agent Q-learning	
多智慧體深度確定性策略梯度	Multi-Agent Deep Deterministic Policy Gradient	MADDPG
截斷 Double-Q Learning	Clipped Double-Q learning	
分散式深度循環重播 DQN	Recurrent Replay Distributed DQN	R2D2
回溯-行動者	Retrace-Actor	
分位數回歸 DQN	Quantile Regression DQN	QR-DQN
戰略專注作家	Strategic Attentive Writer	STRAW
選項批判者	Option-Critic	
MAXQ 分解	MAXQ Decomposition	
層次抽象機器	Hierarchical Abstract Machines	HAMs
使用離線策略修正的分層強化學習	Hierarchical Reinforcement Learning with Off-Policy Correction	HIRO
細粒度動作重複	Fine Grained Action Repetition	FiGAR
通用價值函數逼近器	Universal Value Function Approximators	UVFAs
GPU/CPU 混合式非同步優勢 Actor-Critic	Hybrid GPU/CPU Asynchronous Advantage Actor-Critic	GA3C
其他		
個人首頁	Homepage	
章節	Chapter	
小節	Section	
簡介	Introduction	
程式庫	Repository	